基礎数学Ⅲ

線形代数

Elizabeth S. Meckes・Mark W. Meckes 著
山本芳嗣 訳

東京化学同人

Juliette と Peter へ

Linear Algebra

Elizabeth S. Meckes
Mark W. Meckes

序

線形代数の本を執筆するには多少なりとも大胆でなければなりません．すでに多くの本が世に出ていますから，その本のどこが新しいのかと自問しなければなりません（実際，友人や同僚からそういった質問を受けました）．

その質問に答える際に何にもまして大事なことは，どのような読者を想定しているかでしょう．執筆時に読者として念頭に置いたのは私たちの学生です．担当している線形代数のクラスには，数学，応用数学，数学と物理の二つを専攻する学生，それにコンピューターサイエンス，物理，各種工学分野の学生というようにさまざまな学生がいます．線形代数はその大半の学生にとって基礎科目ですが，今後彼らが線形代数に接する仕方は一様ではありません．また，ほとんどの学生はこの講義以外で線形代数を学ぶことはありません．

線形代数の入門書は大きく 2 種類に分かれます．一つは，新入生向けの微積分の教科書のスタイルを踏襲して行列やベクトルの計算の仕方を教えることに主眼を置いた教科書，もう一つは，行列の計算はあってもわずかで，むしろベクトル空間や線形写像に焦点を当てた定理・証明からなるかっちりとした数学書です．本書はそのいずれとも異なります．本書で目指したのは統一的な扱いです．つまり基礎的な計算と抽象的な理論の両方を基礎から積み上げ，できる限り行列の視点と線形代数の抽象的な概念の関連を明確にするようにしました．学生たちがこれから純粋数学を目指すにしろ科学や工学での応用を目指すにしろ，きっと彼らの助けになることと思います．応用数学を学ぶ学生はガウスの消去法や行列の特異値分解を学ぶだけでなく，さらに内積空間の理論が周期関数のフーリエ展開をどのように説明してくれるかを学ぶことでしょう．また純粋数学を学ぶ学生はベクトル空間と線形写像の基礎を学び，さらにガウスの消去法が役に立つだけでなく理論的にも洗練された道具であることを学んでくれることと思います．

本書の特徴のいくつかを列挙しておきます．

- **早い段階での線形写像の導入**：数学者がベクトル空間を考え出したのは線形写像について語るためだと考えて，線形写像をベクトル空間に続いてすぐに導入しました．
- **重要な概念には早い段階で，しかも繰返し触れる**：重要だと考えた話題（特に固有値や固有ベクトル）をできるだけ早い段階で紹介し，関連した新しい概念が出てくるごとに繰返し触れるようにしました．このコースが終わるころに，固有ベクトルの定義は確か何週間か前に習ったはずだが，といったことにならないように，学期を通してこうした概念に触れることになります．

- **微積分から厳密な数学への橋渡し：** どちらかと言えば問題を解くことを重視する微積分のコースからさらに先に進むのは困難なことですが，本書でそれを意識しました．新しい考えが出てくればその動機を説明し，難しい定義や結果はまずきちんと述べた後に解説を加えるように配慮しました．
- **数学的成長を育む：** 本書のスタイルは，例を多用したわかりやすいスタイルから実解析や抽象代数の教科書のようなスタイルへと徐々に変化していきます．これは，数学の言葉やその厳密さに親しんでいることが要求される今後の学習への橋渡しとなることと思います．
- **十分厳密に，しかし計算と応用とに関連づけて：** 本書は証明を基本とした線形代数のコースのために書かれていますので，そのために必要な理論的基礎が書かれています．しかも理論をできるだけ行列計算や幾何学に関連づけるように努めました．たとえば特異値分解を例に取上げれば，これを特別な正規直交基底の存在とみなす理論的視点，回転，鏡映，変形に重きを置いた幾何学的視点，さらに行列の分解とみなす計算の視点から議論しています．同じように内積空間の正射影も，理論，幾何学，計算のそれぞれの視点から議論し，最小二乗法や関数の多項式近似のような最小化問題に関連づけています．
- **教育上の特徴：** 学生が数学書の読み方を学べるように，さまざまな特徴を盛り込みました．理解を確かめるための「即問」と脚注の解答，各節の要点を並べた「まとめ」などです*．
- **練習問題：** 計算問題から理論的な問題，やさしい問題から難しい問題までさまざまな問題を多数用意しました．また全部の問題ではありませんが解答やヒントを用意してあります．

第 1 章は実数係数の線形方程式系とガウスの消去法による解法，枢軸変数と自由変数の導入から始まります．1･3 節では $\mathbb{R}^n$ の幾何学と線形方程式系の

---

* 訳注：「即問」という言葉は，後回しにしないでその場で考えてほしい問題という意図を込めた「即答」からの造語です．また，原著にはいくつかの章末に「Perspectives」という重要概念の説明が付されていますが，翻訳では割愛しました．

幾何学的解釈について記述し，一般的な体とベクトル空間の定義と例がそれに続きます．

第2章では線形写像について学びます．線形写像を多数の例，たとえば回転，鏡映，射影，$\mathbb{R}^n$ での行列の掛け算，さらに関数空間での微分作用素や積分作用素のようなより抽象的な例などを示します．2・1節で固有値を導入し，2・2節では $\mathbb{F}^n$ 上の線形写像が行列によって表現できることを示します．2・3節では線形写像の合成を表現する行列として行列の積を定義し，その定義から通常の行列の積の公式が直ちに得られることを示します．2・5節では線形写像の像空間，核空間，固有空間を導入し，最後の2・6節では有限体の上の線形代数の応用としてハミング符号を説明します．

第3章では，線形従属性と独立性，基底，次元を定義し，次元定理を与えます．3・5節では基底によるベクトルの座標表現と，一般のベクトル空間の間の線形写像の行列表現を導入し，3・6節では基底変換について解説し，対角化の概念とその固有値と固有ベクトルとの関係を示します．最後に代数的閉体上のすべての行列が三角化できることを示してこの章を終えます．

第4章では一般的な内積空間を定義し，正規直交基底，グラム・シュミットの直交化法，正射影とその応用としての最小二乗法と関数近似，一般のノルム空間，線形写像と行列の作用素ノルム，等長写像，QR分解について解説します．

第5章で議論するのは特異値分解とスペクトル定理です．まず特異値分解の存在定理と特異値の一意性を示した後，その結果を行列の特異値分解につなげます．随伴写像とその性質を紹介し，自己随伴変換と正規変換に対するスペクトル定理を示します．5・2節では特異値分解の幾何学的解釈，さらに分解の途中打ち切りによる低階数近似を解説し，5・3節では線形写像の4基本部分空間，直交性，次元定理との関係を解説します．

最後の第6章では行列式を取上げます．ここでは，行列式は多重線形性と交代性をもち，単位行列に対して値1を返す関数であるという見方から，行列式の多くの性質を導きます．ラプラス展開，行基本演算による行列式の計算，さらに置換全体にわたる和による行列式の公式を示します．この公式を導く議論は線形代数の力を示す好例となっています．つまり，置換の組合わせ的な議論にまで立ち戻ることなく，置換を置換行列とみなすことによってその符号などの概念を線形代数の枠組みから導くことができます．6・3節では特性多項式とケイリー・ハミルトンの定理を示し，6・4 節で行列式の応用としての体積とクラメールの公式を示してこの章を閉じます．

本書を読むには 1 年間の微積分の講義で習うほどの知識があれば十分です．微積分の知識は本書のおもな結果を導くために必要ではありませんが，いくつかの例と練習問題ではその知識を前提にしました（ただし読み飛ばしてもかまいません）．また厳密な数学の授業を受けていることも要求しません．前提にしているのは集合，関数，証明の概念に対する基本的な知識に限ります．必要な事項を付録に手短にまとめましたので，必要に応じて参照してください．

最後に謝辞を述べます．教科書として使える本を書くには，試しに使ってみることができるクラスをもっていることがおおいに助けとなりました．すすんで私たちの実験台になってくれた米国ケース・ウエスタン・リザーブ大学の 2014 年秋学期，2015 年春秋の両学期，それに 2016 年春学期に数学 307 を受講した学生たちに感謝します．

地球半周ほどの遠隔の地に住む見知らぬ人から（そこでは深夜の 2 時だったのかもしれませんが）本の組版について助言をもらいました．まさにインターネット時代の目を見張る一面です．私たちが遭遇した疑問に対して豊富な知識を惜しみなく提供してくれた tex.stackexchange.com の参加者に感謝します．

本書の執筆を始めたのは研究休暇でフランス トゥールーズ大学のトゥールーズ数学研究所に滞在したときのことです．同研究所の厚遇に感謝するとともに，研究休暇中の援助に対してサイモンズ基金に感謝します．また，米国国立科学財団とサイモンズ基金からはさらなる援助を受けました．重ねて謝意を表します．

最後になりましたが，執筆作業中いつも耳を傾けていたアルバム “Build Me Up From Bones” の Sarah Jarosz にありがとうを言いたいと思います．

Elizabeth Meckes
Mark Meckes

米国オハイオ州クリーグランドにて

学生の読者へ

線形代数と微積分は現代数学の理論と応用のいずれにおいてもその基礎であり，特に線形代数の言葉や見方はその論理の奥深くに織り込まれています．そのため，数学や科学技術にかかわっていても，経験を積むにつれてその存在を忘れることがあるほどです．これはちょうど，私たちが母国語の文法をほとんど意識することがないのと同じです．母国語を話すように数学をすること，これが数学的成長というまるで雲をつかむような大きな目標の主要な部分を占めています．

本書は皆さんが受ける数学教育の流れのなかで重要な転機となります．ここでは，解法と練習問題を中心としたやり方から出発して，厳密な数学理論に基礎を置く視点を学んでいきます．これは一朝一夕にできることではありませんが，将来どのような分野を目指すにしろ，数学者のものの考え方を身につけておけば長く皆さんの力となることでしょう．このような考えのもと，学生の皆さんに読んでもらえるようにとの意図をもって本書を執筆しました．上級の数学書を読んでそこから学ぶことは一つの技術であり，本書がその習得の助けとなることを願っています．

本書からできるだけ多くのことを学べるように，いくつかの特徴をもたせました．全体を通じて「即問」を設け，同じページの脚注に解答をつけました．いずれも簡単な問題ですが，なかには手近にある紙切れに少し計算をしなければならない問題もあります．理解度を確認するための問題ですから，是非その場で解いてください．節の最後にはその節全体のまとめを，あまり形式張らない形でつけました．さらに集合，関数，複素数の基礎，形式論理，証明の技法を付録で取上げました．もちろん練習問題をたくさん用意したことは言うまでもありません．数学は覚えるものではなく，するものです．その仕方は練習問題を通して学べます．

訳者序

本書はElizabethとMarkのMeckes夫妻がケース・ウエスタン・リザーブ大学での線形代数の14週のコースのために書き下ろした教科書『Linear Algebra』の翻訳です．

このコースを履修している数学専攻からコンピューターサイエンスや工学のさまざまな分野までの広い範囲の学生に対応するため，ベクトル空間や線形写像を基礎とした理論的視点，ガウスの消去法や行列の特異値分解に代表される数値計算の視点，加えて幾何学的視点の三者の関連が理解されるようにと意図して原著は書かれています．たとえば第1章で，簡単な線形方程式系を題材にしてガウスの消去法と線形方程式系のベクトル行列表現を与え，その幾何学的解釈が示され，続いて一般の体とその上のベクトル空間が定義されています．このように早々と著者の意図に沿って議論が展開なされていることがわかります．ここに訳出した六つの章に加えて，原著には集合，関数，証明についての基本をまとめた「付録」と練習問題の「ヒントと解答」が含まれていますが，その部分は東京化学同人の本書のウェブページからダウンロードできるようにしました．またMeckes家で焼かれているパンのレシピは「補遺」においてあります．

翻訳を進めるにつれて訳者が抱いた疑問点はすべて著者の二人に確認して，必要に応じて本文中や章末に訳注を加えました．そのために交わしたメールは100通を超えましたが，就寝前に送った質問のメールに翌朝には返事が届いており，その素早く丁寧な対応と半日を超える時差におおいに助けられて翻訳を進めることができました．メールの履歴を見返すと二人が交互に質問に答えてくれています．「この前は私が返事をしたから今回はお願い」といった会話が交わされていたのではと想像します．

翻訳にあたって助言をいただいた筑波大学の高野祐一さん，藤原良叔さん，東京都立大学の室田一雄さん，小林理学研究所の山本貢平さん，そして桧山純さんに感謝申し上げます．最後になりましたが，お世話になった東京化学同人の丸山 潤さん，杉本夏穂子さんのお二人に御礼申し上げます．

2020年11月

山本芳嗣

目　　次

本書で使われている記号

記号	意味	節番号
$A \Rightarrow B$	含意，A なら B	付録
$A \Leftrightarrow B$	同値，必要十分，A なら B かつ B なら A	付録
$s \in S$	s は S の要素	付録
$T \subseteq S$	T は S の部分集合	付録
$T \subsetneq S$	T は S の真部分集合	付録
$S \cap T$	S と T の積集合	付録
$S \cup T$	S と T の和集合	付録
$\forall$	任　意	付録
$\exists$	存　在	付録
$\mathbb{Z}$	整数の全体	1・4
$\mathbb{Q}$	有理数体	1・4
$\mathbb{R}$	実数体	1・3
$\mathbb{C}$	複素数体	1・4
$\mathbb{F}, \mathbb{K}$	一般の体	1・4
$\mathbb{F}_2$	2 要素からなる有限体，$\{0, 1\}$	1・4
$\mathbb{F}_p$	p 要素からなる有限体，$\{0, 1, \ldots, p-1\}$	1・4
$\mathbb{R}^n$	実数体 $\mathbb{R}$ 上の n 次元数ベクトル空間	1・3
$\mathbb{C}^n$	複素数体 $\mathbb{C}$ 上の n 次元数ベクトル空間	1・5
$\mathbb{F}^n$	体 $\mathbb{F}$ 上の n 次元数ベクトル空間	1・5
$\mathbb{F}^\infty$	体 $\mathbb{F}$ 上の数列のつくるベクトル空間	1・5
$[a, b]$	実数の閉区間，$\{x \in \mathbb{R} \mid a \leq x \leq b\}$	1・5
$C[a, b]$	閉区間 $[a, b]$ 上の実数値連続関数の全体	1・5
$D[a, b]$	閉区間 $[a, b]$ 上の微分可能な実数値関数の全体	1・5
$C^1[a, b]$	閉区間 $[a, b]$ 上の連続微分可能な実数値関数の全体	2・2
$\mathcal{P}_n(\mathbb{F})$	$\mathbb{F}$ の要素を係数にもつ n 次以下の形式的多項式の全体， $\{a_0 + a_1x + \cdots + a_nx^n \mid a_0, a_1, \ldots, a_n \in \mathbb{F}\}$	1・5
c_0	零に収束する数列の全体	1・5
U, V, W	一般のベクトル空間	1・5
$\mathcal{L}(V, W)$	ベクトル空間 V から W への線形写像の全体	2・2
$\mathcal{L}(V)$	ベクトル空間 V 上の線形変換の全体	2・2
$\mathbf{M}_{m,n}(\mathbb{F})$	体 $\mathbb{F}$ 上の m 行 n 列の行列の全体	2・2
$\mathbf{M}_n(\mathbb{F})$	体 $\mathbb{F}$ 上の n 次正方行列の全体	2・1
$a_{ij}, [\mathbf{A}]_{ij}$	行列 $\mathbf{A}$ の (i, j) 要素	1・2
$\mathbf{I}_n$	n 次単位行列	2・1
$\mathrm{diag}(d_1, \ldots, d_n)$	$d_1, \ldots, d_n$ を対角要素にもつ対角行列	2・1

本書で使われている記号 (つづき)

記号	意味	節番号
$\mathbf{A}^{\mathrm{T}}$	行列 $\mathbf{A}$ の転置行列，$[\mathbf{A}^{\mathrm{T}}]_{ij}=[\mathbf{A}]_{ji}$	2・3
$\mathbf{A}^*$	行列 $\mathbf{A}$ の共役転置行列，$\overline{\mathbf{A}}^{\mathrm{T}}$	2・3
$\mathbf{A}^{-1}$	行列 $\mathbf{A}$ の逆行列，$\mathbf{A}\mathbf{A}^{-1}=\mathbf{A}^{-1}\mathbf{A}=\mathbf{I}_n$	2・3
I	恒等変換	2・1
T^*	線形写像 T の随伴写像，$\langle Tv, w\rangle=\langle v, T^*w\rangle$	5・3
T^{-1}	線形写像 T の逆写像，$TT^{-1}=T^{-1}T=I$	2・2
R_θ	$\mathbb{R}^2$ 上の θ ラジアン反時計回りの回転	2・1
R1, R2, R3	行基本演算	1・2
$\mathbf{P}_{c,i,j}$	基本行列(第 j 行の c 倍を第 i 行に加える行基本演算)	2・4
$\mathbf{Q}_{c,i}$	基本行列(第 i 行を c 倍する行基本演算)	2・4
$\mathbf{R}_{i,j}$	基本行列(第 i 行と第 j 行を交換する行基本演算)	2・4
$\langle v_1, \ldots, v_k\rangle$	ベクトル $v_1, \ldots, v_k$ のスパン，$v_1, \ldots, v_k$ の線形結合の全体	1・5
$(\mathbf{e}_1, \ldots, \mathbf{e}_n)$	数ベクトル空間の標準基底，$\mathbf{e}_i=[0 \ \cdots \ 0 \ \overset{i}{1} \ 0 \ \cdots \ 0]^{\mathrm{T}}$	1・3
$\dim V$	ベクトル空間 V の次元	3・3
range T	線形写像 T の像空間，$\{Tv \mid v\in V\}$	2・5
$C(\mathbf{A})$	行列 $\mathbf{A}$ の列空間，行列 $\mathbf{A}$ の列ベクトルのスパン	2・5
$R(\mathbf{A})$	行列 $\mathbf{A}$ の行空間，行列 $\mathbf{A}$ の行ベクトルのスパン	3・4
rank T	線形写像 T の階数，range T の次元	3・4
rank $\mathbf{A}$	行列 $\mathbf{A}$ の階数，$C(\mathbf{A})$ の次元	3・4
ker T	線形写像 T の核空間，$\{v\in V \mid Tv=0\}$	2・5
ker $\mathbf{A}$	行列 $\mathbf{A}$ の核空間，$\{\mathbf{v}\in V \mid \mathbf{Av}=\mathbf{0}\}$	2・5
null T	線形写像 T の退化次数，ker T の次元	3・4
null $\mathbf{A}$	行列 $\mathbf{A}$ の退化次数，ker $\mathbf{A}$ の次元	3・4
$\lVert v\rVert$	ベクトル v の大きさ，ノルム，長さ，$\sqrt{\langle v, v\rangle}$	1・3
$\lVert T\rVert_{op}$	線形写像 T の作用素ノルム，$\max\{\lVert Tv\rVert \mid v\in V, \lVert v\rVert=1\}$	4・4
$\lVert\mathbf{A}\rVert_{op}$	行列 $\mathbf{A}$ の作用素ノルム，$\max\{\lVert\mathbf{Av}\rVert \mid \mathbf{v}\in\mathbb{F}^n, \lVert\mathbf{v}\rVert=1\}$	4・4
$\lVert\mathbf{A}\rVert_F$	行列 $\mathbf{A}$ のフロベニウス・ノルム，$\sqrt{\mathrm{tr}\,\mathbf{AA}^*}$	4・1
M_h	乗算作用素，$M_hf(x)=h(x)f(x)$	2・2
T_k	積分作用素，$T_kf(x)=\int_a^b k(x, y)f(y)\,dy$	2・2
S_k	シフト作用素，$S_k((c_n)_{n\geq 1})=(c_{n+k})_{n\geq 1}$	2・2
$\mathrm{Eig}_\lambda(T)$	線形変換 T の λ-固有空間，$\{v\in V \mid Tv=\lambda v\}$	2・5
$[v]_{\mathcal{B}}$	ベクトル v の基底 $\mathcal{B}$ に関する座標	3・5
$C_{\mathcal{B}}$	ベクトル v に対して座標 $[v]_{\mathcal{B}}$ を対応させる線形写像	3・5
$[T]_{\mathcal{B}_V, \mathcal{B}_W}$	線形写像 T の基底 $\mathcal{B}_V, \mathcal{B}_W$ に関する表現行列	3・5
$C_{\mathcal{B}_V, \mathcal{B}_W}$	線形写像 T に対して表現行列 $[T]_{\mathcal{B}_V, \mathcal{B}_W}$ を対応させる線形写像	3・5

本書で使われている記号（つづき）

記号	意味	節番号
$T_{\mathbf{A}, \mathcal{B}_V, \mathcal{B}_W}$	基底 $\mathcal{B}_V, \mathcal{B}_W$ に関する表現行列が行列 $\mathbf{A}$ となる線形写像	3・5
$[I]_{\mathcal{B}, \mathcal{B}'}$	基底変換行列，$[v]_{\mathcal{B}'} = [I]_{\mathcal{B}, \mathcal{B}'}[v]_{\mathcal{B}}$	3・6
$p(T)$	線形変換 T の多項式，$a_0I + a_1T + \cdots + a_nT^n$	3・7
$p(\mathbf{A})$	正方行列 $\mathbf{A}$ の多項式，$a_0\mathbf{I} + a_1\mathbf{A} + \cdots + a_n\mathbf{A}^n$	3・7
$\langle v, w \rangle$	ベクトル v と w の内積	4・1
$\langle \mathbf{x}, \mathbf{y} \rangle$	数ベクトル $\mathbf{x}$ と $\mathbf{y}$ の内積，$\mathbf{y}^*\mathbf{x} = \sum_{j=1}^{n} x_j \bar{y}_j$	4・1
$\langle a, b \rangle$	実数列 $a = (a_1, a_2, \ldots)$ と $b = (b_1, b_2, \ldots)$ の内積，$\sum_{j=1}^{\infty} a_j b_j$	4・1
$\langle f, g \rangle$	$f, g \in C([0, 1])$ の内積，$\int_0^1 f(x) g(x)\, dx$	4・1
$\langle \mathbf{A}, \mathbf{B} \rangle$	行列 $\mathbf{A}$ と $\mathbf{B}$ のフロベニウス内積，$\mathrm{tr}\, \mathbf{A}\mathbf{B}^*$	4・1
$U^{\perp}$	部分空間 U の直交補空間，$\{v \in V \mid \forall u \in U, \langle u, v \rangle = 0\}$	4・3
$U_1 \oplus U_2$	部分空間 U_1 と U_2 の直交直和	4・3
$\sigma_1, \ldots, \sigma_p$	線形写像 T の特異値	5・1
$\mathbf{A}_{\sigma}$	置換 σ を表す置換行列	6・2
$\mathrm{sgn}(\sigma)$	置換 σ の符号，$\det \mathbf{A}_{\sigma}$	6・2
$\det \mathbf{A}$	正方行列 $\mathbf{A}$ の行列式	6・1
$\det T$	線形変換 T の行列式，$\det [T]_{\mathcal{B}}$	6・1
$\mathrm{tr}\, \mathbf{A}$	行列 $\mathbf{A}$ のトレース，$\sum_{i=1}^{n} [\mathbf{A}]_{ii}$	1・5
$p_{\mathbf{A}}(x)$	正方行列 $\mathbf{A}$ の特性多項式，$\det(\mathbf{A} - x\mathbf{I}_n)$	6・3

1 線形方程式系とベクトル空間

1・1 線形方程式系

パン，ビール，大麦

ごく簡単な例から始めます．20 ポンドの大麦を使い切ってパンとビールを作ろうと思います．パン 1 個を作るのに大麦 1 ポンド[1)]，ビール 1 パイント[2)] には大麦 $\frac{1}{4}$ ポンド必要です．たとえばパンを 20 個作れば大麦を使い切れますし，あまりおすすめしませんが，ビールを 80 パイントも作ればやはり使い切れます．さて，他にはどのような方法があるでしょうか．この問題を考え始める前に，

名前のない物について語るのはとても難しい

ということに目を向けましょう．自明のことのように思えますが，これなくしてはせっかくの意気込みも無駄になります．

数学をするには数学をする明確な対象が必要です．そこで，焼こうと思っているパンの個数を x，パンを胃袋に流し込むためのビールのパイント数を y と表すことにします．そうすると大麦を使い切るという条件は

$$x + \frac{1}{4}y = 20 \tag{1・1}$$

と書けます．これで数学をする対象が手に入ったことになります．

これは 2 変数の**線形方程式**[3)] とよばれるものです．気をつけておくべきことをいくつか書いておきます．

- (1・1)式には無数の解がある（ただしパンの個数やビールのパイント数に端数を許せばです）．
- 解の中で正の値をとるものだけに関心があるが，それでも無数の解がある．（正の解に関心があるのは現象の特徴であって，それをモデル化した線形方程式には書込まれていません．解を解釈するときには自分が何をしているのかに注意を払

1）訳注：約 454 グラム　2）訳注：約 0.47 リットル
3）linear equation

わなければなりません．正の値をとるものだけに関心があるかどうかはモデルによります．）

- パンの個数を決めれば何パイントのビールを作れるかがわかり，逆にビールの量を決めればパンの個数を求められる．あるいはパンとビールの量の比率（つまり $c = x/y$）を決めて解くこともできる．
- グラフが得意な人のために x–y 平面にこの方程式の解の全体を描くと図 1・1 のようになる．

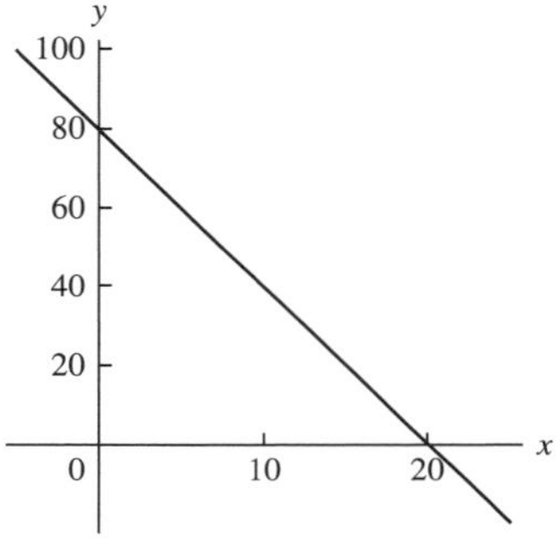

図 1・1 (1・1)式の解のグラフ

x–y 平面の各点はパンとビールの量に対応しており，図 1・1 の直線上にのっている点が示す量のパンとビールを作れば大麦を使い切れることを示しています．

もちろん話を大幅に単純化しているのは言うまでもありません．まず，パンにしろビールにしろ作るにはイーストが必要です．パン 1 個にスプーン 2 杯のイースト，ビール 1 パイントにはスプーン $\frac{1}{4}$ 杯のイーストが必要です．はかってみるとイーストはきっちりスプーン 36 杯分あることがわかりました．そうすると次の**線形方程式系**[4] とよばれるものが得られます．

$$
\begin{aligned}
x + \frac{1}{4}y &= 20 \\
2x + \frac{1}{4}y &= 36
\end{aligned}
\tag{1・2}
$$

おそらくこれを解く方法をいくつか思いつくことでしょう．たとえば 2 番目の式から 1 番目の式を引いて

$$x = 16$$

が得られ，$x = 16$ を 1 番目の式に代入して y を求めると

4）linear system of equations, linear system

$$16+\frac{1}{4}y=20 \qquad \Longleftrightarrow \qquad y=16$$

が得られます．（上の記号 ⇔ は“必要十分”と読んで，両側にある式が等価であることを意味します．**等価**[5]とは，y のどんな値であってもそれが左側の式を満たせば，またそのときに限って右側の式を満たすということです．この記号を適切に使えるようになることをすすめます．なお，この記号の代わりに等号を使うのは正しい用法ではありません．）

これで線形方程式系（1・2）の解は $x=16$, $y=16$ であることがわかりました．特に大麦とイースト両方を全部使い切る方法はこれしかないこともわかりました．

注意点をあげておきます．

- 線形方程式系（1・2）が表している状況をグラフに描くことができる．図1・2の直線は（1・2）の各等式を満たす解を表しており，両直線の交点（16, 16）は大麦とイーストの両方を使い切る唯一の方法を表している．

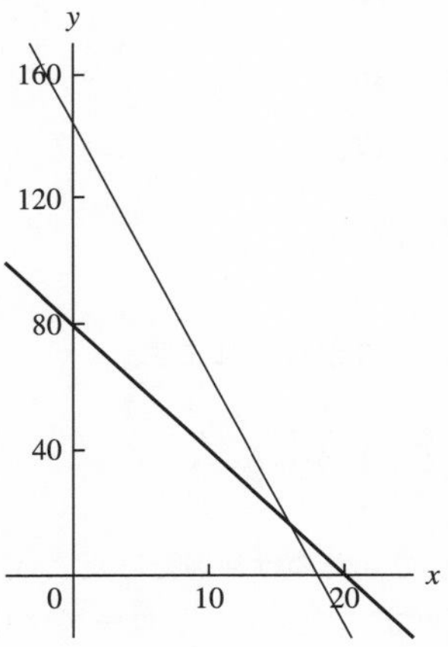

図 1・2 線形方程式系（1・2）の解のグラフ．太い方が1番目の方程式，細い方が2番目の方程式に対応．

- もしもイーストの量が異なっていれば $x, y>0$ を満たさない解になってしまうこともある．

即問 1[6] 線形方程式系が $x<0$ か $y<0$ となる解をもつようなイーストの量を与えなさい．

5）equivalent

6）訳注：“即問”という言葉は，後回しにしないでこの場で考えてほしい問題という意図を込めて Quick Exercise の訳としてつくった造語です．

即問 1 の答 イーストの量がスプーン 20 杯未満なら $x<0$ となります．

- パン 1 個につきイーストをスプーン 1 杯だけ使うレシピだったら，（イーストを考えなかった場合のように）無限に多くの解があったり，解がなくなったりします（どのような場合にそうなりますか）．

もう少し問題を面白くしてみます．誰かが牛乳とローズマリーを持ってやって来ました．これを少し加えればパンがおいしくなります．それに牛乳でチーズを作ることもできますし，チーズにローズマリーの香りを付けるのも素敵ですし，ローズマリーの香るビールだってきっといけます．パン 1 個に牛乳 1 カップ，チーズ 1 塊に牛乳 8 カップ使うものとします．また，ローズマリーはパン 1 個にスプーン 2 杯，チーズ 1 塊にスプーン 1 杯，ビール 1 パイントにスプーン $\frac{1}{4}$ 杯だけ入れます．するとチーズの量を表す変数 z と，牛乳とローズマリーに対応した 2 本の方程式が新しく追加されます．さて牛乳はカップ 176 杯分あり，ローズマリーはスプーン 56 杯あるものとしましょう．考えるべき線形方程式系は

$$\begin{aligned} x + \frac{1}{4}y &= 20 \\ 2x + \frac{1}{4}y &= 36 \\ x + 8z &= 176 \\ 2x + \frac{1}{4}y + z &= 56 \end{aligned} \tag{1・3}$$

となります．

この線形方程式を解くと $x = 16$, $y = 16$, $z = 20$ が得られます．

即問 2 上記の解が（1・3）を満たすことを確かめなさい．

とにかくここで線形方程式系を解くことができたのは幸運だったようです．4 種類の食材を 3 種類の食べ物を作って使い切れました．もしもローズマリーがもう少し多かったら全部の食材を使い切れなかったことがすぐにわかりますから，確かに幸運だと言えます．これは今後しばしば出会う**冗長性**[7] の一例です．線形方程式系（1・3）の方程式をそれぞれ E_1, E_2, E_3, E_4 と名付けると，（1・3）には冗長性，つまり

$$E_4 = \left(\frac{1}{8}\right)E_1 + \left(\frac{7}{8}\right)E_2 + \left(\frac{1}{8}\right)E_3$$

なる関係があります．よって (x, y, z) が方程式 E_1, E_2, E_3 を満たせば自動的に E_4

即問 2 の答 変数に 16，16，20 を代入すればよいのですが，もしもそれ以上の面倒なことをしていたら，問題を難しくしすぎています．

7）redundancy

も満たします．(x, y, z) の値について初めの 3 本の方程式から得られないことは E_4 からも導かれません．$x=16$, $y=16$, $z=20$ は初めの 3 本の方程式の唯一の解で，それが冗長な 4 番目の方程式を満たしていた訳です．

線形方程式系とその解

より一般の線形方程式系を考えます．後ではこれまでみたこともないようなさまざまな“数”を考えますが，とりあえずは実数の係数と実数の未知数からなる線形方程式系を対象にします．

定 義　実数の全体を $\mathbb{R}$ で表す．記号 $t \in \mathbb{R}$ は，“t は $\mathbb{R}$ に属する”あるいは“t は $\mathbb{R}$ の要素である”と読み，t が実数であることを意味する．

定 義　$\mathbb{R}$ 上の**線形方程式系**[4]とは

$$\begin{aligned} a_{11}x_1 + \cdots + a_{1n}x_n &= b_1 \\ &\vdots \\ a_{m1}x_1 + \cdots + a_{mn}x_n &= b_m \end{aligned} \qquad (1\cdot4)$$

なる n 変数の m 本の線形方程式をさす．ここで，$1 \leq i \leq m$ と $1 \leq j \leq n$ なる (i, j) について $a_{ij} \in \mathbb{R}$，$1 \leq i \leq m$ なる i について $b_i \in \mathbb{R}$ であり，$x_1, \ldots, x_n$ は変数である．この線形方程式系は $m \times n$ 線形方程式系ともよばれる．

線形方程式系（1・4）の**解**[8]とは実数 $c_1, \ldots, c_n$ で

$$\begin{aligned} a_{11}c_1 + \cdots + a_{1n}c_n &= b_1 \\ &\vdots \\ a_{m1}c_1 + \cdots + a_{mn}c_n &= b_m \end{aligned}$$

を満たすものをいう．つまり変数 $x_1, \ldots, x_n$ に代入した場合に（1・4）を満たす実数のことである．

方程式系が**線形**[9]であると言われるのは，変数に対して施されている演算が定数倍と他の変数の定数倍との和に限られているためです．変数の巾（べき）乗や変数同士の積，また対数や三角関数のような複雑な関数を含みません．

上の定義で重要なのは，解が“解いて得られるもの”としてではなく“等式を成り立たせるもの”として定義されている点です．つまり，等式を成り立たせるもの

8）solution　　9）linear

であれば，それがどのようにして得られたかにかかわらず，解なのです．たとえば $x=1$, $y=-1$ が線形方程式系

$$
\begin{aligned}
3x+2y&=1\\
x-y&=2
\end{aligned}
$$

の解であるかを問われたときにすべきことは，等式が成り立つかどうかを代入して確かめることだけです．方程式を解いた結果得られたものが $x=1$, $y=-1$ であることを確かめることなど不要です．即問 2 でもこの点にふれました．もちろん今は，方程式を解いたとしても少し時間の無駄だったといった程度ですが，解くのにはるかに長い時間が必要な問題をつくることもできたのです．

以上は次に示した数学の中心原理の一例です．

論より証拠原理[10)]

質問：台所にあった白い粉末が砂糖であることをどうすれば確かめられるか？

答え：なめてみればいい．

台所に見つけた白い粉末が砂糖であるかを確かめたいとき，それがどんな容器に入っていたかは関係ありません．決定的なのはそれが甘いか，つまり砂糖を定義づけている機能や性質をもっているかです．この論より証拠原理は，方程式系を解くという手立てがない状況でも何をすべきかを教えてくれています．

■例　$x_1=c_1, \ldots, x_n=c_n$ が線形方程式系

$$
\begin{aligned}
a_{11}x_1+\cdots+a_{1n}x_n&=0\\
&\vdots\\
a_{m1}x_1+\cdots+a_{mn}x_n&=0
\end{aligned}
\tag{1・5}
$$

の解であることがわかっているとします．（このように右辺定数がすべて 0 である線形方程式系は**斉次**[11)]であるといいます．）つまり

$$
\begin{aligned}
a_{11}c_1+\cdots+a_{1n}c_n&=0\\
&\vdots\\
a_{m1}c_1+\cdots+a_{mn}c_n&=0
\end{aligned}
$$

ということです．$r\in\mathbb{R}$ を任意の定数とすると

10）訳注：“論より証拠”とは“あれこれ論じるよりも証拠を示すことで物事は明らかになる”（大辞泉）ということです．原著では The Rat Poison Principle となっていますが，著者の許可を得て変更しました．“砂糖は甘い”原理としてもいいかもしれません．

11）homogeneous

$$a_{11}(rc_1)+\cdots+a_{1n}(rc_n)=r(a_{11}c_1+\cdots+a_{1n}c_n)=r0=0$$
$$\vdots$$
$$a_{m1}(rc_1)+\cdots+a_{mn}(rc_n)=r(a_{m1}c_1+\cdots+a_{mn}c_n)=r0=0$$

ですから，$x_1=rc_1, \ldots, x_n=rc_n$ も（1・5）の解の一つであることがわかります．このように方程式を解くことなく（1・5）の一つの解から無数の異なった解を得る方法が得られました． ■

線形方程式系やその解について語るうえで重要な用語を定義してこの節を閉じます．

定 義 線形方程式系の解 $c_1, \ldots, c_n$ はそれが唯一の解であるとき**一意**[12] であるという．一意とはつまり，$c'_1, \ldots, c'_n$ が解であれば $1 \leq i \leq n$ について $c_i=c'_i$ となることである．

即問3 （1・1），（1・2），（1・3）のどの線形方程式系に解があるか答えなさい．またどの解が一意ですか．

まとめ

- $\mathbb{R}$ 上の線形方程式系とは

$$a_{11}x_1+\cdots+a_{1n}x_n=b_1$$
$$\vdots$$
$$a_{m1}x_1+\cdots+a_{mn}x_n=b_m$$

という形の方程式の組である．$c_1, \ldots, c_n$ はそれを変数 $x_1, \ldots, x_n$ に代入したときに等号が成り立つなら解である．
- 論より証拠原理：なめて甘ければ砂糖である．
数学で扱う対象はそれがどのように働くかによって定義されることがよくある．
- 線形方程式系の解はそれがただ一つの解であるとき一意であるという．

12）unique

即問3の答 すべてに解がある．（1・2）の解は一意，（1・1）の解は一意でない，（1・3）の解は一意．

練 習 問 題

1・1・1　この節のレシピに従ってパン，ビール，チーズを作るとします．牛乳は176カップ，ローズマリーはスプーン56杯あることは以前と変わりませんが，イーストはスプーン35杯，大麦は必要なだけあります．

(a) イースト，牛乳，ローズマリーを使い切るとパン，ビール，チーズをいくら作ることができますか．

(b) そのとき大麦はいくら必要ですか．

1・1・2　以下の線形方程式系のそれぞれの方程式の解集合のグラフを描きなさい．線形方程式系が解をもつか，もつ場合にはそれが一意であるか答えなさい．

(a) $\begin{aligned} 2x - y &= 7 \\ x + y &= 2 \end{aligned}$　(b) $\begin{aligned} 3x + 2y &= 1 \\ x - y &= -3 \\ 2x + y &= 0 \end{aligned}$　(c) $\begin{aligned} x + y &= 2 \\ 2x - y &= 1 \\ x - y &= -1 \end{aligned}$

(d) $\begin{aligned} 4x - 2y &= -6 \\ -2x + y &= 2 \end{aligned}$　(e) $\begin{aligned} x + 2y - z &= 0 \\ -x + y + z &= 0 \\ x - y - z &= 0 \end{aligned}$　(f) $\begin{aligned} x + y + z &= 0 \\ x - y + z &= 0 \\ x + y - z &= 0 \end{aligned}$

1・1・3　以下の線形方程式系のそれぞれの方程式の解集合のグラフを描きなさい．線形方程式系が解をもつか，もつ場合にはそれが一意であるか答えなさい．

(a) $\begin{aligned} x + 2y &= 5 \\ 2x + y &= 0 \end{aligned}$　(b) $\begin{aligned} x - y &= -1 \\ 2x - y &= 4 \\ x + y &= 3 \end{aligned}$　(c) $\begin{aligned} -2x + y &= 0 \\ x + y &= -3 \\ x - y &= 1 \end{aligned}$

(d) $\begin{aligned} 2x - 4y &= 2 \\ -x + 2y &= -1 \end{aligned}$　(e) $\begin{aligned} 0x + 0y + z &= 0 \\ 0x + y + 0z &= 0 \\ x + 0y + 0z &= 0 \end{aligned}$　(f) $\begin{aligned} 0x + 0y + z &= 0 \\ x + 0y + z &= 1 \\ x + 0y - z &= -1 \end{aligned}$

1・1・4　冗長であった線形方程式系（1・3）を解がないように修正しなさい．得られた線形方程式系を，パンとビールとチーズを作るにあたって食材を使い切れるかという観点から解釈しなさい．

1・1・5　以下の線形方程式系の解集合の形状を示しなさい．

(a) $0x + 0y + z = 0$　(b) $\begin{aligned} 0x + 0y + z &= 0 \\ 0x + y + 0z &= 0 \end{aligned}$　(c) $\begin{aligned} 0x + 0y + z &= 0 \\ 0x + y + 0z &= 0 \\ x + 0y + 0z &= 0 \end{aligned}$

(d) $\begin{aligned} 0x + 0y + z &= 0 \\ 0x + y + 0z &= 0 \\ x + 0y + 0z &= 0 \\ x + y + z &= 0 \end{aligned}$　(e) $\begin{aligned} 0x + 0y + z &= 0 \\ 0x + y + 0z &= 0 \\ x + 0y + 0z &= 0 \\ x + y + z &= 1 \end{aligned}$

1・1・6 以下の線形方程式系の解集合の形状を示しなさい.

(a) $0x+y+0z=1$

(b) $x+0y+0z=0$
$0x+y+0z=0$

(c) $0x+y+z=0$
$x+0y+z=0$
$x+y+0z=0$

(d) $0x+y+z=0$
$x+0y+z=0$
$x+y+0z=0$
$x+y+z=0$

(e) $0x+y+z=0$
$x+0y+z=0$
$x+y+0z=0$
$x+y+z=1$

1・1・7 $f(x)=ax^2+bx+c$ は 3 点 $(-1,1)$, $(0,0)$, $(1,2)$ を通る 2 次多項式です.

(a) 係数 a, b, c が満たすべき線形方程式系を与えなさい.

(b) その線形方程式系を解いて関数 f を確定しなさい.

1・1・8 $a, b, c \in \mathbb{R}$ に対して $f(x)=a+b\cos x+c\sin x$ とし,

$$f(0)=-1 \qquad f(\pi/2)=2 \qquad f(\pi)=3$$

がわかっているとします.

(a) 係数 a, b, c が満たすべき線形方程式系を与えなさい.

(b) その線形方程式系を解いて関数 f を確定しなさい.

1・1・9 $ad \neq bc$ であれば $\left(\frac{de-bf}{ad-bc}, \frac{af-ec}{ad-bc}\right)$ が次の 2×2 線形方程式系の解であることを示しなさい.

$$ax+by=e$$
$$cx+dy=f$$

1・1・10 $x_1=c_1, \ldots, x_n=c_n$ と $x_1=d_1, \ldots, x_n=d_n$ が共に線形方程式系 (1・4) の解であるとします. どのような条件があれば $x_1=c_1+d_1, \ldots, x_n=c_n+d_n$ が解になりますか.

1・1・11 $x_1=c_1, \ldots, x_n=c_n$ と $x_1=d_1, \ldots, x_n=d_n$ が共に線形方程式系 (1・4) の解であるとします. また t を実数とします. $x_1=tc_1+(1-t)d_1, \ldots, x_n=tc_n+(1-t)d_n$ が再び (1・4) の解であることを示しなさい.

1・2 ガウスの消去法

拡大係数行列

前節で小さな線形方程式系を解いてみましたが, より大きな方程式系を手計算で解こうとしたりコンピューターのプログラムを書こうとすれば, 当然もっと体系

立った解法が必要です.

はじめに必要になるのは線形方程式系の標準的な記述方法です. すべての変数をすべての方程式で同じ規則で取扱うことから始めます. 具体的には, すべての変数がすべての方程式に同じ順序で現れるように書くことにします. そもそもの定式化で方程式に現れない変数がある場合には, 0 の係数をつけて式に書込んでおきます. 1・1 節の例で, 変数はどの方程式でも同じ順序に並べられていますが, 方程式に現れていない変数がありますので, 上の規則に従えば (1・3) は

$$
\begin{aligned}
x + \frac{1}{4}y + 0z &= 20 \\
2x + \frac{1}{4}y + 0z &= 36 \\
x + 0y + 8z &= 176 \\
2x + \frac{1}{4}y + z &= 56
\end{aligned}
\tag{1・6}
$$

と書き直されることになります. 次に, 扱っているのが線形方程式系であることを忘れなければ, 書く必要のない記号が多数あることに気づくと思います. 左辺の係数と右辺の定数が線形方程式系の情報のすべてを担っていますから, 係数や定数を書く場所をきちんと意識してさえいれば, 変数名や + や = の記号はなくてもいいわけです. 以上の規則に沿うには係数や定数をいわゆる行列の形に書き下せばよいことになります.

定 義 m と n を自然数とする. 実数 $\mathbb{R}$ 上の $m \times n$ **行列**[1] とは, $i \in \{1, 2, \dots, m\}$ と $j \in \{1, 2, \dots, n\}$ の順序対 (i, j) に対して与えられた実数 a_{ij} の集まり

$$
\mathrm{A} = [a_{ij}]_{\substack{1 \le i \le m \\ 1 \le j \le n}}
$$

である. この a_{ij} を $\mathbf{A}$ の (i, j) **要素**[2] とよび, $[\mathbf{A}]_{ij}$ と表すこともある.

$\mathbb{R}$ 上の $m \times n$ 行列の全体を $\mathbf{M}_{m,n}(\mathbb{R})$ と表す.

行列が小さければ要素をすべて書き下して行列を与えることができます. たとえば (1・6) の左辺の係数の行列は

$$
\mathrm{A} = \begin{bmatrix} 1 & \frac{1}{4} & 0 \\ 2 & \frac{1}{4} & 0 \\ 1 & 0 & 8 \\ 2 & \frac{1}{4} & 1 \end{bmatrix}
\tag{1・7}
$$

1) matrix 2) entry

となります．$m \times n$ 行列は m 個の行（横の並び）と n 個の列（縦の並び）からできており，その (i, j) 要素 a_{ij} は上から数えて i 番目の行，左から数えて j 番目の列にあります．たとえば（1・7）の 4×3 行列では $a_{21} = 2$ です．どれが m や n で，どれが i や j であるかを忘れないように

行列は，行そして列の順

と記憶しておくといいでしょう．

行列（1・7）は線形方程式系（1・6）の**係数行列**[3] とよばれます．線形方程式系の情報をもれなく記述するには，左辺の係数に加えて右辺の定数も当然必要です．それらを全部まとめたものが次の拡大係数行列です．

定 義 $m \times n$ 線形方程式系

$$\begin{aligned} a_{11}x_1 + \cdots + a_{1n}x_n &= b_1 \\ &\vdots \\ a_{m1}x_1 + \cdots + a_{mn}x_n &= b_m \end{aligned}$$

に対して，その**拡大係数行列**[4] を

$$\left[\begin{array}{ccc|c} a_{11} & \cdots & a_{1n} & b_1 \\ \vdots & \ddots & \vdots & \vdots \\ a_{m1} & \cdots & a_{mn} & b_m \end{array}\right]$$

なる $m \times (n+1)$ 行列と定義する．

右端の 2 列の間の縦線はなくてもいいのですが，係数行列と右辺定数ベクトルを分けるために引いておく決まりです．

即問 4 次の線形方程式系の係数行列と拡大係数行列を書き下しなさい．

$$\begin{aligned} x - z &= 2 \\ y + z &= 0 \\ y - x &= 3 \end{aligned}$$

3）coefficient matrix　4）augmented matrix

即問 4 の答 $\begin{bmatrix} 1 & 0 & -1 \\ 0 & 1 & 1 \\ -1 & 1 & 0 \end{bmatrix}$, $\left[\begin{array}{ccc|c} 1 & 0 & -1 & 2 \\ 0 & 1 & 1 & 0 \\ -1 & 1 & 0 & 3 \end{array}\right]$ 変数の順番に注意．

行基本演算

前節で線形方程式系を解くのに使った方法を体系立ったものにするために，行った演算それぞれが拡大係数行列に対するどのような操作であったかを考えます．それは方程式系の解を変えない演算で，おもに

1. ある方程式の定数倍を他の方程式に加える
2. 方程式の両辺を零でない定数倍する

でした．変数名も含めて方程式が式として書かれている場合には気にしなくてもいいことですが，拡大係数行列を扱っている場合に役に立つ演算がもう一つあります．それは

3. 二つの方程式の場所を入れ替える

です．

まとめると，拡大係数行列に対して以下の演算を施しても解を変えません．

行基本演算[5]

R1：ある行の定数倍を他の行に加える
R2：ある行を非零定数倍する
R3：二つの行を入れ替える

負の定数を使えば**R1**によってある行の定数倍を他の行から引くことができますし，**R2**によって行を定数で割ることも可能です．

拡大係数行列に行基本演算を施して線形方程式系の解を求める方法は，数学者ガウス[6]にちなんで**ガウスの消去法**[7]とよばれています．基本は拡大係数行列の縦線より左側にある係数行列をその要素が0か1で，すべての1が対角にある行列に変形することです．そのように変形できれば方程式の解を簡単に読み取ることができます．

即問5 次の拡大係数行列が表す線形方程式系を与え，解を求めなさい．

$$\left[\begin{array}{ccc|c} 1 & 0 & 0 & 2 \\ 0 & 1 & 0 & -5 \\ 0 & 0 & 1 & 3 \end{array}\right]$$

ガウスの消去法のアルゴリズムを一般的に記述する前に，例をみておきましょう．

---

5) row operation　6) Carl Friedrich Gauss
7) Gaussian elimination，掃き出し法ともいう

即問5の答 $x=2, y=-5, z=3$

(1・3) に定式化されたパンとビールとチーズを作る問題は，0 の係数も含めて (1・6) に書き直してあります．この拡大係数行列は

$$\left[\begin{array}{ccc|c} 1 & \frac{1}{4} & 0 & 20 \\ 2 & \frac{1}{4} & 0 & 36 \\ 1 & 0 & 8 & 176 \\ 2 & \frac{1}{4} & 1 & 56 \end{array}\right]$$

となります．一番左上の要素は 1 ですから，第 1 行を用いて第 1 列の 2 行目以降の要素を 0 にすることから始めます[8]．たとえば，行基本演算 **R1** によって第 1 行の 2 倍を第 2 行から引くと

$$\left[\begin{array}{ccc|c} 1 & \frac{1}{4} & 0 & 20 \\ 0 & -\frac{1}{4} & 0 & -4 \\ 1 & 0 & 8 & 176 \\ 2 & \frac{1}{4} & 1 & 56 \end{array}\right]$$

となります．同様に第 1 行を第 3 行から引き，第 1 行の 2 倍を第 4 行から引くと

$$\left[\begin{array}{ccc|c} 1 & \frac{1}{4} & 0 & 20 \\ 0 & -\frac{1}{4} & 0 & -4 \\ 0 & -\frac{1}{4} & 8 & 156 \\ 0 & -\frac{1}{4} & 1 & 16 \end{array}\right]$$

が得られます．次に行基本演算 **R2** を用いて第 2 行を -4 倍すると，

$$\left[\begin{array}{ccc|c} 1 & \frac{1}{4} & 0 & 20 \\ 0 & 1 & 0 & 16 \\ 0 & -\frac{1}{4} & 8 & 156 \\ 0 & -\frac{1}{4} & 1 & 16 \end{array}\right]$$

が得られ，この第 2 行を用いて第 2 列のそれより下の行の要素を 0 にすると

$$\left[\begin{array}{ccc|c} 1 & \frac{1}{4} & 0 & 20 \\ 0 & 1 & 0 & 16 \\ 0 & 0 & 8 & 160 \\ 0 & 0 & 1 & 20 \end{array}\right]$$

が得られます．次に，第 3 行に $\frac{1}{8}$ を掛け

$$\left[\begin{array}{ccc|c} 1 & \frac{1}{4} & 0 & 20 \\ 0 & 1 & 0 & 16 \\ 0 & 0 & 1 & 20 \\ 0 & 0 & 1 & 20 \end{array}\right]$$

---

8) 訳注：この操作を**前進消去**（forward elimination）といいます．

この第3行を第4行から引くと,

$$\left[\begin{array}{ccc|c} 1 & \frac{1}{4} & 0 & 20 \\ 0 & 1 & 0 & 16 \\ 0 & 0 & 1 & 20 \\ 0 & 0 & 0 & 0 \end{array}\right] \tag{1・8}$$

が得られます.

これ以降の計算には二つの選択肢があります. 一つは, 第1行から第2行の$\frac{1}{4}$倍を引いて

$$\left[\begin{array}{ccc|c} 1 & 0 & 0 & 16 \\ 0 & 1 & 0 & 16 \\ 0 & 0 & 1 & 20 \\ 0 & 0 & 0 & 0 \end{array}\right]$$

を得るという手順です. これを線形方程式系に書き戻せば

$$\begin{aligned} x + 0y + 0z &= 16 \\ 0x + y + 0z &= 16 \\ 0x + 0y + z &= 20 \\ 0x + 0y + 0z &= 0 \end{aligned} \quad \Longleftrightarrow \quad \begin{aligned} x &= 16 \\ y &= 16 \\ z &= 20 \\ 0 &= 0 \end{aligned}$$

となります. 最後の方程式が自明な式$0=0$であることは非常に重要です. もしもこの式がたとえば$0=1$なら線形方程式系に解がないことを意味します (理由を考えなさい).

もう一つの計算手順では, ここで行基本演算を止めて拡大係数行列 (1・8) を線形方程式系に書き戻して

$$\begin{aligned} x + \frac{1}{4}y + 0z &= 20 \\ 0x + y + 0z &= 16 \\ 0x + 0y + z &= 20 \\ 0x + 0y + 0z &= 0 \end{aligned} \quad \Longleftrightarrow \quad \begin{aligned} x + \frac{1}{4}y &= 20 \\ y &= 16 \\ z &= 20 \\ 0 &= 0 \end{aligned}$$

を得ます. yとzについてすでに解けていますから, yにその値を代入すれば

$$x + 4 = 20 \quad \Longrightarrow \quad x = 16$$

が得られます. 当然, 先に得られた解と同じ唯一の解$x=16$, $y=16$, $z=20$が得られます. このように下の行にある方程式から得られた解を上の行の変数に代入して解を求める計算を**後退代入**[9]といいます.

---

9) backward substitution

即問6 以下の計算の各段階でどの行基本演算が用いられたかを答えなさい.

$$\left[\begin{array}{cc|c} 3 & 2 & 1 \\ 1 & -1 & 2 \end{array}\right] \xrightarrow{\text{(a)}} \left[\begin{array}{cc|c} 1 & -1 & 2 \\ 3 & 2 & 1 \end{array}\right] \xrightarrow{\text{(b)}} \left[\begin{array}{cc|c} 1 & -1 & 2 \\ 0 & 5 & -5 \end{array}\right]$$

$$\xrightarrow{\text{(c)}} \left[\begin{array}{cc|c} 1 & -1 & 2 \\ 0 & 1 & -1 \end{array}\right] \xrightarrow{\text{(d)}} \left[\begin{array}{cc|c} 1 & 0 & 1 \\ 0 & 1 & -1 \end{array}\right]$$

常にうまく働くのか?

以上の計算手順をきちんと記述するためには目標とする行列を注意深く定義しておく必要があります. 以前に, すべての1を対角要素にもち他の要素は0である行列を目標とすると述べたのですが, この目標がいつも達成できるというわけではありません. ところが次の定義で与える形の行列は常に達成可能で, しかも線形方程式系に解があるならその形から容易に解を得ることができます.

定 義 行列は以下の条件を満たすとき**行階段形**[10,13] であるという.

1. 非零要素をもつ行はどの零行よりも上にある.
2. 各行の左から数えて最初の非零要素は1である.
3. $i<j$ なら, 第 i 行の最初の非零要素は第 j 行の最初の非零要素よりも厳密に左にある.

行階段形の各行の最初の非零要素を**枢軸**[11] とよぶ. 行列は以下の条件を満たすとき**既約行階段形**[12,13] であるという.

1. 行階段形である.
2. 枢軸のある列の枢軸以外の要素は零である.

即問6の答 (a) **R3**: 行を交換, (b) **R1**: 第1行の−3倍を第2行に, (c) **R2**: 第2行を1/5倍, (d) **R1**: 第2行を第1行に

10) row-echelon form, REF　11) pivot

12) reduced row-echelon form, RREF

13) 訳注: 行階段形と既約行階段形の図を右に描いておきます.

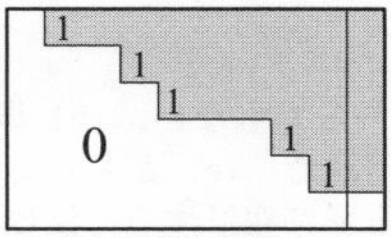

行階段形

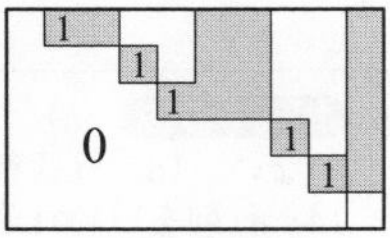

既約行段階形

即問7 以下の行列が行階段形であるか，あるいは既約行階段形であるかを判定しなさい．

$$\text{(a)}\ \left[\begin{array}{cc|c}1&1&0\\0&2&1\\0&0&1\end{array}\right]\quad \text{(b)}\ \left[\begin{array}{cc|c}1&-3&0\\0&0&1\\0&0&0\end{array}\right]\quad \text{(c)}\ \left[\begin{array}{cc|c}1&1&0\\0&1&2\\0&0&0\end{array}\right]$$

$$\text{(d)}\ \left[\begin{array}{cc|c}1&0&0\\0&1&0\\0&0&1\end{array}\right]\quad \text{(e)}\ \left[\begin{array}{cc|c}1&0&0\\0&0&0\\0&1&0\end{array}\right]$$

このような多少複雑な条件を目標の行列に対して設定するのは，どんな行列も行基本演算によって既約行階段形に変形できることがその理由です．しかもそれにおとらず重要なのは，既約行階段形から一目で解の存在を判定でき，少しの計算で解の全体を把握できることです．

定理1・1 どのような線形方程式系についても，その拡大係数行列は行基本演算によって既約行階段形に変形できる．

■**証明** ここでは行基本演算によって既約行階段形に変形する手順を具体的に記述することで証明を与えます．アルゴリズムによる証明の一例です．以前述べたように利用する手順は**ガウスの消去法**[14] です．

まず，非零要素をもつ（左からみて）最初の列を見つけます．必要なら行基本演算 **R3** を使って，見つけた非零要素をその列の最も上（1 行目）に移動し，行基本演算 **R2** を使ってこの要素を 1 にしておきます．これが 1 行目の枢軸になります．次に行基本演算 **R1**，つまり 1 行目の適当な定数倍を他の行に加えることによってこの枢軸のある列の他の要素をすべて 0 にします[15]．そうすると行列は，初めの何本かの零の列に続いて最初の非零列は最上段に 1 をもち他の要素が 0 である形になります．ただし，初めの零列はないこともあります．

次には第 2 行から下に向かって非零要素をもつ列を探します．必要なら行基本演算 **R3** を用いて見つけた非零要素をその列の 2 行目に移動し，行基本演算 **R2** を使ってこの要素を 1 にします．これが 2 行目の枢軸です．この枢軸は第 1 行目の

即問7の答 (a) どちらでもない，(b) 既約行階段形，(c) 行階段形だが既約行階段形でない，(d) 既約行階段形，(e) どちらでもない

14) 行列を既約行階段形に変形する方法は特にガウス・ジョルダン消去法とよばれます．

15) 訳注：前進消去です．

枢軸よりも右側にあることに注意してください．第2行を用いた行基本演算 **R1** によって枢軸のある列の3行目以降を0にします．

以上の手順を可能な限り繰返します．この手順が実行できなくなるのは残った行に非零要素がない場合に限りますが，その時点で行列は行階段形に変形されていることがわかります．

最後に行基本演算 **R1** を用いてすべての枢軸のある列の枢軸以外の要素を0にすれば得られた行列は既約行階段形になります． ■

即問8 (a) 行基本演算で述べた方程式系（1・6）の解法は上の定理1・1の証明で用いたガウスの消去法であることを確かめなさい．

(b) 即問6で用いた行基本演算が上のアルゴリズムとどこが異なるかを説明しなさい[16]．

拡大係数行列の縦線より左にある列は線形方程式系の変数に対応していたことを思い出してください．

定 義 線形方程式系の変数は，対応する列が既約行階段形で枢軸をもつ場合に**枢軸変数**[17] とよばれ，そうでない場合に**自由変数**[18] とよばれる．

各行にはたかだか1個しか枢軸がありませんので，枢軸をもつ行は自由変数による枢軸変数を表す式を与えます．たとえば大麦，イースト，牛乳の量についての式に戻って考えます．パンとビールとチーズを初めのレシピで作るとして，それにミューズリを追加します．ミューズリをボウル1杯作るのに大麦半ポンドと牛乳1カップ必要です．ミューズリをボウル w 杯だけ作るとすると4変数の3本の方程式からなる新しい方程式系が得られます（x はパン，y はビール，z はチーズの量です）．

$$
\begin{aligned}
x + \frac{1}{4}y + \frac{1}{2}w &= 20 \\
2x + \frac{1}{4}y &= 36 \\
x + 8z + w &= 176
\end{aligned}
\tag{1・9}
$$

16) 即問6の計算手順が間違っていたという意味ではありません．既約行階段形を見つけるのに少し異なった方法を使ったにすぎません．

即問8の答 (b) 上のアルゴリズムに従えばはじめに行の交換を行わずに1行目に1/3を掛けることになります．

17) pivot variable　18) free variable

変数を x, y, z, w の順に並べれば拡大係数行列は

$$\left[\begin{array}{cccc|c} 1 & \frac{1}{4} & 0 & \frac{1}{2} & 20 \\ 2 & \frac{1}{4} & 0 & 0 & 36 \\ 1 & 0 & 8 & 1 & 176 \end{array}\right]$$

となり，その既約行階段形は

$$\left[\begin{array}{cccc|c} 1 & 0 & 0 & -\frac{1}{2} & 16 \\ 0 & 1 & 0 & 4 & 16 \\ 0 & 0 & 1 & \frac{3}{16} & 20 \end{array}\right] \tag{1・10}$$

となります（練習問題1・2・5）．これから x, y, z が枢軸変数であり，w が自由変数であることがわかります．ただし，自由変数がいつも枢軸変数よりも後に現れるとは限りません．これから w によって x, y, z を表す式が

$$\begin{aligned} x &= 16 + \frac{1}{2}w \\ y &= 16 - 4w \\ z &= 20 - \frac{3}{16}w \end{aligned} \tag{1・11}$$

と得られます．ミューズリの量を決めれば他のものをどれだけ作ることができるかが決まります．たとえばミューズリをボウル 2 杯作ることにすればパンは 17 個，ビール 8 パイント，チーズ $19\frac{5}{8}$ 個作ることになります．

即問9　$(x, y, z, w) = (17, 8, 19\frac{5}{8}, 2)$ が（1・9）の解であることを論より証拠原理によって確かめなさい．

（1・11）をみると少し意外なことが目にとまります．それはミューズリとパンは必要な食材が被っているのに，ミューズリを増やすとパンも増えてしまうという事実です．そのからくりは（1・11）から読み取れます．実は，ミューズリを作るとビールとチーズの量が減り，その結果パンの量が増えるというわけです．このような説明ができるのは方程式系を解いたおかげです．

方程式系を既約行階段形にまで変形せずに行階段形でとどめておいて，自由変数の値を決めて，後退代入によって枢軸変数の値を求めることも可能です．理論上はこの手順の手間は上で説明した手順の手間と変わりません．しかし有限桁の数値しか扱えないというコンピューターの特性のため，線形方程式系の数値解をコンピューターで求めるには後退代入の方が適しています．これは既約行階段形にまで変形する演算が丸め誤差の影響を受けやすいことによります．

丸め誤差をいかに抑えるかは数値解析の線形計算の分野で研究されています

が[19]，その話題は本書の範囲を超えます．以降では解の存在や一意性の理解に好都合な既約行階段形をおもに扱います．定理 1・1 の証明から行階段形と既約行階段形の間には枢軸が同じであるという重要な関係があることがわかりますが，次の項でこれが役立ちます．

枢軸と解の存在とその一意性

枢軸変数を自由変数によって表すための上の計算手順は，一つの例外を除けばいつでもうまく機能します．その例外とは最後の非零行が縦線の右にある列に枢軸をもつ場合です．この場合には方程式 $0=1$ が得られますから方程式系は解をもちません．この例外を除けば自由変数にどのような値を与えようと解が得られます．

定理 1・2 線形方程式系が解をもつ必要十分条件は，その拡大係数行列の行階段形の最後の列（縦線の右）に枢軸がないことである．

■ **証明** 行階段形と既約行階段形とは同じ場所に枢軸をもちますから，拡大係数行列が既約行階段形に変形されているとして話を進めます．

最後の列に枢軸がないとすると，各枢軸変数を自由変数で表す式が得られますから，自由変数を 0 とおけば[20] 解が得られます．

最後の列に枢軸があれば方程式系には $0=1$ なる等式が含まれているので，解は存在しません． ■

■ **例** $n\times n$ 線形方程式系は下の式のように $i>j$ なる (i,j) について $a_{ij}=0$ であるとき**上三角**[21] であるとよばれます．

$$\begin{aligned} a_{11}x_1+a_{12}x_2+a_{13}x_3+\cdots+a_{1n}x_n &= b_1 \\ a_{22}x_2+a_{23}x_3+\cdots+a_{2n}x_n &= b_2 \\ a_{33}x_3+\cdots+a_{3n}x_n &= b_3 \\ &\vdots \\ a_{nn}x_n &= b_n \end{aligned} \qquad (1\cdot 12)$$

どの i についても $a_{ii}\neq 0$ なら，i 行を a_{ii} で割れば行階段形に変形でき，しかも初めのどの n 列にも枢軸がありますから，最後の列は枢軸をもちません．よって定理 1・2 より（1・12）には解があります． ■

19）訳注：たとえば，杉原正顯，室田一雄，「線形計算の数理」，岩波数学叢書，岩波書店（2009）を見てください．

20）0 を選んだことに特別の理由はありません．自由変数にどんな値を与えても大丈夫です．

21）upper triangular

定理 1・3　解をもつ n 変数の線形方程式系に対して，その解が一意である必要十分条件は拡大係数行列の行階段形の初めの n 列のすべてに枢軸があることである．

■証明　定理 1・2 の証明と同様，拡大係数行列は既約行階段形になっているとしておきます．これから枢軸変数を自由変数で表す式が得られ，自由変数に任意の値を与えれば解を得ることができます．まず，既約行階段形の初めの n 列のどれかが枢軸をもたないと仮定すると少なくとも一つの自由変数がありますので，それを x_i とします．すべての自由変数に 0 を代入して得られる解と，$x_i = 1$ とし x_i 以外の自由変数に 0 を代入して得られる解は相異なります．

よってこの場合には複数の相異なる解があります．

逆に既約行階段形の初めの n 列すべてが枢軸をもてば，既約行階段形は

$$\left[\begin{array}{cccc|c} 1 & 0 & \cdots & 0 & b_1 \\ 0 & 1 & \cdots & 0 & b_2 \\ \vdots & \vdots & \ddots & \vdots & \vdots \\ 0 & 0 & \cdots & 1 & b_n \\ 0 & 0 & \cdots & 0 & 0 \\ \vdots & \vdots & \ddots & \vdots & \vdots \\ 0 & 0 & \cdots & 0 & 0 \end{array}\right]$$

という形をしていることになります．（ただしもとの線形方程式系に冗長な方程式がない場合には下の方の零行はありません．）したがって方程式系は $x_i = b_i$ なる形の n 本の方程式からできていることになり，解は一意です．■

■例　上三角の（1・12）を取上げます．以前みたようにすべての $a_{ii} \neq 0$ なら初めのどの n 列にも枢軸がある行階段形ですから，定理 1・3 により解は一意です．

$a_{ii} = 0$ なる i がある場合を考えます．そのような最小の i の列は枢軸をもちません．よってこの場合には定理 1・3 から（1・12）には解がないか，あるいは複数の解をもつことがわかります．■

系 1・4　$m < n$ なら $m \times n$ 線形方程式系は一意解をもたない．

■証明　$m < n$ なら拡大係数行列の既約行階段形の枢軸はたかだか m 個ですから，初めの n 列すべてが枢軸をもつことはありません．したがって定理 1・3 から一意解をもちません．■

定 義 $m\times n$ 線形方程式系は $m<n$ のとき**劣決定**[22] であるという.

この定義は，方程式の本数が変数の個数より少ないと線形方程式系には解を一意に決定するだけの情報が含まれていないという系1・4からきています．ただし劣決定でありながら解をもたないこともあります.

即問10 劣決定でしかも解をもたない線形方程式系の例を与えなさい.

定 義 $m\times n$ 線形方程式系は $m>n$ のとき**優決定**[23] であるという.

これは方程式の本数が変数より多く，通常方程式による制約がきつすぎて解が存在しないという状況を示しています.

ま と め

- 行列とは二つの添え字をもつ数値を並べたもの: $\mathbf{A}=[a_{ij}]_{\substack{1\le i\le m\\ 1\le j\le n}}$
- 線形方程式系は係数行列を左に右辺定数ベクトルを右に書いた拡大係数行列にまとめることができる.
- ガウスの消去法は拡大係数行列に行基本演算を用いて線形方程式系を解く方法．用いる演算は行の定数倍を他の行に加える（**R1**），行を非零倍する（**R2**），二つの行を交換する（**R3**）の三つ.
- 行列の行階段形とは，零行が最後にあり，非零行の最初の要素は1で，各行の最初の非零要素はそれより上の行の最初の非零要素よりも右にある形.
- 行階段形の各行の最初の非零要素を枢軸という．すべての枢軸がその列の唯一の非零要素なら行階段形は既約であるという.
- 拡大係数行列の最後の列以外の各列は変数に対応している．行階段形で枢軸のある列に対応した変数が枢軸変数．他の変数は自由変数.
- 既約行階段形で，最後の列に枢軸がないことが線形方程式系が解をもつことと同値．解をもつ線形方程式系の解が一意であることとすべての変数が枢軸変数であることは同値.

22） underdetermined

即問10の答 たとえば $x+y+z=0,\ x+y+z=1$

23） overdetermined

練習問題

1・2・1 どの行基本演算が各ステップで使われたかを答えなさい．その際，どの行の何倍がどの行に加えられたかまで答えるように．
ヒント：答えは一通りとは限りません．

$$\begin{bmatrix} 1 & 2 & 3 \\ 4 & 5 & 6 \\ 7 & 8 & 9 \\ 10 & 11 & 12 \end{bmatrix} \xrightarrow{(a)} \begin{bmatrix} 1 & 2 & 3 \\ 4 & 5 & 6 \\ -3 & -3 & -3 \\ 10 & 11 & 12 \end{bmatrix} \xrightarrow{(b)} \begin{bmatrix} 4 & 5 & 6 \\ 1 & 2 & 3 \\ -3 & -3 & -3 \\ 10 & 11 & 12 \end{bmatrix} \xrightarrow{(c)} \begin{bmatrix} 1 & 2 & 3 \\ 1 & 2 & 3 \\ -3 & -3 & -3 \\ 10 & 11 & 12 \end{bmatrix}$$

$$\xrightarrow{(d)} \begin{bmatrix} 1 & 2 & 3 \\ 1 & 2 & 3 \\ -3 & -3 & -3 \\ 0 & -9 & -18 \end{bmatrix} \xrightarrow{(e)} \begin{bmatrix} 1 & 2 & 3 \\ 1 & 2 & 3 \\ -3 & -3 & -3 \\ 0 & 1 & 2 \end{bmatrix} \xrightarrow{(f)} \begin{bmatrix} 1 & 2 & 3 \\ 1 & 2 & 3 \\ 1 & 1 & 1 \\ 0 & 1 & 2 \end{bmatrix}$$

$$\xrightarrow{(g)} \begin{bmatrix} 0 & 1 & 2 \\ 1 & 2 & 3 \\ 1 & 1 & 1 \\ 0 & 1 & 2 \end{bmatrix} \xrightarrow{(h)} \begin{bmatrix} 0 & 1 & 2 \\ 0 & 1 & 2 \\ 1 & 1 & 1 \\ 0 & 1 & 2 \end{bmatrix}$$

1・2・2 どの行基本演算が各ステップで使われたかを答えなさい．その際，どの行の何倍がどの行に加えられたかまで答えるように．
ヒント：答えは一通りとは限りません．

$$\begin{bmatrix} 1 & 2 & 3 \\ 4 & -5 & 6 \\ 7 & 9 & 8 \\ 6 & 7 & 5 \end{bmatrix} \xrightarrow{(a)} \begin{bmatrix} 1 & 2 & 3 \\ 4 & -5 & 6 \\ 6 & 7 & 5 \\ 7 & 9 & 8 \end{bmatrix} \xrightarrow{(b)} \begin{bmatrix} 1 & 2 & 3 \\ 0 & -13 & -6 \\ 6 & 7 & 5 \\ 7 & 9 & 8 \end{bmatrix} \xrightarrow{(c)} \begin{bmatrix} 1 & 2 & 3 \\ 0 & 13 & 6 \\ 6 & 7 & 5 \\ 7 & 9 & 8 \end{bmatrix}$$

$$\xrightarrow{(d)} \begin{bmatrix} 1 & -11 & -3 \\ 0 & 13 & 6 \\ 6 & 7 & 5 \\ 7 & 9 & 8 \end{bmatrix} \xrightarrow{(e)} \begin{bmatrix} 1 & -11 & -3 \\ 0 & 13 & 6 \\ 7 & -4 & 2 \\ 7 & 9 & 8 \end{bmatrix} \xrightarrow{(f)} \begin{bmatrix} 1 & -11 & -3 \\ 0 & 13 & 6 \\ 7 & -4 & 2 \\ 0 & 13 & 6 \end{bmatrix}$$

$$\xrightarrow{(g)} \begin{bmatrix} 1 & -11 & -3 \\ 0 & 0 & 0 \\ 7 & -4 & 2 \\ 0 & 13 & 6 \end{bmatrix} \xrightarrow{(h)} \begin{bmatrix} 1 & -11 & -3 \\ 0 & 13 & 6 \\ 7 & -4 & 2 \\ 0 & 0 & 0 \end{bmatrix}$$

1・2・3 以下の行列の既約行階段形を求めなさい．

(a) $\begin{bmatrix} -2 & 0 & 1 \\ 1 & 3 & -4 \end{bmatrix}$ (b) $\left[\begin{array}{cccc|c} 2 & 3 & 4 & -1 & 1 \\ 1 & 0 & -1 & 0 & 3 \\ 2 & 2 & 2 & -1 & 2 \end{array}\right]$ (c) $\begin{bmatrix} -2 & 1 \\ 0 & 3 \\ 1 & -4 \end{bmatrix}$

(d) $\begin{bmatrix} 1 & 2 & -3 \\ 4 & -5 & 6 \\ 7 & -8 & 9 \end{bmatrix}$ (e) $\begin{bmatrix} 1 & 1 & 1 & 1 \\ 1 & 2 & 2 & 2 \\ 1 & 2 & 3 & 3 \\ 1 & 2 & 3 & 4 \end{bmatrix}$ (f) $\left[\begin{array}{cccc|c} -1 & 2 & 1 & 0 & 1 \\ 2 & 3 & 1 & -1 & 1 \\ -1 & -2 & 0 & 2 & -1 \\ 2 & 2 & 1 & 0 & 1 \end{array}\right]$

1・2・4 以下の行列の既約行階段形を求めなさい．

(a) $\begin{bmatrix} 3 & 0 & 2 \\ 1 & -4 & 1 \end{bmatrix}$ (b) $\left[\begin{array}{cccc|c} 2 & 1 & 3 & 0 & 0 \\ -1 & 1 & -3 & 2 & -3 \\ 1 & 0 & 2 & -1 & 1 \end{array}\right]$ (c) $\begin{bmatrix} -3 & 0 \\ 1 & 2 \\ 4 & -1 \end{bmatrix}$

(d) $\begin{bmatrix} 1 & 2 & 3 \\ 4 & 5 & 6 \\ 7 & 8 & 9 \end{bmatrix}$ (e) $\begin{bmatrix} 1 & 2 & 3 & 4 \\ 2 & 2 & 3 & 4 \\ 3 & 3 & 3 & 4 \\ 4 & 4 & 4 & 4 \end{bmatrix}$ (f) $\left[\begin{array}{cccc|c} 2 & 1 & 0 & 3 & 9 \\ -1 & 1 & 3 & 1 & -1 \\ 1 & 2 & 3 & -2 & -4 \\ 0 & 2 & 4 & 1 & 0 \end{array}\right]$

1・2・5 行列（1・10）が線形方程式系（1・9）の既約行階段形であることを示しなさい．

1・2・6 以下の線形方程式系のすべての解を求めなさい．

(a) $\begin{aligned} x+3y+5z&=7 \\ 2x+4y+6z&=8 \end{aligned}$ (b) $\begin{aligned} x-2y+z+3w&=3 \\ -x+y-3z-w&=-1 \end{aligned}$ (c) $\begin{aligned} x+0y+z&=2 \\ x-y+2z&=-1 \\ x+y&=5 \end{aligned}$

(d) $\begin{aligned} 3x+y-2z&=-3 \\ x+0y+2z&=4 \\ -x+2y+3z&=1 \\ 2x-y+z&=-6 \end{aligned}$ (e) $\begin{aligned} 3x+y-2z&=-3 \\ x+0y+2z&=-4 \\ -x+2y+3z&=1 \\ 2x-y+z&=-6 \end{aligned}$

1・2・7 以下の線形方程式系のすべての解を求めなさい．

(a) $\begin{aligned} x+2y+3z&=4 \\ 5x+6y+7z&=5 \end{aligned}$ (b) $\begin{aligned} x-3y+2z-w&=1 \\ 2x+y-z+5w&=2 \end{aligned}$ (c) $\begin{aligned} 2x-y+z&=3 \\ -x+3y+2z&=1 \\ x+2y+3z&=4 \end{aligned}$

(d) $\begin{aligned} x-y+2z&=3 \\ 2x+y-z&=1 \\ -x+2y-z&=-2 \\ 3x-2y+z&=4 \end{aligned}$ (e) $\begin{aligned} x-y+2z&=1 \\ 2x+y-z&=3 \\ -x+2y-z&=-4 \\ 3x-2y+z&=2 \end{aligned}$

1・2・8 $f(x)=ax^3+bx^2+cx+d$ はそのグラフが $(-1, 2)$，$(0, 3)$，$(1, 4)$，$(2, 15)$ を通る 3 次多項式です．係数を決めなさい．

1・2・9 $f(x)=ax^3+bx^2+cx+d$ はそのグラフが $(-2, 2)$，$(-1, -1)$，$(0, 2)$，$(1, 5)$ を通る 3 次多項式です．係数を決めなさい．

1・2・10 $ad-bc\neq 0$ なら

$$ax+by=e$$
$$cx+dy=f$$

が一意解をもつことを示しなさい．

ヒント：$a\neq 0$ の場合と $a=0$ の場合に分けなさい．

1・2・11 1・1 節のレシピ（1・3 式の左辺参照）にしたがってパン，ビール，チーズを作ることを考えます．大麦 1 ポンド，イーストスプーン 2 杯，牛乳 5 カップ，ローズマリースプーン 2 杯を使い切ることは可能ですか．

1・2・12 (a) 実数 $\mathbb{R}$ 上の線形方程式系は，解をもたないか，唯一の解をもつか，あるいは無限個の解をもつかのいずれかであることを説明しなさい．

(b) 上の事実が次の方程式系がちょうど二つの解をもつことに矛盾しない理由を述べなさい．

$$x^2-y=1$$
$$x+2y=3$$

1・2・13 以下に示した条件を満たす線形方程式系が存在するかを判定し，存在する場合には例を与えなさい．また，存在しない理由，あるいは与えた例が条件を満たしている理由を述べなさい．

(a) 劣決定で解をもたない

(b) 劣決定で一意解をもつ

(c) 劣決定で複数の解をもつ

(d) 優決定で解をもたない

(e) 優決定で複数の解をもつ

(f) 優決定で一意解をもつ

(g) 正方（$n\times n$）で解をもたない

(h) 正方で一意解をもつ

(i) 正方で複数の解をもつ

1・2・14 どのようなときに次の線形方程式系は解をもちますか．b_i が満たすべき方程式を与えることによって答えなさい．

$$2x+y=b_1$$
$$x-y+3z=b_2$$
$$x-2y+5z=b_3$$

1・2・15　どのようなときに次の線形方程式系は解をもちますか．b_i が満たすべき方程式を与えることによって答えなさい．

$$\begin{aligned} x_1 + 2x_2 - x_3 + 7x_4 &= b_1 \\ -x_2 + x_3 - 3x_4 &= b_2 \\ 2x_1 - 2x_3 + 2x_4 &= b_3 \\ -3x_1 + x_2 + 4x_3 &= b_4 \end{aligned}$$

1・3　ベクトルと線形方程式系の幾何学

ベクトルと線形結合

この節では線形方程式系を表現するもう一つの方法を導入します．この表現のおかげでベクトルの幾何学についての知識が活用できるようになります．

> **定　義**　実数 $\mathbb{R}$ 上の ***n* 次元数ベクトル**[1] を順序付けられた n 個の実数の組と定義する[2]．本書では数ベクトルは**列ベクトル**[3] とし，
>
> $$\mathbf{v} = \begin{bmatrix} v_1 \\ v_2 \\ \vdots \\ v_n \end{bmatrix}$$
>
> と書く．ここで各 i について $v_i \in \mathbb{R}$ である．$\mathbb{R}$ 上の n 次元数ベクトル全体を $\mathbb{R}^n$ と表記する．

この定義から，数ベクトルの等式 $\begin{bmatrix} v_1 \\ \vdots \\ v_n \end{bmatrix} = \begin{bmatrix} w_1 \\ \vdots \\ w_n \end{bmatrix}$ は $i = 1, 2, \ldots, n$ すべてについて $v_i = w_i$ であることを意味します．数ベクトルの等式 1 本が実数の間の n 本の等式を表すことになります．

1）*n*-dimensional vector

2）訳注：体 $\mathbb{F}$ の要素を並べたベクトルを後で出てくる一般のベクトルと区別する必要がある場合には数ベクトルという名称を使いますが，“数”を省略することもあります．

3）column vector

ベクトル解析の授業でベクトルを実数と区別するために$\vec{v}$のような記号に出会ったことがあるかもしれません．本書を読み進むに連れて明らかになると思いますが，線形代数の強さはその普遍性にあると言えます．とりわけベクトルは空間の矢線に留まらないより一般的な概念ですので，本書では前述の記号を採用しないことにしました．

数ベクトルに対する最も基本的な演算は，実数を掛けることと数ベクトル同士を足し合わせることです．

定 義 1. $\mathbf{v}=\begin{bmatrix} v_1 \\ v_2 \\ \vdots \\ v_n \end{bmatrix}\in\mathbb{R}^n$ と $c\in\mathbb{R}$ に対して $\mathbf{v}$ の c による**スカラー倍**[4] $c\mathbf{v}$ を

$$c\mathbf{v} := \begin{bmatrix} cv_1 \\ cv_2 \\ \vdots \\ cv_n \end{bmatrix}^{5)}$$

と定義する．実数を扱っている場合には実数を**スカラー**[6] とよぶ．

2. $\mathbf{v}=\begin{bmatrix} v_1 \\ v_2 \\ \vdots \\ v_n \end{bmatrix}\in\mathbb{R}^n$ と $\mathbf{w}=\begin{bmatrix} w_1 \\ w_2 \\ \vdots \\ w_n \end{bmatrix}\in\mathbb{R}^n$ に対してその**和**[7] を

$$\mathbf{v}+\mathbf{w} := \begin{bmatrix} v_1+w_1 \\ v_2+w_2 \\ \vdots \\ v_n+w_n \end{bmatrix}$$

と定義する．

3. $\mathbf{v}_1, \mathbf{v}_2, \ldots, \mathbf{v}_k\in\mathbb{R}^n$ の**線形結合**[8] を

$$\sum_{i=1}^{k} c_i\mathbf{v}_i = c_1\mathbf{v}_1 + c_2\mathbf{v}_2 + \cdots + c_k\mathbf{v}_k$$

と定義する．ここで，$c_1, c_2, \ldots, c_k\in\mathbb{R}$ である．

4) scalar multiple
5) := は定義を意味します．定義されている側にコロンを打ちます．$b=:a$ と書くこともありますが，これは既知の b で a を定義するという意味です．
6) scalar　7) sum　8) linear combination

4. $\mathbf{v}_1, \mathbf{v}_2, \ldots, \mathbf{v}_k \in \mathbb{R}^n$ の**スパン**[9] $\langle \mathbf{v}_1, \mathbf{v}_2, \ldots, \mathbf{v}_k \rangle$ をその線形結合の全体と定義する．すなわち

$$\langle \mathbf{v}_1, \mathbf{v}_2, \ldots, \mathbf{v}_k \rangle := \left\{ \sum_{i=1}^{k} c_i \mathbf{v}_i \,\middle|\, c_1, c_2, \ldots, c_k \in \mathbb{R} \right\}$$

である．

■**例** 1. $i=1, \ldots, n$ について $\mathbf{e}_i \in \mathbb{R}^n$ を第 i 要素が 1 で他の要素がすべて 0 である数ベクトルとします[10]．$\mathbf{e}_1, \ldots, \mathbf{e}_n$ は**標準基底ベクトル**[11] とよばれます．任意に与えられたベクトル $\mathbf{x} = \begin{bmatrix} x_1 \\ \vdots \\ x_n \end{bmatrix} \in \mathbb{R}^n$ は $\mathbf{x} = x_1\mathbf{e}_1 + \cdots + x_n\mathbf{e}_n$ と書けるので $\langle \mathbf{e}_1, \ldots, \mathbf{e}_n \rangle = \mathbb{R}^n$ です．

2. $\mathbf{v}_1 = \begin{bmatrix} 1 \\ 0 \end{bmatrix}$ と $\mathbf{v}_2 = \begin{bmatrix} 1 \\ 2 \end{bmatrix}$ とすると，任意に与えられた数ベクトル $\mathbf{x} = \begin{bmatrix} x \\ y \end{bmatrix} \in \mathbb{R}^2$ は

$$\begin{bmatrix} x \\ y \end{bmatrix} = \left(x - \frac{y}{2} \right) \mathbf{v}_1 + \frac{y}{2} \mathbf{v}_2$$

と書けるので $\langle \mathbf{v}_1, \mathbf{v}_2 \rangle = \mathbb{R}^2$ です．

3.
$$\mathbf{v}_1 = \begin{bmatrix} 1 \\ 0 \end{bmatrix} \qquad \mathbf{v}_2 = \begin{bmatrix} 0 \\ 1 \end{bmatrix} \qquad \mathbf{v}_3 = \begin{bmatrix} 1 \\ 2 \end{bmatrix}$$

とすると，上の二つの例から

$$\begin{aligned} \begin{bmatrix} 1 \\ 1 \end{bmatrix} &= 1\mathbf{v}_1 + 1\mathbf{v}_2 + 0\mathbf{v}_3 \\ &= \frac{1}{2}\mathbf{v}_1 + 0\mathbf{v}_2 + \frac{1}{2}\mathbf{v}_3 \end{aligned}$$

が得られます．これから数ベクトル $\mathbf{v}_1, \ldots, \mathbf{v}_k$ の線形結合 $\sum_{i=1}^{k} c_i \mathbf{v}_i$ の書き方は一通りでないことがわかります． ■

---

9) span

10) $\mathbf{e}_i$ が示す数ベクトルの形は n に依存します．$n=2$ なら $\mathbf{e}_1 = \begin{bmatrix} 1 \\ 0 \end{bmatrix}$，$n=3$ なら $\mathbf{e}_1 = \begin{bmatrix} 1 \\ 0 \\ 0 \end{bmatrix}$ です．しかし記号を煩雑にしないために n を省略します．

11) standard basis vector

線形方程式系のベクトル表記

前に考えた線形方程式系は

$$\begin{aligned} x + \frac{1}{4}y &= 20 \\ 2x + \frac{1}{4}y &= 36 \end{aligned} \tag{1・13}$$

でした．$\mathbb{R}$ 上のこの 2 本の方程式は数ベクトルを用いれば

$$x\begin{bmatrix} 1 \\ 2 \end{bmatrix} + y\begin{bmatrix} \frac{1}{4} \\ \frac{1}{4} \end{bmatrix} = \begin{bmatrix} 20 \\ 36 \end{bmatrix} \tag{1・14}$$

と 1 本の方程式で書くことができます．

即問 11 （1・14）が（1・13）と同じ方程式系であることを確かめなさい．

方程式系としては同じものなのですが，このように書くことによってそれまでとは違った見方ができます．つまり（1・14）が解をもつことは数ベクトル $\begin{bmatrix} 20 \\ 36 \end{bmatrix}$ がスパン

$$\left\langle \begin{bmatrix} 1 \\ 2 \end{bmatrix}, \begin{bmatrix} \frac{1}{4} \\ \frac{1}{4} \end{bmatrix} \right\rangle$$

に属していることと同値であることがわかります．数ベクトル $\begin{bmatrix} 20 \\ 36 \end{bmatrix}$ を $\begin{bmatrix} 1 \\ 2 \end{bmatrix}$ と $\begin{bmatrix} \frac{1}{4} \\ \frac{1}{4} \end{bmatrix}$ の線形結合で表したときの係数が，大麦とイーストから作ることのできるパンとビールの量を与えます．

一般に $m \times n$ 線形方程式系

$$\begin{aligned} a_{11}x_1 + a_{12}x_2 + \cdots + a_{1n}x_n &= b_1 \\ a_{21}x_1 + a_{22}x_2 + \cdots + a_{2n}x_n &= b_2 \\ &\vdots \\ a_{m1}x_1 + a_{m2}x_2 + \cdots + a_{mn}x_n &= b_m \end{aligned} \tag{1・15}$$

は

$$x_1\begin{bmatrix} a_{11} \\ a_{21} \\ \vdots \\ a_{m1} \end{bmatrix} + x_2\begin{bmatrix} a_{12} \\ a_{22} \\ \vdots \\ a_{m2} \end{bmatrix} + \cdots + x_n\begin{bmatrix} a_{1n} \\ a_{2n} \\ \vdots \\ a_{mn} \end{bmatrix} = \begin{bmatrix} b_1 \\ b_2 \\ \vdots \\ b_m \end{bmatrix} \tag{1・16}$$

というように，右辺の m 次元数ベクトルが n 本の m 次元数ベクトルの未知の係数による線形結合に等しいという1本の方程式で書き表せます．

実は（1・16）の列ベクトルを取出して並べた行列が（1・15）の拡大係数行列

$$\left[\begin{array}{cccc|c} a_{11} & a_{12} & \cdots & a_{1n} & b_1 \\ a_{21} & a_{22} & \cdots & a_{2n} & b_2 \\ \vdots & \vdots & \ddots & \vdots & \vdots \\ a_{m1} & a_{m2} & \cdots & a_{mn} & b_m \end{array}\right]$$

です．

■例　線形方程式系

$$\begin{aligned} x + 2y &= 1 \\ x - y &= 1 \\ -x &= 1 \end{aligned}$$

は解をもちません．したがって $\mathbf{v}_1 = \begin{bmatrix} 1 \\ 1 \\ -1 \end{bmatrix}$， $\mathbf{v}_2 = \begin{bmatrix} 2 \\ -1 \\ 0 \end{bmatrix}$ とすると

$$\begin{bmatrix} 1 \\ 1 \\ 1 \end{bmatrix} \notin \langle \mathbf{v}_1, \mathbf{v}_2 \rangle$$

です．■

即問12　数ベクトル $\begin{bmatrix} x \\ y \end{bmatrix} \in \mathbb{R}^2$ を $\begin{bmatrix} 1 \\ 0 \end{bmatrix}, \begin{bmatrix} 0 \\ 1 \end{bmatrix}, \begin{bmatrix} 1 \\ 2 \end{bmatrix}$ の線形結合で表す仕方は無数にあることを示しなさい．

線形結合の幾何学

$\mathbb{R}^2$ や $\mathbb{R}^3$ で数ベクトルをどのように描いたかを思い出してください．たとえば

即問12の答　拡大係数行列 $\left[\begin{array}{ccc|c} 1 & 0 & 1 & x \\ 0 & 1 & 2 & y \end{array}\right]$ は既約行階段形で，最後の列に枢軸がなく，しかも自由変数があります．

$\begin{bmatrix} 1 \\ 2 \end{bmatrix} \in \mathbb{R}^2$ が与えられたら x-y 平面の原点から座標（1, 2）をもつ点まで矢線を描きました（図 1・3）.

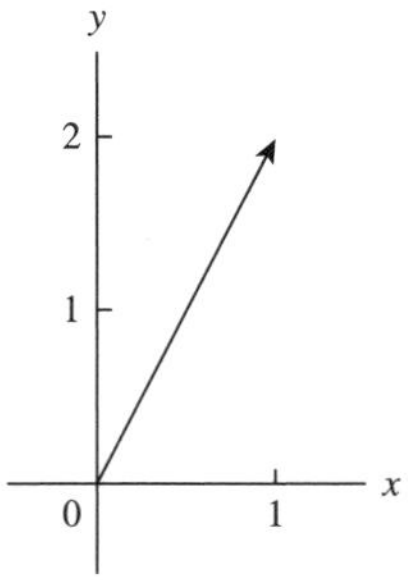

図 1・3　$\mathbb{R}^2$ の数ベクトル $\begin{bmatrix} 1 \\ 2 \end{bmatrix}$ を表す矢線

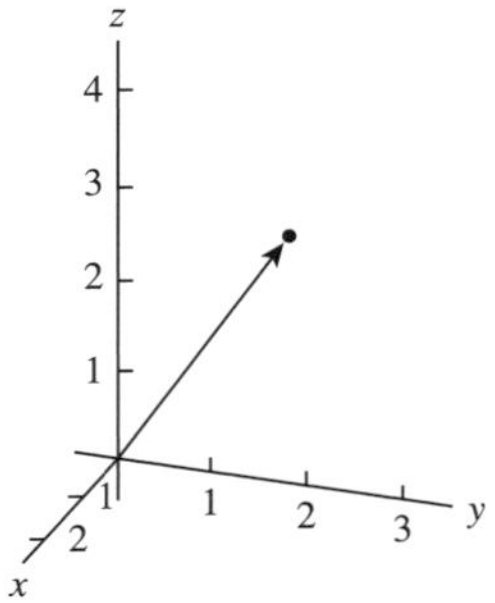

図 1・4　$\mathbb{R}^3$ の数ベクトル $\begin{bmatrix} 1 \\ 2 \\ 3 \end{bmatrix}$ を表す矢線

矢線の長さはピタゴラスの定理によって求めることができます. $\mathbf{v} = \begin{bmatrix} x \\ y \end{bmatrix}$ とすればその**大きさ**[12]（**ノルム**[13] あるいは**長さ**[14] ともいう）$\|\mathbf{v}\|$ は

$$\|\mathbf{v}\| = \sqrt{x^2 + y^2}$$

で与えられます.

$\mathbb{R}^3$ の場合に図を描くのはやさしくありませんが, 基本的には同じことです. 図 1・4 に数ベクトル $\begin{bmatrix} 1 \\ 2 \\ 3 \end{bmatrix}$ を描いておきます.

数ベクトル $\mathbf{v} = \begin{bmatrix} x \\ y \\ z \end{bmatrix}$ の長さは $\|\mathbf{v}\| = \sqrt{x^2 + y^2 + z^2}$ となります.

上で定義したスカラー倍や数ベクトルの和は幾何学的に次のように解釈できます. 数ベクトル $\mathbf{v}$ にスカラー c を掛けて得られる数ベクトル $c\mathbf{v}$ は, c が正の場合には $\mathbf{v}$ と同じ方向で長さが $\|c\mathbf{v}\| = c\|\mathbf{v}\|$ の数ベクトルとなり, c が負の場合には $\mathbf{v}$ と逆方向で長さが $|c|\|\mathbf{v}\|$ の数ベクトルとなります.

12）magnitude　　13）norm　　14）length

即問 13　$\mathbf{v}$ を下の図で示された数ベクトルとしたとき，

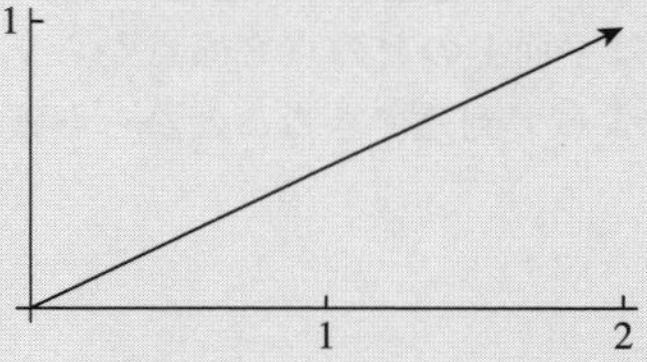

以下のどの図が $-\mathbf{v}$, $0\mathbf{v}$, $\frac{1}{2}\mathbf{v}$, $2\mathbf{v}$, $\pi\mathbf{v}$ を示しているか答えなさい．

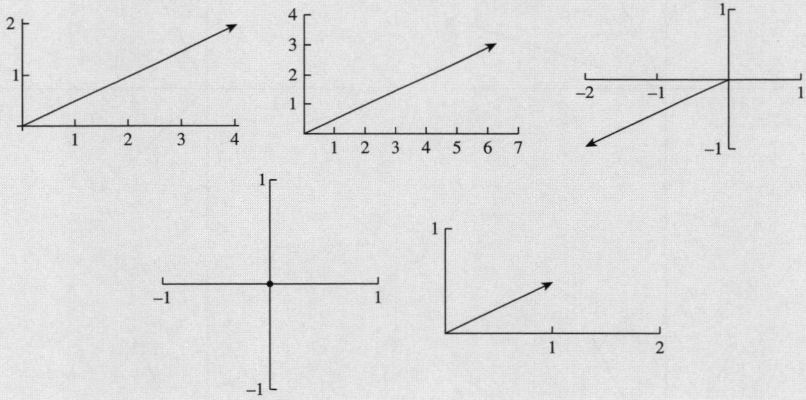

数ベクトル $\mathbf{v}$ と $\mathbf{w}$ の和は，一方の数ベクトル，たとえば $\mathbf{v}$ をその起点が他方の数ベクトル $\mathbf{w}$ の終点にくるように移動したときの $\mathbf{v}$ の終点が示す数ベクトルです（図 1・5）．

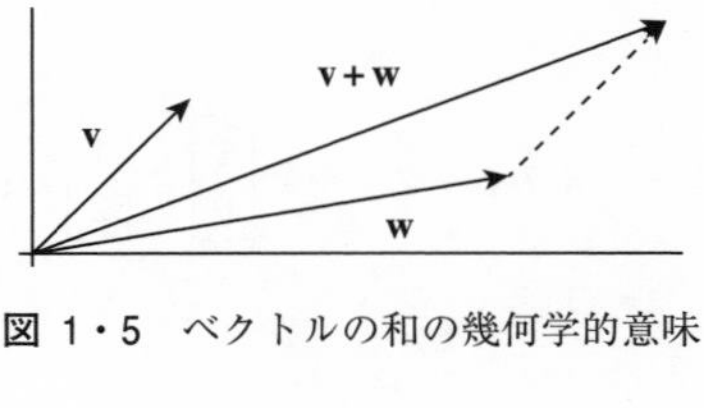

図 1・5　ベクトルの和の幾何学的意味

即問 13 の答　順に $2\mathbf{v}$, $\pi\mathbf{v}$, $-\mathbf{v}$, $0\mathbf{v}$, $(1/2)\mathbf{v}$ です．

■例　1. 27 ページの例では $\mathbf{v}_1 = \begin{bmatrix} 1 \\ 0 \end{bmatrix}$，$\mathbf{v}_2 = \begin{bmatrix} 1 \\ 2 \end{bmatrix}$ のスパンが $\mathbb{R}^2$ であることを代数的に確かめました．これは平面上のどの点も原点から $\mathbf{v}_1$ 方向にいくらか進み，ついで $\mathbf{v}_2$ 方向に進むことによって到達できることからも確かめられます（図 1・6）．

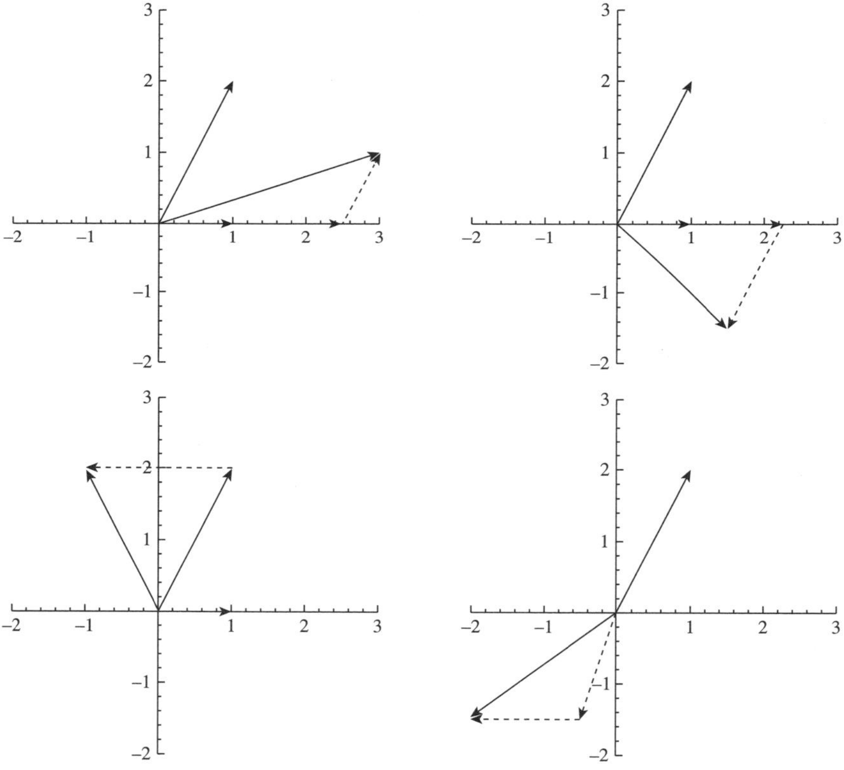

図 1・6　$\mathbb{R}^2$ のいくつかの数ベクトルを $\begin{bmatrix} 1 \\ 0 \end{bmatrix}$ と $\begin{bmatrix} 1 \\ 2 \end{bmatrix}$ の線形結合で表す．

2. 29 ページの例の $\mathbf{v}_1 = \begin{bmatrix} 1 \\ 1 \\ -1 \end{bmatrix}$ と $\mathbf{v}_2 = \begin{bmatrix} 2 \\ -1 \\ 0 \end{bmatrix}$ は同じ方向を向いていませんから，そのスパン $\langle \mathbf{v}_1, \mathbf{v}_2 \rangle$ は $\mathbb{R}^3$ の平面になり，すでに代数的に確かめたように数ベクト

ル$\begin{bmatrix} 1 \\ 1 \\ 1 \end{bmatrix}$はその平面にはのっていません．■

（1・14）をベクトル形式で書き直した2×2線形方程式系

$$x\begin{bmatrix} 1 \\ 2 \end{bmatrix} + y\begin{bmatrix} \frac{1}{4} \\ \frac{1}{4} \end{bmatrix} = \begin{bmatrix} 20 \\ 36 \end{bmatrix}$$

を考えます．この線形方程式系に解があるかどうかは，原点から出発して$\begin{bmatrix} 1 \\ 2 \end{bmatrix}$方向あるいはその逆方向にある距離進み，つづいて$\begin{bmatrix} \frac{1}{4} \\ \frac{1}{4} \end{bmatrix}$方向かその逆方向にある距離進むことによって点（20, 36）に到達できるかということです（図1・7）．すでにみたようにこれは可能です．

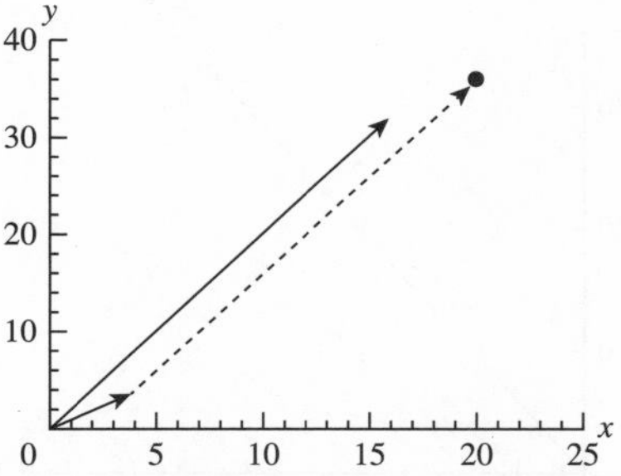

図 1・7　方程式系（1・14）に解があることを示す図

しかも到達する仕方は一通りです．xの値を変えてしまうと，行きすぎたり手前すぎたりして，$\begin{bmatrix} \frac{1}{4} \\ \frac{1}{4} \end{bmatrix}$方向にどれだけ進んでも（20, 36）には到達できません．

しかし線形方程式系を少し変えると状況が一変します．たとえばイーストはスプーン40杯あって，ビール1パイントあたりスプーン$\frac{1}{2}$のイーストが適量であるとしますと，線形方程式系

$$\begin{aligned} x + \frac{1}{4}y &= 20 \\ 2x + \frac{1}{2}y &= 40 \end{aligned} \qquad (1・17)$$

あるいはベクトル形式では

$$x\begin{bmatrix}1\\2\end{bmatrix}+y\begin{bmatrix}\frac{1}{4}\\\frac{1}{2}\end{bmatrix}=\begin{bmatrix}20\\40\end{bmatrix} \tag{1・18}$$

を得ます．この場合には x-y 平面の原点から $\begin{bmatrix}1\\2\end{bmatrix}$ 方向に進んだ後 $\begin{bmatrix}\frac{1}{4}\\\frac{1}{2}\end{bmatrix}$ 方向に進んで点（20, 40）にたどり着くことができます（図 1・8）．しかも両方向とも原点から点（20, 40）に向かっていますから，それぞれの方向に進む距離の組合せは無数にあります．

点（20, 40）にたどり着くためには一方の方向だけ使えば十分であるという意味で幾何的な冗長性がみられます．また代数的な冗長性，つまり（1・17）の第 2 式は第 1 式の 2 倍であり，新たな情報を与えないこともわかります．

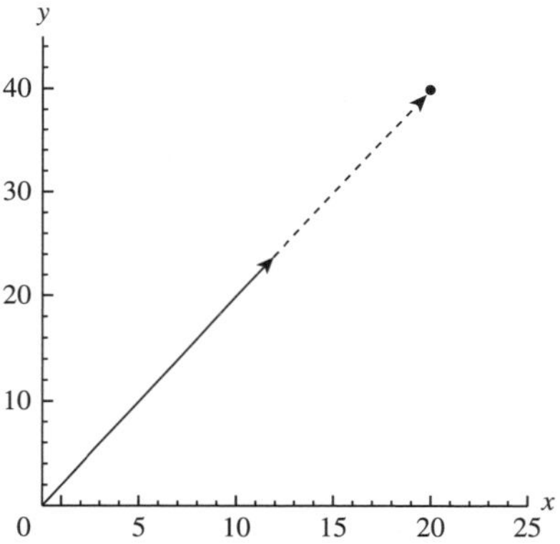

図 1・8　方程式系（1・18）の解の一つの説明

また，さらにビールを作るのに以前より多くのイーストを使うのでしたら，考えるべき線形方程式系は

$$\begin{aligned} x+\frac{1}{4}y&=20\\ 2x+\frac{1}{2}y&=36 \end{aligned} \tag{1・19}$$

あるいはベクトル形式で

$$x\begin{bmatrix}1\\2\end{bmatrix}+y\begin{bmatrix}\frac{1}{4}\\\frac{1}{2}\end{bmatrix}=\begin{bmatrix}20\\36\end{bmatrix} \tag{1・20}$$

となりますが，この方程式系には解がありません．

即問 14　(a)（1・20）に解がないことを示す図を描きなさい．
(b)（1・20）に解がないことを代数的に示しなさい．

解の幾何学

これまで拡大係数行列の係数ベクトルや右辺定数列ベクトルの幾何学的意味を吟味してきました．線形方程式系を幾何学的にみるもう一つの方法は解自身を数ベクトルとみなすことです．前掲の

$$\begin{aligned} x + \frac{1}{4}y + \frac{1}{2}w &= 20 \\ 2x + \frac{1}{4}y &= 36 \\ x + 8z + w &= 176 \end{aligned} \qquad (1\cdot21)$$

は大麦，イースト，牛乳からパン，ビール，チーズ，ミューズリを作る問題でした．この線形方程式系の解 x, y, z, w を数ベクトルとして $\begin{bmatrix} x \\ y \\ z \\ w \end{bmatrix} \in \mathbb{R}^4$ と書きます．

1・2 節で x, y, z が枢軸変数であり，自由変数 w によって

$$\begin{aligned} x &= 16 + \frac{1}{2}w \\ y &= 16 - 4w \\ z &= 20 - \frac{3}{16}w \end{aligned} \qquad (1\cdot22)$$

と書けることをみました．つまり幾何学的には（1・21）の解は点 (16, 16, 20, 0) を通り $\begin{bmatrix} \frac{1}{2} \\ -4 \\ -\frac{3}{16} \\ 1 \end{bmatrix}$ 方向に伸びる直線になります．

即問 14 の答　(a)

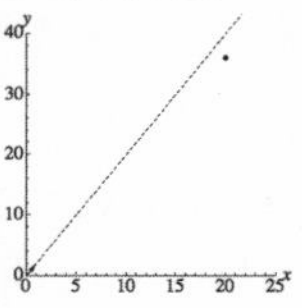

(b) 拡大係数行列の既約行階段形は $\left[\begin{array}{cc|c} 1 & \frac{1}{4} & 20 \\ 0 & 0 & 1 \end{array}\right]$ となります．

同様のことが自由変数が複数ある場合にも言えます．3×5 線形方程式系

$$\begin{aligned} x_1 + 2x_2 + 5x_4 &= -3 \\ -x_1 - 2x_2 + x_3 - 6x_4 + x_5 &= 2 \\ -2x_1 - 4x_2 - 10x_4 + x_5 &= 8 \end{aligned} \tag{1・23}$$

を考えてみます．

即問 15 (1・23) の拡大係数行列の既約行階段形が次のようになることを示しなさい．

$$\left[\begin{array}{ccccc|c} 1 & 2 & 0 & 5 & 0 & -3 \\ 0 & 0 & 1 & -1 & 0 & -3 \\ 0 & 0 & 0 & 0 & 1 & 2 \end{array}\right]$$

即問 15 から枢軸変数 x_1, x_3, x_5 を自由変数 x_2, x_4 によって表す式

$$\begin{aligned} x_1 &= -3 - 2x_2 - 5x_4 \\ x_3 &= -3 + x_4 \\ x_5 &= 2 \end{aligned}$$

あるいはベクトル形式では

$$\begin{bmatrix} x_1 \\ x_2 \\ x_3 \\ x_4 \\ x_5 \end{bmatrix} = \begin{bmatrix} -3 - 2x_2 - 5x_4 \\ x_2 \\ -3 + x_4 \\ x_4 \\ 2 \end{bmatrix} = \begin{bmatrix} -3 \\ 0 \\ -3 \\ 0 \\ 2 \end{bmatrix} + x_2 \begin{bmatrix} -2 \\ 1 \\ 0 \\ 0 \\ 0 \end{bmatrix} + x_4 \begin{bmatrix} -5 \\ 0 \\ 1 \\ 1 \\ 0 \end{bmatrix}$$

が得られます．

一般に解をもつ線形方程式系に k 個の自由変数がある場合なら，その解は定数ベクトルに k 個の定数ベクトルの線形結合を加えた形に書くことができます．

まとめ

- $\mathbb{R}^n$ は n 個の実数からなる列ベクトルの全体．
- $\mathbf{v}_1, \ldots, \mathbf{v}_n$ の線形結合は実数 $c_1, \ldots, c_n$ による $c_1\mathbf{v}_1 + \cdots + c_n\mathbf{v}_n$ なる数ベクトル．
- 数ベクトルの組のスパンとはその数ベクトルの線形結合の全体．

練習問題

1・3・1　以下に与えられた数ベクトル $\mathbf{v}$ と $\mathbf{w}$ について，$\mathbf{v}$ と $\mathbf{w}$，$\mathbf{v}+\mathbf{w}$，$\mathbf{v}-\mathbf{w}$，$2\mathbf{v}-3\mathbf{w}$ を図示しなさい．

(a) $\mathbf{v}=\begin{bmatrix}1\\2\end{bmatrix}, \mathbf{w}=\begin{bmatrix}2\\1\end{bmatrix}$　(b) $\mathbf{v}=\begin{bmatrix}-1\\1\end{bmatrix}, \mathbf{w}=\begin{bmatrix}2\\1\end{bmatrix}$　(c) $\mathbf{v}=\begin{bmatrix}-2\\-1\end{bmatrix}, \mathbf{w}=\begin{bmatrix}3\\-1\end{bmatrix}$

(d) $\mathbf{v}=\begin{bmatrix}-1\\1\end{bmatrix}, \mathbf{w}=\begin{bmatrix}-1\\1\end{bmatrix}$　(e) $\mathbf{v}=\begin{bmatrix}3\\-3\end{bmatrix}, \mathbf{w}=\begin{bmatrix}2\\-2\end{bmatrix}$

1・3・2　以下に与えられた数ベクトル $\mathbf{v}$ と $\mathbf{w}$ について，$\mathbf{v}$ と $\mathbf{w}$，$\mathbf{v}+\mathbf{w}$，$\mathbf{v}-\mathbf{w}$，$3\mathbf{v}-2\mathbf{w}$ を図示しなさい．

(a) $\mathbf{v}=\begin{bmatrix}3\\1\end{bmatrix}, \mathbf{w}=\begin{bmatrix}0\\1\end{bmatrix}$　(b) $\mathbf{v}=\begin{bmatrix}1\\-1\end{bmatrix}, \mathbf{w}=\begin{bmatrix}1\\2\end{bmatrix}$　(c) $\mathbf{v}=\begin{bmatrix}-1\\-2\end{bmatrix}, \mathbf{w}=\begin{bmatrix}3\\1\end{bmatrix}$

(d) $\mathbf{v}=\begin{bmatrix}-1\\2\end{bmatrix}, \mathbf{w}=\begin{bmatrix}1\\-2\end{bmatrix}$　(e) $\mathbf{v}=\begin{bmatrix}1\\-1\end{bmatrix}, \mathbf{w}=\begin{bmatrix}2\\-2\end{bmatrix}$

1・3・3　以下の線形方程式系の解の全体をベクトル形式で示しなさい．

(a) $\begin{aligned}2x-y+z&=3\\-x+y&=-2\\x+2y+3z&=-1\end{aligned}$　(b) $\begin{aligned}2x-y+z&=0\\-x+y&=1\\x+2y+3z&=5\end{aligned}$　(c) $\begin{aligned}x+y+z&=1\\x-2y+3z&=4\end{aligned}$

(d) $\begin{aligned}x_1+2x_2+3x_3+4x_4&=5\\6x_1+7x_2+8x_3+9x_4&=10\\11x_1+12x_2+13x_3+14x_4&=15\end{aligned}$　(e) $\begin{aligned}x-2y&=0\\-3x+6y&=0\\2x-4y&=0\end{aligned}$　(f) $\begin{aligned}x-2y&=1\\-3x+6y&=-3\\2x-4y&=2\end{aligned}$

1・3・4　以下の線形方程式系の解の全体をベクトル形式で示しなさい．

(a) $\begin{aligned}x+2y+3z&=2\\2x-y+z&=4\\-x+y&=-2\end{aligned}$　(b) $\begin{aligned}x+2y+3z&=4\\2x-y+z&=3\\-x+y&=-1\end{aligned}$　(c) $\begin{aligned}2x-y+3z&=0\\x+2y-3z&=1\end{aligned}$

(d) $\begin{aligned}x_1-2x_2+3x_3-4x_4&=5\\-6x_1+7x_2-8x_3+9x_4&=-10\\11x_1-12x_2+13x_3-14x_4&=15\end{aligned}$　(e) $\begin{aligned}-x+y&=0\\2x-2y&=0\\-3x+3y&=0\end{aligned}$　(f) $\begin{aligned}-x+y&=3\\2x-2y&=2\\-3x+3y&=1\end{aligned}$

1・3・5 (a) 数ベクトル $\begin{bmatrix} b_1 \\ b_2 \\ b_3 \\ b_4 \end{bmatrix}$ がスパン $\left\langle \begin{bmatrix} 1 \\ 0 \\ 2 \\ -3 \end{bmatrix}, \begin{bmatrix} 2 \\ -1 \\ 0 \\ 1 \end{bmatrix}, \begin{bmatrix} -1 \\ 1 \\ -2 \\ 4 \end{bmatrix} \right\rangle$ に属する条件を $b_1, \ldots, b_4$ が満たすべき等式系の形で与えなさい.

(b) 以下のどの数ベクトルがスパン $\left\langle \begin{bmatrix} 1 \\ 0 \\ 2 \\ -3 \end{bmatrix}, \begin{bmatrix} 2 \\ -1 \\ 0 \\ 1 \end{bmatrix}, \begin{bmatrix} -1 \\ 1 \\ -2 \\ 4 \end{bmatrix} \right\rangle$ に属しますか.

(i) $\begin{bmatrix} 0 \\ 3 \\ -1 \\ 1 \end{bmatrix}$ (ii) $\begin{bmatrix} 1 \\ -1 \\ 3 \\ 0 \end{bmatrix}$ (iii) $\begin{bmatrix} 4 \\ 2 \\ 0 \\ -1 \end{bmatrix}$ (iv) $\begin{bmatrix} 1 \\ 6 \\ 2 \\ 3 \end{bmatrix}$

1・3・6 (a) 数ベクトル $\begin{bmatrix} b_1 \\ b_2 \\ b_3 \\ b_4 \end{bmatrix}$ がスパン $\left\langle \begin{bmatrix} 1 \\ 0 \\ -1 \\ 0 \end{bmatrix}, \begin{bmatrix} 0 \\ 2 \\ 1 \\ 1 \end{bmatrix}, \begin{bmatrix} 2 \\ -1 \\ 0 \\ 0 \end{bmatrix} \right\rangle$ に属する条件を $b_1, \ldots, b_4$ が満たすべき等式系の形で与えなさい.

(b) 以下のどの数ベクトルがスパン $\left\langle \begin{bmatrix} 1 \\ 0 \\ -1 \\ 0 \end{bmatrix}, \begin{bmatrix} 0 \\ 2 \\ 1 \\ 1 \end{bmatrix}, \begin{bmatrix} 2 \\ -1 \\ 0 \\ 0 \end{bmatrix} \right\rangle$ に属しますか.

(i) $\begin{bmatrix} 0 \\ 3 \\ -1 \\ 1 \end{bmatrix}$ (ii) $\begin{bmatrix} 1 \\ -1 \\ 3 \\ 0 \end{bmatrix}$ (iii) $\begin{bmatrix} 4 \\ 2 \\ 0 \\ -1 \end{bmatrix}$ (iv) $\begin{bmatrix} 1 \\ 6 \\ 2 \\ 3 \end{bmatrix}$

1・3・7 数ベクトル $\begin{bmatrix} -1 \\ 1 \end{bmatrix}$ の数ベクトル $\begin{bmatrix} 1 \\ 2 \end{bmatrix}, \begin{bmatrix} 3 \\ 4 \end{bmatrix}, \begin{bmatrix} 5 \\ 6 \end{bmatrix}$ の線形結合による表し方をすべて与えなさい.

1・3・8 数ベクトル $\begin{bmatrix} 2 \\ 1 \end{bmatrix}$ の数ベクトル $\begin{bmatrix} 3 \\ 1 \end{bmatrix}, \begin{bmatrix} 4 \\ 1 \end{bmatrix}, \begin{bmatrix} 5 \\ 1 \end{bmatrix}$ の線形結合による表し方をすべて与えなさい.

1・3・9 数ベクトル $\begin{bmatrix} 1 \\ 2 \\ 3 \\ 4 \end{bmatrix}$ の数ベクトル $\begin{bmatrix} 1 \\ 1 \\ 0 \\ 0 \end{bmatrix}, \begin{bmatrix} 1 \\ 0 \\ 1 \\ 0 \end{bmatrix}, \begin{bmatrix} 1 \\ 0 \\ 0 \\ 1 \end{bmatrix}, \begin{bmatrix} 0 \\ 1 \\ 1 \\ 0 \end{bmatrix}, \begin{bmatrix} 0 \\ 1 \\ 0 \\ 1 \end{bmatrix}, \begin{bmatrix} 0 \\ 0 \\ 1 \\ 1 \end{bmatrix}$ の線形結合

による表し方をすべて与えなさい．

1・3・10 $\mathbf{v}_1, \ldots, \mathbf{v}_n, \mathbf{b} \in \mathbb{R}^m$ に対してベクトル形式で書かれた線形方程式系

$$x_1\mathbf{v}_1 + \cdots + x_n\mathbf{v}_n = \mathbf{b}$$

が解をもつことと

$$\mathbf{b} \in \langle \mathbf{v}_1, \ldots, \mathbf{v}_n \rangle$$

が同値であることを示しなさい．

1・3・11 ピタゴラスの定理を 2 度使って 30 ページにある $\mathbb{R}^3$ の数ベクトルの長さの式を導きなさい．図も描きなさい．

1・3・12 $\mathbf{v}_1, \mathbf{v}_2, \mathbf{v}_3 \in \mathbb{R}^3$ で決まる線形方程式系

$$x\mathbf{v}_1 + y\mathbf{v}_2 + z\mathbf{v}_3 = \mathbf{0}$$

が無数に多くの解をもつ場合，$\mathbf{v}_1, \mathbf{v}_2, \mathbf{v}_3$ は $\mathbb{R}^3$ の原点を含む平面上にあることを示しなさい．

1・3・13 二つの数ベクトル $\mathbf{v}, \mathbf{w} \in \mathbb{R}^n$ はなんらかの $a \in \mathbb{R}$ によって $\mathbf{v} = a\mathbf{w}$ あるいは $\mathbf{w} = a\mathbf{v}$ と書けるときに**共線**[15] であるといいます．$\mathbb{R}^2$ の共線でない一対の数ベクトルのスパンは $\mathbb{R}^2$ 自身であることを示しなさい．

1・3・14 $\mathbb{R}^3$ の数ベクトル $\mathbf{u}, \mathbf{v}, \mathbf{w}$ で，どの二つも共線でないが，スパンが $\mathbb{R}^3$ と一致しない例を与えなさい．

1・3・15 $\mathbb{R}$ 上の 3 変数の線形方程式系について，自由変数の個数が 0, 1, 2, 3 の場合の解集合を幾何学的に記述しなさい．ただし解は存在するものとします．

1・4 体[1]

一 般 の 体

これまで対象にしていた数は係数も変数のとりうる値もすべて実数でした．実数はさまざまな数のなす階層の一部です．その階層を登るともっと一般の数である複素数があり，下ると実数の一部である整数や有理数があります．ときには複素数を係数にもつ線形方程式系を解きたいこともあれば，整数係数の線形方程式系の整数解を求めたいこともあります．前節の結果のどの部分が実数以外の数体系に引き継ぐことができるかを考えようと思います．

---

15) collinear

1) 第 4 章と第 5 章では実数体 $\mathbb{R}$ あるいは複素数体 $\mathbb{C}$ を前提にしていますが，その二つの章を除けば本書では基本的にスカラーは任意の体の要素を意味します．ただしその任意性が重要なのは 2・6 節に限ります．実数体や複素数体だけに興味のある読者は 1・5 節を読み飛ばしてその後に出てくる $\mathbb{F}$ を $\mathbb{R}$ か $\mathbb{C}$ と読み替えてください．

線形方程式系を解くために定理1・1（1・2節）の証明で使ったガウスの消去法でどのような演算が使われていたかを調べることから始めます．

即問16 定理1・1の証明を見直してどのような演算が用いられているかを確認しなさい．

加減乗除の四つの演算だけが使われていることが確認できたことと思います．

定義　体（たい）[2]とは以下の条件を満たす集合$\mathbb{F}$と二つの演算$+$と$\cdot$と二つの相異なる要素$0, 1 \in \mathbb{F}$からなる．

$\mathbb{F}$は加法について閉じている：$a, b \in \mathbb{F}$について$a+b \in \mathbb{F}$

$\mathbb{F}$は乗法について閉じている：$a, b \in \mathbb{F}$について$ab = a \cdot b \in \mathbb{F}$

加法は**可換**[3]である：$a, b \in \mathbb{F}$について$a+b = b+a$

加法は**結合法則**を満たす[4]：$a, b, c \in \mathbb{F}$について$a+(b+c) = (a+b)+c$

加法に関する単位元[5] 0がある：$a \in \mathbb{F}$について$a+0 = 0+a = a$

どの要素にも**加法に関する逆元**[6]がある：

　各$a \in \mathbb{F}$に対して$a+b = b+a = 0$となる$b \in \mathbb{F}$がある

乗法は**可換**[3]である：$a, b \in \mathbb{F}$について$ab = ba$

乗法は**結合法則**を満たす[4]：$a, b, c \in \mathbb{F}$について$a(bc) = (ab)c$

乗法に関する単位元[7] 1がある：$a \in \mathbb{F}$について$a1 = 1a = a$

0以外のどの要素にも**乗法に関する逆元**[8]がある：

　$a \neq 0$なる各$a \in \mathbb{F}$に対して$ac = ca = 1$となる$c \in \mathbb{F}$がある

分配法則[9]が成り立つ：$a, b, c \in \mathbb{F}$について$a(b+c) = ab+ac$

加法に関するaの逆元を$-a$と書き，乗法に関する逆元をa^{-1}と書きます．よって

$$a + (-a) = (-a) + a = 0$$

$$aa^{-1} = a^{-1}a = 1$$

です．また加法に関する逆元を加えることを**減法**[10]とよび，

$$a - b := a + (-b)$$

即問16の答 1・2節定理1・1の証明参照．

2) field　3) commutative　4) associative　5) additive identity，零元ともいう
6) additive inverse　7) multiplicative identity　8) multiplicative inverse
9) distributive law　10) subtraction

と表記し，乗法に関する逆元を掛けることを**除法**[11]とよび，

$$\frac{a}{b} := ab^{-1}$$

と表記します．

要点： 体とは加減乗除ができるものの集まりである．

■**例** 1. **実数** $\mathbb{R}$：通常の加減乗除の下で体になります．

2. **複素数** $\mathbb{C}$：加法と乗法

$$(a+ib)+(c+id) := a+c+i(b+d)$$
$$(a+ib)\cdot(c+id) = ac-bd+i(ad+bc)$$

の下で複素数 $\mathbb{C} := \{a+ib \mid a, b \in \mathbb{R}\}$

は体になります．乗法に関する逆元については次の即問 17 をみてください．

即問 17 $a, b \in \mathbb{R}$ は少なくとも一方が 0 でないとします．このとき $(a+ib)\left(\frac{a}{a^2+b^2}-i\frac{b}{a^2+b^2}\right)=1$ を示しなさい．

上の即問は複素数 $a+ib$ の乗法に関する逆元が $(a+ib)^{-1}=\left(\frac{a}{a^2+b^2}-i\frac{b}{a^2+b^2}\right)$ であることを示していますが，重要なのは逆元が存在するという事実です．逆元の存在は自明ではありません．

3. **整数** $\mathbb{Z}$[12]：$\mathbb{Z}$ は体ではありません．1 と -1 以外の非零要素には乗法に関する逆元がありません．

4. **有理数** $\mathbb{Q}$[13]：

$$\mathbb{Q} := \left\{ \frac{m}{n} \;\middle|\; m, n \in \mathbb{Z},\ n \neq 0 \right\}$$

は通常の加減乗除の下で体になります．

5. **2 要素からなる体**：$\mathbb{F}_2 := \{0, 1\}$ 上に次の表に示した加法と乗法を定義します．

+	0	1
0	0	1
1	1	0

·	0	1
0	0	0
1	0	1

11）division

即問 17 の答 $(a+ib)\left(\frac{a-ib}{a^2+b^2}\right) = \frac{a^2+b^2}{a^2+b^2} = 1$

12）記号 $\mathbb{Z}$ はドイツ語の数を表す Zahlen に由来します．

13）記号 $\mathbb{Q}$ は比率の英語 quotient から来ています．

体の条件が満たされていることは簡単に確かめられます．特に $1=-1$ です．$\mathbb{R}$ では加法に関する逆元と自分自身が一致する要素は 0 だけでしたので，$\mathbb{F}_2$ のこの特徴が $\mathbb{F}_2$ を $\mathbb{R}$ と大きく異なるものにしています．コンピューター内部ではデータが 0 と 1 の列で表されていますから，$\mathbb{F}_2$ を考えることはコンピューターサイエンスの分野で役立ちます．

即問 18 $a, b \in \mathbb{F}_2$ とする．$a+b=1$ となる必要十分条件は a と b のどちらか片方だけが 1 であることを示しなさい．

即問 18 は $\mathbb{F}_2$ の加法が**排他的論理和**[14] のモデルであることを示しています． ■

体は集合 $\mathbb{F}$ と演算＋と・からなっていますが，通常は演算は了解されているものとして $\mathbb{F}$ とだけ書いて体を表すことにします．ただし同じ記号が異なる意味をもち得ることに注意が必要です．たとえば $1+1=0$ は $\mathbb{F}_2$ では正しいのですが，$\mathbb{R}$ では正しくありません．

体の演算

次の定理に体の演算に関して明らかなことを列挙しておきます．これらは $\mathbb{R}$ でならよく知られたことですが，$\mathbb{R}$ 以外の体でも成り立つことを知っておくことは大切です．体の定義ではできるだけ少数の条件を要請しました（体であるかの判定が容易になるようにするためです）．以下の主張はその定義から直ちに導くことができます．

定理 1・5 任意の体 $\mathbb{F}$ で以下が成り立つ．

1. 加法に関する単位元は一意である．
2. 乗法に関する単位元は一意である．
3. 加法に関する逆元は一意である．
4. 乗法に関する逆元は一意である．
5. 各 $a \in \mathbb{F}$ について $-(-a)=a$ である．
6. 各 $a \in \mathbb{F}$ について $(a^{-1})^{-1}=a$ である．
7. 各 $a \in \mathbb{F}$ について $0a=0$ である．
8. 各 $a \in \mathbb{F}$ について $(-1)a=-a$ である．
9. $a, b \in \mathbb{F}$ について $ab=0$ なら $a=0$ あるいは $b=0$ である．

14）exclusive or

定理の最後の主張を読むにあたって

> 数学では“A あるいは B”という主張は，“A あるいは B あるいは両方 ”の意味であることに気をつけてください．

■証明 1. “加法に関する単位元は一意である ”とは0だけが加法に関する単位元として機能するということです．つまり，ある要素 $a \in \mathbb{F}$ が任意の $b \in \mathbb{F}$ に対して $a+b=b$ を満たすなら $a=0$ であることです．ここで，b として0をとれば $a+0=0$ が得られますが，一方0の定義から $a+0=a$ でもあります．よって $a=0$ が得られます．

2. 練習問題1・4・16にまわします．

3. 練習問題1・4・17にまわします．

4. 0でない $a \in \mathbb{F}$ に対して $ab=1$ となる $b \in \mathbb{F}$ について

$$a^{-1} = a^{-1}1 = a^{-1}(ab) = (a^{-1}a)b = 1b = b$$

が得られます．

5. $-b$ は b の加法に関する一意な逆元を表していましたから，示すべきことは a が $-a$ の加法に関する逆元であること，つまり $a+(-a)=0$ です．しかしこれは $-a$ の定義から明らかです．

6. 練習問題1・4・18にまわします．

7. $0=0+0$ ですから

$$0a = (0+0)a = 0a + 0a$$

よって

$$0 = 0a - 0a = (0a + 0a) - 0a = 0a + (0a - 0a) = 0a + 0 = 0a$$

です．

8. 練習問題1・4・19にまわします．

9. $a \neq 0$ と仮定すると

$$b = 1b = (a^{-1}a)b = a^{-1}(ab) = a^{-1}0 = 0$$

が得られます．■

注 意　上の定理の主張9を証明するのに $a \neq 0$ を仮定して，その場合に $b=0$ となることを示しました．この方法は二つの場合のうちの少なくとも一つの場合が起こることを示す場合の定石です．

> **要点(再)：** 体とは加減乗除ができるものの集まりである．
> またその演算はおおむね予想どおりの結果を与える．

■**例**　体の定義にある主張は，どれも通常の代数演算に必要なものであることを説明するために，ある体の要素 x は $x^2=1$ を満たすと仮定します（もちろん $x^2 := x \cdot x$ です）．そうすると

$$0 = 1 - 1 = x^2 - 1$$

で，定理 1・5 の主張 8 から

$$0 = x^2 - 1 = x^2 + x - x - 1 = x \cdot x + x \cdot 1 + (-1)x + (-1)$$

これに分配法則を 2 度用いると

$$0 = x(x+1) + (-1)(x+1) = (x-1)(x+1)$$

を得ます．定理 1・5 の主張 9 からこれは $x-1=0$ あるいは $x+1=0$ を意味します．よってどのような体の上でも $x=1$ あるいは $x=-1$ だけが $x^2=1$ の解であると結論できます[15]．■

体の上の線形方程式系

体を定義したのはどのような設定なら線形方程式系を解くことができるかをはっきりとさせるためです．ここで実数体 $\mathbb{R}$ について述べた定義を一般の体について述べ直しておきます．

定 義　体 $\mathbb{F}$ 上の**線形方程式系**[16] とは

$$\begin{aligned} a_{11}x_1 + \cdots + a_{1n}x_n &= b_1 \\ &\vdots \\ a_{m1}x_1 + \cdots + a_{mn}x_n &= b_m \end{aligned} \qquad (1\cdot24)$$

なる n 変数の m 本の線形方程式をさす．ここで，$1 \leq i \leq m$ と $1 \leq j \leq n$ なる (i, j) について $a_{ij} \in \mathbb{F}$，$1 \leq i \leq m$ なる i について $b_i \in \mathbb{F}$ であり，$x_1, \ldots, x_n$ は変数である．

線形方程式系（1・24）の**解**[17] とは $\mathbb{F}$ の要素 $c_1, \ldots, c_n$ で

$$\begin{aligned} a_{11}c_1 + \cdots + a_{1n}c_n &= b_1 \\ &\vdots \\ a_{m1}c_1 + \cdots + a_{mn}c_n &= b_m \end{aligned}$$

を満たすものをいう．

15）体が $\mathbb{F}_2$ なら，その上では $-1=1$ ですから，$x^2=1$ の解はただ一つです．
16）linear system of equations, linear system　17）solution

定 義 m と n を自然数とする．体 $\mathbb{F}$ 上の $m \times n$ **行列**[18] $\mathbf{A}$ とは $i \in \{1, 2, ..., m\}$ と $j \in \{1, 2, ..., n\}$ の順序対（i, j）に対して与えられた体 $\mathbb{F}$ の要素 a_{ij} の集まり

$$\mathrm{A} = [a_{ij}]_{\substack{1 \leq i \leq m \\ 1 \leq j \leq n}}$$

である．この a_{ij} は $\mathbf{A}$ の（i, j）**要素**[19] とよばれ，$[\mathbf{A}]_{ij}$ と表すこともある．

$\mathbb{F}$ 上の $m \times n$ 行列の全体を $\mathbf{M}_{m,n}(\mathbb{F})$ と表す．

定 義 体 $\mathbb{F}$ 上の $m \times n$ 線形方程式系

$$\begin{aligned} a_{11}x_1 + \cdots + a_{1n}x_n &= b_1 \\ &\vdots \\ a_{m1}x_1 + \cdots + a_{mn}x_n &= b_m \end{aligned}$$

に対して，その**拡大係数行列**[20] を

$$\left[\begin{array}{ccc|c} a_{11} & \cdots & a_{1n} & b_1 \\ \vdots & \ddots & \vdots & \vdots \\ a_{m1} & \cdots & a_{mn} & b_m \end{array}\right]$$

なる $m \times (n+1)$ 行列と定義する．

1・2 節の行階段形や既約行階段形の定義をみるとそこに現れる数が 1 と 0 だけであることから，これらはすでに一般の体に対して定義されていると解釈できます．よって実数の場合とまったく同様に次の定理が得られます．

定 理 1・6 $\mathbb{F}$ を任意の体とする．$\mathbb{F}$ 上のどのような線形方程式系についても，その拡大係数行列は行基本演算 **R1, R2, R3** によって既約行階段形に変形できる．

■**証 明** 1・2 節の定理 1・1 の証明と同じです． ■

即 問 19 定理 1・1 の証明に戻って，その証明のどこで体のどの性質が使われていたかを確かめ，証明を成立させるに必要なものがすべて体の定義と定理 1・5 に述べられていることを確認しなさい．

ここでも解の計算，その存在と一意性の分析に拡大係数行列の既約行階段形を使うことができます．次の二つの定理は定理 1・2 と 1・3 と同様に証明できます．

18）matrix　19）entry　20）augmented matrix

定理 1・7　線形方程式系が解をもつ必要十分条件は，その拡大係数行列の行階段形の最後の列に枢軸がないことである．

定理 1・8　解をもつ n 変数の線形方程式系に対して，その解が一意である必要十分条件は拡大係数行列の行階段形の初めの n 列のすべてに枢軸があることである．

■例　複素数体 $\mathbb{C}$ 上の線形方程式系

$$\begin{aligned} x + iz &= -1 \\ -ix - y + (-1+i)z &= 3i \\ iy + (1+2i)z &= 2 \end{aligned}$$

の拡大係数行列に対してガウスの消去法を使うと次の既約行階段形が得られます．

$$\left[\begin{array}{ccc|c} 1 & 0 & i & -1 \\ -i & -1 & -1+i & 3i \\ 0 & i & 1+2i & 2 \end{array}\right] \to \left[\begin{array}{ccc|c} 1 & 0 & i & -1 \\ 0 & -1 & -2+i & 2i \\ 0 & i & 1+2i & 2 \end{array}\right]$$
$$\to \left[\begin{array}{ccc|c} 1 & 0 & i & -1 \\ 0 & 1 & 2-i & -2i \\ 0 & i & 1+2i & 2 \end{array}\right] \to \left[\begin{array}{ccc|c} 1 & 0 & i & -1 \\ 0 & 1 & 2-i & -2i \\ 0 & 0 & 0 & 0 \end{array}\right] \qquad (1・25)$$

即問 20　(1・25) で使われた行基本演算を示しなさい．

枢軸は初めの 2 列だけにあるので，線形方程式系の解は一意ではありません．枢軸変数を自由変数で表すと

$$\begin{aligned} x &= -1 - iz \\ y &= -2i - (2-i)z \end{aligned}$$

となります．z は任意の複素数ですから，解の全体は

$$\left\{ \begin{bmatrix} -1 - iz \\ -2i - (2-i)z \\ z \end{bmatrix} \middle| \; z \in \mathbb{C} \right\}$$

となります．■

即問 20 の答　行 1 の i 倍を行 2 に加え，行 2 を -1 倍し，行 2 の $-i$ 倍を行 3 に加えた．

まとめ

- 体とは加えたり掛け合わせたりできるものの集まり．実数と同様の演算が可能．
- 最も重要は体は，$\mathbb{R}$（実数体），$\mathbb{C}$（複素数体），$\mathbb{Q}$（有理数体），$\mathbb{F}_2$（2 要素からなる体[21]）．
- 一般の体の要素を係数にもつ線形方程式系は実数係数の線形方程式系と同様に扱える．

練習問題

1・4・1　$\mathbb{F}=\{a+b\sqrt{5}\mid a,b\in\mathbb{Q}\}$ が体であることを示しなさい．

ヒント：$\mathbb{F}\subseteq\mathbb{R}$ ですから結合法則，交換法則，分配法則は既知としてよく，示すべきことは $0,1\in\mathbb{F}$ であること，二つの要素の和と積が再び $\mathbb{F}$ の要素となること，加法と乗法に関する逆元が $\mathbb{F}$ にあることです．

1・4・2　$\mathbb{F}=\{a+bi\mid a,b\in\mathbb{Q}\}$ が体であることを示しなさい．ただし $i^2=-1$ です．

1・4・3　以下の集合が体をなさない理由を述べなさい．

(a)　$\{x\in\mathbb{R}\mid x\neq 0\}$　　(b)　$\{x\in\mathbb{R}\mid x\geq 0\}$

(c)　$\{x+iy\mid x,y\geq 0\}\cup\{x+iy\mid x,y\leq 0\}$　　(d)　$\left\{\frac{m}{2^n}\;\middle|\; m,n\in\mathbb{Z}\right\}$

1・4・4　a,b,c,d,f を体 $\mathbb{F}$ の非零要素として以下の 2×2 線形方程式系を解きなさい．その各段階で体の定義と定理 1・5 のどの主張を使ったかを明記しなさい．

$$\begin{aligned} ax+by&=c\\ dx&=f \end{aligned}$$

1・4・5　以下の $\mathbb{C}$ 上の線形方程式系のすべての解を求めなさい．

(a)
$$\begin{aligned} x+(2-i)y&=3\\ -ix+y&=1+i \end{aligned}$$

(b)
$$\begin{aligned} x+iz&=1\\ ix+y&=2i\\ 2x+iy+3iz&=1 \end{aligned}$$

(c)
$$\begin{aligned} x+2iy&=3\\ 4ix+5y&=6i \end{aligned}$$

1・4・6　以下の $\mathbb{F}_2$ 上の線形方程式系のすべての解を求めなさい．

(a)
$$\begin{aligned} x+y+z&=0\\ x+z&=1 \end{aligned}$$

(b)
$$\begin{aligned} x+z&=1\\ x+y+z&=0\\ y+z&=1 \end{aligned}$$

1・4・7　$ad-bc\neq 0$ の場合，$\mathbb{F}$ 上の線形方程式系

$$\begin{aligned} ax+by&=e\\ cx+dy&=f \end{aligned}$$

が一意に解をもつことを示しなさい．

21）訳注：位数 2 の有限体とよばれます．

ヒント：$a \neq 0$ の場合と $a=0$ の場合に分けて考えなさい.

1・4・8 実数係数 $a_{ij} \in \mathbb{R}, b_i \in \mathbb{R}$ の線形方程式系について以下の問いに答えなさい.

$$\begin{aligned} a_{11}x_1 + \cdots + a_{1n}x_n &= b_1 \\ &\vdots \\ a_{m1}x_1 + \cdots + a_{mn}x_n &= b_m \end{aligned}$$

(a) この線形方程式系に複素数解 $\mathbf{x} \in \mathbb{C}^n$ があれば実数解 $\mathbf{y} \in \mathbb{R}^n$ があることを示しなさい.

(b) この線形方程式系の実数解が一意であれば，複素数解も一意であることを示しなさい.

(c) 実数係数の方程式（当然，非線形）で，複素数解をもつが実数解をもたないものを与えなさい.

1・4・9 整数係数 $a_{ij} \in \mathbb{Z}, b_i \in \mathbb{Z}$ の線形方程式系について以下の問いに答えなさい.

$$\begin{aligned} a_{11}x_1 + \cdots + a_{1n}x_n &= b_1 \\ &\vdots \\ a_{m1}x_1 + \cdots + a_{mn}x_n &= b_m \end{aligned}$$

(a) この線形方程式系に実数解 $\mathbf{x} \in \mathbb{R}^n$ があれば有理数解 $\mathbf{y} \in \mathbb{Q}^n$ があることを示しなさい.

(b) この線形方程式系の有理数解が一意であれば，実数解も一意であることを示しなさい.

(c) 整数係数の方程式で，有理数解をもつが整数解をもたないものを与えなさい.

1・4・10 下の式のように $i>j$ のとき $a_{ij}=0$ なら $n \times n$ 線形方程式系は上三角であるといわれます.

$$\begin{aligned} a_{11}x_1 + a_{12}x_2 + a_{13}x_3 + \cdots + a_{1n}x_n &= b_1 \\ a_{22}x_2 + a_{23}x_3 + \cdots + a_{2n}x_n &= b_2 \\ a_{33}x_3 + \cdots + a_{3n}x_n &= b_3 \\ &\vdots \\ a_{nn}x_n &= b_n \end{aligned} \tag{1・26}$$

すべての i について $a_{ii} \neq 0$ ならこの線形方程式系に一意解があることを示しなさい.

1・4・11 行列 $\begin{bmatrix} 0 & 1 & 1 \\ 1 & 0 & 1 \\ 1 & 1 & 0 \end{bmatrix}$ の既約行階段形を (a) $\mathbb{R}$ 上で，(b) $\mathbb{F}_2$ 上で求めなさい.

1・4・12 以下の条件を満たす線形方程式系を与えなさい．不可能な場合はその理由を，可能である場合には与えた線形方程式系が条件を満たす理由を示しなさい．

(a) ちょうど二つの解をもつ．ただし体は自由に選んでよろしい．

(b) $\mathbb{R}$ 上にちょうど二つの解をもつ．

1・4・13 $\mathbb{F}$ と $\mathbb{K}$ を $\mathbb{F}\subsetneq\mathbb{K}$ で演算を共有する二つの体とする[22]．$\mathbb{F}$ 上の線形方程式系が一意解をもつとすると，それを $\mathbb{K}$ 上の線形方程式系と考えても他に解は存在しないことを示しなさい．

1・4・14 p を素数とし，$\mathbb{F}_p := \{0, 1, \ldots, p-1\}$ とする．$\mathbb{F}_p$ の加法と乗法を以下のように定めます．$a, b \in \mathbb{F}_p$ に対してその自然数としての和を

$$a + b = kp + r$$

と書きます．ただし $0 \leq r \leq p-1$ です．つまり r は $a+b$ を p で割った余りです．$\mathbb{F}_p$ の加法を

$$a + b := r$$

と定めます．同様に a と b の自然数としての積を

$$ab = k'p + r'$$

と書きます．ただし $0 \leq r' \leq p-1$ です．$\mathbb{F}_p$ の乗法を

$$ab := r'$$

と定めます．以上の定義により $\mathbb{F}_p$ が体となることを示しなさい．

上の定義は **p を法とする加法と乗法**[23] とよばれます．通常の加法や乗法と同じ記号を用いて表されますので，要注意です．

ヒント：難しいのは非零要素が乗法に関する逆元をもつことを示すところです．そのためにまず，$a, b, c \in \{1, \ldots, p-1\}$ が $\mathbb{F}_p$ 上で $ab = ac$ を満たすなら $b = c$ であることを示しなさい．これを使って，固定された $a \in \{1, \ldots, p-1\}$ について $a1$, $a2, \ldots, a(p-1)$ が $\mathbb{F}_p$ 上で異なることを示しなさい．そうするとそのどれかは 1 に等しくならなければなりません．

1・4・15 4 を法とする加法と乗法の下で $\{0, 1, 2, 3\}$ が体にならないことを示しなさい．

1・4・16 定理 1・5 の主張 **2** を示しなさい．

1・4・17 定理 1・5 の主張 **3** を示しなさい．

1・4・18 定理 1・5 の主張 **6** を示しなさい．

1・4・19 定理 1・5 の主張 **8** を示しなさい．

---

22) 体を表す記号としてよく用いられる $\mathbb{K}$ は，ドイツ語で日常用語としては身体を，数学用語としては体を表す Körper に由来します．

23) addition and multiplication mod p

1・5　ベクトル空間

一般のベクトル空間

この節では矢線や数ベクトルの一般化であるベクトルの概念を導入します．まず例から始めます．

■**例**　1. $\mathbb{R}$ 上の線形方程式系

$$\begin{aligned} x_1 + 2x_2 + 5x_4 &= 0 \\ -x_1 - 2x_2 + x_3 - 6x_4 + x_5 &= 0 \\ -2x_1 - 4x_2 - 10x_4 + x_5 &= 0 \end{aligned}$$

の解をベクトル形式で書くと

$$\begin{bmatrix} x_1 \\ x_2 \\ x_3 \\ x_4 \\ x_5 \end{bmatrix} = x_2 \begin{bmatrix} -2 \\ 1 \\ 0 \\ 0 \\ 0 \end{bmatrix} + x_4 \begin{bmatrix} -5 \\ 0 \\ 1 \\ 1 \\ 0 \end{bmatrix}$$

となります．つまり解の全体は $\mathbb{R}^5$ の部分集合

$$S := \left\langle \begin{bmatrix} -2 \\ 1 \\ 0 \\ 0 \\ 0 \end{bmatrix}, \begin{bmatrix} -5 \\ 0 \\ 1 \\ 1 \\ 0 \end{bmatrix} \right\rangle \subseteq \mathbb{R}^5$$

となります．これは $\mathbb{R}^5$ の数ベクトルの集合ですが，いくつかの数ベクトルのスパンであるため加法とスカラー乗法について閉じているという意味で特別な部分集合です．実際 S の二つのベクトルの和は S に属し，スカラー倍も再び S に属します．S に属する数ベクトルは $\mathbb{R}^5$ の数ベクトルですから，加法とスカラー乗法が可能であることは当然ですが，これらの演算を施してもその結果が線形方程式系の解であり続ける点が重要です．

2. $C[a, b]$ を閉区間 $[a, b]$ 上で定義された実数値連続関数の集合とします．実数値連続関数は 1・3 節で扱っていた数ベクトルとは見かけが異なりますが，重要な特徴を共有しています．$f, g \in C[a, b]$ に対して新しい関数 $f+g$ を各点ごとの f と g の和と定義します．つまり $f+g$ を各点 $x \in [a, b]$ で

$$(f+g)(x) := f(x) + g(x)$$

と定義すると，微積分学の知識から $f+g \in C[a, b]$ がわかります．また定数 $c \in \mathbb{R}$

と $f \in C[a,b]$ に対して cf を各点 $x \in C[a,b]$ で

$$(cf)(x) := cf(x)$$

と定義するとやはり $cf \in C[a,b]$ となります.

連続関数は $\mathbb{R}^n$ の数ベクトルとは見かけが異なりますが, $\mathbb{R}^n$ の場合と同じように $C[a,b]$ に加法とスカラー乗法が定義され, その演算について閉じています. ■

上の例を念頭に置いてベクトル空間の定義を与えることにします. 以降 $\mathbb{F}$ は常に何らかの体を表します.

定 義 体 $\mathbb{F}$ 上の**ベクトル空間**[1] は, 集合 V と**加法**[2] $+$ と**スカラー乗法**[3] $\cdot$, それに V の要素 $0 \in V$ からなり, 以下の主張をもつものと定義する.

なお, 体 $\mathbb{F}$ を V の**基礎体**[4] あるいは係数体, V の要素を**ベクトル**[5], $\mathbb{F}$ の要素を**スカラー**[6] とよぶ.

二つのベクトルの和はベクトルである: 各 $v, w \in V$ に対して $v+w \in V$ である.

ベクトルのスカラー倍はベクトルである: 各 $c \in \mathbb{F}$ と $v \in V$ に対して $c \cdot v \in V$ である.

ベクトルの加法は交換法則を満たす: 各 $v, w \in V$ に対して $v+w=w+v$ である.

ベクトルの加法は結合法則を満たす: 各 $u, v, w \in V$ に対して $u+(v+w)=(u+v)+w$ である.

加法に関する単位元が存在する: 各 $v \in V$ に対して $v+0=0+v=v$ となる要素 0 がある. これを**零ベクトル**[7] とよぶ.

どのベクトルも加法に関する逆元をもつ: 各 $v \in V$ に対して $v+w=w+v=0$ となる $w \in V$ がある.

$1 \in \mathbb{F}$ を掛けても変化しない: 各 $v \in V$ に対して $1 \cdot v = v$ である.

スカラー乗法は結合法則を満たす: 各 $a, b \in \mathbb{F}$ と $v \in V$ に対して $a \cdot (b \cdot v) = (ab) \cdot v$ である.

分配法則 1 を満たす: 各 $a \in \mathbb{F}$ と $v, w \in V$ に対して $a \cdot (v+w) = a \cdot v + a \cdot w$ である.

分配法則 2 を満たす: 各 $a, b \in \mathbb{F}$ と $v \in V$ に対して $(a+b) \cdot v = a \cdot v + b \cdot v$ である.

---

1) vector space　2) vector addition　3) scalar multiplication　4) base field
5) vector　6) scalar　7) zero vector

これまでベクトルとは$\mathbb{F}^n$の数ベクトルをさしていましたが，これからはより一般的にベクトル空間の要素を意味します．したがって$\mathbb{F}^n$の数ベクトルをさすことも，まったく別のものをさすこともあります．

要点： $\mathbb{F}$上のベクトル空間とは足し合わせたり$\mathbb{F}$の要素を掛けたりできるものの集まり．また，その演算はおおむね期待どおりに働く．

体$\mathbb{F}$が実数体$\mathbb{R}$や複素数体$\mathbb{C}$の場合には，Vをそれぞれ**実ベクトル空間**[8)]，**複素ベクトル空間**[9)]とよびます．

記法についての注意　スカラー乗法の記号・を省略してcvと書くことがよくあります．また通常は基礎体$\mathbb{F}$や演算＋と・は了解されているとしてベクトル空間をVだけで表しますが，基礎体や演算に注意する必要がある場合には（$V, +, \cdot$）または（$V, \mathbb{F}, +, \cdot$）と書くこともあります．体の場合と同様，ベクトル空間の加法に関する逆元を$-v$と表します．よって$v+(-v)=0$です．また$v+(-w)=v-w$と書きます．

本書ではベクトルを表すために矢印を書き加えたり，スカラーとは別の活字を使うといったことをしなかったため，表記に曖昧さが残ることがあります．たとえば$\mathbb{F}$の要素$0 \in \mathbb{F}$にもVの零ベクトル$0 \in V$にも同じ記号を用いています．そのためにスカラーとベクトルの和やベクトル同士の積のような無意味だが見逃しやすい式を書くこともできてしまいますので注意する必要があります[10)]．

即問 21　VとWを$\mathbb{F}$上のベクトル空間とし，両者はベクトルを共有しないとします．また，

$$u, v \in V,\ u \neq 0 \qquad w \in W \qquad a, b \in \mathbb{F},\ a \neq 0$$

とします．次の式が意味をもつかどうかを判断して，何を意味するかを示しなさい（たとえば，スカラー，Vのベクトル，Wのベクトルのように）．

(a) $au+bv$　(b) $v+w$　(c) u^{-1}　(d) $a^{-1}bw$　(e) $b+a^{-1}u$　(f) $(b+a^{-1})u$　(g) uv

ベクトル空間がこのように一般的に定義されていることをこれからさまざまな場面で利用しますが，その原型となった数ベクトル空間をいつも念頭に置いておくのは重要です．

8）real vector space　9）complex vector space

10）訳注：この記法には議論の対象が何であるかを常に意識させるという長所があります．

即問 21 の答（a）Vのベクトル，（b）意味をもたない，（c）意味をもたない，（d）Wのベクトル，（e）意味をもたない，（f）Vのベクトル，（g）意味をもたない

命題 1・9 $\mathbb{F}$を体，nを自然数とする．

$$\mathbb{F}^n := \left\{ \begin{bmatrix} a_1 \\ \vdots \\ a_n \end{bmatrix} \middle| \ a_1, \ldots, a_n \in \mathbb{F} \right\}$$

は$\mathbb{F}$上のベクトル空間である[11]．

■略証 加法とスカラー乗法を

$$\begin{bmatrix} a_1 \\ \vdots \\ a_n \end{bmatrix} + \begin{bmatrix} b_1 \\ \vdots \\ b_n \end{bmatrix} := \begin{bmatrix} a_1 + b_1 \\ \vdots \\ a_n + b_n \end{bmatrix} \qquad c \begin{bmatrix} a_1 \\ \vdots \\ a_n \end{bmatrix} := \begin{bmatrix} ca_1 \\ \vdots \\ ca_n \end{bmatrix}$$

と定義し，零ベクトルはすべての要素が$0 \in \mathbb{F}$である数ベクトルと定義すると，ベクトル空間のすべての性質を容易に導くことができます．たとえば分配法則を取上げると

$$c\left(\begin{bmatrix} a_1 \\ \vdots \\ a_n \end{bmatrix} + \begin{bmatrix} b_1 \\ \vdots \\ b_n \end{bmatrix}\right) = c\begin{bmatrix} a_1 + b_1 \\ \vdots \\ a_n + b_n \end{bmatrix} = \begin{bmatrix} c(a_1 + b_1) \\ \vdots \\ c(a_n + b_n) \end{bmatrix}$$

$$= \begin{bmatrix} ca_1 + cb_1 \\ \vdots \\ ca_n + cb_n \end{bmatrix} = \begin{bmatrix} ca_1 \\ \vdots \\ ca_n \end{bmatrix} + \begin{bmatrix} cb_1 \\ \vdots \\ cb_n \end{bmatrix} = c\begin{bmatrix} a_1 \\ \vdots \\ a_n \end{bmatrix} + c\begin{bmatrix} b_1 \\ \vdots \\ b_n \end{bmatrix}$$

と確かめられます．

他の性質についても同様です． ■

注 意 数ベクトル$\mathbf{v} \in \mathbb{F}^n$の第$i$要素を$[\mathbf{v}]_i$と書きます．

ベクトル空間の定義から以下の演算が可能であることがわかります．

定 義 Vを$\mathbb{F}$上のベクトル空間とする．

1. $v_1, v_2, \ldots, v_k \in V$の**線形結合**[12]を

$$\sum_{i=1}^{k} c_i v_i = c_1 v_1 + c_2 v_2 + \cdots + c_k v_k$$

と定義する．ただし$c_1, c_2, \ldots, c_k \in \mathbb{F}$である．

11）訳注：これを$\mathbb{F}$上の**数ベクトル空間**とよびます．

12）linear combination

2. $v_1, v_2, \ldots, v_k \in V$ の**スパン**[13] をその線形結合の全体と定義する．すなわち

$$\langle v_1, v_2, \ldots, v_k \rangle := \left\{ \sum_{i=1}^{k} c_i v_i \;\middle|\; c_1, c_2, \ldots, c_k \in \mathbb{F} \right\}$$

である．

即問 22　$v \in \langle v_1, \ldots, v_k \rangle$ なら $\langle v_1, \ldots, v_k \rangle = \langle v_1, \ldots, v_k, v \rangle$ を示しなさい．

ベクトル空間の例

■**例**　命題 1·9 にあるように $\mathbb{F}^n$ は要素ごとの加法とスカラー乗法によって $\mathbb{F}$ 上のベクトル空間となります．■

■**例**　$\mathbb{F}$ 上の線形方程式系

$$\begin{aligned} a_{11}x_1 + \cdots + a_{1n}x_n &= 0 \\ &\vdots \\ a_{m1}x_1 + \cdots + a_{mn}x_n &= 0 \end{aligned} \qquad (1\cdot 27)$$

を考えます．このように右辺がすべて 0 である線形方程式系は**斉次**[14] といわれます．

S をこの線形方程式系の解の全体とすると，S は $\mathbb{F}^n$ で定義された加法とスカラー乗法の下でベクトル空間となります．

$\mathbb{F}^n$ で定義された加法とスカラー乗法がベクトル空間の定義を満たすことは既知ですので，示すべきことは，S に零ベクトルがあることと（$x_j = 0$ を代入すれば明らかです），$\mathbb{F}^n$ で定義された加法とスカラー乗法によって

- 二つのベクトルの和はベクトルである
- ベクトルのスカラー倍はベクトルである
- 各ベクトルには加法に関する逆元がある

が成り立つことです．ここで“ベクトルである”とは“S の要素である”ことを意味していることが重要です．したがって最初の主張を確かめるために示すべきことは $\mathbf{v}, \mathbf{w} \in S$ なら $\mathbf{v} + \mathbf{w} \in S$ です．すでに $\mathbf{v} + \mathbf{w} \in \mathbb{F}^n$ はわかっています．そこで

13）span

即問 22 の答　$v_1, \ldots, v_k$ の線形結合は $v_1, \ldots, v_k, v$ の線形結合であることは明らか．逆に $v = \sum_{i=1}^{k} a_i v_i$ なら $c_1v_1 + \cdots + c_kv_k + dv = (c_1 + da_1)v_1 + \cdots + (c_k + da_k)v_k$ です．

14）homogeneous

$$\mathbf{v} = \begin{bmatrix} v_1 \\ \vdots \\ v_n \end{bmatrix} \qquad \mathbf{w} = \begin{bmatrix} w_1 \\ \vdots \\ w_n \end{bmatrix}$$

とし，$\mathbf{v}, \mathbf{w} \in S$ つまり

$$\begin{gathered} a_{11}v_1 + \cdots + a_{1n}v_n = 0 = a_{11}w_1 + \cdots + a_{1n}w_n \\ \vdots \\ a_{m1}v_1 + \cdots + a_{mn}v_n = 0 = a_{m1}w_1 + \cdots + a_{mn}w_n \end{gathered}$$

を仮定します．すると

$$\begin{aligned} a_{11}(v_1 + w_1) + \cdots + a_{1n}(v_n + w_n) &= (a_{11}v_1 + \cdots + a_{1n}v_n) + (a_{11}w_1 \\ &\quad + \cdots + a_{1n}w_n) = 0 \\ &\vdots \\ a_{m1}(v_1 + w_1) + \cdots + a_{mn}(v_n + w_n) &= (a_{m1}v_1 + \cdots + a_{mn}v_n) + (a_{m1}w_1 \\ &\quad + \cdots + a_{mn}w_n) = 0 \end{aligned}$$

がわかり，$\mathbf{v}+\mathbf{w} \in S$ が得られます．

同様に，$c \in \mathbb{F}$ と $\mathbf{v} \in S$ について

$$\begin{gathered} a_{11}(cv_1) + \cdots + a_{1n}(cv_n) = c(a_{11}v_1 + \cdots + a_{1n}v_n) = 0 \\ \vdots \\ a_{m1}(cv_1) + \cdots + a_{mn}(cv_n) = c(a_{m1}v_1 + \cdots + a_{mn}v_n) = 0 \end{gathered}$$

から $c\mathbf{v} \in S$ が得られます．さらに

$$-\mathbf{v} = \begin{bmatrix} -v_1 \\ \vdots \\ -v_n \end{bmatrix} = (-1)\mathbf{v}$$

ですから $c = -1$ とすれば $-\mathbf{v} \in S$ も得られます． ■

この例は，ベクトル空間の部分集合が同じ加法とスカラー乗法の下でベクトル空間をなす様子を示しています．

定 義 $(V, +, \cdot)$ を $\mathbb{F}$ 上のベクトル空間とする．部分集合 $U \subseteq V$ は $(U, +, \cdot)$ 自身がベクトル空間であるとき V の**部分空間**[15] とよばれる．

15）subspace

斉次方程式の解集合が部分空間となることを示した例で，ベクトル空間の定義に述べられた主張の中で証明すべきだったことは“ベクトルである”ことでした．ここでベクトルであるとは，部分空間であることを示そうとしている集合 U の要素であることを意味していました．

> **定理 1・10**　V を $\mathbb{F}$ 上のベクトル空間とする．V の部分集合 $U \subseteq V$ が V の部分空間となる必要十分条件は
> - $0 \in U$
> - $u_1, u_2 \in U$ なら $u_1 + u_2 \in U$
> - $u \in U$ かつ $c \in \mathbb{F}$ なら $cu \in U$
> - $u \in U$ なら $-u \in U$
>
> である．

2 番目の条件が成り立つなら U は**加法に関して閉じている**[16]といわれ，3 番目の条件は**スカラー乗法に関して閉じている**[17]といいます[18]．

■**例**　1. 定理 1・10 を使えば $v_1, \ldots, v_k \in V$ のスパン $\langle v_1, \ldots, v_k \rangle$ が V の部分空間であることは明らかです．

2. 体 $\mathbb{F}$ と自然数 $m, n \in \mathbb{N}$ に対して $\mathbf{M}_{m,n}(\mathbb{F})$ を $\mathbb{F}$ の要素からなる $m \times n$ 行列の全体とします．特に $m=n$ の場合はこれを $\mathbf{M}_n(\mathbb{F})$ と書きます．零行列をすべての要素が $0 \in \mathbb{F}$ である行列とします．行列 $\mathbf{A} = [a_{ij}]_{\substack{1 \le i \le m \\ 1 \le j \le n}}$ と $\mathbf{B} = [b_{ij}]_{\substack{1 \le i \le m \\ 1 \le j \le n}}$ の和 $\mathbf{A}+\mathbf{B}$ を

$$\mathrm{A} + \mathrm{B} := \left[a_{ij} + b_{ij}\right]_{\substack{1 \le i \le m \\ 1 \le j \le n}}$$

と要素ごとの和で定義し，スカラー $c \in \mathbb{F}$ との積 $c\mathbf{A}$ を

$$c\mathrm{A} := \left[ca_{ij}\right]_{\substack{1 \le i \le m \\ 1 \le j \le n}}$$

とやはり要素ごとの積で定義します．このとき $\mathbf{M}_{m,n}(\mathbb{F})$ が $\mathbb{F}$ 上のベクトル空間となることの証明は $\mathbb{F}^n$ の場合と同じです．

3. 体 $\mathbb{F}$ の要素からなる数列の全体を

$$\mathbb{F}^\infty := \left\{(a_i)_{i \ge 1} \;\middle|\; a_i \in \mathbb{F}, 1 \le i < \infty\right\}$$

とします．零列はすべての要素が $0 \in \mathbb{F}$ である数列です．加法とスカラー乗法はここでも要素ごとに定義します．つまり $(a_i)_{i \ge 1}, (b_i)_{i \ge 1} \in \mathbb{F}^\infty$ と $c \in \mathbb{F}$ に対して

---

16) closed under addition　　17) closed under scalar multiplication

18) 4 番目の条件に名前を付けていない理由はこの節の最後にわかります．

$$(a_i)_{i\geq 1} + (b_i)_{i\geq 1} := (a_i + b_i)_{i\geq 1} \qquad c(a_i)_{i\geq 1} := (ca_i)_{i\geq 1}$$

です．そうすると $\mathbb{F}^\infty$ は $\mathbb{F}$ 上のベクトル空間となります．

4. 0 に収束する数列の全体を $c_0 \subseteq \mathbb{R}^\infty$ で表します．
つまり $(a_i)_{i\geq 1} \in \mathbb{R}^\infty$ が $(a_i)_{i\geq 1} \in c_0$ であるとは

$$\lim_{i\to\infty} a_i = 0$$

のことです．この c_0 は $\mathbb{R}^\infty$ の部分空間になります．実際，

- すべての i について $a_i = 0$ なら $\lim_{i\to\infty} a_i = 0$
- $\lim_{i\to\infty} a_i = \lim_{i\to\infty} b_i = 0$ なら $\lim_{i\to\infty}(a_i + b_i) = \lim_{i\to\infty} a_i + \lim_{i\to\infty} b_i = 0$
- $\lim_{i\to\infty} a_i = 0$ なら $c \in \mathbb{R}$ に対して $\lim_{i\to\infty}(ca_i) = c \lim_{i\to\infty} a_i = 0$
- $\lim_{i\to\infty} a_i = 0$ なら $\lim_{i\to\infty}(-a_i) = 0$

です．ここで数列の極限が 0 であることが重要です．$s \neq 0$ に収束する数列の全体 c_s は $\mathbb{R}^\infty$ の部分空間になりません．

即問 23 上の c_s が部分空間にならない理由を答えなさい．

5. すでにこの節のはじめでみたように，区間 $[a, b]$ 上の連続関数 $f: [a, b] \to \mathbb{R}$ の全体 $C[a, b]$ は $\mathbb{R}$ 上のベクトル空間となります． ■

他にもベクトル空間となる関数のクラスがたくさんあります．恒等的に零を値としてとる関数がそのクラスの定義を満たし，関数の同士の和とスカラーとの積もそのクラスの定義を満たすなら，そのクラスはベクトル空間となります．関数を要素とするベクトル空間は**関数空間**[19] とよばれます．例をいくつか示しましょう．

- $D[a, b]$ を微分可能な関数 $f: [a, b] \to \mathbb{R}$ の集合とすると $D[a, b]$ はベクトル空間となります．実際恒等的に零である関数は微分可能ですし，微分可能な関数の和もスカラー倍も微分可能です．
- さらに k 回微分可能な関数の集合 $D^k[a, b]$ もベクトル空間となります．
- $\mathbb{F}$ の要素を係数にもつ次数が n 以下の形式的多項式の集合

$$\mathcal{P}_n(\mathbb{F}) := \left\{ a_0 + a_1 x + \cdots + a_n x^n \;\middle|\; a_0, a_1, \ldots, a_n \in \mathbb{F} \right\}$$

  はベクトル空間となります．実際すべての係数を 0 とした多項式は $\mathcal{P}_n(\mathbb{F})$ の要素です．二つの多項式を加えると多項式が得られ，その次数は加え合わされた多項式の次数を超えません，また多項式のスカラー倍ももとの多項式の次数を超えない多項式です．

即問 23 の答 すぐにわかる理由は，零列，すなわち零ベクトルが c_s に属さないことです．

19) function space

ここでは多項式の和やスカラー倍は通常の計算を仮定しました．$\mathbb{R}$ や $\mathbb{C}$ といった体の上の場合ならそれは関数の和やスカラー倍の一例にすぎません．しかし誤解を招きやすい点があり注意が必要です．上で $\mathcal{P}_n(\mathbb{F})$ の要素を形式的多項式としたのは，それが上の定義式に書かれた形をした記号であるという意味です．変数に値を代入できるような関数ではありません．練習問題 1・5・12 にその理由の一端を示す例を与えておきました．形式的多項式 $\mathcal{P}_n(\mathbb{F})$ については，その和を係数ごとの和で定義し，スカラー倍も係数ごとのスカラー倍で定義します．

ベクトル空間の演算

体の場合と同じように，ベクトル空間の定義に明記されていない基本的性質が多数あります．次の定理にベクトル空間の演算についてのそのような自明と言える性質をまとめておきました．

定理 1・11（ベクトル空間の演算の性質） $\mathbb{F}$ 上のどのようなベクトル空間 V についても以下が成り立つ．

1. 加法に関する単位元は一意である．
2. 加法に関する逆元は一意である．
3. 各 $v \in V$ について $-(-v) = v$ である．
4. 各 $v \in V$ について $0v = 0$ である．
5. 各 $a \in \mathbb{F}$ について $a0 = 0$ である．
6. 各 $v \in V$ について $(-1)v = -v$ である．
7. $a \in \mathbb{F}, v \in V$ で $av = 0$ なら $a = 0$ あるいは $v = 0$ である．

性質 4 の式 $0v = 0$ にある二つの 0 は別の物をさしています．左辺の 0 は $\mathbb{F}$ のスカラーですし，右辺の 0 は V のベクトルです．また最後の性質 7 の結論をきちんと書けば $a = 0 \in \mathbb{F}$ あるいは $v = 0 \in V$ です．

上の性質はいずれも以前に証明した体の演算についての性質と本質的に同じであり，同じように証明できますが，厳密には異なる性質ですから証明しておかなければなりません．そこで二つだけを証明して残りは練習問題とします．

■**定理 1・11 の性質 5 と性質 7 の証明** 性質 5 を証明します．$0+0=0$ より $a \in \mathbb{F}$ について

$$a0 = a0 + a0$$

ですが，両辺に $-a0$ を加えれば

$$0 = a0$$

が得られます．

性質 7 を示すのに $a \in \mathbb{F}$ と $v \in V$ について $av=0$ とします．ここで $a \neq 0$ と仮定するとその乗法に関する逆元 $a^{-1} \in \mathbb{F}$ を用いて

$$v=(1)v=(a^{-1}a)v=a^{-1}(av)=a^{-1}0=0$$

を得ます．■

性質 7 の証明では $a \neq 0$ と仮定して証明を始めました．この仮定から a^{-1} の存在が得られ，その後の議論につながりました．一方，$v \neq 0$ と仮定してもその後の議論に役立つものが手に入りません．

要点(再)：$\mathbb{F}$ 上のベクトル空間とは足し合わせたり $\mathbb{F}$ の要素を掛けたりできるものの集まり．また，その演算はおおむね期待どおりに働く．

定理 1・11 を用いれば部分空間であるかどうかの判定を少しだけ簡単にする結果が導けます．性質 6 から加法に関する逆元 $-v$ は -1 によるスカラー倍 $(-1)v$ ですから，U がスカラー乗法に関して閉じていれば，$u \in U$ から $-u \in U$ が得られます．したがって部分空間であるかどうかを判定するために確かめるべき条件を以下のように少し減らすことができます．

$U \subseteq V$ が部分空間である必要十分条件は
- $0 \in U$
- $u_1, u_2 \in U$ なら $u_1+u_2 \in U$（U は加法に関して閉じている）
- $u \in U$ で $c \in \mathbb{F}$ なら $cu \in U$（U はスカラー乗法に関して閉じている）

最初の条件は余計である，なぜなら定理 1・11 の性質 4 を使えば $0=0v$ だからこの条件は U がスカラー乗法に関して閉じていることから導けるはずだとも思えます．確かに $0=0v$ ですから U の要素 $v \in U$ を何か一つでももってくることができる限りその議論は間違っていません．したがって最初の条件を取除くのなら，その代わりに U が空集合ではないという条件を追加しなければなりません．ですから残念ながら条件の節約にはなりません．

即問 24　$U \subseteq V$ が空集合でなく，加法とスカラー乗法に関して閉じているなら V の部分空間となることを示しなさい．

即問 24 の答　U の任意のベクトル u に対して定理 1・11 の性質 4 から $0=0u$ で，しかも U はスカラー乗法に関して閉じていますから $0 \in U$ を得ます．

まとめ

- ベクトル空間は加え合わせたりスカラー倍したりできるベクトルというものの集まり.
- ベクトル空間の原型は $\mathbb{F}$ の n 個の要素からなる数ベクトルの空間 $\mathbb{F}^n$.
- 部分空間はそれ自身がベクトル空間である部分集合. 零ベクトルを含み, 加法とスカラー乗法に関して閉じている必要がある.
- ベクトル空間の例には, 斉次線形方程式系の解の全体, 行列の空間, 数列の空間, 関数の空間などがある.

練習問題

1・5・1 どれが部分空間であるかを理由を付して答えなさい.

(a) $\mathbb{R}^3$ の x 軸

(b) $\mathbb{R}^2$ の集合 $\left\{\begin{bmatrix} x \\ y \end{bmatrix} \middle| x, y \geq 0\right\}$ (平面の第 1 象限)

(c) $\mathbb{R}^2$ の集合 $\left\{\begin{bmatrix} x \\ y \end{bmatrix} \middle| x, y \geq 0\right\} \cup \left\{\begin{bmatrix} x \\ y \end{bmatrix} \middle| x, y \leq 0\right\}$ (平面の第 1 象限と第 3 象限)

(d) 次の線形方程式系の解

$$\begin{aligned} x - y + 2z &= 4 \\ 2x - 5z &= -1 \end{aligned}$$

1・5・2 $m \times n$ の非斉次線形方程式系の解は $\mathbb{F}^n$ の部分空間とならないことを示しなさい.

1・5・3 $n \times n$ 行列 $\mathbf{A} = [a_{ij}]_{\substack{1 \leq i \leq n \\ 1 \leq j \leq n}}$ の**トレース**[20] $\operatorname{tr} \mathbf{A}$ とは

$$\operatorname{tr} \mathrm{A} = \sum_{i=1}^{n} a_{ii}$$

です. $S = \{\mathbf{A} \in \mathbf{M}_n(\mathbb{F}) \mid \operatorname{tr} \mathbf{A} = 0\}$ が $\mathbf{M}_n(\mathbb{F})$ の部分空間となることを示しなさい.

1・5・4 以下のどれが $C[a, b]$ の部分空間であるか答えなさい. ここで $a, b, c \in \mathbb{R}$ で $a < c < b$ とします.

(a) $V = \{f \in C[a, b] \mid f(c) = 0\}$
(b) $V = \{f \in C[a, b] \mid f(c) = 1\}$
(c) $V = \{f \in D[a, b] \mid f'(c) = 0\}$
(d) $V = \{f \in D[a, b] \mid f' \text{ は定数}\}$
(e) $V = \{f \in D[a, b] \mid f'(c) = 1\}$

---

20) trace

1・5・5 (a) $\mathbb{C}$ は $\mathbb{R}$ 上のベクトル空間であることを示しなさい.

(b) $\mathbb{Q}$ は $\mathbb{R}$ 上のベクトル空間でないことを示しなさい.

1・5・6 すべての複素ベクトル空間は実ベクトル空間でもあることを示しなさい.

1・5・7 $\mathbb{K}$ を体, $\mathbb{F}$ は $\mathbb{F} \subseteq \mathbb{K}$ で $\mathbb{K}$ の演算の下で体であるとします ($\mathbb{F}$ は $\mathbb{K}$ の**部分体**[21] であるといいます). このとき $\mathbb{K}$ 上のベクトル空間は $\mathbb{F}$ 上のベクトル空間であることを示しなさい.

1・5・8 $\mathbb{F}$ を $\mathbb{K}$ の部分体とすると $\mathbb{K}$ は $\mathbb{F}$ 上のベクトル空間となることを示しなさい.

1・5・9 $\mathbb{F}$ を体, A を任意の空でない集合とします. A で定義され $\mathbb{F}$ に値をとる関数 $f : A \to \mathbb{F}$ の全体 V は $\mathbb{F}$ 上のベクトル空間となることを示しなさい. ただし加法とスカラー乗法は各点で定義します.

1・5・10 U と W をベクトル空間 V の部分空間としたとき

$$U \cap W := \{v \mid v \in U \text{ かつ } v \in W\}$$

も V の部分空間となることを示しなさい.

1・5・11 U_1 と U_2 をベクトル空間 V の部分空間としたとき

$$U_1 + U_2 := \{u_1 + u_2 \mid u_1 \in U_1,\ u_2 \in U_2\}$$

も V の部分空間となることを示しなさい.

1・5・12 任意の $x \in \mathbb{F}_2$ で $x^2 + x = 0$ が成り立つことを示しなさい. この結果から, 多項式 $p(x) = x^2 + x$ を $\mathbb{F}_2$ から $\mathbb{F}_2$ への関数 $p : \mathbb{F}_2 \to \mathbb{F}_2$ とみなせば恒等的に 0 である関数と同じ関数であることになります. これは形式的な多項式とみなす場合と異なります.

1・5・13 $\{\mathbf{v} \in \mathbb{R}^n \mid v_i > 0, i = 1, \ldots, n\}$ が以下の定義の下で実ベクトル空間となることを示しなさい. 二つのベクトルの和は要素ごとの積とし, スカラー乗法は

$$\lambda \begin{bmatrix} v_1 \\ \vdots \\ v_n \end{bmatrix} = \begin{bmatrix} v_1^\lambda \\ \vdots \\ v_n^\lambda \end{bmatrix}$$

で, また零ベクトルは

$$0 = \begin{bmatrix} 1 \\ \vdots \\ 1 \end{bmatrix}$$

とする.

---

21) subfield

1・5・14　単体 V を

$$V = \left\{ (p_1, \ldots, p_n) \;\middle|\; p_i > 0,\ i = 1, \ldots, n;\ \sum_{i=1}^{n} p_i = 1 \right\}$$

と定義し，V 上の加法とスカラー乗法を

$$(p_1, \ldots, p_n) + (q_1, \ldots, q_n) := \frac{(p_1 q_1, \ldots, p_n q_n)}{p_1 q_1 + \cdots + p_n q_n}$$

$$\lambda(p_1, \ldots, p_n) := \frac{(p_1^{\lambda}, \ldots, p_n^{\lambda})}{p_1^{\lambda} + \cdots + p_n^{\lambda}}$$

と定義します．ここで割り算は通常のスカラーによるベクトルの割り算です．このとき V が実ベクトル空間となることを示しなさい．

1・5・15　任意の集合 S の部分集合 $A, B \subseteq S$ について，その**対称差**[22] $A \Delta B$ を A と B の片方だけに属する要素の全体と定義します．集合の記号で書けば

$$A \Delta B = (A \cup B) \setminus (A \cap B) = (A \setminus B) \cup (B \setminus A)$$

です．

V を S の部分集合をすべて集めた集合[23] とします．$A, B \in V$ つまり $A, B \subseteq S$ についてその和を $A + B = A \Delta B$ と定義します．また $0A = \emptyset$, $1A = A$ とします．このとき V は $\mathbb{F}_2$ 上のベクトル空間となることを示しなさい．ただし零ベクトルは空集合で与えられます．

ヒント：ベクトル空間の条件を残らず確かめなさい．$\mathbb{F}_2$ の要素はわずかですからすべての場合に尽くすことによってスカラー乗法についての条件を確かめることができます．なお $A \Delta A$ が何であるかをまずみておくといいでしょう．

1・5・16　定理 1・11 の性質 **1** を証明しなさい．

1・5・17　定理 1・11 の性質 **2** を証明しなさい．

1・5・18　定理 1・11 の性質 **3** を証明しなさい．

1・5・19　定理 1・11 の性質 **4** を証明しなさい．

1・5・20　定理 1・11 の性質 **6** を証明しなさい．

22）symmetric difference

23）訳注：巾集合とよばれます．

2 線形写像と行列†

2・1 線形写像

ベクトル空間の同等性

数学の基本的な課題として，一見異なるようにみえる対象が何らかの意味で同じであるかどうかを決定する問題があります．実はそのような例をすでにいくつかみています．たとえば実数体上の二つのベクトル空間

$$\mathbb{R}^n = \left\{ \begin{bmatrix} a_1 \\ \vdots \\ a_n \end{bmatrix} \middle| \; a_1, \ldots, a_n \in \mathbb{R} \right\}$$

$$\mathcal{P}_d(\mathbb{R}) = \left\{ a_0 + a_1 x + \cdots + a_d x^d \;\middle|\; a_0, a_1, \ldots, a_d \in \mathbb{R} \right\}$$

の一方は n 次元実数ベクトル，他方は d 次多項式の空間ですのでこの二つのベクトル空間の見かけはまったく異なりますが，両者とも順序付けられた実数の並びで構成されていますし，演算はその並びの要素ごとに行われるという共通点をもっています．

このように，異なる外見をもつ対象の間に同じ構造を見いだしてそれを記述することは，数学の目指すところでもあります．以上を念頭に置いて次のように線形写像を定義します．

> **定 義**　V と W をベクトル空間とする．関数 $T: V \to W$ は以下の二つの性質をもつときに**線形写像**[1] とよばれる．
> **加法性**[2]：各 $u, v \in V$ に対して $T(u+v) = Tu + Tv$
> **斉次性**[3]：各 $v \in V$ と $a \in \mathbb{F}$ に対して $T(av) = aTv$

† この章をはじめとして本書では同時に複数のベクトル空間について議論しますが，それらはいつも同じ基礎体の上で定義されているものとします．

1) linear map　　2) additivity　　3) homogeneity

このとき V を T の**定義域**[4]，W を T の**値域**[5] とよぶ．V から W への線形写像の全体を $\mathcal{L}(V, W)$ で表す．特に $V=W$ の場合にはこれを $\mathcal{L}(V) := \mathcal{L}(V, V)$ と書く[6]．

つまり線形写像とは，それを作用させる前後で加法とスカラー乗法が同じ効果をもつという意味で，ベクトル空間の構造を維持する写像です．

ベクトル空間のどのベクトルも変化させない変換として V 上の**恒等変換**[7] $I : V \to V$ を

$$Iv = v$$

と定義します[8]．

即問1 恒等変換 $I : V \to V$ が線形写像であることを示しなさい．

写像 $T : \mathbb{R}^n \to \mathcal{P}_{n-1}(\mathbb{R})$ を

$$T\begin{bmatrix} a_1 \\ \vdots \\ a_n \end{bmatrix} := a_1 + a_2 x + \cdots + a_n x^{n-1} \tag{2・1}$$

で定義すると，T は線形写像となります．確かに

$$\begin{aligned} T\left(\begin{bmatrix} a_1 \\ \vdots \\ a_n \end{bmatrix} + \begin{bmatrix} b_1 \\ \vdots \\ b_n \end{bmatrix}\right) &= T\begin{bmatrix} a_1 + b_1 \\ \vdots \\ a_n + b_n \end{bmatrix} \\ &= (a_1 + b_1) + (a_2 + b_2)x + \cdots + (a_n + b_n)x^{n-1} \\ &= \left(a_1 + a_2 x + \cdots + a_n x^{n-1}\right) + \left(b_1 + b_2 x + \cdots + b_n x^{n-1}\right) \\ &= T\begin{bmatrix} a_1 \\ \vdots \\ a_n \end{bmatrix} + T\begin{bmatrix} b_1 \\ \vdots \\ b_n \end{bmatrix} \end{aligned}$$

---

4) domain　5) codomain

6) 訳注：以降では $V=W$ の場合の線形写像を特に**線形変換**（linear transformation）とよんで区別します．

7) identity operator

8) 多少曖昧になりますが，ベクトル空間が異なってもその上の恒等変換を同じ記号 I で表すことにします．

即問1の答 $I(v+w)=v+w=Iv+Iw$ と $I(av)=av=aIv$ から．

であり，しかも

$$T\left(c\begin{bmatrix}a_1\\ \vdots\\ a_n\end{bmatrix}\right)=T\begin{bmatrix}ca_1\\ \vdots\\ ca_n\end{bmatrix}=ca_1+ca_2x+\cdots+ca_nx^{n-1}$$

$$=c\Big(a_1+a_2x+\cdots+a_nx^{n-1}\Big)=cT\begin{bmatrix}a_1\\ \vdots\\ a_n\end{bmatrix}$$

です．これで前に述べたように，実数ベクトル空間と多項式のつくるベクトル空間では演算が基本的に同じであることが記述されました．

線形写像と幾何

線形写像を二つのベクトル空間の演算を関連づけるものとして定義しましたが，線形写像は他にも基本的な役割を多く担っています．実際，幾何や代数でよく出てくる変換の多くから線形写像が定義されます．以下では鏡映と回転が線形変換であることを確かめます．つまり，数ベクトルの多項式への変換も，空間の矢線の鏡映や回転による変換も，ベクトル空間の構造を維持するという点で共通しています．

■例 1. $\mathbb{R}^3$ の点を x-y 平面に関して対称な位置に移す鏡映変換を T で表します（図 2・1）．また，図 2・2 は T が加法的であることを示しています．

鏡映変換 T が斉次性をもつことを示す図を描きなさい（練習問題 2・1・1）．

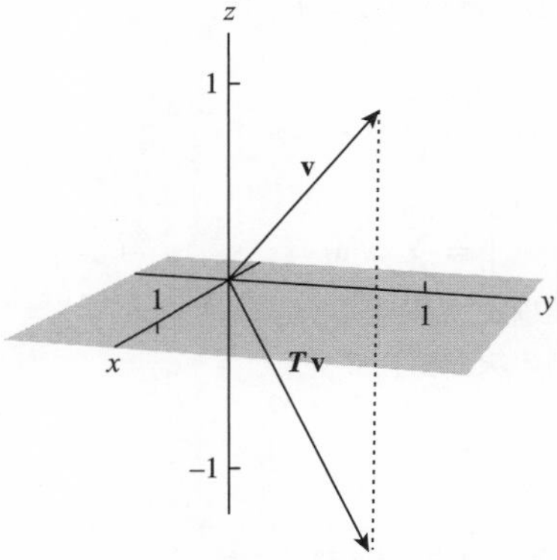

図 2・1 x-y 平面に関する鏡映

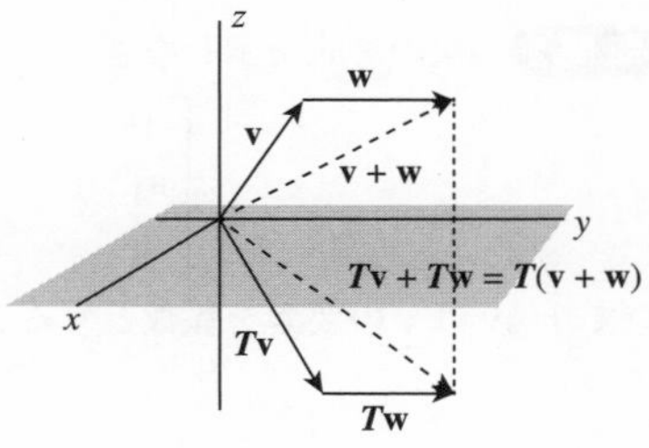

図 2・2 鏡映の加法性

2. $\mathbb{R}^2$ 上の変換 R_θ を θ ラジアン反時計回りの回転と定義します（図 2・3）．この変換の加法性は図 2・4 からわかります．

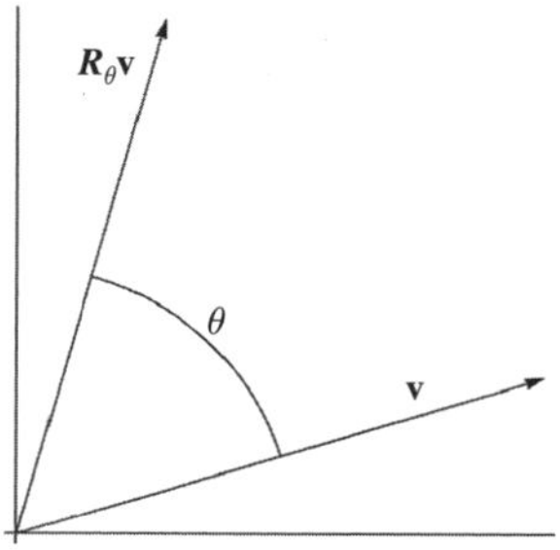

図 2・3　θ ラジアン反時計回りの回転

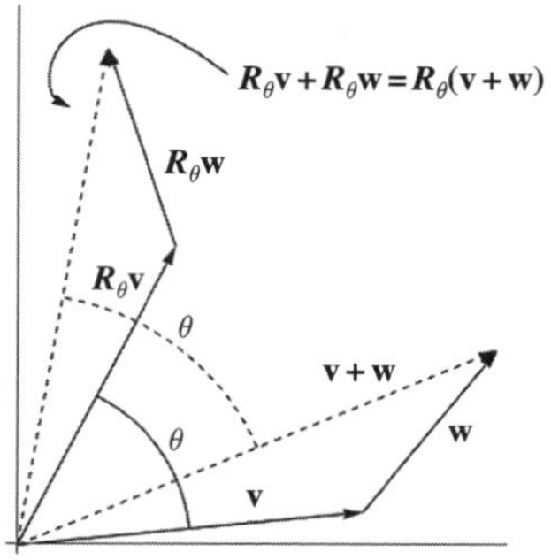

図 2・4　回転の加法性 ■

行列と線形写像

$\mathbf{A}=[a_{ij}]_{\substack{1\le i\le m\\1\le j\le n}}$ を体 $\mathbb{F}$ 上の $m\times n$ 行列とします．行列 $\mathbf{A}$ と数ベクトル $\mathbf{v}=\begin{bmatrix}v_1\\ \vdots\\ v_n\end{bmatrix}\in\mathbb{F}^n$ との積を

$$\mathbf{Av}:=\begin{bmatrix}\displaystyle\sum_{j=1}^{n}a_{1j}v_j\\ \vdots\\ \displaystyle\sum_{j=1}^{n}a_{mj}v_j\end{bmatrix}\tag{2・2}$$

と定義すれば，行列 $\mathbf{A}$ は $\mathbb{F}^n$ から $\mathbb{F}^m$ への線形写像を与えます[9, 10]．

即問 2　次の等式を示しなさい．

$$\begin{bmatrix}| & & |\\ \mathbf{a}_1 & \cdots & \mathbf{a}_n\\ | & & |\end{bmatrix}\begin{bmatrix}v_1\\ \vdots\\ v_n\end{bmatrix}=\sum_{j=1}^{n}v_j\mathbf{a}_j\tag{2・3}$$

つまり $\mathbf{Av}$ は $\mathbf{v}$ の要素を係数とする $\mathbf{A}$ の列の線形結合です．

9）m と n の順序に注意してください．$m\times n$ 行列は $\mathbb{F}^n$ を $\mathbb{F}^m$ へ移します．
10）訳注：この線形写像は**行列が定める線形写像**とよばれます．

上で定義した$\mathbb{F}^n$から$\mathbb{F}^m$への写像について，$\mathbf{v}=\begin{bmatrix} v_1 \\ \vdots \\ v_n \end{bmatrix}$と$\mathbf{w}=\begin{bmatrix} w_1 \\ \vdots \\ w_n \end{bmatrix}$とすると（2・3）から

$$\mathrm{A}(\mathbf{v}+\mathbf{w})=\sum_{j=1}^{n}(v_j+w_j)\mathbf{a}_j=\sum_{j=1}^{n}v_j\mathbf{a}_j+\sum_{j=1}^{n}w_j\mathbf{a}_j=\mathrm{A}\mathbf{v}+\mathrm{A}\mathbf{w}$$

と加法性が示せますし，斉次性も同様に示せますから，確かに線形写像となっています．

$\mathbf{e}_j\in\mathbb{F}^n$をその第$j$要素が1で他の要素がすべて0である数ベクトルとすると，（2・3）から$\mathbf{A}\mathbf{e}_j=\mathbf{a}_j$，つまり

$\mathbf{A}\mathbf{e}_j$は行列$\mathbf{A}$の第j列である

を得ます．

$\mathbb{R}^n$の場合と同様，数ベクトル$\mathbf{e}_1,\dots,\mathbf{e}_n\in\mathbb{F}^n$は$\mathbb{F}^n$の**標準基底ベクトル**[11]とよばれます．

■例　1. $n\times n$ **単位行列**[12] $\mathbf{I}_n\in\mathbf{M}_n(\mathbb{F})$ は対角要素がすべて1でそれ以外の要素が0である$n\times n$行列です．列ベクトルを使って書くと

$$\mathrm{I}_n=\begin{bmatrix} | & & | \\ \mathbf{e}_1 & \cdots & \mathbf{e}_n \\ | & & | \end{bmatrix}$$

となります．（2・3）から各$\mathbf{v}\in\mathbb{F}^n$に対して

$$\mathrm{I}_n\mathbf{v}=\sum_{j=1}^{n}v_j\mathbf{e}_j=\mathbf{v}$$

ですから，単位行列は恒等変換$I\in\mathfrak{L}(\mathbb{F}^n)$を与えます．

2. $n\times n$行列$\mathbf{A}$は

$$\mathrm{A}=\begin{bmatrix} a_{11} & & 0 \\ & \ddots & \\ 0 & & a_{nn} \end{bmatrix}$$

のように$i\neq j$のとき常に$a_{ij}=0$なら**対角行列**[13]とよばれます．また対角要素が$d_1,\dots,d_n\in\mathbb{F}$である対角行列を

11) standard basis vector　12) identity matrix　13) diagonal matrix

$$\mathbf{diag}(d_1, \ldots, d_n) := \begin{bmatrix} d_1 & & 0 \\ & \ddots & \\ 0 & & d_n \end{bmatrix}$$

と表記します．次の即問にあるように対角行列と数ベクトルの積は特に簡単です．

即問 3 $\mathbf{D} = \mathrm{diag}(d_1, \ldots, d_n)$ と $\mathbf{x} \in \mathbb{F}^n$ に対して

$$\mathbf{D}\mathbf{x} = \begin{bmatrix} d_1 x_1 \\ \vdots \\ d_n x_n \end{bmatrix}$$

となることを示しなさい．

3. 3×3 行列 $\mathbf{A}$ を $\mathbf{A} = \begin{bmatrix} 0 & 1 & 0 \\ 0 & 0 & 1 \\ 1 & 0 & 0 \end{bmatrix}$ とすると $\begin{bmatrix} x \\ y \\ z \end{bmatrix} \in \mathbb{R}^3$ に対して

$$\mathbf{A}\begin{bmatrix} x \\ y \\ z \end{bmatrix} = \begin{bmatrix} y \\ z \\ x \end{bmatrix}$$

となり，$\mathbb{R}^3$ の数ベクトルの座標の並べ替えは線形変換であることがわかります．一般に $\mathbb{F}^n$ の座標の並べ替えも線形変換となります． ■

固有値と固有ベクトル

線形変換には固有ベクトルとよばれる特別なベクトルをもつものがあります．固有ベクトルは線形変換がきわめて単純な変換として働くベクトルで，線形変換の理解やその取扱いの際に重要な役割を演じます．

定 義 V を体 $\mathbb{F}$ 上のベクトル空間とし $T \in \mathcal{L}(V)$ とする．

$$Tv = \lambda v$$

を満たす非零の（零ベクトルでない）ベクトル v は，T の**固有値**[14] λ に対応する**固有ベクトル**[15] とよばれる[16]．行列 $\mathbf{A} \in \mathbf{M}_n(\mathbb{F})$ の固有値と固有ベクトルは，$\mathbf{A}$ が $\mathbf{v} \mapsto \mathbf{A}\mathbf{v}$ によって定める線形変換の固有値と固有ベクトルと定義する．

14）eigenvalue　15）eigenvector

16）英語の eigenvector/value はドイツ語の eigenvektor/wert の部分的英訳になっています．ドイツ語の形容詞 eigen は“固有の”を意味しますので，全体を英訳した characteristic vector/value や proper vector/value が使われることもありますが，これは今ではやや古く響きます．

つまり固有ベクトルとは線形変換 T がそのベクトルに対してスカラー倍と同じ働きをする非零ベクトルです．幾何学的には，固有ベクトルとは T によってその大きさを変えても方向を変えない非零ベクトルです[17]．代数的には，$v \in V$ が線形変換 T の固有ベクトルであるとは，v のスカラー倍の全体であるスパン $\langle v \rangle$ が T の下で**不変**[18] であること，つまり $w \in \langle v \rangle$ なら $Tw \in \langle v \rangle$ であることです．

即問 4 $v \in V$ が T の固有ベクトルであり $w \in \langle v \rangle$ なら，$Tw \in \langle v \rangle$ となることを示しなさい．

■**例** 1. 以下の式で与えられる線形変換 $T : \mathbb{R}^2 \to \mathbb{R}^2$ を考えます．

$$T\begin{bmatrix} x \\ y \end{bmatrix} := \begin{bmatrix} 1 & 0 \\ 0 & 2 \end{bmatrix}\begin{bmatrix} x \\ y \end{bmatrix} = \begin{bmatrix} x \\ 2y \end{bmatrix}$$

この線形変換が $\mathbb{R}^2$ に及ぼす変換は次の図 2・5 のようになります．

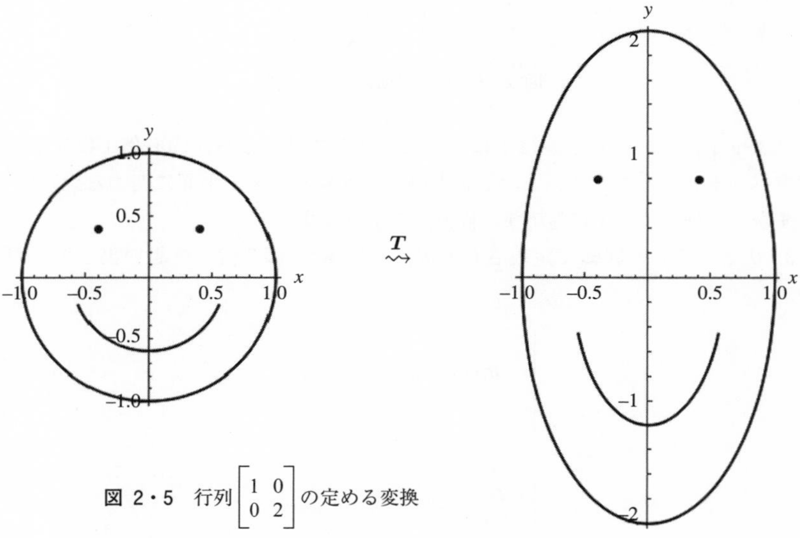

図 2・5 行列 $\begin{bmatrix} 1 & 0 \\ 0 & 2 \end{bmatrix}$ の定める変換

17) ただし正反対の方向への変化は方向を変えていないと考えることにします．
18) invariant

即問 4 の答 v が固有ベクトルなら $\lambda \in \mathbb{F}$ があって $Tv = \lambda v$ となります．
よって $w \in v \Rightarrow w = cv \Rightarrow Tw = T(cv) = cTv = c\lambda v \in \langle v \rangle$ です．

ベクトル $\mathbf{e}_1 := \begin{bmatrix} 1 \\ 0 \end{bmatrix}$ は固有値 1 に対応する固有ベクトルですから T の下で変化しません．また固有値 2 に対応する固有ベクトルである $\mathbf{e}_2 := \begin{bmatrix} 0 \\ 1 \end{bmatrix}$ は T によって 2 倍に引伸ばされますが，その向きを変えません．

2. x–y 平面に関する鏡映変換 $T : \mathbb{R}^3 \to \mathbb{R}^3$（図 2・6）の固有値と固有ベクトルには簡単に見つけられるものがあります．

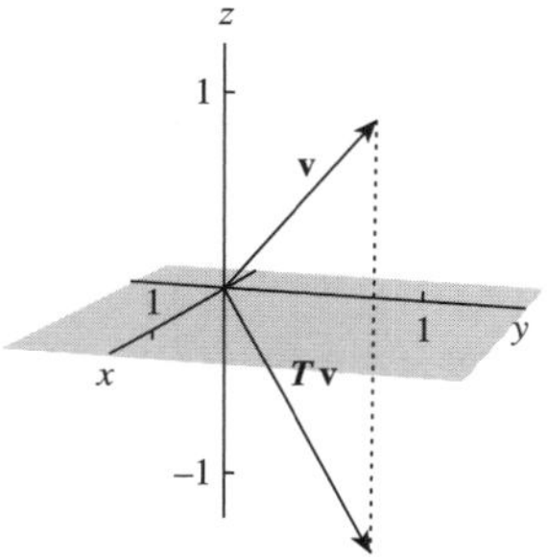

図 2・6　x–y 平面に関する鏡映

まず x–y 平面上のベクトルは T によって変化しませんから，固有値 1 に対応する固有ベクトルとなります．また z 軸上のベクトル $\mathbf{v}$ の x–y 平面に関する鏡映は $-\mathbf{v}$ ですから，固有値 -1 に対応する固有ベクトルです．

3. θ ラジアンの回転で定義された $R_\theta : \mathbb{R}^2 \to \mathbb{R}^2$（図 2・7）を思い出してください．

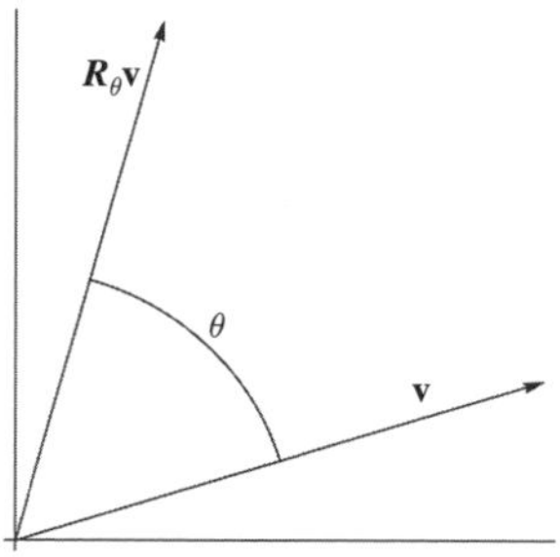

図 2・7　θ ラジアン反時計回りの回転

$\theta = 0$ と $\theta = \pi$ の場合を除けばこの線形変換に固有ベクトルがないことは図から明らかです．

即問5 R_π の固有値と対応する固有ベクトルを示しなさい．また R_0 についても示しなさい．

4. 対角行列 $\mathbf{D} = \mathrm{diag}(d_1, \ldots, d_n)$ の第 j 列は $d_j\mathbf{e}_j$ ですから，

$$\mathbf{D}\mathbf{e}_j = d_j\mathbf{e}_j$$

となって，各 $\mathbf{e}_j$ は固有値 d_j に対応する固有ベクトルです．

5. 行列

$$\mathrm{A} = \begin{bmatrix} 0 & 1 \\ -1 & 0 \end{bmatrix}$$

の固有ベクトルを考えます．つまり x と y の少なくとも片方が零でなく，しかも何らかの λ に対して

$$\begin{bmatrix} 0 & 1 \\ -1 & 0 \end{bmatrix}\begin{bmatrix} x \\ y \end{bmatrix} = \lambda\begin{bmatrix} x \\ y \end{bmatrix}$$

を満たす x, y です．上式は線形方程式系

$$\begin{aligned} y &= \lambda x \\ -x &= \lambda y \end{aligned} \qquad (2\cdot 4)$$

に書き直せます．第 2 式を第 1 式に代入すれば $y = -\lambda^2 y$ が得られ，$y = 0$ か $\lambda^2 = -1$ のいずれかであることがわかります．しかし $y = 0$ なら第 2 式から $x = 0$ となり，これは求めるものではありません．よって $\mathbf{A}$ の固有値は $\lambda^2 = -1$ を満たすことになります．

ここで体 $\mathbb{F}$ がなんであったかに注意を払う必要があります．もしも $\mathbf{A}$ を $\mathbf{M}_2(\mathbb{R})$ の行列だと考えていたのなら，$\mathbf{A}$ には固有値が存在しないことになります．しかし $\mathbf{M}_2(\mathbb{C})$ の行列だとしたなら $\lambda = \pm 1$ が可能です．この場合（2・4）式から，任意の非零の $x \in \mathbb{C}$ についてベクトル $\begin{bmatrix} x \\ ix \end{bmatrix}$ は固有値 i に対応する固有ベクトルで，ベクトル $\begin{bmatrix} x \\ -ix \end{bmatrix}$ は固有値 $-i$ に対応する固有ベクトルであることがわかります．

6. 次の例では幾何学的な直感に頼らずに固有値と固有ベクトルを計算してみます．$\mathbb{R}^2$ の線形変換を定める行列を

$$\mathrm{A} = \begin{bmatrix} 3 & -1 \\ 1 & 1 \end{bmatrix} \in \mathrm{M}_2(\mathbb{R})$$

即問5の答 どの非零ベクトルも R_π の固有値 -1 に対応する固有ベクトルであり，同時に R_0 の固有値 1 に対応する固有ベクトルです．なお R_0 は恒等変換です．

として，

$$\begin{bmatrix} 3 & -1 \\ 1 & 1 \end{bmatrix}\begin{bmatrix} x \\ y \end{bmatrix} = \lambda\begin{bmatrix} x \\ y \end{bmatrix}$$

を満たす実数 x, y, λ で $\begin{bmatrix} x \\ y \end{bmatrix} \neq \begin{bmatrix} 0 \\ 0 \end{bmatrix}$ となるものをすべて求めます．上式の両辺から $\lambda\begin{bmatrix} x \\ y \end{bmatrix}$ を引いて得られる方程式をさらに等価に変形すると

$$\left[\begin{array}{cc|c} 3-\lambda & -1 & 0 \\ 1 & 1-\lambda & 0 \end{array}\right] \xrightarrow{\text{R3}} \left[\begin{array}{cc|c} 1 & 1-\lambda & 0 \\ 3-\lambda & -1 & 0 \end{array}\right]$$
$$\xrightarrow{\text{R1}} \left[\begin{array}{cc|c} 1 & 1-\lambda & 0 \\ 0 & -(1-\lambda)(3-\lambda)-1 & 0 \end{array}\right] \qquad (2\cdot5)$$

が得られます．この式の 2 行目から $\begin{bmatrix} x \\ y \end{bmatrix}$ が解となるには $y=0$ かあるいは

$$-(1-\lambda)(3-\lambda)-1 = -(\lambda-2)^2 = 0$$

でなければなりません．もしも $y=0$ なら上式の 1 行目から $x=0$ となりますが，$\begin{bmatrix} 0 \\ 0 \end{bmatrix}$ は固有ベクトルではありません．したがって上式が解をもつためには $\lambda=2$ でなければならず，そうすると（2・5）は

$$\left[\begin{array}{cc|c} 1 & -1 & 0 \\ 0 & 0 & 0 \end{array}\right]$$

となり，$x=y$ を満たすどんなベクトル $\begin{bmatrix} x \\ y \end{bmatrix}$ も固有ベクトルになります．以上から，行列 $\mathbf{A}$ が定める線形変換にはただ一つ $\lambda=2$ なる固有値があり，対応する固有ベクトルは $x\neq 0$ に対して $\begin{bmatrix} x \\ x \end{bmatrix}$ であることがわかりました． ■

線形方程式系の行列ベクトル形式

この節のはじめに導入した行列とベクトルの積を用いれば，線形方程式系と線形写像を関連づけることができます．体 $\mathbb{F}$ 上の線形方程式系を

$$
\begin{aligned}
a_{11}x_1 + \cdots + a_{1n}x_n &= b_1 \\
&\vdots \\
a_{m1}x_1 + \cdots + a_{mn}x_n &= b_m
\end{aligned}
\qquad (2\cdot6)
$$

とします．$\mathbf{A} := [a_{ij}]_{\substack{1\le i\le m\\1\le j\le n}}$ を左辺の係数行列，$\mathbf{x} := \begin{bmatrix} x_1 \\ \vdots \\ x_n \end{bmatrix}$ を変数の列ベクトル，$\mathbf{b} :=$

$\begin{bmatrix} b_1 \\ \vdots \\ b_m \end{bmatrix}$ を右辺定数の列ベクトルとすれば，(2・6) はまとめて

$$
\mathbf{Ax} = \mathbf{b} \qquad (2\cdot7)
$$

と書くことができます．

前掲のパンとビールとチーズを作る問題を記述した線形方程式系 (1・3) は行列ベクトル形式では

$$
\begin{bmatrix} 1 & \frac{1}{4} & 0 \\ 2 & \frac{1}{4} & 0 \\ 1 & 0 & 8 \\ 2 & \frac{1}{4} & 1 \end{bmatrix} \begin{bmatrix} x \\ y \\ z \end{bmatrix} = \begin{bmatrix} 20 \\ 36 \\ 176 \\ 56 \end{bmatrix}
$$

と書けます．

■例 パンとビールと大麦の問題では，大麦を育てる農家と大麦を使ってパンを焼く製パン所とビールを作る醸造業者からなるごく小さな経済を考えていましたが，この話をもう少し膨らませます．

まずこの経済を構成している産業のそれぞれに，農業に 1，製パン業に 2，醸造業に 3 と番号を与え，a_{ij} を産業 j がその生産物を 1 単位作るために消費する産業 i の生産物の量とします．たとえば a_{12} は製パン所がパン 1 個を焼くために消費する大麦の量ですし，a_{21} は農家が大麦 1 ポンドを生産するために食べるパンの個数です．

$\mathbf{x} = \begin{bmatrix} x_1 \\ x_2 \\ x_3 \end{bmatrix}$ を大麦，パン，ビールの生産量を表すベクトルとします．もしも生産物のすべてがこの小さな経済の中で過不足なく消費されるのなら，この $\mathbf{x}$ を実行可能生産計画とよぶことにします．大麦を x_1，パンを x_2，ビールを x_3 だけ生産するために消費される大麦の総量は

$$
a_{11}x_1 + a_{12}x_2 + a_{13}x_3
$$

で与えられます．もしも $\mathbf{x}$ が実行可能生産計画ならこの量は大麦の生産量 x_1 に等

しくなければなりません．同様の議論をパンとビールについても行えば，$\mathbf{x}$ が実行可能生産計画であることは

$$\begin{aligned} a_{11}x_1 + a_{12}x_2 + a_{13}x_3 &= x_1 \\ a_{21}x_1 + a_{22}x_2 + a_{23}x_3 &= x_2 \\ a_{31}x_1 + a_{32}x_2 + a_{33}x_3 &= x_3 \end{aligned} \qquad (2\cdot 8)$$

を満たしていることになります．これを a_{ij} を要素にもつ行列 $\mathbf{A}$ を使って行列ベクトル形式で書けば

$$\mathbf{Ax} = \mathbf{x}$$

ですから，$\mathbf{x}$ が実行可能生産計画であるとはすなわち $\mathbf{x}$ が行列 $\mathbf{A}$ の固有値 1 に対応する固有ベクトルであることになります．行列 $\mathbf{A}$ がいつも 1 を固有値にもつとは限りませんから，問題にしている経済は実行可能生産計画をもつことも，もたないこともあります．

問題にしている経済が行列

$$\mathrm{A} = \begin{bmatrix} 0 & 1 & 1/4 \\ 1/6 & 1/2 & 1/8 \\ 1/3 & 1 & 1/4 \end{bmatrix}$$

で与えられている場合には（この第 1 行は以前に（1・1)式で示した大麦の消費を表しています．さらに農業はその大麦の生産に大麦を消費しないことも表しています），$\mathbf{x} = \begin{bmatrix} \frac{3}{4} \\ \frac{1}{2} \\ 1 \end{bmatrix}$ が固有値 1 に対応する固有ベクトルとなります． ■

即問6　上の結論を論より証拠原理（1・1 節）を使って確かめなさい．

つまり，単位時間あたりに農家が大麦を $\frac{3}{4}$ ポンド，製パン所がパン $\frac{1}{2}$ 個，醸造所がビール 1 パイントを製造すれば，どの生産物も使い切ることになります．

まとめ

- 線形写像とはベクトル空間の演算を保存する写像である．
- 回転と鏡映は線形変換である．
- 行列を掛ける演算は線形写像を定める．
- 固有ベクトルは非零で，しかもある λ に対して $Tv = \lambda v$ を満たすベクトルである．このときスカラー λ は固有値とよばれる．

即問6の答　$\mathbf{Ax}$ を計算し，それが $\mathbf{x}$ に等しいことを確かめればよい．

- 線形方程式系は $\mathbf{Ax}=\mathbf{b}$ と書ける．ここで，$\mathbf{A}$ は係数行列，$\mathbf{x}$ は変数ベクトル，$\mathbf{b}$ は定数ベクトルである．

練習問題

2・1・1 (a) $\mathbb{R}^3$ の x–y 平面に関する鏡映変換が斉次性をもつことを示す図を描きなさい．

(b) $\mathbb{R}^2$ の θ ラジアン反時計回りの回転が斉次性をもつことを示す図を描きなさい．

2・1・2 $\mathbb{R}^2$ の原点を通る直線 L への**正射影**[19] $P:\mathbb{R}^2\to\mathbb{R}^2$ を以下のように定義する．$\mathbf{x}\in\mathbb{R}^2$ に対して原点と $\mathbf{x}$ をつなぐ線分を斜辺とし，一辺を L にもつ直角三角形を描き，L 上の辺の端点を $P\mathbf{x}$ とする．この P が線形変換であることを示す図を描きなさい．

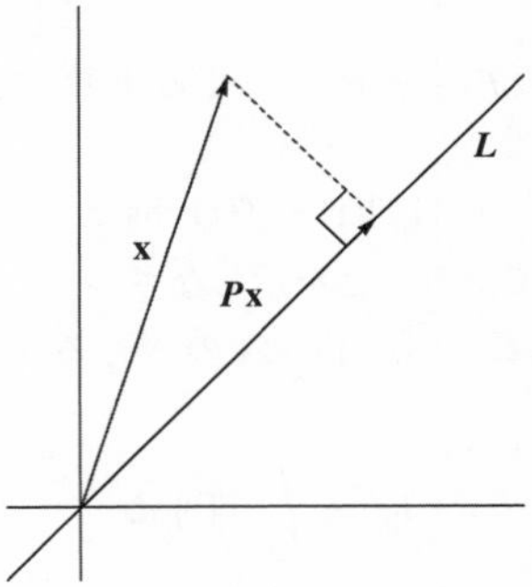

2・1・3 以下の行列とベクトルの掛け算が可能であるかを示し，可能である場合には計算しなさい．

(a) $\begin{bmatrix} 1 & 2 & -3 \\ -4 & 5 & -6 \end{bmatrix}\begin{bmatrix} -2 \\ 7 \\ 1 \end{bmatrix}$ (b) $\begin{bmatrix} 1 & 2 & -3 \\ -4 & 5 & -6 \end{bmatrix}\begin{bmatrix} -2 \\ 7 \end{bmatrix}$

(c) $\begin{bmatrix} -2 & \frac{1}{3} & \pi & \sqrt{2} \\ \frac{2}{7} & e & 0 & 10 \end{bmatrix}\begin{bmatrix} -1 \\ 0 \\ \frac{2}{3} \\ 2 \end{bmatrix}$ (d) $\begin{bmatrix} 1 & 2 & 3 & 4 \end{bmatrix}\begin{bmatrix} 5 \\ 6 \\ 7 \\ 8 \end{bmatrix}$

(e) $\begin{bmatrix} 0.1 & 2.3 \\ -1.4 & 3.2 \\ -1.5 & 0.6 \end{bmatrix}\begin{bmatrix} 2.1 \\ 3.4 \end{bmatrix}$ (f) $\begin{bmatrix} i & 2-i \\ 3+2i & 1 \end{bmatrix}\begin{bmatrix} 1+3i \\ -2 \end{bmatrix}$

---

19) orthogonal projection

2・1・4 以下の行列とベクトルの掛け算が可能であるかを示し，可能である場合には計算しなさい．

(a) $\begin{bmatrix} 1 & 2 \\ -3 & -4 \\ 5 & -6 \end{bmatrix}\begin{bmatrix} -2 \\ 7 \\ 1 \end{bmatrix}$ (b) $\begin{bmatrix} 1 & 2 \\ -3 & -4 \\ 5 & -6 \end{bmatrix}\begin{bmatrix} -2 \\ 7 \end{bmatrix}$

(c) $\begin{bmatrix} 4 & 5 & 6 \end{bmatrix}\begin{bmatrix} 1 \\ 2 \\ 3 \end{bmatrix}$ (d) $\begin{bmatrix} 1 & 0 & 1 & 1 \\ 0 & 1 & 1 & 1 \\ 1 & 1 & 1 & 0 \end{bmatrix}\begin{bmatrix} -1 \\ 2 \\ -3 \\ 4 \end{bmatrix}$

(e) $\begin{bmatrix} 1.2 & -0.7 \\ 2.5 & -1.6 \end{bmatrix}\begin{bmatrix} 2.4 \\ -0.8 \end{bmatrix}$ (f) $\begin{bmatrix} 1 & 1+i & 4 \\ -i & -2 & 3-2i \end{bmatrix}\begin{bmatrix} 2+i \\ -i \\ 1 \end{bmatrix}$

2・1・5 $C(\mathbb{R})$ を連続関数 $f: \mathbb{R}\to\mathbb{R}$ のつくる実数体 $\mathbb{R}$ 上のベクトル空間とし，$T: C(\mathbb{R})\to C(\mathbb{R})$ を

$$[Tf](x) = f(x)\cos x$$

と定義する．T が線形変換であることを示しなさい．

2・1・6 $C[0, 1]$ で連続関数 $f: [0, 1]\to\mathbb{R}$ のつくる実ベクトル空間を表し，$T: C[0, 1]\to\mathbb{R}$ を

$$Tf = \int_0^1 f(x)\,dx$$

とする．T が線形写像であることを示しなさい．

2・1・7 $\begin{bmatrix} 1 \\ -1 \\ 1 \\ -1 \end{bmatrix}$ が $\begin{bmatrix} 1 & 2 & 3 & 4 \\ 2 & 3 & 4 & 1 \\ 3 & 4 & 1 & 2 \\ 4 & 1 & 2 & 3 \end{bmatrix}$ の固有ベクトルであることを示し，対応する固有値を与えなさい．

2・1・8 $\begin{bmatrix} 1 \\ 1 \\ 0 \\ -1 \end{bmatrix}$ が $\begin{bmatrix} 1 & 1 & 1 & 1 \\ 1 & 2 & 2 & 2 \\ 1 & 2 & 3 & 3 \\ 1 & 2 & 3 & 4 \end{bmatrix}$ の固有ベクトルであることを示し，対応する固有値を与えなさい．

2・1・9 以下の複素行列の固有値と固有ベクトルをすべて求めなさい．

(a) $\begin{bmatrix} 1 & 1 \\ 1 & 1 \end{bmatrix}$ (b) $\begin{bmatrix} i & 2+i \\ 2-i & -i \end{bmatrix}$ (c) $\begin{bmatrix} 2 & -7 \\ 0 & 2 \end{bmatrix}$ (d) $\begin{bmatrix} 0 & 0 & 1 \\ 0 & -2 & 0 \\ 1 & 0 & 0 \end{bmatrix}$

2・1・10　以下の複素行列の固有値と固有ベクトルをすべて求めなさい．

(a) $\begin{bmatrix} 1 & 2 \\ 3 & 4 \end{bmatrix}$　(b) $\begin{bmatrix} i & 2+i \\ 0 & 1 \end{bmatrix}$　(c) $\begin{bmatrix} 1 & 2 \\ -1 & 2 \end{bmatrix}$　(d) $\begin{bmatrix} 0 & 1 & 1 \\ 1 & 0 & 1 \\ 1 & 1 & 0 \end{bmatrix}$

2・1・11　練習問題2・1・2の正射影 $P \in \mathcal{L}(\mathbb{R}^2)$ の固有値と固有ベクトルをすべて求めなさい．

2・1・12　すべての要素が1である実行列 $\mathbf{A} \in \mathbf{M}_n(\mathbb{R})$ の固有値と固有ベクトルをすべて求めなさい．

2・1・13　$\mathbf{A} \in \mathbf{M}_{m,n}(\mathbb{F})$ と $\mathbf{b} \in \mathbb{F}^m$ が定義する線形方程式系

$$\mathbf{Ax} = \mathbf{b}$$

に対して $\mathbf{x}$ と $\mathbf{y}$ がその解であるとします．どのような条件があれば $\mathbf{x}+\mathbf{y}$ がやはりこの線形方程式系の解となるか答えなさい．

補足：この問題は練習問題1・1・10と本質的に同じ問題であることに気づいているかもしれませんが，その問題に対する自分の解答をみないで，線形方程式系の行列ベクトル形式について学んだことを使いなさい．

2・1・14　$j=1, \ldots, n$ について $\mathbf{e}_j$ が $\mathbf{A} \in \mathbf{M}_n(\mathbb{F})$ の固有ベクトルであるなら，$\mathbf{A}$ は対角行列であることを示しなさい．

2・1・15　任意の非零ベクトル $\mathbf{v} \in \mathbb{F}^n$ が $\mathbf{A} \in \mathbf{M}_n(\mathbb{F})$ の固有ベクトルであるなら，$\mathbf{A}$ はある $\lambda \in \mathbb{F}$ によって $\mathbf{A} = \lambda \mathbf{I}_n$ となることを示しなさい．

2・1・16　$S, T \in \mathcal{L}(V)$ とし $\lambda \neq 0$ を ST の固有値とする．このとき λ は TS の固有値でもあることを示しなさい．

ヒント：固有値は固有ベクトルに対応しており固有ベクトルは非零ベクトルであることに注意しなさい．$\lambda = 0$ の場合については練習問題3・4・14をみなさい．

2・1・17　体 $\mathbb{F}$ の数のつくる数列上の線形変換 $S : \mathbb{F}^\infty \to \mathbb{F}^\infty$ を $S(a_1, a_2, \ldots) = (0, a_1, a_2, \ldots)$ と定義する．

(a) S が線形変換であることを示しなさい．

(b) S が固有値をもたないことを示しなさい．

ヒント：$\lambda = 0$ と $\lambda \neq 0$ の場合に分けて考えなさい．

2・2　線形写像の諸性質

同 型 写 像

これまで，二つのベクトル空間の演算の同等性を記述するものとして線形写像を定義して議論を進めてきました．例としてベクトル空間 $\mathbb{R}^n$ と $\mathcal{P}_{n-1}(\mathbb{R})$ を取上げ

ましたが，演算の同等性に加えて，この二つのベクトル空間はより基本的な側面でも同一のベクトル空間であると考えられます．実際，数ベクトルの要素数と多項式の係数の個数は等しく，よって $\mathbb{R}^n$ の数ベクトルは $\mathcal{P}_{n-1}(\mathbb{R})$ の多項式と同じだけの情報を保持していると考えられます．つまり演算だけではなく空間そのものも同じであると考えられます．

定 義 ベクトル空間 V と W の間の**全単射**[1] 線形写像 $T: V \to W$ を**同型写像**[2] とよぶ．V から W への同型写像が存在するとき V は W に**同型**[3] であるという．

即問 7 V 上の恒等変換が同型写像であることを示しなさい．

(2・1) で定義した写像 $T: \mathbb{R}^n \to \mathcal{P}_{n-1}(\mathbb{R})$ は同型写像です．実際，

$$a_1 + a_2x + \cdots + a_nx^{n-1} = b_1 + b_2x + \cdots + b_nx^{n-1}$$

ならどの $i \in \{1, ..., n\}$ についても $a_i = b_i$ ですから

$$\begin{bmatrix} a_1 \\ \vdots \\ a_n \end{bmatrix} = \begin{bmatrix} b_1 \\ \vdots \\ b_n \end{bmatrix}$$

よって T は単射です．

さらに任意に与えられた多項式 $a_0 + a_1x + \cdots + a_{n-1}x^{n-1}$ について

$$a_0 + a_1x + \cdots + a_{n-1}x^{n-1} = T\begin{bmatrix} a_0 \\ \vdots \\ a_{n-1} \end{bmatrix}$$

ですから T は全射です．

よって $\mathbb{R}^n$ と $\mathcal{P}_{n-1}(\mathbb{R})$ は同型なベクトル空間となります．

付録の補助定理 A・2 にあるように，関数 $f: X \to Y$ が全単射であることとそれが可逆であること，つまり逆関数 $f^{-1}: Y \to X$ が存在することは同値です．したがって線形写像について以下のように述べ直すことができます．

---

1) 単射，全射，全単射の定義は付録 A・1 を参照してください（付録については目次参照）．
2) isomorphism　3) isomorphic

即問 7 の答 すでに即問 1 で恒等変換が線形であることをみました．全単射であることは簡単にわかります．

命題2・1 $T \in \mathfrak{L}(V, W)$ とする．T が同型写像である必要十分条件はそれが可逆であることである．

可逆な線形写像 $T \in \mathfrak{L}(V, W)$ が線形でない逆写像をもつこともありうるように思えますが，実はそのようなことは起こらないことを次に示します．

命題2・2 線形写像 $T: V \to W$ が可逆ならその逆写像 $T^{-1}: W \to V$ も線形である．

■証明 T^{-1} が加法的であることを示すのに，T の加法性と $T \circ T^{-1} = I \in \mathfrak{L}(W)$ に注意すると

$$T\big(T^{-1}w_1 + T^{-1}w_2\big) = T\big(T^{-1}w_1\big) + T\big(T^{-1}w_2\big) = w_1 + w_2$$

が得られ，この両辺に T^{-1} を掛けると

$$T^{-1}w_1 + T^{-1}w_2 = T^{-1}(w_1 + w_2)$$

が得られます．同様に $c \in \mathbb{F}$ と $w \in \mathbb{F}$ に対して

$$T(cT^{-1}w) = cT(T^{-1}w) = cw$$

より

$$cT^{-1}w = T^{-1}(cw)$$

が得られます． ■

■例 $\mathbb{R}^3$ の部分空間 U を $U = \left\langle \begin{bmatrix} 1 \\ 1 \\ -1 \end{bmatrix}, \begin{bmatrix} 2 \\ -1 \\ 0 \end{bmatrix} \right\rangle$ とすると，これは平面ですから $\mathbb{R}^2$ と同型のはずです．ここで $S: \mathbb{R}^2 \to U$ を

$$S \begin{bmatrix} x \\ y \end{bmatrix} := x \begin{bmatrix} 1 \\ 1 \\ -1 \end{bmatrix} + y \begin{bmatrix} 2 \\ -1 \\ 0 \end{bmatrix}$$

と定義すると S が線形であることは簡単にわかります．さらに U のどのベクトルも $x \begin{bmatrix} 1 \\ 1 \\ -1 \end{bmatrix} + y \begin{bmatrix} 2 \\ -1 \\ 0 \end{bmatrix}$ と書けますから S は全射でもあります．S が単射であることをみるために

$$x_1 \begin{bmatrix} 1 \\ 1 \\ -1 \end{bmatrix} + y_1 \begin{bmatrix} 2 \\ -1 \\ 0 \end{bmatrix} = x_2 \begin{bmatrix} 1 \\ 1 \\ -1 \end{bmatrix} + y_2 \begin{bmatrix} 2 \\ -1 \\ 0 \end{bmatrix}$$

と仮定します．これは $u=x_1-x_2, v=y_1-y_2$ とすれば

$$u\begin{bmatrix}1\\1\\-1\end{bmatrix}+v\begin{bmatrix}2\\-1\\0\end{bmatrix}=\begin{bmatrix}0\\0\\0\end{bmatrix}$$

で，u と v について解くと $u=v=0$，つまり $x_1=x_2, y_1=y_2$ が得られます．よって S は単射であることがわかり，S は同型写像であることになります．

以上のことから

$$T\left(x\begin{bmatrix}1\\1\\-1\end{bmatrix}+y\begin{bmatrix}2\\-1\\0\end{bmatrix}\right)=\begin{bmatrix}x\\y\end{bmatrix}$$

となる全単射線形写像 $T: U\to\mathbb{R}^2$，つまり S^{-1} が存在することも得られます． ■

線形写像の性質

写像が線形であることがわかるとその像の形が随分と限定されます．まず原点の線形写像による像が確定します．

> **定理 2・3**　$T\in\mathcal{L}(V, W)$ なら $T0=0$ である．

■ **証明**　線形性から得られる

$$T0=T(0+0)=T0+T0$$

の両辺から $T0$ を差し引けば

$$0=T0$$

が得られます． ■

T が V から V への線形変換なら上の定理は 0 が T の**不動点**[4] であると述べています．

線形写像の像の形状がさらにどのような特徴をもっているかについては，練習問題 2・2・10 と 2・2・11 をみてください．

S と T が線形写像でその合成 $S\circ T$ が定義できる場合には，それを ST と書くことにします．また $T\in\mathcal{L}(V)$ の場合には $T\circ T$ を T^2 と書き，一般に T^k で T の k 回の合成を表します．

---

4) fixed point

命題2・4　U, V, Wをベクトル空間とする．$T: U \to V$と$S: V \to W$が共に線形ならその合成STも線形である．

■**証明**　練習問題2・2・19にまわします．■

関数の和とスカラー倍は次の定義のように各点ごとに定義されます．

定義　VとWを体$\mathbb{F}$上のベクトル空間とし，$S, T: V \to W$を線形写像とする．このとき$S+T$を

$$(S+T)v := Sv + Tv$$

$c \in \mathbb{F}$に対してcTを

$$(cT)v := c(Tv)$$

と定義する．

このように定義すると二つのベクトル空間の間の線形写像の全体がつくる集合に対してベクトル空間の構造が与えられます．

定理2・5　VとWを体$\mathbb{F}$上のベクトル空間，$S, T: V \to W$を線形写像，$c \in \mathbb{F}$とする．このとき$S+T$とcTはVからWへの線形写像となる．さらに$\mathcal{L}(V, W)$はこの演算の下で$\mathbb{F}$上のベクトル空間となる．

■**証明**　練習問題2・2・20にまわします．■

線形写像の和と合成の間には以下の関係が成り立ちます．

定理2・6（線形写像の分配則）　U, V, Wをベクトル空間とし，$T, T_1, T_2 \in \mathcal{L}(U, V)$，$S, S_1, S_2 \in \mathcal{L}(V, W)$とする．このとき以下が成り立つ．

1. $S(T_1 + T_2) = ST_1 + ST_2$
2. $(S_1 + S_2)T = S_1T + S_2T$

■**証明**　主張2は自明ですので，主張1の証明を与えます．

各$u \in U$についてSの線形性から

$$S(T_1 + T_2)u = S(T_1u + T_2u) = S(T_1u) + S(T_2u) = (ST_1 + ST_2)u$$

ですから

$$S(T_1 + T_2) = ST_1 + ST_2$$

が得られます．■

線形写像の合成は結合法則を満たし（付録の補助定理 A・1 の主張 1），分配法則も満たすことがわかりました．これはあたかも実数や一般の体の上の乗算のようですので，線形写像の合成をしばしば乗算の一種と考えることがあります．しかし交換法則を満たさないという重要な違いがあります．つまり ST（T を施した後に S を）は一般に TS（S を施した後に T を）と異なります．したがって，体の場合なら 1 行で書けた分配法則は，定理 2・6 の主張 1 と主張 2 のように個別に述べる必要があります．

即問 8　以下のそれぞれについて ST と TS の定義域と値域を示しなさい．
(a) $S \in \mathcal{L}(V, W)$，$T \in \mathcal{L}(W, V)$
(b) $S \in \mathcal{L}(U, V)$，$T \in \mathcal{L}(V, W)$

定理 2・7　写像 $T: V \to W$ が線形写像である必要十分条件は，任意の $v_1, \ldots, v_k \in V$ と任意の $a_1, \ldots, a_k \in \mathbb{F}$ について

$$T \sum_{i=1}^{k} a_i v_i = \sum_{i=1}^{k} a_i T v_i$$

が成り立つことである．

■ **証明**　$T: V \to W$ が線形写像であると仮定し，$v_1, \ldots, v_k \in V$ と $a_1, \ldots, a_k \in \mathbb{F}$ とします．T の加法性を繰返し適用したあと最後に斉次性を使うと

$$\begin{aligned} T \sum_{i=1}^{k} a_i v_i &= T \sum_{i=1}^{k-1} a_i v_i + T(a_k v_k) \\ &= T \sum_{i=1}^{k-2} a_i v_i + T(a_{k-1} v_{k-1}) + T(a_k v_k) \\ &\vdots \\ &= T(a_1 v_1) + \cdots + T(a_k v_k) \\ &= a_1 T v_1 + \cdots + a_k T v_k \end{aligned}$$

が得られます．

逆に $T: V \to W$ が任意の $v_1, \ldots, v_k \in V$ と $a_1, \ldots, a_k \in \mathbb{F}$ に対して

即問 8 の答　(a) $ST \in \mathcal{L}(W)$，$TS \in \mathcal{L}(V)$　(b) $TS \in \mathcal{L}(U, W)$，ST は定義できない（ただし W が U の部分空間でないとした場合）

$$T\sum_{i=1}^{k} a_i v_i = \sum_{i=1}^{k} a_i T v_i$$

を満たしているなら，$k=2$ として $a_1=a_2=1$ とすれば

$$T(v_1+v_2) = Tv_1 + Tv_2$$

が任意の v_1, v_2 について成り立ちます．また $k=1$ とすれば任意の $a \in \mathbb{F}$ と任意の $v \in V$ について

$$T(av) = aTv$$

が成り立ちます． ■

線形写像の行列

2・1 節で数ベクトルに行列 $\mathbf{A} \in \mathbf{M}_{m,n}(\mathbb{F})$ を掛けることによって数ベクトル空間 $\mathbb{F}^n$ から $\mathbb{F}^m$ への線形写像が得られることをみましたが，実は $\mathbb{F}^n$ から $\mathbb{F}^m$ へのすべての線形写像はこのようにして得られます．

> **定理 2・8** $T \in \mathfrak{L}(\mathbb{F}^n, \mathbb{F}^m)$ に対して行列 $\mathbf{A} \in \mathbf{M}_{m,n}(\mathbb{F})$ が一意に存在して，任意の $\mathbf{v} \in \mathbb{F}^n$ について
>
> $$T\mathbf{v} = \mathbf{A}\mathbf{v}$$
>
> が成り立つ．このとき行列 $\mathbf{A}$ を線形写像 T の**表現行列**[5] あるいは単に T の行列とよび，T は $\mathbf{A}$ によって表現されているという．

■**証明** $\mathbf{e}_j$ をその第 j 要素が 1 で他の要素が 0 である数ベクトルとします．$\mathbf{A}\mathbf{e}_j$ が行列 $\mathbf{A}$ の第 j 列ベクトルであることは以前に確認しました．したがって線形写像 T に対して行列 $\mathbf{A}$ が存在して，任意の $\mathbf{v} \in \mathbb{F}^n$ について $T\mathbf{v} = \mathbf{A}\mathbf{v}$ となるのなら，$\mathbf{A}$ の第 j 列は $T\mathbf{e}_j$ でなければなりません．つまり定理の条件を満たす行列が存在すればそれは一意であることが得られます．

さて，改めて $j=1, \ldots, n$ について $\mathbf{a}_j = T\mathbf{e}_j$ として，行列 $\mathbf{A}$ を

$$\mathbf{A} := \begin{bmatrix} | & & | \\ \mathbf{a}_1 & \cdots & \mathbf{a}_n \\ | & & | \end{bmatrix}$$

と定義すると，T の線形性（2・3）から任意の $\mathbf{v} = \begin{bmatrix} v_1 \\ \vdots \\ v_n \end{bmatrix} \in \mathbb{F}^n$ に対して

5）representation matrix

$$T\mathbf{v} = T\sum_{j=1}^{n} v_j\mathbf{e}_j = \sum_{j=1}^{n} v_j T\mathbf{e}_j = \sum_{j=1}^{n} v_j\mathbf{a}_j = \mathrm{A}\mathbf{v}$$

が成り立ちます．よってこの行列が定理の条件を満たす行列となります．■

上の証明のはじめに確認した事実は重要なので再録しておきます．

線形写像 T の表現行列の第 j 列は $T\mathbf{e}_j$ で与えられる．

■例　θ ラジアン反時計回りの線形写像 R_θ を思い出してください（図 2・3）．ただし $\theta \in (0, 2\pi)$ としておきます．この線形写像の表現行列 $\mathbf{A}_\theta$ を決定するためには $j=1, 2$ について $R_\theta\mathbf{e}_j$ を求める必要があります．三角法から

$$R_\theta\mathbf{e}_1 = \begin{bmatrix} \cos\theta \\ \sin\theta \end{bmatrix} \qquad R_\theta\mathbf{e}_2 = \begin{bmatrix} -\sin\theta \\ \cos\theta \end{bmatrix}$$

ですから（図 2・8），線形写像 R_θ の表現行列 $\mathbf{A}_\theta$ は

$$\mathrm{A}_\theta = \begin{bmatrix} \cos\theta & -\sin\theta \\ \sin\theta & \cos\theta \end{bmatrix}$$

となります．よって各 $\begin{bmatrix} x \\ y \end{bmatrix} \in \mathbb{R}^2$ について

$$R_\theta\begin{bmatrix} x \\ y \end{bmatrix} = \begin{bmatrix} \cos\theta & -\sin\theta \\ \sin\theta & \cos\theta \end{bmatrix}\begin{bmatrix} x \\ y \end{bmatrix} = \begin{bmatrix} x\cos\theta - y\sin\theta \\ x\sin\theta + y\cos\theta \end{bmatrix}$$

となります．簡単な三角法の計算を 2 度行っただけで，線形性のおかげで任意の点についてその回転を求めることができました．たとえばコンピューターグラフィックスで，画面上で多くの点を素早く回転させたいときなどにこれは役に立ちます．

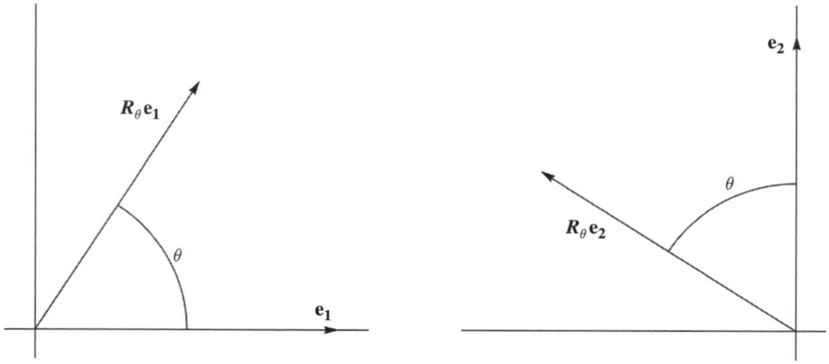

図 2・8　$\mathbf{e}_1$ と $\mathbf{e}_2$ に対する R_θ の作用　■

即問9 直線 $y=x$ に関する鏡映変換 $R:\mathbb{R}^2\to\mathbb{R}^2$ の表現行列を与えなさい.

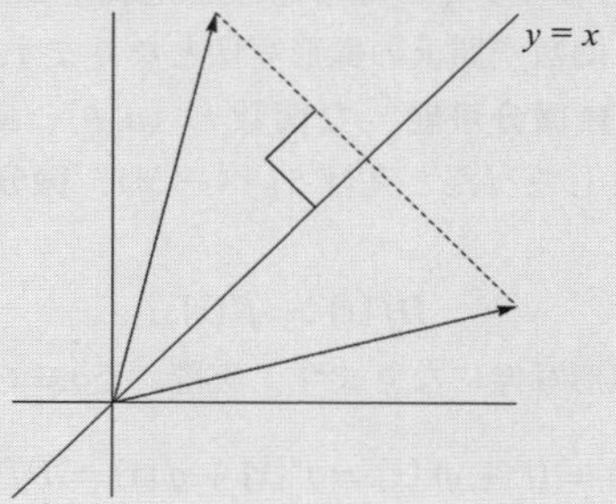

定理2・8は, 線形写像のつくるベクトル空間 $\mathcal{L}(\mathbb{F}^n,\mathbb{F}^m)$ から行列のベクトル空間 $\mathbf{M}_{m,n}(\mathbb{F})$ への関数を与えています. この関数が同型写像であることを次の定理で示します. つまり $\mathcal{L}(\mathbb{F}^n,\mathbb{F}^m)$ と $\mathbf{M}_{m,n}(\mathbb{F})$ は見かけは違っても同じベクトル空間であるということになります. 特に線形写像の加法とスカラー乗法は行列の加法とスカラー乗法に対応します.

定理2・9 線形写像をその表現行列に対応させる写像 $C:\mathcal{L}(\mathbb{F}^n,\mathbb{F}^m)\to\mathbf{M}_{m,n}(\mathbb{F})$ は同型写像である.

■ **証明** C が可逆であることを示すには, $D(\mathbf{A})\mathbf{v}=\mathbf{A}\mathbf{v}$ と定義される写像 $D:\mathbf{M}_{m,n}(\mathbb{F})\to\mathcal{L}(\mathbb{F}^m,\mathbb{F}^n)$ が C の逆写像であることを示すのが簡単ですが, それは練習問題2・2・18にゆずり, ここでは C が線形であることを示しましょう.

$T_1,T_2\in\mathcal{L}(\mathbb{F}^n,\mathbb{F}^m)$ とすると T_1+T_2 の行列の第 j 列は

$$(T_1+T_2)\mathbf{e}_j=T_1\mathbf{e}_j+T_2\mathbf{e}_j$$

で与えられますが, これは $C(T_1)$ と $C(T_2)$ のそれぞれの第 j 列の和です. よって

$$C(T_1+T_2)=C(T_1)+C(T_2)$$

が得られます. 同様に $a\in\mathbb{F}$ と $T\in\mathcal{L}(\mathbb{F}^n,\mathbb{F}^m)$ について aT の第 j 列は

$$(aT)\mathbf{e}_j=a(T\mathbf{e}_j)$$

ですから

$$C(aT)=aC(T)$$

が得られます. ■

即問9の答 $R\begin{bmatrix}1\\0\end{bmatrix}=\begin{bmatrix}0\\1\end{bmatrix}$ と $R\begin{bmatrix}0\\1\end{bmatrix}=\begin{bmatrix}1\\0\end{bmatrix}$ から R の表現行列は $\begin{bmatrix}0&1\\1&0\end{bmatrix}$ となります.

関数と数列に対して定義される線形写像

2・1節では幾何学の変形の多くが線形写像を定義することをみましたが，微積分でよく出てくる演算も関数空間上の線形写像となります．

■**例** 1. $C^1[a, b]$ を**連続微分可能**[6] な関数 f: $[a, b]\to\mathbb{R}$ の全体がベクトル空間となることはすでにみました（たとえば57ページ）．**微分作用素**[7] $D : C^1[a, b]\to C[a, b]$ を

$$Df(x) := f'(x)$$

と定義すると，これは線形写像になります．実際，$f, g \in C^1[a, b]$ なら

$$D(f+g)(x) = (f+g)'(x) = f'(x) + g'(x) = Df(x) + Dg(x)$$

ですし，$c \in \mathbb{R}$ に対して

$$D(cf)(x) = (cf)'(x) = cf'(x) = cDf(x)$$

です．

2. まず関数 $h \in C[a, b]$ を一つ固定し，**乗算作用素**[8] $M_h : C[a, b]\to C[a, b]$ を

$$M_h f(x) := h(x)f(x)$$

で定義します．これが線形変換であることは簡単に確かめられます．（M_h が $C[a, b]$ から $C[a, b]$ への写像であることは連続関数の積が再び連続関数となることから得られます．）

3. $k : \mathbb{R}^2\to\mathbb{R}$ を連続関数とし**積分作用素**[9] $T_k : C[a, b]\to C[a, b]$ を

$$T_k f(x) := \int_a^b k(x, y) f(y)\, dy \qquad (2\cdot 9)$$

と定義すると，これも線形写像になります．実際，$f, g \in C[a, b]$ なら積分の線形性から

$$\begin{aligned} T_k(f+g)(x) &= \int_a^b k(x, y)\big(f(y) + g(y)\big)\, dy \\ &= \int_a^b k(x, y) f(y)\, dy + \int_a^b k(x, y) g(y)\, dy = T_k f(x) + T_k g(x) \end{aligned}$$

が得られ，$c \in \mathbb{R}$ についても

$$T_k(cf)(x) = \int_a^b k(x, y) cf(y)\, dy = c\int_a^b k(x, y) f(y)\, dy = cT_k f(x)$$

6）連続な導関数をもつことです．

7）differentiation operator　8）multiplication operator　9）integral operator

が得られます．上式の関数 k は積分作用素 T_k の**積分カーネル**[10] とよばれています．

積分カーネルを使った線形写像の定義は他の定義と比べて異質にみえるかもしれませんが，実は行列による $\mathbb{R}^n$ 上の線形写像の定義と同種のものです．それを説明するためにまず，ベクトル $\mathbf{v}=\begin{bmatrix} v_1 \\ \vdots \\ v_n \end{bmatrix}\in\mathbb{R}^n$ を

$$\mathbf{v}(i)=v_i$$

で定義される関数 $\mathbf{v}:\{1,\dots,n\}\to\mathbb{R}$ とみなし，$m\times n$ 行列 $\mathbf{A}=[a_{ij}]_{\substack{1\le i\le m\\1\le j\le n}}$ を

$$\mathrm{A}(i,j)=a_{ij}$$

で定義される関数 $\mathbf{A}:\{(i,j)\mid 1\le i\le m,\ 1\le j\le n\}\to\mathbb{R}$ とみなします．行列とベクトルの掛け算によって $\mathbf{A}$ を $\mathbb{R}^n$ に作用させると，$\mathbf{Av}$ の第 i 座標の値は

$$[\mathrm{Av}](i)=\sum_{j=1}^{n}a_{ij}v_j=\sum_{j=1}^{n}\mathrm{A}(i,j)\mathrm{v}(j)$$

となります．上の（2・9）は，この式の $\{1,\dots,n\}$ を区間 $[a,b]$ に置き換え，総和を積分に，$\mathbf{A}$ と $\mathbf{v}$ それぞれを k と f に置き換えた式そのものです．

4. 体 $\mathbb{F}$ の要素からなる数列のつくるベクトル空間を $\mathbb{F}^\infty$ で表します．$k\in\mathbb{N}$ に対して**シフト作用素**[11] $S_k:\mathbb{F}^\infty\to\mathbb{F}^\infty$ を

$$S_k\big((c_n)_{n\ge1}\big):=(c_{n+k})_{n\ge1}$$

と定義します．つまり S_k は数列の初めの k 項を捨て去り，第 $k+1$ 項から始まる数列を与えます．このシフト作用素が $\mathbb{F}^\infty$ 上の線形変換であることは簡単に確かめることができます．しかもシフト作用素は c_0 からそれ自身への線形変換でもあります（57 ページの例 **4** 参照）．確かめるべきは（$(c_n)_{n\ge1}\in c_0$ のときに $S_k((c_n)_{n\ge1})$ も c_0 の要素となることですが，これは $\lim_{n\to\infty}c_n=0$ なら $\lim_{n\to\infty}c_{n+k}=0$ から得られます． ■

即問 10 シフト作用素の合成 S_kS_ℓ が何であるかを示しなさい．

ま と め

- 同型写像は可逆な線形写像である．
- 線形写像の合成，和，スカラー倍，逆写像はすべて線形である．

---

10) integral kernel　　11) shift operator

即問 10 の答 $S_{k+\ell}$

- $\mathbb{F}^n$ から $\mathbb{F}^m$ の線形写像は行列を掛ける演算で表現できる.
- 関数を微分すること，固定された関数を掛けること，積分カーネルを用いて積分することはいずれも関数空間上の線形写像である.

練 習 問 題

2・2・1 $T\begin{bmatrix} x \\ y \\ z \end{bmatrix} = \begin{bmatrix} y \\ z \\ 0 \end{bmatrix}$ なる $T: \mathbb{R}^3 \to \mathbb{R}^3$ について以下の問いに理由を付して答えなさい.

(a) T は線形か.

(b) T は単射か.

(c) T は全射か.

2・2・2 次の $\mathbb{R}$ 上の線形方程式系の解の集合と $\mathbb{R}^2$ との間の同型写像を与えなさい.

$$\begin{aligned} w - x + 3z &= 0 \\ w - x + y + 5z &= 0 \\ 2w - 2x - y + 4z &= 0 \end{aligned}$$

2・2・3 次の $\mathbb{C}$ 上の線形方程式系の解の集合と $\mathbb{C}^2$ との間の全単射写像を与えなさい[12].

$$\begin{aligned} w + ix - 2y &= 1 + i \\ -w + x + 3iz &= 2 \end{aligned}$$

2・2・4 $\mathbb{R}^3$ の x-y 平面に関する鏡映変換の表現行列を与えなさい.

2・2・5 練習問題 2・2・1 の線形写像 T の表現行列を与えなさい.

2・2・6 $\mathbb{R}^2$ の直線 $y = x$ への正射影の表現行列を与えなさい（練習問題 2・1・2 参照).

2・2・7 次に定義する線形変換 $T: \mathbb{R}^2 \to \mathbb{R}^2$ の表現行列を与えなさい．T は $\mathbb{R}^2$ の点をまず y 軸に関して対称な位置に移し，次に $\pi/4$ だけ反時計回りに回転させ，最後に y 方向に 2 倍に引伸ばす変換です.

2・2・8 0 が $T \in \mathcal{L}(V)$ の固有値なら T は単射でないこと，よって可逆でないことを示しなさい.

2・2・9 $T \in \mathcal{L}(V)$ は可逆で $v \in V$ は固有値 $\lambda \in \mathbb{F}$ に対応する固有ベクトルとします．このとき v は T^{-1} の固有ベクトルでもあることを示し，対応する固有値を与えなさい.

12）訳注：定数項が残るため線形ではありませんので同型写像ではありません.

2・2・10 2点 $\mathbf{x}, \mathbf{y} \in \mathbb{R}^n$ をつなぐ**線分**[13] は

$$L := \{(1-t)\mathbf{x} + t\mathbf{y} \mid 0 \leq t \leq 1\}$$

で定義されます．$T : \mathbb{R}^n \to \mathbb{R}^n$ が線形なら L の像 TL も線分となることを示しなさい．

2・2・11 $\mathbb{R}^2$ の単位矩形 $\{(x, y) \mid 0 \leq x, y \leq 1\}$ の線形変換による像は平行四辺形であることを示しなさい．

2・2・12 $T \in \mathfrak{L}(U, V)$，$S \in \mathfrak{L}(V, W)$，$c \in \mathbb{F}$ とします．このとき $S \circ (cT) = c(ST)$ が成り立つことを示しなさい．

2・2・13 $\mathrm{A} = \begin{bmatrix} -1 & \frac{3}{2} \\ 0 & 2 \end{bmatrix}$ の与える線形変換 $T : \mathbb{R}^2 \to \mathbb{R}^2$ について以下の問いに答えなさい．

(a) $\begin{bmatrix} 1 \\ 0 \end{bmatrix}$ と $\begin{bmatrix} 1 \\ 2 \end{bmatrix}$ が固有ベクトルであることを示し，対応する固有値を与えなさい．

(b) 単位矩形 $\{(x, y) \mid 0 \leq x, y \leq 1\}$ の T による像を描きなさい．

2・2・14 $\mathrm{A} = \begin{bmatrix} 2 & 1 \\ 1 & 2 \end{bmatrix}$ の与える線形変換 $T : \mathbb{R}^2 \to \mathbb{R}^2$ について以下の問いに答えなさい．

(a) $\begin{bmatrix} 1 \\ 1 \end{bmatrix}$ と $\begin{bmatrix} 1 \\ -1 \end{bmatrix}$ が固有ベクトルであることを示し，対応する固有値を与えなさい．

(b) 単位矩形 $\{(x, y) \mid 0 \leq x, y \leq 1\}$ の T による像を描きなさい．

2・2・15 $C^\infty(\mathbb{R})$ で $\mathbb{R}$ 上の無限回微分可能なすべての関数からなるベクトル空間を示し，$D : C^\infty(\mathbb{R}) \to C^\infty(\mathbb{R})$ を $Df = f'$ なる微分作用素とします．

このとき任意の $\lambda \in \mathbb{R}$ が D の固有値であることを示し，対応する固有ベクトルを与えなさい．

2・2・16 $T : C[0, \infty) \to C[0, \infty)$ を

$$Tf(x) = \int_0^x f(y)\, dy$$

で定義します（Tf は f の不定積分で $Tf(0) = 0$ です）．

(a) T が線形変換であることを示しなさい．

(b) T は連続でない積分カーネル $k(x, y)$ による積分作用素であることを示しなさい（86, 87 ページの例参照）．

---

13) line segment

2・2・17　$T\in\mathcal{L}(U,V)$ と $S\in\mathcal{L}(V,W)$ として以下を示しなさい．
(a) ST が単射なら T は単射である．
(b) ST が全射なら S は全射である．

2・2・18　定理 2・9 の C が可逆であることの証明の流れを下に書きました．行間を埋めて証明を完成させなさい．
(a) $D(\mathbf{A})\mathbf{v}=\mathbf{A}\mathbf{v}$ によって定義される $D:\mathbf{M}_{m,n}(\mathbb{F})\to\mathcal{L}(\mathbb{F}^n,\mathbb{F}^m)$（つまり $D(\mathbf{A})$ は $\mathbf{A}$ を掛けるという線形写像である）が線形であることを示す．
(b) CD が $\mathbf{M}_{m,n}(\mathbb{F})$ 上の恒等変換であること，つまり $\mathbf{A}$ に対して T を $T\mathbf{v}=\mathbf{A}\mathbf{v}$ で定義すると T の表現行列は $\mathbf{A}$ となることを示す．
(c) DC が $\mathcal{L}(\mathbb{F}^n,\mathbb{F}^m)$ 上の恒等変換であること，すなわち T が行列 $\mathbf{A}$ が定める線形写像であり，$S\mathbf{v}=\mathbf{A}\mathbf{v}$ で S を定義すれば，$S=T$ であることを示す．

2・2・19　命題 2・4 を証明しなさい．

2・2・10　定理 2・5 を証明しなさい．

2・3　行列の積

行列の積の定義

$\mathbf{A}$ と $\mathbf{B}$ をそれぞれ体 $\mathbb{F}$ 上の $m\times n$ 行列，$n\times p$ 行列とします．2・1 節で学んだように $\mathbf{A}$ は $\mathbb{F}^n$ から $\mathbb{F}^m$ への線形写像，$\mathbf{B}$ は $\mathbb{F}^p$ から $\mathbb{F}^n$ への線形写像とみなせますから，その合成

$$\mathbf{v}\mapsto\mathbf{A}(\mathbf{B}\mathbf{v}) \tag{2・10}$$

をつくることができます．命題 2・4 からこの合成は $\mathbb{F}^p$ から $\mathbb{F}^m$ への線形写像となり，よって定理 2・8 から何らかの $m\times p$ 行列によって表現できます．ここでこの表現行列が行列 $\mathbf{A}$ と $\mathbf{B}$ によってどのように書けるかという疑問が生じます．この疑問に対する答えは“行列 $\mathbf{A}$ と $\mathbf{B}$ の積をそれが（2・10）の合成の表現行列となるように定義する”です[1]．

> **定 義**　$\mathbf{A}$ と $\mathbf{B}$ をそれぞれ体 $\mathbb{F}$ 上の $m\times n$ 行列，$n\times p$ 行列とする．任意の $\mathbf{v}\in\mathbb{F}^p$ に対して
> $$\mathbf{A}(\mathbf{B}\mathbf{v})=\mathbf{C}\mathbf{v}$$
> を満たす $\mathbb{F}$ 上の $m\times p$ 行列 $\mathbf{C}$ を $\mathbf{A}$ と $\mathbf{B}$ の積 $\mathbf{AB}$ と定義する．

1）これが，一見奇妙にみえる式（2・11）の理由です．

線形写像は一意な表現行列をもちますから，定義としてはこれで十分ですが，積 **AB** の要素を **A** と **B** の要素から直接求める計算式が望まれます．上の定義と行列とベクトルの積から

$$[(\mathbf{AB})\mathbf{v}]_i = [\mathbf{A}\,(\mathbf{Bv})]_i = \sum_{k=1}^{n} a_{ik}\,(\mathbf{Bv})_k = \sum_{k=1}^{n} a_{ik}\left(\sum_{j=1}^{p} b_{kj}v_j\right) = \sum_{j=1}^{p}\left(\sum_{k=1}^{n} a_{ik}b_{kj}\right)v_j$$

です．これを（2・2）の第 i 要素と比較すると $1 \leq i \leq m$ と $1 \leq j \leq n$ について

$$[\mathbf{AB}]_{ij} = \sum_{k=1}^{n} a_{ik}b_{kj} \tag{2・11}$$

が得られます．

線形写像 S と T の合成 $S \circ T$ が定義できるのは T の値が S の定義域に入るときに限られますが，それと同じように行列 **A** と **B** の積が定義できるためには **Bv** の長さがそれに **A** を掛けられる長さでなければなりません．**B** が $m \times n$ 行列なら **Bv** は $\mathbf{v} \in \mathbb{F}^n$ に対して定義され，$\mathbf{Bv} \in \mathbb{F}^m$ となり，**A** が $p \times q$ 行列なら **Aw** は $\mathbf{w} \in \mathbb{F}^q$ に対して定義されます．よって $\mathbf{A}(\mathbf{Bv})$ が意味をもつためには $q = m$ でなければなりません．以上をまとめておきます．

> 積 **AB** が定義できるためには **A** の列数と **B** の行数が等しくなければならない．
>
> $$\underbrace{\mathbf{A}}_{m\times n}\underbrace{\mathbf{B}}_{n\times p} = \underbrace{\mathbf{C}}_{m\times p}$$
>
> このとき行列 **AB** は **A** と同じ行数，**B** と同じ列数をもつ．

即問 11　三つの行列

$$\mathbf{A} = \begin{bmatrix} 1 & -1 \\ 0 & 2 \end{bmatrix} \qquad \mathbf{B} = \begin{bmatrix} 0 & 2 & 0 \\ -1 & 0 & 1 \end{bmatrix} \qquad \mathbf{C} = \begin{bmatrix} 2 & 1 \\ 0 & -2 \\ 1 & 0 \end{bmatrix}$$

から次の積が定義されるかどうかを判断し，定義される場合にはそのサイズを示しなさい．

(a) **AB**　(b) **BA**　(c) **AC**　(d) **CA**　(e) **BC**　(f) **CB**

即問 11 の答　(a) 2×3，(b) 定義されない，(c) 定義されない，(d) 3×2，(e) 2×2，(f) 3×3

■例 1. $\mathbf{Z}_{m\times n}$ ですべての要素が 0 である $m\times n$ 行列を表すことにします．写像は零写像と合成すれば零写像になること，また恒等写像と合成しても変化しないことから

$$\mathrm{AZ}_{n\times p} = \mathrm{Z}_{m\times p} \qquad \mathrm{Z}_{p\times m}\mathrm{A} = \mathrm{Z}_{p\times n}$$
$$\mathrm{AI}_{n} = \mathrm{A} \qquad \mathrm{I}_{m}\mathrm{A} = \mathrm{A}$$

が任意の行列 $\mathbf{A} \in \mathbf{M}_{m,\,n}(\mathbb{F})$ について成り立たなければなりません．これは（2・11）の行列の掛け算規則からも確かめられます（練習問題 2・3・6）．

2. 反時計回りに θ ラジアン回転する線形変換 $R_\theta : \mathbb{R}^2 \to \mathbb{R}^2$ の表現行列は

$$\begin{bmatrix} \cos\theta & -\sin\theta \\ \sin\theta & \cos\theta \end{bmatrix}$$

となることを前節でみました．ここでは反時計回りに θ ラジアン回転した後にさらに x 軸に関して対称な位置に移す線形変換を $T : \mathbb{R}^2 \to \mathbb{R}^2$ とし，その表現行列を考えます．ベクトル $\mathbf{e}_1$ と $\mathbf{e}_2$ がこの T によってどのように変化するかを確かめなくても，x 軸に関する鏡映変換の行列は

$$\begin{bmatrix} 1 & 0 \\ 0 & -1 \end{bmatrix}$$

ですから，T の行列は上の二つの行列の積

$$\begin{bmatrix} 1 & 0 \\ 0 & -1 \end{bmatrix}\begin{bmatrix} \cos\theta & -\sin\theta \\ \sin\theta & \cos\theta \end{bmatrix} = \begin{bmatrix} \cos\theta & -\sin\theta \\ -\sin\theta & -\cos\theta \end{bmatrix}$$

で与えられることがわかります． ■

即問12 x 軸に関して鏡映変換した後に反時計回りに θ ラジアン回転する変換を $S : \mathbb{R}^2 \to \mathbb{R}^2$ とします．この S の表現行列を求めなさい．また，S と上記の T が等しくなる条件を示しなさい．

行列の乗算と加算には次の結合法則と分配法則が成り立ちます．

即問12の答 $\begin{bmatrix} \cos\theta & -\sin\theta \\ \sin\theta & \cos\theta \end{bmatrix}\begin{bmatrix} 1 & 0 \\ 0 & -1 \end{bmatrix} = \begin{bmatrix} \cos\theta & \sin\theta \\ \sin\theta & -\cos\theta \end{bmatrix}$，両変換が等しくなるのは $\theta = 0, \pi$ のとき．

定 理 2・10 $\mathbf{A}, \mathbf{A}_1, \mathbf{A}_2 \in \mathbf{M}_{m,n}(\mathbb{F})$，$\mathbf{B}, \mathbf{B}_1, \mathbf{B}_2 \in \mathbf{M}_{n,p}(\mathbb{F})$，$\mathbf{C} \in \mathbf{M}_{p,q}(\mathbb{F})$ とすると以下が成り立つ．

1. $\mathrm{A(BC)} = \mathrm{(AB)C}$
2. $\mathrm{A(B_1 + B_2)} = \mathrm{AB_1 + AB_2}$
3. $\mathrm{(A_1 + A_2)B} = \mathrm{A_1B + A_2B}$

■**証 明** 行列の積は線形写像の合成に対応するように定義されたのですから，主張 1 は合成の定義から得られます．付録の補助定理 A・1 をみてください．

線形写像について主張 2 と主張 3 に対応する事実はすでに定理 2・6 で示しました．また定理 2・9 から二つの行列の和はそれぞれの行列に対応する線形写像の和の表現行列ですから，主張 2 と主張 3 も明らかです． ■

行列の積の見方

行列とベクトルの積を要素ごとにみるよりも行列の列に注目する方が有用であることを 2・1 節でみましたが，行列の積でも同様です．

補助定理 2・11 $\mathbf{A} \in \mathbf{M}_{m,n}(\mathbb{F})$ とし，$\mathbf{B} = \begin{bmatrix} | & & | \\ \mathbf{b}_1 & \cdots & \mathbf{b}_p \\ | & & | \end{bmatrix}$ を列 $\mathbf{b}_1, \ldots, \mathbf{b}_p \in \mathbb{F}^n$ からなる $n \times p$ 行列とすると，

$$\mathrm{AB} = \begin{bmatrix} | & & | \\ \mathrm{Ab}_1 & \cdots & \mathrm{Ab}_p \\ | & & | \end{bmatrix} \tag{2・12}$$

となる．

■**証 明** (2・11) から示すこともできますが，行列の積の定義を直接用いる方が簡単です．定義から

$$\mathrm{(AB)e}_j = \mathrm{A(Be}_j) \tag{2・13}$$

が各 j について成り立ちます．一般に行列 $\mathbf{C}$ について $\mathbf{Ce}_j$ は $\mathbf{C}$ の第 j 列でしたから，(2・13) は，$\mathbf{AB}$ の第 j 列は $\mathbf{Ab}_j$ であると述べています． ■

以上をまとめておきます．

AB の第 j 列は **A** 掛ける **B** の第 j 列

この見方から，ベクトル $\mathbf{v}$ と $m \times n$ 行列との積 $\mathbf{Av}$ は，$\mathbf{v}$ を $\mathbf{v} \in \mathbb{F}^n$ とみなすか

$\mathbf{v} \in \mathbf{M}_{n,1}(\mathbb{F})$ とみなすかにかかわらず同じであることがわかります．また次の系も重要です．

> **系 2・12** 行列の積 $\mathbf{AB}$ が定義できる場合には，$\mathbf{AB}$ のどの列も $\mathbf{A}$ の列の線形結合である．

■**証 明** 積 $\mathbf{AB}$ の第 j 列は $\mathbf{Ab}_j$ ですから，$\mathbf{A}$ の列を $\mathbf{a}_k$ とすると

$$\mathrm{Ab}_j = \sum_k [\mathrm{b}_j]_k \mathrm{a}_k$$

つまり $\mathbf{Ab}_j$ は $\mathbf{a}_k$ の線形結合となります． ■

積 $\mathbf{AB}$ を $\mathbf{A}$ の行と $\mathbf{B}$ で表すこともできます．

> **定 義** $\mathbf{M}_{1,m}(\mathbb{F})$ の行列を**行ベクトル**[2] とよぶ．

行列の積の定義から，$\mathbf{v} = [v_1 \ \cdots \ v_m]$ と $\mathbf{B} \in \mathbf{M}_{m,n}(\mathbb{F})$ の積 $\mathbf{vB}$ は $\mathbf{M}_{1,n}(\mathbb{F})$ の行ベクトルで，その第 j 要素（厳密には第 $(1,j)$ 要素）は

$$\sum_{k=1}^{m} v_k b_{kj}$$

となります．$\mathbf{Ax}$ の要素を与える（2・2）との類似性に注意してください．$\mathbb{F}^n$ のベクトルの標準的表現として列ベクトルに代えて行ベクトルを採用することも可能ですが，列ベクトルをよく使うのはいわば慣習のようなものです．

> **補助定理 2・13** $\mathbf{A} = \begin{bmatrix} — & \mathbf{a}_1 & — \\ & \vdots & \\ — & \mathbf{a}_m & — \end{bmatrix}$ を行 $\mathbf{a}_1, \ldots, \mathbf{a}_m \in \mathbf{M}_{1,n}(\mathbb{F})$ からなる $m \times n$ 行列とし，$\mathbf{B} \in \mathbf{M}_{n,p}(\mathbb{F})$ とすると，
>
> $$\mathrm{AB} = \begin{bmatrix} -\mathrm{a}_1\mathrm{B}- \\ \vdots \\ -\mathrm{a}_m\mathrm{B}- \end{bmatrix}$$
>
> となる．

■**証 明** 練習問題 2・3・14 にまわします． ■

2) row vector

AB の第 i 行は A の第 i 行掛ける B

即問 13 行列の積 **AB** が定義できる場合には，**AB** のどの行も **B** の行の線形結合であることを示しなさい．

行列の積に関して補助定理 2・11 と 2・13 から得られるもう一つの見方を示します．要素数が同じ行ベクトル $\mathbf{v} \in \mathbf{M}_{1,n}(\mathbb{F})$ と列ベクトル $\mathbf{w} \in \mathbf{M}_{n,1}(\mathbb{F})$ に対して

$$\mathbf{vw} = \sum_{k=1}^{n} v_k w_k$$

はスカラー[3] になります．すると（2・11）を次のように書き換えることができます．

補助定理 2・14 $\mathbf{A} = \begin{bmatrix} — & \mathbf{a}_1 & — \\ & \vdots & \\ — & \mathbf{a}_m & — \end{bmatrix} \in \mathbf{M}_{m,n}(\mathbb{F})$ と $\mathbf{B} = \begin{bmatrix} | & & | \\ \mathbf{b}_1 & \cdots & \mathbf{b}_p \\ | & & | \end{bmatrix} \in \mathbf{M}_{n,p}(\mathbb{F})$

について

$$\mathrm{AB} = \begin{bmatrix} \mathbf{a}_1\mathbf{b}_1 & \cdots & \mathbf{a}_1\mathbf{b}_p \\ \vdots & \ddots & \vdots \\ \mathbf{a}_m\mathbf{b}_1 & \cdots & \mathbf{a}_m\mathbf{b}_p \end{bmatrix}$$

となる．

AB の第 (i, j) 要素は A の第 i 行と B の第 j 列の積[4]

即問 13 の答 系 2・12 の証明を手直しすればよろしい．

3) **vw** は厳密には 1×1 行列ですが，これをスカラーとみなしても問題はありません．

4) 訳注：行列の積 **AB** の計算：図のように **B** を上にずらせて **A** の各行と B の各列の積 $\mathbf{a}_i\mathbf{b}_j$ $(i=1, \ldots, m;\ j=1, \ldots, p)$ を計算するとよい．

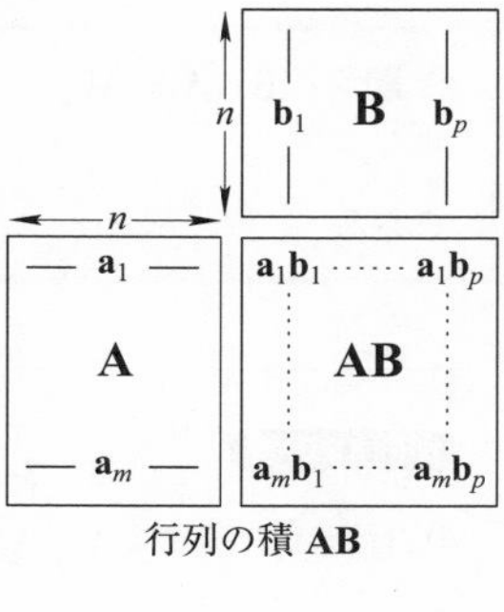

行列の積 **AB**

即問 14 これまで説明した見方のどれか，できればすべてを使って下の行列の積を計算しなさい．

$$\begin{bmatrix} 0 & -1 \\ 2 & 1 \end{bmatrix}\begin{bmatrix} 1 & -2 & 0 \\ 0 & 1 & 3 \end{bmatrix}$$

転　置

行列の行と列の役割を交換する操作を**転置**[5)]といい，以下のように定義します[6)]．

定 義　体 $\mathbb{F}$ 上の $m \times n$ 行列 $\mathbf{A} = [a_{ij}]_{\substack{1 \le i \le m \\ 1 \le j \le n}}$ の**転置** $\mathbf{A}^{\mathrm{T}}$ をその第 (i, j) 要素が

$$[\mathrm{A}^{\mathrm{T}}]_{ij} := a_{ji}$$

で与えられる $n \times m$ 行列と定義する．

特に行ベクトルの転置は列ベクトル，列ベクトルの転置は行ベクトルですから，次のように図示するとわかりやすいでしょう．

$$\mathrm{A} = \begin{bmatrix} \text{—}\mathbf{a}_1\text{—} \\ \vdots \\ \text{—}\mathbf{a}_m\text{—} \end{bmatrix} \quad \text{なら} \quad \mathrm{A}^{\mathrm{T}} = \begin{bmatrix} | & & | \\ \mathbf{a}_1^{\mathrm{T}} & \cdots & \mathbf{a}_m^{\mathrm{T}} \\ | & & | \end{bmatrix}$$

次の補助定理は定義から直ちに得られます．

補助定理 2・15　行列 $\mathbf{A} \in \mathbf{M}_{m,n}(\mathbb{F})$ について $(\mathbf{A}^{\mathrm{T}})^{\mathrm{T}} = \mathbf{A}$ である．

次の命題は行列の積と転置の関係を示しています．

命 題 2・16　$\mathbf{A} \in \mathbf{M}_{m,n}(\mathbb{F})$ と $\mathbf{B} \in \mathbf{M}_{n,p}(\mathbb{F})$ について

$$(\mathrm{AB})^{\mathrm{T}} = \mathrm{B}^{\mathrm{T}}\mathrm{A}^{\mathrm{T}}$$

である．

即問 14 の答 $\begin{bmatrix} 0 & -1 & -3 \\ 2 & -3 & 3 \end{bmatrix}$

5) transposition

6) 行列 $\mathbf{A}$ の転置は $\mathbf{A}'$，$\mathbf{A}^{T}$，$\mathbf{A}^{\mathrm{t}}$，$\mathbf{A}^{t}$，$\mathbf{A}^{\top}$ などと表記されることもあります．

■**証明** $(\mathbf{AB})^{\mathrm{T}}$ の第 (i, j) 要素は

$$\left[(\mathrm{AB})^{\mathrm{T}}\right]_{ij} = \left[\mathrm{AB}\right]_{ji} = \sum_{k=1}^{n} a_{jk} b_{ki}$$

で，$\mathbf{B}^{\mathrm{T}}\mathbf{A}^{\mathrm{T}}$ の第 (i, j) 要素は

$$\left[\mathrm{B}^{\mathrm{T}}\mathrm{A}^{\mathrm{T}}\right]_{ij} = \sum_{k=1}^{n} \left[\mathrm{B}^{\mathrm{T}}\right]_{ik} \left[\mathrm{A}^{\mathrm{T}}\right]_{kj} = \sum_{k=1}^{n} b_{ki} a_{jk}$$

であることから得られます． ■

命題2・16のように乗算の順序が入れ替わることは可換でない乗算を扱っているときにはよくあることです．$\mathbf{A}^{\mathrm{T}} \in \mathbf{M}_{n,m}(\mathbb{F})$ であることと $\mathbf{B}^{\mathrm{T}} \in \mathbf{M}_{p,n}(\mathbb{F})$ であることに注意すれば，積の定義が可能であるかどうかを考えただけでも順序の交換が必要だとわかります．

複素数体 $\mathbb{C}$ の場合には共役転置 $\mathbf{A}^*$ を考えるのが自然です．

定 義　行列 $\mathbf{B} \in \mathbf{M}_{m,n}(\mathbb{C})$ の**共役転置**[7] とは $[\mathbf{B}^*]_{jk} = \overline{b_{kj}}$ で定義される行列 $\mathbf{B}^* \in \mathbf{M}_{n,m}(\mathbb{C})$ である．つまり $\mathbf{B}^{\mathrm{T}}$ の要素それぞれをその共役複素数で置き換えた行列である．なお $\mathbf{B}$ の要素がすべて実数なら $\mathbf{B}^* = \mathbf{B}^{\mathrm{T}}$ である．

命題2・16と $\overline{zw} = (\overline{z})(\overline{w})$ から

$$(\mathrm{AB})^* = \mathrm{B}^*\mathrm{A}^*$$

が得られます．

逆 行 列

定 義　行列 $\mathbf{A} \in \mathbf{M}_n(\mathbb{F})$ に対して

$$\mathrm{AB} = \mathrm{BA} = \mathrm{I}_n$$

を満たす行列 $\mathbf{B} \in \mathbf{M}_n(\mathbb{F})$ を $\mathbf{A}$ の**逆行列**[8] という．行列 $\mathbf{A}$ に逆行列が存在する場合に，$\mathbf{A}$ は**正則**[9] あるいは**可逆**[10] であるという．また正則でないことを**特異**[11] であるという．

もしも $\mathbf{A}$ の逆行列 $\mathbf{B}$ が既知であれば，方程式 $\mathbf{Ax} = \mathbf{b}$ を行列の掛け算で

$$\mathbf{x} = \mathbf{BAx} = \mathbf{Bb}$$

と解くことができることに注意してください．

7）conjugate transpose　8）inverse matrix　9）nonsingular　10）invertible
11）singular

補助定理 2・17 正則行列 $\mathbf{A} \in \mathbf{M}_n(\mathbb{F})$ の逆行列は一意である．よって，それを $\mathbf{A}^{-1}$ と書く．

■**証 明** 行列 **B** と **C** が共に **A** の逆行列であると仮定すると

$$\mathrm{B} = \mathrm{B(AC)} = \mathrm{(BA)C} = \mathrm{C}$$

が得られます． ■

即問 15 $a, b, c, d \in \mathbb{F}$ が $ad \neq bc$ を満たすとき，行列 $\begin{bmatrix} a & b \\ c & d \end{bmatrix}$ は正則であること，さらにその逆行列は

$$\begin{bmatrix} a & b \\ c & d \end{bmatrix}^{-1} = \frac{1}{ad - bc}\begin{bmatrix} d & -b \\ -c & a \end{bmatrix} \tag{2・14}$$

であることを示しなさい．

補助定理 2・18 行列 $\mathbf{A}, \mathbf{B} \in \mathbf{M}_n(\mathbb{F})$ が正則ならその積 **AB** も正則で，

$$\mathrm{(AB)}^{-1} = \mathrm{B}^{-1}\mathrm{A}^{-1}$$

となる．

■**証 明** $\mathbf{A}, \mathbf{B} \in \mathbf{M}_n(\mathbb{F})$ が正則ですから

$$\left(\mathrm{B}^{-1}\mathrm{A}^{-1}\right)\mathrm{AB} = \mathrm{B}^{-1}\left(\mathrm{A}^{-1}\mathrm{A}\right)\mathrm{B} = \mathrm{B}^{-1}\mathrm{B} = \mathrm{I}_n$$

と

$$\mathrm{AB}\left(\mathrm{B}^{-1}\mathrm{A}^{-1}\right) = \mathrm{A}\left(\mathrm{BB}^{-1}\right)\mathrm{A}^{-1} = \mathrm{AA}^{-1} = \mathrm{I}_n$$

が得られます． ■

この証明でも論より証拠原理（1・1 節）が活躍しました．$(\mathbf{AB})^{-1} = \mathbf{B}^{-1}\mathbf{A}^{-1}$ を示すためにここで行ったのは，$\mathbf{B}^{-1}\mathbf{A}^{-1}$ が $(\mathbf{AB})^{-1}$ の定義が要求している働きをすることを示すことでした．

即問 15 の答 （2・14）ともとの行列を実際に掛け合わせてみれば確かめることができます．論より証拠原理（1・1 節）の応用です．

> **補助定理 2・19** $\mathbf{A} \in \mathbf{M}_n(\mathbb{F})$ が正則なら $\mathbf{A}^{-1}$ も正則で,
> $$(\mathrm{A}^{-1})^{-1} = \mathrm{A}$$
> である.

■**証明** 練習問題2・3・15にまわします. ■

■**例** 二つの $n \times n$ 行列を

$$\mathrm{A} = \begin{bmatrix} 1 & 1 & 1 & \cdots & \cdots & 1 \\ 0 & 1 & 1 & \cdots & \cdots & 1 \\ 0 & 0 & 1 & \ddots & & 1 \\ \vdots & & \ddots & \ddots & \ddots & \vdots \\ 0 & & & \ddots & 1 & 1 \\ 0 & \cdots & \cdots & \cdots & 0 & 1 \end{bmatrix} \qquad \mathrm{B} = \begin{bmatrix} 1 & -1 & 0 & \cdots & \cdots & 0 \\ 0 & 1 & -1 & 0 & & \vdots \\ 0 & 0 & 1 & -1 & \ddots & \vdots \\ \vdots & & \ddots & \ddots & \ddots & 0 \\ 0 & & & \ddots & 1 & -1 \\ 0 & \cdots & \cdots & \cdots & 0 & 1 \end{bmatrix} \tag{2・15}$$

とすると $\mathbf{AB} = \mathbf{BA} = \mathbf{I}_n$ となります. よって $\mathbf{A}$ も $\mathbf{B}$ も正則で $\mathbf{A}^{-1} = \mathbf{B}$, $\mathbf{B}^{-1} = \mathbf{A}$ です. ■

正則性を正方行列に対してだけ定義しましたが, それには理由があります. 実は正方でない行列に逆行列は存在しません. そこで, $\mathbf{A} \in \mathbf{M}_{m,n}(\mathbb{F})$ に対して $n \times m$ 行列 $\mathbf{B}$ で $\mathbf{BA} = \mathbf{I}_n$ となるものがあると仮定してみます. この $\mathbf{B}$ は $\mathbf{A}$ の**左逆行列**[12] とよばれています. ここで体 $\mathbb{F}$ 上の $m \times n$ 線形斉次方程式

$$\mathbf{Ax} = \mathbf{0} \tag{2・16}$$

を考えると, これには解があって, しかも $\mathbf{B}$ を両辺に左から掛けると

$$\mathbf{x} = \mathbf{BAx} = \mathbf{B0} = \mathbf{0}$$

となって $\mathbf{x} = \mathbf{0}$ が (2・16) の唯一の解であることがわかります. 系1・4を一般の体の場合に拡張すると, このようなことが起こるのは $m \geq n$ の場合だけであることがわかります.

さらに, もしも $\mathbf{A}$ に**右逆行列**[13] があれば同じようにして $m \leq n$ が得られます (練習問題2・3・11). よって $m \times n$ 行列は $m = n$ の場合に限って逆行列が存在して正則となり得ます.

次の定理で行列の正則性と線形変換の可逆性は同じものであることを示します.

---

12) left inverse　　13) right inverse

定理 2・20 $T : \mathbb{F}^n \to \mathbb{F}^n$ を行列 $\mathbf{A} \in \mathbf{M}_n(\mathbb{F})$ によって定義される線形変換とすると，$\mathbf{A}$ が正則であることと T が可逆であることは同値である．このとき逆変換 T^{-1} の表現行列は $\mathbf{A}^{-1}$ である．

■ **証明** T が可逆であると仮定してその逆変換を S とすると，$T \circ S = S \circ T = I$ です．$\mathbf{B}$ をこの S の表現行列とすると行列の積の定義から $\mathbf{AB} = \mathbf{BA} = \mathbf{I}_n$ が得られ，$\mathbf{A}$ が正則であること，また $\mathbf{B} = \mathbf{A}^{-1}$ が T^{-1} の表現行列であることが導かれます．

逆に $\mathbf{A}$ が正則であるとして，S をその逆行列 $\mathbf{A}^{-1}$ によって定義される線形変換とします．すると $S \circ T$ と $T \circ S$ の表現行列は共に単位行列 $\mathbf{I}_n$ となりますので，$S = T^{-1}$ が得られます． ■

まとめ

- 行列の積 $\mathbf{AB}$ はすべての $\mathbf{v}$ について $\mathbf{A}(\mathbf{Bv}) = (\mathbf{AB})\mathbf{v}$ が成り立つように定義されている．
- $\mathbf{AB}$ にはさまざまな計算式がある．
- 行列の転置とは行と列を入れ替えること．
- 行列 $\mathbf{A}$ が正則とは
$$\mathrm{AA}^{-1} = \mathrm{A}^{-1}\mathrm{A} = \mathrm{I}_n$$
を満たす逆行列 $\mathbf{A}^{-1}$ があること．
- 逆行列は一意．
- 正方行列だけに逆行列がある．

練習問題

2・3・1 以下の行列の積が定義できるかを判断し，できる場合には計算しなさい．

(a) $\begin{bmatrix} 1 & 2 \\ 3 & 4 \end{bmatrix}\begin{bmatrix} 4 & 3 \\ 2 & 1 \end{bmatrix}$ (b) $\begin{bmatrix} 3 & 1-i & 0 \\ 2 & 4 & -5i \end{bmatrix}\begin{bmatrix} -1+2i & 0 \\ 0 & 2 \\ 3 & 1 \end{bmatrix}$

(c) $\begin{bmatrix} 1 & -5 & 2 \\ 7 & 0 & -3 \end{bmatrix}\begin{bmatrix} 0 & 2 \\ -3 & 6 \end{bmatrix}$ (d) $\begin{bmatrix} -2 & 3 & 1 \end{bmatrix}\begin{bmatrix} 5 \\ -2 \\ 4 \end{bmatrix}$

(e) $\begin{bmatrix} -3 & 1 \\ -1 & 2 \end{bmatrix}\begin{bmatrix} 0 & 4 \\ -2 & 1 \end{bmatrix}\begin{bmatrix} 5 & -1 \\ 0 & -2 \\ 1 & 3 \end{bmatrix}$

2・3・2　以下の行列の積が定義できるかを判断し，できる場合には計算しなさい．

(a) $\begin{bmatrix} -1+2i & 0 \\ 0 & 2 \\ 3 & 1 \end{bmatrix} \begin{bmatrix} 3 & 1-i & 0 \\ 2 & 4 & -5i \end{bmatrix}$　(b) $\begin{bmatrix} 0 & 2 \\ -3 & 6 \end{bmatrix} \begin{bmatrix} 1 & -5 & 2 \\ 7 & 0 & -3 \end{bmatrix}$

(c) $\begin{bmatrix} -2 \\ 3 \\ 1 \end{bmatrix} \begin{bmatrix} 5 \\ -2 \\ 4 \end{bmatrix}$　(d) $\begin{bmatrix} -2 \\ 3 \\ 1 \end{bmatrix} \begin{bmatrix} 5 & -2 & 4 \end{bmatrix}$

(e) $\begin{bmatrix} -3 & 1 \\ -1 & 2 \end{bmatrix} \begin{bmatrix} 0 & 4 \\ -2 & 1 \end{bmatrix} \begin{bmatrix} 5 & 0 & 1 \\ -1 & -2 & 3 \end{bmatrix}$

2・3・3　下の (a), (b), (c) に示した補助定理をそれぞれ用いて，次の行列の積を計算しなさい．

$$\begin{bmatrix} 0 & -1 \\ 2 & 1 \end{bmatrix} \begin{bmatrix} 1 & -2 & 0 \\ 0 & 1 & 3 \end{bmatrix}$$

(a) 補助定理 2・11

(b) 補助定理 2・13

(c) 補助定理 2・14

2・3・4　$T: \mathbb{R}^2 \to \mathbb{R}^2$ を反時計回りに θ ラジアン回転し，ついで直線 $y=x$ に関して鏡映変換する変換とする．T の表現行列を求めなさい．

2・3・5　$T: \mathbb{R}^2 \to \mathbb{R}^2$ を y 軸に関して鏡映変換し，y 方向に 2 倍に伸ばし，最後に反時計回りに $\pi/4$ ラジアン回転する変換とする．T の表現行列を求めなさい．

2・3・6　(2・11) を使って $\mathbf{A} \in \mathbf{M}_{m,n}(\mathbb{F})$ について以下の等式を示しなさい．

$$\mathbf{A}\mathbf{Z}_{n\times p} = \mathbf{Z}_{m\times p} \qquad \mathbf{Z}_{p\times m}\mathbf{A} = \mathbf{Z}_{p\times n}$$

$$\mathbf{A}\mathbf{I}_n = \mathbf{A} \qquad \mathbf{I}_m\mathbf{A} = \mathbf{A}$$

2・3・7　$\mathbf{A} = \mathrm{diag}(a_1, \dots, a_n)$，$\mathbf{B} = \mathrm{diag}(b_1, \dots, b_n)$ のときの積 $\mathbf{AB}$ を示しなさい．

2・3・8　ベクトル $\mathbf{v} \in \mathbb{R}^n$ の**ノルム**[14] は $\|\mathbf{v}\| = \sqrt{{v_1}^2 + \cdots + {v_n}^2}$ と定義されます．$\|\mathbf{v}\|^2 = \mathbf{v}^{\mathrm{T}}\mathbf{v}$ を示しなさい．

2・3・9　1×1 行列が正則になるのはどういうときで，その逆行列は何かを示しなさい．

2・3・10　行列 $\mathbf{A} \in \mathbf{M}_n(\mathbb{F})$ が正則のときその転置行列 $\mathbf{A}^{\mathrm{T}}$ も正則であること，さらに $(\mathbf{A}^{\mathrm{T}})^{-1} = (\mathbf{A}^{-1})^{\mathrm{T}}$ を示しなさい．

2・3・11　行列 $\mathbf{A} \in \mathbf{M}_{m,n}(\mathbb{F})$ が右逆行列 $\mathbf{B} \in \mathbf{M}_{n,m}(\mathbb{F})$ をもつ，つまり $\mathbf{AB} = \mathbf{I}_m$ であるとする．このとき $m \leq n$ を示しなさい．

---

14) norm

ヒント：任意に与えられた $\mathbf{b} \in \mathbb{F}^m$ に対して $m \times n$ 線形方程式系

$$\mathbf{Ax} = \mathbf{b}$$

には解があることを示して定理1・2を使いなさい.

2・3・12　$n \times n$ 行列 $\mathbf{A}$ は $i > j$ なる (i, j) について $a_{ij} = 0$ なら**上三角行列**[15] とよばれ，$i < j$ なる (i, j) について $a_{ij} = 0$ なら**下三角行列**[16] とよばれます.

(a) 行列 $\mathbf{A}, \mathbf{B} \in \mathbf{M}_n(\mathbb{F})$ が共に上三角ならその積 $\mathbf{AB}$ も上三角であることを示しなさい．このとき $\mathbf{AB}$ の対角要素はどのように与えられますか.

(b) 行列 $\mathbf{A}, \mathbf{B} \in \mathbf{M}_n(\mathbb{F})$ が共に下三角の場合はどうなりますか.

注意：三角行列についていつでも $\mathbf{AB} = \mathbf{BA}$ となると誤解しないように.

2・3・13　(2・11) を使って定理2・10の別証明を与えなさい.

2・3・14　補助定理2・13を証明しなさい.

2・3・15　補助定理2・19を証明しなさい.

2・4　行基本演算とLU分解

行基本演算と行列の積

線形方程式系を解くために使った行基本演算 **R1**, **R2**, **R3** は，いずれも次に示す行列を掛ける演算とみなすことができます.

定　義　$1 \leq i, j \leq m$ なる i と j と $c \in \mathbb{F}$ に対して $\mathbf{M}_m(\mathbb{F})$ の行列を以下のように定義する.

● $i \neq j$ に対して

$$\mathrm{P}_{c,i,j} := \begin{bmatrix} 1 & 0 & & 0 \\ 0 & \ddots & c & \\ & & \ddots & 0 \\ 0 & & 0 & 1 \end{bmatrix}$$

つまり (i, j) 要素は c，すべての対角要素は 1，(i, j) 要素以外の非対角要素は 0.

---

15) upper triangular matrix　　16) lower triangular matrix

● $c \neq 0$ に対して

$$\mathbf{Q}_{c,i} := \begin{bmatrix} 1 & 0 & & & 0 \\ 0 & \ddots & & & \\ & & c & & \\ & & & \ddots & 0 \\ 0 & & & 0 & 1 \end{bmatrix}$$

つまり (i, i) 要素は c，他の対角要素は 1，非対角要素はすべて 0.

● $i \neq j$ に対して

$$\mathbf{R}_{i,j} := \begin{bmatrix} 1 & & & & \\ & \ddots & & & \\ & & 0 & 1 & \\ & & & \ddots & \\ & & 1 & 0 & \\ & & & & \ddots \\ & & & & & 1 \end{bmatrix}$$

つまり (i,j) 要素と (j,i) 要素は 1，他の非対角要素は 0，(i,i) 要素と (j,j) 要素は 0，他の対角要素は 1.

以上の行列を**基本行列**[1] とよぶ.

基本行列は単位行列 $\mathbf{I}_m$ に行基本演算を施して得られる行列です.

● $\mathbf{P}_{c,i,j}$ は $\mathbf{I}_m$ の第 j 行の c 倍を第 i 行に加えた行列（**R1**）
● $\mathbf{Q}_{c,i}$ は $\mathbf{I}_m$ の第 i 行を c 倍した行列（**R2**）
● $\mathbf{R}_{i,j}$ は $\mathbf{I}_m$ の第 i 行と第 j 行を交換した行列（**R3**）

定理 2・21　$1 \leq i, j \leq m$ なる $i \neq j$ と $c \in \mathbb{F}$ に対して $\mathbf{P}_{c,i,j}$, $\mathbf{Q}_{c,i}$, $\mathbf{R}_{i,j}$ を上で定義した基本行列とする．行列 $\mathbf{A} \in \mathbf{M}_{m,n}(\mathbb{F})$ に対して

● $\mathbf{P}_{c,i,j}\mathbf{A}$ は $\mathbf{A}$ の第 j 行の c 倍を第 i 行に加えた行列
● $\mathbf{Q}_{c,i}\mathbf{A}$ は $\mathbf{A}$ の第 i 行を c 倍した行列
● $\mathbf{R}_{i,j}\mathbf{A}$ は $\mathbf{A}$ の第 i 行と第 j 行を交換した行列

である.

1）elementary matrix

■証明　最初の主張だけ証明して残りは練習問題2・4・21, 22にまわします．

$\mathbf{P}_{c,i,j}=[p_{ij}]_{1\le i,j\le m}$ と $\mathbf{A}=[a_{ij}]_{\substack{1\le i\le m\\1\le j\le n}}$ とします．$\mathbf{P}_{c,i,j}\mathbf{A}$ の (k,ℓ) 要素は

$$[\mathrm{P}_{c,i,j}\mathrm{A}]_{k\ell}=\sum_{r=1}^{m}p_{kr}a_{r\ell} \tag{2・17}$$

です．ここで

$$p_{kr}=\begin{cases}c & (k=i, r=j)\\ 1 & (k=r)\\ 0 & (\text{その他})\end{cases}$$

ですから（2・17）は

$$[\mathrm{P}_{c,i,j}\mathrm{A}]_{k\ell}=\begin{cases}a_{k\ell} & (k\ne i)\\ a_{i\ell}+ca_{j\ell} & (k=i)\end{cases}$$

となり，$\mathbf{P}_{c,i,j}\mathbf{A}$ は $\mathbf{A}$ の第 j 行の c 倍を第 i 行に加えた行列であることがわかります．■

定理2・21で重要なのは，行列に一連の行基本演算を施すことは対応する基本行列を左から順に掛けることであるという点です．行基本演算を行列の掛け算で表現したことの有用性はまもなく明らかになります．

手始めに1・4節の定理1・6を基本行列 $\mathbf{E}_1, \dots, \mathbf{E}_k$ によって述べ直してみます．$\mathbf{E}_1, \dots, \mathbf{E}_k$ は定理1・6で行列 $\mathbf{A}$ を既約行階段形に変形した行基本演算に対応しています．

定理2・22　行列 $\mathbf{A}\in\mathbf{M}_{m,n}(\mathbb{F})$ に対して

$$\mathrm{B}=\mathrm{E}_k\cdots\mathrm{E}_1\mathrm{A}$$

が既約行階段形となる基本行列 $\mathbf{E}_1, \dots, \mathbf{E}_k$ が存在する．

即問16　行列 $\mathbf{A}=\begin{bmatrix}1&3\\-1&-1\end{bmatrix}$ は下のようにガウスの消去法によって既約行階段形に変形できます．

$$\begin{bmatrix}1&3\\-1&-1\end{bmatrix}\to\begin{bmatrix}1&3\\0&2\end{bmatrix}\to\begin{bmatrix}1&3\\0&1\end{bmatrix}\to\begin{bmatrix}1&0\\0&1\end{bmatrix}$$

最後に得られた行列 $\mathbf{I}_2$ を基本行列と $\mathbf{A}$ の積で表しなさい．

即問16の答　$\mathbf{P}_{-3,1,2}\mathbf{Q}_{1/2,2}\mathbf{P}_{1,2,1}\mathbf{A}$

定理2・23 基本行列は正則で以下の逆行列をもつ.

- $\mathbf{P}_{c,i,j}^{-1} = \mathbf{P}_{-c,i,j}$
- $\mathbf{Q}_{c,i}^{-1} = \mathbf{Q}_{c^{-1},i}$
- $\mathbf{R}_{i,j}^{-1} = \mathbf{R}_{i,j}$

■**証明** 行列の積の公式（2・11）を使って証明することもできますが，基本行列と行基本演算の対応がわかっているので，その事実を使う方が簡単です.

行列 $\mathbf{P}_{-c,i,j}\mathbf{P}_{c,i,j}$ が対応している演算は，第 j 行の c 倍を第 i 行に加え，ついで第 j 行の $-c$ 倍を第 i 行に加える演算ですから，結局第 i 行に何も加えない演算です.

行列 $\mathbf{Q}_{c^{-1},i}\mathbf{Q}_{c,i}$ が対応している演算は，第 i 行を c 倍して，ついで $1/c$ 倍する演算ですから，$\mathbf{Q}_{c^{-1},i}\mathbf{Q}_{c,i} = \mathbf{Q}_{c,i}\mathbf{Q}_{c^{-1},i} = \mathbf{I}_n$ です.

$\mathbf{R}_{i,j}$ によって第 i 行と第 j 行を交換しておいて，さらに $\mathbf{R}_{i,j}$ を施せば第 i 行と第 j 行がもとの位置に戻ります. ■

基本行列の逆行列も基本行列であることがわかったので，定理2・22は次の定理のように述べ直すことができます.

定理2・24 行列 $\mathbf{A} \in \mathbf{M}_{m,n}(\mathbb{F})$ に対して

$$\mathbf{A} = \mathbf{E}_1 \cdots \mathbf{E}_k \mathbf{B}$$

なる既約行階段形の行列 $\mathbf{B} \in \mathbf{M}_{m,n}(\mathbb{F})$ と基本行列 $\mathbf{E}_1, \ldots, \mathbf{E}_k$ が存在する.

■**証明** 定理2・22から

$$\mathbf{B} = \mathbf{F}_k \cdots \mathbf{F}_1 \mathbf{A}$$

となる基本行列 $\mathbf{F}_1, \ldots, \mathbf{F}_k$ が存在します. $\mathbf{F}_i$ は正則ですから補助定理2・18によって $\mathbf{F}_k \cdots \mathbf{F}_1$ も正則となり，

$$\mathbf{A} = (\mathbf{F}_k \cdots \mathbf{F}_1)^{-1}\mathbf{B} = \mathbf{F}_1^{-1} \cdots \mathbf{F}_k^{-1}\mathbf{B}$$

が得られますが，定理2・23から $\mathbf{F}_i^{-1}$ も基本行列ですから定理の主張が示せます.

■

即問17 行列 $\mathbf{A} = \begin{bmatrix} 1 & 3 \\ -1 & -1 \end{bmatrix}$ を基本行列と既約行階段形の行列の積に分解しなさい.
ヒント：即問16ですでに $\mathbf{I}_2 = \mathbf{P}_{-3,1,2}\mathbf{Q}_{1/2,2}\mathbf{P}_{1,2,1}\mathbf{A}$ であることをみています.

即問17の答 $\mathbf{A} = \mathbf{P}_{-1,2,1}\mathbf{Q}_{2,2}\mathbf{P}_{3,1,2}\mathbf{I}_2$

行基本演算による逆行列の計算

基本行列についての以上の議論から，行基本演算によって逆行列を計算するアルゴリズムをつくることができます．

アルゴリズム 2・25 行列 $\mathbf{A}$ が正則であるかどうかを判定し，正則の場合には逆行列 $\mathbf{A}^{-1}$ を求める手順：

- 拡大係数行列［$\mathbf{A} \mid \mathbf{I}_n$］をつくり既約行階段形に変形する．
- 得られた既約行階段形が［$\mathbf{I}_n \mid \mathbf{B}$］という形なら $\mathbf{A}$ は正則で $\mathbf{B} = \mathbf{A}^{-1}$ である．
- 得られた既約行階段形の左半分が単位行列とならないなら $\mathbf{A}$ は正則ではない．

■**証明** 拡大係数行列［$\mathbf{A} \mid \mathbf{I}_n$］の既約行階段形が［$\mathbf{I}_n \mid \mathbf{B}$］なら当然 $\mathbf{A}$ の既約行階段形は単位行列 $\mathbf{I}_n$ です．定理 2・22 から

$$\mathrm{I}_n = \mathrm{E}_k \cdots \mathrm{E}_1 \mathrm{A}$$

となる基本行列 $\mathbf{E}_1, \ldots, \mathbf{E}_k$ があります．基本行列は正則ですから，

$$\mathrm{A} = (\mathrm{E}_k \cdots \mathrm{E}_1)^{-1}$$

よって $\mathbf{A}$ は正則で補助定理 2・19 から

$$\mathrm{A}^{-1} = \left[(\mathrm{E}_k \cdots \mathrm{E}_1)^{-1}\right]^{-1} = \mathrm{E}_k \cdots \mathrm{E}_1$$

が得られ，したがって

$$\mathrm{E}_k \cdots \mathrm{E}_1[\mathrm{A} \mid \mathrm{I}_n] = \mathrm{A}^{-1}[\mathrm{A} \mid \mathrm{I}_n] = [\mathrm{I}_n \mid \mathrm{A}^{-1}]$$

つまり得られた既約行階段形は［$\mathbf{I}_n \mid \mathbf{A}^{-1}$］であることがわかります．

$\mathbf{A}$ の既約行階段形が単位行列 $\mathbf{I}_n$ でない場合に $\mathbf{A}$ は正則でないことを，その対偶を示すことで証明しましょう．そこで $\mathbf{A}$ が正則であると仮定します．すると任意の $\mathbf{b}$ に対して線形方程式系

$$\mathrm{Ax} = \mathrm{b}$$

は一意の解をもちます．定理 1・3 は一般の体の上でも成り立ちますので，その定理から $\mathbf{A}$ の既約行階段形の各列に枢軸があることになりますが，$\mathbf{A}$ は正方行列ですからその既約行階段形は単位行列となることが得られます． ■

アルゴリズム 2・25 には次の重要な結果が含まれています．

系 2・26 行列 $\mathbf{A} \in \mathbf{M}_n(\mathbb{F})$ が正則である必要十分条件はその既約行階段形が単位行列であることである．

この系から次の命題が得られます．

命題2・27 行列 $\mathbf{A} \in \mathbf{M}_n(\mathbb{F})$ に対して行列 $\mathbf{B}$ が $\mathbf{BA} = \mathbf{I}_n$ あるいは $\mathbf{AB} = \mathbf{I}_n$ を満たせば $\mathbf{B} = \mathbf{A}^{-1}$ である.

■**証明** $\mathbf{BA} = \mathbf{I}_n$ と仮定します.このとき $\mathbf{Ax} = \mathbf{b}$ は一意の解をもち,アルゴリズム2・25の証明の後半の議論を適用すると,$\mathbf{A}$ の既約行階段形は単位行列 $\mathbf{I}_n$ になります.すると系2・26から $\mathbf{A}$ には逆行列があり

$$\mathrm{B} = \mathrm{BAA}^{-1} = \mathrm{I}_n\mathrm{A}^{-1} = \mathrm{A}^{-1}$$

が成り立ちます.

$\mathbf{AB} = \mathbf{I}_n$ なら上の議論から $\mathbf{A}$ は $\mathbf{B}$ の逆行列つまり $\mathbf{A} = \mathbf{B}^{-1}$ です.よって

$$\mathrm{A}^{-1} = (\mathrm{B}^{-1})^{-1} = \mathrm{B}$$

が得られます. ■

この命題は,$\mathbf{B}$ が $\mathbf{A}$ の左右どちらか一方の逆行列であれば,それは本来の逆行列であると述べています.行列の積は可換ではないのでこれは自明なことではありません.

即問18 $\mathbf{A} = \begin{bmatrix} 1 & 1 \\ 2 & -1 \\ 1 & 1 \end{bmatrix}$ と $\mathbf{B} = \frac{1}{6}\begin{bmatrix} 1 & 2 & 1 \\ 2 & -2 & 2 \end{bmatrix}$ とします.$\mathbf{BA} = \mathbf{I}_2$ ですが $\mathbf{A}$ は正則でないことを示しなさい.またこれが命題2・27に矛盾しない理由を述べなさい.

LU 分解

定理2・24で行列がいくつかの基本行列と既約行階段形の行列の積に分解できることを示しました.実は行列の分解にはガウスの消去法を少し修正した方法がよく用いられます.いわゆる**LU分解**[2]とよばれる方法で,$\mathbf{L}$ と $\mathbf{U}$ はそれぞれ次に定義する下三角行列と上三角行列を表しています.

定義 行列 $\mathbf{A} \in \mathbf{M}_{m,n}(\mathbb{F})$ は $i < j$ なるすべての (i,j) について $a_{ij} = 0$ のとき**下三角行列**[3]であるといい,$i > j$ なるすべての (i,j) について $a_{ij} = 0$ のとき**上三角行列**[4]であるという.

この定義の $\mathbf{A}$ は正方行列に限りません[5].

即問18の答 $\mathbf{A}$ は正方行列ではないので矛盾しません.

2) LU decomposition 3) lower triangular matrix 4) upper triangular matrix

5) 訳注:練習問題2・3・12ですでに正方行列に対して同様の定義をしました.

さて $m\times n$ 行列 **A** に対して行基本演算 **R3** を使わないでガウスの消去法を実行することを考えます．枢軸要素を 1 にすることにこだわらなければ，**A** を $m\times n$ 上三角行列 **U** に変形するのに行基本演算 **R1** だけを用い，しかも第 j 行のスカラー倍を加える行はそれより下にある $i>j$ なる第 i 行に制限しておくことが可能です．この計算の過程は $m\times m$ 基本行列を用いて

$$\mathbf{P}_{c_k,i_k,j_k}\cdots\mathbf{P}_{c_1,i_1,j_1}\mathbf{A}=\mathbf{U}$$

と表せます．各 $\mathbf{P}_{c,i,j}$ の逆行列を逆順に掛けると

$$\mathbf{A}=\mathbf{P}_{c_1,i_1,j_1}^{-1}\cdots\mathbf{P}_{c_k,i_k,j_k}^{-1}\mathbf{U}=\mathbf{P}_{-c_1,i_1,j_1}\cdots\mathbf{P}_{-c_k,i_k,j_k}\mathbf{U}$$

が得られます．

右辺の各 $\mathbf{P}_{c,i,j}$ は添え字が $i>j$ を満たしていますから下三角行列であり，よってその積である $m\times m$ 行列

$$\mathbf{L}:=\mathbf{P}_{-c_1,i_1,j_1}\cdots\mathbf{P}_{-c_k,i_k,j_k}$$

も下三角行列となります（練習問題 2・3・12 参照）．しかも **L** は次のように簡単に計算できます．ここでのガウスの消去法は，**A** に $\mathbf{P}_{c,i,1}$ という形の基本行列がいくつか掛けられ，ついで $\mathbf{P}_{c,i,2}$ という形の基本行列がいくつか掛けられというように進んでいきます．よって **P** の 3 番目の添え字は $j_1\leq j_2\leq\cdots\leq j_k$ を満たします．**L** を上の定義式にある基本行列を単位行列 $\mathbf{I}_m$ に掛けた結果得られる行列とみて **L** の構造を考えます．上でみたように $s<t$ なら $j_s<j_t<i_t$ ですから $j_s\neq i_t$ がわかります．よって $\mathbf{P}_{-c_s,i_s,j_s}$ を掛ける段階では単位行列の第 j_s 行には何も操作が施されておらず，もとの単位行列の第 j_s 行から変化していません．つまりその j_s 番目の要素は 1 で他は 0 のままです．しかも単位行列から出発してまだ $\mathbf{P}_{-c_s,i_s,j_s}$ を掛けていないのですから，(i_s,j_s) 要素は 0 です．よって $\mathbf{P}_{-c_s,i_s,j_s}$ を掛けることによる変化は (i_s,j_s) 要素に $-c_s$ が書込まれることだけであることがわかります．

以上をまとめると次のアルゴリズムが得られます．

アルゴリズム 2・28　A の LU 分解

- 行基本演算 **R1** で，スカラー倍される行 j とそれを加える行 i の間に $j<i$ が成り立つものだけを用いて **A** を上三角行列に変形することを試みる．成功すればその結果得られた行列を **U** とする．成功しない場合にはこのアルゴリズムでは目的の分解が得られないので終了する．
- 成功した場合に下三角行列 **L** を以下のように構成する．**L** の対角要素はすべて 1 とし，上の計算途中で第 j 行の c 倍が第 i 行に加えれらたなら，(i,j) 要素を $-c$ とする．
- この結果 **LU** 分解 **A** = **LU** が得られる．

■**例** $\mathbf{A}=\begin{bmatrix}1&2&3\\4&5&6\\7&8&9\end{bmatrix}$ に対して上のアルゴリズムを走らせると以下のようになる.

$$\begin{bmatrix}1&2&3\\4&5&6\\7&8&9\end{bmatrix} \rightsquigarrow \begin{bmatrix}1&2&3\\0&-3&-6\\0&-6&-12\end{bmatrix} \rightsquigarrow \begin{bmatrix}1&2&3\\0&-3&-6\\0&0&0\end{bmatrix}$$

即問 19 この例で $\mathbf{L}$ が

$$\mathbf{L}=\begin{bmatrix}1&0&0\\4&1&0\\7&2&1\end{bmatrix}$$

となることを示しなさい.

したがって

$$\mathbf{A}=\mathbf{LU}=\begin{bmatrix}1&0&0\\4&1&0\\7&2&1\end{bmatrix}\begin{bmatrix}1&2&3\\0&-3&-6\\0&0&0\end{bmatrix}$$

が得られます. ■

$\mathbf{A}$ の $\mathbf{LU}$ 分解を計算しておけば，三角行列のつくる線形方程式系を 2 度解くことによって線形方程式系 $\mathbf{Ax}=\mathbf{b}$ を解くことができます. 次の例で示すように三角行列のつくる線形方程式系は**前進代入**と**後退代入**によって解くことができます. この方法は高速でしかも他の方法に比べて丸め誤差の影響を受けにくいという特徴があります.

■**例** 線形方程式系

$$\begin{bmatrix}1&2&3\\4&5&6\\7&8&9\end{bmatrix}\mathbf{x}=\begin{bmatrix}0\\3\\6\end{bmatrix}$$

を解くために前の例で計算した $\mathbf{LU}$ 分解を用いてこれを

$$\begin{bmatrix}1&0&0\\4&1&0\\7&2&1\end{bmatrix}\begin{bmatrix}1&2&3\\0&-3&-6\\0&0&0\end{bmatrix}\mathbf{x}=\mathbf{LUx}=\begin{bmatrix}0\\3\\6\end{bmatrix}$$

即問 19 の答 アルゴリズムでは行 1×(−4) を行 2 に加え，行 1×(−7) を行 3 に加え，行 2×(−2) を行 3 に加えています.

と変形します．まず $\mathbf{y}=\mathbf{Ux}$ と置いて $\mathbf{y}$ に関する線形方程式系

$$\begin{bmatrix} 1 & 0 & 0 \\ 4 & 1 & 0 \\ 7 & 2 & 1 \end{bmatrix}\begin{bmatrix} y_1 \\ y_2 \\ y_3 \end{bmatrix} = \mathrm{L}\mathbf{y} = \begin{bmatrix} 0 \\ 3 \\ 6 \end{bmatrix}$$

を前進代入によって解くと，$y_1=0$, $y_2=3$, $y_3=0$ が得られます．ついで $\mathbf{x}$ に関する線形方程式系

$$\mathbf{y} = \begin{bmatrix} 0 \\ 3 \\ 0 \end{bmatrix} = \mathrm{U}\mathbf{x} = \begin{bmatrix} 1 & 2 & 3 \\ 0 & -3 & -6 \\ 0 & 0 & 0 \end{bmatrix}\begin{bmatrix} x_1 \\ x_2 \\ x_3 \end{bmatrix}$$

を後退代入によって解くと，x_1 と x_2 は x_3 によって

$$x_2 = -1 - 2x_3$$
$$x_1 = -2x_2 - 3x_3 = 2 + x_3$$

と表され，解の全体は

$$\left\{ \begin{bmatrix} 2 \\ -1 \\ 0 \end{bmatrix} + t \begin{bmatrix} 1 \\ -2 \\ 1 \end{bmatrix} \;\middle|\; t \in \mathbb{R} \right\}$$

となります． ■

アルゴリズム 2・28 で行基本演算を **R1** だけに制限したため，**LU** 分解が得られないことがあります．行の交換 **R3** を使ってもよいことにすれば分解できますが，その場合には **L** が下三角行列になりません．しかし一般に行列 **A** にあらかじめ適当な**置換行列**[6] **P** を掛けた **PA** は **LU** 分解できます．

> **定理 2・29**[7] 任意の行列 $\mathbf{A} \in \mathbf{M}_{m,n}(\mathbb{F})$ に対して
>
> $$\mathrm{PA} = \mathrm{LU}$$
>
> となる行列 **P** と下三角行列 **L** と上三角行列 **U** が存在する．ここで，**P** は基本行列 $\mathbf{R}_{i,j}$ の積で表される置換行列である．

この分解は **LUP 分解**[8] あるいは**枢軸選択を伴う LU 分解**[9] とよばれています．

A に左から置換行列 **P** を掛けることは **A** の行を並べ替えておくことですから，この定理は行列の行をあらかじめうまく並べ替えておけば **LU** 分解できると述べています．

6）permutation matrix
7）章末の訳注を参照．
8）LUP decomposition　9）LU decomposition with pivoting

■**証明** 定理1・6の証明から，体$\mathbb{F}$上のどの行列も行基本演算**R1**と**R3**によって上三角行列に変形できることがわかります．つまり，$\mathbf{P}_{c,i,j}$あるいは$\mathbf{R}_{i,j}$のいずれかの形の基本行列$\mathbf{E}_1, \ldots, \mathbf{E}_k$が存在して

$$\mathbf{E_k} \cdots \mathbf{E}_1\mathbf{A} = \mathbf{U}$$

とできます．ここで$\mathbf{U}$は上三角行列です．また$\mathbf{E}_k \cdots \mathbf{E}_1$にある$\mathbf{R}_{i,j}$の形の行列をすべてどの$\mathbf{P}_{c,i,j}$よりも右にくるように移動することができます（章末の訳注と練習問題2・4・15参照）．そうしておいて上式の両辺に順次$\mathbf{P}_{c,i,j}$の逆行列を掛ければ，証明が終わります． ■

まとめ

- 行基本演算は基本行列を左から掛けることで表現できる．
- 行基本演算によって逆行列を求めることができる．拡大係数行列［$\mathbf{A}|\mathbf{I}$］を既約行階段形［$\mathbf{I}|\mathbf{B}$］に変形できれば$\mathbf{B}=\mathbf{A}^{-1}$，そうでなければ$\mathbf{A}$は正則でない．
- $\mathbf{A}$を行基本演算**R1**だけで上三角行列$\mathbf{U}$にできれば**LU**分解が得られる．下三角行列$\mathbf{L}$の対角要素は1で，非対角要素は行基本演算から得られる．
- $\mathbf{A}=\mathbf{LU}$と分解されていれば三角行列の方程式系$\mathbf{Ly}=\mathbf{b}$と$\mathbf{Ux}=\mathbf{y}$を解くことで$\mathbf{Ax}=\mathbf{b}$が解ける．

練習問題

2・4・1 次の行列を基本行列と既約行階段形の行列の積で表しなさい．

(a) $\begin{bmatrix} 2 & -1 \\ 0 & 3 \end{bmatrix}$ (b) $\begin{bmatrix} 1 & 2 \\ 3 & 4 \end{bmatrix}$ (c) $\begin{bmatrix} 1 & -2 & -1 \\ -2 & 4 & 2 \end{bmatrix}$ (d) $\begin{bmatrix} 1 & -2 & 0 & 2 \\ 2 & -4 & 1 & 3 \\ -1 & 2 & 1 & -3 \end{bmatrix}$

2・4・2 次の行列を基本行列と既約行階段形の行列の積で表しなさい．

(a) $\begin{bmatrix} 1 & 2 \\ 0 & 3 \end{bmatrix}$ (b) $\begin{bmatrix} 1 & 1 \\ 2 & 2 \end{bmatrix}$ (c) $\begin{bmatrix} 2 & 0 & 1 \\ 1 & -1 & 3 \end{bmatrix}$ (d) $\begin{bmatrix} 2 & 1 & 3 & 0 \\ 1 & 1 & 1 & -1 \\ 1 & -1 & 3 & 1 \end{bmatrix}$

2・4・3 次の行列が正則であるかどうかを判定し，正則である場合にはその逆行列を求めなさい．

(a) $\begin{bmatrix} 1 & 2 \\ 3 & 4 \end{bmatrix}$ (b) $\begin{bmatrix} i & -3 \\ 2+i & 0 \end{bmatrix}$ (c) $\mathbb{R}$上の$\begin{bmatrix} 1 & 1 & 0 \\ 1 & 0 & 1 \\ 0 & 1 & 1 \end{bmatrix}$

(d) $\mathbb{F}_2$ 上の $\begin{bmatrix} 1 & 1 & 0 \\ 1 & 0 & 1 \\ 0 & 1 & 1 \end{bmatrix}$ (e) $\begin{bmatrix} 2 & -1 & 4 \\ -3 & -1 & -1 \\ 1 & -2 & 5 \end{bmatrix}$ (f) $\begin{bmatrix} 1 & 1 & 0 & -1 \\ 2 & 0 & -2 & -1 \\ -1 & 0 & 2 & 1 \\ 1 & -1 & -1 & 0 \end{bmatrix}$

2・4・4 次の行列が正則であるかどうかを判定し，正則である場合にはその逆行列を求めなさい．

(a) $\begin{bmatrix} 1 & -2 \\ -2 & 4 \end{bmatrix}$ (b) $\begin{bmatrix} 1+2i & 5 \\ i & 2+i \end{bmatrix}$ (c) $\begin{bmatrix} 1 & 1 & 1 \\ 1 & 2 & 2 \\ 1 & 2 & 3 \end{bmatrix}$

(d) $\begin{bmatrix} 1 & 2 & 3 \\ 4 & 5 & 6 \\ 7 & 8 & 9 \end{bmatrix}$ (e) $\begin{bmatrix} 1 & 0 & -1 \\ 2 & 1 & 1 \\ 1 & -2 & -3 \end{bmatrix}$ (f) $\begin{bmatrix} 1 & 0 & 2 & -1 \\ 0 & -1 & -2 & 1 \\ 2 & 0 & 1 & 0 \\ 0 & 2 & -3 & 2 \end{bmatrix}$

2・4・5 逆行列 $\begin{bmatrix} 1 & 0 & 3 \\ 0 & 1 & 1 \\ -1 & 0 & 2 \end{bmatrix}^{-1}$ を計算し，それを用いて以下の線形方程式系を解きなさい．

(a) $\begin{aligned} x+3z&=1 \\ y+z&=2 \\ -x+2z&=3 \end{aligned}$ (b) $\begin{aligned} x+3z&=-7 \\ y+z&=3 \\ -x+2z&=\frac{1}{2} \end{aligned}$ (c) $\begin{aligned} x+3z&=\sqrt{2} \\ y+z&=\pi \\ -x+2z&=83 \end{aligned}$ (d) $\begin{aligned} x+3z&=a \\ y+z&=b \\ -x+2z&=c \end{aligned}$

2・4・6 逆行列 $\begin{bmatrix} 1 & 0 & 1 \\ 3 & 2 & 0 \\ 0 & 1 & -2 \end{bmatrix}^{-1}$ を計算し，それを用いて以下の線形方程式系を解きなさい．

(a) $\begin{aligned} x+z&=1 \\ 3x+2y&=2 \\ y-2z&=3 \end{aligned}$ (b) $\begin{aligned} x+z&=0 \\ 3x+2y&=-\frac{2}{3} \\ y-2z&=\frac{5}{2} \end{aligned}$ (c) $\begin{aligned} x+z&=-2 \\ 3x+2y&=1 \\ y-2z&=-1 \end{aligned}$ (d) $\begin{aligned} x+z&=1 \\ 3x+2y&=0 \\ y-2z&=0 \end{aligned}$

2・4・7 次の行列の **LU** 分解を求めなさい．

(a) $\begin{bmatrix} 2 & 3 \\ -2 & 1 \end{bmatrix}$ (b) $\begin{bmatrix} 2 & -1 \\ 4 & -3 \end{bmatrix}$ (c) $\begin{bmatrix} 2 & 0 & -1 \\ -2 & -1 & 3 \\ 0 & 2 & -3 \end{bmatrix}$ (d) $\begin{bmatrix} -1 & 1 & 2 \\ -1 & 3 & 1 \end{bmatrix}$

2・4・8 次の行列の **LU** 分解を求めなさい.

(a) $\begin{bmatrix} -1 & 3 \\ 2 & -4 \end{bmatrix}$ (b) $\begin{bmatrix} 1 & -1 & 2 \\ 3 & -1 & 5 \\ -1 & 3 & -4 \end{bmatrix}$ (c) $\begin{bmatrix} 2 & 1 & -3 \\ 2 & -1 & 0 \\ -4 & -2 & 3 \end{bmatrix}$ (d) $\begin{bmatrix} -1 & 1 \\ -1 & -1 \\ 1 & -3 \end{bmatrix}$

2・4・9 **LU** 分解を用いて次の線形方程式系を解きなさい.

(a) $\begin{aligned} 2x + 3y &= 1 \\ -2x + y &= 2 \end{aligned}$ (b) $\begin{aligned} 2x - y &= 0 \\ 4x - 3y &= -2 \end{aligned}$ (c) $\begin{aligned} 2x - z &= -2 \\ -2x - y + 3z &= 3 \\ 2y - 3z &= 0 \end{aligned}$

(d) $\begin{aligned} -x + y + 2z &= 5 \\ -x + 3y + z &= -2 \end{aligned}$

2・4・10 **LU** 分解を用いて次の線形方程式系を解きなさい.

(a) $\begin{aligned} -x + 3y &= -5 \\ 2x - 4y &= 6 \end{aligned}$ (b) $\begin{aligned} x - y + 2z &= 3 \\ 3x - y + 5z &= 10 \\ -x + 3y - 4z &= -3 \end{aligned}$ (c) $\begin{aligned} 2x + y - 3z &= 1 \\ 2x - y &= -5 \\ -4x - 2y + 3z &= -10 \end{aligned}$

(d) $\begin{aligned} -x + y &= 1 \\ -x - y &= 3 \\ x - 3y &= 1 \end{aligned}$

2・4・11 次の行列の **LUP** 分解を求めなさい.

(a) $\begin{bmatrix} 0 & 1 \\ 2 & 3 \end{bmatrix}$ (b) $\begin{bmatrix} 2 & -1 & 2 \\ -2 & 1 & -1 \\ 0 & 2 & -1 \end{bmatrix}$

2・4・12 次の行列の **LUP** 分解を求めなさい.

(a) $\begin{bmatrix} 0 & 2 \\ -1 & 4 \end{bmatrix}$ (b) $\begin{bmatrix} 1 & 2 & -2 \\ 3 & 6 & -4 \\ 1 & 5 & -5 \end{bmatrix}$

2・4・13 **LUP** 分解を用いて次の線形方程式系を解きなさい.

$$\begin{aligned} 2x - y + 2z &= 5 \\ -2x + y - z &= -2 \\ 2y - z &= 2 \end{aligned}$$

2・4・14 **LUP** 分解を用いて次の線形方程式系を解きなさい.

$$\begin{aligned} x + 2y - 2z &= 2 \\ 3x + 6y - 4z &= 4 \\ x + 5y - 5z &= 2 \end{aligned}$$

2・4・15 以下の等式を示しなさい.

$$\mathrm{R}_{i,j}\mathrm{P}_{c,k,\ell} = \begin{cases} \mathrm{P}_{c,k,\ell}\mathrm{R}_{i,j} & (\{i,j\}\cap\{k,\ell\}=\emptyset) \\ \mathrm{P}_{c,j,\ell}\mathrm{R}_{j,k} & (i=k, j\neq \ell) \\ \mathrm{P}_{c,k,j}\mathrm{R}_{\ell,j} & (i=\ell, j\neq k) \\ \mathrm{P}_{c,\ell,k}\mathrm{R}_{k,\ell} & (i=k, j=\ell) \end{cases}$$

2・4・16 $\mathbf{A}\in\mathbf{M}_n(\mathbb{F})$ について $a_{11}=0$ と仮定して以下を示しなさい.

(a) $\mathbf{A}$ が $\mathbf{A}=\mathbf{LU}$ と分解されるとすると $\ell_{11}=0$ あるいは $u_{11}=0$ である.

(b) $u_{11}=0$ なら $\mathbf{U}$ は正則でなく, $\ell_{11}=0$ なら $\mathbf{L}$ は正則でない.

ヒント: 後半については練習問題 2・3・10 が参考になります.

(c) この場合 $\mathbf{A}=\mathbf{LU}$ は正則でない.

(d) $a_{11}=0$ である正則行列 $\mathbf{A}\in\mathbf{M}_n(\mathbb{F})$ の例を与えなさい. このことから LU 分解に枢軸選択が必要であることがわかります.

2・4・17 LU 分解できる $\mathbf{A}\in\mathbf{M}_{m,n}(\mathbb{F})$ は $\mathbf{A}=\mathbf{LDU}$ と分解できることを示しなさい. ただし

- $\mathbf{L}\in\mathbf{M}_m(\mathbb{F})$ は $\ell_{i,i}=1$ なる下三角行列
- $\mathbf{D}\in\mathbf{M}_m(\mathbb{F})$ は対角行列
- $\mathbf{U}\in\mathbf{M}_{m,n}(\mathbb{F})$ は $u_{i,i}=1$ なる上三角行列 (ただし LU 分解の $\mathbf{U}$ と必ずしも同じとは限らない)

この分解は **LDU 分解**[10] とよばれます.

2・4・18 以下の行列の LDU 分解を求めなさい.

(a) $\begin{bmatrix} -1 & 3 \\ 2 & 4 \end{bmatrix}$ (b) $\begin{bmatrix} 1 & -1 & 2 \\ 3 & -1 & 5 \\ -1 & 3 & -4 \end{bmatrix}$ (c) $\begin{bmatrix} 2 & 1 & -3 \\ 2 & -1 & 0 \\ -4 & -2 & 3 \end{bmatrix}$ (d) $\begin{bmatrix} -1 & 1 \\ -1 & -1 \\ 1 & -3 \end{bmatrix}$

2・4・19 $\mathbf{A}\in\mathbf{M}_n(\mathbb{F})$ が正則な上三角行列であるとき $\mathbf{A}^{-1}$ も上三角行列であることを示しなさい.

ヒント: ガウスの消去法で $\mathbf{A}^{-1}$ を計算する場合に使われた行基本演算を考えなさい.

2・4・20 $\mathbf{A}, \mathbf{B}\in\mathbf{M}_n(\mathbb{F})$ を (2・15) にある行列としてアルゴリズム 2・25 を用いて以下を示しなさい.

(a) $\mathbf{B}$ は $\mathbf{A}$ の逆行列である.

(b) $\mathbf{A}$ は $\mathbf{B}$ の逆行列である.

2・4・21 定理 2・21 の主張 2 を証明しなさい.

2・4・22 定理 2・21 の主張 3 を証明しなさい.

---

10) LDU decomposition

2・5　像空間，核空間，固有空間

この節では線形写像に関わる重要な部分空間を導入します．

像　空　間

線形写像 $T \in \mathcal{L}(V, W)$ と $A \subseteq V$ に対して

$$TA = \{Tv \mid v \in A\}$$

は A の T による**像**[1] とよばれていました．

定　義　線形写像 $T \in \mathcal{L}(V, W)$ について，ベクトル空間 W は T の**値域**[2] とよばれ，V の T による像

$$\operatorname{range} T := TV = \{Tv \mid v \in V\} \subseteq W$$

は**像空間**[3] とよばれる．

即問 20　直線 $y=x$ への正射影 $T : \mathbb{R}^2 \to \mathbb{R}^2$ の像空間を与えなさい．

T が全射なら像空間は値域に一致します．像空間が値域の部分集合となる場合でもそれは単なる部分集合ではありません．

定 理 2・30　線形写像 $T \in \mathcal{L}(V, W)$ の像空間 range T は W の部分空間である．

■**証 明**　まず定理 2・3 から $T0=0$ ですから $0 \in \operatorname{range} T$ です．

$w_1, w_2 \in \operatorname{range} T$ とすると像空間の定義から

$$Tv_1 = w_1 \quad \text{および} \quad Tv_2 = w_2$$

となる $v_1, v_2 \in V$ があります．よって T の線形性から

$$T(v_1 + v_2) = Tv_1 + Tv_2 = w_1 + w_2$$

が得られ，$w_1 + w_2 \in \operatorname{range} T$ がわかります．

同様に $w \in \operatorname{range} T$ に対して $Tv = w$ となる $v \in V$ がありますので，$c \in \mathbb{F}$ に対して

$$cw = cTv = T(cv) \in \operatorname{range} T$$

が得られます．■

1) image　2) codomain　3) range

即問 20 の答　正射影の定義は練習問題 2・1・2 を参照．像空間は直線 $y=x$．

定理 2・31 線形写像 $T \in \mathcal{L}(\mathbb{F}^n, \mathbb{F}^m)$ の表現行列を $\mathbf{A} \in \mathbf{M}_{m,n}(\mathbb{F})$ とすると，T の像空間は $\mathbf{A}$ の列ベクトルのスパンである．

■**証明** $\mathbf{A}$ の第 j 列を $\mathbf{a}_j$ で表すと

$$\mathbf{a}_j = T\mathbf{e}_j$$

ですから，$\mathbf{A}$ のどの列も T の像空間の要素です．さらに像空間はベクトル空間ですから $\mathbf{a}_j$ のスパンを含みます．

逆に，$\mathbf{w} \in T(\mathbb{F}^n)$ とすると $T\mathbf{v} = \mathbf{w}$ となる $\mathbf{v} = \begin{bmatrix} v_1 \\ \vdots \\ v_n \end{bmatrix} \in \mathbb{F}^n$ が存在し，線形性から

$$\mathbf{w} = T(v_1\mathbf{e}_1 + \cdots + v_n\mathbf{e}_n) = v_1T\mathbf{e}_1 + \cdots + v_nT\mathbf{e}_1 = v_1\mathbf{a}_1 + \cdots + v_n\mathbf{a}_n$$

が得られますので，$\mathbf{w} \in \langle \mathbf{a}_1, \ldots, \mathbf{a}_n \rangle$ がわかります．

以上で range T と $\langle \mathbf{a}_1, \ldots, \mathbf{a}_n \rangle$ の両方向の包含関係が示せましたので，証明が終わります． ■

定義 行列 $\mathbf{A}$ の**列空間**[4] $C(\mathbf{A})$ を $\mathbf{A}$ の列ベクトルのスパンと定義する．

つまり $\mathbf{A} = \begin{bmatrix} | & & | \\ \mathbf{a}_1 & \cdots & \mathbf{a}_n \\ | & & | \end{bmatrix}$ とすれば $C(\mathbf{A}) := \langle \mathbf{a}_1, \ldots, \mathbf{a}_n \rangle$ である．

よって定理 2・31 は，$T \in \mathcal{L}(\mathbb{F}^n, \mathbb{F}^m)$ の像空間はその表現行列の列空間であると言い換えることができます．

系 2・32 行列の積 $\mathbf{AB}$ について $C(\mathbf{AB}) \subseteq C(\mathbf{A})$ が成り立つ．

■**証明** $T \in \mathcal{L}(U, V)$ と $S \in \mathcal{L}(V, W)$ とします．$w \in \text{range}\, ST$ とすると $u \in U$ が存在して

$$w = (ST)u = S(Tu) \in \text{range}\, S$$

ですから range $ST \subseteq$ range S がわかります．

行列 $\mathbf{A}$ が与える $\mathbb{F}^n$ で定義された線形写像を S とし，行列 $\mathbf{B}$ が与える $\mathbb{F}^m$ で定義された線形写像を T とすると，range $S = C(\mathbf{A})$ と range $ST = C(\mathbf{AB})$ ですから，$C(\mathbf{AB}) \subseteq C(\mathbf{A})$ が示せます． ■

線形方程式系が解をもつかどうかに対して列空間は重要な働きをします．

4）column space

系 2・33　行列 $\mathbf{A} \in \mathbf{M}_{m,n}(\mathbb{F})$ の線形方程式系 $\mathbf{Ax} = \mathbf{b}$ が解をもつための必要十分条件は，$\mathbf{b}$ が $\mathbf{A}$ の列空間に属することである．

即問21　系 2・33 を証明しなさい．

線形方程式系の解の存在についての以上の見方から，$\mathbb{F}^m$ の数ベクトルの組が全空間を張るかどうかを判定するアルゴリズムが導けます．

系 2・34　$\mathbb{F}^m$ の数ベクトルの組（$\mathbf{v}_1, \ldots, \mathbf{v}_n$）が $\mathbb{F}^m$ 全体を張るための必要十分条件は，行列 $\mathbf{A} = \begin{bmatrix} | & & | \\ \mathbf{v}_1 & \cdots & \mathbf{v}_n \\ | & & | \end{bmatrix}$ の既約行階段形のすべての行に枢軸があることである．

■**証明**　$\mathbb{F}^m$ の数ベクトルの組（$\mathbf{v}_1, \ldots, \mathbf{v}_n$）のスパンが $\mathbb{F}^m$ 全体に一致するための必要十分条件は，任意の $\mathbf{b} \in \mathbb{F}^m$ が $\mathbf{A}$ の列空間に属することです．系 2・33 からこれは，任意の $\mathbf{b} \in \mathbb{F}^m$ に対して

$$\left[\begin{array}{ccc|c} | & & | & b_1 \\ \mathbf{v}_1 & \cdots & \mathbf{v}_n & \vdots \\ | & & | & b_m \end{array}\right] \qquad (2\cdot 18)$$

なる拡大係数行列で表される線形方程式系が常に解をもつことと言い換えることができます．

定理 1・2 を一般の体 $\mathbb{F}$ に拡張しておけば，線形方程式系が解をもつことと拡大係数行列（2・18）で右辺ベクトル $\mathbf{b}$ のおかれていた最後の列に枢軸が存在しないことが同値であることがわかります．系の条件のように，$\mathbf{A}$ の既約行階段形がすべての行に枢軸をもつなら，拡大係数行列（2・18）の既約行階段形の最後の列が枢軸をもつことはありません．よって線形方程式系が解をもちます．

逆に，$\mathbf{A}$ の既約行階段形に枢軸をもたない行があると，（2・18）の既約行階段形の最後の列に枢軸があるように $\mathbf{b}$ を選べます．実際，この場合には $\mathbf{A}$ の既約行階段形に零行がありますから，それを第 i 行とします．第 i 要素が 1（その他の要素

即問21の答　線形方程式系 $\mathbf{Ax} = \mathbf{b}$ が解をもつことは，$\mathbf{A}$ によって決まる線形写像 T の像空間に $\mathbf{b}$ が属することであり，その像空間は定理 2・31 より $\mathbf{A}$ の列空間と同じものです．

は好きなように決めてよろしい）である列を $\mathbf{A}$ の既約行階段形の最後に付け足して拡大係数行列をつくり，消去法の計算を逆にたどると，最後に得られる線形方程式系 $\mathbf{Ax}=\mathbf{b}$ は解をもちません．■

即問 22　次の数ベクトルの組が $\mathbb{R}^3$ を張るかどうかを確かめなさい．

$$\left(\begin{bmatrix}1\\0\\1\end{bmatrix}, \begin{bmatrix}0\\2\\2\end{bmatrix}, \begin{bmatrix}2\\-1\\1\end{bmatrix}\right)$$

行階段形と既約行階段形は同じ場所に枢軸をもつことを以前にみましたから，行列を行階段形に変形しておけば系 2・34 が使えます．

■例　1. $1 \leq j \leq n$ なる j について

$$\mathbf{v}_j = \mathbf{e}_1 + \cdots + \mathbf{e}_j$$

と定義される数ベクトルの組（$\mathbf{v}_1, \ldots, \mathbf{v}_n$）を考えます．それを列にもつ行列は行階段形でどの行にも枢軸がありますから，系 2・34 より $\mathbb{F}^n$ を張ります．

2. $\mathbf{w}_1 = \mathbf{e}_1$ とし，$2 \leq j \leq n$ なる j について

$$\mathbf{w}_j = \mathbf{e}_j - \mathbf{e}_{j-1}$$

と定義されるベクトルの組（$\mathbf{w}_1, \ldots, \mathbf{w}_n$）を列にもつ行列も行階段形でどの行にも枢軸がありますから，系 2・34 よりこの組は $\mathbb{F}^n$ を張ります．■

系 2・34 から次の重要な系が導かれます．

系 2・35　$n < m$ なら $\mathbb{F}^m$ の数ベクトルの組（$\mathbf{v}_1, \ldots, \mathbf{v}_n$）は $\mathbb{F}^m$ を張らない．

■証明　練習問題 2・5・20 にまわします．■

核 空 間

定 義　線形写像 $T \in \mathcal{L}(V, W)$ の**核空間**[5, 6] を

$$\ker T := \{v \in V \mid Tv = 0\}$$

即問 22 の答　対応する行列の既約行階段形は $\begin{bmatrix}1 & 0 & 2\\0 & 1 & -\frac{1}{2}\\0 & 0 & 0\end{bmatrix}$ ですから $\mathbb{R}^3$ を張りません．

5）kernel, null space

6）訳注：単に**核**または**零空間**とよぶこともあります．ただし本書では 0 だけからなるベクトル空間をさすのに零空間という言葉をあてることにします．

と定義する．行列 $\mathbf{A} \in \mathbf{M}_{m,n}(\mathbb{F})$ の核空間は $\mathbf{A}$ の定める $\mathbb{F}^n$ から $\mathbb{F}^m$ への線形写像の核空間とする．

この定義より行列 $\mathbf{A}$ の核空間は斉次線形方程式系

$$\mathbf{Ax} = \mathbf{0}$$

の解の全体となります．

■**例** 行列

$$\mathbf{A} = \begin{bmatrix} 1 & 2 & 1 & -1 \\ 2 & 4 & 1 & -1 \\ 1 & 2 & 0 & 0 \end{bmatrix}$$

の核空間を求めます．この既約行階段形は

$$\begin{bmatrix} 1 & 2 & 0 & 0 \\ 0 & 0 & 1 & -1 \\ 0 & 0 & 0 & 0 \end{bmatrix}$$

となるので，$\mathbf{x}$ が斉次線形方程式系の解となるのは $x = -2y$ かつ $z = w$ のときまたそのときだけです．したがって

$$\ker \mathbf{A} = \left\{ \begin{bmatrix} x \\ y \\ z \\ w \end{bmatrix} \middle| \, x = -2y, z = w \right\} = \left\{ \begin{bmatrix} -2y \\ y \\ w \\ w \end{bmatrix} \middle| \, y, w \in \mathbb{R} \right\}$$

$$= \left\{ y \begin{bmatrix} -2 \\ 1 \\ 0 \\ 0 \end{bmatrix} + w \begin{bmatrix} 0 \\ 0 \\ 1 \\ 1 \end{bmatrix} \middle| \, y, w \in \mathbb{R} \right\} = \left\langle \begin{bmatrix} -2 \\ 1 \\ 0 \\ 0 \end{bmatrix}, \begin{bmatrix} 0 \\ 0 \\ 1 \\ 1 \end{bmatrix} \right\rangle$$

となります． ■

即問 23 対角行列 $\mathbf{D} = \mathrm{diag}(d_1, \ldots, d_n)$ の核空間は，$d_i = 0$ なる i について数ベクトル $\mathbf{e}_i$ を集めてできる組のスパンであることを示しなさい．

即問 23 の答 $\mathbf{Dx} = \begin{bmatrix} d_1x_1 \\ \vdots \\ d_nx_n \end{bmatrix}$ ですから，$\mathbf{Dx} = \mathbf{0}$ はすなわち $d_i \neq 0$ なら $x_i = 0$ です．

上の例や即問 23 から行列の核空間はいくつかの数ベクトルのスパンとなっていることがわかります．またスパンは部分空間ですから，次の定理が得られます．

定理 2・36　線形写像 $T \in \mathcal{L}(V, W)$ の核空間 $\ker T$ は V の部分空間である．

■**証明**　まず $T0=0$ ですから $0 \in \ker T$ です．

$v_1, v_2 \in \ker T$ とすると $T(v_1+v_2)=Tv_1+Tv_2=0$ より $v_1+v_2 \in \ker T$ ですし，$v \in \ker T$ と $c \in \mathbb{F}$ から $T(cv)=cTv=0$ も得られます．■

54, 55 ページの例ですでに定理 2・36 の行列版，つまり $\mathbf{Ax}=\mathbf{0}$ の解の全体は $\mathbb{F}^n$ の部分空間をなすことを証明しました．この証明も定理 2・36 の証明も同じものですが，線形写像についての証明の方が短くて済んでいます．

核空間に関して最も重要だと考えられることの一つに，線形写像の単射性との関係があります．

定理 2・37　線形写像 $T: V \to W$ が単射である必要十分条件は $\ker T=\{0\}$ である．

■**証明**　$T \in \mathcal{L}(V, W)$ が単射であると仮定します．線形性から $T0=0$ です．ここで $v \in V$ で，$Tv=0$ とすると単射であることから $v=0$ が得られ，よって $\ker T=\{0\}$ となります．

逆に $\ker T=\{0\}$ と仮定して，$v_1, v_2 \in V$ に対して $Tv_1=Tv_2$ とすると

$$T(v_1-v_2)=Tv_1-Tv_2=0$$

が得られて $v_1-v_2 \in \ker T=\{0\}$，つまり $v_1=v_2$ が得られ，T が単射であることがわかります．■

線形方程式系を解く際にその係数行列の核空間は重要な働きをします．

系 2・38　線形方程式系 $\mathbf{Ax}=\mathbf{b}$ に解がある場合，その解が一意である必要十分条件は $\ker \mathbf{A}=\{\mathbf{0}\}$ である．

■**証明**　定理 2・37 から $\ker \mathbf{A}=\{\mathbf{0}\}$ なら $\mathbf{A}$ の定める線形写像は単射です．よって $\mathbf{Ax}=\mathbf{b}$ の解は一意です．

逆に $\ker \mathbf{A} \neq \{\mathbf{0}\}$ なら，$\mathbf{Ax}=\mathbf{b}$ の解 $\mathbf{x}$ と $\mathbf{0} \neq \mathbf{y} \in \ker \mathbf{A}$ から $\mathbf{A}(\mathbf{x}+\mathbf{y})=\mathbf{b}$ が得られますから，線形方程式系は相異なる複数の解をもつことになります．■

固 有 空 間

実は線形変換 $T\in\mathbb{L}(V)$ の核空間は次に定義する部分空間の特殊な例です．

定 義　$\lambda\in\mathbb{F}$ を線形変換 $T\in\mathbb{L}(V)$ の固有値とする．T の λ-**固有空間**[7] とは

$$\mathrm{Eig}_\lambda(T) := \{v\in V \mid Tv=\lambda v\}$$

と定義される V の部分空間である．

$\lambda\in\mathbb{F}$ が行列 $\mathbf{A}\in\mathbf{M}_n(\mathbb{F})$ の固有値なら $\mathbf{A}$ の λ-**固有空間**は $\mathbf{A}$ の定める線形変換の λ-固有空間と定義し，$\mathrm{Eig}_\lambda(\mathbf{A})$ と書く．

つまり T の固有値 λ に対応する固有ベクトルと零ベクトルを合わせたものが T の λ-固有空間です．

上の定義では $\mathrm{Eig}_\lambda(T)$ が部分空間になることを示すことなく“と定義される V の部分空間である”と述べており，本来証明しておくべきことが定義に含まれている表現になっています．好ましい表現ではありませんがよくあることなので気をつけてください．さて固有空間が部分空間になることは次の定理からすぐにわかります．

定 理 2・39　$\lambda\in\mathbb{F}$ を線形変換 $T\in\mathbb{L}(V)$ の固有値とする．
このとき $\mathrm{Eig}_\lambda(T)=\ker(T-\lambda I)$ である．

■**証 明**　$v\in V$ に対して以下が成り立ちます．

$$\begin{aligned}
v\in\mathrm{Eig}_\lambda(T) &\iff Tv=\lambda v\\
&\iff Tv=\lambda Iv\\
&\iff Tv-\lambda Iv=0\\
&\iff (T-\lambda I)v=0\\
&\iff v\in\ker(T-\lambda I)
\end{aligned}$$

■

線形写像の核空間が部分空間であることはすでに証明済みですから，固有空間が部分空間であることがこの定理からわかります．次の系にまとめておきます．

系 2・40　$\lambda\in\mathbb{F}$ を線形変換 $T\in\mathbb{L}(V)$ の固有値とする．このとき $\mathrm{Eig}_\lambda(T)$ は V の部分空間である．

7）eigenspace

■**例（固有空間の決定）**　行列

$$\mathbf{B} = \begin{bmatrix} 0 & -1 & 1 \\ 1 & 0 & 3 \\ -1 & 1 & -2 \end{bmatrix}$$

が-2を固有値にもっていることがわかっているとして，対応する固有空間$\mathrm{Eig}_{-2}(\mathbf{B})$を求めます．定理2・39から

$$\mathrm{Eig}_{-2}(\mathbf{B}) = \ker(\mathbf{B} + 2\mathbf{I}_3) = \ker \begin{bmatrix} 2 & -1 & 1 \\ 1 & 2 & 3 \\ -1 & 1 & 0 \end{bmatrix}$$

ですから

$$\mathbf{A} = \begin{bmatrix} 2 & -1 & 1 \\ 1 & 2 & 3 \\ -1 & 1 & 0 \end{bmatrix}$$

の核空間を求めればよいのですが，そのために斉次方程式系$\mathbf{Ax} = \mathbf{0}$を解く必要があります．ガウスの消去法によって拡大係数行列の既約行階段形を求めると

$$\left[\begin{array}{ccc|c} 1 & 0 & 1 & 0 \\ 0 & 1 & 1 & 0 \\ 0 & 0 & 0 & 0 \end{array}\right]$$

となり，方程式系の解$\begin{bmatrix} x \\ y \\ z \end{bmatrix}$は自由変数$z$によって$x = y = -z$で与えられます．したがって

$$\mathrm{Eig}_{-2}(\mathbf{B}) = \ker \mathbf{A} = \left\{ \begin{bmatrix} -z \\ -z \\ z \end{bmatrix} \middle| \, z \in \mathbb{F} \right\} = \left\langle \begin{bmatrix} -1 \\ -1 \\ 1 \end{bmatrix} \right\rangle$$

が得られます．■

固有値は次のようにも定義できます．

> **定理2・41**　$T \in \mathcal{L}(V)$と$\lambda \in \mathbb{F}$とする．λがTの固有値である必要十分条件は$\ker(T - \lambda I) \neq \{0\}$である．

■**証明**　定義よりλがTの固有値であることは，λに対応する固有ベクトルが存在すること，つまり$Tv = \lambda v$となる$v \neq 0$が存在することです．これはすなわち$\ker(T - \lambda I) \neq \{0\}$であることです．■

即問24　定理2・41を使って2が$\mathbf{A}=\begin{bmatrix} 3 & 2 \\ -1 & 0 \end{bmatrix}$の固有値であることを示しなさい．

■**例**　71ページの例**4**で対角行列$\mathbf{D}=\mathrm{diag}(d_1, \ldots, d_n)$の各対角要素$d_j$はその固有値であることをみました．

また定理2・41は，λが$\mathbf{D}$の固有値である必要十分条件は

$$\ker(\mathbf{D}-\lambda\mathbf{I}_n)=\ker\big(\mathrm{diag}(d_1-\lambda, \ldots, d_n-\lambda)\big)$$

が非零ベクトルをもつことであると述べています．また即問23で$\ker(\mathrm{diag}(d_1-\lambda, \ldots, d_n-\lambda))$は$d_i-\lambda=0$となる$i$に対する$\mathbf{e}_i$のスパンであることもみました．したがって$\ker(\mathbf{D}-\lambda\mathbf{I}_n)\neq\{\mathbf{0}\}$となるのは$\lambda=d_i$となる$i$が存在することです．したがって$d_1, \ldots, d_n$が$\mathbf{D}$の固有値の全体になります．■

解　空　間

定理2・36では$\mathbb{F}$上の$m\times n$斉次線形方程式系

$$\mathbf{A}\mathbf{x}=\mathbf{0} \tag{2・19}$$

の解集合が$\mathbb{F}^n$の部分空間をつくることをみましたが，$\mathbf{b}\neq\mathbf{0}$である非斉次線形方程式系

$$\mathbf{A}\mathbf{x}=\mathbf{b} \tag{2・20}$$

の解集合は部分空間にはなりませんが（練習問題1・5・2），部分空間に似た構造をもちます．線形方程式系（2・20）に解があるとしてその一つを$\mathbf{x}_0$とします．$\mathbf{v}\in\ker\mathbf{A}$とすると

$$\mathbf{A}(\mathbf{x}_0+\mathbf{v})=\mathbf{A}\mathbf{x}_0+\mathbf{A}\mathbf{v}=\mathbf{b}+\mathbf{0}=\mathbf{b}$$

ですから$\mathbf{x}_0+\mathbf{v}$も（2・20）の解となります．

一方，（2・20）の任意の解$\mathbf{x}$に対して

$$\mathbf{A}(\mathbf{x}-\mathbf{x}_0)=\mathbf{A}\mathbf{x}-\mathbf{A}\mathbf{x}_0=\mathbf{b}-\mathbf{b}=\mathbf{0}$$

ですから，$\mathbf{y}=\mathbf{x}-\mathbf{x}_0$とすると$\mathbf{y}=\mathbf{x}-\mathbf{x}_0\in\ker\mathbf{A}$でしかも$\mathbf{x}=\mathbf{x}_0+\mathbf{y}$と書けます．

まとめると（2・20）の解集合は

即問24の答　$\ker(\mathbf{A}-2\mathbf{I}_2)=\ker\begin{bmatrix} 1 & 2 \\ -1 & -2 \end{bmatrix}=\left\langle\begin{bmatrix} 2 \\ -1 \end{bmatrix}\right\rangle$

$$\{\mathbf{x}_0 + \mathbf{y} \mid \mathbf{y} \in \ker \mathbf{A}\}$$

と表せます．この集合は $\mathbb{F}^n$ の部分空間ではありませんが，部分空間 ker **A** をベクトル $\mathbf{x}_0$ によって平行移動した集合です．このような集合は**アフィン部分空間**[8]とよばれます[9]．

■**例**　1・3 節で

$$\begin{bmatrix} 1 & \frac{1}{4} & 0 & \frac{1}{2} \\ 2 & \frac{1}{4} & 0 & 0 \\ 1 & 0 & 8 & 1 \end{bmatrix} \begin{bmatrix} x \\ y \\ z \\ w \end{bmatrix} = \begin{bmatrix} 20 \\ 36 \\ 176 \end{bmatrix}$$

の解は

$$\begin{bmatrix} 16 \\ 16 \\ 20 \\ 0 \end{bmatrix} + w \begin{bmatrix} \frac{1}{2} \\ -4 \\ -\frac{3}{16} \\ 1 \end{bmatrix}$$

と書けることをみました．ここで $\mathbf{x}_0 = \begin{bmatrix} 16 \\ 16 \\ 20 \\ 0 \end{bmatrix}$ が特殊解で，

$$\ker \begin{bmatrix} 1 & \frac{1}{4} & 0 & \frac{1}{2} \\ 2 & \frac{1}{4} & 0 & 0 \\ 1 & 0 & 8 & 1 \end{bmatrix} = \left\langle \begin{bmatrix} \frac{1}{2} \\ -4 \\ -\frac{3}{16} \\ 1 \end{bmatrix} \right\rangle$$

となっています．■

以上の議論は一般の線形写像にも成り立ちます．

命題 2・42　$T \in \mathcal{L}(V, W)$ に対して $Tv_0 = w$ とすると，

$$\{v \in V \mid Tv = w\} = \{v_0 + y \mid y \in \ker T\}$$

が成り立つ．

■**証明**　練習問題 2・5・22 にまわします．■

常微分方程式や微積分を基礎にした古典力学の講義ですでにこのような構造に出会っているかもしれません．2 次の**線形常微分方程式**[10]は

8）affine subspace
9）部分空間という名が与えられていますが，厳密な意味での部分空間ではありません．
10）linear differential equation

$$a(t)\frac{d^2f}{dt^2}(t)+b(t)\frac{df}{dt}(t)+c(t)f(t)=g(t) \qquad (2\cdot 21)$$

の形の方程式です．ここで，$a(t), b(t), c(t), g(t)$ はいずれも変数 $t\in\mathbb{R}$ の所与の関数で，$f(t)$ は未知の関数です．関数空間 V と W を適切に選べば，写像 T: $V\to W$ を

$$(Tf)(t)=a(t)\frac{d^2f}{dt^2}(t)+b(t)\frac{df}{dt}(t)+c(t)f(t)$$

と定義できます（$Tf\in W$ 自身が t の関数であることに注意してください）．この写像 T は線形写像です．実際 T は 2・2 節の例と同種の線形写像からできています．

常微分方程式（2・21）はこの T を使えば簡潔に

$$Tf=g$$

と書けてしまいます．すると命題 2・42 によって常微分方程式（2・21）の任意の解 $f\in V$ は，特殊解 $f_p\in V$ と $f_h\in\ker T$ によって

$$f(t)=f_p(t)+f_h(t)$$

と表すことができます．ここで $f_h\in\ker T$ とはつまり f_h が斉次微分方程式

$$a(t)\frac{d^2f_h}{dt^2}(t)+b(t)\frac{df_h}{dt}(t)+c(t)f_h(t)=0$$

を満たしていることです．

（2・21）で特に $a(t), b(t), c(t)$ がどれも正の定数である微分方程式は物理学で**強制減衰調和振動子**[11)] のモデル化に用いられます．関数 $f(t)$ はバネの自然長位置（釣り合いの場所）からの重りの変位を表し，定数 $a(t)=a$ は重りの質量，$b(t)=b$ は接地面からの摩擦に関係した係数，$c(t)=c$ はバネ定数です．関数 $g(t)$ は時間経過に伴って重りにかかる外力です．

まとめ

- T の像空間は $\{Tv \mid v\in V\}\subseteq W$.
- T の表現行列が $\mathbf{A}$ なら T の像空間は $\mathbf{A}$ の列空間.
- T の核空間は部分空間 $\{v\in V \mid Tv=0\}\subseteq V$.
- 線形写像が単射である必要十分条件は $\ker T=\{0\}$.
- T の λ-固有空間は固有値 λ に対応する固有ベクトルすべてと零ベクトルからなる.

11）forced damped harmonic oscillator

練習問題

2・5・1 以下の行列の核空間をいくつかのベクトルのスパンとして表しなさい.

(a) $\begin{bmatrix} 1 & 2 & 3 \\ 4 & 5 & 6 \end{bmatrix}$ (b) $\begin{bmatrix} 2 & -1 & 3 \\ 1 & 2 & 0 \\ 1 & -3 & 3 \end{bmatrix}$ (c) $\begin{bmatrix} -1 & 0 & 2 & 1 \\ 2 & 1 & -1 & 0 \\ 1 & 1 & 1 & 1 \\ 0 & 1 & 3 & 2 \end{bmatrix}$

(d) $\mathbb{R}$ 上の $\begin{bmatrix} 1 & 1 & 0 \\ 1 & 0 & 1 \\ 0 & 1 & 1 \end{bmatrix}$ (e) $\mathbb{F}_2$ 上の $\begin{bmatrix} 1 & 1 & 0 \\ 1 & 0 & 1 \\ 0 & 1 & 1 \end{bmatrix}$

2・5・2 以下の行列の核空間をいくつかのベクトルのスパンとして表しなさい.

(a) $\begin{bmatrix} 1 & -2 \\ 4 & -8 \end{bmatrix}$ (b) $\begin{bmatrix} -2 & 0 & 1 \\ 3 & 2 & -4 \end{bmatrix}$ (c) $\begin{bmatrix} 3 & 1 & 4 \\ 1 & 5 & 9 \\ -2 & 4 & 5 \end{bmatrix}$

(d) $\begin{bmatrix} 2 & 0 & -1 & 3 \\ -1 & 2 & 3 & -2 \\ 0 & 4 & 5 & -1 \end{bmatrix}$ (e) $\begin{bmatrix} 2 & -1 & 1 & -3 \\ -3 & 1 & -2 & 2 \\ 0 & 2 & 2 & 2 \\ -1 & 0 & -1 & 1 \end{bmatrix}$

2・5・3 以下のベクトルの組が $\mathbb{F}^n$ を張るかどうかを答えなさい.

(a) $\left(\begin{bmatrix} 1 \\ 2 \end{bmatrix}, \begin{bmatrix} -3 \\ 4 \end{bmatrix}\right)$ (b) $\left(\begin{bmatrix} -2 \\ 1 \end{bmatrix}, \begin{bmatrix} 1 \\ 1 \end{bmatrix}, \begin{bmatrix} 3 \\ -1 \end{bmatrix}\right)$ (c) $\left(\begin{bmatrix} 1 \\ 0 \\ 2 \end{bmatrix}, \begin{bmatrix} 3 \\ -1 \\ 1 \end{bmatrix}\right)$

(d) $\left(\begin{bmatrix} 1 \\ 0 \\ 2 \end{bmatrix}, \begin{bmatrix} 3 \\ -1 \\ 1 \end{bmatrix}, \begin{bmatrix} 2 \\ -1 \\ -1 \end{bmatrix}\right)$ (e) $\left(\begin{bmatrix} 1 \\ 0 \\ 2 \end{bmatrix}, \begin{bmatrix} 3 \\ -1 \\ 1 \end{bmatrix}, \begin{bmatrix} 0 \\ 1 \\ -1 \end{bmatrix}\right)$

2・5・4 以下のベクトルの組が $\mathbb{F}^n$ を張るかどうかを答えなさい.

(a) $\left(\begin{bmatrix} 1 \\ -1 \end{bmatrix}, \begin{bmatrix} -1 \\ 1 \end{bmatrix}\right)$ (b) $\left(\begin{bmatrix} 1 \\ -1 \end{bmatrix}, \begin{bmatrix} -1 \\ 1 \end{bmatrix}, \begin{bmatrix} 2 \\ -1 \end{bmatrix}\right)$

(c) $\left(\begin{bmatrix} 1 \\ 0 \\ 2 \end{bmatrix}, \begin{bmatrix} 3 \\ -1 \\ 1 \end{bmatrix}, \begin{bmatrix} 2 \\ -1 \\ -1 \end{bmatrix}, \begin{bmatrix} 0 \\ 1 \\ -1 \end{bmatrix}\right)$ (d) $\left(\begin{bmatrix} 1 \\ 1 \\ 0 \end{bmatrix}, \begin{bmatrix} 1 \\ 0 \\ 1 \end{bmatrix}, \begin{bmatrix} 0 \\ 1 \\ 1 \end{bmatrix}\right)$, ただし $\mathbb{F} = \mathbb{R}$

(e) $\left(\begin{bmatrix} 1 \\ 1 \\ 0 \end{bmatrix}, \begin{bmatrix} 1 \\ 0 \\ 1 \end{bmatrix}, \begin{bmatrix} 0 \\ 1 \\ 1 \end{bmatrix}\right)$, ただし $\mathbb{F} = \mathbb{F}_2$

2・5・5 以下の行列 $\mathbf{A}$ と λ について, λ が固有値であるかどうかを判定し, そうである場合には対応する固有空間をいくつかのベクトルのスパンで表しなさい.

(a) $\mathrm{A}=\begin{bmatrix}2 & 2\\ 2 & -1\end{bmatrix}, \lambda=3$　(b) $\mathrm{A}=\begin{bmatrix}2 & 2\\ 2 & -1\end{bmatrix}, \lambda=-1$

(c) $\mathrm{A}=\begin{bmatrix}-1 & 1 & -1\\ 1 & 0 & -2\\ 0 & 1 & -3\end{bmatrix}, \lambda=-2$　(d) $\mathrm{A}=\begin{bmatrix}7 & -2 & 4\\ 0 & 1 & 0\\ -6 & 2 & -3\end{bmatrix}, \lambda=1$

(e) $\mathrm{A}=\begin{bmatrix}-2 & 0 & 1 & 0\\ 0 & -2 & 0 & 1\\ 1 & 0 & -2 & 0\\ 0 & 1 & 0 & -2\end{bmatrix}, \lambda=-3$

2・5・6 以下の行列 $\mathbf{A}$ と λ について, λ が固有値であるかどうかを判定し, そうである場合には対応する固有空間をいくつかのベクトルのスパンで表しなさい.

(a) $\mathrm{A}=\begin{bmatrix}1 & 2\\ 3 & 4\end{bmatrix}, \lambda=1$　(b) $\mathrm{A}=\begin{bmatrix}-1 & 1 & -1\\ 1 & 0 & -2\\ 0 & 1 & -3\end{bmatrix}, \lambda=0$

(c) $\mathrm{A}=\begin{bmatrix}-1 & 1 & -1\\ 1 & 0 & -2\\ 0 & 1 & -3\end{bmatrix}, \lambda=1$　(d) $\mathrm{A}=\begin{bmatrix}7 & -2 & 4\\ 0 & 1 & 0\\ -6 & 2 & -3\end{bmatrix}, \lambda=3$

(e) $\mathrm{A}=\begin{bmatrix}1 & 4 & 4 & 0\\ 1 & 0 & 2 & 1\\ -2 & -3 & -5 & -1\\ 1 & 1 & 2 & 0\end{bmatrix}, \lambda=-1$

2・5・7 以下の線形方程式系の解をすべて求めなさい.

(a)
$$\begin{aligned} x+3y-z&=2\\ 2x+2y+z&=-3 \end{aligned}$$

(b)
$$\begin{aligned} 2x-3y&=-1\\ -x+2y+z&=1\\ y+2z&=1 \end{aligned}$$

(c)
$$\begin{aligned} x-4y-2z-w&=0\\ -x+2y-w&=2\\ y+z+w&=1 \end{aligned}$$

(d)
$$\begin{aligned} x+y-z&=2\\ y+z&=1\\ x-2z&=1\\ x+3y+z&=4 \end{aligned}$$

(e)
$$\begin{bmatrix}1 & 0 & 0 & -1\\ 0 & 2 & 1 & 0\\ 2 & 1 & 0 & -1\\ 1 & 1 & 1 & -2\end{bmatrix}\begin{bmatrix}x\\ y\\ z\\ w\end{bmatrix}=\begin{bmatrix}1\\ 1\\ 3\\ 1\end{bmatrix}$$

2・5・8 以下の線形方程式系の解をすべて求めなさい.

(a)
$$\begin{aligned} x-2y&=-3\\ -2x+4y&=6 \end{aligned}$$

(b)
$$\begin{aligned} 2x-y+z&=-1\\ x+z&=0\\ 3x+y+4z&=1 \end{aligned}$$

(c)
$$\begin{aligned} x+2y-3z&=0\\ 2x+y-z+w&=4\\ -x+y-2z-w&=-3\\ 3y-5z-2w&=-5 \end{aligned}$$

(d)
$$\begin{bmatrix} 2 & 0 & 1 & 0\\ 1 & -1 & 0 & 3\\ 0 & 2 & 0 & -1 \end{bmatrix}\begin{bmatrix} x\\ y\\ z\\ w \end{bmatrix}=\begin{bmatrix} -2\\ 0\\ 3 \end{bmatrix}$$

(e)
$$\begin{aligned} 2x+2y+z&=5\\ x-y&=-3\\ 4y+z&=11\\ 3x+y+z&=2 \end{aligned}$$

2・5・9 斉次線形微分方程式

$$\frac{d^2f}{dt^2}(t)+f(t)=0$$

のどの解も $f_1(t)=\sin t$ と $f_2(t)=\cos t$ の線形結合であることが知られています.

(a) $f_p(t)=2e^{-t}$ が微分方程式

$$\frac{d^2f}{dt^2}(t)+f(t)=4e^{-t} \tag{2・22}$$

の解であることを示しなさい.

(b) (2・22)のすべての解が定数 $k_1, k_2 \in \mathbb{R}$ によって

$$f(t)=2e^{-t}+k_1\sin t+k_2\cos t$$

と表せることを命題 2・42 を用いて示しなさい.

(c) 初期条件 $f(0)=1$ を満たす (2・22) の解を求めなさい.

(d) 任意に与えられた $a, b \in \mathbb{R}$ に対して $f(0)=a$ と $f(\pi/2)=b$ を満たす (2・22) の解が一意に存在することを示しなさい.

2・5・10 $T: V \to W$ を線形写像とし U を V の部分空間とする. このとき TU が W の部分空間となることを示しなさい.

2・5・11 (a) $S, T \in \mathcal{L}(V, W)$ について

$$\operatorname{range}(S+T) \subseteq \operatorname{range} S + \operatorname{range} T$$

となることを示しなさい. ここで部分空間の和は練習問題 1・5・11 に定義したものとします.

(b) $\mathbf{A}, \mathbf{B} \in \mathbf{M}_{m,n}(\mathbb{F})$ について以下を示しなさい.

$$C(\mathbf{A}+\mathbf{B}) \subseteq C(\mathbf{A})+C(\mathbf{B})$$

2・5・12　$C^{\infty}(\mathbb{R})$ 上の微分作用素 D の核空間を与えなさい．

2・5・13　$\mathbf{A}\in\mathbf{M}_{m,n}(\mathbb{F})$ と $\mathbf{B}\in\mathbf{M}_{n,p}(\mathbb{F})$ に対して，$\mathbf{AB}=\mathbf{0}$ の必要十分条件は $C(\mathbf{B})\subseteq\ker\mathbf{A}$ であることを示しなさい．

2・5・14　$T\in\mathcal{L}(V)$ が単射であることと T が 0 の固有値をもたないことが同値であることを示しなさい．

2・5・15　$\lambda\in\mathbb{F}$ が $T\in\mathcal{L}(V)$ の固有値であるなら，$k\in\mathbb{N}$ に対して λ^k は T^k の固有値であり，しかも $\mathrm{Eig}_{\lambda}(T)\subseteq\mathrm{Eig}_{\lambda^k}(T^k)$ であることを示しなさい．

2・5・16　線形変換 $T:V\to V$ で固有値 λ をもち $\mathrm{Eig}_{\lambda}(T)\neq\mathrm{Eig}_{\lambda^2}(T^2)$ となる例を与えなさい．

2・5・17　線形変換 $T\in\mathcal{L}(V)$ のすべての固有ベクトルと零ベクトルを合わせた全体は部分空間となるかどうかを考えます．これに対して証明を与えるか反例を示すかしなさい．

2・5・18　線形写像 $T:V\to W$ と W の部分空間 U について

$$X=\{v\in V\mid Tv\in U\}$$

が V の部分空間であることを示しなさい．

2・5・19　系 2・12 を用いて系 2・32 の別証明を与えなさい．

2・5・20　系 2・35 を証明しなさい．

2・5・21　系 2・40 を固有空間の定義から直接証明しなさい．

2・5・22　命題 2・42 を証明しなさい．

2・6　誤り訂正線形符号

線形符号

この節では部分空間，行列，列空間，核空間などのこれまでにつくり上げた道具が，線形方程式系や幾何学とは一見無関係に思える場面にどのように応用されるかをみていこうと思います．これらの道具が体 $\mathbb{F}_2$ 上でも有用であることを示す重要な例になっています．

すでに触れたように二つの要素 0 と 1 だけからなる体 $\mathbb{F}_2$ はコンピューターサイエンスでは自然な数学的道具です．コンピューターの内部ではあらゆるものが**ビット**[1] とよばれる 0 と 1 の列で表現されているのがその理由です．k ビットのデータはすなわち $\mathbb{F}_2^k$ のベクトルです．

1）bit

ここでの興味の対象はデータを異なるビット数をもつ別のデータに変換する方法ですが，その方法について議論するために定義を与えます．

> **定 義　2 進符号**[2] とは何らかの自然数 n に対する $\mathbb{F}_2^n$ の部分集合 $\mathcal{C} \subseteq \mathbb{F}_2^n$ のことと定義する．**符号化関数**[3] とは全単射写像
> $$f : \mathbb{F}_2^k \to \mathcal{C}$$
> と定義する．

2 進符号 $\mathcal{C}$ は，$\mathbb{F}_2^k$ にあった元データの代わりに使われる符号の集合で，どの符号が元データを表現するかを決めるのが符号化関数 f です．この**符号**[4] という言葉が暗号を意味することもあることからわかるように，符号化の目的の一つは暗号化です．もしもデータ

$$\mathbf{x}_1, \ldots, \mathbf{x}_m \in \mathbb{F}_2^k$$

がそのままの形ではなく，符号化関数を使って変換した

$$f(\mathbf{x}_1), \ldots, f(\mathbf{x}_m) \in \mathcal{C}$$

の形で格納されていたとすると，誰かが元のデータを読みたいと思っても符号化関数を知らなければ難しいことになります．

上の定義で符号化関数 f に全射であることを要請しましたが，それは無駄な符号がないことを意味しています．もしも全射でなければ $\mathcal{C}$ をより小さい集合 $f(\mathbb{F}_2^k)$ に置き換えればいいので，これは本質的な要請ではありません．一方，単射であることは重要です．

即問 25　なぜ単射性が重要なのですか．

この節での興味の対象はデータの暗号化ではなく，誤りを検出したり訂正したりするための符号化です．実際にデータを扱っていると（数学の教科書とは違って）通信や格納の段階でエラーが発生することがあります．次に説明する**ハミング符号**[5] を開発したハミング[6] の時代，1950 年代のコンピューターはパンチカードの穴の位置からデータを読み出していましたが，彼はそれに起因するエラーに関心をもちました．現代の**ランダム・アクセス・メモリ**[7] のチップはとても微細ですから，

2）binary code　3）encoding function　4）code

即問 25 の答　$f(\mathbf{x}) = f(\mathbf{y})$ だとしたら変換前のデータが $\mathbf{x}$ だったか $\mathbf{y}$ だったか答えることができません．

5）Hamming code　6）Richard Hamming　7）RAM

宇宙線によってデータが壊されることもあります．このようにいつの時代でもエラーは起こりますのでエラーを発見できればそれに越したことありません．誤り検出符号とはエラーが起こっていることを教えてくれる符号であり，誤り訂正符号はさらに進んでエラーを特定して自動的に修正してくれる符号のことです．

線形代数がどのように関係してくるかをまずみておこうと思います．当然予想できるように前掲の定義に線形性を追加します．

> **定 義　2進線形符号**[8] とは $\mathbb{F}_2^n$ の部分空間 $\mathcal{C} \subseteq \mathbb{F}_2^n$ のことと定義する．また，**線形符号化関数**[9] とは全単射線形写像 $T : \mathbb{F}_2^k \to \mathcal{C}$ と定義する．

$\mathcal{C}$ が部分空間ですから，上の定義は，T はその像空間 range T が $\mathcal{C}$ に一致する $\mathbb{F}_2^k$ から $\mathbb{F}_2^n$ への単射線形写像であると言い直せます．

すでに T は行列 $\mathbf{A} \in \mathbf{M}_{n,k}(\mathbb{F}_2)$ によって表現できることを知っていますが，この表現行列を**符号化行列**[10] といいます．T が単射であることから $\ker \mathbf{A} = \{\mathbf{0}\}$ が得られ，また

$$C(\mathrm{A}) = \mathrm{range}\, T = \mathcal{C}$$

も成り立ちます．この $\mathbf{A}$ によって元データ $\mathbf{x} \in \mathbb{F}_2^k$ は $\mathbf{y} = \mathbf{Ax} \in \mathbb{F}_2^n$ に符号化されることになります．

さて花子が手持ちのデータ $\mathbf{x} \in \mathbb{F}_2^k$ を $\mathbf{y} = \mathbf{Ax}$ と符号化して友人の太郎に送ったとします．すべてが順調にいけば太郎は $\mathbf{y}$ を受取り，しかも花子の使った符号化行列 $\mathbf{A}$ を知っていれば元データを復元することができます．しかし，何らかのエラーが入り込むと太郎は $\mathbf{y}$ とは異なったベクトル $\mathbf{z} \in \mathbb{F}_2^n$ を受取ってしまいます．そうした場合でも太郎がベクトル $\mathbf{z}$ をみただけでそれが間違ったベクトルであると言える何らかの方法をもっていることが望まれます．そうすれば間違った物を復号化してしまうことなく，二人はこの状況にうまく対処できます．

誤り検出符号

何か問題があったに違いないと太郎が言えるための方法として，$\mathbf{z} \notin C(\mathbf{A})$ を確かめることがあります．$\mathbf{y} = \mathbf{Ax} \in C(\mathbf{A})$ ですから，この場合には $\mathbf{z} \neq \mathbf{y}$ がわかります[11]．

---

8) binary linear code　9) linear encoding function　10) encoding matrix
11) 訳注：もちろん $\mathbf{z} \neq \mathbf{y}$ であっても $\mathbf{z} \notin C(\mathbf{A})$ となるとは限りません．

定　義　$\mathbf{A}\in\mathbf{M}_{n,k}(\mathbb{F}_2)$ を線形符号化の符号化行列とする．$\mathbf{y}\in C(\mathbf{A})$ なら，そのちょうど1要素が変更されたベクトル $\mathbf{z}\in\mathbb{F}_2^n$ が常に $\mathbf{z}\notin C(\mathbf{A})$ となるとき，この線形符号を**誤り検出符号**[12] という．

花子と太郎が誤り検出符号を使っている場面を考えます．花子が送った $\mathbf{y}$ に何らかの理由でエラーが紛れ込み，その結果太郎にはちょうど1ビットだけ $\mathbf{y}$ と異なる $\mathbf{z}$ が届いたとしますと，彼は $\mathbf{z}\in C(\mathbf{A})$ であるかを確かめることによってエラーが起こったかどうかを知ることができます．もしも $\mathbf{z}\in C(\mathbf{A})$ なら太郎はエラーはなく $\mathbf{z}=\mathbf{y}$ であったか，あるいは複数箇所でエラーがあったかのどちらかであると言えます．（ただし複数箇所でエラーが起こることは稀であり無視できると仮定します．）一方 $\mathbf{z}\notin C(\mathbf{A})$ なら確実に何か問題が起こっていたのですから太郎は花子にデータの再送を頼むことになるでしょう．

したがって太郎には受取ったベクトル $\mathbf{z}$ が $C(\mathbf{A})$ の要素であるかを確かめる手段が必要となります．

定　義　符号化行列 $\mathbf{A}$ による線形符号化の**パリティ検査行列**[13] を $\ker\mathbf{B}=C(\mathbf{A})$ となる行列 $\mathbf{B}\in\mathbf{M}_{m,n}(\mathbb{F}_2)$ と定義する．

太郎が花子の符号化行列のパリティ検査行列 $\mathbf{B}$ を知っていれば，彼は $\mathbf{z}\in\mathbb{F}_2^n$ を受取って $\mathbf{Bz}$ を計算して，$\mathbf{Bz}\neq\mathbf{0}$ なら $\mathbf{z}\notin\ker\mathbf{B}=C(\mathbf{A})$ ですから何らかのエラーがあったと確信できます．行列 $\mathbf{B}$ に零列がなければ，行列 $\mathbf{A}$ は誤り検出符号の符号化行列となることを次の命題に示します．

命題2・43　線形符号化のパリティ検査行列に零列がなければ，その線形符号は誤り検出符号である．

■**証明**　符号化行列を $\mathbf{A}$，パリティ検査行列を $\mathbf{B}$ とします．$\mathbf{y}$ と $\mathbf{z}$ が1要素だけで異なるとすると，ある i で $z_i=y_i+1$（$\mathbb{F}_2$ 上の演算であることに注意），その他の j で $z_j=y_j$ となっています．つまり $\mathbf{z}=\mathbf{y}+\mathbf{e}_i$ ですから $\mathbf{y}\in C(\mathbf{A})=\ker\mathbf{B}$ なら

$$\mathbf{Bz}=\mathbf{B}(\mathbf{y}+\mathbf{e}_i)=\mathbf{By}+\mathbf{Be}_i=\mathbf{b}_i$$

で，しかも $\mathbf{b}_i\neq\mathbf{0}$ ですから，$\mathbf{z}\notin\ker\mathbf{B}=C(\mathbf{A})$ が結論できます．■

12）error-detecting code　　13）parity check matrix

最も簡単な誤り検出符号としてパリティ検査行列の名前のもととなった**パリティビット符号**[14]とよばれるものがあります．まずは行列を使わないで説明し，その後にこれまでの枠組みとの対応を示します．

パリティを検査するために元データ $\mathbf{x}$ に加えて，$\mathbf{x}$ の 1 の個数が偶数か奇数かを示す 1 ビットを追加して符号 $\mathbf{y}$ をつくります．つまり $n=k+1$ で，

$$\begin{aligned} y_i &= x_i \qquad (i=1,\ldots,k) \\ y_{k+1} &= x_1+\cdots+x_k \end{aligned} \tag{2・23}$$

です．ただし演算は $\mathbb{F}_2$ 上で行いますので，偶数個の 1 の和は 0，奇数個の和は 1 です．太郎は $\mathbf{z}\in\mathbb{F}_2^{k+1}$ を受取ったなら，z_{k+1} が $z_1,\ldots,z_k$ に含まれる 1 の個数を正しく反映しているかを検査します．つまり，$\mathbb{F}_2$ 上の演算で

$$z_{k+1}=z_1+\cdots+z_k \tag{2・24}$$

かどうかを確かめます．もしもこの式が成り立っていなければ何らかのエラーがあったことがわかります．

ただしこれまで重要なこと無視しています．

即問 26 通信途中で 2 箇所にエラーが発生するとどうなりますか．さらにより多くのエラーがある場合は？

では行列の言葉を使ってここまでの議論を振り返ってみます．符号化行列 $\mathbf{A}$ の列 $\mathbf{Ae}_i$ は（2・23）から

$$\mathbf{Ae}_i=\mathbf{e}_i+\mathbf{e}_{k+1}$$

です．ここで両辺に書かれた $\mathbf{e}_i$ は左辺では $\mathbb{F}_2^k$ の数ベクトル，右辺では $\mathbb{F}_2^{k+1}$ の数ベクトルであることに注意してください．よって行列は

$$\mathrm{A}=\begin{bmatrix} 1 & 0 & \cdots & 0 \\ 0 & 1 & & \vdots \\ \vdots & & \ddots & \vdots \\ 0 & \cdots & \cdots & 1 \\ 1 & 1 & \cdots & 1 \end{bmatrix}$$

---

14) parity bit code

即問 26 の答 ちょうど 2 箇所にエラーがある場合には太郎は何も判断できません．この状況は，エラーが二つともデータビットにある場合も，一つがデータビットでもう一つがパリティビットにある場合も同じです．一般に奇数個のエラーがある場合は検出できますが，偶数個ある場合には検出できません．

となります．$\mathbb{F}_2$ 上では加算と減算は同じですから，(2･24) は両辺から z_{k+1} を引いて

$$z_1 + \cdots + z_k + z_{k+1} = 0$$

と書き直せます．よってパリティ検査行列の核空間は全要素の合計が 0 である $\mathbf{z} \in \mathbb{F}_2^{k+1}$ によって構成されます．行列 $\mathbf{B}$ を

$$\mathbf{B} = \begin{bmatrix} 1 & \cdots & 1 \end{bmatrix} \in \mathrm{M}_{1,k+1}(\mathbb{F}_2)$$

とすれば

$$\mathbf{Bz} = [z_1 + \cdots + z_k + z_{k+1}]$$

ですから，この $\mathbf{B}$ がパリティ検査行列となります．

誤り訂正符号

通信過程で何が起こっているか知らなくてもエラーを見つけることができるのはとても役に立ちます．さらにもう少しの工夫でより巧妙な方法を手に入れることができます．

定 義 $\mathbf{A} \in \mathbf{M}_{n,k}(\mathbb{F}_2)$ を誤り検出符号の符号化行列とする．$\mathbf{z} \in \mathbb{F}_2^n$ と一つの要素だけが異なる $C(\mathbf{A})$ のベクトル $\mathbf{y}$ が存在する場合，その $\mathbf{y}$ が一意であるとき，この符号は**誤り訂正符号**[15] とよばれる．

即問 27 パリティビット符号は誤り訂正符号でないことを示しなさい．
ヒント：$k=2$ の場合で確かめればよろしい．

パリティビット符号を使っていれば太郎は通信途中でエラーがあり，受取った $\mathbf{z}$ が花子の送った $\mathbf{y}$ とは違うものであることを知ることができますが，それ以上のことを知ることはできません．一方，誤り訂正符号を使っていれば，受取った $\mathbf{z}$ に対応する正しい $\mathbf{y}$ は一つですから，太郎は花子にデータの再送を依頼することな

15) error-correcting code

即問 27 の答 ベクトル $\mathbf{z} = \begin{bmatrix} 1 \\ 1 \\ 1 \end{bmatrix}$ はパリティ条件を満たす以下のどのベクトルとも 1 要素だけ異なっています．

$$\begin{bmatrix} 1 \\ 0 \\ 1 \end{bmatrix}, \begin{bmatrix} 0 \\ 1 \\ 1 \end{bmatrix}, \begin{bmatrix} 1 \\ 1 \\ 0 \end{bmatrix}$$

く自分で $\mathbf{y}$ を再現できます.（議論を簡単にするためにエラーはたかだか 1 箇所しか起こらないものとしています.）

最も簡単な誤り訂正符号は **3 重反復符号**[16] です. この符号化では各ビットを 3 回ずつ繰返します. その $\mathbf{z} \in \mathbb{F}_2^3$ の三つの要素に異なる値が含まれていればエラーが起こったことを知ることができます. $\mathbf{z}$ の二つの要素は等しく, しかもエラーはたかだか 1 箇所しか起こらないとの前提から, 花子の送ったものは等しい二つの要素と同じ値三つからなる数ベクトルであることになります. こうして太郎は本来のデータ $\mathbf{x} \in \mathbb{F}_2$ を知ることができます.

行列を使うと 3 重反復符号の符号化行列は

$$\mathrm{A} = \begin{bmatrix} 1 \\ 1 \\ 1 \end{bmatrix}$$

となり, その列空間は

$$\mathrm{C(A)} = \left\{ \mathbf{y} \in \mathbb{F}_2^3 \mid y_1 = y_2 = y_3 \right\}$$

となります. $\mathbb{F}_2$ では加法と減法は同じであったことに注意すると, パリティ検査行列 $\mathbf{B}$ の核空間は

$$\begin{aligned} \ker \mathrm{B} &= \left\{ \mathbf{y} \in \mathbb{F}_2^3 \mid y_1 = y_2 = y_3 \right\} \\ &= \left\{ \mathbf{y} \in \mathbb{F}_2^3 \mid y_1 = y_3 \text{ かつ } y_2 = y_3 \right\} \\ &= \left\{ \mathbf{y} \in \mathbb{F}_2^3 \mid y_1 + y_3 = 0 \text{ かつ } y_2 + y_3 = 0 \right\} \end{aligned}$$

とならなければなりません. 上式の最後の方程式系は既約行階段形になっていますから $\mathbf{B}$ は

$$\mathrm{B} = \begin{bmatrix} 1 & 0 & 1 \\ 0 & 1 & 1 \end{bmatrix} \tag{2・25}$$

となることがすぐにわかります.

誤り訂正符号の働きを行列を使って説明します. 花子が送った $\mathbf{y} \in \mathbb{F}_2^n$ の i ビット目にエラーが発生したとします. そうすると太郎は $\mathbf{z} = \mathbf{y} + \mathbf{e}_i$ を受取り, パリティ検査行列 $\mathbf{B} \in \mathbf{M}_{m,n}(\mathbb{F}_2)$ を使って

$$\mathrm{B}\mathbf{z} = \mathrm{B}(\mathbf{y} + \mathbf{e}_i) = \mathrm{B}\mathbf{y} + \mathrm{B}\mathbf{e}_i = \mathbf{b}_i$$

であることに気づきます. ここで $\mathbf{y} = \mathbf{A}\mathbf{x} \in \ker \mathbf{B}$ であったことに注意してくださ

16) triple repetition code

い．この計算からどのビットにエラーがあったかを見つけてそれを訂正できれば，符号が誤り訂正符号であることになります．そのためには**B**の列ベクトルが零でなく，互いに異なっていればよいことがわかります．

命題2・44 線形符号は，相異なる非零の列ベクトルからなるパリティ検査行列をもつならば誤り訂正符号である．

特に3重反復符号は誤り訂正符号であることが（2・25）の列ベクトルが非零で相異なることからわかります．

ハミング符号

3重反復符号は誤り訂正符号の一つの実例になっていますが，元データの3倍の情報を送る必要があるという欠点を併せもっています．これはパンチカードをコンピューターに読ませてデータを入力していた1950年頃のハミングにとって頭の痛い問題でした．現代のコンピューターシステムではますます多くのデータが蓄えられて送信されており，エラーが1箇所にとどまらない可能性が増えています（今議論している符号化では1箇所のエラーしか訂正できないことを思い出してください）．ハミングはより効率のよい誤り訂正符号を求め，そして今では**ハミング符号**[5)]とよばれている符号を見つけました．

まず（2・25）に示された3重反復符号のパリティ検査行列**B**の列は単に相異なっているだけではないことに注目します．実際**B**の列には$\mathbb{F}_2^2$の非零ベクトルすべてが並んでいます．ハミング符号をつくるには符号化行列から始めるのではなく，$\mathbb{F}_2^3$の相異なる非零ベクトルすべてを列にもつパリティ検査行列

$$\mathbf{B} = \begin{bmatrix} 1 & 1 & 1 & 0 & 1 & 0 & 0 \\ 1 & 1 & 0 & 1 & 0 & 1 & 0 \\ 1 & 0 & 1 & 1 & 0 & 0 & 1 \end{bmatrix} \in \mathrm{M}_{3,7}(\mathbb{F}_2) \qquad (2\cdot 26)$$

から始めます．

この**B**に対して$\ker \mathbf{B} = C(\mathbf{A})$となる符号化行列$\mathbf{A} \in \mathbf{M}_{k,7}(\mathbb{F}_2)$が必要です．ここで

$$\mathbf{M} = \begin{bmatrix} 1 & 1 & 1 & 0 \\ 1 & 1 & 0 & 1 \\ 1 & 0 & 1 & 1 \end{bmatrix} \in \mathrm{M}_{3,4}(\mathbb{F}_2)$$

とすると

$$\mathbf{B} = \begin{bmatrix} \mathbf{M} & \mathbf{I}_3 \end{bmatrix}$$

と書けることに注意してください．そこで

$$\mathbf{A} = \begin{bmatrix} \mathrm{I}_4 \\ \mathrm{M} \end{bmatrix} = \begin{bmatrix} 1 & 0 & 0 & 0 \\ 0 & 1 & 0 & 0 \\ 0 & 0 & 1 & 0 \\ 0 & 0 & 0 & 1 \\ 1 & 1 & 1 & 0 \\ 1 & 1 & 0 & 1 \\ 1 & 0 & 1 & 1 \end{bmatrix} \in \mathrm{M}_{7,4}(\mathbb{F}_2) \qquad (2\cdot 27)$$

とすると，ブロック構造をもった行列の積と演算が $\mathbb{F}_2$ 上で行われていることから

$$\mathbf{BA} = \begin{bmatrix} \mathrm{M} & \mathrm{I}_3 \end{bmatrix} \begin{bmatrix} \mathrm{I}_4 \\ \mathrm{M} \end{bmatrix} = \mathrm{MI}_4 + \mathrm{I}_3\mathrm{M} = \mathrm{M} + \mathrm{M} = \mathbf{0}$$

を得ます．よって $C(\mathbf{A}) \subseteq \ker \mathbf{B}$ がわかります．また $\ker \mathbf{A} = \{\mathbf{0}\}$ となることも必要ですが，これは $\mathbf{Ax}$ の最初の 4 要素が $\mathbf{x}$ そのものだということから直ちにわかります．

実は上で定義した $\mathbf{A}$ と $\mathbf{B}$ について $C(\mathbf{A}) = \ker \mathbf{B}$ が成り立ちますが（練習問題 2・6・6），これまでに確認した事実だけで十分です．

花子がデータ $\mathbf{x} \in \mathbb{F}_2^4$ をもっていて $\mathbf{y} = \mathbf{Ax} \in \mathbb{F}_2^7$ を送信し，i ビット目にエラーが発生したとすると，太郎は

$$\mathbf{Bz} = \mathbf{B}(\mathbf{y} + \mathbf{e}_i) = \mathbf{By} + \mathbf{Be}_i = \mathbf{b}_i$$

を計算して，エラーの箇所を知り，花子が送った $\mathbf{y}$ を得ることができます．そして $\mathbf{Ax} = \mathbf{y}$ を解いて元のデータ $\mathbf{x}$ を復元できます．上でも述べたように $\mathbf{Ax}$ の最初の 4 要素は $\mathbf{x}$ そのものでしたから，$\mathbf{x}$ は $\mathbf{y}$ の最初の 4 要素で与えられます．

しかも花子が送るべきビット数は元データの $\frac{7}{4}$ 倍に過ぎないので，ハミング符号は 3 重反復符号よりも効率的なものになっています．

■例　花子はデータ $\mathbf{x} = [0 \quad 1 \quad 1 \quad 0]^{\mathrm{T}}$ をハミング符号を使って

$$\mathbf{y} = \mathbf{Ax} = \begin{bmatrix} 0 & 1 & 1 & 0 & 0 & 1 & 1 \end{bmatrix}^{\mathrm{T}}$$

と符号化して太郎に送ったのですが，太郎は

$$\mathbf{z} = \begin{bmatrix} 0 & 1 & 0 & 0 & 0 & 1 & 1 \end{bmatrix}^{\mathrm{T}}$$

を受取ったとします．そこで彼は

$$\mathbf{Bz} = \begin{bmatrix} 1 \\ 0 \\ 1 \end{bmatrix} = \mathbf{b}_3$$

を計算し，3 ビット目にエラーがあったと結論します（いつもどおりエラーはたかだか 1 箇所と仮定しています）．よって彼は $\mathbf{y} = \mathbf{z} + \mathbf{e}_3$ を得て，その初めの 4 要素を取出して $\mathbf{x} = [0 \quad 1 \quad 1 \quad 0]^{\mathrm{T}}$ を復元します．■

まとめ

- 2 進線形符号は $\mathbb{F}_2$ 上で 0 と 1 からなるベクトルに行列を掛けて符号化する．
- パリティ検査行列の核空間は符号化行列の列空間に等しい．よって届いたメッセージにエラーが起こっているかを調べられる．エラーを見逃すことはあるが，エラーがないにも関わらずあったと間違って判断することはない．
- 誤り検出符号のパリティ検査行列は 1 ビットのエラーならその有無を常に見つける．
- 誤り訂正符号は 1 ビットのエラーがあることを見つけるのみならず，エラーの場所も教えてくれる．

練習問題

2・6・1　以下のそれぞれの方法で，ベクトル $\begin{bmatrix}1\\0\\1\\1\end{bmatrix} \in \mathbb{F}_2^4$ がどのように符号化されるかを示しなさい．

(a) パリティビット符号

(b) 3 重反復符号

(c) ハミング符号

2・6・2　花子はパリティビット符号を使ってベクトル $\mathbf{x}$ を符号化し，太郎は以下のベクトル $\mathbf{z}$ を受取りました．各ベクトルでのエラーはたかだか 1 箇所であると仮定して，エラーが起こっていたかを判定しなさい．さらに元のベクトル $\mathbf{x}$ の可能性をすべて列挙しなさい．

(a) $\begin{bmatrix}0\\1\\0\end{bmatrix}$　(b) $\begin{bmatrix}1\\1\\0\end{bmatrix}$　(c) $\begin{bmatrix}1\\1\\1\\1\end{bmatrix}$　(d) $\begin{bmatrix}1\\0\\1\\1\end{bmatrix}$

2・6・3　花子はパリティビット符号を使ってベクトル $\mathbf{x}$ を符号化し，太郎は以下のベクトル $\mathbf{z}$ を受取りました．各ベクトルでのエラーはたかだか 1 箇所であると仮定して，エラーが起こっていたかを判定しなさい．さらに元のベクトル $\mathbf{x}$ の可能性をすべて列挙しなさい．

(a) $\begin{bmatrix}1\\0\\1\end{bmatrix}$　(b) $\begin{bmatrix}1\\1\\1\end{bmatrix}$　(c) $\begin{bmatrix}1\\0\\0\\1\end{bmatrix}$　(d) $\begin{bmatrix}1\\1\\1\\0\end{bmatrix}$

2・6・4 花子はハミング符号を使ってベクトル $\mathbf{x}$ を符号化し，太郎は以下のベクトル $\mathbf{z}$ を受取りました．各ベクトルでエラーはたかだか 1 箇所であると仮定して元のベクトル $\mathbf{x}$ を示しなさい．

(a) $\begin{bmatrix}0\\1\\1\\0\\0\\0\\1\end{bmatrix}$ (b) $\begin{bmatrix}0\\1\\0\\0\\0\\0\\1\end{bmatrix}$ (c) $\begin{bmatrix}1\\0\\0\\1\\1\\0\\0\end{bmatrix}$ (d) $\begin{bmatrix}1\\1\\1\\1\\1\\1\\1\end{bmatrix}$ (e) $\begin{bmatrix}1\\0\\1\\0\\1\\0\\1\end{bmatrix}$

2・6・5 花子はハミング符号を使ってベクトル $\mathbf{x}$ を符号化し，太郎は以下のベクトル $\mathbf{z}$ を受取りました．各ベクトルでエラーはたかだか 1 箇所であると仮定して元のベクトル $\mathbf{x}$ を示しなさい．

(a) $\begin{bmatrix}1\\0\\1\\1\\0\\1\\1\end{bmatrix}$ (b) $\begin{bmatrix}1\\0\\1\\1\\1\\1\\0\end{bmatrix}$ (c) $\begin{bmatrix}1\\1\\0\\1\\0\\0\\1\end{bmatrix}$ (d) $\begin{bmatrix}0\\1\\0\\1\\1\\1\\1\end{bmatrix}$ (e) $\begin{bmatrix}1\\0\\0\\0\\0\\1\\0\end{bmatrix}$

2・6・6 (2・27) と (2・26) に与えられた $\mathbf{A}$ と $\mathbf{B}$ について $C(\mathbf{A}) = \ker \mathbf{B}$ を示しなさい．

2・6・7 ハミング符号を使っていて 7 ビットのデータに 2 箇所以上のエラーが起こったと仮定します．このとき $\mathbf{Bz}$ はどのようになりますか．これによってエラーが多く起こる状況下でのハミング符号の有用性についてどのようなことが導けますか．

2・6・8 ハミング符号でエラーの検出と復号をまとめて実行できれば便利です．つまり $\mathbf{z} = \mathbf{y} = \mathbf{Ax}$ の場合でも $i = 1, \dots, 7$ のどれかの i について $\mathbf{z} = \mathbf{y} + \mathbf{e}_i$ の場合でも

$$\mathbf{Cz} = \mathbf{x}$$

となる $\mathbf{C} \in \mathbf{M}_{4,7}(\mathbb{F}_2)$ が望まれます．このような $\mathbf{C}$ は存在しないことを証明しなさい．

ヒント：まず $\mathbf{x} = \mathbf{0}$ なら $\mathbf{C}$ の列 $\mathbf{Ce}_i$ について何が導けるかを考え，次に $\mathbf{x} \neq \mathbf{0}$ の場合を考えなさい．

2・6・9 ベクトル $\mathbf{x} \in \mathbb{F}_2^4$ をハミング符号で $\mathbf{y} = \mathbf{Ax}$ と符号化し，得られたベクトルにさらにたかだか 1 箇所のエラーを追加することによって任意のベクトル $\mathbf{z} \in \mathbb{F}_2^7$ をつくることができることを示しなさい．

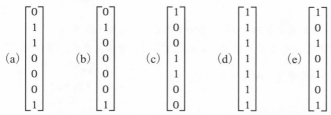

ヒント：列挙するのが最も簡単です．つまり練習問題の手順でつくられるベクトルの総数が $\mathbb{F}_2^7$ のベクトルの総数に等しいことを示しなさい．

2・6・10 ハミング符号を拡張して，$\mathbf{A} \in \mathbf{M}_{15,11}(\mathbb{F}_2)$ なる符号化行列をもつ誤り訂正符号をつくりなさい．

ヒント：パリティ検査行列 $\mathbf{B} \in \mathbf{M}_{4,15}(\mathbb{F}_2)$ をつくることから始めなさい．

2・6・11 ハミング符号にパリティビットを追加することを考えます．(2・27) にあるハミング符号の符号化行列 $\mathbf{A}$ を用いて，$\mathbf{x} \in \mathbb{F}_2^4$ を $\begin{bmatrix} \mathbf{Ax} \\ x_1+x_2+x_3+x_4 \end{bmatrix} \in \mathbb{F}_2^8$ と符号化します．

(a) このハミング符号にパリティビット符号を追加した符号の符号化行列 $\widetilde{\mathbf{A}} \in \mathbf{M}_{4,8}(\mathbb{F}_2)$ を求めなさい．

(b) 対応するパリティ検査行列 $\widetilde{\mathbf{B}} \in \mathrm{M}_{8,4}(\mathbb{F}_2)$ を求めなさい．

■ 2 章末の訳注 ■

2・4 節 脚注 7）定理 2・29 の訳注：

LUP 分解（枢軸選択を伴う **LU** 分解）の手順を定理 1・1 の証明に戻って振り返ります．行列 $\mathbf{A}$ は零行列でないとしておき，$\mathbf{A}_0 = \mathbf{A}$ とおきます．行列 $\mathbf{A}_0$ の最初の非零の列の列番号を j_1 とし（$1, j_1$）要素が非零となるように行の交換を行います．1 行目と交換する行を i_1 とすると，この交換の基本行列は $\mathbf{R}_{i_1,1}$ です．ついで（$1, j_1$）を枢軸として $k > 1$ なる k について（k, j_1）要素が零となるように前進消去を施しますが，この演算は $k > 1$ なる k について基本行列 $\mathbf{P}_{c,k,1}$ を掛けることと表すことができます．もちろん係数 c は k に依存しますが，煩雑になるのでその表記は省略します．その結果得られる行列を $\mathbf{A}_1$ とします．つまり

$$\mathbf{A}_1 = (k > 1 \text{ について } \mathbf{P}_{c,k,1} \text{ の積}) \cdot \mathbf{R}_{i_1,1} \cdot \mathbf{A}_0$$

一般に，$\mathbf{A}_{\ell-1}$ の ℓ 行目以降に注目して，最初の非零列の列番号を j_ℓ とし，（ℓ, j_ℓ）要素が非零となるように行交換の基本行列 $\mathbf{R}_{i_\ell,\ell}$ を掛け，（ℓ, j_ℓ）を枢軸として $k > \ell$ なる k について（k, j_ℓ）要素が零となるように前進消去を施します．この演算は $k > \ell$ なる k について基本行列 $\mathbf{P}_{c,k,\ell}$ を掛けることで表すことができます．この結果が $\mathbf{A}_\ell$ です．つまり，

$$\mathbf{A}_\ell = (k > \ell \text{ について } \mathbf{P}_{c,k,\ell} \text{ の積}) \cdot \mathbf{R}_{i_\ell,\ell} \cdot \mathbf{A}_{\ell-1}$$

です．最後に得られる行列を $\mathbf{A}_K$ とすると $\mathbf{A}_K$ は上三角行列になり，しかも

$$\begin{aligned}\mathbf{A}_K = &(k > K \text{ について } \mathbf{P}_{c,k,K} \text{ の積}) \cdot \mathbf{R}_{i_K,K}\\ &\cdot (k > K-1 \text{ について } \mathbf{P}_{c,k,K-1} \text{ の積}) \cdot \mathbf{R}_{i_{K-1},K-1}\\ &\quad\vdots\\ &\cdot (k > 1 \text{ について } \mathbf{P}_{c,k,1} \text{ の積}) \cdot \mathbf{R}_{i_1,1} \cdot \mathbf{A}\end{aligned}$$

であることがわかります．ここで行の交換に対応する基本行列 $\mathbf{R}_{i_s,s}$ とそのすぐ右にある $\mathbf{P}_{c,k,t}$ に注目します．ここで $t = s-1$ です．上記の手順から $i_s > s > t$ と $k > t$ であることに注意してください．この場合 $i_s \neq k$ と $i_s = k$ の二つの可能性があり，それぞれについて

$$\mathbf{R}_{i_s,s}\mathbf{P}_{c,k,t} = \begin{cases}\mathbf{P}_{c,k,t}\mathbf{R}_{i_s,s} & (i_s \neq k)\\ \mathbf{P}_{c,s,t}\mathbf{R}_{i_s,s} & (i_s = k)\end{cases} \tag{1}$$

が得られます．上式（1）の左辺を右辺で置き換える操作によって基本行列 $\mathbf{R}_{i_s,s}$ を一つ右に移動できます．$i_s = k$ の場合には $\mathbf{P}_{c,k,t}$ が $\mathbf{P}_{c,s,t}$ に変化しますが，$s > t$ が保たれていることに注意しておいてください．さらに $t = s-1$ でなくても $s > t$ なら（1）が成り立ちますから，基本行列 $\mathbf{R}_{i_s,s}$ の移動を繰返してすべてを右端にまとめ，最終的には

$$\mathbf{A}_K = (\mathbf{P}_{c,s,t}\text{たちの積}) \cdot (\mathbf{R}_{i_K,K}\mathbf{R}_{i_{K-1},K-1} \cdots \mathbf{R}_{i_1,1}) \cdot \mathbf{A}$$

とできます．この最後の（$\mathbf{R}_{i_K,K}\mathbf{R}_{i_{K-1},K-1} \cdots \mathbf{R}_{i_1,1}$）は置換行列となりますのでこれを $\mathbf{P}$ と表します．またそれに先立つ $\mathbf{P}_{c,s,t}$ は $s > t$ に注意すれば，下三角行列ですのでその積も下三角になります．この逆行列も下三角ですのでそれを $\mathbf{L}$ で表します．最後に上三角行列 $\mathbf{A}_K$ を $\mathbf{U}$ と表記すれば，上式は

$$\mathbf{LU} = \mathbf{PA}$$

となります．

3 線形独立性，基底，座標

3・1 線形独立性

冗長性

これまで冗長性という概念に何度か出会ってきました．たとえば線形方程式系(1・3)

$$
\begin{aligned}
x+\frac{1}{4}y&=20\\
2x+\frac{1}{4}y&=36\\
x+8z&=176\\
2x+\frac{1}{4}y+z&=56
\end{aligned}
\tag{3・1}
$$

は冗長な方程式系でした．初めの3本の方程式に注目すると，それには唯一の解があり，その解が4本目の方程式を自動的に満たしていました．x, y, z が初めの3本の方程式を満たしていたなら，

$$
\begin{aligned}
2x+\frac{1}{4}y+z&=\frac{1}{8}\left(x+\frac{1}{4}y\right)+\frac{7}{8}\left(2x+\frac{1}{4}y\right)+\frac{1}{8}(x+8z)\\
&=\frac{1}{8}(20)+\frac{7}{8}(36)+\frac{1}{8}(176)\\
&=56
\end{aligned}
\tag{3・2}
$$

から4本目の方程式も満たしますので，線形方程式系が冗長であることがわかりました．

もう一つの冗長性は幾何学的な冗長性です．1・3節で学んだのは，線形方程式系を解くことはある数ベクトルを他の二つの数ベクトルの線形結合で表すことであるという事実でした．数ベクトル $\begin{bmatrix}20\\36\end{bmatrix}$ を $\begin{bmatrix}1\\2\end{bmatrix}$ と $\begin{bmatrix}\frac{1}{4}\\\frac{1}{4}\end{bmatrix}$ の線形結合で表す場合には

両方の数ベクトルが必要ですが, $\begin{bmatrix} 20 \\ 40 \end{bmatrix}$ を $\begin{bmatrix} 1 \\ 2 \end{bmatrix}$ と $\begin{bmatrix} \frac{1}{4} \\ \frac{1}{2} \end{bmatrix}$ の線形結合で表すには必ずしも両方は必要ではなく, 片方で十分でした (図 3・1).

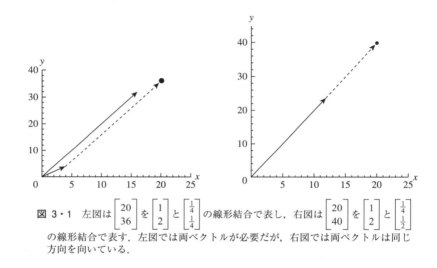

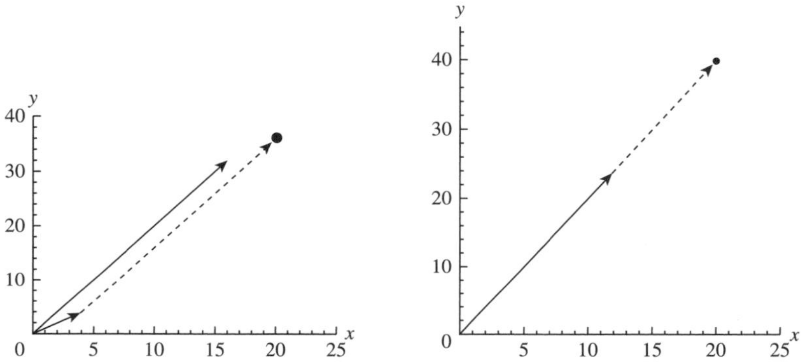

図 3・1　左図は $\begin{bmatrix} 20 \\ 36 \end{bmatrix}$ を $\begin{bmatrix} 1 \\ 2 \end{bmatrix}$ と $\begin{bmatrix} \frac{1}{4} \\ \frac{1}{4} \end{bmatrix}$ の線形結合で表し, 右図は $\begin{bmatrix} 20 \\ 40 \end{bmatrix}$ を $\begin{bmatrix} 1 \\ 2 \end{bmatrix}$ と $\begin{bmatrix} \frac{1}{4} \\ \frac{1}{2} \end{bmatrix}$ の線形結合で表す. 左図では両ベクトルが必要だが, 右図では両ベクトルは同じ方向を向いている.

以上のような冗長性のある状況では, 何かが, それは方程式であったり数ベクトルであったりするのですが, 他の何かの線形結合として得ることができるため不要になっています.

> **定 義**　$(v_1, \ldots, v_n)$ を V の $n \geq 2$ 個のベクトルの並び[1] とする. あるベクトル v_i が他のベクトル $\{v_j \mid j \neq i\}$ の線形結合であるとき, このベクトルの並びは**線形従属**[2] であるという.
>
> また, 1 個のベクトル $v \in V$ はそれが零ベクトルであるとき**線形従属**であるという.

---

1) 訳注: ベクトルの並びとは, 1, 2, … と番号づけられその順序に従って並べられたベクトルの集合を意味し, { } ではなく ( ) を使って書きます. この節の内容のようにこの順序に特段の意味がないこともありますが, ベクトルの座標表現や線形写像の表現行列を考えるときなどに順序は重要になります. 前者については練習問題 3・1・4 をみてください. ただし, 混乱の可能性がない場合には " 並び " を省略することもあります.

2) linearly dependent

即問1 ベクトルの並び$\left(\begin{bmatrix}1\\0\end{bmatrix}, \begin{bmatrix}0\\1\end{bmatrix}, \begin{bmatrix}1\\1\end{bmatrix}\right)$が線形従属であることを示しなさい．

$n \geq 2$の場合には線形結合の定義から，

$$v_i = a_1v_1 + \cdots + a_{i-1}v_{i-1} + a_{i+1}v_{i+1} + \cdots + a_nv_n$$

となるiがあれば$(v_1, \ldots, v_n)$は線形従属です．両辺からv_iを引けば

$$0 = a_1v_1 + \cdots + a_{i-1}v_{i-1} + (-1)v_i + a_{i+1}v_{i+1} + \cdots + a_nv_n$$

が得られ，ベクトル$v_1, \ldots, v_n$による$0 \in V$の自明でない線形結合を得ます．ここで自明でないとは零でない係数があることを意味しています．

一方，$n \geq 2$個のベクトル$v_1, \ldots, v_n$とスカラー$b_1, \ldots, b_n \in \mathbb{F}$が

$$\sum_{j=1}^{n} b_jv_j = 0$$

を満たしていて，しかも$b_i \neq 0$なら

$$v_i = \left(-\frac{b_1}{b_i}\right)v_1 + \cdots + \left(-\frac{b_{i-1}}{b_i}\right)v_{i-1} + \left(-\frac{b_{i+1}}{b_i}\right)v_{i+1} + \cdots + \left(-\frac{b_n}{b_i}\right)v_n$$

となって，v_iが他のベクトルの線形結合になります．

以上の議論から次の定義を線形従属の定義としてもよいことになります．

定 義 Vのベクトルの並び$(v_1, \ldots, v_n)$が**線形従属**であるとは，

$$\sum_{j=1}^{n} a_jv_j = 0$$

となるスカラー$a_1, \ldots, a_n \in \mathbb{F}$で，少なくともその一つが零ではないものが存在することである．

以上でみた線形従属性の二つの定義は同値です．つまり初めの定義で線形従属なら2番目の定義によっても線形従属であり，その逆も成り立ちます．前掲の例から得られるのは1番目の定義ですが，2番目の定義の方が使いやすいことがよくあります．

即問1の答 $\begin{bmatrix}1\\1\end{bmatrix} = \begin{bmatrix}1\\0\end{bmatrix} + \begin{bmatrix}0\\1\end{bmatrix}$

即問2 線形従属性の二つの定義の同値性について，上の議論では $n=1$ の場合を省略しました．$n=1$ の場合の証明を与えなさい．

基礎体を明確にしたい場合には，単に線形従属ではなく“体 $\mathbb{F}$ 上で線形従属”といいます．基礎体にはいくつかの可能性があり，しかも線形従属性は基礎体に依存しますから，基礎体を明確にすることが重要になることがあります．練習問題3・1・8をみてください．

線形独立性

定義 V のベクトルの並び $(v_1, \ldots, v_n)$ が線形従属でないとき**線形独立**[3]であるという．

したがって線形独立とは

$$\sum_{j=1}^{n} a_j v_j = 0 \tag{3・3}$$

を満たす係数 $a_1, \ldots, a_n \in \mathbb{F}$ は $a_1 = \cdots = a_n = 0$ 以外にないということです．

即問3 $\mathbb{F}^m$ の数ベクトルの並び $(\mathbf{e}_1, \ldots, \mathbf{e}_m)$ が線形独立であることを示しなさい．

線形方程式系における線形独立性の主要な役割を次の命題に示します．

命題3・1 行列 $\mathbf{A} \in \mathbf{M}_{m,n}(\mathbb{F})$ の列ベクトルが線形独立である必要十分条件は $m \times n$ 線形方程式系 $\mathbf{Ax} = \mathbf{0}$ の解が自明な解 $\mathbf{x} = \mathbf{0}$ に限られることである．すなわち $\ker \mathbf{A} = \{\mathbf{0}\}$ であることである．

■**証明** $\mathbf{v}_1, \ldots, \mathbf{v}_n \in \mathbb{F}^m$ を $\mathbf{A}$ の列ベクトルとすると，線形方程式系 $\mathbf{Ax} = \mathbf{0}$ は

$$\sum_{j=1}^{n} x_j \mathbf{v}_j = \mathbf{0}$$

即問2の答 v が線形従属なら $0=v=1v$．$av=0$ で $a \neq 0$ なら $v=a^{-1}0=0$．

3) linearly independent

即問3の答 $a_1\mathbf{e}_1+\cdots+a_m\mathbf{e}_m=\begin{bmatrix} a_1 \\ \vdots \\ a_m \end{bmatrix}=\mathbf{0}$ とすると $a_1=\cdots=a_m=0$ ですから $(\mathbf{e}_1, \ldots, \mathbf{e}_m)$ は線形独立です．

と書けます．したがって $\mathbf{v}_1, \ldots, \mathbf{v}_n$ が線形独立であることと $x_1 = \cdots = x_n = 0$ だけが解であることが同値です． ■

系 3・2 線形写像 $T : \mathbb{F}^n \to \mathbb{F}^m$ が単射である必要十分条件はその表現行列の列ベクトルが線形独立であることである．

■**証明** 練習問題 3・1・19 にまわします． ■

系 3・3 $\mathbb{F}^m$ の数ベクトルの並び $(\mathbf{v}_1, \ldots, \mathbf{v}_n)$ は $m < n$ なら線形従属である．

■**証明** $m < n$ なので系 1・4 から線形方程式系 $[\mathbf{v}_1 \ \cdots \ \mathbf{v}_n]\mathbf{x} = \mathbf{0}$ の解は一意ではありません．よって命題 3・1 から $(\mathbf{v}_1, \ldots, \mathbf{v}_n)$ は線形従属です． ■

命題 3・1 から線形独立性を判定するアルゴリズムが得られます．

アルゴリズム 3・4 $\mathbb{F}^m$ の数ベクトルの並び $(\mathbf{v}_1, \ldots, \mathbf{v}_n)$ の線形独立性の判定：
- 行列 $\mathbf{A} = [\mathbf{v}_1 \ \cdots \ \mathbf{v}_n]$ を行階段形に変形する．
- 行階段形のすべての列に枢軸があれば $(\mathbf{v}_1, \ldots, \mathbf{v}_n)$ は線形独立であり，そうでない場合は線形従属である．

■**証明** 命題 3・1 にあるように $(\mathbf{v}_1, \ldots, \mathbf{v}_n)$ が線形独立である必要十分条件は線形方程式系 $\mathbf{A}\mathbf{x} = \mathbf{0}$ の解が自明な解 $\mathbf{x} = \mathbf{0}$ に限られることです．定理 1・3 よりこれは係数行列の行階段形がすべての列に枢軸をもつことと同値です． ■

即問 4 アルゴリズム 3・4 を用いて $\left(\begin{bmatrix} 1 \\ 0 \end{bmatrix}, \begin{bmatrix} 0 \\ 1 \end{bmatrix}, \begin{bmatrix} 1 \\ 1 \end{bmatrix} \right)$ が線形従属であることを示しなさい．

■**例** 1. $\mathbb{F}^n$ の数ベクトルの並び $(\mathbf{v}_1, \ldots, \mathbf{v}_n)$ を，$1 \le j \le n$ について

$$\mathbf{v}_j = \mathbf{e}_1 + \cdots + \mathbf{e}_j$$

とします．行列 $[\mathbf{v}_1 \ \cdots \ \mathbf{v}_n]$ は初めから行階段形になっており，しかもどの列にも枢軸がありますから，アルゴリズム 3・4 から $(\mathbf{v}_1, \ldots, \mathbf{v}_n)$ は線形独立であることがわかります．

即問 4 の答 既約行階段形は $\begin{bmatrix} 1 & 0 & 1 \\ 0 & 1 & 1 \end{bmatrix}$ となり，3 列目には枢軸がありません．

2. $\mathbb{F}^n$ の数ベクトルの並び $(\mathbf{w}_1, \ldots, \mathbf{w}_n)$ を $\mathbf{w}_1 = \mathbf{e}_1$ で，$2 \leq j \leq n$ について

$$\mathbf{w}_j = \mathbf{e}_j - \mathbf{e}_{j-1}$$

とします．ここでも行列 $[\mathbf{w}_1 \ \cdots \ \mathbf{w}_n]$ は初めから行階段形であり，どの列にも枢軸がありますから，アルゴリズム 3・4 より $(\mathbf{w}_1, \ldots, \mathbf{w}_n)$ は線形独立であることがわかります． ■

次に示すのは $\mathbb{F}^n$ の n 個の数ベクトルについての特別な性質です．

系 3・5 $\mathbb{F}^n$ の n 個の数ベクトルの並び $(\mathbf{v}_1, \ldots, \mathbf{v}_n)$ が線形独立となる必要十分条件は，それが $\mathbb{F}^n$ を張ることである．

■**証明** $\mathbf{A} = [\mathbf{v}_1 \ \cdots \ \mathbf{v}_n]$ とします．系 2・34 から $(\mathbf{v}_1, \ldots, \mathbf{v}_n)$ が $\mathbb{F}^n$ を張ることとこの行列の既約行階段形が各行に枢軸をもつことが同値でした．一方アルゴリズム 3・4 から $(\mathbf{v}_1, \ldots, \mathbf{v}_n)$ が線形独立であることと既約行階段形が各列に枢軸をもつことが同値です．しかも $\mathbf{A}$ は正方行列ですから，上記のいずれも既約行階段形が単位行列であることと同値になります． ■

上で与えた $\mathbb{F}^n$ の線形独立であるベクトルの二つの例は 2・5 節の例（118 ページ）と同じもので，そこでは二つのベクトルの並びが $\mathbb{F}^n$ を張ることを示しました．系 3・5 によるとこれは偶然の一致ではなく，どちらか片方の条件から他方が導かれることがわかります．

線形従属性定理

次の定理は線形従属性の定義の言い換えにすぎないのですが，有用な定理です．

定理 3・6（線形従属性定理[4]） $(v_1, \ldots, v_n)$ を $v_1 \neq 0$ なる線形従属であるベクトルの並びとする．このとき $v_k \in \langle v_1, \ldots, v_{k-1} \rangle$ となる $k \in \{2, \ldots, n\}$ が存在する．

■**証明** $(v_1, \ldots, v_n)$ が線形従属であるとすると，

$$\sum_{j=1}^{n} b_j v_j = 0$$

となる少なくとも一つが非零のスカラー $b_1, \ldots, b_n \in \mathbb{F}$ が存在します．ここで k を $b_k \neq 0$ である最大の添字とします．$k = 1$ なら $b_1 v_1 = 0$ となりますが，これは $b_1 \neq$

4） linear dependence lemma

0 と $v_1 \neq 0$ からあり得ません．したがって $k \geq 2$ で，

$$b_k v_k = -b_1 v_1 - \cdots - b_{k-1} v_{k-1}$$

であり，よって

$$v_k = \sum_{j=1}^{k-1} \left(-\frac{b_j}{b_k} \right) v_j \in \langle v_1, \ldots, v_{k-1} \rangle$$

が得られます． ■

定理 3・6 の対偶を述べ直すと以下の系が得られます．

系 3・7　$(v_1, \ldots, v_n)$ を $v_1 \neq 0$ である V のベクトルの並びとする．各 $k \in \{2, \ldots, n\}$ について $v_k \notin \langle v_1, \ldots, v_{k-1} \rangle$ なら $(v_1, \ldots, v_n)$ は線形独立である．

即問 5　$(v_1, \ldots, v_n)$ が線形独立で $v_{n+1} \notin \langle v_1, \ldots, v_n \rangle$ なら $(v_1, \ldots, v_n, v_{n+1})$ も線形独立であることを示しなさい．

■ **例**　関数空間 $C(\mathbb{R})$ の関数 $1, x, x^2, \ldots, x^n$ を考えます．ただし $n \geq 1$ です．関数 $f \in \langle 1, x, \ldots, x^{k-1} \rangle$ は $k-1$ 次以下の多項式ですから，その k 次導関数は 0 となります．一方 x^k の k 次導関数は $k!$ であり 0 ではありませんから，$x^k \notin \langle 1, x, \ldots, x^{k-1} \rangle$ がわかります．よって系 3・7 より $(1, x, \ldots, x^n)$ は線形独立です． ■

固有ベクトルの線形独立性

次の定理はそれ自身で重要ですが，それだけでなく一般のベクトル空間において線形独立性をどのように証明するかの好例になっています．

定理 3・8　$v_1, \ldots, v_k$ を線形変換 $T \in \mathcal{L}(V)$ の相異なる固有値 $\lambda_1, \ldots, \lambda_k$ に対する固有ベクトルとする．このとき $(v_1, \ldots, v_k)$ は線形独立である．

■ **証明**　$(v_1, \ldots, v_k)$ が線形従属であると仮定します．固有ベクトルは零ベクトルではないので $v_1 \neq 0$ であり，しかも定理 3・6 の線形従属性定理より $v_j \in \langle v_1, \ldots, v_{j-1} \rangle$ となる $j \geq 2$ があります．この条件を満たす最小の添字を j とすると $(v_1, \ldots, v_{j-1})$ は線形独立で，しかも

即問 5 の答　線形独立性から $v_1 \neq 0$ であり，$2 \leq k \leq n$ について $v_k \notin \langle v_1, \ldots, v_{k-1} \rangle$ です．仮定から $k = n+1$ についても同様の条件が成り立ちますので，系 3・7 より結果が得られます．

$$v_j = \sum_{i=1}^{j-1} a_i v_i \tag{3・4}$$

となる $a_1, \ldots, a_{j-1} \in \mathbb{F}$ があります.

この両辺に T を施して v_i が T の固有ベクトルであることを使うと

$$\lambda_j v_j = T v_j = \sum_{i=1}^{j-1} a_i T v_i = \sum_{i=1}^{j-1} a_i \lambda_i v_i \tag{3・5}$$

が得られます. (3・4) の両辺を λ_j 倍して (3・5) から引くと

$$0 = \sum_{i=1}^{j-1} a_i(\lambda_i - \lambda_j) v_i$$

が得られます. $(v_1, \ldots, v_{j-1})$ は線形独立ですから $i=1, \ldots, j-1$ について $a_i(\lambda_i - \lambda_j) = 0$ です. ところが $\lambda_1, \ldots, \lambda_k$ は相異なる固有値ですから $\lambda_i - \lambda_j \neq 0$ です. よって $i=1, \ldots, j-1$ について $a_i = 0$ が得られます. しかし (3・4) からこれは $v_j = 0$ を意味し, v_j が固有ベクトルであり, よって零ベクトルでないことに矛盾します. したがって $(v_1, \ldots, v_k)$ が線形従属であるとの仮定が誤りで, 線形独立であることがわかりました. ■

固有ベクトル $v_1, \ldots, v_k$ が相異なる固有値に対応しているという仮定をはずすと定理3・8は成り立ちません. 練習問題3・1・17をみてください.

まとめ

- $c_1 v_1 + \cdots + c_n v_n = 0$ とする唯一の方法がすべての c_i を零にすることしかなければベクトル $v_1, \ldots, v_n$ は線形独立.
- ベクトル $v_1, \ldots, v_n$ のどれかが他のベクトルのスパンに含まれるならベクトル $v_1, \ldots, v_n$ は線形従属.
- ベクトル $\mathbf{v}_1, \ldots, \mathbf{v}_n$ を列にもつ行列の既約行階段形のすべての列に枢軸があるとき, またそのときに限りベクトル $\mathbf{v}_1, \ldots, \mathbf{v}_n$ は線形独立.
- 相異なる固有値に対応する固有ベクトルは線形独立.

練習問題

3・1・1 次の数ベクトルの並びが線形独立であるかを判定しなさい.

(a) $\left(\begin{bmatrix} 1 \\ 2 \\ 3 \end{bmatrix}, \begin{bmatrix} 2 \\ 3 \\ 1 \end{bmatrix}, \begin{bmatrix} 1 \\ 1 \\ 2 \end{bmatrix} \right)$　　(b) $\left(\begin{bmatrix} 1 \\ 2 \\ 3 \end{bmatrix}, \begin{bmatrix} 2 \\ 3 \\ 1 \end{bmatrix}, \begin{bmatrix} 1 \\ 1 \\ -2 \end{bmatrix} \right)$

(c) $\mathbb{R}^3$のベクトルの並び $\left(\begin{bmatrix}1\\1\\0\end{bmatrix},\begin{bmatrix}1\\0\\1\end{bmatrix},\begin{bmatrix}0\\1\\1\end{bmatrix}\right)$

(d) $\mathbb{F}_2^3$のベクトルの並び $\left(\begin{bmatrix}1\\1\\0\end{bmatrix},\begin{bmatrix}1\\0\\1\end{bmatrix},\begin{bmatrix}0\\1\\1\end{bmatrix}\right)$

(e) $\left(\begin{bmatrix}1\\-2\\-1\\0\end{bmatrix},\begin{bmatrix}2\\1\\3\\-2\end{bmatrix},\begin{bmatrix}0\\5\\5\\-2\end{bmatrix}\right)$

3・1・2 次の数ベクトルの並びが線形独立であるかを判定しなさい．

(a) $\mathbb{C}^2$のベクトルの並び $\left(\begin{bmatrix}1\\1+i\end{bmatrix},\begin{bmatrix}1-i\\2\end{bmatrix}\right)$

(b) $\left(\begin{bmatrix}-1\\2\\0\end{bmatrix},\begin{bmatrix}2\\-3\\1\end{bmatrix},\begin{bmatrix}0\\4\\-5\end{bmatrix},\begin{bmatrix}1\\-2\\-1\end{bmatrix}\right)$ (c) $\left(\begin{bmatrix}1\\1\\2\end{bmatrix},\begin{bmatrix}2\\1\\3\end{bmatrix},\begin{bmatrix}1\\0\\1\end{bmatrix}\right)$

(d) $\left(\begin{bmatrix}2\\-1\\1\\1\end{bmatrix},\begin{bmatrix}1\\2\\-1\\3\end{bmatrix},\begin{bmatrix}1\\-8\\5\\-7\end{bmatrix},\begin{bmatrix}6\\0\\-1\\2\end{bmatrix}\right)$ (e) $\left(\begin{bmatrix}1\\0\\1\\0\end{bmatrix},\begin{bmatrix}0\\1\\0\\1\end{bmatrix},\begin{bmatrix}1\\0\\0\\1\end{bmatrix},\begin{bmatrix}1\\1\\0\\1\end{bmatrix}\right)$

3・1・3 線形方程式系を解いて（3・2）の係数$\frac{1}{8}$, $\frac{7}{8}$, $\frac{1}{8}$を導きなさい．

3・1・4 線形独立性はベクトルの並び順を変えても保たれることを示しなさい．

3・1・5 零ベクトルを含むベクトルの並びは線形従属であることを示しなさい．

3・1・6 ベクトルの並びの一部が線形従属ならその並び全体は線形従属であることを示しなさい．

3・1・7 2個のベクトル$v, w \in V$は$v = cw$あるいは$w = cv$となるスカラー$c \in \mathbb{F}$があるとき**共線**[5]であるといいます．

(a) 2個のベクトル$v, w \in V$の並び(v, w)が線形従属である必要十分条件はそれが共線であることを示しなさい．

(b) 線形従属である3個のベクトルで，そのどの2個も共線でない例を示しなさい．

5) collinear

3・1・8 $\mathbb{C}^2$ のベクトルの並び $\left(\begin{bmatrix}1\\i\end{bmatrix},\begin{bmatrix}i\\-1\end{bmatrix}\right)$ が $\mathbb{R}$ 上で線形独立であること，一方 $\mathbb{C}$ 上では線形従属であることを示しなさい．

3・1・9 $T\in\mathcal{L}(V,W)$ は単射で $(v_1,\ldots,v_n)$ は V で線形独立とします．このとき $(Tv_1,\ldots,Tv_n)$ は W で線形独立であることを示しなさい．

3・1・10 (a) $\mathbf{A}\in\mathbf{M}_n(\mathbb{F})$ について，$\ker\mathbf{A}=\{\mathbf{0}\}$ であることと $C(\mathbf{A})=\mathbb{F}^n$ であることとが同値であることを示しなさい．

(b) $T\in\mathcal{L}(\mathbb{F}^n)$ について，それが単射であることと全射であることが同値であることを示しなさい．

3・1・11 $\mathbf{A}\in\mathbf{M}_n(\mathbb{F})$ をすべての対角要素が非零の上三角行列とする（練習問題 2・3・12 参照）．アルゴリズム 3・4 を使ってこの列が線形独立であることを示しなさい．

3・1・12 $\mathbf{A}\in\mathbf{M}_n(\mathbb{F})$ をすべての対角要素が非零の上三角行列とする（練習問題 2・3・12 参照）．系 3・7 を使ってこの列が線形独立であることを示しなさい．

3・1・13 $\mathbb{F}$ を体 $\mathbb{K}$ の部分体とし（練習問題 1・5・7 参照），$(\mathbf{v}_1,\ldots,\mathbf{v}_n)$ を $\mathbb{F}^n$ のベクトルの並びとする．このとき $(\mathbf{v}_1,\ldots,\mathbf{v}_n)$ が $\mathbb{F}^n$ のベクトルとして線形独立であることと，$\mathbb{K}^n$ のベクトルとして線形独立であることは同値であることを示しなさい．

3・1・14 n を 1 以上の整数とし，定数 $a_1,\ldots,a_n\in\mathbb{R}$ が存在して任意の $x\in\mathbb{R}$ について

$$\sum_{k=1}^{n} a_k \sin(kx) = 0$$

が成り立っているとします．このとき $a_1=\cdots=a_n=0$ を示しなさい．

ヒント：$C^\infty(\mathbb{R})$ を $\mathbb{R}$ 上の無限回微分可能な関数のつくるベクトル空間とし，$D^2f=f''$ で定義される線形変換 $D^2 : C^\infty(\mathbb{R})\to C^\infty(\mathbb{R})$ に対して定理 3・8 を用いなさい．

3・1・15 n を 1 以上の整数とし，定数 $a_1,\ldots,a_n\in\mathbb{R}$ と相異なる零でない定数 $c_1,\ldots,c_n\in\mathbb{R}$ が存在して任意の $x\in\mathbb{R}$ について

$$\sum_{k=1}^{n} a_k e^{c_k x} = 0$$

が成り立っているとします．このとき $a_1=\cdots=a_n=0$ を示しなさい．

ヒント：定理 3・8 を用いなさい．

3・1・16 V を有理数体 $\mathbb{Q}$ 上のベクトル空間とする．V のベクトルの並び $(v_1,\ldots,v_n)$ が線形従属であることと

$$a_1v_1+\cdots+a_nv_n=0$$

となるすべてが零ではない整数 $a_1, \ldots, a_n\in\mathbb{Z}$ が存在することが同値であることを示しなさい.

3・1・17　線形従属な固有ベクトル v と w をもつ線形変換 $T\in\mathcal{L}(V)$ の例を与えなさい. ヒント：あまり考えすぎないように.

3・1・18　実数体 $\mathbb{R}$ は有理数体 $\mathbb{Q}$ 上のベクトル空間と考えられます（練習問題1・5・8参照），相異なる素数 $p_1, \ldots, p_n$ に対して $\mathbb{R}$ のベクトルの並び[6]

$$(\log p_1, \ldots, \log p_n)$$

が $\mathbb{Q}$ 上で線形独立であることを示しなさい.

3・1・19　系3・2を証明しなさい.

3・1・20　アルゴリズム3・4を使って系3・3の別証明を与えなさい.

3・2 基　　底

ベクトル空間の基底

ベクトル $v_1, v_2, \ldots, v_k\in V$ のスパン $\langle v_1, v_2, \ldots, v_k\rangle$ とはその線形結合の全体でした. またベクトルの並び $(v_1, v_2, \ldots, v_k)$ が $\langle v_1, v_2, \ldots, v_k\rangle=W$ となるとき $(v_1, v_2, \ldots, v_k)$ は部分空間 $W\subseteq V$ を張るといいました.

定 義　ベクトル空間 V は，$V\subseteq\langle v_1, \ldots, v_n\rangle$ となる有限個のベクトルからなる並び $(v_1, \ldots, v_n)$ があるとき，**有限次元**[1] であるという. また有限次元でない場合に**無限次元**[2] であるという.

即問6　$\mathbb{F}^n$ が有限次元であることを示しなさい.

$v_1, \ldots, v_n\in V$ なら当然 $\langle v_1, \ldots, v_n\rangle\subseteq V$ ですから，定義の条件を $V=\langle v_1, \ldots, v_n\rangle$ に置き換えても同じことです. 上の定義の記述は，その方が形式的に簡単であることによります.

---

6) 訳注：個々の $\log p_i$ がベクトル空間 $\mathbb{R}$ のベクトルです.
1) finite-dimensional　2) infinite-dimensional

即問6の答　$\mathbf{v}=\begin{bmatrix} v_1 \\ \vdots \\ v_n \end{bmatrix}\in\mathbb{F}^n$ は $\mathbf{v}=v_1\mathbf{e}_1+\cdots+v_n\mathbf{e}_n$ と表せるので $\mathbb{F}^n=\langle\mathbf{e}_1, \ldots, \mathbf{e}_n\rangle$.

$(v_1, \ldots, v_n)$ が V を張るなら，V の任意のベクトルを線形結合で表現するために，$(v_1, \ldots, v_n)$ があれば十分です．一方，線形独立なベクトルの並びは冗長性のないベクトルの並びと考えることができました．この両方の性質を併せもつもの，つまり冗長性なく全空間を表現できるもの，を導入しようと思います．

> **定 義**　V を有限次元ベクトル空間とする．V のベクトルの並び $(v_1, \ldots, v_n)$ は，線形独立でしかも $V \subseteq \langle v_1, \ldots, v_n \rangle$ となるとき V の**基底**[3] とよばれる．

■**例**　1. 第 i 要素が 1 でそれ以外は 0 である数ベクトル $\mathbf{e}_i \in \mathbb{F}^m$ の並び $(\mathbf{e}_1, \ldots, \mathbf{e}_m)$ は $\mathbb{F}^m$ の**標準基底**[4] とよばれます．この並びが線形独立であることは 3・1 節の即問 3 で，また $\mathbb{F}^m$ を張ることは即問 6 でみましたので，確かにこの並びは基底になっています．

2. 次数が n 以下の実係数の多項式のベクトル空間 $\mathcal{P}_n(\mathbb{R}) := \{a_0 + a_1x + \cdots + a_nx^n \mid a_0, a_1, \ldots, a_n \in \mathbb{R}\}$ に対して，$(1, x, \ldots, x^n)$ が基底となることを確かめるのは簡単です．149 ページの例をみてください．

3. $\mathbb{R}^2$ の数ベクトル $\mathbf{v}_1 = \begin{bmatrix} 1 \\ 0 \end{bmatrix}$ と $\mathbf{v}_2 = \begin{bmatrix} 1 \\ 2 \end{bmatrix}$ は共線ではないので，線形独立です（練習問題 3・1・7）．また 27 ページと 32 ページで $\langle \mathbf{v}_1, \mathbf{v}_2 \rangle = \mathbb{R}^2$ をみました．

4. $\mathbb{F}^n$ の数ベクトルの並びとして，$1 \leq j \leq n$ なる j について

$$\mathbf{v}_j = \mathbf{e}_1 + \cdots + \mathbf{e}_j$$

で定義される $(\mathbf{v}_1, \ldots, \mathbf{v}_n)$ と，$\mathbf{w}_1 = \mathbf{e}_1$ とし，$2 \leq j \leq n$ なる j について

$$\mathbf{w}_j = \mathbf{e}_j - \mathbf{e}_{j-1}$$

で定義される $(\mathbf{w}_1, \ldots, \mathbf{w}_n)$ を考えます．118 ページと 147, 148 ページの例でこの並びがともに $\mathbb{F}^n$ を張り，線形独立であることを見ました．よってどちらも $\mathbb{F}^n$ の基底です．

5. （**核空間の基底**）　行列 $\mathbf{A}$ を

$$\mathrm{A} = \begin{bmatrix} 2 & 1 & -1 & 3 \\ 1 & 0 & -1 & 2 \\ 1 & 1 & 0 & 1 \end{bmatrix} \in \mathrm{M}_{3,4}(\mathbb{R})$$

としたとき $[\mathbf{A} \mid \mathbf{0}]$ の既約行階段形は

$$\left[\begin{array}{cccc|c} 1 & 0 & -1 & 2 & 0 \\ 0 & 1 & 1 & -1 & 0 \\ 0 & 0 & 0 & 0 & 0 \end{array}\right]$$

3）basis　　4）standard basis

ですから，$\mathbf{x} \in \ker \mathbf{A}$ のベクトル $\mathbf{x}$ は自由変数 z と w によって

$$\begin{bmatrix} x \\ y \\ z \\ w \end{bmatrix} = \begin{bmatrix} z-2w \\ -z+w \\ z \\ w \end{bmatrix} = z\begin{bmatrix} 1 \\ -1 \\ 1 \\ 0 \end{bmatrix} + w\begin{bmatrix} -2 \\ 1 \\ 0 \\ 1 \end{bmatrix}$$

と書けます．つまり

$$\ker \mathrm{A} = \left\langle \begin{bmatrix} 1 \\ -1 \\ 1 \\ 0 \end{bmatrix}, \begin{bmatrix} -2 \\ 1 \\ 0 \\ 1 \end{bmatrix} \right\rangle$$

です．しかも上の二つのベクトルは線形独立です．実際，その最後の二つの要素からなるベクトルの線形結合を零ベクトルにするには，係数は零でなければなりません．以上のことから $\left(\begin{bmatrix} 1 \\ -1 \\ 1 \\ 0 \end{bmatrix}, \begin{bmatrix} -2 \\ 1 \\ 0 \\ 1 \end{bmatrix}\right)$ は $\ker \mathbf{A}$ の基底となります．■

次の命題で，$\mathbb{F}^n$ の基底となるかどうかを判定するための既約行階段形の条件を与えます．

> **命題 3・9**　$\mathbb{F}^m$ の数ベクトルの並び $(\mathbf{v}_1, \ldots, \mathbf{v}_n)$ が $\mathbb{F}^m$ の基底である必要十分条件は行列 $\mathbf{A} := \begin{bmatrix} | & & | \\ \mathbf{v}_1 & \cdots & \mathbf{v}_n \\ | & & | \end{bmatrix}$ の既約行階段形が単位行列 $\mathbf{I}_m$ となることである[5)]．

■**証明**　系 2・34 で $(\mathbf{v}_1, \ldots, \mathbf{v}_n)$ が $\mathbb{F}^m$ を張るための必要十分条件は既約行階段形がすべての行に枢軸をもつことでした．またアルゴリズム 3・4 では $(\mathbf{v}_1, \ldots, \mathbf{v}_n)$ が線形独立となるための必要十分条件は既約行階段形がすべての列に枢軸をもつことであるのをみました．既約行階段形がその行にも列にも枢軸をもつこととそれが単位行列であることは同値です．■

上の命題の条件によって $\left(\begin{bmatrix} 1 \\ 0 \end{bmatrix}, \begin{bmatrix} 1 \\ 2 \end{bmatrix}\right)$ が $\mathbb{R}^2$ の基底であることが容易に確かめられます．実際行列 $\mathbf{A} = \begin{bmatrix} 1 & 1 \\ 0 & 2 \end{bmatrix}$ の既約行階段形は $\mathbf{I}_2$ です．

5）訳注：m と n を使い分けている理由については証明の後の即問 7 を参照してください．

即問7 $\mathbb{F}^m$ の基底は必ず m 個の数ベクトルからなることを示しなさい．

基底の性質

基底を考える最大の利点は以下の定理です．

> **定理3・10** V のベクトルの並び $\mathcal{B}=(v_1, \ldots, v_n)$ が基底であるための必要十分条件は，V のどのベクトルも $\mathcal{B}$ の線形結合で一意に表せることである．

■ **証明** $\mathcal{B}=(v_1, \ldots, v_n)$ が V の基底であると仮定すると，$\langle v_1, \ldots, v_n \rangle = V$ ですから V のどのベクトル v もその線形結合で表せます．そこで

$$v = \sum_{i=1}^{n} a_i v_i \qquad \text{および} \qquad v = \sum_{i=1}^{n} b_i v_i$$

を仮定して $a_i = b_i$ を示します．上記の v の線形結合の差をとると

$$0 = v - v = \sum_{i=1}^{n} (a_i - b_i) v_i$$

を得ます．$(v_1, \ldots, v_n)$ は線形独立ですから，これからすべての i について $a_i = b_i$ であることが得られます．

次に V のどのベクトルも $\mathcal{B}$ の線形結合で一意に表せると仮定します．当然 $V \subseteq \langle v_1, \ldots, v_n \rangle$ で，$0 \in V$ も $(v_1, \ldots, v_n)$ の線形結合

$$\sum_{i=1}^{n} a_i v_i = 0$$

と表せます．しかもその表し方は一意ですから，どの i についても $a_i = 0$ が得られます．つまり $\mathcal{B}$ は線形独立です． ■

> **定理3・11** V を零空間でないベクトル空間[6] とし，$V = \langle \mathcal{B} \rangle$ とする．このとき $\mathcal{B}$ の一部のベクトルの並びで V の基底となるものが存在する．

即問7の答 命題3・9でみたように $(\mathbf{v}_1, \ldots, \mathbf{v}_n)$ が $\mathbb{F}^m$ の基底となるためには，それを列にもつ行列は $m \times m$ でなければなりません．よって $n = m$ です．

6）訳注：零空間でないとは V には非零ベクトルがあることです．核空間と混同しないように．

■**証明**　$\mathcal{B}$のベクトルの中で零ベクトルでないものを（$v_1, \ldots, v_n$）とし，さらに

$$v_j \notin \langle v_1, \ldots, v_{j-1} \rangle$$

となるベクトルv_jを取出して$\mathcal{B}'$をつくります．系3・7から$\mathcal{B}'$は線形独立となります．

次に$\mathcal{B}'$がVを張ることを示します．$\mathcal{B}$はVを張っていますから，$v \in V$は

$$v = \sum_{i=1}^{n} a_i v_i$$

と表せます．$\mathcal{B}'$に属さないベクトルの添え字の最大のものをkとすると，$\mathcal{B}'$のつくり方から

$$v_k = \sum_{i=1}^{k-1} b_i v_i$$

となる$b_1, \ldots, b_{k-1} \in \mathbb{F}$があります．よって．

$$v = \sum_{i=1}^{k-1} a_i v_i + a_k v_k + \sum_{i=k+1}^{n} a_i v_i = \sum_{i=1}^{k-1} (a_i + a_k b_i) v_i + \sum_{i=k+1}^{n} a_i v_i$$

です．これは$v \in \langle v_1, \ldots, v_{k-1}, v_{k+1}, \ldots, v_n \rangle$を意味します．次に，$\mathcal{B}'$に属さないベクトルで，その添え字が$k$未満であるベクトルについて最大の添字を$\ell$として

$$v \in \langle v_1, \ldots, v_{\ell-1}, v_{\ell+1}, \ldots, v_{k-1}, v_{k+1}, \ldots, v_n \rangle$$

を示します．この手順を繰返すと最後にvが$\mathcal{B}'$の線形結合で表されます．vは任意でしたから，$\mathcal{B}'$がVを張ること，よって基底であることが示されました．■

系3・12　零空間でない有限次元ベクトル空間には基底が存在する．

■**証明**　Vが零空間でない有限次元ベクトル空間なら，$V = \langle \mathcal{B} \rangle$となる有限個のベクトルからなる並びがあります．定理3・11からその一部が基底を与えます．■

定理3・11の証明は，ベクトル空間を張るベクトルの並びから基底を選び出すアルゴリズムであるとみることができますが，それほど実用的とは言えません．その手順では各jについて$v_j \in \langle v_1, \ldots, v_{j-1} \rangle$であるかどうかを判定する必要がありますが，ベクトル空間Vによってはこれがうまくできないことがあります．しかし，ベクトル空間が$\mathbb{F}^m$なら行演算による実用的なアルゴリズムをつくることができます．

アルゴリズム3・13　$\mathbb{F}^m$ の数ベクトルの並び（$\mathbf{v}_1, \ldots, \mathbf{v}_n$）のスパン $\langle \mathbf{v}_1, \ldots, \mathbf{v}_n \rangle$ の基底 $\mathcal{B}$ を求める手順:

- 行列 $\mathbf{A} = [\mathbf{v}_1 \;\; \cdots \;\; \mathbf{v}_n]$ を既約行階段形に変形する.
- 枢軸をもつ列 i について $\mathbf{v}_i$ を集めて $\mathcal{B}$ をつくる.

■**証明**　定理3・11でみたように $\mathbf{v}_1, \ldots, \mathbf{v}_n$ から零ベクトルを取除き，さらに $\mathbf{v}_j \in \langle \mathbf{v}_1, \ldots, \mathbf{v}_{j-1} \rangle$ となるベクトル $\mathbf{v}_j$ を取除くと $\langle \mathbf{v}_1, \ldots, \mathbf{v}_n \rangle$ の基底を得ることができます．もしも $[\mathbf{v}_1 \;\; \cdots \;\; \mathbf{v}_n]$ がすでに既約行階段形なら，枢軸がある列が基底に取込まれるベクトルとなります．したがって，列ベクトルがそれに先立つ列ベクトルの線形結合で表されるかどうかは，行基本演算 **R1** から **R3** を施しても影響を受けないことを示せば証明を終えることができます．実はこの事実はすでに知っています．実際，$\mathbf{v}_j = \sum_{k=1}^{j-1} c_k \mathbf{v}_k$ と書けることと $\begin{bmatrix} c_1 \\ \vdots \\ c_{j-1} \end{bmatrix}$ が拡大係数行列

$$\left[\begin{array}{ccc|c} | & & | & | \\ \mathbf{v}_1 & \cdots & \mathbf{v}_{j-1} & \mathbf{v}_j \\ | & & | & | \end{array}\right]$$

によって表される線形方程式系の解であることは同値です．ところが線形方程式系の解は行基本演算によって変化しません．よって以上で証明が終わります．　■

即問8　以下のスパンの基底を求めなさい.

$$\left\langle \begin{bmatrix} 1 \\ 0 \\ 1 \\ -1 \end{bmatrix}, \begin{bmatrix} -2 \\ 0 \\ -2 \\ 2 \end{bmatrix}, \begin{bmatrix} 0 \\ 1 \\ 0 \\ 1 \end{bmatrix}, \begin{bmatrix} 0 \\ 0 \\ 1 \\ 0 \end{bmatrix}, \begin{bmatrix} 1 \\ 1 \\ 3 \\ 0 \end{bmatrix} \right\rangle \subseteq \mathbb{R}^4$$

即問8の答　既約行階段形は $\begin{bmatrix} 1 & -2 & 0 & 0 & 1 \\ 0 & 0 & 1 & 0 & -1 \\ 0 & 0 & 0 & 1 & 2 \\ 0 & 0 & 0 & 0 & 0 \end{bmatrix}$ となり，第1列，3列，4列に枢軸があります．したがって $\left(\begin{bmatrix} 1 \\ 0 \\ 1 \\ -1 \end{bmatrix}, \begin{bmatrix} 0 \\ 1 \\ 0 \\ 1 \end{bmatrix}, \begin{bmatrix} 0 \\ 0 \\ 1 \\ 0 \end{bmatrix} \right)$ が基底になります.

基底と線形写像

線形写像についての重要な事実の一つに，線形写像はそれが基底のベクトルに対してどのように作用するかによって完全に決定されるというものがあります．

> **定理 3・14**　$(v_1, \ldots, v_n)$ を V の基底とし，$w_1, \ldots, w_n$ を W の任意のベクトルとする．このとき各 i について $Tv_i = w_i$ と満たす線形写像 $T: V \to W$ が一意に存在する．

■**証明**　まず存在を構成的に示します．$v \in V$ は定理 3・10 から $c_1, \ldots, c_n \in \mathbb{F}$ が存在して

$$v = \sum_{i=1}^{n} c_i v_i$$

と一意に表されます．そこで

$$Tv := \sum_{i=1}^{n} c_i w_i$$

と定義すると，明らかに $Tv_i = w_i$ が各 i について成り立ちます．次に T が線形写像であることは，$c \in \mathbb{F}$ に対して

$$T(cv) = T\sum_{i=1}^{n}(cc_i)v_i = \sum_{i=1}^{n}(cc_i)w_i = c\sum_{i=1}^{n} c_i w_i = cTv$$

であり，

$$u = \sum_{i=1}^{n} d_i v_i$$

なら

$$T(v+u) = T\sum_{i=1}^{n}(c_i + d_i)v_i = \sum_{i=1}^{n}(c_i + d_i)w_i = \sum_{i=1}^{n} c_i w_i + \sum_{i=1}^{n} d_i w_i = Tv + Tu$$

となることから得られます．

次に一意性を示すために $S \in \mathcal{L}(V, W)$ が各 i について $Sv_i = w_i$ を満たしていると仮定すると，線形性から

$$S\sum_{i=1}^{n} c_i v_i = \sum_{i=1}^{n} c_i S v_i = \sum_{i=1}^{n} c_i w_i$$

が得られ，S は初めに定義した T に一致します．■

この証明で T を構成した仕方はよく利用される方法で，線形拡張とよばれています．

即問9 $\mathbf{w}_1, \ldots, \mathbf{w}_n \in \mathbb{F}^m$ が与えられているとします．$(\mathbf{e}_1, \ldots, \mathbf{e}_n)$ は $\mathbb{F}^n$ の基底ですから，定理3・14より $T\mathbf{e}_j = \mathbf{w}_j$ となる線形写像 $T: \mathbb{F}^n \to \mathbb{F}^m$ が一意に存在します．この線形写像の表現行列を示しなさい．

定理3・14は論より証拠原理（1・1節）が使える可能性を示しているとみることもできます．つまり，基底のベクトルを指定されたベクトルに移す線形写像は一意であることから，二つの線形写像が一致することを示すにはそれらが基底のベクトルを同じベクトルに移すことを示せば十分であることになります．

定理3・15 $T \in \mathcal{L}(V, W)$，$(v_1, \ldots, v_n)$ を V の基底とする．このとき T が同型写像である必要十分条件は $(Tv_1, \ldots, Tv_n)$ が W の基底となることである．

■**証明** はじめに T が同型写像であるとして，$(Tv_1, \ldots, Tv_n)$ が線形独立で W を張ることを示します．

$$\sum_{i=1}^{n} c_i T v_i = 0$$

と仮定すると線形性から

$$T \sum_{i=1}^{n} c_i v_i = 0$$

となります．T は単射ですから定理2・37により

$$\sum_{i=1}^{n} c_i v_i = 0$$

が得られますが，$(v_1, \ldots, v_n)$ が線形独立であることから $c_1 = \cdots = c_n = 0$ となります．よって $(Tv_1, \ldots, Tv_n)$ は線形独立です．

次に $w \in W$ とすると，T が全射であることから $Tv = w$ となる $v \in V$ があります．$V = \langle v_1, \ldots, v_n \rangle$ であることから，v は

$$v = \sum_{i=1}^{n} d_i v_i$$

即問9の答 $\begin{bmatrix} | & & | \\ \mathbf{w}_1 & \cdots & \mathbf{w}_n \\ | & & | \end{bmatrix}$ です．答えはすでに2・2節で学んでいますので，これはまあ引っ掛け問題です．

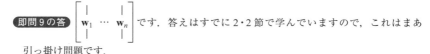

と $d_1, \ldots, d_n \in \mathbb{F}$ によって表されます．T の線形性から

$$w = Tv = \sum_{i=1}^{n} d_i Tv_i$$

が得られます．したがって $W \subseteq \langle Tv_1, \ldots, Tv_n \rangle$ がわかります．これで $(Tv_1, \ldots, Tv_n)$ が W の基底であることが示されました．

次に $(Tv_1, \ldots, Tv_n)$ が W の基底であるとして，T が全単射であることを示します．

$Tv = 0$ と仮定すると，$V = \langle v_1, \ldots, v_n \rangle$ であることから

$$v = \sum_{i=1}^{n} d_i v_i$$

と書けます．線形性から

$$0 = Tv = \sum_{i=1}^{n} d_i Tv_i$$

ですが，$(Tv_1, \ldots, Tv_n)$ が線形独立であることから $d_1 = \cdots = d_n = 0$ が得られ，$v = 0$ がわかります．よって定理 2・37 から T は単射となります．

$w \in W$ とすると $W = \langle Tv_1, \ldots, Tv_n \rangle$ であることから

$$w = \sum_{i=1}^{n} c_i Tv_i$$

と $c_1, \ldots, c_n \in \mathbb{F}$ によって書けます．ここで T の線形性から

$$w = T \sum_{i=1}^{n} c_i v_i \in \operatorname{range} T$$

ですから，T は全射となります．■

系 3・16　$\mathbf{A} \in \mathbf{M}_{m,n}(\mathbb{F})$ に対して以下の命題は同値である．
- $\mathbf{A}$ は正則である．
- $\mathbf{A}$ の列は $\mathbb{F}^m$ の基底となる．
- $\mathbf{A}$ の既約行階段形は単位行列 $\mathbf{I}_m$ である．

■**証明**　$T \in \mathcal{L}(\mathbb{F}^n, \mathbb{F}^m)$ を $\mathbf{A}$ の定める線形写像としますと，$\mathbf{A}$ が正則であることと T が同型写像であることは同値です．定理 3・15 によって T が同型写像であることと $(T\mathbf{e}_1, \ldots, T\mathbf{e}_n)$ が $\mathbb{F}^m$ の基底であることが同値でしたが，$(T\mathbf{e}_1, \ldots, T\mathbf{e}_n)$ は $\mathbf{A}$ の列に他なりません．

命題 3・9 から $\mathbf{A}$ の列が $\mathbb{F}^m$ の基底となることとその既約行階段形が単位行列であることは同値でした． ■

即問 10 系 3・16 を使って $\mathbf{A}$ が正則となるのは $m=n$ の場合に限ることを示しなさい．

■**例** 99 ページの例で

$$\mathrm{A}=\begin{bmatrix} 1 & 1 & 1 & \cdots & \cdots & 1 \\ 0 & 1 & 1 & \cdots & \cdots & 1 \\ 0 & 0 & 1 & \ddots & & 1 \\ \vdots & & \ddots & \ddots & \ddots & \vdots \\ 0 & & & \ddots & 1 & 1 \\ 0 & \cdots & \cdots & \cdots & 0 & 1 \end{bmatrix} \quad \text{および} \quad \mathrm{B}=\begin{bmatrix} 1 & -1 & 0 & \cdots & \cdots & 0 \\ 0 & 1 & -1 & 0 & & \vdots \\ 0 & 0 & 1 & -1 & \ddots & \vdots \\ \vdots & & \ddots & \ddots & \ddots & 0 \\ 0 & & & \ddots & 1 & -1 \\ 0 & \cdots & \cdots & \cdots & 0 & 1 \end{bmatrix}$$

が共に正則であることをみました．よって $\mathbf{A}$ の列と $\mathbf{B}$ の列は $\mathbb{F}^n$ の二つの基底を与えることが系 3・16 からわかります．これはすでに 154 ページの例 4 でも示したことです． ■

まとめ

- 有限次元ベクトル空間の基底とは，線形独立でありその空間を張るベクトルの並び．
- 有限次元ベクトル空間には常に基底がある．基底は，空間を張るベクトルの並びから不必要なベクトルを削除することによってつくることができる．
- $(\mathbf{v}_1, \ldots, \mathbf{v}_m)$ が $\mathbb{F}^n$ の基底であることとそれを列にもつ行列の既約行階段形が単位行列 $\mathbf{I}_n$ であることは同値．よって $m=n$ でなければならない．
- 基底に対して写像を定義し，それを線形に拡張することによって線形写像を定義できる．
- 基底に対して同じように働く線形写像は一致する．
- 線形写像は基底を基底に移すとき，またそのときに限り可逆．
- 行列はその列が基底をなすとき，またそのときに限り正則．

即問 10 の答 $\mathbf{A}$ の既約行階段形が単位行列 $\mathbf{I}_n$ なら $\mathbf{A}$ は正方行列です．

練習問題

3・2・1 以下の数ベクトルの並びが $\mathbb{R}^n$ の基底であるか答えなさい.

(a) $\left(\begin{bmatrix}1\\-3\end{bmatrix}, \begin{bmatrix}2\\6\end{bmatrix}\right)$ (b) $\left(\begin{bmatrix}1\\-3\end{bmatrix}, \begin{bmatrix}2\\6\end{bmatrix}, \begin{bmatrix}4\\-1\end{bmatrix}\right)$

(c) $\left(\begin{bmatrix}1\\0\\2\end{bmatrix}, \begin{bmatrix}1\\2\\3\end{bmatrix}, \begin{bmatrix}2\\1\\-1\end{bmatrix}\right)$ (d) $\left(\begin{bmatrix}1\\1\\1\\1\end{bmatrix}, \begin{bmatrix}1\\2\\2\\2\end{bmatrix}, \begin{bmatrix}1\\2\\3\\3\end{bmatrix}, \begin{bmatrix}1\\2\\3\\4\end{bmatrix}\right)$

3・2・2 以下の数ベクトルの並びが $\mathbb{R}^n$ の基底であるか答えなさい.

(a) $\left(\begin{bmatrix}1\\-3\end{bmatrix}, \begin{bmatrix}-2\\6\end{bmatrix}\right)$ (b) $\left(\begin{bmatrix}1\\2\\3\end{bmatrix}, \begin{bmatrix}2\\3\\1\end{bmatrix}\right)$

(c) $\left(\begin{bmatrix}1\\2\\3\end{bmatrix}, \begin{bmatrix}2\\3\\1\end{bmatrix}, \begin{bmatrix}3\\1\\2\end{bmatrix}\right)$ (d) $\left(\begin{bmatrix}1\\2\\3\end{bmatrix}, \begin{bmatrix}2\\3\\1\end{bmatrix}, \begin{bmatrix}1\\1\\-2\end{bmatrix}\right)$

3・2・3 以下の部分空間の基底を求めなさい.

(a) $\left\langle \begin{bmatrix}1\\0\\2\end{bmatrix}, \begin{bmatrix}0\\-3\\1\end{bmatrix}, \begin{bmatrix}2\\3\\3\end{bmatrix}, \begin{bmatrix}1\\-3\\3\end{bmatrix} \right\rangle$ (b) $\left\langle \begin{bmatrix}4\\-2\\2\end{bmatrix}, \begin{bmatrix}-2\\1\\-1\end{bmatrix}, \begin{bmatrix}0\\3\\-2\end{bmatrix}, \begin{bmatrix}4\\1\\0\end{bmatrix} \right\rangle$

(c) $\left\langle \begin{bmatrix}2\\0\\-1\\3\end{bmatrix}, \begin{bmatrix}1\\1\\0\\1\end{bmatrix}, \begin{bmatrix}0\\-2\\-1\\1\end{bmatrix}, \begin{bmatrix}2\\1\\-2\\0\end{bmatrix}, \begin{bmatrix}-1\\0\\2\\1\end{bmatrix} \right\rangle$

(d) $\left\langle \begin{bmatrix}1\\-2\\3\\-4\end{bmatrix}, \begin{bmatrix}4\\-3\\2\\-1\end{bmatrix}, \begin{bmatrix}1\\0\\1\\0\end{bmatrix}, \begin{bmatrix}0\\1\\0\\1\end{bmatrix}, \begin{bmatrix}1\\1\\1\\1\end{bmatrix} \right\rangle$

3・2・4 以下の部分空間の基底を求めなさい.

(a) $\left\langle \begin{bmatrix}1\\2\\3\end{bmatrix}, \begin{bmatrix}2\\3\\1\end{bmatrix}, \begin{bmatrix}1\\1\\-2\end{bmatrix} \right\rangle$

(b) $\left\langle \begin{bmatrix}1\\-2\\1\\0\end{bmatrix}, \begin{bmatrix}2\\0\\3\\-1\end{bmatrix}, \begin{bmatrix}1\\2\\2\\-1\end{bmatrix}, \begin{bmatrix}0\\3\\-1\\2\end{bmatrix}, \begin{bmatrix}1\\1\\-3\\2\end{bmatrix} \right\rangle$

(c) $\left\langle \begin{bmatrix} 2 \\ -1 \\ 0 \\ -3 \end{bmatrix}, \begin{bmatrix} 1 \\ 0 \\ 2 \\ -1 \end{bmatrix}, \begin{bmatrix} 1 \\ -1 \\ -2 \\ -2 \end{bmatrix} \right\rangle$ (d) $\left\langle \begin{bmatrix} 1 \\ 1 \\ 0 \\ 0 \end{bmatrix}, \begin{bmatrix} 1 \\ 0 \\ 1 \\ 0 \end{bmatrix}, \begin{bmatrix} 0 \\ 1 \\ 0 \\ 1 \end{bmatrix}, \begin{bmatrix} 0 \\ 0 \\ 1 \\ 1 \end{bmatrix} \right\rangle$

3・2・5 以下の行列の核空間の基底を求めなさい．

(a) $\begin{bmatrix} 1 & 2 & 3 & 4 \\ 5 & 6 & 7 & 8 \end{bmatrix}$ (b) $\begin{bmatrix} 1 & 0 & 2 & -3 \\ 2 & 1 & -1 & -3 \\ 1 & 1 & -3 & 0 \end{bmatrix}$

(c) $\begin{bmatrix} 1 & -2 & 0 & 0 & 1 \\ 0 & 0 & 1 & 0 & 1 \\ 1 & -2 & 0 & 1 & 3 \\ -1 & 2 & 1 & 0 & 0 \end{bmatrix}$ (d) $\begin{bmatrix} 2 & 0 & 1 & -1 & 0 & 3 \\ 1 & 1 & -2 & 0 & 3 & 0 \\ -1 & 1 & 0 & 0 & 2 & -1 \end{bmatrix}$

3・2・6 以下の行列の核空間の基底を求めなさい．

(a) $\begin{bmatrix} 3 & -1 & 4 & -1 \\ -5 & 9 & -2 & 6 \end{bmatrix}$ (b) $\begin{bmatrix} 2 & 0 & 1 & -1 \\ 1 & -3 & 0 & 4 \\ 3 & -3 & 1 & 3 \end{bmatrix}$

(c) $\begin{bmatrix} 2 & 1 & 0 & -4 & 1 \\ 0 & 3 & 1 & 0 & -2 \\ 1 & -2 & 1 & 2 & 0 \end{bmatrix}$ (d) $\begin{bmatrix} 1 & 0 & 2 & 4 & -1 & 3 \\ 0 & 1 & 4 & 2 & 0 & -2 \\ -1 & 2 & 0 & -2 & 0 & 1 \end{bmatrix}$

3・2・7 数ベクトル $\begin{bmatrix} 1 \\ 2 \end{bmatrix}$ を以下の $\mathbb{R}^2$ の数ベクトルの並びの線形結合で書きなさい．できない場合にはその理由を示しなさい．

(a) $\left(\begin{bmatrix} 1 \\ 1 \end{bmatrix}, \begin{bmatrix} 1 \\ -1 \end{bmatrix} \right)$ (b) $\left(\begin{bmatrix} 2 \\ 3 \end{bmatrix}, \begin{bmatrix} 4 \\ 5 \end{bmatrix} \right)$ (c) $\left(\begin{bmatrix} -1 \\ 2 \end{bmatrix}, \begin{bmatrix} 2 \\ 1 \end{bmatrix} \right)$ (d) $\left(\begin{bmatrix} 2 \\ -1 \end{bmatrix}, \begin{bmatrix} 4 \\ 2 \end{bmatrix} \right)$

3・2・8 数ベクトル $\begin{bmatrix} 1 \\ 2 \\ 3 \end{bmatrix}$ を以下の $\mathbb{R}^3$ の数ベクトルの並びの線形結合で書きなさい．できない場合にはその理由を示しなさい．

(a) $\left(\begin{bmatrix} 1 \\ 1 \\ 0 \end{bmatrix}, \begin{bmatrix} 1 \\ 0 \\ 1 \end{bmatrix}, \begin{bmatrix} 0 \\ 1 \\ 1 \end{bmatrix} \right)$ (b) $\left(\begin{bmatrix} 1 \\ 0 \\ 0 \end{bmatrix}, \begin{bmatrix} 2 \\ -1 \\ 0 \end{bmatrix}, \begin{bmatrix} 1 \\ -2 \\ 1 \end{bmatrix} \right)$

(c) $\left(\begin{bmatrix} 3 \\ -2 \\ 1 \end{bmatrix}, \begin{bmatrix} 1 \\ 0 \\ -1 \end{bmatrix}, \begin{bmatrix} 0 \\ -2 \\ 4 \end{bmatrix} \right)$

3・2・9 複素数体 $\mathbb{C}$ を $\mathbb{R}$ 上のベクトル空間とみなしたときにベクトルの並び $(1, i)$

が基底となることを示しなさい[7]．

3・2・10　以下の条件を満たす行列 $\mathbf{A} \in \mathbf{M}_2(\mathbb{R})$ を与えなさい．

$$\mathbf{A}\begin{bmatrix}1\\2\end{bmatrix}=\begin{bmatrix}0\\-1\end{bmatrix} \quad \text{かつ} \quad \mathbf{A}\begin{bmatrix}2\\1\end{bmatrix}=\begin{bmatrix}-3\\2\end{bmatrix}$$

3・2・11　$T \in \mathcal{L}(\mathbb{R}^3, \mathbb{R}^2)$ が以下の条件を満たすとして，$T\begin{bmatrix}1\\2\\3\end{bmatrix}$ を求めなさい．

$$T\begin{bmatrix}1\\1\\0\end{bmatrix}=\begin{bmatrix}-1\\2\end{bmatrix} \qquad T\begin{bmatrix}1\\0\\1\end{bmatrix}=\begin{bmatrix}2\\3\end{bmatrix} \qquad T\begin{bmatrix}0\\1\\1\end{bmatrix}=\begin{bmatrix}-3\\1\end{bmatrix}$$

3・2・12　任意の行列 $\mathbf{A}$ に対してその核空間 $\ker \mathbf{A}$ は有限次元であることを示しなさい．

3・2・13　固定された $k \in \mathbb{N}$ に対して，V を $a_{i+k}=a_i$ となる数列 $(a_i)_{i\geq 1}$ 全体のつくる空間 $\mathbb{F}^\infty$ の部分空間とする．このとき V が有限次元であることを示しなさい．

3・2・14　D を $C^\infty(\mathbb{R})$ 上の微分作用素とする．D のどの固有空間も有限次元であることを示しなさい．

3・2・15　$(v_1, \ldots, v_n)$ が V の基底であるとき

$$(v_1+v_2, v_2+v_3, \ldots, v_{n-1}+v_n, v_n)$$

も V の基底となることを示しなさい．

3・2・16　$(x+1, x^2-1, x^2+2x+1, x^2-x)$ からいくつかのベクトルを選び出して $\mathcal{P}_2(\mathbb{R})$ の基底をつくりなさい．

3・2・17　$\mathcal{B}$ を V の線形独立なベクトルの並びとすると，それはそれ自身の張る部分空間 $\langle \mathcal{B} \rangle$ の基底となることを示しなさい．

3・2・18　$\mathbf{A} \in \mathbf{M}_n(\mathbb{F})$ をすべての対角要素が非零である上三角行列とする（練習問題 2・3・12 参照）．この行列の列は $\mathbb{F}^n$ の基底であることを示しなさい．

3・2・19　$(\mathbf{v}_1, \ldots, \mathbf{v}_n)$ を $\mathbb{F}^n$ の基底，$\mathbf{b} \in \mathbb{F}^n$，行列 $\mathbf{V} \in \mathbf{M}_n(\mathbb{F})$ を $\mathbf{v}_1, \ldots, \mathbf{v}_n$ を列にもつ行列，$\mathbf{x}=\mathbf{V}^{-1}\mathbf{b}$ とすると

$$\mathbf{b}=x_1\mathbf{v}_1+\cdots+x_n\mathbf{v}_n,$$

となることを示しなさい．

3・2・20　$(v_1, \ldots, v_n)$ を V の基底，スカラー $a_{ij} \in \mathbb{F}$ とし，各 $i=1, \ldots, n$ について $w_i=\sum_{j=1}^n a_{ij}v_j$ とする．a_{ij} を要素にもつ行列 $\mathbf{A} \in \mathbf{M}_n(\mathbb{F})$ が正則なら $(w_1, \ldots, w_n)$ が V の基底となることを示しなさい．

7）訳注：1 と i は両者ともこのベクトル空間のベクトルです．

3・2・21　$(v_1, \ldots, v_n)$ を V の基底，$a_1, \ldots, a_n \in \mathbb{F}$ とする．各 j について $Tv_j = a_j$ となる線形写像 $T: V \to \mathbb{F}$ が一意に存在することを示しなさい．

3・2・22　$(v_1, \ldots, v_n)$ と $(w_1, \ldots, w_n)$ を V の基底とする．各 $i = 1, \ldots, n$ について $Tv_i = w_i$ となる同型写像 $T \in \mathcal{L}(V)$ の存在を示しなさい．

3・2・23　$(v_1, \ldots, v_n)$ が線形独立でない場合に定理 3・14 が成り立たないことを示しなさい．つまり，V を張るベクトルの並び $(v_1, \ldots, v_n)$ と W のベクトルの並び $(w_1, \ldots, w_n)$ で，各 j について $Tv_j = w_j$ となる線形写像 $T \in \mathcal{L}(V, W)$ が存在しない例を与えなさい．

3・2・24　$(v_1, \ldots, v_n)$ を V の基底，$T: V \to W$ を線形写像とし，$(Tv_1, \ldots, Tv_n)$ が W の基底であるとする．このとき V のどのような基底 $(u_1, \ldots, u_n)$ についても $(Tu_1, \ldots, Tu_n)$ は W の基底となることを示しなさい．

3・2・25　命題 3・9 を用いて $V = \mathbb{F}^n$ の場合の定理 3・10 の別証明を与えなさい．

3・3　次　元

まず有限次元ベクトル空間をより細かく分類することから始めます．

ベクトル空間の次元

補助定理 3・17　$V \subseteq \langle v_1, \ldots, v_m \rangle$ とし $(w_1, \ldots, w_n)$ は V の線形独立なベクトルの並びとすると，$m \geq n$ である．

■**証明**　各 $j = 1, \ldots, n$ について $w_j \in \langle v_1, \ldots, v_m \rangle$ ですから，

$$w_j = \sum_{i=1}^{m} a_{ij} v_i$$

となるスカラー $a_{1j}, \ldots, a_{mj} \in \mathbb{F}$ があります．ここで $\mathbf{A} = [a_{ij}] \in \mathbf{M}_{m,n}(\mathbb{F})$ として $m \times n$ 斉次線形方程式系 $\mathbf{Ax} = \mathbf{0}$ を考えます．$\mathbf{x}$ をこの線形方程式系の解とすると $i = 1, \ldots, m$ について

$$\sum_{j=1}^{n} a_{ij} x_j = 0$$

ですから

$$0=\sum_{i=1}^{m}\left(\sum_{j=1}^{n}a_{ij}x_j\right)v_i=\sum_{j=1}^{n}x_j\left(\sum_{i=1}^{m}a_{ij}v_i\right)=\sum_{j=1}^{n}x_jw_j$$

を得ます．ところが（$w_1, \dots, w_n$）は線形独立ですからすべての j について $x_j=0$ が得られます．つまり $\mathbf{x}=\mathbf{0}$ が $\mathbf{Ax}=\mathbf{0}$ の唯一の解となりますが，これは系 1・4 から $m \geq n$ を意味します． ■

即問 11 $\mathcal{P}_n(\mathbb{R})$ の線形独立な多項式の個数はたかだか $n+1$ 個であることを示しなさい．

補助定理 3・17 は，冗長性のないベクトルの並びは V の任意のベクトルを表現できるベクトルの並びよりも長くないと言いなおすことができます．この結果から，ベクトル空間が無限次元であることを次のように判定できます．

定理 3・18 任意の $n \geq 1$ に対して V に n 個の線形独立なベクトルがあれば，V は無限次元である．

■証明 背理法で証明します．V が有限次元であると仮定すると $V \subseteq \langle v_1, \dots, v_m \rangle$ となるベクトルの並び（$v_1, \dots, v_m$）があるので，V の線形独立なベクトルの個数はこの m を超えません． ■

実は定理 3・18 の逆も成り立ちます．練習問題 3・3・21 をみてください．

■例 $\mathbb{R}$ 上の多項式のつくるベクトル空間 $\mathcal{P}(\mathbb{R})$ は，任意の n に対して線形独立なベクトルの並び（$1, x, \dots, x^n$）をもちますから，無限次元です． ■

補助定理 3・17 から得られる最も重要な結果は以下の定理です．

定理 3・19 （$v_1, \dots, v_m$）と（$w_1, \dots, w_n$）を V の基底とすると，$m=n$ である．

■証明 $V \subseteq \langle v_1, \dots, v_m \rangle$ であり（$w_1, \dots, w_n$）は線形独立ですから，補助定理 3・17 から $m \geq n$ が得られ，一方 $V \subseteq \langle w_1, \dots, w_n \rangle$ であり（$v_1, \dots, v_m$）は線形独立ですから，やはり補助定理 3・17 から $n \geq m$ が得られます． ■

この定理は，有限次元のベクトル空間には相異なる多数の基底が存在し得るが，どの基底もその長さ，すなわち構成するベクトルの本数は等しいと述べています．よって，有限次元のベクトル空間 V が与えられれば，基底の長さは V だけに依存

即問 11 の答 $\mathcal{P}_n(\mathbb{R})$ は $n+1$ 個のベクトルの並び（$1, x, \dots, x^n$）によって張られます．

して決まり，基底によって異なることはありません．これによって次の定義が意味をもちます．

> **定 義**　Vを有限次元のベクトル空間とする．
> - $V \neq \{0\}$ ならVの**次元**[1] をVの任意の基底の長さと定義し，これを$\dim V$と書く．$\dim V = n$のときVは$\boldsymbol{n}$ **次元**[2] であるという．
> - $V = \{0\}$ ならVの次元を0と定義する．

もしもVに長さの異なる基底が存在すれば，上の定義は問題を起こします．つまりVの次元だと思っていたものが考えている基底に依存してしまうことになります．もしもこのようなことが起こっていたら，Vの次元は**整合的**[3] に定義されていないといいます．この場合に限らず，数学の定義が選んだものに依存するようにみえるときには，整合的に定義されているかどうかに注意することが大切です．定理3・19は，次元の定義は選んだ基底に依存するようにみえるが実はそうではない．よって定義は整合的であることを示しています．

■**例**　1. $(\mathbf{e}_1, \ldots, \mathbf{e}_n)$ が$\mathbb{F}^n$の基底であることをすでにみましたから，$\dim \mathbb{F}^n = n$です．

2. 149ページの例で $(1, x, \ldots, x^n)$ が$\mathbb{R}$上の次数n以下の多項式のつくるベクトル空間$\mathcal{P}_n(\mathbb{R})$の基底であることをみましたから，$\dim \mathcal{P}_n(\mathbb{R}) = n+1$です．■

次にベクトル空間の次元に関して補助定理3・17から得られる結果を書いておきます．

> **命 題 3・20**　$V = \langle v_1, \ldots, v_n \rangle$ なら$\dim V \leq n$である．

即問 12　命題3・20を示しなさい．

> **命 題 3・21**　Vが有限次元で，$(v_1, \ldots, v_n)$ が線形独立なら，$\dim V \geq n$である．

■**証 明**　系3・12からVには基底があり，補助定理3・17からその長さは線形独立なベクトルの並び $(v_1, \ldots, v_n)$ より短くありません．■

---

1) dimension　　2) n-dimensional　　3) well-defined

即問 12 の答　$(v_1, \ldots, v_n)$ の一部から基底がつくれます．

次の補助定理は，次元を数えるだけで自明でない結果を得ることができる例を示しています．

補助定理 3・22　U_1 と U_2 を有限次元ベクトル空間 V の部分空間とする．$\dim U_1 + \dim U_2 > \dim V$ なら $U_1 \cap U_2 \neq \{0\}$ である．

■**証 明**　背理法で証明します．つまり $U_1 \cap U_2 = \{0\}$ を仮定して $\dim U_1 + \dim U_2 \leq \dim V$ を導きます．$(u_1, \ldots, u_p)$ を U_1 の基底，$(v_1, \ldots, v_q)$ を U_2 の基底とし，スカラー $a_1, \ldots, a_p, b_1, \ldots, b_q$ に対して

$$\sum_{i=1}^{p} a_i u_i + \sum_{j=1}^{q} b_j v_j = 0$$

を仮定します[4]．そうすると

$$\sum_{i=1}^{p} a_i u_i = -\sum_{j=1}^{q} b_j v_j$$

で，しかも両辺のベクトルは $U_1 \cap U_2$ に属します．よって仮定から0です．$(u_1, \ldots, u_p)$ は線形独立でしたからすべての i について $a_i = 0$ であり，同様にすべての j について $b_j = 0$ です．以上から $(u_1, \ldots, u_p, v_1, \ldots, v_q)$ は線形独立であることがわかり，$\dim V \geq p + q$ を得ます．■

次の定理は，同型なベクトル空間を同一視すれば，$\mathbb{F}$ 上の n 次元ベクトル空間は，一つしかないことを示しています．

定 理 3・23　V と W を $\mathbb{F}$ 上の有限次元ベクトル空間とする．$\dim V = \dim W$ であることは V と W が同型であるための必要十分条件である．

■**証 明**　$\dim V = \dim W = n$ と仮定します．V の基底 $(v_1, \ldots, v_n)$ と W の基底 $(w_1, \ldots, w_n)$ を選ぶと，各 i について $Tv_i = w_i$ となる線形写像 $T \in \mathcal{L}(V, W)$ が定理3・14によって存在します．この T は定理3・15より同型写像です．

次に V と W が同型であると仮定しますと，同型写像 $T \in \mathcal{L}(V, W)$ が存在します．$(v_1, \ldots, v_n)$ を V の基底とすると定理3・15から $(Tv_1, \ldots, Tv_n)$ は W の基底となります．したがって $\dim W = n = \dim V$ が得られます．■

---

4) 訳注：ここで U_1 と U_2 が共に有限次元であることが使われていますが，この事実は後に定理3・29で示します．

定理 3・23 は一般的に $\mathbb{F}$ 上の n 次元ベクトル空間はすべて同型であると述べていますが，次の系はそのような空間の具体例を与えてくれます．

系 3・24　$\dim V = n$ なら V は $\mathbb{F}^n$ と同型である．

即問 13　$\mathbb{R}^3$ のベクトル $\mathbf{v}_1$ と $\mathbf{v}_2$ は共線でないとします．平面 $U = \langle \mathbf{v}_1, \mathbf{v}_2 \rangle$ が $\mathbb{R}^2$ と同型であることを示しなさい．

アルゴリズム 3・25　$\mathbb{F}^n$ のベクトルの並び $(\mathbf{v}_1, \ldots, \mathbf{v}_n)$ に対して $\langle \mathbf{v}_1, \ldots, \mathbf{v}_n \rangle$ の次元を求める手順:

- 行列 $\mathbf{A} = \begin{bmatrix} | & & | \\ \mathbf{v}_1 & \cdots & \mathbf{v}_n \\ | & & | \end{bmatrix}$ を既約行階段形に変形する．
- 枢軸の個数が $\langle \mathbf{v}_1, \ldots, \mathbf{v}_n \rangle$ の次元である．

■**証明**　アルゴリズム 3・13 から既約行階段形で枢軸のある列が $\langle \mathbf{v}_1, \ldots, \mathbf{v}_n \rangle$ の基底をなすことがわかっていますから，その個数が次元です．■

即問 14　次の部分空間の次元を求めなさい（3・2 節の即問 8 参照）．

$$\left\langle \begin{bmatrix} 1 \\ 0 \\ 1 \\ -1 \end{bmatrix}, \begin{bmatrix} -2 \\ 0 \\ -2 \\ 2 \end{bmatrix}, \begin{bmatrix} 0 \\ 1 \\ 0 \\ 1 \end{bmatrix}, \begin{bmatrix} 0 \\ 0 \\ 1 \\ 0 \end{bmatrix}, \begin{bmatrix} 1 \\ 1 \\ 3 \\ 0 \end{bmatrix} \right\rangle \subseteq \mathbb{R}^4$$

次元，基底，部分空間

次の定理は次元を知っていることが議論の助けになることを示しています．あるベクトルの並びが V の基底であるかどうかを確かめるときに，その長さが次元に等しければ，確かめる必要のあるのは V を張るかどうかであり，その線形独立性は自動的に得られると述べています．

即問 13 の答　$\mathbf{v}_1$ と $\mathbf{v}_2$ は共線でないので線形独立，よって U の基底です．これから $\dim U = 2$ が得られ，U が $\mathbb{R}^2$ と同型であることが導かれます．

即問 14 の答　与えられたベクトルのつくる行列には枢軸が 3 個あるので，次元は 3 です．

定理 3・26　$\dim V = n \neq 0$，$\mathcal{B} = (v_1, \ldots, v_n)$ とする．$V = \langle \mathcal{B} \rangle$ なら $\mathcal{B}$ は V の基底である．

■**証明**　定理 3・11 から $\mathcal{B}$ の一部のベクトルの並び $\mathcal{B}'$ が V の基底となります．$\dim V = n$ ですから $\mathcal{B}'$ の長さは n であり，$\mathcal{B}' = \mathcal{B}$ でなければなりません．よって $\mathcal{B}$ は V の基底となります．■

■**例**　下に定義する $\mathbb{F}^n$ の数ベクトルの並び $(\mathbf{v}_1, \ldots, \mathbf{v}_n)$ と $(\mathbf{w}_1, \ldots, \mathbf{w}_n)$ を考えます．$1 \leq j \leq n$ について

$$\mathbf{v}_j = \mathbf{e}_1 + \cdots + \mathbf{e}_j$$

$\mathbf{w}_1 = \mathbf{e}_1$ で $2 \leq j \leq n$ について

$$\mathbf{w}_j = \mathbf{e}_j - \mathbf{e}_{j-1}$$

118 ページの例でいずれの並びも $\mathbb{F}^n$ を張ることを見ました．$\dim \mathbb{F}^n = n$ であり，しかもいずれも n 個のベクトルからなっていますから，両者とも基底であることがわかります．線形独立性の確認は不要です．■

次元に等しい長さのベクトルの並びが基底であるかどうかは，空間を張るかどうかだけを確かめればよいことが定理 3・26 からわかりました．さらに，次元に等しい長さのベクトルの並びは線形独立であるかどうかだけを確かめれば，基底であることを確かめられます．これを示すために定理 3・11 に対応した次の結果を使います．

定理 3・27　$\mathcal{B}$ を有限次元ベクトル空間 V の線形独立なベクトルの並びとする．このとき $\mathcal{B}$ は V の基底に拡張できる．つまり，$\mathcal{B}$ を含む V の基底が存在する．

■**証明**　$\mathcal{B} = (v_1, \ldots, v_m)$ とします．もしも $V \subseteq \langle v_1, \ldots, v_m \rangle$ なら $\mathcal{B}$ 自身が基底ですから証明が終わります．そうでない場合には $v_{m+1} \in V \setminus \langle v_1, \ldots, v_m \rangle$ となる v_{m+1} が存在しますので，線形従属性定理 3・6 から $(v_1, \ldots, v_{m+1})$ は線形独立です．この段階で $V \subseteq \langle v_1, \ldots, v_{m+1} \rangle$ なら証明が終わります．

そうでない場合には同様にして $v_{m+2} \in V \setminus \langle v_1, \ldots, v_{m+1} \rangle$ となる v_{m+2} が存在し，線形独立なベクトルの並び $(v_1, \ldots, v_{m+2})$ が得られます．

このようにベクトルを 1 個ずつ加える手順を繰返せば，ある段階で $V \subseteq \langle v_1, \ldots, v_{m+k} \rangle$ となります．そうでないと定理 3・18 から V は無限次元であることになり，定理の仮定に矛盾します．以上で証明が終わります．■

定理 3・28 $\dim V=n$，$\mathcal{B}=(v_1, \ldots, v_n)$ とする．$\mathcal{B}$が線形独立なら$\mathcal{B}$はVの基底である．

■**証明** 練習問題 3・3・23 にまわします． ■

■**例** 147, 148 ページの例にある数ベクトルの並び $(\mathbf{v}_1, \ldots, \mathbf{v}_n)$ と $(\mathbf{w}_1, \ldots, \mathbf{w}_n)$ を考えましょう．そこでは両者とも線形独立であることを確かめましたから，その長さが $\dim \mathbb{F}^n=n$ に等しいことから基底であることが得られます．ここでは，これらのベクトルの並びが $\mathbb{F}^n$ を張るかどうかを確かめる必要はありません． ■

即問 15 $\mathbb{R}^2$ のベクトルの並び $(\mathbf{v}_1, \mathbf{v}_2)$ が共線でないとき（練習問題 3・1・7 参照），$\mathbb{R}^2$ を張ることを示しなさい．

有限次元ベクトル空間に関する次の基本的性質は，今後断りなく繰返し使うことになります．

定理 3・29 Vを有限次元ベクトル空間，Uをその部分空間とすると

1. Uも有限次元である．
2. $\dim U \leq \dim V$
3. $\dim U=\dim V$ なら $U=V$ である．

■**証明** 1. 証明は基本的に定理 3・27 と同様です．

$U=\{0\}$ なら自明です．そうでない場合には $u_1 \in U \setminus \{0\}$ があり，$U=\langle u_1 \rangle$ なら証明が終わります．そうでなければ $u_2 \in U \setminus \langle u_1 \rangle$ があり，線形従属性定理から (u_1, u_2) は線形独立となります．この手順を繰返して得られる $(u_1, \ldots, u_k)$ は線形独立で，しかもVは有限次元ですから，いずれベクトルを加えられなくなります．u_k を加えた段階で手順が止まったとすると $U \subseteq \langle u_1, \ldots, u_k \rangle$ となっています．

2. 部分空間Uも有限次元ですから，基底$\mathcal{B}$をもちます．この$\mathcal{B}$はVの線形独立なベクトルの並びですから，定理 3・27 によってそれをVの基底$\mathcal{B}'$に拡張することができます．$\mathcal{B}'$には$\mathcal{B}$以上の個数のベクトルがありますから，$\dim V \geq \dim U$ が得られます．

3. $(u_1, \ldots, u_k)$ をUの基底とします．もしも $U \neq V$ なら $v \notin U=\langle u_1, \ldots, u_k \rangle$ と

即問 15 の答 練習問題 3・1・7 から $(\mathbf{v}_1, \mathbf{v}_2)$ は線形独立です．よって $\dim \mathbb{R}^2=2$ と定理 3・28 から基底になります．

なる v があり，線形従属性定理から $(u_1, \ldots, u_k, v)$ が線形独立となり，$\dim V \geq k+1 > \dim U$ となり，仮定に矛盾します．■

■**例**　$\mathbb{R}^3$ では，原点，原点を通る直線，平面，そして $\mathbb{R}^3$ 自身がその部分空間です．これ以外に部分空間がないことが定理3・29からわかります．なぜなら $\mathbb{R}^3$ の部分空間の次元は 0, 1, 2, 3 のいずれかでなければならないからです．次元が1ならその部分空間は1個の非零ベクトルによって張られているので，原点を通る直線となり，次元が2ならそれは2個の線形独立なベクトルで張られ，よって原点を通る平面になります．また次元が0の部分空間は $\{\mathbf{0}\}$ であり，次元が3の部分空間は $\mathbb{R}^3$ 自身です．■

補 足　系3・12によってどの有限次元ベクトル空間も次元をもちます．もちろんこの次元は有限の値です．V が無限次元であることを $\dim V = \infty$ と，有限次元であることを $\dim V < \infty$ と書きます．ただし，無限次元ベクトル空間が無限の長さの基底をもつことをここでは示していません．集合論や解析の微妙な議論に関連するこの問題は上級の講義にゆずることにします．

ま と め

- 有限次元ベクトル空間の基底はどれも同じ長さをもつ．これを空間の次元という．
- 有限次元ベクトル空間は次元が等しいとき，またそのときに限って同型である．
- 線形独立なベクトルの並びは基底に拡張できる．

練 習 問 題

3・3・1　以下のベクトル空間の次元を求めなさい．

(a) $\left\langle \begin{bmatrix} 2 \\ -1 \\ 3 \end{bmatrix}, \begin{bmatrix} 1 \\ 0 \\ 1 \end{bmatrix}, \begin{bmatrix} 0 \\ 1 \\ -1 \end{bmatrix} \right\rangle$　(b) $\left\langle \begin{bmatrix} 1 \\ 2 \\ 3 \\ 4 \end{bmatrix}, \begin{bmatrix} 1 \\ 2 \\ 3 \\ 3 \end{bmatrix}, \begin{bmatrix} 1 \\ 2 \\ 2 \\ 2 \end{bmatrix} \right\rangle$　(c) $\left\langle \begin{bmatrix} 1 \\ 2 \end{bmatrix}, \begin{bmatrix} 3 \\ 4 \end{bmatrix}, \begin{bmatrix} 5 \\ 6 \end{bmatrix} \right\rangle$

(d) $C\left(\begin{bmatrix} 1 & 0 & 2 & -1 \\ 2 & 1 & 0 & 1 \\ 1 & 1 & -2 & 2 \end{bmatrix}\right)$　(e) $\mathbb{R}$ 上で $C\left(\begin{bmatrix} 1 & 1 & 0 \\ 1 & 0 & 1 \\ 0 & 1 & 1 \end{bmatrix}\right)$

(f) $\mathbb{F}_2$ 上で $C\left(\begin{bmatrix} 1 & 1 & 0 \\ 1 & 0 & 1 \\ 0 & 1 & 1 \end{bmatrix}\right)$　(g) $\ker \begin{bmatrix} 1 & 0 & 2 & -1 \\ 2 & 1 & 0 & 1 \\ 1 & 1 & -2 & 2 \end{bmatrix}$

3・3・2　以下のベクトル空間の次元を求めなさい．

(a)　$\left\langle \begin{bmatrix} 1 \\ -2 \end{bmatrix}, \begin{bmatrix} -2 \\ 4 \end{bmatrix} \right\rangle$　　(b)　$\left\langle \begin{bmatrix} 1 \\ 2 \\ 3 \end{bmatrix}, \begin{bmatrix} 3 \\ 2 \\ 1 \end{bmatrix}, \begin{bmatrix} 1 \\ 1 \\ 1 \end{bmatrix}, \begin{bmatrix} 1 \\ 0 \\ 1 \end{bmatrix} \right\rangle$

(c)　$\left\langle \begin{bmatrix} 1 \\ 0 \\ -2 \\ 1 \end{bmatrix}, \begin{bmatrix} -2 \\ 5 \\ 0 \\ -1 \end{bmatrix}, \begin{bmatrix} 0 \\ 1 \\ 1 \\ 2 \end{bmatrix}, \begin{bmatrix} -1 \\ 4 \\ -3 \\ -2 \end{bmatrix}, \begin{bmatrix} -2 \\ 3 \\ -2 \\ -5 \end{bmatrix} \right\rangle$

(d)　$C\left(\begin{bmatrix} 3 & 2 & 1 & 0 \\ 2 & 1 & 0 & 3 \\ 1 & 0 & 3 & 2 \end{bmatrix} \right)$　　(e)　$\ker \begin{bmatrix} 3 & 2 & 1 & 0 \\ 2 & 1 & 0 & 3 \\ 1 & 0 & 3 & 2 \end{bmatrix}$

(f)　$\mathbb{C}$ 上で $\left\langle \begin{bmatrix} 1 \\ 1+i \\ i \end{bmatrix}, \begin{bmatrix} i \\ -1+i \\ -1 \end{bmatrix} \right\rangle$

(g)　$\mathbb{R}$ 上で $\left\langle \begin{bmatrix} 1 \\ 1+i \\ i \end{bmatrix}, \begin{bmatrix} i \\ -1+i \\ -1 \end{bmatrix} \right\rangle$

3・3・3　練習問題 3・1・14 を使って $C(\mathbb{R})$[5]が無限次元であることを示しなさい．

3・3・4　$\mathbb{F}$ の要素からなる数列のベクトル空間 $\mathbb{F}^{\infty}$が無限次元であることを示しなさい．

3・3・5　$v_1 \neq 0$ で $i=2, \ldots, n$ について $v_i \notin \langle v_1, \ldots, v_{i-1} \rangle$ であるとき $\dim \langle v_1, \ldots, v_n \rangle = n$ であることを示しなさい．

3・3・6　相異なる $\lambda_1, \ldots, \lambda_n \in \mathbb{R}$ に対して $f_i(x) = e^{\lambda_i x}$ とすると

$$\dim\langle f_1, \ldots, f_n \rangle = n$$

であることを示しなさい．

ヒント：微分作用素 $D : C^{\infty}(\mathbb{R}) \to C^{\infty}(\mathbb{R})$ が f_i にどのように働くか考えてみなさい．

3・3・7　ベクトル空間 V の部分空間 U_1, U_2 に対して練習問題 1・5・11 にあるように U_1+U_2 を定義する．このとき $\dim(U_1+U_2) \leq \dim U_1 + \dim U_2$ となることを示しなさい．

3・3・8　ベクトル空間 V の部分空間 U_1, U_2 に対して

$$\dim(U_1 + U_2) = \dim U_1 + \dim U_2 - \dim(U_1 \cap U_2)$$

となることを示しなさい．

5）訳注：$C(\mathbb{R})$ は $\mathbb{R}$ 上の連続関数のつくるベクトル空間．

ヒント：$U_1 \cap U_2$ の基底を U_1 の基底に拡張し，ついで U_2 の基底に拡張し，得られた二つの基底を合わせると U_1+U_2 の基底となることを示しなさい．

3・3・9 V を有限次元ベクトル空間，$T \in \mathcal{L}(V, W)$ としたとき，$\dim \operatorname{range} T \leq \dim V$ を示しなさい．

3・3・10 $(v_1, \ldots, v_k)$ を V の線形独立な並びとし，$w_1, \ldots, w_k \in W$ とすると，各 i で $Tv_i = w_i$ となる線形写像 $T \in \mathcal{L}(V, W)$ が存在することを示しなさい．

3・3・11 $\mathbb{C}^2$ は $\mathbb{C}$ 上のベクトル空間としてはその次元が 2 であり，$\mathbb{R}$ 上のベクトル空間としては次元が 4 であることを示しなさい．

3・3・12 $\dim V = n$ で $T \in \mathcal{L}(V)$ のとき T の相異なる固有値はたかだか n 個であることを示しなさい．

3・3・13 $\mathbf{A} \in \mathbf{M}_n(\mathbb{F})$ に相異なる固有値が n 個あるとき，その固有ベクトルからなる $\mathbb{F}^n$ の基底があることを示しなさい．

3・3・14 D を $C^\infty(\mathbb{R})$ 上の微分作用素とする．D の固有空間はどれもその次元が 1 であることを示しなさい．

3・3・15 練習問題 1・5・14 で単体

$$V = \left\{ (p_1, \ldots, p_n) \;\middle|\; p_i > 0,\ i = 1, \ldots, n;\ \sum_{i=1}^{n} p_i = 1 \right\}$$

は通常とは異なる加法とスカラー乗法によってベクトル空間となることを示しました．このベクトル空間 V の 1 次元部分空間を示しなさい．

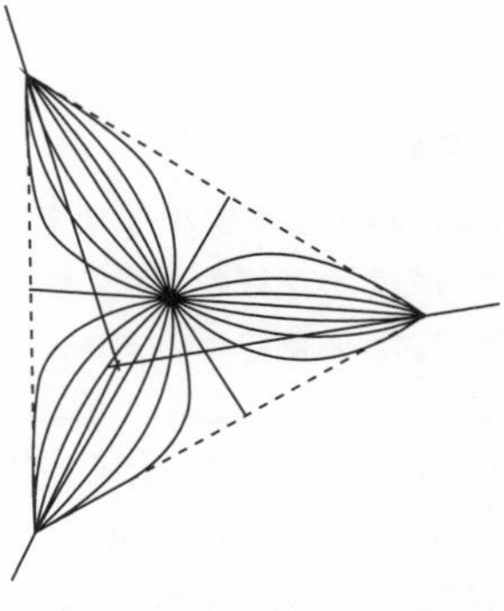

練習問題 3・3・15 の 1 次元部分空間

3・3・16 $\mathbb{R}$ を $\mathbb{Q}$ 上のベクトル空間とみなした場合，無限次元であることを示しなさい．ヒント：練習問題 3・1・18 を使いなさい．

3・3・17 $\mathbb{R}^3$ の原点を通る二つの平面の交わりは原点を通る直線を含むことを示しなさい．

3・3・18　$\mathbb{F}$ を q 個の要素からなる有限体とする．V が $\mathbb{F}$ 上の有限次元ベクトル空間なら，V のベクトルの個数は q^n となることを示しなさい．ただし n は整数です．

3・3・19　$\mathbb{F}$ を q 個の要素からなる有限体，$1 \leq k \leq n$ とする．

(a) $\mathbb{F}^n$ の長さが k である線形独立なベクトルの並びはちょうど $(q^n-1)(q^n-q)\cdots(q^n-q^{k-1})$ 個あることを示しなさい．

ヒント：k についての帰納法を用いなさい．まず $\mathbb{F}^n$ に長さが 1 の線形独立なベクトルの並びが何個あるかを考え，次に長さ k の線形独立なベクトルの並びは長さ $k-1$ の線形独立なベクトルの並びにそのスパンに属さないベクトルを付け加えてつくることができることを示しなさい．

(b) $\mathbf{M}_n(\mathbb{F})$ には q^{n^2} 個の行列があること，さらにその内のちょうど $(q^n-1)(q^n-q)\cdots(q^n-q^{n-1})$ 個が正則であることを示しなさい．

3・3・20　定理 3・27 を用いて系 3・12 に別証明を与えなさい．

3・3・21　定理 3・18 の逆を示しなさい．つまり，V が無限次元なら任意の $n \geq 1$ に対して V には n 個のベクトルからなる線形独立な並びがあることを示しなさい．

ヒント：定理 3・29 の主張 1 の証明を参考にしなさい．

3・3・22　練習問題 3・3・8 を使って補助定理 3・22 の別証明を与えなさい．

3・3・23　定理 3・27 を使って定理 3・28 を証明しなさい．

3・4　階数と退化次数

写像と行列の階数と退化次数

2・5 節で線形写像や行列に付随する重要な部分空間として，像空間，列空間，核空間を導入しました．これらの部分空間の次元に注目するだけで多くの結果を導くことができます．まず，像空間から話を始めましょう．

定 義　線形写像 T の**階数**[1] をその像空間の次元と定義する．つまり

$$\operatorname{rank} T := \dim \operatorname{range} T$$

また行列 $\mathbf{A}$ の**階数**をその列空間の次元と定義する．つまり，

$$\operatorname{rank} \mathrm{A} := \dim C(\mathrm{A})$$

である．

1) rank

定理2・31でみたようにrange TはTの表現行列の列空間でしたから，上の定義で両者の次元に階数という同じ名称を与えることには一貫性があります．

即問16 $\mathbf{A}\in\mathbf{M}_{m,n}(\mathbb{F})$ の階数が1であるとき $\mathbf{A}$ は $\mathbf{v}\in\mathbb{F}^m$ と $\mathbf{w}\in\mathbb{F}^n$ によって $\mathbf{A}=\mathbf{v}\mathbf{w}^{\mathrm{T}}$ と書けることを示しなさい．
ヒント： rank $\mathbf{A}=1$ なら何らかの $\mathbf{v}$ によって $C(\mathbf{A})=\langle\mathbf{v}\rangle$ となります．

まず簡単にわかる結果をいくつか示します．

命題3・30 $T\in\mathcal{L}(V,W)$ なら $\operatorname{rank} T\leq\min\{\dim V, \dim W\}$ である．

■**証明** 定義より range $T\subseteq W$ ですから，定理3・29から $\operatorname{rank} T\leq\dim W$ です．一方，練習問題3・3・9より $\operatorname{rank} T\leq\dim V$ ですから，証明が終わります． ■

命題3・31 $T\in\mathcal{L}(V,W)$ で $\dim W<\infty$ とする．Tが全射である必要十分条件は $\operatorname{rank} T=\dim W$ である．

■**証明** 練習問題3・4・6にまわします． ■

定理3・32 $\mathbf{A}$ を $m\times n$ 行列とすると $\operatorname{rank}\mathbf{A}\leq\min\{m,n\}$ である．

■**証明** 定義より $C(\mathbf{A})\subseteq\mathbb{F}^m$ ですから $\operatorname{rank}\mathbf{A}\leq\dim\mathbb{F}^m=m$ であり，$C(\mathbf{A})$ は $\mathbf{A}$ の n 本の列で張られていますから $\operatorname{rank}\mathbf{A}\leq n$ です． ■

即問17 $V=\mathbb{F}^n$, $W=\mathbb{F}^m$ である場合について定理3・32を用いて命題3・30を示しなさい．

行基本演算を用いて行列の階数を決定することができます．

アルゴリズム3・33 行列 $\mathbf{A}$ の階数の決定：
- $\mathbf{A}$ を既約行階段形に変形する．
- $\mathbf{A}$ の階数は枢軸の個数に等しい．

即問16の答 $\mathbf{A}$ の第 j 列は $w_j\mathbf{v}$ と書けます．ここで w_j はスカラーです．
即問17の答 $T:\mathbb{F}^n\to\mathbb{F}^m$ の場合，rank T はその表現行列である $m\times n$ 行列の階数に等しい．

■**証明**　アルゴリズム 3・25 で既約行階段形の枢軸列は $C(\mathbf{A})$ の基底をなすことをみました．よって階数の定義より結果が得られます．■

行列の列空間と線形写像の像空間の関係から，列空間の次元を行列の階数と定義することは自然であると言えます．しかし，行列を列ではなく行の視点からみることもあり，その場合には行空間と行階数が定義できます．行列

$$\mathrm{A} = \begin{bmatrix} -\mathbf{a}_1- \\ \vdots \\ -\mathbf{a}_m- \end{bmatrix} \in \mathrm{M}_{m,n}(\mathbb{F})$$

の**行空間**[2)]は

$$R(\mathrm{A}) := \langle \mathbf{a}_1, \ldots, \mathbf{a}_m \rangle \subseteq \mathrm{M}_{1,n}(\mathbb{F})$$

で，**行階数**[3)]を $\dim R(\mathbf{A})$ と定義します．行階数は転置行列の階数 $\operatorname{rank} \mathbf{A}^{\mathrm{T}}$ と同じになることに注意しておいてください．

この行階数という用語はあまり標準的ではありません．それは次の定理に示すようにわざわざ行階数と言う必要がないことによります．

定理 3・34　行列の行階数は階数に等しい．すなわち $\operatorname{rank} \mathbf{A}^{\mathrm{T}} = \operatorname{rank} \mathbf{A}$ である．

■**証明**　行列 $\mathbf{A}$ が既約行階段形である場合を考えます．この場合には枢軸をもつ行が行空間の基底をつくることは明らかです．実際，枢軸行以外は零ベクトルで，枢軸行についてはそれより下の行に 0 がある場所に 1 がありますので，線形独立です．よって行階数は枢軸の個数に一致します．一方，アルゴリズム 3・33 によって $\mathbf{A}$ の階数も枢軸の個数に一致します．

したがって後は行基本演算 **R1**, **R2**, **R3** が行空間を変化させないことを示せば十分です．まず，行を非零定数倍することと，2 行の交換が行空間を変えないことは明らかです．また，行基本演算 **R1** の前後でも行ベクトルの張る空間に変化はありません．行基本演算 **R1** を再度施せば元の行列に戻すことができるからです．よって行基本演算 **R1**, **R2**, **R3** は行空間を変化させません．■

即問 18　定理 3・34 を使って行列 $\mathbf{A} = \begin{bmatrix} 1 & 0 & 0 \\ 0 & 1 & 0 \\ -2 & 3 & 0 \\ 0 & 0 & 1 \end{bmatrix}$ の階数を求めなさい．

2) row space　　3) row rank

次に核空間に話を移しましょう.

定 義 線形写像 T の**退化次数**[4] を

$$\mathrm{null}\, T := \dim \ker T$$

と定義し，行列 $\mathbf{A}$ の**退化次数**を

$$\mathrm{null}\, \mathrm{A} := \dim \ker \mathrm{A}$$

と定義する.

ここでも $T \in \mathcal{L}(\mathbb{F}^n, \mathbb{F}^m)$ の退化次数はその表現行列の退化次数に一致します.

即問 19 線形変換 $P \in \mathcal{L}(\mathbb{R}^3)$ を x-y 平面への射影とします．P の退化次数を示しなさい.

次元定理

次の簡潔な定理は線形代数とその応用の広範囲に関連する結果です.

定理 3・35（次元定理[5]**）** $\mathbf{A} \in \mathbf{M}_{m,n}(\mathbb{F})$ について

$$\mathrm{rank}\, \mathrm{A} + \mathrm{null}\, \mathrm{A} = n$$

が成り立つ．また $T \in \mathcal{L}(V, W)$ について

$$\mathrm{rank}\, T + \mathrm{null}\, T = \dim V$$

が成り立つ.

もちろん $V = \mathbb{F}^n$, $W = \mathbb{F}^m$ という特別な場合を考えれば線形写像に対する主張から行列についての主張を導くことができるのですが，異なった考え方を説明するために定理の二つの主張に対して個別に証明を与えようと思います．行列についてはガウスの消去法に基づいた証明を，線形写像についてはより抽象的は証明を与えます.

即問 18 の答 $\mathbf{A}^{\mathrm{T}} = \begin{bmatrix} 1 & 0 & -2 & 0 \\ 0 & 1 & 3 & 0 \\ 0 & 0 & 0 & 1 \end{bmatrix}$ は既約行階段形で三つの枢軸がありますから，$\mathrm{rank}\, \mathbf{A} = 3$ です.

即問 19 の答 $\ker P$ は $\mathbb{R}^3$ の z 軸で，その次元は 1 ですから $\mathrm{null}\, P = 1$ です.

4) nullity，零度ともいいます.

5) rank-nullity theorem，線形写像の基本定理ともいいます.

■ 行列についての定理 3・35 の証明　アルゴリズム 3・33 により rank $\mathbf{A}$ はその既約行階段形の枢軸の個数，つまり斉次方程式系 $\mathbf{Ax}=\mathbf{0}$ の枢軸変数の個数です．よって，null $\mathbf{A}$ が自由変数の個数に等しいことを示せば，変数の合計は n ですから証明が終わります．

そこで $\mathbf{Ax}=\mathbf{0}$ の自由変数を $x_{i_1}, \ldots, x_{i_k}$ として null $\mathbf{A}=k$ の証明を目指します．1・3 節では，拡大係数行列［$\mathbf{A}\,|\,\mathbf{0}$］を変形した既約行階段形において，枢軸を含む各行は自由変数によって枢軸変数を表す式を与えることをみました．したがって，各自由変数について自明な等式 $x_{i_j}=x_{i_j}$ を加えれば，斉次方程式系の解を定数ベクトルの線形結合で次のように書くことができます．

$$\begin{bmatrix} x_1 \\ \vdots \\ x_n \end{bmatrix} = x_{i_1}\begin{bmatrix} c_{11} \\ \vdots \\ c_{1n} \end{bmatrix} + \cdots + x_{i_k}\begin{bmatrix} c_{k1} \\ \vdots \\ c_{kn} \end{bmatrix} \tag{3・6}$$

ここで，右辺の係数は自由変数です．$\mathbf{A}$ の核空間は $\mathbf{Ax}=\mathbf{0}$ の解の全体ですから，上の式は

$$\ker\mathbf{A} \subseteq \left\langle \begin{bmatrix} c_{11} \\ \vdots \\ c_{1n} \end{bmatrix}, \ldots, \begin{bmatrix} c_{k1} \\ \vdots \\ c_{kn} \end{bmatrix} \right\rangle \tag{3・7}$$

を示しており，よって null $\mathbf{A} \leq k$ が得られます．ところが（3・6）の自由変数に関する部分の等式は $x_{i_j}=x_{i_j}$ でしたから，x_{i_j} が掛けられている定数ベクトルは i_j 要素が 1 で，それ以外の自由変数に対応する要素は 0 です．したがって（3・7）のベクトルは線形独立であることがわかり，null $\mathbf{A}=k$ が結論できます[6)]．■

■ 線形写像についての定理 3・35 の証明　ker $T \subseteq V$ ですから定理 3・29 から ker T は有限次元です．ker $T=\{0\}$ の場合の証明は練習問題 3・4・20 にゆずって，ここでは ker $T \neq \{0\}$ と仮定します．ker T には基底（$u_1, \ldots, u_k$）があります．定理 3・27 からこれを拡張して V の基底

$$\mathcal{B} = (u_1, \ldots, u_k, v_1, \ldots, v_\ell)$$

をつくります．あとで

$$\mathcal{B}' = (Tv_1, \ldots, Tv_\ell)$$

が range T の基底となることを示しますが，ひとまずそれを仮定すると

$$\operatorname{rank} T + \operatorname{null} T = \ell + k = \dim V$$

が得られます．

6）訳注：$x_{i_1}=1$ とし，他のすべての自由変数を 0 とすると（3・6）の右辺は定数ベクトル $[c_{11} \;\; \cdots \;\; c_{1n}]^\top$ となりますので，$[c_{11} \;\; \cdots \;\; c_{1n}]^\top$ が ker $\mathbf{A}$ に属していることがわかります．同様に（3・7）のどのベクトルも ker $\mathbf{A}$ に属します．

よって示すべきことは $\mathcal{B}'$ が線形独立でありしかも range T を張ることです．線形独立性を示すために

$$\sum_{i=1}^{\ell} a_i T v_i = 0$$

と仮定します．線形性から

$$T \sum_{i=1}^{\ell} a_i v_i = 0$$

が得られ，

$$\sum_{i=1}^{\ell} a_i v_i \in \ker T$$

がわかります．ここで（$u_1, \ldots, u_k$）が ker T の基底であったことを使うと

$$\sum_{i=1}^{\ell} a_i v_i = \sum_{j=1}^{k} b_j u_j$$

つまり

$$\sum_{j=1}^{k} (-b_j) u_j + \sum_{i=1}^{\ell} a_i v_i = 0$$

となる $b_1, \ldots, b_k \in \mathbb{F}$ が存在します．$\mathcal{B}$ が線形独立であったので $a_1 = \cdots = a_\ell = b_1 = \cdots = b_k = 0$ でなければなりません．特に $a_1 = \cdots = a_\ell = 0$ ですから，これで $\mathcal{B}'$ の線形独立性が示せました．

次に $\mathcal{B}'$ が range T を張ることを示すために $w \in$ range T をもってきます．定義から $w = Tv$ となる $v \in V$ が存在し，$\mathcal{B}$ は V を張っていますから，

$$v = \sum_{i=1}^{k} c_i u_i + \sum_{j=1}^{\ell} d_j v_j$$

となる $c_1, \ldots, c_k, d_1, \ldots, d_\ell \in \mathbb{F}$ があります．線形性から

$$w = Tv = \sum_{i=1}^{k} c_i T u_i + \sum_{j=1}^{\ell} d_j T v_j = \sum_{j=1}^{\ell} d_j T v_j$$

を得られます．ここで $u_i \in \ker T$ を使いました．よって，$w \in \langle \mathcal{B}' \rangle$ であることがわかります． ■

即問20 正方行列 $\mathbf{A}$ について null $\mathbf{A}$ = null $\mathbf{A}^{\mathrm{T}}$ を示しなさい．

即問20の答 $\mathbf{A}$ を $n \times n$ 行列とすると，定理3・34から null $\mathbf{A} = n -$ rank $\mathbf{A} = \mathrm{n} -$ rank $\mathbf{A}^{\mathrm{T}} =$ null $\mathbf{A}^{\mathrm{T}}$ が得られます．

■例 2・6 節でハミング符号について学んだときに（2・27）の符号化行列 $\mathbf{A} \in \mathbf{M}_{7,4}(\mathbb{F}_2)$ と（2・26）のパリティ検査行列 $\mathbf{B} \in \mathbf{M}_{3,7}(\mathbb{F}_2)$ を考えました．簡単に $C(\mathbf{A}) \subseteq \ker \mathbf{B}$ であることと $\ker \mathbf{A} = \{\mathbf{0}\}$ であることがわかります．また $C(\mathbf{A}) = \ker \mathbf{B}$ であることは練習問題にしておきましたが，実は次元定理を用いればこれは直ちに得られます．

$\operatorname{null} \mathbf{A} = 0$ で $\mathbf{A}$ は 7×4 行列ですから次元定理から $\operatorname{rank} \mathbf{A} = 4$ です．行列 $\mathbf{B}$ の最後の 3 列は標準基底になっていますから，$\operatorname{rank} \mathbf{B} = 3$ で，次元定理から $\operatorname{null} \mathbf{B} = 7 - 3 = 4$ が得られます．よって $C(\mathbf{A})$ は 4 次元の $\ker \mathbf{B}$ の部分空間で，それ自身 4 次元ですから，$C(\mathbf{A}) = \ker \mathbf{B}$ がわかります． ■

次元定理から導かれる結果

次元定理から線形写像の重要な結果が得られます．

> **系 3・36** $T \in \mathcal{L}(V, W)$ とする．$\dim V = \dim W$ なら以下の命題は同値である．
> 1. T は単射である．
> 2. T は全射である．
> 3. T は同型写像である．

■証明 定理 2・37 で T が単射である必要十分条件は $\ker T = \{0\}$，すなわち $\operatorname{null} T = 0$ であることをみました．よって，以下の同値な条件が得られます．

$$
\begin{aligned}
T\text{ は単射} \quad &\iff \quad \operatorname{null} T = 0 \\
&\iff \quad \operatorname{rank} T = \dim V \text{（次元定理による）} \\
&\iff \quad \operatorname{rank} T = \dim W \text{（仮定 } \dim V = \dim W \text{ による）} \\
&\iff \quad T \text{ は全射（命題 3・31 による）}
\end{aligned}
$$

したがって T が単射あるいは全射のいずれかであれば，単射かつ全射となり，よって同型写像となります．逆に T が同型写像なら単射かつ全射です． ■

上の系は**次元の数え上げ**[7] として知られている議論の一例になっています．T の単射性と全射性が同値であることを直接示すのではなく，像空間と核空間の次元を次元定理によって関連づけることによって証明しました．

一般に線形写像は，単射であるが全射でない，あるいは全射であるが単射でないという可能性に加えて，左逆写像と右逆写像の一方しかもたないこともあります．つまり $ST = I$ だが $TS \neq I$ である $S \in \mathcal{L}(V, W)$ と $T \in \mathcal{L}(W, V)$ が存在します．しか

7）dimension-counting

し上の系でみたように $\dim V = \dim W$ の場合にはこのようなことが起こりません．一般の行列では左右のどちらかの逆行列だけが存在することもありますが，正方行列ではそのようなことがないことをすでに学んでいます．この事実も上の系から直ちに得られます．

系 3・37

1. $\dim V = \dim W$ とし $S \in \mathcal{L}(V, W)$ と $T \in \mathcal{L}(W, V)$ とする．このとき $ST = I$ なら $TS = I$ である．よって S も T も可逆で $T^{-1} = S$ である．
2. $\mathbf{A}, \mathbf{B} \in \mathbf{M}_n(\mathbb{F})$ とする．$\mathbf{AB} = \mathbf{I}_n$ なら $\mathbf{BA} = \mathbf{I}_n$ である．よって $\mathbf{A}$ も $\mathbf{B}$ も正則で $\mathbf{A}^{-1} = \mathbf{B}$ である．

■**証明** 1. $ST = I$ なら任意の $w \in W$ に対して $w = Iw = S(Tw)$ ですから S は全射となります．よって系 3・36 から S は可逆であり，

$$T = S^{-1}ST = S^{-1}$$

が得られます．

2. 系 2・32 から

$$\mathbb{F}^n = C(\mathrm{I}_n) = C(\mathrm{AB}) \subseteq C(\mathrm{A})$$

ですから $\operatorname{rank} \mathbf{A} \geq n$ ですが，$\mathbf{A} \in \mathbf{M}_n(\mathbb{F})$ ですから結局 $\operatorname{rank} \mathbf{A} = n$ です．よってその既約行階段形は n 個の枢軸をもちます．$\mathbf{A}$ は正方行列ですから，これは既約行階段形が単位行列であることを意味し，アルゴリズム 2・25 により $\mathbf{A}$ は正則となります．よって上の議論と同様に

$$\mathrm{B} = \mathrm{A}^{-1}\mathrm{AB} = \mathrm{A}^{-1}$$

が得られます． ■

即問 21 $\mathbf{A} = \begin{bmatrix} 1 & 0 & 0 \\ 0 & 1 & 0 \end{bmatrix}$, $\mathbf{B} = \mathbf{A}^{\mathrm{T}} = \begin{bmatrix} 1 & 0 \\ 0 & 1 \\ 0 & 0 \end{bmatrix}$ とします．$\mathbf{AB}$ と $\mathbf{BA}$ を計算しなさい．またこれが系 3・37 に矛盾しない理由を示しなさい．

正方行列の固有値についての次の興味深い結果が，次元の数え上げから得られます．

即問 21 の答 $\mathbf{AB} = \mathbf{I}_2$, $\mathbf{BA} = \begin{bmatrix} 1 & 0 & 0 \\ 0 & 1 & 0 \\ 0 & 0 & 0 \end{bmatrix}$ です．行列 $\mathbf{A}, \mathbf{B}$ は正方ではありませんので系 3・37 に矛盾しません．

系 3・38　$\mathbf{A} \in \mathbf{M}_n(\mathbb{F})$ とする．$\lambda \in \mathbb{F}$ が $\mathbf{A}$ の固有値である必要十分条件はそれが $\mathbf{A}^{\mathrm{T}}$ の固有値であることである．

■ **証明**　まず，$\lambda \in \mathbb{F}$ が $\mathbf{A}$ の固有値であることは，$\ker(\mathbf{A}-\lambda\mathbf{I}_n) \neq \{\mathbf{0}\}$ と同値であったことを思い出してください．次元定理から，これは $\operatorname{rank}(\mathbf{A}-\lambda\mathbf{I}_n) < n$ と同値であり，定理 3・34 から

$$\operatorname{rank}(\mathrm{A} - \lambda\mathrm{I}_n) = \operatorname{rank}(\mathrm{A} - \lambda\mathrm{I}_n)^{\mathrm{T}} = \operatorname{rank}(\mathrm{A}^{\mathrm{T}} - \lambda\mathrm{I}_n)$$

ですから，$\operatorname{rank}(\mathbf{A}-\lambda\mathbf{I}_n) < n$ と $\operatorname{rank}(\mathbf{A}^{\mathrm{T}}-\lambda\mathbf{I}_n) < n$ は同値になります．最後の条件はすなわち λ が $\mathbf{A}^{\mathrm{T}}$ の固有値であることを示しています．■

λ が固有値であるとは，すなわち $\mathbf{A}\mathbf{v} = \lambda\mathbf{v}$ となる非零ベクトル $\mathbf{v} \in \mathbb{F}^n$ が存在することでした．よって上の結果は，そのようなベクトルが存在する必要十分条件は $\mathbf{A}^{\mathrm{T}}\mathbf{w} = \lambda\mathbf{w}$ となる非零ベクトル $\mathbf{w} \in \mathbb{F}^n$ が存在することであると述べています．ただし，$\mathbf{v}$ と $\mathbf{w}$ の関係については何も述べていません．特に，$\mathbf{A}$ の固有ベクトルがわかっていても，$\mathbf{A}^{\mathrm{T}}$ の固有ベクトルの求め方については何も述べていません．

命題 3・39　$T \in \mathcal{L}(V, W)$ とする．
- $\dim V > \dim W$ なら T は単射ではない．
- $\dim W > \dim V$ なら T は全射ではない．

■ **命題 3・39 の前半の証明**　$\dim V > \dim W$ とします．定理 3・29 によって $\operatorname{rank} T \leq \dim W$ であり，次元定理から

$$\operatorname{null} T = \dim V - \operatorname{rank} T \geq \dim V - \dim W \geq 1$$

を得ます．よって $\ker T \neq \{0\}$ であり，T は単射ではありません．■

即問 22　命題 3・39 の後半を証明しなさい．

上の命題の前半の結果は，以前に $m \times n$ 行列 $\mathbf{A}$ の斉次線形方程式系

$$\mathrm{A}\mathrm{x} = \mathbf{0} \tag{3・8}$$

について学んだことに直接関係しています．$\mathbf{A}$ が定める線形写像 $T_{\mathbf{A}}: \mathbb{F}^n \to \mathbb{F}^m$ が単射であることの必要十分条件は，(3・8) の解が自明な解だけであることです．実際 $m < n$ なら (3・8) の解は一意でないことをすでに系 1・4 でみています．

即問 22 の答　$\operatorname{rank} T = \dim V - \operatorname{null} T \leq \dim V \leq \dim W - 1$

上の命題の後半の結果を線形方程式系と関連づけるために，$T_{\mathbf{A}} : \mathbb{F}^n \to \mathbb{F}^m$ が全射であることの必要十分条件は，$m \times n$ 線形方程式系

$$\mathbf{Ax} = \mathbf{b} \tag{3・9}$$

が任意の $\mathbf{b} \in \mathbb{F}^m$ に対して解をもつことであることに注目します．定理 1・2 から，(3・9) が解をもつことの必要十分条件はその拡大係数行列の既約行階段形の最後の列に枢軸がないことでした．しかし $m > n$，つまり $\mathbf{A}$ の行数が列数よりも多ければ $\mathbf{A}$ の既約行階段形のすべての行が枢軸をもつことはできませんから，すべての要素が 0 となる行があります．よって，$\mathbf{b}$ の選び方によっては (3・9) の拡大係数行列の既約行階段形の最後の列に枢軸が現れ，この方程式系に解がないことになります．

命題 3・39 は有限次元ベクトル空間の間の線形写像の幾何学的性質について重要な結果を与えます．まず，それは異なる次元のベクトル空間は同型ではあり得ないことの別証明，しかも詳細な記述を与えています．線形写像はベクトル空間の次元を拡大することはありません．つまり線形写像がベクトル空間 V を W に移す場合には W の次元が V の次元よりも高くなることはありません．また線形写像がベクトル空間をそれより低い次元のベクトル空間に移すときには必ず何らかのベクトルを零ベクトルに押しつぶします．こうしてベクトル空間のある部分を零ベクトルに押しつぶし，残りの部分を同じように押しつぶして値域に移すものとして線形写像を描くことができます[8)]．この性質は線形写像に特徴的です．非線形な写像ならいくらでも奇妙なことが起こります[9)]．

線形制約

線形代数を応用する場面で，何らかの線形方程式系を満たすベクトルの集合にしばしば出会います．たとえば，

$$S := \left\{ \begin{bmatrix} x_1 \\ x_2 \\ x_3 \\ x_4 \\ x_5 \end{bmatrix} \middle| \begin{array}{c} 3x_1 + 2x_4 + x_5 = 10 \\ x_2 - x_3 - 5x_5 = 7 \end{array} \right\}$$

のような集合です．S は $\mathbb{R}^5$ の部分空間ではありませんから，その次元をまだ定義していませんが，定義するのはさほど難しくありません．2・5 節で S は $\mathbb{R}^5$ のアフィン部分空間であること，つまり部分空間を原点からずらしたものであることを

8) 訳注：章末の訳注を参照．
9) “空間充填曲線”をネット上で検索してみると面白いかもしれません．

学びました．したがって，ずらす前の部分空間の次元をもって，その次元と定義するのが理にかなっています．

S がどのような部分空間をずらしたものか，また原点まで引き戻すにはどうすればよいかはすぐに読み取れます．実際 $\mathbf{v}_0$ を S の任意のベクトルとすると明らかに $S-\mathbf{v}_0$ は原点を含みます．さらに

$$S - \mathbf{v}_0 = \left\{ \begin{bmatrix} x_1 \\ x_2 \\ x_3 \\ x_4 \\ x_5 \end{bmatrix} \middle| \begin{array}{c} 3x_1 + 2x_4 + x_5 = 0 \\ x_2 - x_3 - 5x_5 = 0 \end{array} \right\}$$

となります（練習問題 3・4・7）．

ここで $T : \mathbb{R}^5 \to \mathbb{R}^2$ を

$$T \begin{bmatrix} x_1 \\ x_2 \\ x_3 \\ x_4 \\ x_5 \end{bmatrix} = \begin{bmatrix} 3x_1 + 2x_4 + x_5 \\ x_2 - x_3 - 5x_5 \end{bmatrix} = \begin{bmatrix} 3 & 0 & 0 & 2 & 1 \\ 0 & 1 & -1 & 0 & -5 \end{bmatrix} \begin{bmatrix} x_1 \\ x_2 \\ x_3 \\ x_4 \\ x_5 \end{bmatrix}$$

と定義すれば，$S-\mathbf{v}_0$ は T の核空間となります．T の階数は 2 ですから，T の退化次数，すなわち S の次元は $5-2=3$ となります．

同様の議論はより一般に成り立ちます．n 次元ベクトル空間の部分集合 S が線形独立な k 本の線形制約で定義されていて，しかも空でないなら，その次元は $n-k$ です．

まとめ

- 線形写像の階数はその像空間の次元，行列の階数はその列空間の次元．
- 行列の退化次数はその核空間の次元．
- 行階数＝（列）階数．
- 次元定理：$T \in \mathcal{L}(V, W)$ なら $\operatorname{rank} T + \operatorname{null} T = \dim V$
  $\mathbf{A} \in \mathbf{M}_{m,n}(\mathbb{F})$ なら $\operatorname{rank} \mathbf{A} + \operatorname{null} \mathbf{A} = n$

練習問題

3・4・1　次の行列の階数と退化次数を求めなさい．

(a) $\begin{bmatrix} 1 & 2 & 3 \\ 4 & 5 & 6 \end{bmatrix}$　(b) $\begin{bmatrix} -2 & 1 & 3 & -1 \\ 1 & 0 & 2 & 1 \\ 3 & -1 & 2 & 2 \end{bmatrix}$　(c) $\begin{bmatrix} 2 & 0 & 1 & -3 & 4 \\ -1 & 2 & 4 & 0 & 3 \\ 3 & -2 & -3 & -3 & 1 \end{bmatrix}$

(d) $\mathbb{R}$ 上で $\begin{bmatrix} 1 & 1 & 0 \\ 1 & 0 & 1 \\ 0 & 1 & 1 \end{bmatrix}$ (e) $\mathbb{F}_2$ 上で $\begin{bmatrix} 1 & 1 & 0 \\ 1 & 0 & 1 \\ 0 & 1 & 1 \end{bmatrix}$

3・4・2 次の行列の階数と退化次数を求めなさい.

(a) $\begin{bmatrix} 3 & -1 & 4 & -1 \\ -9 & 2 & -6 & 5 \end{bmatrix}$ (b) $\begin{bmatrix} 2 & -3 & 1 \\ 4 & -6 & 2 \\ -2 & 3 & -1 \end{bmatrix}$ (c) $\begin{bmatrix} 2 & -1 & 0 \\ 1 & 3 & -1 \\ 3 & 2 & -1 \end{bmatrix}$

(d) $\begin{bmatrix} 5 & -3 & 2 \\ 1 & -2 & 1 \\ 2 & 3 & -1 \\ 4 & -1 & 1 \end{bmatrix}$ (e) $\begin{bmatrix} 3 & 1 & 0 & -2 \\ -2 & 0 & 4 & -3 \\ 1 & 1 & 4 & -5 \end{bmatrix}$

3・4・3 $\mathbb{R}$ 上の次数 n 以下の多項式のつくるベクトル空間 $\mathcal{P}_n(\mathbb{R})$ 上で定義された微分作用素 D の階数と退化次数を求めなさい.

3・4・4 $1 \le i \le m, 1 \le j \le n$ について $a_{ij} = ij$ と定義される行列 $\mathbf{A} \in \mathbf{M}_{m,n}(\mathbb{R})$ の階数と退化次数を求めなさい.

3・4・5 $\operatorname{rank} \mathbf{AB} \le \min\{\operatorname{rank} \mathbf{A}, \operatorname{rank} \mathbf{B}\}$ を証明しなさい.

3・4・6 $T \in \mathcal{L}(V, W)$ で W が有限次元のとき, T が全射である必要十分条件は $\operatorname{rank} T = \dim W$ であることを示しなさい.

3・4・7 S が

$$S := \left\{ \begin{bmatrix} x_1 \\ x_2 \\ x_3 \\ x_4 \\ x_5 \end{bmatrix} \middle| \begin{array}{c} 3x_1 + 2x_4 + x_5 = 10 \\ x_2 - x_3 - 5x_5 = 7 \end{array} \right\}$$

で $\mathbf{v}_0 \in S$ のとき

$$S - \mathbf{v}_0 = \left\{ \begin{bmatrix} x_1 \\ x_2 \\ x_3 \\ x_4 \\ x_5 \end{bmatrix} \middle| \begin{array}{c} 3x_1 + 2x_4 + x_5 = 0 \\ x_2 - x_3 - 5x_5 = 0 \end{array} \right\}$$

となることを示しなさい.

3・4・8 $\mathbf{A} \in \mathbf{M}_{m,n}(\mathbb{F})$ の階数が r であるとき, $\mathbf{A} = \sum_{i=1}^{r} \mathbf{v}_i \mathbf{w}_i^{\mathrm{T}}$ となる $\mathbf{v}_1, \ldots, \mathbf{v}_r \in \mathbb{F}^m$ と $\mathbf{w}_1, \ldots, \mathbf{w}_r \in \mathbb{F}^n$ が存在することを示しなさい.

ヒント: $C(\mathbf{A})$ の基底を $(\mathbf{v}_1, \ldots, \mathbf{v}_r)$ として $\mathbf{A}$ の列をその線形結合で表しなさい.

3・4・9 (a) $S, T \in \mathcal{L}(V, W)$ のとき $\operatorname{rank}(S+T) \le \operatorname{rank} S + \operatorname{rank} T$ を示しなさい.

(b) $\mathbf{A}, \mathbf{B} \in \mathbf{M}_{m,n}(\mathbb{F})$ のとき $\operatorname{rank}(\mathbf{A}+\mathbf{B}) \le \operatorname{rank} \mathbf{A} + \operatorname{rank} \mathbf{B}$ を示しなさい.

ヒント: 練習問題 2・5・11 と 3・3・7 を使いなさい.

3・4・10　$T \in \mathcal{L}(V, W)$ で V が有限次元のとき，T が単射である必要十分条件は $\operatorname{rank} T = \dim V$ であることを示しなさい．

3・4・11　$\mathbf{Ax} = \mathbf{b}$ は 5×5 の線形方程式系で一意でない解をもつとします．このとき $\mathbf{Ax} = \mathbf{c}$ が解をもたない $\mathbf{c} \in \mathbb{F}^5$ が存在することを示しなさい．

3・4・12　$\mathbf{A} \in \mathbf{M}_3(\mathbb{R})$ に対して $\mathbb{R}^3$ の原点を通る平面 P が存在して，$\mathbf{b} \in P$ であるとき，またそのときに限り $\mathbf{Ax} = \mathbf{b}$ に解があるとします．斉次線形方程式系の解集合は原点を通る直線となることを示しなさい．

3・4・13　$T \in \mathcal{L}(V, W)$ で $\operatorname{rank} T = \min\{\dim V, \dim W\}$ なら，T は単射であるか全射であるかを示しなさい．

3・4・14　$\dim V = n$ で $S, T \in \mathcal{L}(V)$ とします．

(a) $\operatorname{rank} ST < n$ なら $\operatorname{rank} TS < n$ となることを示しなさい．

ヒント：背理法を使いなさい．

(b) 0 が ST の固有値なら TS の固有値でもあることを示しなさい．

補足：練習問題 2・1・16 と合わせると，これによって ST と TS の固有値すべてが一致することがわかります．ただし両者の固有ベクトルについては何も述べられていません．固有ベクトルはまったく異なるかもしれません．

3・4・15　$T \in \mathcal{L}(V)$ の階数はその相異なる非零の固有値の個数以上であることを示しなさい．

3・4・16　以下の行列の集合の次元が $n^2 - 2n + 1$ であることを示しなさい．

$$\left\{ \mathrm{A} \in \mathrm{M}_n(\mathbb{R}) \;\middle|\; \text{すべての } j \text{ について} \sum_{i=1}^{n} a_{ij} = 0 \quad \text{かつ} \quad \text{すべての } i \text{ について} \sum_{j=1}^{n} a_{ij} = 0 \right\}$$

3・4・17　$\mathbb{F}$ を $\mathbb{K}$ の部分体とし（練習問題 1・5・7 参照），$\mathbf{A} \in \mathbf{M}_{m,n}(\mathbb{F})$ とします．$\mathbf{A}$ を $\mathbb{F}$ 上の行列とみなした場合も $\mathbb{K}$ 上の行列とみなした場合も，その階数と退化次数は変わらないことを示しなさい．

3・4・18　(a) 行列 $\mathbf{A}$ が $\mathbf{v}_1, \ldots, \mathbf{v}_r \in \mathbb{F}^m$ と $\mathbf{w}_1, \ldots, \mathbf{w}_r \in \mathbb{F}^n$ によって

$$\mathrm{A} = \sum_{i=1}^{r} \mathbf{v}_i \mathbf{w}_i^{\mathrm{T}}$$

と書けているとき，$\operatorname{rank} \mathbf{A} \leq r$ であることを練習問題 3・4・9 を使って示しなさい．

(b) 練習問題 3・4・9 を使って定理 3・34 の別証明を与えなさい．

3・4・19　(a) $\mathbf{A} \in \mathbf{M}_{m,n}(\mathbb{F})$ の階数が r であるとします．$(\mathbf{c}_1, \ldots, \mathbf{c}_r)$ を $C(\mathbf{A})$ の基底として，行列 $\mathbf{C} \in \mathbf{M}_{m,r}(\mathbb{F})$ をこの基底を列にもつ行列とします．このとき $\mathbf{A} = \mathbf{CB}$ となる行列 $\mathbf{B} \in \mathbf{M}_{r,n}(\mathbb{F})$ の存在を示しなさい．

(b) 上の事実と系 2・32 と定理 3・32 を使って $\operatorname{rank} \mathbf{A}^{\mathrm{T}} \leq r = \operatorname{rank} \mathbf{A}$ を示しなさい．

(c) 上の事実を使って定理 3・34 の別証明を与えなさい．

3・4・20　ker $T=\{0\}$ の場合の次元定理を証明しなさい．

3・4・21　行列について命題3・39に対応する命題を述べなさい．

3・5 座　　標

ベクトルの座標表現

これまで，$\mathbb{F}^n$ に特化した証明をはじめに与えてから，それとは違った議論によって一般のベクトル空間でも同様の結果が得られることを示したことがありました．しかし，すべての n 次元ベクトル空間は $\mathbb{F}^n$ と同型であることを知っていますから，$\mathbb{F}^n$ でできることは一般の n 次元ベクトル空間でも同じようにできるに違いないと考えられます．この節の定義や結果からどのようにそれが可能かがわかります[1]．

V を有限次元ベクトル空間とすると，V には基底があるので，それを $\mathcal{B}=(v_1,\ldots,v_n)$ とします．V の各ベクトル v はこの基底の線形結合で一意に表すことができます．つまりスカラー $a_1,\ldots,a_n\in\mathbb{F}$ が一意に存在して，

$$v = a_1v_1 + \cdots + a_nv_n$$

です．しかしこの表記には無駄がたくさんあります．基底 $\mathcal{B}$ を前提にすれば上の式が示している内容を係数 a_i の並びだけで表すことができます．よって v にこの係数の並びを対応させて，v をいわゆるその座標によって表すことが可能です．

> **定 義**　$v\in V$ の基底 $\mathcal{B}$ に関する**座標**[2]を
>
> $$v = a_1v_1 + \cdots + a_nv_n$$
>
> を満たすスカラーの並び $a_1,\ldots,a_n$ と定義し，v の $\mathcal{B}$ に関する**座標表現**[3] $[v]_{\mathcal{B}}\in\mathbb{F}^n$ を
>
> $$[v]_{\mathcal{B}} := \begin{bmatrix} a_1 \\ \vdots \\ a_n \end{bmatrix}$$
>
> と定義する．

有限次元ベクトル空間 V の基底 $\mathcal{B}$ に関する座標表現は V と $\mathbb{F}^n$ の間の同型写像を与えます．

1）ベクトル空間をすべて $\mathbb{F}^n$ にしたり，線形写像をすべて行列にしたりすることに抵抗を示し，何もかも“本来の形”で行うために合理的でない議論をする数学者グループがあったことがあります．「紳士たるもの基底などに頼るとは」といったところでしょうか．

2）coordinates　　3）coordinate representation

命題3・40 V を $\mathbb{F}$ 上の n 次元ベクトル空間，$\mathcal{B}$ をその基底とする．$C_{\mathcal{B}}(v)=[v]_{\mathcal{B}}$ で定義される写像 $C_{\mathcal{B}}: V \to \mathbb{F}^n$ は同型写像である．

■**証明** $C_{\mathcal{B}}$ は明らかに線形で，基底 $\mathcal{B}$ を $\mathbb{F}^n$ の標準基底に移します．よって定理3・15から $C_{\mathcal{B}}$ は可逆であることがわかります． ■

■**例** 1. $V=\mathbb{F}^n$ なら V の数ベクトルは標準基底（$\mathbf{e}_1, \ldots, \mathbf{e}_n$）によって

$$\begin{bmatrix} a_1 \\ \vdots \\ a_n \end{bmatrix} = a_1\mathbf{e}_1 + \cdots + a_n\mathbf{e}_n$$

と表されますから，$\mathbb{F}^n$ の数ベクトルは最初から座標表現されています．

2. $\mathbb{R}^3$ の部分空間

$$V := \left\{ \begin{bmatrix} x \\ y \\ z \end{bmatrix} \middle| \; x+2y-z=0 \right\}$$

に対して $\mathcal{B}=\left(\begin{bmatrix} 0 \\ 1 \\ 2 \end{bmatrix}, \begin{bmatrix} 2 \\ 1 \\ 4 \end{bmatrix}\right)$ は基底になります．

即問23 この $\mathcal{B}$ が V の基底であることを示しなさい．

V の数ベクトル $\mathbf{v}=\begin{bmatrix} 1 \\ 0 \\ 1 \end{bmatrix} \in V$ のこの基底に関する座標を求めるために線形方程式系

$$a_1\begin{bmatrix} 0 \\ 1 \\ 2 \end{bmatrix} + a_2\begin{bmatrix} 2 \\ 1 \\ 4 \end{bmatrix} = \begin{bmatrix} 1 \\ 0 \\ 1 \end{bmatrix}$$

を解くと $a_1=-\frac{1}{2}, a_2=\frac{1}{2}$ が得られますので，

$$[\mathbf{v}]_{\mathcal{B}} = \frac{1}{2}\begin{bmatrix} -1 \\ 1 \end{bmatrix}$$

となります．$\mathbb{R}^3$ の標準基底に関する座標で与えられている数ベクトル $\mathbf{v}$ を他の基

即問23の答 $\mathcal{B}$ の2本のベクトルは線形独立．$\mathbf{e}_1 \notin V$ から V は $\mathbb{R}^3$ と異なります．よってその次元は2以下．

底 $\mathcal{B}$ に関して座標表現するとまったく異なったものになること，ときにはその要素数すらも異なることに注意してください． ■

線形写像の行列表現

定理2・8では，線形写像 $T:\mathbb{F}^n \to \mathbb{F}^m$ に対して $\mathbb{F}$ 上の $m\times n$ 行列 $\mathbf{A}$ がただ一つ存在して，任意の $\mathbf{v}\in\mathbb{F}^n$ について $T\mathbf{v}=\mathbf{A}\mathbf{v}$ が成り立つ，つまり線形写像 T とは行列 $\mathbf{A}$ を掛けることであるのをみました．さらに $\mathbb{F}^n$ の標準基底を $(\mathbf{e}_1, \ldots, \mathbf{e}_n)$ とすると $\mathbf{A}$ の第 i 列は $T\mathbf{e}_i$ と書けることも知っています．

一般の有限次元ベクトル空間でも，その座標表現を介して線形写像を同じように表現することが可能となります．

定 義　V と W を $\mathbb{F}$ 上の n 次元と m 次元のベクトル空間，$T:V\to W$ を線形写像，$\mathcal{B}_V=(v_1, \ldots, v_n)$ と $\mathcal{B}_W=(w_1, \ldots, w_m)$ をそれぞれ V と W の基底とする．各 $1\le j\le n$ に対してスカラー $a_{1j}, \ldots, a_{mj}$ を Tv_j の基底 $\mathcal{B}_W$ に関する座標とする．すなわち

$$Tv_j = a_{1j}w_1 + \cdots + a_{mj}w_m$$

である．このとき行列 $\mathbf{A}=[a_{ij}]_{\substack{1\le i\le m\\1\le j\le n}}$ を基底 $\mathcal{B}_V$ と $\mathcal{B}_W$ に関する **T の表現行列**[4]，あるいは単に T の行列とよんで，$[T]_{\mathcal{B}_V, \mathcal{B}_W}$ と表記する．

特に $V=W$ で $\mathcal{B}_V=\mathcal{B}_W=\mathcal{B}$ の場合にはこれを $[T]_{\mathcal{B}}$ と略記し，$\mathcal{B}$ に関する表現行列とよぶ．

この定義を列ベクトルに注目すると

$[T]_{\mathcal{B}_V, \mathcal{B}_W}$ の第 j 列は座標表現 $[Tv_j]_{\mathcal{B}_W}$ である

と言い直せます．

次の補助定理に示したように T が行列の掛け算で表現されることが重要な点です．

補助定理3・41　$T:V\to W$ を線形写像，$\mathcal{B}_V$ と $\mathcal{B}_W$ をそれぞれ V と W の基底とし，$\mathbf{A}=[T]_{\mathcal{B}_V, \mathcal{B}_W}$ とする．このとき任意の $v\in V$ に対して

$$[Tv]_{\mathcal{B}_W} = \mathbf{A}\,[v]_{\mathcal{B}_V}$$

が成り立つ．

4) matrix of T

つまり，V と W のベクトルがそれぞれの基底 $\mathcal{B}_V$ と $\mathcal{B}_W$ に関して座標表現されていれば，線形写像 T はその表現行列 $[T]_{\mathcal{B}_V, \mathcal{B}_W}$ を掛けることによって与えられます．

■**証明**　$\mathcal{B}_V=(v_1, \ldots, v_n)$ と $\mathcal{B}_W=(w_1, \ldots, w_m)$ とします．$[v]_{\mathcal{B}_V}=\begin{bmatrix} c_1 \\ \vdots \\ c_n \end{bmatrix}$，つまり

$$v = c_1v_1 + \cdots + c_nv_n$$

としますと，線形性から

$$Tv = \sum_{j=1}^{n} c_jTv_j = \sum_{j=1}^{n} c_j\left(\sum_{i=1}^{m} a_{ij}w_i\right) = \sum_{i=1}^{m}\left(\sum_{j=1}^{n} a_{ij}c_j\right)w_i$$

が得られます．上式は Tv の基底 $\mathcal{B}_W$ に関する表現の i 座標が $\sum_{j=1}^{n} a_{ij}c_j$ であると述べていますが，これはすなわち $\mathbf{A}[v]_{\mathcal{B}_V}$ の第 i 要素です．■

$m\times n$ 行列 $\mathbf{A}$ があれば行列の掛け算によって $\mathcal{L}(\mathbb{F}^n, \mathbb{F}^m)$ の線形写像が定義されます．一般に $\mathbb{F}$ 上の n 次元と m 次元のベクトル空間 V と W，その基底 $\mathcal{B}_V$ と $\mathcal{B}_W$，さらに $\mathbf{A}\in\mathbf{M}_{m,n}(\mathbb{F})$ に対して

$$\left[T_{\mathbf{A},\mathcal{B}_V,\mathcal{B}_W}v\right]_{\mathcal{B}_W} := \mathbf{A}\,[v]_{\mathcal{B}_V} \tag{3・10}$$

によって線形写像 $T_{\mathbf{A},\mathcal{B}_V,\mathcal{B}_W}: V\to W$ を定義することができます．行列が定義する線形写像は考えている基底に依存するため，この煩雑な記号 $T_{\mathbf{A},\mathcal{B}_V,\mathcal{B}_W}$ の添字はどれ

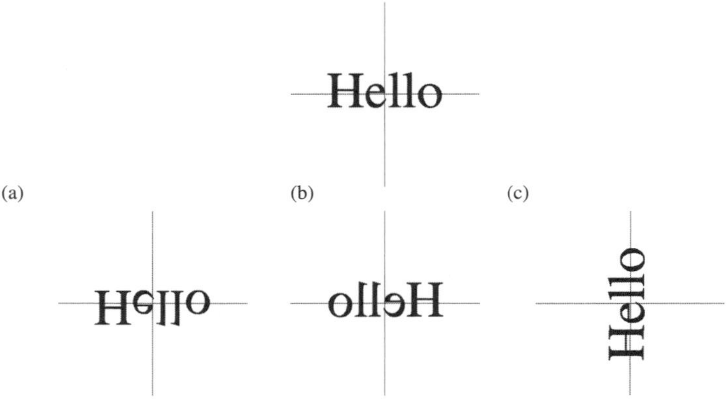

図 3・2　行列 $\begin{bmatrix} 1 & 0 \\ 0 & -1 \end{bmatrix}$ の掛け算，ただし定義域と値域の基底は
(a) 両者とも $(\mathbf{e}_1, \mathbf{e}_2)$，(b) 両者とも $(\mathbf{e}_2, \mathbf{e}_1)$，(c) 定義域は $(\mathbf{e}_1, \mathbf{e}_2)$，値域は $(\mathbf{e}_2, \mathbf{e}_1)$．

も欠くことができません．たとえば2×2行列$\begin{bmatrix} 1 & 0 \\ 0 & -1 \end{bmatrix}$を考え，その定義域と値域である$\mathbb{R}^2$に共に標準基底を想定すれば，この行列を掛ける演算は図3・2の左端の図(a) を与えます．あるいは標準基底の順序を（$\mathbf{e}_2, \mathbf{e}_1$）と入れ替えたものを定義域と値域の基底とすれば，中央の図(b) が得られ，定義域には基底（$\mathbf{e}_1, \mathbf{e}_2$）を，値域には基底（$\mathbf{e}_2, \mathbf{e}_1$）を想定すれば右端の図(c) が得られます．

■**例**　1. Iをベクトル空間Vの恒等変換とします．定義域と値域に同一の基底$\mathcal{B}$を設定すれば，Iの表現行列は単位行列になります．きちんと確かめておくことを勧めます．しかし，異なった基底$\mathcal{B}_1$と$\mathcal{B}_2$に関する表現行列$[I]_{\mathcal{B}_1, \mathcal{B}_2}$は単位行列になりません．その行列が正則行列になることは確かですが，それを除けば行列の要素は基底によってどのような値でもとり得ます．

2. $\mathcal{P}_n(\mathbb{R})$を次数が$n$以下の$\mathbb{R}$上の多項式のつくるベクトル空間とし，$D$：$\mathcal{P}_n(\mathbb{R}) \to \mathcal{P}_{n-1}(\mathbb{R})$を

$$Df(x) := f'(x)$$

で定義される微分作用素とします．2・2節でこれが線形であることをみました．基底の対$(1, x, x^2, \dots, x^n)$と$(1, x, x^2, \dots, x^{n-1})$に関する$D$の表現行列は$n\times(n+1)$行列

$$\begin{bmatrix} 0 & 1 & 0 & & 0 \\ 0 & 0 & 2 & & 0 \\ & & & \ddots & \\ 0 & 0 & 0 & & n \end{bmatrix}$$

となります．

3. $y=2x$に関する鏡映変換（図3・3）をT：$\mathbb{R}^2 \to \mathbb{R}^2$とします．標準基底に関するこの変換の表現行列は$\begin{bmatrix} -\frac{3}{5} & \frac{4}{5} \\ \frac{4}{5} & \frac{3}{5} \end{bmatrix}$です．

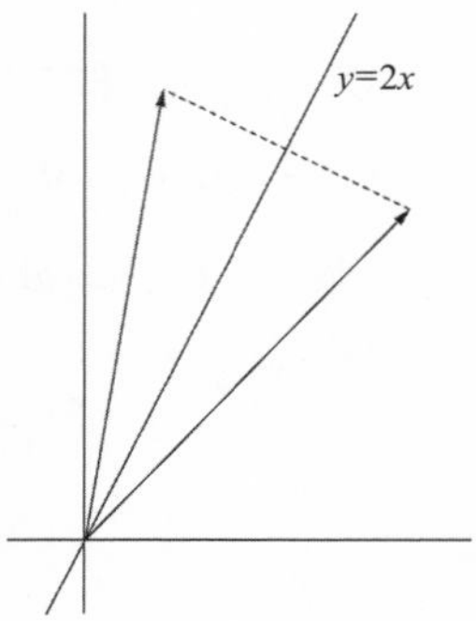

図 3・3　$y=2x$に関する鏡映変換

即問24 上の例3の表現行列はそれほど自明ではありませんので，確かめておきなさい．

しかし，基底として $\mathcal{B} := \left(\begin{bmatrix}1\\2\end{bmatrix}, \begin{bmatrix}-2\\1\end{bmatrix}\right)$ を採用すれば様子ははるかに単純になります．$T\begin{bmatrix}1\\2\end{bmatrix} = \begin{bmatrix}1\\2\end{bmatrix}, T\begin{bmatrix}-2\\1\end{bmatrix} = \begin{bmatrix}2\\-1\end{bmatrix}$ ですから $\mathcal{B}$ に関する表現行列は

$$\begin{bmatrix}1 & 0\\0 & -1\end{bmatrix}$$

となります．この行列なら T を2度施せば恒等変換になることは容易にわかります．この事実は幾何学的には自明ですが，標準基底に関する表現行列ではみえにくくなっています[5]． ■

線形写像を何らかの基底に関する表現行列によって表すことは，標準基底に関する表現行列のもっているよい性質を引き継いでいます．定理2・9の一般化であるこの事実を次に示します．

定理3・42 $\dim V = n$，$\dim W = m$，$\mathcal{B}_V$ と $\mathcal{B}_W$ をそれぞれ V と W の基底とする．

$$C_{\mathcal{B}_V,\mathcal{B}_W}(T) = [T]_{\mathcal{B}_V,\mathcal{B}_W}$$

で定義される写像 $C_{\mathcal{B}_V,\mathcal{B}_W}: \mathcal{L}(V, W) \to \mathbf{M}_{\dim W, \dim V}(\mathbb{F})$ は同型写像である．

■**証明** 証明は基本的に定理2・9と同じです．$\mathcal{B}_V = (v_1, \ldots, v_n)$, $\mathcal{B}_W = (w_1, \ldots, w_m)$ とします．$T_1, T_2 \in \mathcal{L}(V, W)$ とすると，行列 $C_{\mathcal{B}_V,\mathcal{B}_W}(T_1 + T_2)$ の第 j 列は

$$\left[(T_1 + T_2)v_j\right]_{\mathcal{B}_W} = \left[T_1 v_j\right]_{\mathcal{B}_W} + \left[T_2 v_j\right]_{\mathcal{B}_W}$$

となりますが，これは $C_{\mathcal{B}_V,\mathcal{B}_W}(T_1)$ と $C_{\mathcal{B}_V,\mathcal{B}_W}(T_2)$ の第 j 列の和です．したがって

$$C_{\mathcal{B}_V,\mathcal{B}_W}(T_1 + T_2) = C_{\mathcal{B}_V,\mathcal{B}_W}(T_1) + C_{\mathcal{B}_V,\mathcal{B}_W}(T_2)$$

が得られます．$a \in \mathbb{F}$ と $T \in \mathcal{L}(V, W)$ についても同様に $C_{\mathcal{B}_V,\mathcal{B}_W}(aT)$ の第 j 列は

$$\left[(aT)v_j\right]_{\mathcal{B}_W} = a\left[Tv_j\right]_{\mathcal{B}_W}$$

ですから，

5）訳注：標準基底に関する表現行列の2乗を計算してみなさい．

$$C_{\mathcal{B}_V,\mathcal{B}_W}(aT) = aC_{\mathcal{B}_V,\mathcal{B}_W}(T)$$

が得られます．次に $C_{\mathcal{B}_V,\mathcal{B}_W}$ が全射であることを示します．実際 $\mathbf{A} \in \mathbf{M}_{\dim V, \dim W}(\mathbb{F})$ が与えられると（3・10）によって線形写像 $T_{\mathbf{A},\mathcal{B}_V,\mathcal{B}_W} \in \mathcal{L}(V, W)$ が定義されますので，$C_{\mathcal{B}_V,\mathcal{B}_W}(T_{\mathbf{A},\mathcal{B}_V,\mathcal{B}_W}) = \mathbf{A}$ となります．

単射であることを示すために $C_{\mathcal{B}_V,\mathcal{B}_W}(T) = \mathbf{0}$ と仮定すると，任意の $v_j \in \mathcal{B}_V$ について $Tv_j = 0$ ですから T は零写像となります．よって $C_{\mathcal{B}_V,\mathcal{B}_W}$ が単射であることがわかり，証明が終わります．■

定理 3・42 からすぐに $\mathcal{L}(V, W)$ の次元がわかります．

系 3・43　V と W を有限次元ベクトル空間とすると，

$$\dim \mathcal{L}(V, W) = (\dim V)(\dim W)$$

である．

線形写像の表現行列は考えている基底によってまったく異なったものになることを学びました．特に基底をうまく選べば，表現行列をいつでも非常に単純な形にできることを次の定理に示します．

定理 3・44　V と W を有限次元ベクトル空間，$T \in \mathcal{L}(V, W)$ とする．このとき V の基底 $\mathcal{B}_V$ と W の基底 $\mathcal{B}_W$ が存在して，表現行列 $\mathbf{A} = [T]_{\mathcal{B}_V,\mathcal{B}_W}$ を，$1 \leq i \leq \operatorname{rank} T$ について $a_{ii} = 1$ で，それ以外の要素はすべて 0 である行列にできる[6]．

■ **証　明**　線形写像に対する次元定理では，$(u_1, \ldots, u_k)$ が $\ker T$ の基底で，$(u_1, \ldots, u_k, v_1, \ldots, v_\ell)$ が V の基底であるとき，$(Tv_1, \ldots, Tv_\ell)$ は $\operatorname{range} T$ の基底となることを示しました．ここで $\ell = \operatorname{rank} T$ です．$\mathcal{B}_V := (v_1, \ldots, v_\ell, u_1, \ldots, u_k)$ とし，$(Tv_1, \ldots, Tv_\ell)$ を W の基底

$$\mathcal{B}_W := (Tv_1, \ldots, Tv_\ell, w_1, \ldots, w_m)$$

に拡張します．この基底の対に関して $[T]_{\mathcal{B}_V,\mathcal{B}_W}$ は定理の条件を満たします．■

この一見有用にみえる定理は実はほとんどの場合あまり役に立ちません．なぜなら線形写像の構造を単に基底に移し替えただけだからです．定義域の基底と値域の基底の関係は，線形写像 T によって関係しているということを除いて何ら明らかではありません．

6）訳注：これを**階数標準形**といいます．

固有ベクトルと対角化

$y=2x$ に関する鏡映変換 T は基底 $\mathcal{B}=\left(\begin{bmatrix}1\\2\end{bmatrix},\begin{bmatrix}-2\\1\end{bmatrix}\right)$ を用いた表現行列を求めると

$$\begin{bmatrix}1 & 0\\0 & -1\end{bmatrix}$$

となりました．この行列は非零要素がすべて対角 (i,i) にある**対角行列**[7] です．

2・1 節の即問 3 でみたように対角行列は計算の点から取扱いが容易です．しかも固有値や固有ベクトルについて次に示す関係があります．

> **命題 3・45**　$\mathcal{B}=(v_1,\dots,v_n)$ を V の基底，$T\in\mathcal{L}(V)$ とする．このとき表現行列 $[T]_{\mathcal{B}}$ が対角行列になる必要十分条件は，各 $i=1,\dots,n$ について v_i が T の固有ベクトルであることである．さらにこの場合，$[T]_{\mathcal{B}}$ の第 i 対角要素は v_i に対応する固有値である．

■**証明**　まず，

$$[T]_{\mathcal{B}}=\mathrm{A}=\begin{bmatrix}\lambda_1 & & 0\\ & \ddots & \\ 0 & & \lambda_n\end{bmatrix}$$

と仮定すると，$[T]_{\mathcal{B}}$ の定義より

$$Tv_j=a_{1j}v_1+\cdots+a_{nj}v_n=a_{jj}v_j=\lambda_j v_j$$

が各 j について成り立ちます．よって v_j は T の固有ベクトルで，λ_j は対応する固有値です．

次に v_j が T の固有ベクトルであると仮定して，対応する固有値を λ_j としますと，定義より $Tv_j=\lambda_j v_j$ です．よって $[T]_{\mathcal{B}}$ の第 j 列は，その第 j 要素が λ_j で，それ以外は 0 となります．■

即問 25　$T\in\mathcal{L}(V)$, $\mathcal{B}=(v_1,\dots,v_n)$ を T の固有ベクトルからなる V の基底，$\lambda_1,\cdots,\lambda_n$ を対応する固有値とします．

このとき $[v]_{\mathcal{B}}=\begin{bmatrix}c_1\\\vdots\\c_n\end{bmatrix}$ なら $[Tv]_{\mathcal{B}}=\begin{bmatrix}\lambda_1c_1\\\vdots\\\lambda_nc_n\end{bmatrix}$ となることを示しなさい．

定 義　線形変換 $T \in \mathcal{L}(V)$ は，$[T]_{\mathcal{B}}$ を対角行列にする V の基底 $\mathcal{B}$ が存在するとき**対角化可能**[8] であるといい，そのような基底を求めることを線形変換を**対角化**[9] するという．

この定義と定理 3・44 の相違を理解することは重要です．そこでも述べたように定理 3・44 は線形写像のもっている構造を単に基底に転嫁したにすぎません．一方，対角化可能であるとは定義域と値域の両方に同じ基底を使って対角行列にできることを意味しています．これは重要な相違点です．

系 3・46　線形変換 $T \in \mathcal{L}(V)$ が対角化可能である必要十分条件は，T の固有ベクトルからなる V の基底 $\mathcal{B}$ が存在することである．

■**例**　1. すでに直線 $y=2x$ に関する鏡映変換が対角化可能であることをみました．$\mathcal{B}=\left(\begin{bmatrix}1\\2\end{bmatrix},\begin{bmatrix}-2\\1\end{bmatrix}\right)$ は固有ベクトルからなる基底です．それぞれ固有値 1 と -1 に対応しています．

2. $T\begin{bmatrix}x\\y\end{bmatrix}:=\begin{bmatrix}0\\x\end{bmatrix}$ と定義される $T: \mathbb{R}^2 \to \mathbb{R}^2$ に対して $\begin{bmatrix}x\\y\end{bmatrix}$ をその固有ベクトルとすると

$$\begin{bmatrix}0\\x\end{bmatrix}=\begin{bmatrix}\lambda x\\\lambda y\end{bmatrix}$$

です．よって $x=0$ あるいは $\lambda=0$ です．$\lambda \neq 0$ なら $x=0$ であり，2 番目の等式から $y=0$ が得られますが，零ベクトルは固有ベクトルではありませんから，結局 $\lambda=0$ がわかります．この固有値に対する固有ベクトルは

$$\begin{bmatrix}0\\x\end{bmatrix}=\begin{bmatrix}0\\0\end{bmatrix}$$

と満たすので $x=0$ となります．よって固有値 0 に対応する固有空間はベクトル $\begin{bmatrix}0\\1\end{bmatrix}$ によって張られることがわかります．したがって固有ベクトルからなる基

7）diagonal matrix　　8）diagonalizable　　9）diagonalize

即問 25 の答　解 1.　$v=\sum_{i=1}^{n} c_i v_i$ ですから $Tv=\sum_{i=1}^{n} c_i T v_i=\sum_{i=1}^{n} c_i \lambda_i v_i$ となります．
解 2.　命題 3・45 と補助定理 3・41 と 2・1 節の即問 3 から導かれます．

底は存在せず，T は対角化可能ではありません．■

行列の積と座標

2・3 節で行列の積を線形写像の合成に対応する演算として定義しましたが，同様のことがどのような座標についても成り立つことを次に示します．

定理 3・47　U, V, W を基底 $\mathcal{B}_U, \mathcal{B}_V, \mathcal{B}_W$ をもつ有限次元ベクトル空間とし，$T \in \mathcal{L}(U, V), S \in \mathcal{L}(V, W)$ とする．このとき

$$[ST]_{\mathcal{B}_U,\mathcal{B}_W} = [S]_{\mathcal{B}_V,\mathcal{B}_W}[T]_{\mathcal{B}_U,\mathcal{B}_V}$$

が成り立つ[10]．

■**証明**　$\mathcal{B}_U = (u_1, \ldots, u_p)$, $\mathcal{B}_V = (v_1, \ldots, v_n)$, $\mathcal{B}_W = (w_1, \ldots, w_m)$, $\mathbf{A} = [S]_{\mathcal{B}_V, \mathcal{B}_W}$, $\mathbf{B} = [T]_{\mathcal{B}_U, \mathcal{B}_V}$, $\mathbf{C} = [ST]_{\mathcal{B}_U, \mathcal{B}_W}$ と書くと，示すべきことは $\mathbf{C} = \mathbf{AB}$ です．

$\mathbf{A}$ の定義から $k = 1, \ldots, n$ に対して $\mathbf{A}$ の第 k 列は Sv_k の基底 $\mathcal{B}_W$ に関する表現ですから，

$$Sv_k = \sum_{i=1}^{m} a_{ik} w_i \tag{3・11}$$

です．同様に $j = 1, \cdots, p$ に対しては

$$Tu_j = \sum_{k=1}^{n} b_{kj} v_k \tag{3・12}$$

です．この 2 式と線形性から

$$STu_j = \sum_{k=1}^{n} b_{kj} Sv_k = \sum_{k=1}^{n} b_{kj}\left(\sum_{i=1}^{m} a_{ik} w_i\right) = \sum_{i=1}^{m}\left(\sum_{k=1}^{n} a_{ik} b_{kj}\right) w_i$$

が得られ，これは各 i と j について

$$c_{ij} = \sum_{k=1}^{n} a_{ik} b_{kj}$$

であると述べています．つまり $\mathbf{C} = \mathbf{AB}$ です．■

■**例**　直線 $y = 2x$ に関する鏡映変換の後にさらに 2θ だけ反時計回りに回転する変換 $T : \mathbb{R}^2 \to \mathbb{R}^2$ を考えます．ただし θ は直線 $y = 2x$ と y 軸のなす角とします．すで

10）訳注：$T \in \mathcal{L}(U, V)$ の表現行列を ${}_{\mathcal{B}_V}[T]_{\mathcal{B}_U}$ と書く流儀もあります．この流儀に従うと定理の式は ${}_{\mathcal{B}_W}[ST]_{\mathcal{B}_U} = {}_{\mathcal{B}_W}[S]_{\mathcal{B}_V \mathcal{B}_V}[T]_{\mathcal{B}_U}$ と書けます．右辺の中央で重なった“$]_{\mathcal{B}_V \mathcal{B}_V}[$”を消去すると左辺が得られるという形になっています．

に前（193, 194 ページ）の例 3 で基底 $\mathcal{B}=\left(\begin{bmatrix}1\\2\end{bmatrix},\begin{bmatrix}-2\\1\end{bmatrix}\right)$ の下で鏡映変換の表現行列は $\begin{bmatrix}1&0\\0&-1\end{bmatrix}$ となることをみました．

即問 26　定義域の基底として上記の $\mathcal{B}$ を用い，値域の基底として標準基底 $\mathcal{E}=(\mathbf{e}_1,\mathbf{e}_2)$ を用いた場合，2θ の反時計回りの回転の表現行列は

$$\begin{bmatrix}-1&-2\\2&-1\end{bmatrix}$$

となることを示しなさい．

以上より T の表現行列は

$$[T]_{\mathcal{B},\mathcal{E}}=\begin{bmatrix}-1&-2\\2&-1\end{bmatrix}\begin{bmatrix}1&0\\0&-1\end{bmatrix}=\begin{bmatrix}-1&2\\2&1\end{bmatrix}$$

となります．■

系 3・48　V と W をそれぞれ基底 $\mathcal{B}_V$ と $\mathcal{B}_W$ をもつ有限次元ベクトル空間とし，$T\in\mathcal{L}(V,W)$，$\mathbf{A}=[T]_{\mathcal{B}_V,\mathcal{B}_W}$ とする．このとき $\mathbf{A}$ が正則である必要十分条件は T が可逆であることである．またその場合 $[T^{-1}]_{\mathcal{B}_W,\mathcal{B}_V}=\mathbf{A}^{-1}$ となる．

■証明　まず T が可逆であると仮定し，$\mathbf{B}=[T^{-1}]_{\mathcal{B}_W,\mathcal{B}_V}$ とします．T が可逆ですから V と W の次元は等しくなりますので，それを n とします．定理 3・47 より

$$\mathbf{AB}=\left[TT^{-1}\right]_{\mathcal{B}_W,\mathcal{B}_W}=[I]_{\mathcal{B}_W,\mathcal{B}_W}=\mathbf{I}_n$$

が得られますので，系 3・37 から $\mathbf{A}$ は正則で $\mathbf{B}=\mathbf{A}^{-1}$ であることがわかります．

次に $\mathbf{A}$ が正則であると仮定しますと，$\mathbf{A}$ は正方行列で，よって $\dim V=\dim W$ です．$S\in\mathcal{L}(W,V)$ を $[S]_{\mathcal{B}_W,\mathcal{B}_V}=\mathbf{A}^{-1}$ となる線形写像とすると，定理 3・47 から

$$[ST]_{\mathcal{B}_V,\mathcal{B}_V}=\mathbf{A}^{-1}\mathbf{A}=\mathbf{I}_n$$

が得られ，$ST=I$ がわかります．したがって系 3・37 から T は可逆で $S=T^{-1}$ です．■

即問 26 の答　θ は直線 $y=2x$ と y 軸のなす角ですから，表現行列を R で表すと

$R\begin{bmatrix}1\\2\end{bmatrix}=\begin{bmatrix}-1\\2\end{bmatrix}$, $\mathrm{R}\begin{bmatrix}-2\\1\end{bmatrix}=\begin{bmatrix}-2\\-1\end{bmatrix}$ となります．

まとめ

- ベクトル v が座標 $[v]_{\mathcal{B}}=\begin{bmatrix} c_1 \\ \vdots \\ c_n \end{bmatrix}$ をもっているとは，$\mathcal{B}=(v_1, \ldots, v_n)$ に対して $v=c_1v_1+\cdots+c_nv_n$ であること．
- 基底 $\mathcal{B}_V, \mathcal{B}_W$ に関する T の表現行列 $[T]_{\mathcal{B}_V, \mathcal{B}_W}$ とは $[T]_{\mathcal{B}_V, \mathcal{B}_W}[v]_{\mathcal{B}_V}=[Tv]_{\mathcal{B}_W}$ を満たす行列．
- 行列 $[T]_{\mathcal{B}_1, \mathcal{B}_2}$ の第 j 列は $[Tv_j]_{\mathcal{B}_2}$ である．
- 線形変換 $T \in \mathcal{L}(V)$ はその表現行列が対角行列となる基底が存在するときに対角化可能．この場合基底のベクトルは T の固有ベクトル．
- $[S]_{\mathcal{B}_V, \mathcal{B}_W}[T]_{\mathcal{B}_U, \mathcal{B}_V}=[ST]_{\mathcal{B}_U, \mathcal{B}_W}$
- $[T^{-1}]_{\mathcal{B}_W, \mathcal{B}_V}=[T]^{-1}_{\mathcal{B}_V, \mathcal{B}_W}$

練習問題

3・5・1 次のベクトルの $\mathbb{R}^2$ の基底 $\mathcal{B}=\left(\begin{bmatrix} 2 \\ -3 \end{bmatrix}, \begin{bmatrix} -1 \\ 2 \end{bmatrix}\right)$ に関する座標を求めなさい．

(a) $\begin{bmatrix} 1 \\ 0 \end{bmatrix}$ (b) $\begin{bmatrix} 0 \\ 1 \end{bmatrix}$ (c) $\begin{bmatrix} 2 \\ 3 \end{bmatrix}$ (d) $\begin{bmatrix} 4 \\ -5 \end{bmatrix}$ (e) $\begin{bmatrix} -6 \\ 1 \end{bmatrix}$

3・5・2 次のベクトルの $\mathbb{R}^2$ の基底 $\mathcal{B}=\left(\begin{bmatrix} 1 \\ 2 \end{bmatrix}, \begin{bmatrix} 3 \\ 4 \end{bmatrix}\right)$ に関する座標を求めなさい．

(a) $\begin{bmatrix} 1 \\ 0 \end{bmatrix}$ (b) $\begin{bmatrix} 0 \\ 1 \end{bmatrix}$ (c) $\begin{bmatrix} 2 \\ 3 \end{bmatrix}$ (d) $\begin{bmatrix} 4 \\ -5 \end{bmatrix}$ (e) $\begin{bmatrix} -6 \\ 1 \end{bmatrix}$

3・5・3 次のベクトルの $\mathbb{R}^3$ の基底 $\mathcal{B}=\left(\begin{bmatrix} 1 \\ -1 \\ 0 \end{bmatrix}, \begin{bmatrix} 1 \\ 0 \\ 1 \end{bmatrix}, \begin{bmatrix} 0 \\ 1 \\ -1 \end{bmatrix}\right)$ に関する座標を求めなさい．

(a) $\begin{bmatrix} 1 \\ 0 \\ 0 \end{bmatrix}$ (b) $\begin{bmatrix} 0 \\ 0 \\ 1 \end{bmatrix}$ (c) $\begin{bmatrix} -4 \\ 0 \\ 2 \end{bmatrix}$ (d) $\begin{bmatrix} 1 \\ 2 \\ -3 \end{bmatrix}$ (e) $\begin{bmatrix} 6 \\ -4 \\ 1 \end{bmatrix}$

3・5・4 次のベクトルの $\mathbb{R}^3$ の基底 $\mathcal{B}=\left(\begin{bmatrix} 1 \\ -1 \\ 1 \end{bmatrix}, \begin{bmatrix} 1 \\ 2 \\ -1 \end{bmatrix}, \begin{bmatrix} 0 \\ 2 \\ -1 \end{bmatrix}\right)$ に関する座標を求めなさい．

(a) $\begin{bmatrix}1\\0\\0\end{bmatrix}$　(b) $\begin{bmatrix}0\\0\\1\end{bmatrix}$　(c) $\begin{bmatrix}-4\\0\\2\end{bmatrix}$　(d) $\begin{bmatrix}1\\2\\-3\end{bmatrix}$　(e) $\begin{bmatrix}6\\-4\\1\end{bmatrix}$

3・5・5　$\mathbb{R}^2$ の基底 $\mathcal{B}=\left(\begin{bmatrix}2\\1\end{bmatrix},\begin{bmatrix}1\\1\end{bmatrix}\right)$ と $\mathbb{R}^3$ の基底 $\mathcal{C}=\left(\begin{bmatrix}1\\3\\0\end{bmatrix},\begin{bmatrix}0\\2\\3\end{bmatrix},\begin{bmatrix}1\\0\\-4\end{bmatrix}\right)$ を考えます．標準基底に関する表現行列が

$$[S]_{\mathcal{E},\mathcal{E}}=\begin{bmatrix}0&1\\3&-3\\4&-8\end{bmatrix}\qquad [T]_{\mathcal{E},\mathcal{E}}=\begin{bmatrix}4&-1&1\\3&-1&1\end{bmatrix}$$

となる線形写像 $S\in\mathcal{L}(\mathbb{R}^2,\mathbb{R}^3)$ と $T\in\mathcal{L}(\mathbb{R}^3,\mathbb{R}^2)$ について，以下の表現行列を与えなさい．

(a) $[S]_{\mathcal{B},\mathcal{E}}$　(b) $[S]_{\mathcal{E},\mathcal{C}}$　(c) $[S]_{\mathcal{B},\mathcal{C}}$　(d) $[T]_{\mathcal{C},\mathcal{E}}$　(e) $[T]_{\mathcal{E},\mathcal{B}}$　(f) $[T]_{\mathcal{C},\mathcal{B}}$

3・5・6　$\mathbb{R}^2$ の基底 $\mathcal{B}=\left(\begin{bmatrix}2\\3\end{bmatrix},\begin{bmatrix}3\\5\end{bmatrix}\right)$ と $\mathbb{R}^3$ の基底 $\mathcal{C}=\left(\begin{bmatrix}1\\1\\0\end{bmatrix},\begin{bmatrix}1\\0\\1\end{bmatrix},\begin{bmatrix}0\\1\\1\end{bmatrix}\right)$ を考えます．標準基底に関する表現行列が

$$[S]_{\mathcal{E},\mathcal{E}}=\begin{bmatrix}2&-1\\5&-3\\-3&2\end{bmatrix}\qquad [T]_{\mathcal{E},\mathcal{E}}=\begin{bmatrix}1&-1&1\\1&1&-1\end{bmatrix}$$

となる線形写像 $S\in\mathcal{L}(\mathbb{R}^2,\mathbb{R}^3)$ と $T\in\mathcal{L}(\mathbb{R}^3,\mathbb{R}^2)$ について，以下の表現行列を与えなさい．

(a) $[S]_{\mathcal{B},\mathcal{E}}$　(b) $[S]_{\mathcal{E},\mathcal{C}}$　(c) $[S]_{\mathcal{B},\mathcal{C}}$　(d) $[T]_{\mathcal{C},\mathcal{E}}$　(e) $[T]_{\mathcal{E},\mathcal{B}}$　(f) $[T]_{\mathcal{C},\mathcal{B}}$

3・5・7　$\mathbb{R}^2$ の基底 $\mathcal{B}=\left(\begin{bmatrix}1\\1\end{bmatrix},\begin{bmatrix}1\\-1\end{bmatrix}\right)$ と $\mathbb{R}^3$ の基底 $\mathcal{C}=\left(\begin{bmatrix}1\\1\\0\end{bmatrix},\begin{bmatrix}1\\0\\1\end{bmatrix},\begin{bmatrix}0\\1\\1\end{bmatrix}\right)$ と

$$T\begin{bmatrix}x\\y\\z\end{bmatrix}=\begin{bmatrix}z\\y\end{bmatrix}$$

で定義される線形写像 $T\in\mathcal{L}(\mathbb{R}^3,\mathbb{R}^2)$ について

(a) 以下の座標表現と表現行列を求めなさい．

(i) $\left[\begin{bmatrix}1\\2\end{bmatrix}\right]_{\mathcal{B}}$　(ii) $\left[\begin{bmatrix}-2\\3\end{bmatrix}\right]_{\mathcal{B}}$　(iii) $\left[\begin{bmatrix}1\\2\\3\end{bmatrix}\right]_{\mathcal{C}}$　(iv) $\left[\begin{bmatrix}3\\-2\\1\end{bmatrix}\right]_{\mathcal{C}}$

(v) $[T]_{\mathcal{C},\mathcal{E}}$　(vi) $[T]_{\mathcal{E},\mathcal{B}}$　(vii) $[T]_{\mathcal{C},\mathcal{B}}$

(b) まず $T\mathbf{x}$ を求めてからその座標表現を求める方法と，(a)の結果と補助定理 3・41 を用いる方法の 2 通りの方法で以下を求めなさい．

(i) $\left[T\begin{bmatrix}1\\2\\3\end{bmatrix}\right]_{\mathcal{E}}$ (ii) $\left[T\begin{bmatrix}3\\-2\\1\end{bmatrix}\right]_{\mathcal{B}}$

3・5・8 $\mathbb{R}^2$ の基底 $\mathcal{B}=\left(\begin{bmatrix}1\\1\end{bmatrix},\begin{bmatrix}1\\-1\end{bmatrix}\right)$ と $\mathbb{R}^3$ の基底 $\mathcal{C}=\left(\begin{bmatrix}1\\1\\0\end{bmatrix},\begin{bmatrix}1\\0\\1\end{bmatrix},\begin{bmatrix}0\\1\\1\end{bmatrix}\right)$ と

$$T\begin{bmatrix}x\\y\\z\end{bmatrix}=\begin{bmatrix}y\\x\end{bmatrix}$$

で定義される線形写像 $T\in\mathcal{L}(\mathbb{R}^3,\mathbb{R}^2)$ について

(a) 以下の座標表現と表現行列を求めなさい．

(i) $\left[\begin{bmatrix}-2\\1\end{bmatrix}\right]_{\mathcal{B}}$ (ii) $\left[\begin{bmatrix}2\\3\end{bmatrix}\right]_{\mathcal{B}}$ (iii) $\left[\begin{bmatrix}1\\-2\\3\end{bmatrix}\right]_{\mathcal{C}}$ (iv) $\left[\begin{bmatrix}3\\2\\1\end{bmatrix}\right]_{\mathcal{C}}$

(v) $[T]_{\mathcal{C},\mathcal{E}}$ (vi) $[T]_{\mathcal{E},\mathcal{B}}$ (vii) $[T]_{\mathcal{C},\mathcal{B}}$

(b) まず $T\mathbf{x}$ を求めてからその座標表現を求める方法と，(a)の結果と補助定理 3・41 を用いる方法の 2 通りの方法で以下を求めなさい．

(i) $\left[T\begin{bmatrix}1\\-2\\3\end{bmatrix}\right]_{\mathcal{E}}$ (ii) $\left[T\begin{bmatrix}3\\2\\1\end{bmatrix}\right]_{\mathcal{B}}$

3・5・9 P を平面

$$\left\{\begin{bmatrix}x\\y\\z\end{bmatrix}\in\mathbb{R}^3 \;\middle|\; x-2y+3z=0\right\}$$

とする．

(a) P の基底を一つ与えなさい．

(b) 以下のベクトルが P の要素であるかどうかを判定し，(a)で決めた基底に関する座標表現を求めなさい．

(i) $\begin{bmatrix}1\\-1\\-1\end{bmatrix}$ (ii) $\begin{bmatrix}2\\3\\1\end{bmatrix}$ (iii) $\begin{bmatrix}5\\-2\\-3\end{bmatrix}$

3・5・10 P を平面

$$\left\{ \begin{bmatrix} x \\ y \\ z \end{bmatrix} \in \mathbb{R}^3 \middle| 4x + y - 2z = 0 \right\}$$

とする．

(a) P の基底を一つ与えなさい．

(b) 以下のベクトルが P の要素であるかどうかを判定し，(a)で決めた基底に関する座標表現を求めなさい．

(i) $\begin{bmatrix} 1 \\ 1 \\ 1 \end{bmatrix}$　(ii) $\begin{bmatrix} 0 \\ 2 \\ 1 \end{bmatrix}$　(iii) $\begin{bmatrix} 1 \\ -2 \\ 1 \end{bmatrix}$

3・5・11　$D : \mathcal{P}_n(\mathbb{R}) \to \mathcal{P}_{n-1}(\mathbb{R})$ を微分作用素，$T : \mathcal{P}_{n-1}(\mathbb{R}) \to \mathcal{P}_n(\mathbb{R})$ を $p(x)$ に x を掛けることによる線形写像

$$(Tp)(x) = xp(x)$$

とする．線形写像 T, DT, TD の基底 $(1, x, \ldots, x^n)$ と $(1, x, \ldots, x^{n-1})$ に関する表現行列を求めなさい．

3・5・12　(a) $\mathcal{B} = \left(1, x, \frac{3}{2}x^2 - \frac{1}{2}\right)$ が $\mathcal{P}_2(\mathbb{R})$ の基底であることを示しなさい．

(b) $\mathcal{B}$ に関する x^2 の座標を求めなさい．

(c) $D : \mathcal{P}_2(\mathbb{R}) \to \mathcal{P}_2(\mathbb{R})$ を微分作用素とします．定義域と値域の両方に基底 $\mathcal{B}$ をとったときの D の表現行列を求めなさい．

(d) 上の結果を用いて $\frac{d}{dx}x^2$ を求めなさい．

3・5・13　$T \in \mathcal{L}(V)$ は可逆であり，基底 $\mathcal{B}$ に関して $[T]_{\mathcal{B}} = \mathrm{diag}(\lambda_1, \ldots, \lambda_n)$ であるとします．$[T^{-1}]_{\mathcal{B}}$ を与えなさい．

3・5・14　$R \in \mathcal{L}(\mathbb{R}^2)$ で平面上の $\pi/2$ だけの反時計回りの回転を表します．

(a) R が対角化可能でないことを示しなさい．

(b) R^2 は対角化可能であることを示しなさい．

3・5・15　x–y 平面への射影 $P \in \mathcal{L}(\mathbb{R}^3)$ が対角化可能であることを示しなさい．

3・5・16　L を $\mathbb{R}^2$ の原点を通る直線とし，$P \in \mathcal{L}(\mathbb{R}^2)$ を L の上への正射影とする（練習問題 2・1・2 参照）．P が対角化可能であることを示しなさい．

3・5・17　$\mathcal{B} = (\mathbf{v}_1, \ldots, \mathbf{v}_n)$ を $\mathbb{F}^m$ の線形独立なベクトルの並びとし，$U = \langle \mathcal{B} \rangle$ とします（$\mathcal{B}$ は U の基底となることに注意）．$\mathbf{A} = [\mathbf{v}_1 \ \cdots \ \mathbf{v}_n] \in \mathbf{M}_{m,n}(\mathbb{F})$ をその第 j 列が $\mathbf{v}_j$ である行列とします．このとき $\mathbf{u} \in U$ について $\mathbf{u} = \mathbf{A}[\mathbf{u}]_{\mathcal{B}}$ となることを示しなさい．

3・5・18　$\mathcal{B} = (\mathbf{v}_1, \ldots, \mathbf{v}_n)$ を $\mathbb{F}^n$ の基底とし，$\mathbf{A} = [\mathbf{v}_1 \ \cdots \ \mathbf{v}_n] \in \mathbf{M}_n(\mathbb{F})$ をその第 j 列が $\mathbf{v}_j$ である行列とすると，$\mathbf{x} \in \mathbb{F}^n$ について $[\mathbf{x}]_{\mathcal{B}} = \mathbf{A}^{-1}\mathbf{x}$ となることを示しなさい．

3・5・19　$S, T \in \mathcal{L}(V)$ が共に基底 $\mathcal{B}$ によって対角化可能なら，ST も同じ基底 $\mathcal{B}$ によって対角化可能であることを示しなさい．

3・5・20　$\mathcal{B}_1, \mathcal{B}_2$ が V の基底なら $[I]_{\mathcal{B}_1, \mathcal{B}_2}$ が正則であることを示し，さらにその逆行列を求めなさい．

3・6　基底変換

基底変換行列

$\mathcal{B}=(v_1, \ldots, v_n)$ と $\mathcal{B}'=(v'_1, \ldots, v'_n)$ を V の二つの基底とします．ベクトル $v \in V$ の基底 $\mathcal{B}$ に関する座標 $[v]_{\mathcal{B}}$ を知ることと v 自身を知ることとは理論上は同じことですし，基底 $\mathcal{B}'$ に関する座標 $[v]_{\mathcal{B}'}$ も v そのものから決まります．ここでは座標 $[v]_{\mathcal{B}'}$ が座標 $[v]_{\mathcal{B}}$ によってどのように表現されるかを考えます．

定理 3・49　$\mathcal{B}$ と $\mathcal{B}'$ を V の二つの基底とすると，任意の $v \in V$ について

$$[v]_{\mathcal{B}'} = [I]_{\mathcal{B},\mathcal{B}'}[v]_{\mathcal{B}}$$

が成り立つ．

■**証明**　補助定理 3・41 を恒等変換 $I: V \to V$ に対して用いると

$$[v]_{\mathcal{B}'} = [Iv]_{\mathcal{B}'} = [I]_{\mathcal{B},\mathcal{B}'}[v]_{\mathcal{B}}$$

が得られます．■

定義　$\mathcal{B}$ と $\mathcal{B}'$ を V の二つの基底とする．行列 $\mathbf{S}=[I]_{\mathcal{B},\mathcal{B}'}$ を $\mathcal{B}$ から $\mathcal{B}'$ への**基底変換行列**[1] とよぶ．

■**例**　$\mathcal{B}=\left(\begin{bmatrix}1\\2\end{bmatrix}, \begin{bmatrix}2\\-1\end{bmatrix}\right)$ と $\mathcal{B}'=\left(\begin{bmatrix}1\\1\end{bmatrix}, \begin{bmatrix}1\\-1\end{bmatrix}\right)$ とします．$[I]_{\mathcal{B},\mathcal{B}'}$ を求めるには各 $\mathbf{v} \in \mathcal{B}$ についてその $\mathcal{B}'$ に関する座標 $[\mathbf{v}]_{\mathcal{B}'}$，つまり $\mathbf{v}$ を $\mathcal{B}'$ のベクトルの線形結合で表す係数を求める必要があります．それは以下の拡大係数行列が与える線形方程式系を解くことで得られます．

$$\left[\begin{array}{cc|c}1 & 1 & 1\\1 & -1 & 2\end{array}\right] \quad \text{および} \quad \left[\begin{array}{cc|c}1 & 1 & 2\\1 & -1 & -1\end{array}\right]$$

1) change of basis matrix

初めの線形方程式系の解は $\frac{1}{2}\begin{bmatrix} 3 \\ -1 \end{bmatrix}$ ですから，

$$\begin{bmatrix} 1 \\ 2 \end{bmatrix} = \frac{3}{2}\begin{bmatrix} 1 \\ 1 \end{bmatrix} - \frac{1}{2}\begin{bmatrix} 1 \\ -1 \end{bmatrix} \iff \left[\begin{bmatrix} 1 \\ 2 \end{bmatrix}\right]_{\mathcal{B}'} = \frac{1}{2}\begin{bmatrix} 3 \\ -1 \end{bmatrix}$$

です．2番目の線形方程式系を解いてまとめれば基底変換行列

$$[I]_{\mathcal{B},\mathcal{B}'} = \frac{1}{2}\begin{bmatrix} 3 & 1 \\ -1 & 3 \end{bmatrix} \tag{3・13}$$

が得られます． ■

$V=\mathbb{F}^n$ の場合には，以下の二つの補助定理を使って基底変換行列を求める手順が得られます．

> **補助定理 3・50** $\mathcal{E}$ を $\mathbb{F}^n$ の標準基底，$\mathcal{B}$ を $\mathbb{F}^n$ の何らかの基底とします．このとき基底変換行列 $\mathbf{S}=[I]_{\mathcal{B},\mathcal{E}}$ の各列は $\mathcal{B}$ の対応する列である．

■**証 明** $\mathcal{B}=(\mathbf{v}_1, \ldots, \mathbf{v}_n)$ とすると $\mathbf{S}$ の第 j 列は $I\mathbf{v}_j=\mathbf{v}_j$ の $\mathcal{E}$ に関する座標となります．$\mathcal{E}$ は $\mathbb{F}^n$ の標準基底ですから $\mathbf{S}$ の第 j 列は $\mathbf{v}_j$ そのものです． ■

> **補助定理 3・51** $\mathcal{B}$ と $\mathcal{B}'$ を V の二つの基底，$\mathbf{S}$ を $\mathcal{B}$ から $\mathcal{B}'$ への基底変換行列とする．このとき $\mathcal{B}'$ から $\mathcal{B}$ への基底変換行列は $\mathbf{S}^{-1}$ である．

■**証 明** 定義から $\mathbf{S}=[I]_{\mathcal{B},\mathcal{B}'}$ であり，定理 3・47 から

$$\mathbf{S}\,[I]_{\mathcal{B}',\mathcal{B}} = [I]_{\mathcal{B},\mathcal{B}'}\,[I]_{\mathcal{B}',\mathcal{B}} = [I]_{\mathcal{B}',\mathcal{B}'} = \mathbf{I}_n$$

です．$\mathbf{S}$ が正方行列であることに注意すると，系 3・37 から $[I]_{\mathcal{B}',\mathcal{B}}=\mathbf{S}^{-1}$ が得られます． ■

即問 27 $\mathcal{B}=\left(\begin{bmatrix} 1 \\ 2 \end{bmatrix}, \begin{bmatrix} 2 \\ -1 \end{bmatrix}\right)$，$\mathcal{B}'=\left(\begin{bmatrix} 1 \\ 1 \end{bmatrix}, \begin{bmatrix} 1 \\ -1 \end{bmatrix}\right)$ としたとき，$\mathcal{B}'$ から $\mathcal{B}$ への基底変換行列を求めなさい．

即問 27 の答 (3・13)の基底変換行列の逆行列を求めれば $\frac{1}{5}\begin{bmatrix} 3 & -1 \\ 1 & 3 \end{bmatrix}$ が得られます．

$\mathcal{B}$と$\mathcal{C}$を$\mathbb{F}^n$の基底とすると，定理3・47と補助定理3・51から基底変換行列$[I]_{\mathcal{B},\mathcal{C}}$は

$$[I]_{\mathcal{B},\mathcal{C}} = [I]_{\mathcal{E},\mathcal{C}}[I]_{\mathcal{B},\mathcal{E}} = \left([I]_{\mathcal{C},\mathcal{E}}\right)^{-1}[I]_{\mathcal{B},\mathcal{E}} \tag{3・14}$$

となります．補助定理3・50はこの最後の二つの行列 $[I]_{\mathcal{C},\mathcal{E}}$ と $[I]_{\mathcal{B},\mathcal{E}}$ について述べています．

■**例** 3・2節で，$1 \leq j \leq n$ について

$$\mathbf{v}_j = \mathbf{e}_1 + \cdots + \mathbf{e}_j$$

と定義されるベクトルからなる $\mathcal{B} = (\mathbf{v}_1, \ldots, \mathbf{v}_n)$ は$\mathbb{F}^n$の基底であることをみました．補助定理3・50から基底変換行列 $[I]_{\mathcal{B},\mathcal{E}}$ は $\mathbf{A} = [\mathbf{v}_1 \quad \cdots \quad \mathbf{v}_n]$ であり，さらに基底変換行列 $[I]_{\mathcal{E},\mathcal{B}}$ は $\mathbf{A}^{-1}$ です．また $\mathbf{A}^{-1}$ が

$$\mathbf{B} = \begin{bmatrix} 1 & -1 & 0 & \cdots & \cdots & 0 \\ 0 & 1 & -1 & 0 & & \vdots \\ 0 & 0 & 1 & -1 & \ddots & \vdots \\ \vdots & & \ddots & \ddots & \ddots & 0 \\ 0 & & & \ddots & 1 & -1 \\ 0 & \cdots & \cdots & \cdots & 0 & 1 \end{bmatrix}$$

であることも99ページでみました．したがって $\begin{bmatrix} 1 \\ 2 \\ \vdots \\ n \end{bmatrix}$ の $\mathcal{B}$ に関する座標表現は

$$\mathbf{B}\begin{bmatrix} 1 \\ 2 \\ \vdots \\ n \end{bmatrix} = \begin{bmatrix} 1-2 \\ 2-3 \\ \vdots \\ (n-1)-n \\ n \end{bmatrix} = \begin{bmatrix} -1 \\ -1 \\ \vdots \\ -1 \\ n \end{bmatrix}$$

となります．同様に $\mathbf{w}_1 = \mathbf{e}_1$ で $2 \leq j \leq n$ について

$$\mathbf{w}_j = \mathbf{e}_j - \mathbf{e}_{j-1}$$

と定義される$\mathbb{F}^n$の基底 $(\mathbf{w}_1, \ldots, \mathbf{w}_n)$ については，前出の行列 $\mathbf{A}$ と $\mathbf{B}$ に対して $[I]_{\mathcal{C},\mathcal{E}} = \mathbf{B}$, $[I]_{\mathcal{E},\mathcal{C}} = \mathbf{A}$ となります．さらに（3・14）より

$$[I]_{\mathcal{B},\mathcal{C}} = [I]_{\mathcal{E},\mathcal{C}}[I]_{\mathcal{B},\mathcal{E}} = \mathrm{A}^2 = \begin{bmatrix} 1 & 2 & 3 & \cdots & \cdots & n \\ 0 & 1 & 2 & \cdots & \cdots & n-1 \\ 0 & 0 & 1 & \ddots & & n-2 \\ \vdots & & \ddots & \ddots & \ddots & \vdots \\ 0 & & & \ddots & 1 & 2 \\ 0 & \cdots & \cdots & \cdots & 0 & 1 \end{bmatrix}$$

が得られます. ■

定 理 3・52 $\mathcal{B}_V$ と $\mathcal{B}'_V$ を V の二つの基底, $\mathcal{B}_W$ と $\mathcal{B}'_W$ を W の二つの基底とし, $T \in \mathcal{L}(V, W)$ とする. このとき

$$[T]_{\mathcal{B}'_V,\mathcal{B}'_W} = [I]_{\mathcal{B}_W,\mathcal{B}'_W}\,[T]_{\mathcal{B}_V,\mathcal{B}_W}\,[I]_{\mathcal{B}'_V,\mathcal{B}_V}$$

が成り立つ.

■**証 明** 定理 3・47 を 2 回使うと

$$[T]_{\mathcal{B}'_V,\mathcal{B}'_W} = [ITI]_{\mathcal{B}'_V,\mathcal{B}'_W} = [I]_{\mathcal{B}_W,\mathcal{B}'_W}\,[T]_{\mathcal{B}_V,\mathcal{B}_W}\,[I]_{\mathcal{B}'_V,\mathcal{B}_V}$$

が得られます. ■

定理 3・52 で特に重要なのは, $V = W$ で $\mathcal{B}_V = \mathcal{B}_W$, $\mathcal{B}'_V = \mathcal{B}'_W$ の場合です.

系 3・53 $\mathcal{B}$ と $\mathcal{B}'$ を V の二つの基底, $\mathbf{S}$ を $\mathcal{B}$ から $\mathcal{B}'$ への基底変換行列とする. $T \in \mathcal{L}(V)$ に対して $\mathbf{A} = [T]_{\mathcal{B}}$ とすると

$$[T]_{\mathcal{B}'} = \mathbf{SAS}^{-1}$$

となる.

■**証 明** 定理 3・52 と補助定理 3・51 から

$$[T]_{\mathcal{B}'} = [I]_{\mathcal{B},\mathcal{B}'}\,[T]_{\mathcal{B}}\,[I]_{\mathcal{B}',\mathcal{B}} = \mathbf{SAS}^{-1}$$

となります. ■

以上の結果をまとめておきます.

基底変換行列

$\mathcal{B}$ と $\mathcal{B}'$ を V の基底とすると基底変換行列は $\mathbf{S} := [I]_{\mathcal{B},\mathcal{B}'}$ である. つまり

$$[v]_{\mathcal{B}'} = \mathbf{S}\,[v]_{\mathcal{B}} \qquad [T]_{\mathcal{B}'} = \mathbf{S}\,[T]_{\mathcal{B}}\,\mathbf{S}^{-1}$$

となる.

■ **例** 193, 194 ページの例を思い出してください．直線 $y=2x$ に関する鏡映変換を $T:\mathbb{R}^2\to\mathbb{R}^2$ とすると，基底 $\mathcal{B}=\left(\begin{bmatrix}1\\2\end{bmatrix},\begin{bmatrix}-2\\1\end{bmatrix}\right)$ に対して

$$[T]_{\mathcal{B}}=\begin{bmatrix}1 & 0\\0 & -1\end{bmatrix}$$

でした．これから標準基底に関する T の表現行列を求めるために，基底変換行列

$$\mathbf{S}=[I]_{\mathcal{B},\mathcal{E}}=\begin{bmatrix}1 & -2\\2 & 1\end{bmatrix}$$

を計算し，次いでガウスの消去法を使うと

$$\left[\begin{array}{cc|cc}1 & -2 & 1 & 0\\2 & 1 & 0 & 1\end{array}\right]\rightsquigarrow\left[\begin{array}{cc|cc}1 & 0 & \frac{1}{5} & \frac{2}{5}\\0 & 1 & -\frac{2}{5} & \frac{1}{5}\end{array}\right]$$

となり，その逆行列

$$\mathbf{S}^{-1}=\frac{1}{5}\begin{bmatrix}1 & 2\\-2 & 1\end{bmatrix}$$

が求まります．こうして

$$[T]_{\mathcal{E}}=\begin{bmatrix}1 & -2\\2 & 1\end{bmatrix}\begin{bmatrix}1 & 0\\0 & -1\end{bmatrix}\left(\frac{1}{5}\begin{bmatrix}1 & 2\\-2 & 1\end{bmatrix}\right)=\frac{1}{5}\begin{bmatrix}-3 & 4\\4 & 3\end{bmatrix}$$

が得られます． ■

この例は基底変換が役立つ理由を説明しています．上の T は，標準基底よりも基底 $\mathcal{B}$ による表現 $[T]_{\mathcal{B}}$ が簡潔で扱いも簡単ですが，$[T]_{\mathcal{B}}$ を用いて Tv を計算しようとすると v の基底 $\mathcal{B}$ に関する表現を求めておかなければなりません．それよりも，容易に得られる表現行列 $[T]_{\mathcal{B}}$ と基底変換の式によって標準基底に関する表現行列を求める方がはるかに簡単です．

相似と対角化可能性

> **定 義** 行列 $\mathbf{A}\in\mathbf{M}_n(\mathbb{F})$ は $\mathbf{B}=\mathbf{SAS}^{-1}$ となる正則行列 $\mathbf{S}\in\mathbf{M}_n(\mathbb{F})$ があるとき行列 $\mathbf{B}\in\mathbf{M}_n(\mathbb{F})$ に**相似**[2] であるという．

2) similar

即問28 $\mathbf{A}$が$\mathbf{B}$に相似なら$\mathbf{B}$は$\mathbf{A}$に相似であることを示しなさい．これによって$\mathbf{A}$と$\mathbf{B}$は相似であるという言い方が可能になります．

定理3・54 $\mathcal{B}$と$\mathcal{B}'$をVの基底，$T \in \mathcal{L}(V)$とする．$\mathbf{A} = [T]_{\mathcal{B}}, \mathbf{B} = [T]_{\mathcal{B}'}$とすると，$\mathbf{A}$と$\mathbf{B}$は相似である．

逆に$\mathbf{A}, \mathbf{B} \in \mathbf{M}_n(\mathbb{F})$が相似で，$V$の基底$\mathcal{B}$に関して$\mathbf{A} = [T]_{\mathcal{B}}$なら，$V$の基底$\mathcal{B}'$で$\mathbf{B} = [T]_{\mathcal{B}'}$となるものが存在する．

この定理の要点は，行列$\mathbf{A}$と$\mathbf{B}$が相似であることとそれが一つの線形変換の異なる基底に関する表現行列であることが同値であるということです．

■**証明** 前半は系3・53と相似の定義から直ちに得られます．

そこで，$\mathbf{A}, \mathbf{B} \in \mathbf{M}_n(\mathbb{F})$が相似で，$\mathcal{B} = (v_1, \ldots, v_n)$が$V$の基底，$\mathbf{A} = [T]_{\mathcal{B}}$であると仮定します．また$\mathbf{B} = \mathbf{SAS}^{-1}$とします．もちろん$\mathbf{S}$は正則行列です．ここで$\mathbf{R} = \mathbf{S}^{-1}$とします．各$j$について

$$w_j = \sum_{i=1}^{n} r_{ij} v_j$$

とすると，$\mathbf{r}_j = [w_j]_{\mathcal{B}}$であることがわかります．$\mathbf{R}$は正則ですから$(\mathbf{r}_1, \ldots, \mathbf{r}_n)$は$\mathbb{F}^n$の基底となり，よって$\mathcal{B}' = (w_1, \ldots, w_n)$は$V$の基底となります．しかも各$j$について

$$[I]_{\mathcal{B}',\mathcal{B}}\, \mathbf{e}_j = [I]_{\mathcal{B}',\mathcal{B}} \left[w_j\right]_{\mathcal{B}'} = \left[w_j\right]_{\mathcal{B}} = \mathbf{r}_j$$

ですから，$[I]_{\mathcal{B}',\mathcal{B}} = \mathbf{R}$です．したがって補助定理3・51から$\mathbf{S} = [I]_{\mathcal{B},\mathcal{B}'}$，系3・53から$[T]_{\mathcal{B}'} = \mathbf{SAS}^{-1} = \mathbf{B}$が得られます．■

定義 行列$\mathbf{A} \in \mathbf{M}_n(\mathbb{F})$は対角行列に相似であるとき，またそのときに限り**対角化可能**[3]であるという．

次の結果は系3・46と定理3・54から直ちに得られますが，それは線形変換と行列それぞれに対して定義した対角化可能性が妥当であったことを示しています[4]．

即問28の答 $\mathbf{B} = \mathbf{SAS}^{-1}$なら$\mathbf{A} = \mathbf{S}^{-1}\mathbf{BS} = \mathbf{S}^{-1}\mathbf{B}(\mathbf{S}^{-1})^{-1}$です．

3) diagonalizable

4) 訳注：線形変換の対角化可能性は系3・46の直前の定義にあります．

命題 3・55 $T \in \mathcal{L}(V)$，$\mathcal{B}$ を V の基底，$\mathbf{A} = [T]_{\mathcal{B}}$ とする．このとき $\mathbf{A}$ が対角化可能である必要十分条件は T が対角化可能であることである．

■**例** 1. 前の例で $T: \mathbb{R}^2 \to \mathbb{R}^2$ が直線 $y = 2x$ に関する鏡映変換なら

$$[T]_{\mathcal{E}} = \begin{bmatrix} -\frac{3}{5} & \frac{4}{5} \\ \frac{4}{5} & \frac{3}{5} \end{bmatrix} \qquad [T]_{\mathcal{B}} = \begin{bmatrix} 1 & 0 \\ 0 & -1 \end{bmatrix}$$

となることをみました．ここで，$\mathcal{E}$ は標準基底，$\mathcal{B} = \left(\begin{bmatrix} 1 \\ 2 \end{bmatrix}, \begin{bmatrix} -2 \\ 1 \end{bmatrix} \right)$ です．これは行列 $\begin{bmatrix} -\frac{3}{5} & \frac{4}{5} \\ \frac{4}{5} & \frac{3}{5} \end{bmatrix}$ が対角化可能であることを意味しており，基底変換行列 $\mathbf{S} = \begin{bmatrix} 1 & -2 \\ 2 & 1 \end{bmatrix}$ によって

$$\begin{bmatrix} -\frac{3}{5} & \frac{4}{5} \\ \frac{4}{5} & \frac{3}{5} \end{bmatrix} = \mathbf{S} \begin{bmatrix} 1 & 0 \\ 0 & -1 \end{bmatrix} \mathbf{S}^{-1}$$

となります．

2. 行列 $\mathbf{A} = \begin{bmatrix} 1 & -2 \\ 1 & -1 \end{bmatrix}$ を考えます．これを $\mathbf{M}_2(\mathbb{C})$ の行列とみなせば対角化可能で，

$$\mathbf{S} = \begin{bmatrix} 1+i & 1-i \\ 1 & 1 \end{bmatrix}$$

によって

$$\mathbf{A} = \mathbf{S} \begin{bmatrix} i & 0 \\ 0 & -i \end{bmatrix} \mathbf{S}^{-1}$$

となります．一方，$\mathbf{A}$ を $\mathbf{M}_2(\mathbb{R})$ の行列とみなした場合には対角化可能ではありません．$\mathbb{C}$ 上で対角化する場合に複素数を用いたから $\mathbb{R}$ 上では対角化できないと直ちに結論できるわけではありません．$\mathbb{R}$ 上で対角化できないことを示すには次に示す定理 3・56 を用いるのが最も近道でしょう． ■

次の定理は命題 3・45 と定理 3・54 を組合わせて証明することもできますが，定義から直接証明する方が簡単です．

定理 3・56 行列 $\mathbf{A} \in \mathbf{M}_n(\mathbb{F})$ が対角化可能である必要十分条件は，$\mathbf{A}$ の固有ベクトル $\mathbf{v}_i$ からなる $\mathbb{F}^n$ の基底 $(\mathbf{v}_1, \ldots, \mathbf{v}_n)$ が存在することである．その場合 $\mathbf{A}\mathbf{v}_i = \lambda_i \mathbf{v}_i$ である $\mathbf{v}_i$ によって

$$\mathbf{S} = \begin{bmatrix} | & & | \\ \mathbf{v}_1 & \cdots & \mathbf{v}_n \\ | & & | \end{bmatrix}$$

とすると

$$\mathbf{A} = \mathbf{S} \begin{bmatrix} \lambda_1 & & 0 \\ & \ddots & \\ 0 & & \lambda_n \end{bmatrix} \mathbf{S}^{-1}$$

となる．

■**証明** まず $\mathbf{A}$ が対角化可能であると仮定します．つまり正則行列 $\mathbf{S} \in \mathbf{M}_n(\mathbb{F})$ と対角行列

$$\mathbf{B} = \begin{bmatrix} \lambda_1 & & 0 \\ & \ddots & \\ 0 & & \lambda_n \end{bmatrix}$$

が存在して $\mathbf{B} = \mathbf{S}^{-1}\mathbf{A}\mathbf{S}$ となることを仮定します．$\mathbf{S}$ は正則ですからその列 $(\mathbf{v}_1, \ldots, \mathbf{v}_n)$ は $\mathbb{F}^n$ の基底になります．しかも

$$\begin{bmatrix} | & & | \\ \mathbf{A}\mathbf{v}_1 & \cdots & \mathbf{A}\mathbf{v}_n \\ | & & | \end{bmatrix} = \mathbf{A}\mathbf{S} = \mathbf{S}\mathbf{B} = \begin{bmatrix} | & & | \\ \lambda_1\mathbf{v}_1 & \cdots & \lambda_n\mathbf{v}_n \\ | & & | \end{bmatrix}$$

ですから，各 i について $\mathbf{A}\mathbf{v}_i = \lambda_i \mathbf{v}_i$ がわかります．

次に $(\mathbf{v}_1, \ldots, \mathbf{v}_n)$ が $\mathbb{F}^n$ の基底で $\mathbf{A}\mathbf{v}_i = \lambda_i \mathbf{v}_i$ であると仮定します．ここで

$$\mathbf{S} = \begin{bmatrix} | & & | \\ \mathbf{v}_1 & \cdots & \mathbf{v}_n \\ | & & | \end{bmatrix} \quad \text{および} \quad \mathbf{B} = \begin{bmatrix} \lambda_1 & & 0 \\ & \ddots & \\ 0 & & \lambda_n \end{bmatrix}$$

と定義すると，$\mathbf{S}$ の列は $\mathbb{F}^n$ の基底ですから，$\mathbf{S}$ は正則で，しかも

$$\mathbf{A}\mathbf{S} = \begin{bmatrix} | & & | \\ \mathbf{A}\mathbf{v}_1 & \cdots & \mathbf{A}\mathbf{v}_n \\ | & & | \end{bmatrix} = \begin{bmatrix} | & & | \\ \lambda_1\mathbf{v}_1 & \cdots & \lambda_n\mathbf{v}_n \\ | & & | \end{bmatrix} = \mathbf{S}\mathbf{B}$$

となりますから，$\mathbf{A} = \mathbf{S}\mathbf{B}\mathbf{S}^{-1}$ が得られます． ■

即問29 (a) $n \times n$ 行列 $\mathbf{A}$ が相異なる固有値を n 個もっているなら, $\mathbf{A}$ は対角化可能であることを示しなさい.

(b) $n \times n$ 行列で相異なる固有値が n 個未満である例を示しなさい.

不　変　量

行列 $\mathbf{A} \in \mathbf{M}_n(\mathbb{F})$ は固有値 $\lambda \in \mathbb{F}$ をもつと仮定します. つまり, $\mathbf{v} \neq \mathbf{0}$ なる $\mathbf{v} \in \mathbb{F}^n$ があって

$$\mathrm{A}\mathrm{v} = \lambda \mathrm{v}$$

です. 次に行列 $\mathbf{B} \in \mathbf{M}_n(\mathbb{F})$ が $\mathbf{A}$ に相似である, つまり $\mathbf{B} = \mathbf{SAS}^{-1}$ となる正則な $\mathbf{S} \in \mathbf{M}_n(\mathbb{F})$ があるとします. ここで $\mathbf{w} = \mathbf{Sv}$ とすると, $\mathbf{S}$ が正則ですから $\mathbf{w} \neq \mathbf{0}$ で, しかも

$$\mathrm{Bw} = \mathrm{SAS}^{-1}(\mathrm{Sv}) = \mathrm{SAv} = \mathrm{S}(\lambda \mathrm{v}) = \lambda \mathrm{Sv} = \lambda \mathrm{w}$$

がわかり, λ は $\mathbf{B}$ の固有値でもあることになります. よって次の補助定理が得られます.

補助定理 3・57 相似な行列は同じ固有値をもつ.

二つの行列が相似であるとは, それが一つの線形変換の異なる基底に関する表現であることを思い出してください. 固有値のように, 相似である行列の間で保存される性質を行列の**不変量**[5]とよびます.

不変量として他にも階数と退化次数があります.

定 理 3・58 V と W を有限次元ベクトル空間とし, $T \in \mathcal{L}(V, W)$ とする. このとき V の任意の基底 $\mathcal{B}_V$ と W の任意の基底 $\mathcal{B}_W$ について

$$\operatorname{rank} T = \operatorname{rank} [T]_{\mathcal{B}_V, \mathcal{B}_W} \qquad \operatorname{null} T = \operatorname{null} [T]_{\mathcal{B}_V, \mathcal{B}_W}$$

が成り立つ.

■**証 明** 初めの主張を示しましょう. $\mathcal{B}_V = (v_1, \ldots, v_n)$ として $\mathbf{A} = [T]_{\mathcal{B}_V, \mathcal{B}_W}$ とします. $(v_1, \ldots, v_n)$ は V を張りますから, $\operatorname{range} T = \langle Tv_1, \ldots, Tv_n \rangle$ です. よって命題 3・40 から $\langle Tv_1, \ldots, Tv_n \rangle$ と

即問 29 の答 (a) n 個の固有値に対応する固有ベクトルは線形独立なので, 基底をなします. (b) 単位行列 $\mathbf{I}_n$ は対角行列, よって明らかに対角化可能, その固有値は 1 だけです.

5) invariant

$$\langle [Tv_1]_{\mathcal{B}_W}, \ldots, [Tv_n]_{\mathcal{B}_W} \rangle$$

とは同型です．しかも $j=1, \ldots, n$ について $[Tv_j]_{\mathcal{B}_W}$ は行列 **A** の列そのものですから

$$\operatorname{rank} T = \dim \operatorname{range} T = \dim C(\mathrm{A}) = \operatorname{rank} \mathrm{A}$$

が得られます．

後半の主張を示します．$Tv=0$ であることと

$$\mathbf{0} = [Tv]_{\mathcal{B}_W} = \mathrm{A}\,[v]_{\mathcal{B}_V}$$

は同値ですから，命題3・40で定義された線形写像 $C_{\mathcal{B}_V}$ によって $C_{\mathcal{B}_V}(\ker T) = \ker \mathbf{A}$ となります．同じ命題から $\ker T$ と $\ker \mathbf{A}$ が同型であることがわかりますので，両者の次元は等しくなります． ■

系3・59 相似な行列 $\mathbf{A}, \mathbf{B} \in \mathbf{M}_n(\mathbb{F})$ について

$$\operatorname{rank} \mathrm{A} = \operatorname{rank} \mathrm{B} \qquad \operatorname{null} \mathrm{A} = \operatorname{null} \mathrm{B}$$

が成り立つ．

■証明 $V=W$ で $\mathcal{B}_V = \mathcal{B}_W$ の場合を考えれば定理3・58と定理3・54から得られます． ■

上の結果は，行列の視点と線形写像の視点のどちらをとるかについて柔軟であることの重要性を示しています．確かにこれまでいくつかの例で，一般の線形写像について成り立つ結果が，行列を使うとより簡単に示すことができることをみてきました．たとえば階数と退化次数についての次元定理は行列については，証明が簡単です．しかし上の系はその逆もあり得ることを示しています．相似行列の階数と退化次数が等しいことを示すのに，それが同一の線形写像の表現行列であることを用いるのが最も簡単でしょう．

次に意外な不変量に目を向けることにします．その不変量は行列の要素から直接定義され，線形写像との関連が自明ではありません．

定 義 $\mathbf{A} \in \mathbf{M}_n(\mathbb{F})$ に対してその**トレース**[6] を

$$\operatorname{tr} \mathrm{A} = \sum_{i=1}^{n} a_{ii}$$

と定義する．

トレースが不変量であることは次の命題からすぐに得られます．

6) trace

命題 3・60 $\mathbf{A} \in \mathbf{M}_{m,n}(\mathbb{F})$，$\mathbf{B} \in \mathbf{M}_{n,m}(\mathbb{F})$ とすると $\operatorname{tr} \mathbf{AB} = \operatorname{tr} \mathbf{BA}$ である．

■**証明**

$$\operatorname{tr} \mathrm{AB} = \sum_{i=1}^{m} [\mathrm{AB}]_{ii} = \sum_{i=1}^{m} \sum_{j=1}^{n} a_{ij} b_{ji} = \sum_{j=1}^{n} \sum_{i=1}^{m} b_{ji} a_{ij} = \sum_{j=1}^{n} [\mathrm{BA}]_{jj} = \operatorname{tr} \mathrm{BA}$$

■

系 3・61 $\mathbf{A}$ と $\mathbf{B}$ が相似なら $\operatorname{tr} \mathbf{A} = \operatorname{tr} \mathbf{B}$ である．

■**証明** $\mathbf{B} = \mathbf{SAS}^{-1}$ とすると命題 3・60 と行列の積の結合法則から

$$\operatorname{tr} \mathrm{B} = \operatorname{tr}(\mathrm{SA})\mathrm{S}^{-1} = \operatorname{tr} \mathrm{S}^{-1}(\mathrm{SA}) = \operatorname{tr}(\mathrm{S}^{-1}\mathrm{S})\mathrm{A} = \operatorname{tr} \mathrm{A}$$

が得られます． ■

即問 30 同じサイズでトレースも等しいが，相似でない行列の例を示しなさい．

系 3・62 $T \in \mathcal{L}(V)$ と V の二つの基底 $\mathcal{B}, \mathcal{B}'$ について $\operatorname{tr}[T]_{\mathcal{B}} = \operatorname{tr}[T]_{\mathcal{B}'}$ である．

■**証明** 系 3・53 と系 3・61 から得られます． ■

最後の系によって次の定義が整合的であることになります．

定 義 V を有限次元ベクトル空間とし $T \in \mathcal{L}(V)$ とする．T の**トレース**[6] $\operatorname{tr} T$ を V の任意の基底に対して $\operatorname{tr} T = \operatorname{tr}[T]_{\mathcal{B}}$ と定義する．

まとめ

- 行列 $[I]_{\mathcal{B}_1,\mathcal{B}_2}$ を基底 $\mathcal{B}_1$ から基底 $\mathcal{B}_2$ への基底変換行列という．その理由は $[I]_{\mathcal{B}_1,\mathcal{B}_2}[v]_{\mathcal{B}_1} = [v]_{\mathcal{B}_2}$
- $\mathbf{S} = [I]_{\mathcal{B}_1,\mathcal{B}_2}$ とすれば $[T]_{\mathcal{B}_2} = \mathbf{S}[T]_{\mathcal{B}_1}\mathbf{S}^{-1}$

即問 30 の答 $\begin{bmatrix} 0 & 0 \\ 0 & 0 \end{bmatrix}$ と $\begin{bmatrix} 1 & 0 \\ 0 & -1 \end{bmatrix}$．この二つの行列は固有値が異なっているので相似ではありません．

- $[I]_{\mathcal{B}_2,\mathcal{B}_1}=[I]^{-1}_{\mathcal{B}_1,\mathcal{B}_2}$
- 行列 $\mathbf{A},\mathbf{B}\in\mathbf{M}_n(\mathbb{F})$ は $\mathbf{A}=\mathbf{SBS}^{-1}$ となる $\mathbf{S}\in\mathbf{M}_n(\mathbb{F})$ があるとき相似．これは $\mathbf{A}$ と $\mathbf{B}$ が同一の線形変換の異なる基底に関する表現であることと同じ．
- 行列 $\mathbf{A}\in\mathbf{M}_n(\mathbb{F})$ が対角化可能であるとはそれが対角行列と相似であること．これは $\mathbf{A}$ の固有ベクトルからなる基底が存在することと同じ．
- 不変量とは相似な行列の間で共有されている量．たとえば，階数，退化次数，固有値の全体，トレース．

練習問題

3・6・1 以下の $\mathbb{R}^n$ の基底の対について基底変換行列 $[I]_{\mathcal{B},\mathcal{C}}$ と $[I]_{\mathcal{C},\mathcal{B}}$ を求めなさい．

(a) $\mathcal{B}=\left(\begin{bmatrix}2\\5\end{bmatrix},\begin{bmatrix}3\\7\end{bmatrix}\right)\qquad\mathcal{C}=\left(\begin{bmatrix}-1\\2\end{bmatrix},\begin{bmatrix}1\\-4\end{bmatrix}\right)$

(b) $\mathcal{B}=\left(\begin{bmatrix}1\\2\end{bmatrix},\begin{bmatrix}3\\4\end{bmatrix}\right)\qquad\mathcal{C}=\left(\begin{bmatrix}1\\3\end{bmatrix},\begin{bmatrix}2\\4\end{bmatrix}\right)$

(c) $\mathcal{B}=\left(\begin{bmatrix}1\\0\\0\end{bmatrix},\begin{bmatrix}2\\1\\0\end{bmatrix},\begin{bmatrix}0\\-1\\1\end{bmatrix}\right)\qquad\mathcal{C}=\left(\begin{bmatrix}1\\2\\0\end{bmatrix},\begin{bmatrix}0\\1\\-2\end{bmatrix},\begin{bmatrix}0\\0\\1\end{bmatrix}\right)$

(d) $\mathcal{B}=\left(\begin{bmatrix}1\\1\\0\end{bmatrix},\begin{bmatrix}1\\0\\1\end{bmatrix},\begin{bmatrix}0\\1\\1\end{bmatrix}\right)\qquad\mathcal{C}=\left(\begin{bmatrix}1\\1\\1\end{bmatrix},\begin{bmatrix}1\\1\\2\end{bmatrix},\begin{bmatrix}1\\2\\3\end{bmatrix}\right)$

3・6・2 以下の $\mathbb{R}^n$ の基底の対について基底変換行列 $[I]_{\mathcal{B},\mathcal{C}}$ と $[I]_{\mathcal{C},\mathcal{B}}$ を求めなさい．

(a) $\mathcal{B}=\left(\begin{bmatrix}1\\2\end{bmatrix},\begin{bmatrix}2\\3\end{bmatrix}\right)\qquad\mathcal{C}=\left(\begin{bmatrix}1\\1\end{bmatrix},\begin{bmatrix}1\\-1\end{bmatrix}\right)$

(b) $\mathcal{B}=\left(\begin{bmatrix}2\\3\end{bmatrix},\begin{bmatrix}3\\5\end{bmatrix}\right)\qquad\mathcal{C}=\left(\begin{bmatrix}1\\2\end{bmatrix},\begin{bmatrix}0\\1\end{bmatrix}\right)$

(c) $\mathcal{B}=\left(\begin{bmatrix}1\\1\\1\end{bmatrix},\begin{bmatrix}1\\-1\\0\end{bmatrix},\begin{bmatrix}1\\0\\-1\end{bmatrix}\right)\qquad\mathcal{C}=\left(\begin{bmatrix}1\\1\\1\end{bmatrix},\begin{bmatrix}1\\1\\-2\end{bmatrix},\begin{bmatrix}1\\-2\\1\end{bmatrix}\right)$

(d) $\mathcal{B}=\left(\begin{bmatrix}1\\0\\0\end{bmatrix},\begin{bmatrix}2\\1\\0\end{bmatrix},\begin{bmatrix}3\\2\\1\end{bmatrix}\right)\qquad\mathcal{C}=\left(\begin{bmatrix}1\\2\\3\end{bmatrix},\begin{bmatrix}0\\1\\2\end{bmatrix},\begin{bmatrix}0\\0\\1\end{bmatrix}\right)$

3・6・3　$\mathbb{R}^2$ の基底 $\mathcal{B}=\left(\begin{bmatrix}2\\-3\end{bmatrix},\begin{bmatrix}-1\\2\end{bmatrix}\right)$ について

(a) 基底変換行列 $[I]_{\mathcal{B},\mathcal{E}}$ と $[I]_{\mathcal{E},\mathcal{B}}$ を求めなさい.

(b) 基底変換行列を用いて以下のベクトルの $\mathcal{B}$ に関する座標を求めなさい.

(i) $\begin{bmatrix}1\\0\end{bmatrix}$　(ii) $\begin{bmatrix}0\\1\end{bmatrix}$　(iii) $\begin{bmatrix}2\\3\end{bmatrix}$　(iv) $\begin{bmatrix}4\\-5\end{bmatrix}$　(v) $\begin{bmatrix}-6\\1\end{bmatrix}$

3・6・4　$\mathbb{R}^2$ の基底 $\mathcal{B}=\left(\begin{bmatrix}1\\2\end{bmatrix},\begin{bmatrix}3\\4\end{bmatrix}\right)$ について

(a) 基底変換行列 $[I]_{\mathcal{B},\mathcal{E}}$ と $[I]_{\mathcal{E},\mathcal{B}}$ を求めなさい.

(b) 基底変換行列を用いて以下のベクトルの $\mathcal{B}$ に関する座標を求めなさい.

(i) $\begin{bmatrix}1\\0\end{bmatrix}$　(ii) $\begin{bmatrix}0\\1\end{bmatrix}$　(iii) $\begin{bmatrix}2\\3\end{bmatrix}$　(iv) $\begin{bmatrix}4\\-5\end{bmatrix}$　(v) $\begin{bmatrix}-6\\1\end{bmatrix}$

3・6・5　$\mathbb{R}^3$ の基底 $\mathcal{B}=\left(\begin{bmatrix}1\\-1\\0\end{bmatrix},\begin{bmatrix}1\\0\\1\end{bmatrix},\begin{bmatrix}0\\1\\-1\end{bmatrix}\right)$ について

(a) 基底変換行列 $[I]_{\mathcal{B},\mathcal{E}}$ と $[I]_{\mathcal{E},\mathcal{B}}$ を求めなさい.

(b) 基底変換行列を用いて以下のベクトルの $\mathcal{B}$ に関する座標を求めなさい.

(i) $\begin{bmatrix}1\\0\\0\end{bmatrix}$　(ii) $\begin{bmatrix}0\\0\\1\end{bmatrix}$　(iii) $\begin{bmatrix}-4\\0\\2\end{bmatrix}$　(iv) $\begin{bmatrix}1\\2\\-3\end{bmatrix}$　(v) $\begin{bmatrix}6\\-4\\1\end{bmatrix}$

3・6・6　$\mathbb{R}^3$ の基底 $\mathcal{B}=\left(\begin{bmatrix}1\\-1\\1\end{bmatrix},\begin{bmatrix}1\\2\\-1\end{bmatrix},\begin{bmatrix}0\\2\\-1\end{bmatrix}\right)$ について

(a) 基底変換行列 $[I]_{\mathcal{B},\mathcal{E}}$ と $[I]_{\mathcal{E},\mathcal{B}}$ を求めなさい.

(b) 基底変換行列を用いて以下のベクトルの $\mathcal{B}$ に関する座標を求めなさい.

(i) $\begin{bmatrix}1\\0\\0\end{bmatrix}$　(ii) $\begin{bmatrix}0\\0\\1\end{bmatrix}$　(iii) $\begin{bmatrix}-4\\0\\2\end{bmatrix}$　(iv) $\begin{bmatrix}1\\2\\-3\end{bmatrix}$　(v) $\begin{bmatrix}6\\-4\\1\end{bmatrix}$

3・6・7　$\mathbb{R}^2$ の基底 $\mathcal{B}=\left(\begin{bmatrix}2\\1\end{bmatrix},\begin{bmatrix}1\\1\end{bmatrix}\right)$，$\mathbb{R}^3$ の基底 $\mathcal{C}=\left(\begin{bmatrix}1\\3\\0\end{bmatrix},\begin{bmatrix}0\\2\\3\end{bmatrix},\begin{bmatrix}1\\0\\-4\end{bmatrix}\right)$，

$$[S]_{\mathcal{E},\mathcal{E}} = \begin{bmatrix} 0 & 1 \\ 3 & -3 \\ 4 & -8 \end{bmatrix} \quad \text{および} \quad [T]_{\mathcal{E},\mathcal{E}} = \begin{bmatrix} 4 & -1 & 1 \\ 3 & -1 & 1 \end{bmatrix}$$

で与えられる $S \in \mathcal{L}(\mathbb{R}^2, \mathbb{R}^3)$ と $T \in \mathcal{L}(\mathbb{R}^3, \mathbb{R}^2)$ について

(a) $\mathbb{R}^2$ の基底変換行列 $[I]_{\mathcal{B},\mathcal{E}}$ と $[I]_{\mathcal{E},\mathcal{B}}$, $\mathbb{R}^3$ の基底変換行列 $[I]_{\mathcal{C},\mathcal{E}}$ と $[I]_{\mathcal{E},\mathcal{C}}$ を求めなさい.

(b) 基底変換行列を用いて以下の表現行列を求めなさい.

(i) $[S]_{\mathcal{B},\mathcal{E}}$ (ii) $[S]_{\mathcal{E},\mathcal{C}}$ (iii) $[S]_{\mathcal{B},\mathcal{C}}$ (iv) $[T]_{\mathcal{C},\mathcal{E}}$ (v) $[T]_{\mathcal{E},\mathcal{B}}$ (vi) $[T]_{\mathcal{C},\mathcal{B}}$

3・6・8 $\mathbb{R}^2$ の基底 $\mathcal{B} = \left(\begin{bmatrix} 2 \\ 3 \end{bmatrix}, \begin{bmatrix} 3 \\ 5 \end{bmatrix} \right)$, $\mathbb{R}^3$ の基底 $\mathcal{C} = \left(\begin{bmatrix} 1 \\ 1 \\ 0 \end{bmatrix}, \begin{bmatrix} 1 \\ 0 \\ 1 \end{bmatrix}, \begin{bmatrix} 0 \\ 1 \\ 1 \end{bmatrix} \right)$,

$$[S]_{\mathcal{E},\mathcal{E}} = \begin{bmatrix} 2 & -1 \\ 5 & 3 \\ -3 & 2 \end{bmatrix} \quad \text{および} \quad [T]_{\mathcal{E},\mathcal{E}} = \begin{bmatrix} 1 & -1 & 1 \\ 1 & 1 & -1 \end{bmatrix}$$

で与えられる $S \in \mathcal{L}(\mathbb{R}^2, \mathbb{R}^3)$ と $T \in \mathcal{L}(\mathbb{R}^3, \mathbb{R}^2)$ について

(a) $\mathbb{R}^2$ の基底変換行列 $[I]_{\mathcal{B},\mathcal{E}}$ と $[I]_{\mathcal{E},\mathcal{B}}$, $\mathbb{R}^3$ の基底変換行列 $[I]_{\mathcal{C},\mathcal{E}}$ と $[I]_{\mathcal{E},\mathcal{C}}$ を求めなさい.

(b) 基底変換行列を用いて以下の表現行列を求めなさい.

(i) $[S]_{\mathcal{B},\mathcal{E}}$ (ii) $[S]_{\mathcal{E},\mathcal{C}}$ (iii) $[S]_{\mathcal{B},\mathcal{C}}$ (iv) $[T]_{\mathcal{C},\mathcal{E}}$ (v) $[T]_{\mathcal{E},\mathcal{B}}$ (vi) $[T]_{\mathcal{C},\mathcal{B}}$

3・6・9 $U = \left\{ \begin{bmatrix} x \\ y \\ z \end{bmatrix} \in \mathbb{R}^3 \;\middle|\; x+y+z=0 \right\}$ の基底 $\mathcal{B} = \left(\begin{bmatrix} 1 \\ -1 \\ 0 \end{bmatrix}, \begin{bmatrix} 1 \\ 0 \\ -1 \end{bmatrix} \right)$ および

$\mathcal{C} = \left(\begin{bmatrix} 1 \\ 1 \\ -2 \end{bmatrix}, \begin{bmatrix} 0 \\ 1 \\ -1 \end{bmatrix} \right)$ と, $T \begin{bmatrix} x \\ y \\ z \end{bmatrix} = \begin{bmatrix} x \\ z \\ y \end{bmatrix}$ で与えられる線形変換 $T \in \mathcal{L}(U)$ について

(a) 表現行列 $[T]_{\mathcal{B}}$ を求めなさい.

(b) 基底変換行列 $[I]_{\mathcal{B},\mathcal{C}}$ と $[I]_{\mathcal{C},\mathcal{B}}$ を求めなさい.

(c) 上の結果を使って $[T]_{\mathcal{C}}$ を求めなさい.

3・6・10 $U = \left\{ \begin{bmatrix} x \\ y \\ z \end{bmatrix} \in \mathbb{R}^3 \;\middle|\; x+2y+3z=0 \right\}$ の基底 $\mathcal{B} = \left(\begin{bmatrix} 2 \\ -1 \\ 0 \end{bmatrix}, \begin{bmatrix} 0 \\ 3 \\ -2 \end{bmatrix} \right)$ および

$\mathcal{C}=\left(\begin{bmatrix}1\\1\\-1\end{bmatrix},\begin{bmatrix}3\\0\\-1\end{bmatrix}\right)$ と, $T\begin{bmatrix}x\\y\\z\end{bmatrix}=\begin{bmatrix}9z\\3y\\x\end{bmatrix}$ で与えられる線形変換 $T\in\mathcal{L}(U)$ について

(a) 表現行列 $[T]_{\mathcal{B}}$ を求めなさい.

(b) 基底変換行列 $[I]_{\mathcal{B},\mathcal{C}}$ と $[I]_{\mathcal{C},\mathcal{B}}$ を求めなさい.

(c) 上の結果を使って $[T]_{\mathcal{C}}$ を求めなさい.

3・6・11 直線 $y=\frac{1}{3}x$ への正射影を $P\in\mathcal{L}(\mathbb{R}^2)$ とします(練習問題2・1・2参照).

(a) $[P]_{\mathcal{B}}$ を対角行列にする $\mathbb{R}^2$ の基底 $\mathcal{B}$ を求めなさい.

(b) 基底変換行列 $[I]_{\mathcal{B},\mathcal{E}}$ を求めなさい.

(c) 基底変換行列 $[I]_{\mathcal{E},\mathcal{B}}$ を求めなさい.

(d) 上の結果を使って $[P]_{\mathcal{E}}$ 求めなさい.

3・6・12 線形変換 $R\in\mathcal{L}(\mathbb{R}^2)$ を $y=\frac{1}{2}x$ に関する鏡映変換とします.

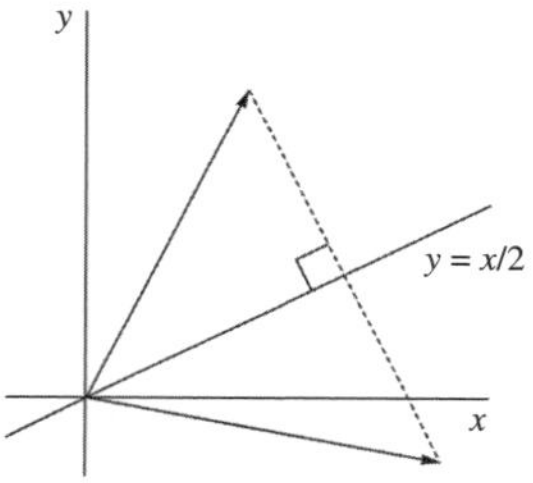

(a) $[R]_{\mathcal{B}}$ を対角行列にする $\mathbb{R}^2$ の基底 $\mathcal{B}$ を求めなさい.

(b) 基底変換行列 $[I]_{\mathcal{B},\mathcal{E}}$ を求めなさい.

(c) 基底変換行列 $[I]_{\mathcal{E},\mathcal{B}}$ を求めなさい.

(d) 上の結果を使って $[R]_{\mathcal{E}}$ 求めなさい.

3・6・13 $\mathcal{P}_2(\mathbb{R})$ の基底 $\mathcal{B}=(1,x,x^2)$ と $\mathcal{B}'=(1,x,\frac{3}{2}x^2-\frac{1}{2})$ について, 基底変換行列 $[I]_{\mathcal{B},\mathcal{B}'}$ と $[I]_{\mathcal{B}',\mathcal{B}}$ を求めなさい.

3・6・14 206ページの例にある $\mathbb{F}^n$ の基底 $\mathcal{B}=(\mathbf{v}_1,\ldots,\mathbf{v}_n)$ と $\mathcal{C}=(\mathbf{w}_1,\ldots,\mathbf{w}_n)$ について

(a) 基底変換行列 $[I]_{\mathcal{C},\mathcal{B}}$ を求めなさい.

(b) $[\mathbf{v}]_{\mathcal{B}}=\begin{bmatrix}1\\\vdots\\1\end{bmatrix}$ として $[\mathbf{v}]_{\mathcal{C}}$ を求めなさい.

(c) 線形変換 $T\in\mathcal{L}(\mathbb{F}^n)$ が $i=1,\ldots,n-1$ について $T\mathbf{v}_i=\mathbf{v}_{i+1}$ で $T\mathbf{v}_n=\mathbf{0}$ と定義されているとします, $[T]_{\mathcal{E}}$ を求めなさい.

(d) $[T]_{\mathcal{C}}$ を求めなさい.

3・6・15 次の行列が相似でないことを証明しなさい.

$$\begin{bmatrix} 5 & -2 & 3 & -7 \\ 1 & -3 & -2 & 4 \\ 6 & 0 & 1 & 3 \\ -5 & 2 & 1 & -4 \end{bmatrix} \qquad \begin{bmatrix} 0 & 4 & -4 & 1 \\ 2 & 5 & -6 & 3 \\ 8 & -2 & 1 & -2 \\ 1 & -3 & 0 & 7 \end{bmatrix}$$

3・6・16 次の行列が相似でないことを証明しなさい.

$$\begin{bmatrix} 2 & 0 & -1 \\ -1 & 3 & 2 \\ 1 & 3 & 1 \end{bmatrix} \qquad \begin{bmatrix} 2 & 0 & -1 \\ 2 & -3 & -1 \\ 1 & 3 & 1 \end{bmatrix}$$

3・6・17 行列 $\begin{bmatrix} -1 & -2 \\ 3 & 4 \end{bmatrix}$ が対角化可能であることを示しなさい.

3・6・18 行列 $\begin{bmatrix} 5 & 6 \\ -1 & -2 \end{bmatrix}$ が対角化可能であることを示しなさい.

3・6・19 210 ページの例 2 にある行列 $\mathbf{A}=\begin{bmatrix} 1 & -2 \\ 1 & -1 \end{bmatrix}$ は $\mathbb{R}$ 上で対角化可能でないことを示しなさい.

3・6・20 $\mathbf{A}=\begin{bmatrix} 1 & 1 \\ 0 & 1 \end{bmatrix}$ とする.

(a) $\mathbf{A}$ のすべての固有値と固有ベクトルを求めなさい.

(b) 基礎となる体 $\mathbb{F}$ にかかわらず $\mathbf{A}$ は対角化可能でないことを示しなさい.

3・6・21 P を $\mathbb{R}^3$ の原点を通る平面とし, $R \in \mathcal{L}(\mathbb{R}^3)$ を P に関する鏡映変換とします. R のトレース $\operatorname{tr} R$ を求めなさい.

ヒント: 基底をとり方を工夫しなさい.

3・6・22 (a) $\mathbf{A}, \mathbf{B}, \mathbf{C} \in \mathbf{M}_n(\mathbb{F})$ について

$$\operatorname{tr}\mathrm{ABC} = \operatorname{tr}\mathrm{BCA} = \operatorname{tr}\mathrm{CAB}$$

となることを示しなさい.

(b) $\operatorname{tr}\mathbf{ABC} \neq \operatorname{tr}\mathbf{ACB}$ となる行列 $\mathbf{A}, \mathbf{B}, \mathbf{C} \in \mathbf{M}_n(\mathbb{F})$ の例を与えなさい.

3・6・23 $\dim V=n$ で T が相異なる固有値 $\lambda_1, \cdots, \lambda_n$ をもっている場合, $\operatorname{tr} T=\lambda_1+\cdots+\lambda_n$ となることを示しなさい.

3・6・24 $\lambda \in \mathbb{F}$ の $\mathbf{A} \in \mathbf{M}_n(\mathbb{F})$ の固有値としての**幾何学的重複度**[7] を $\mathrm{m}_\lambda(\mathbf{A}) = \mathrm{null}(\mathbf{A} - \lambda \mathbf{I}_n)$ と定義します．

(a) λ が $\mathbf{A}$ の固有値であるための必要十分条件は $m_\lambda(\mathbf{A}) > 0$ であることを示しなさい．

(b) 各 λ について m_λ が不変量であることを示しなさい．

3・6・25 $\mathbf{A} \in \mathbf{M}_n(\mathbb{F})$ に対して

$$\mathrm{sum}\,\mathrm{A} = \sum_{i=1}^{n} \sum_{j=1}^{n} a_{ij}$$

は $n \geq 2$ なら不変量でないことを示しなさい．

3・6・26 $n \geq 2$ なら $n \times n$ 行列の 1 行 1 列要素は不変量でないことを示しなさい．

3・6・27 (a) $\mathbf{A} \in \mathbf{M}_n(\mathbb{F})$ は $\mathbf{A}$ 自身に相似であることを示しなさい．

(b) $\mathbf{A}$ が $\mathbf{B}$ に相似で，$\mathbf{B}$ が $\mathbf{C}$ に相似なら $\mathbf{A}$ は $\mathbf{C}$ に相似であることを示しなさい．

補足：この結果を即問 28 と合わせると相似である関係は $\mathbf{M}_n(\mathbb{F})$ 上の**同値関係**[8] であることがわかります．

3・6・28 定理 3・35（次元定理）の行列についての結果と定理 3・58 を用いて次元定理の線形写像についての結果を導きなさい．

3・6・29 命題 3・45 と定理 3・54 を用いて定理 3・56 の別証明を与えなさい．

3・7 三 角 化

上三角行列の固有値

対角行列はその取扱いが容易で，固有値などの情報を即座に読み取ることができることを学びました．しかし前節でみたように，行列が対角化できることは固有ベクトルからなる基底が存在することと同値ですから，対象としている行列がいつでも対角化できるわけではありません．実は，三角行列は対角行列と同じくらい好ましい性質があるうえ，対角化可能性よりも三角化可能性の方がはるかに一般的であるということがわかります[1]．

---

7) geometric multiplicity　8) equivalence relation

1) 上三角行列の好ましい性質はすでに練習問題 2・3・12, 2・4・19, 3・1・11, 3・1・12, 3・2・18 でみています．

定 義　$n \times n$ 行列 $\mathbf{A}$ は $i > j$ なら $a_{ij} = 0$ のとき**上三角**[2] であるという．

上三角行列が正則であるかは一目でわかります．

補助定理 3・63　上三角行列が正則である必要十分条件はその対角要素がすべて非零であることである．

■**証 明**　正方行列が正則である必要十分条件はその行階段形がすべての列に枢軸をもっていることでした．上三角行列 $\mathbf{A}$ の対角要素がすべて非零ならどの列も枢軸列です．逆に，対角要素に零要素がある場合には，その中で最小の添え字をもつ要素を a_{jj} とすると，第 j 列は枢軸列にはなりません．■

以下の定理が成り立ちます．

定 理 3・64　$\mathbf{A} \in \mathbf{M}_n(\mathbb{F})$ を上三角行列とすると，その固有値の全体は対角要素の全体に一致する．

■**証 明**　λ が行列 $\mathbf{A}$ の固有値であることと $\mathbf{A} - \lambda \mathbf{I}_n$ が正則でないことは同値でした．$\mathbf{A} - \lambda \mathbf{I}_n$ は上三角行列ですから，補助定理 3・63 によって，$\mathbf{A} - \lambda \mathbf{I}_n$ が正則でないことは対角要素に 0 があることです．つまり λ が $\mathbf{A}$ の対角要素の一つに等しいことです．■

この定理は上三角行列の固有ベクトルについては何も述べていませんが，容易に見つけることができる固有ベクトルが一つあります．

即問 31　$\mathbf{A} \in \mathbf{M}_n(\mathbb{F})$ が上三角行列なら $\mathbf{e}_1$ がその固有ベクトルであることを示しなさい．また対応する固有値を示しなさい．

■**例**　$\mathbf{A} = \begin{bmatrix} -1 & 1 & 2 \\ 0 & 2 & 6 \\ 0 & 0 & -1 \end{bmatrix}$ の固有値は定理 3・64 から -1 と 2 です．対応する固有空間を求めると

2) upper triangular

即問 31 の答　$\mathbf{A}\mathbf{e}_1 = a_{11}\mathbf{e}_1$ ですから $\mathbf{e}_1$ は $\mathbf{A}$ の固有ベクトル．固有値は a_{11}．

$$\mathrm{Eig}_{-1}(\mathrm{A}) = \ker\begin{bmatrix} 0 & 1 & 2 \\ 0 & 3 & 6 \\ 0 & 0 & 0 \end{bmatrix} = \left\langle \begin{bmatrix} 1 \\ 0 \\ 0 \end{bmatrix}, \begin{bmatrix} 0 \\ 2 \\ -1 \end{bmatrix} \right\rangle$$

と

$$\mathrm{Eig}_{2}(\mathrm{A}) = \ker\begin{bmatrix} -3 & 1 & 2 \\ 0 & 0 & 6 \\ 0 & 0 & -3 \end{bmatrix} = \left\langle \begin{bmatrix} 1 \\ 3 \\ 0 \end{bmatrix} \right\rangle$$

となります．これで 3 本の線形独立な固有ベクトルが得られていますから，それらは $\mathbb{R}^3$ の基底をなします．よって **A** は対角化可能です．基底変換を行うと

$$\begin{bmatrix} 1 & 0 & 1 \\ 0 & 2 & 3 \\ 0 & -1 & 0 \end{bmatrix}^{-1} \mathrm{A} \begin{bmatrix} 1 & 0 & 1 \\ 0 & 2 & 3 \\ 0 & -1 & 0 \end{bmatrix} = \begin{bmatrix} -1 & 0 & 0 \\ 0 & -1 & 0 \\ 0 & 0 & 2 \end{bmatrix}$$

が得られます．　■

必ずしもすべての行列が対角化できるわけではありませんし，さらに定理 3･64 はすべての行列が三角化できるわけでもないと述べています．なぜなら定理 3･64 は，行列 **A** が三角化できるなら固有値を少なくとも一つはもたなければならないと述べているからです．次に，考える基礎体によっては固有値をもたない行列の例を示します．

■**例**　$\mathbb{R}$ 上の 2×2 行列 $\mathbf{A} = \begin{bmatrix} 0 & 1 \\ -1 & 0 \end{bmatrix}$ を考えます．

$$\mathrm{A}\begin{bmatrix} x \\ y \end{bmatrix} = \lambda \begin{bmatrix} x \\ y \end{bmatrix}$$

なら $y = \lambda x$ と $-x = \lambda y$ ですから，$x = -\lambda^2 x$ と $y = -\lambda^2 y$ が得られます．x と y のいずれかが 0 でないとすると $\lambda^2 = -1$ となりますが，この条件を満たす実数はありません．したがって $\mathbf{A} \in \mathbf{M}_2(\mathbb{R})$ には固有値がないことがわかります．

次に **A** を $\mathbf{M}_2(\mathbb{C})$ の行列だと考えてみます．上でみたように λ が固有値なら $\lambda^2 = -1$ ですから，i と $-i$ が固有値の候補となります．実際

$$\mathrm{A}\begin{bmatrix} 1 \\ i \end{bmatrix} = i \begin{bmatrix} 1 \\ i \end{bmatrix} \quad \text{および} \quad \mathrm{A}\begin{bmatrix} 1 \\ -i \end{bmatrix} = -i \begin{bmatrix} 1 \\ -i \end{bmatrix}$$

ですから確かに i と $-i$ は固有値です．　■

この例から何を基礎体と考えるかが重要であることがわかります．決定的なのは基礎体 $\mathbb{F}$ が代数的に閉じているかどうかです．

定 義　体 $\mathbb{F}$ が**代数的閉体**[3] であるとは，$\mathbb{F}$ の要素を係数にもち $a_n \neq 0$ である多項式

$$p(x) = a_0 + a_1 x + \cdots + a_n x^n$$

が常に $b, c_1, \ldots, c_n \in \mathbb{F}$ によって

$$p(x) = b(x - c_1) \cdots (x - c_n)$$

と 1 次の積に分解できることをいう．

$\mathbb{F}$ が代数的閉体なら定数でない多項式は必ず $\mathbb{F}$ の中に根をもちます．x^2+1 は実数の根をもちませんから $\mathbb{R}$ は代数的閉体ではありません．一方，次の定理が知られています．

定 理 3・65（代数学の基本定理）　複素数体 $\mathbb{C}$ は代数的閉体である．

$\mathbb{F}$ のこの性質を利用するために，線形変換や行列の多項式という概念を考える必要があります．

定 義　$p(x) = a_0 + a_1 x + \cdots + a_n x^n$ を $\mathbb{F}$ の要素を係数にもつ多項式とする．$\mathbb{F}$ 上のベクトル空間 V と $T \in \mathfrak{L}(V)$ に対して

$$p(T) = a_0 I + a_1 T + \cdots + a_n T^n$$

と定義する．同様に $\mathbf{A} \in \mathbf{M}_n(\mathbb{F})$ に対して

$$p(\mathrm{A}) = a_0 \mathrm{I}_n + a_1 \mathrm{A} + \cdots + a_n \mathrm{A}^n$$

と定義する．

たとえば $p(x) = x^2 - 3x + 1$ なら

$$p\left(\begin{bmatrix} 2 & -1 \\ 3 & 1 \end{bmatrix}\right) = \begin{bmatrix} 1 & -3 \\ 9 & -2 \end{bmatrix} - 3\begin{bmatrix} 2 & -1 \\ 3 & 1 \end{bmatrix} + \begin{bmatrix} 1 & 0 \\ 0 & 1 \end{bmatrix} = \begin{bmatrix} -4 & 0 \\ 0 & -4 \end{bmatrix}$$

です．

三　角　化

この節では代数的閉体上の行列と線形変換は必ず三角化できることを示します．証明の鍵となるのは次の命題です．

3）algebraically closed field

命題 3・66 Vを代数的閉体$\mathbb{F}$上の有限次元ベクトル空間とすると，すべての線形変換$T \in \mathcal{L}(V)$は少なくとも1個の固有値をもつ．

■証明 $n = \dim V$とし，非零ベクトル$v \in V$を任意に選んできます．そうすると$n+1$個のベクトルの並び

$$(v, Tv, \ldots, T^n v)$$

は線形従属となります．よってあるmについて

$$a_0 v + a_1 Tv + \cdots + a_m T^m v = 0$$

となる$a_m \neq 0$なるスカラー$a_0, a_1, \ldots, a_m \in \mathbb{F}$が存在します．ここで$\mathbb{F}$上の多項式

$$p(x) = a_0 + a_1 x + \cdots + a_m x^m$$

を考えると，$\mathbb{F}$は代数的閉体ですから

$$p(x) = b(x - c_1) \cdots (x - c_m)$$

と分解できます．ここで$b, c_1, \ldots, c_m \in \mathbb{F}$です．したがって

$$a_0 I + a_1 T + \cdots + a_m T^m = b(T - c_1 I) \cdots (T - c_m I)$$

ですから

$$(T - c_1 I) \cdots (T - c_m I)v = 0$$

が得られます．もしも$(T - c_m I)v = 0$なら，vはTの固有値c_mに対応した固有ベクトルであることがわかります．$(T - c_m I)v = 0$でない場合には，$v' = (T - c_m I)v$とすると

$$(T - c_1 I) \cdots (T - c_{m-1} I)v' = 0$$

です．もしも$(T - c_{m-1} I)v' = 0$なら，v'がTの固有値c_{m-1}に対応した固有ベクトルであることになります．さらに$(T - c_{m-1} I)v' = 0$でない場合にはというようにこの議論を続ければ，c_jのどれかがTの固有値であることが結論できます． ■

■例 上の証明の流れをたどるために，線形変換を与えて計算の手順を実行してみます．$\mathbf{A} = \begin{bmatrix} 2 & -1 \\ 5 & -2 \end{bmatrix}$と$\mathbf{v} = \begin{bmatrix} 1 \\ 0 \end{bmatrix}$から始めて

$$(\mathbf{v}, \mathbf{A}\mathbf{v}, \mathbf{A}^2\mathbf{v}) = \left(\begin{bmatrix} 1 \\ 0 \end{bmatrix}, \begin{bmatrix} 2 \\ 5 \end{bmatrix}, \begin{bmatrix} -1 \\ 0 \end{bmatrix} \right)$$

をみると，

$$\begin{bmatrix} 0 \\ 0 \end{bmatrix} = \begin{bmatrix} 1 \\ 0 \end{bmatrix} + \begin{bmatrix} -1 \\ 0 \end{bmatrix} = \mathbf{v} + \mathbf{A}^2\mathbf{v}$$

となる線形従属の関係がありますので，多項式

$$p(x) = 1 + x^2 = (x + i)(x - i)$$

を考えます．この分解から

$$(\mathbf{A} + i\mathbf{I}_2)(\mathbf{A} - i\mathbf{I}_2)\mathbf{v} = (\mathbf{A}^2 + \mathbf{I}_2)\mathbf{v} = \mathbf{0}$$

がわかります．

$$\mathbf{v}' = (\mathbf{A} - i\mathbf{I}_2)\mathbf{v} = \begin{bmatrix} 2 - i \\ 5 \end{bmatrix} \neq \mathbf{0}$$

ですから，$(\mathbf{A}+i\mathbf{I}_2)\mathbf{v}'=\mathbf{0}$ がわかり，結局 $\mathbf{v}'$ が $\mathbf{A}$ の固有値 $-i$ に対応する固有ベクトルであることがわかります．確かめてください．■

即問 32　上記の多項式 $p(x)$ の分解の順番を入れ替えることによって $\mathbf{A}$ の固有値 i に対応した固有ベクトルを求めなさい．

定理 3・67　$\mathbb{F}$ を代数的閉体，V を $\mathbb{F}$ 上の有限次元ベクトル空間，$T \in \mathcal{L}(V)$ とする．このとき V の基底 $\mathcal{B}$ で $[T]_{\mathcal{B}}$ が上三角行列となるものが存在する．

同様に，代数的閉体 $\mathbb{F}$ 上の行列 $\mathbf{A} \in \mathbf{M}_n(\mathbb{F})$ は上三角行列に相似である．

この定理の証明には次の補助定理が役に立ちます．

補助定理 3・68　$T \in \mathcal{L}(V)$ で $\mathcal{B} = (v_1, \ldots, v_n)$ を V の基底とする．このとき $[T]_{\mathcal{B}}$ が上三角行列となる必要十分条件は，各 $j = 1, \ldots, n$ について

$$Tv_j \in \langle v_1, \ldots, v_j \rangle$$

となることである．

即問 33　補助定理 3・68 を証明しなさい．

■ **定理 3・67 の証明**　線形変換について定理を証明します．行列については基底変換によって示すことができます．

即問 32 の答　$(\mathbf{A}+i\mathbf{I}_2)\mathbf{v}=\begin{bmatrix} 2+i \\ 5 \end{bmatrix}$

即問 33 の答　$\mathbf{A} = [T]_{\mathcal{B}}$ と書くと定義から $Tv_j=\sum_{i=1}^{n} a_{ij}v_i$ です．行列 $\mathbf{A}$ が上三角となる必要十分条件は $i>j$ について $a_{ij}=0$ で，これは $Tv_j=\sum_{i=1}^{j} a_{ij}v_i$ に同じです．

$n = \dim V$についての帰納法で証明を進めます．まず$n = 1$なら1×1行列は上三角ですから，定理は自明です．

そこで$n > 1$と仮定し，次元がn未満である$\mathbb{F}$上のベクトル空間について定理が成り立っていると仮定します．命題3・66によってTには固有値λと対応する固有ベクトルvがあります．ここで$U = \mathrm{range}(T - \lambda I)$と定義します．$U$が部分空間であることから$u \in U$なら

$$Tu = (T - \lambda I)u + \lambda u \in U$$

ですから，TをUに制限すれば$U \to U$なる線形変換を得ます．しかもλはTの固有値ですから$T - \lambda I$は単射ではありません．よって全射でもないので，$U \neq V$で，$m = \dim U < n$です．

帰納法の仮定からUの基底$\mathcal{B}_U = (u_1, \ldots, u_m)$が存在して，$T$の$U$への制限の表現行列はこの基底によって上三角行列となります．よって補助定理3・68より$Tu_j \in \langle u_1, \ldots, u_j \rangle$が各$j$で成り立ちます．この$\mathcal{B}_U$を拡張して$V$の基底$\mathcal{B} = (u_1, \ldots, u_m, v_1, \ldots, v_k)$をつくります．そうすると$j = 1, \ldots, k$について

$$Tv_j = (T - \lambda I)v_j + \lambda v_j \in \langle u_1, \ldots, u_m, v_j \rangle \subseteq \langle u_1, \ldots, u_m, v_1, \ldots, v_j \rangle$$

が得られますが，再び補助定理3・68によって，これは$[T]_{\mathcal{B}}$が上三角行列であることを意味しています． ■

■**例**　$\mathbf{A} \in \mathbf{M}_n(\mathbb{F})$の固有値が既知であるとします．$\mathbb{F}$は代数的閉体であるとすると正則行列$\mathbf{S} \in \mathbf{M}_n(\mathbb{F})$と上三角行列$\mathbf{T}$で$\mathbf{A} = \mathbf{STS}^{-1}$となるものが存在します．よって$\mathbf{T}$の固有値は$\mathbf{A}$の固有値に等しく，しかも$\mathbf{T}$が上三角であることからそれらは$\mathbf{T}$の対角要素$t_{11}, \cdots, t_{nn}$になります．

たとえば$\mathbf{A}^2 + \mathbf{A}$の固有値を知りたいと仮定してみます．

$$\mathrm{A}^2 + \mathrm{A} = \mathrm{STS}^{-1}\mathrm{STS}^{-1} + \mathrm{STS}^{-1} = \mathrm{S}(\mathrm{T}^2 + \mathrm{T})\mathrm{S}^{-1}$$

ですからその固有値は$\mathbf{T}^2 + \mathbf{T}$の固有値に一致することがわかります．この行列は上三角ですから，その固有値は対角要素$t_{11}{}^2 + t_{11}, \ldots, t_{nn}{}^2 + t_{nn}$となります．つまり$\mathbf{A}^2 + \mathbf{A}$の固有値は$\mathbf{A}$の固有値$\lambda$に対して$\lambda^2 + \lambda$という形で与えられます． ■

まとめ

- 上三角行列の固有値はその対角要素．
- 上三角行列が正則となる必要十分条件はその対角要素がすべて非零であること．
- 代数的閉体上ではすべての行列が上三角行列に相似，またすべての線形変換に対してその表現行列が上三角行列となる基底が存在する．ただし代数的に閉じていない体の上ではこれは成り立たない．

練 習 問 題

3・7・1　以下の行列の固有値と固有空間をすべて求めなさい．

(a) $\begin{bmatrix} 1 & 2 \\ 0 & 3 \end{bmatrix}$ (b) $\begin{bmatrix} 1 & 2 & 3 \\ 0 & 4 & 5 \\ 0 & 0 & 6 \end{bmatrix}$ (c) $\begin{bmatrix} -2 & 1 & 0 \\ 0 & 3 & -1 \\ 0 & 0 & 3 \end{bmatrix}$ (d) $\begin{bmatrix} 2 & 1 & 0 & -1 \\ 0 & 1 & 3 & 0 \\ 0 & 0 & 1 & 1 \\ 0 & 0 & 0 & 2 \end{bmatrix}$

3・7・2　以下の行列の固有値と固有空間をすべて求めなさい．

(a) $\begin{bmatrix} 1 & -5 \\ 0 & 1 \end{bmatrix}$ (b) $\begin{bmatrix} 3 & 1 & 4 \\ 0 & 1 & 5 \\ 0 & 0 & 9 \end{bmatrix}$ (c) $\begin{bmatrix} 2 & 1 & 0 & 0 \\ 0 & 2 & 1 & 0 \\ 0 & 0 & 2 & 1 \\ 0 & 0 & 0 & 2 \end{bmatrix}$ (d) $\begin{bmatrix} 1 & 0 & -2 & 0 \\ 0 & 2 & 1 & 0 \\ 0 & 0 & 2 & 1 \\ 0 & 0 & 0 & 1 \end{bmatrix}$

3・7・3　以下の行列が対角化可能かを判定しなさい．

(a) $\begin{bmatrix} 8 & -13 \\ 0 & \sqrt{5} \end{bmatrix}$ (b) $\begin{bmatrix} 2 & -2 & 0 \\ 0 & 1 & 0 \\ 0 & 0 & 1 \end{bmatrix}$ (c) $\begin{bmatrix} 2 & -2 & 0 \\ 0 & 1 & -1 \\ 0 & 0 & 1 \end{bmatrix}$ (d) $\begin{bmatrix} 9 & 8 & 7 \\ 0 & 5 & 4 \\ 0 & 0 & 1 \end{bmatrix}$

3・7・4　以下の行列が対角化可能かを判定しなさい．

(a) $\begin{bmatrix} i & 2+\sqrt{3}i \\ 0 & \sqrt{17}-4i \end{bmatrix}$ (b) $\begin{bmatrix} 1 & -2 & 0 \\ 0 & 1 & -2 \\ 0 & 0 & 1 \end{bmatrix}$ (c) $\begin{bmatrix} 3 & 0 & 1 \\ 0 & 3 & -1 \\ 0 & 0 & 1 \end{bmatrix}$ (d) $\begin{bmatrix} 2 & 0 & 7 \\ 0 & 1 & 8 \\ 0 & 0 & 2 \end{bmatrix}$

3・7・5　$i<j$ について $a_{ij}=0$ のとき行列 $\mathbf{A}\in\mathbf{M}_n(\mathbb{F})$ は**下三角**[4] であるといいますが，下三角行列は上三角行列に相似であることを示しなさい（よって上三角行列を下三角行列に置き換えてこの節の理論を組立てることも可能だったことになります）．

ヒント：補助定理 3・68 が役立ちます．

3・7・6　$\mathbf{A}\in\mathbf{M}_{m,n}(\mathbb{F})$ とします．$\mathbf{PA}=\mathbf{LU}$ が LUP 分解なら $\ker \mathbf{A}=\ker \mathbf{U}$ であることを示しなさい．

3・7・7　$\mathbf{A}, \mathbf{B}\in\mathbf{M}_n(\mathbb{F})$ を上三角行列とします．

(a) $\mathbf{A}+\mathbf{B}$ の固有値は $\mathbf{A}$ の固有値と $\mathbf{B}$ の固有値の和で与えられることを示しなさい．

(b) $\mathbf{AB}$ の固有値は $\mathbf{A}$ の固有値と $\mathbf{B}$ の固有値の積で与えられることを示しなさい．

(c) $\mathbf{A}, \mathbf{B}$ が上三角行列でない場合，上の命題が成り立たない例を与えなさい．

3・7・8　上三角行列 $\mathbf{A}\in\mathbf{M}_n(\mathbb{F})$ の対角に k 個の非零要素があるとき $\operatorname{rank}\mathbf{A}\geq k$ を示しなさい．

---

4) lower triangular

3・7・9　上三角行列 $\mathbf{A} \in \mathbf{M}_n(\mathbb{F})$ の対角要素が相異なっているとき対角化可能であることを示しなさい．

3・7・10　$\mathbf{x} \in \mathbb{F}^n$ を $\mathbf{A} \in \mathbf{M}_n(\mathbb{F})$ の固有値 λ に対応する固有ベクトルとし，$p(x)$ を $\mathbb{F}$ に係数をもつ多項式とします．

(a) $\mathbf{x}$ は $p(\mathbf{A})$ の固有値 $p(\lambda)$ に対応する固有ベクトルであることを示しなさい．

(b) $p(\mathbf{A})\mathbf{x} = \mathbf{0}$ なら $p(\lambda) = 0$ であることを示しなさい．

(c) $p(\mathbf{A}) = \mathbf{0}$ なら任意の固有値 λ について $p(\lambda) = 0$ であることを示しなさい．

3・7・11　$\mathbb{F}$ を代数的閉体，V を有限次元ベクトル空間，$T \in \mathcal{L}(V)$，$p(x)$ を $\mathbb{F}$ に係数をもつ多項式とします．$p(T)$ の固有値は T の固有値 λ によって $p(\lambda)$ と与えられることを示しなさい．

3・7・12　$\mathbf{A} \in \mathbf{M}_n(\mathbb{F})$ が $i \geq j$ について $a_{ij} = 0$ であるとき**狭義の上三角**[5] であるといいます．このとき $\mathbf{A}^n = \mathbf{0}$ となることを示しなさい．

3・7・13　$\mathbb{F}$ を代数的閉体とし，$\mathbf{A} \in \mathbf{M}_n(\mathbb{F})$ はただ一つの固有値 $\lambda \in \mathbb{F}$ をもつ場合，$(\mathbf{A} - \lambda\mathbf{I}_n)^n = \mathbf{0}$ となることを示しなさい．

ヒント：練習問題 3・7・12 を用いなさい．

3・7・14　V を有限次元ベクトル空間，$T \in \mathcal{L}(V)$ とします．このとき $\mathbb{F}$ の要素を係数にもつ零でない多項式 $p(x)$ で $p(T) = 0$ となるものが存在することを示しなさい．

3・7・15　$\mathbb{F} = \{a + bi \mid a, b \in \mathbb{Q}\}$ は代数的閉体ではないことを示しなさい（練習問題 1・4・2 参照）．

3・7・16　$\mathbb{F}_2$ 上の行列 $\begin{bmatrix} 1 & 1 \\ 1 & 0 \end{bmatrix}$ に固有値がないことを示しなさい．

3・7・17　有限体は代数的閉体でないことを示しなさい．

ヒント：$\mathbb{F}$ のすべての要素を根にもつ多項式をつくり，それに 1 を加えなさい．

5）strictly upper triangular

■ 3章末の訳注 ■

3・4節 脚注8）の訳注：

本文にある線形写像の幾何学的性質を，行列 $\mathbf{A}=\begin{bmatrix}2 & 0 & 1\\ 1 & 1 & 0\end{bmatrix}$ を使って図示しておきます．**A** の既約行階段形は $\begin{bmatrix}1 & 0 & \frac{1}{2}\\ 0 & 1 & -\frac{1}{2}\end{bmatrix}$ ですので，階数は2，核空間 ker **A** は直線 $\{t(-1,1,2)^{\mathrm{T}}\in\mathbb{R}^3 \mid t\in\mathbb{R}\}$，退化次数は1です．図に白丸で示した $\mathbb{R}^3$ の原点を通る ker **A** は，まるごと **A** によって列空間 $C(\mathbf{A})=\mathbb{R}^2$ の原点に移されます．またそれと平行な直線（図に描いたのは $(1,1,0)^{\mathrm{T}}+\ker\mathbf{A}$，命題2・42参照）それぞれは，まるごと $C(\mathbf{A})$ の1点に移されます．ker **A** と平行な直線のつくるベクトル空間は商空間とよばれ $\mathbb{R}^3/\ker\mathbf{A}$ と表記しますが，線形写像についての定理3・35の証明と定理3・15からこれが $C(\mathbf{A})$ と同型であることがわかります．

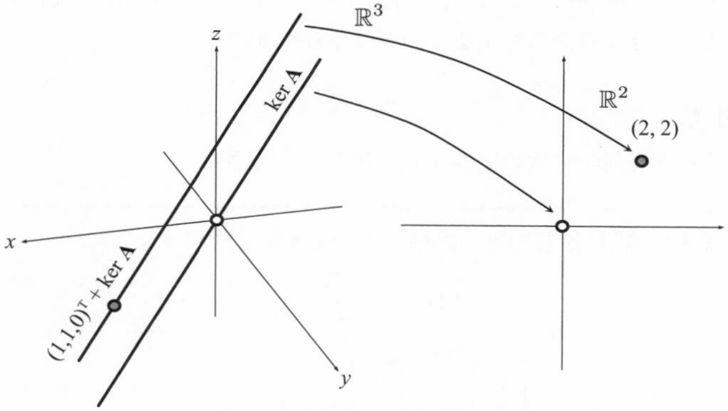

A の核空間 ker **A**

4 内　積

4・1 内　積

$\mathbb{R}^n$ の幾何学が，線形方程式系に対するさまざまな見方を与えてくれることを，1・3 節でみました．しかし，一般的なベクトル空間の演算だけを利用していたので，幾何学の一部を利用したに過ぎません．$\mathbb{R}^n$ の幾何学は，ベクトルの長さやそのなす角といった概念のおかげで，一般のベクトル空間よりも豊かな内容をもっています．このような概念の拡張をこの章で学びます．

$\mathbb{R}^n$ の内積

ユークリッド幾何学の次の定義を思い出してください．

定義　$\mathbf{x}, \mathbf{y} \in \mathbb{R}^n$ に対してその**内積**[1] を $\langle \mathbf{x}, \mathbf{y} \rangle$ で表し

$$\langle \mathbf{x}, \mathbf{y} \rangle = \sum_{j=1}^{n} x_j y_j$$

と定義する．ここで $\mathbf{x} = \begin{bmatrix} x_1 \\ \vdots \\ x_n \end{bmatrix}$, $\mathbf{y} = \begin{bmatrix} y_1 \\ \vdots \\ y_n \end{bmatrix}$ である．

即問 1　$\mathbf{x}, \mathbf{y} \in \mathbb{R}^n$ に対して $\langle \boldsymbol{x}, \boldsymbol{y} \rangle = \mathbf{y}^{\mathrm{T}} \mathbf{x}$ であることを示しなさい．

内積はベクトルの長さとそのなす角に密接な関係があります．実際，ベクトル $\mathbf{x} \in \mathbb{R}^n$ の長さ $\|\mathbf{x}\|$ は

$$\|\mathbf{x}\| = \sqrt{x_1^2 + \cdots + x_n^2} = \sqrt{\langle \mathbf{x}, \mathbf{x} \rangle}$$

で与えられますし，$\mathbf{x}$ と $\mathbf{y}$ のなす角は

1）inner product，dot product

$$\theta_{\mathbf{x},\mathbf{y}} = \cos^{-1}\left(\frac{\langle \mathbf{x}, \mathbf{y} \rangle}{\|\mathbf{x}\| \, \|\mathbf{y}\|}\right)$$

となります．

特に，ベクトルが直交するための条件が内積によって与えられます．ベクトル $\mathbf{x}, \mathbf{y} \in \mathbb{R}^n$ が**直交**[2] しているとはそのなす角が直角であることですから，上式を使えば $\langle \mathbf{x}, \mathbf{y} \rangle = 0$ であることです．たとえば，標準基底 $\mathbf{e}_1, \ldots, \mathbf{e}_n \in \mathbb{R}^n$ は $i \neq j$ なら $\langle \mathbf{e}_i, \mathbf{e}_j \rangle = 0$ ですから，互いに直交しています．

この直交性は非常に役立つ概念であり，その理由の一端が次の命題に示されています．

> **命題 4・1**　$(\mathbf{e}_1, \ldots, \mathbf{e}_n)$ を $\mathbb{R}^n$ の標準基底とすると，$\mathbf{v} = \begin{bmatrix} v_1 \\ \vdots \\ v_n \end{bmatrix} \in \mathbb{R}^n$ なら各 i について $v_i = \langle \mathbf{v}, \mathbf{e}_i \rangle$ となる．

■**証明**　$\mathbf{e}_j$ はその第 j 要素が 1 で他の要素は 0 ですから，$\mathbf{v}$ に対して

$$\langle \mathbf{v}, \mathbf{e}_j \rangle = \sum_k v_k (\mathbf{e}_j)_k = v_j$$

となります．■

標準基底を用いると各種の計算が容易になることは確かですが，実は命題 4・1 を成り立たせている性質は，基底を構成しているベクトルの間の直交性であることがまもなくわかります．

内積空間

以上の考察を踏まえて，ベクトル空間に対して次に述べる構造を導入します．ただしこの章では基礎となる体として $\mathbb{R}$ あるいは $\mathbb{C}$ を前提にします．ここで複素数 $z = a + ib \in \mathbb{C}$ の**共役複素数**[3] は $\bar{z} = a - ib$ であり，**絶対値**[4] は $|z| = \sqrt{a^2 + b^2}$ であることを思い出しておいてください．

> **定義**　$\mathbb{F}$ を $\mathbb{R}$ あるいは $\mathbb{C}$ とし，V を $\mathbb{F}$ 上のベクトル空間とする．**内積**[1] を以下の性質をもつ V 上の演算と定義し，それを $\langle v, w \rangle$ と書く．
> **スカラー値**[5]：$v, w \in V$ に対して $\langle v, w \rangle \in \mathbb{F}$ である．
> **分配法則**[6]：$u, v, w \in V$ に対して $\langle u + v, w \rangle = \langle u, w \rangle + \langle v, w \rangle$ が成り立つ．

2）orthogonal perpendicular　3）conjugate complex number
4）absolute value, modulus　5）scalar value　6）distributive law

斉次性[7)]：$v, w \in V$ と $a \in \mathbb{F}$ に対して $\langle av, w\rangle = a\langle v, w\rangle$ が成り立つ．
対称性[8)]：$v, w \in V$ に対して $\langle v, w\rangle = \overline{\langle w, v\rangle}$ が成り立つ．
非負性[9)]：$v \in V$ に対して $\langle v, v\rangle \geq 0$ である．
定値性[10)]：$\langle v, v\rangle = 0$ なら $v = 0$ である．
　内積が定義されたベクトル空間を**内積空間**[11)] という．

$\mathbb{F} = \mathbb{R}$ なら内積は実数値ですから，対称性は

$$\langle v, w\rangle = \langle w, v\rangle$$

となることに注意しておいてください．また $\mathbb{F} = \mathbb{C}$ であっても対称性から $\langle v, v\rangle \in \mathbb{R}$ です（実はこの事実をすでに非負性の定義で使っています）．

■**例**　1. この節の冒頭の内積が定義された $\mathbb{R}^n$ は内積空間です．

2. $\mathbf{w}, \mathbf{z} \in \mathbb{C}^n$ に対して標準的な内積は

$$\langle \mathbf{w}, \mathbf{z}\rangle := \sum_{j=1}^{n} w_j \overline{z_j}$$

と定義されます．ここで，$\mathbf{w} = \begin{bmatrix} w_1 \\ \vdots \\ w_n \end{bmatrix}, \mathbf{z} = \begin{bmatrix} z_1 \\ \vdots \\ z_n \end{bmatrix}$ です．

即問2　$\mathbf{w}, \mathbf{z} \in \mathbb{C}^n$ に対して，$\mathbf{z}^* = [\bar{z}_1 \ \cdots \ \bar{z}_n] \in \mathbf{M}_{1,n}(\mathbb{C})$ で $\mathbf{z}$ の**共役転置**[12)] を表すと，$\langle \mathbf{w}, \mathbf{z}\rangle = \mathbf{z}^*\mathbf{w}$ となることを示しなさい．

3. ℓ^2 で $\mathbb{R}$ 上の 2 乗総和可能な数列の全体を表します．つまり，$a = (a_1, a_2, \dots) \in \ell^2$ とは $\sum_{j=1}^{\infty} a_j^2 < \infty$ のことです．このとき

$$\langle a, b\rangle := \sum_{j=1}^{\infty} a_j b_j \tag{4・1}$$

は ℓ^2 上の内積となります．内積の定義の性質のうち，最初の性質以外の証明は $\mathbb{R}^n$ の内積の場合と同様に簡単です．$\langle a, b\rangle \in \mathbb{R}$ を示すには（4・1）が収束することを示す必要がありますが，この証明はこの節の後で示すことにします（この節の最後の例 4 参照）．

7) homogeneity　8) symmetry　9) nonnegativity　10) definiteness
11) inner product space，**計量ベクトル空間**，あるいは短く**計量空間**ともいいます．
12) conjugate transpose

4. $C([0,1])$ で $[0,1]$ 上の実数値連続関数のつくるベクトル空間を表すことにします．このベクトル空間上に

$$\langle f, g\rangle := \int_0^1 f(x)g(x)\,dx$$

と定義すると，これが内積の定義を満たすことは容易に確認できます．

5. $C_{\mathbb{C}}([0,1])$ で $[0,1]$ 上の複素数値連続関数のつくるベクトル空間を表すことにしますと，

$$\langle f, g\rangle := \int_0^1 f(x)\overline{g(x)}\,dx$$

は $C_{\mathbb{C}}([0,1])$ 上の内積になります．■

この先，この節では V はいつも内積空間を表すものとします．

体やベクトル空間を定義したときと同様，なるべく少ない条件を設定して内積を定義しました．以下の性質はその定義から簡単に導くことができます．

命題 4・2　V を内積空間とすると以下が成り立つ．

1. $u, v, w \in V$ について $\langle u, v+w\rangle = \langle u, v\rangle + \langle u, w\rangle$
2. $v, w \in V$ と $a \in \mathbb{F}$ について $\langle v, aw\rangle = \overline{a}\langle v, w\rangle$
3. $v \in V$ について $\langle 0, v\rangle = \langle v, 0\rangle = 0$
4. $v \in V$ が任意の $w \in V$ に対して $\langle v, w\rangle = 0$ なら $v = 0$

■**証明**　1. 対称性と分配法則から

$$\langle u, v+w\rangle = \overline{\langle v+w, u\rangle} = \overline{\langle v, u\rangle + \langle w, u\rangle} = \overline{\langle v, u\rangle} + \overline{\langle w, u\rangle} = \langle u, v\rangle + \langle u, w\rangle$$

が得られます．

2. 対称性と斉次性から

$$\langle v, aw\rangle = \overline{\langle aw, v\rangle} = \overline{a\,\langle w, v\rangle} = \overline{a}\overline{\langle w, v\rangle} = \overline{a}\,\langle v, w\rangle$$

が得られます．

3. 分配法則から

$$\langle 0, v\rangle = \langle 0+0, v\rangle = \langle 0, v\rangle + \langle 0, v\rangle$$

となり，この両辺から $\langle 0, v\rangle$ を引くと $\langle 0, v\rangle = 0$ が得られます．さらに対称性から $\langle v, 0\rangle = \overline{0} = 0$ となります．

4. w として $w = v$ をもってくると $\langle v, v\rangle = 0$ となり，定値性から $v = 0$ が得られます．■

次の定義は $\mathbb{R}^n$ のベクトルの長さの拡張です．

定 義 $v \in V$ に対してその**ノルム**13) を

$$\|v\| = \sqrt{\langle v, v\rangle}$$

と定義する．$\|v\| = 1$ のとき v を**単位ベクトル**14) とよぶ．

■**例** 1. $\mathbb{C}^3$ に標準的な内積を考えるとベクトル $\mathbf{v} = \begin{bmatrix} 2 \\ i \\ -1 \end{bmatrix}$ のノルムは

$$\|\mathbf{v}\| = \sqrt{|2|^2 + |i|^2 + |-1|^2} = \sqrt{2^2 + 1^2 + 1^2} = \sqrt{6}$$

です．

2. 先に定義した内積をもつ連続関数の空間 $C([0, 1])$ の関数 $f(x) = 2x$ を考えると

$$\|f\| = \sqrt{\int_0^1 4x^2\, dx} = \frac{2}{\sqrt{3}}$$

となります．ここでは対象が関数ですから，このノルムは矢線の長さとあまり類似点がないように思われますが，やはり何らかの大きさを表す尺度であると考えられます． ■

内積の定義から $\langle v, v\rangle \geq 0$ ですから，その平方根が定義できてしかも非負であること，また定値性から $\|v\| = 0$ であることと $v = 0$ は同値であることに注意してください．

$c \in \mathbb{F}$ に対して

$$\|cv\| = \sqrt{\langle cv, cv\rangle} = \sqrt{|c|^2 \langle v, v\rangle} = |c|\,\|v\|$$

です．この性質を**正斉次性**15) といいます．つまりベクトルを正のスカラー倍するとその長さも同じ量だけ変化します．

直 交 性

この節のはじめに直交性という概念が役に立つことがよくあると述べましたが，次の定義はその内積空間への一般化です．

定 義 $v, w \in V$ は $\langle v, w\rangle = 0$ のとき**直交**2) しているという．ベクトルの並び $(v_1, \ldots, v_n)$ は $j \neq k$ について $\langle v_j, v_k\rangle = 0$ のとき互いに直交しているという．

---

13) norm　14) unit vector　15) positive homogeneity

直交性が大事である理由の一端を与えるが次の定理です.

定理 4・3　直交する非零ベクトルの並びは線形独立である.

■**証明**　$(v_1, \ldots, v_n)$ を直交する非零ベクトルの並びとすると, $j \neq k$ なら $\langle v_j, v_k\rangle = 0$ です. ここでスカラー $a_1, \ldots, a_n \in \mathbb{F}$ について

$$\sum_{j=1}^{n} a_j v_j = 0$$

と仮定すると, $k = 1, \ldots, n$ について

$$a_k \|v_k\|^2 = a_k \langle v_k, v_k\rangle = \sum_{j=1}^{n} a_j \langle v_j, v_k\rangle = \left\langle \sum_{j=1}^{n} a_j v_j, v_k \right\rangle = \langle 0, v_k\rangle = 0$$

がわかります. $v_k \neq 0$ ですから $\|v_k\|^2 \neq 0$ です. よって上の式から $a_k = 0$ が得られます. どの k についても同様ですから, $(v_1, \ldots, v_n)$ は線形独立であることがわかります. ■

即問 3　定理 4・3 を使って, 次の $\mathbb{R}^4$ のベクトルの並びが線形独立であることを示しなさい.

$$\left(\begin{bmatrix} 2 \\ 0 \\ -1 \\ 3 \end{bmatrix}, \begin{bmatrix} -1 \\ 1 \\ 1 \\ 1 \end{bmatrix}, \begin{bmatrix} 3 \\ 1 \\ 3 \\ -1 \end{bmatrix}\right)$$

次の定理は内積空間におけるピタゴラスの定理とよばれることがあります.

定理 4・4　$(v_1, \ldots, v_n)$ を直交するベクトルの並びとすると,

$$\|v_1 + \cdots + v_n\|^2 = \|v_1\|^2 + \cdots + \|v_n\|^2$$

が成り立つ.

■**証明**　ノルムの定義と内積の分配法則から

$$\left\| \sum_{j=1}^{n} v_j \right\|^2 = \left\langle \sum_{j=1}^{n} v_j, \sum_{k=1}^{n} v_k \right\rangle = \sum_{j=1}^{n} \sum_{k=1}^{n} \langle v_j, v_k\rangle$$

即問 3 の答　問題のベクトルの並びは互いに直交しているので, 定理 4・3 から線形独立です.

が得られますが，ベクトルの直交性から右辺の和で残るのは $j=k$ の場合だけです．よって右辺の和は

$$\sum_{j=1}^{n}\langle v_j, v_j\rangle = \sum_{j=1}^{n}\|v_j\|^2$$

となります． ■

直交していないベクトルが与えられた場合にも，直交性が利用できることを次の補助定理が示しています．

補助定理 4・5　$v, w\in V$ に対して

$$v = aw + u \tag{4・2}$$

となる $a\in\mathbb{F}$ と w に直交する $u\in V$ が存在する（図 4・1）．$w\neq 0$ の場合には a と u は

$$a = \frac{\langle v, w\rangle}{\|w\|^2} \qquad u = v - \frac{\langle v, w\rangle}{\|w\|^2}w$$

で与えられる．

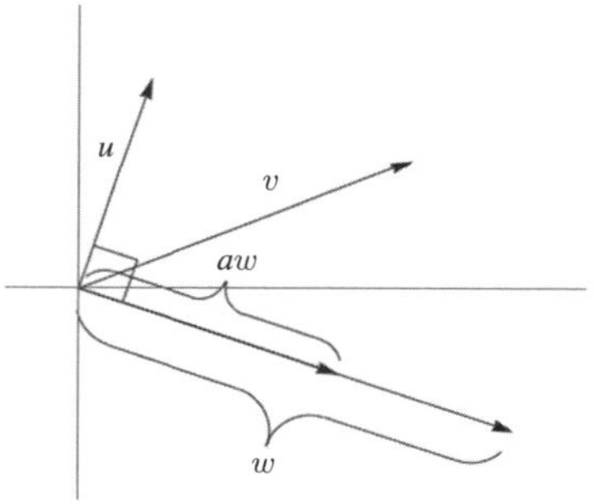

図 4・1　ベクトル v の分解 $v=aw+u$．
ただし，u は w に直交．

■ **証 明**　$w=0$ の場合の証明は練習問題 4・1・21 にゆずることにして，ここでは $w\neq 0$ と仮定します．示された a と u の決め方から（4・2）が成り立つことは明らかです．よって後は u と w が直交していることを示せばよいだけなのですが，ここでは a と u がどのようにして得られるかをみようと思います．

もしも w に直交する u と $a\in\mathbb{F}$ によって $v=aw+u$ となっているとすると

$$\langle v, w\rangle = \langle aw + u, w\rangle = a\langle w, w\rangle + \langle u, w\rangle = a\|w\|^2$$

ですから，$a=\frac{\langle v, w\rangle}{\|w\|^2}$ でなければなりません．a が決まってしまえば u は（4・2）から $u=v-aw$ と決まりますし，u が w に直交していることは容易にわかります． ■

次の一見なんでもない不等式は内積空間で最も重要なものです．

定 理 4・6（コーシー・シュバルツの不等式[16]**）** 任意の $v, w \in V$ について

$$|\langle v, w\rangle| \leq \|v\|\,\|w\|$$

が成り立つ．等号が成り立つのは v と w が共線であるとき，またそのときに限る．

■証 明 $w=0$ なら定理の式の両辺とも 0 であり，$w=0v$ ですから v と w は共線です．

$w \neq 0$ なら補助定理 4・5 より

$$v = aw + u$$

と書けます．ここで $a=\frac{\langle v, w\rangle}{\|w\|^2}$ であり u は w に直交しています．定理 4・4 から

$$\|v\|^2 = \|aw\|^2 + \|u\|^2 = |a|^2\,\|w\|^2 + \|u\|^2 = \frac{|\langle v, w\rangle|^2}{\|w\|^2} + \|u\|^2$$

ですから

$$\|v\|^2 \geq \frac{|\langle v, w\rangle|^2}{\|w\|^2}$$

が得られ，これは定理の不等式と等価です．等号が成り立つのは $u=0$ のときまたそのときに限ります．これはスカラー a によって $v=aw$ となること，すなわち v と w が共線であることです．■

次の基本的な結果もコーシー・シュバルツの不等式から得られます．

定 理 4・7（三角不等式[17]**）** 任意の $v, w \in V$ について

$$\|v + w\| \leq \|v\| + \|w\|$$

が成り立つ．

16）Cauchy-Schwarz inequality，この不等式は，その特殊ケースを証明したフランスの数学者 Augustin-Louis Cauchy とドイツの数学者 Herman Schwarz の名前でよばれています．特にフランスでは Cauchy の不等式，ドイツでは Schwarz の不等式，ロシアでは Cauchy-Bunyakovsky-Schwarz の不等式ともよばれます．また Schwarz の綴りを誤って Cauchy-Schwartz の不等式と書かれることもあります．

17）triangle inequality

■**証 明**　線形性とコーシー・シュバルツの不等式から

$$\begin{aligned}\|v+w\|^2 &= \langle v+w, v+w\rangle \\ &= \langle v,v\rangle + \langle v,w\rangle + \langle w,v\rangle + \langle w,w\rangle \\ &= \|v\|^2 + 2\,\mathrm{Re}\,\langle v,w\rangle + \|w\|^2 \\ &\le \|v\|^2 + 2\,|\langle v,w\rangle| + \|w\|^2 \\ &\le \|v\|^2 + 2\,\|v\|\,\|w\| + \|w\|^2 \\ &= \big(\|v\| + \|w\|\big)^2\end{aligned}$$

が得られますので，両辺の平方根をとれば定理の不等式が得られます（図 4・2）．

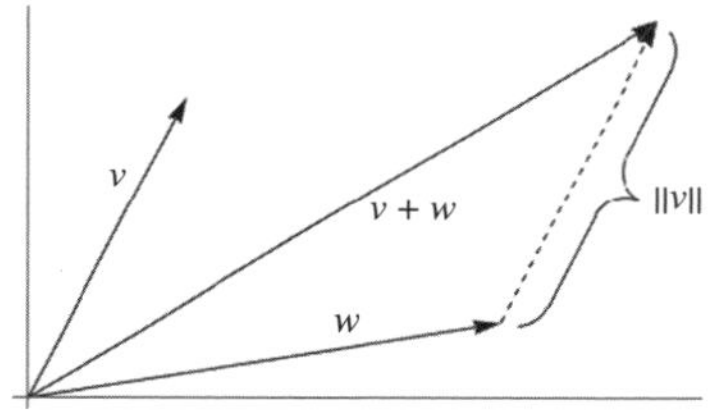

図 4・2　三角形の一辺 $v+w$ の長さは他の 2 辺の長さの和を超えない．　■

上の証明が教えているのは次の教訓です．

> $\|v\|$ よりも $\|v\|^2$ の方がはるかに扱いやすい．だから
> 最後に平方根をとることで証明を完成させられるかを考えなさい．

次の系は原点からずれた視点からみた三角不等式です．

> **系 4・8**　任意の $u, v, w \in V$ について
> $$\|u-v\| \le \|u-w\| + \|w-v\|$$
> が成り立つ．

即問 4　系 4・8 を証明しなさい．

即問 4 の答　$u-v=(u-w)+(w-v)$ に対して三角不等式を使いなさい．

内積空間の例

1. 正の定数 $c_1, \dots, c_n > 0$ を固定して，$\mathbf{x}, \mathbf{y} \in \mathbb{R}^n$ に対して

$$\langle \mathbf{x}, \mathbf{y} \rangle = \sum_{j=1}^{n} c_j x_j y_j$$

と定義します．これは $c_j = 1$ である標準的な内積とは異なる内積を定義します．この内積でも標準基底は直交していますが，もはや単位ベクトルではなく，$\frac{1}{\sqrt{c_j}}\mathbf{e}_j$ が単位ベクトルとなります．よってこの内積での単位球，すなわち単位ベクトルの全体は楕円体（2 次元なら楕円）となります（図 4・3）．

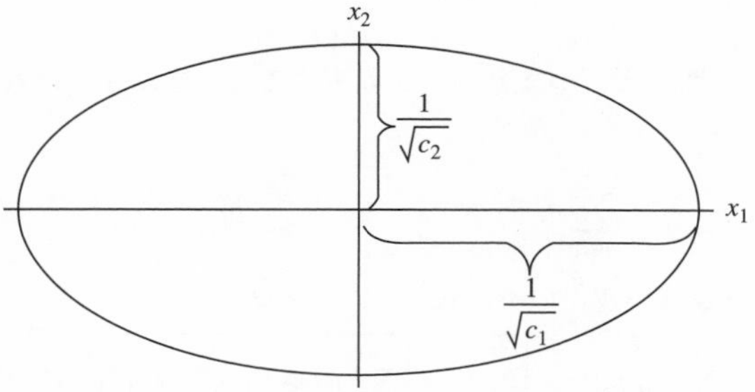

図 4・3　内積 $\langle \mathbf{x}, \mathbf{y} \rangle = c_1 x_1 y_1 + c_2 x_2 y_2$ での単位円

2. 上の例の関数空間版は次にようになります．すべての $x \in [a, b]$ で $h(x) > 0$ である関数 $h \in C([a, b])$ を固定して，$f, g \in C([a, b])$ に対して

$$\langle f, g \rangle = \int_a^b f(x)g(x)h(x)\,dx$$

とします．これによって内積が定義されます．

3. 以前にみたように，$m \times n$ 複素行列の空間 $\mathbf{M}_{m,n}(\mathbb{C})$ は行列の要素を並べ直すと $\mathbb{C}^{mn}$ と考えることができます．$\mathbf{A}, \mathbf{B} \in \mathbf{M}_{m,n}(\mathbb{C})$ に対してこの $\mathbb{C}^{mn}$ の標準的な内積は

$$\langle \mathrm{A}, \mathrm{B} \rangle = \sum_{j=1}^{m} \sum_{k=1}^{n} a_{jk} \overline{b_{jk}} \tag{4・3}$$

となります．$\mathbf{B}$ の共役転置の (k, j) 要素は $\overline{b_{jk}}$ でしたから，$\sum_{k=1}^{n} a_{jk}\overline{b_{jk}} = [\mathbf{AB}^*]_{jj}$ であり，(4・3) は行列の積とトレースによって

$$\langle \mathrm{A}, \mathrm{B} \rangle = \operatorname{tr} \mathrm{AB}^*$$

と書き直せます．よって確かに $\mathbf{M}_{m,n}(\mathbb{C})$ の内積にふさわしいと思えますが，実際

これは**フロベニウス内積**[18] とよばれています．また対応するノルム

$$\|A\|_F = \sqrt{\mathrm{tr}\,AA^*}$$

は**フロベニウス・ノルム**[19] とよばれます．

即問5 $\mathbf{A}, \mathbf{B} \in \mathbf{M}_n(\mathbb{R})$ が対称行列であるとき

$$(\mathrm{tr}\,\mathbf{AB})^2 \le (\mathrm{tr}\,\mathbf{A}^2)(\mathrm{tr}\,\mathbf{B}^2)$$

となることを示しなさい．

4. 2乗総和可能数列 ℓ^2 に話を戻すと，$a, b \in \ell^2$ に対して

$$\langle a, b\rangle = \sum_{j=1}^{\infty} a_j b_j$$

が確かに実数であること，つまり右辺が収束することを示さなければなりません．$a, b \in \ell^2$ ですから

$$\sum_{j=1}^{\infty} a_j^2 < \infty \qquad \sum_{j=1}^{\infty} b_j^2 < \infty$$

です．コーシー・シュバルツの不等式から，各 $n \in \mathbb{N}$ で

$$\sum_{j=1}^{n} |a_j b_j| \le \sqrt{\sum_{j=1}^{n} a_j^2}\sqrt{\sum_{j=1}^{n} b_j^2} \le \sqrt{\sum_{j=1}^{\infty} a_j^2}\sqrt{\sum_{j=1}^{\infty} b_j^2}$$

が成り立ちます．ここで $n \to \infty$ とすれば

$$\sum_{j=1}^{\infty} |a_j b_j| \le \sqrt{\sum_{j=1}^{\infty} a_j^2}\sqrt{\sum_{j=1}^{\infty} b_j^2} < \infty$$

が得られ，級数 $\sum_{j=1}^{\infty} a_j b_j$ は絶対収束します．微積分の定理[20] を使えば，この級数が収束することがわかります．以上で ℓ^2 が内積空間であることの証明が完成しました．

まとめ

- 内積空間とは内積が定義されたベクトル空間．内積はベクトルの対に対して定義され，斉次性，対称性，非負性，定値性をもったスカラー値関数．

---

18) Frobenius inner product

19) Frobenius norm. Hilbert-Schmidt ノルム，Schur ノルムなどとよばれることもあります．

即問5の答 フロベニウス内積に対してコーシー・シュバルツの不等式を使えば得られます．

20) 訳注：“絶対収束する級数は収束する”という定理．

- 内積は直交性を定義する．$\langle v, w\rangle = 0$ のとき v と w は直交する．
- 内積はノルムを定義する．$\|v\| := \sqrt{\langle v, v\rangle}$
- 内積の例として，$\mathbb{R}^n$ の標準的な内積，その $\mathbb{C}^n$ 版，数列の空間や関数空間への拡張がある．行列のフロベニウス内積は $\langle \mathbf{A}, \mathbf{B}\rangle := \operatorname{tr} \mathbf{AB}^*$
- v と w が直交していれば $\|v+w\| = \sqrt{\|v\|^2 + \|w\|^2}$
- コーシー・シュバルツの不等式：$|\langle v, w\rangle| \leq \|v\|\,\|w\|$
- 三角不等式：$\|v+w\| \leq \|v\| + \|w\|$

練習問題

4・1・1　定理 4・3 を使って次のベクトルが線形独立であることを示しなさい．

(a) $\mathbb{R}^4$ の $\left(\begin{bmatrix}1\\1\\1\\1\end{bmatrix}, \begin{bmatrix}1\\1\\-1\\-1\end{bmatrix}, \begin{bmatrix}1\\-1\\1\\-1\end{bmatrix}, \begin{bmatrix}1\\-1\\-1\\1\end{bmatrix}\right)$

(b) $\mathbb{C}^3$ の $\left(\begin{bmatrix}1\\1\\1\end{bmatrix}, \begin{bmatrix}1+2i\\-3+i\\2-3i\end{bmatrix}, \begin{bmatrix}21-16i\\-21-i\\17i\end{bmatrix}\right)$

(c) $\mathbf{M}_{2,3}(\mathbb{R})$ の $\left(\begin{bmatrix}2 & 0 & 1\\0 & -3 & 4\end{bmatrix}, \begin{bmatrix}0 & 2 & 6\\-1 & 2 & 0\end{bmatrix}, \begin{bmatrix}-2 & 3 & 0\\6 & 0 & 1\end{bmatrix}\right)$

(d) $C([0, 1])$ の $\left(5x^2 - 6x + 1, x^2 - 2x + 1, 10x^2 - 8x + 1\right)$

4・1・2　V を実内積空間とし，$v, w \in V$ が

$$\|v - w\|^2 = 3 \qquad \|v + w\|^2 = 7$$

を満たしているとします．以下を計算しなさい．

(a) $\langle v, w\rangle$　(b) $\|v\|^2 + \|w\|^2$

4・1・3　V を実内積空間とし，$v, w \in V$ が

$$\|v + w\|^2 = 10 \qquad \|v - w\|^2 = 16$$

を満たしているとします．以下を計算しなさい．

(a) $\langle v, w\rangle$　(b) $\|v\|^2 + \|w\|^2$

4・1・4　$\mathbf{A}, \mathbf{B} \in \mathbf{M}_{m,n}(\mathbb{C})$ について以下を示しなさい．

$$\langle \mathrm{A}, \mathrm{B}\rangle_F = \sum_{j=1}^{n} \langle \mathbf{a}_j, \mathbf{b}_j\rangle \qquad \|\mathrm{A}\|_F^2 = \sum_{j=1}^{n} \|\mathbf{a}_j\|^2$$

ただし，$\mathbf{a}_j$ と $\mathbf{b}_j$ はそれぞれ $\mathbf{A}$ と $\mathbf{B}$ の列ベクトルとします．

4・1・5　$\mathbf{A} \in \mathbf{M}_n(\mathbb{C})$ に対してその**エルミート部**[21] を

$$\mathrm{Re}\,\mathrm{A} := \frac{1}{2}(\mathrm{A} + \mathrm{A}^*)$$

とし，**歪エルミート部**[22] を

$$\mathrm{Im}\,\mathrm{A} := \frac{1}{2i}(\mathrm{A} - \mathrm{A}^*)$$

とします[23]．$\mathbf{A} \in \mathbf{M}_n(\mathbb{R})$ について以下を示しなさい．

(a) $\mathrm{Re}\,\mathbf{A}$ と $\mathrm{Im}\,\mathbf{A}$ はフロベニウス内積によって直交する．

(b) $\|\mathbf{A}\|_F^2 = \|\mathrm{Re}\,\mathbf{A}\|_F^2 + \|\mathrm{Im}\,\mathbf{A}\|_F^2$

4・1・6　$\mathbf{A} = [\mathbf{a}_1 \ \cdots \ \mathbf{a}_n] \in \mathbf{M}_{m,n}(\mathbb{C})$ と $\mathbf{B} = [\mathbf{b}_1 \ \cdots \ \mathbf{b}_p] \in \mathbf{M}_{m,p}(\mathbb{C})$ とする．$\mathbf{A}^*\mathbf{B}$ の (j, k) 要素が $\mathbf{a}_j^*\mathbf{b}_k = \langle \mathbf{b}_k, \mathbf{a}_j \rangle$ となることを示しなさい．

4・1・7　内積

$$\langle f, g \rangle = \int_0^{2\pi} f(x)g(x)\,dx$$

が定義された $C([0, 2\pi])$ を考えます．$f(x) = \sin x$ と $g(x) = \cos x$ について以下を計算しなさい．

(a) $\|f\|$　　(b) $\|g\|$　　(c) $\langle f, g \rangle$

さらに積分を計算することなく $\|af + bg\|$ を求めなさい．ここで $a, b \in \mathbb{R}$ は定数です．

4・1・8　$u, v \in V$ で $\|u\| = 2$, $\|v\| = 11$ とします．$\|u - w\| \leq 4$ と $\|v - w\| \leq 4$ を満たす $w \in V$ が存在しないことを示しなさい．

4・1・9　V をベクトル空間，W を内積空間，$T : V \to W$ を単射とし，$v_1, v_2 \in V$ に対して

$$\langle v_1, v_2 \rangle_T := \langle Tv_1, Tv_2 \rangle$$

と定義します．ただし右辺の内積は W での内積です．これが V の内積を与えることを示しなさい．

4・1・10　V を内積空間，W をベクトル空間，$T : V \to W$ を同型写像とし，$w_1, w_2 \in W$ に対して

$$\langle w_1, w_2 \rangle = \langle T^{-1}w_1, T^{-1}w_2 \rangle$$

21）Hermitian part　　22）anti-Hermitian part

23）訳注：$\mathrm{Re}\,\mathbf{A}$ や $\mathrm{Im}\,\mathbf{A}$ という記号は多少奇妙ですが，これは複素数 $z = a + ib$ について実部を $a = \mathrm{Re}\,z$，虚部を $b = \mathrm{Im}\,z$ と表記することにならっています．ここで a だけでなく実は虚部とよばれる b も実数です．行列 $\mathbf{A}$ を $\mathbf{A} = \mathrm{Re}\,\mathbf{A} + i\,\mathrm{Im}\,\mathbf{A}$ と分解するとエルミート部 $\mathrm{Re}\,\mathbf{A}$ も歪エルミート部 $\mathrm{Im}\,\mathbf{A}$ も共にエルミート行列になります．また $i\,\mathrm{Im}\,\mathbf{A}$ は歪エルミート行列になります．

と定義します．ただし右辺の内積は V での内積です．これが W の内積を与えることを示しなさい．

4・1・11 $\left\langle \begin{bmatrix} x_1 \\ x_2 \end{bmatrix}, \begin{bmatrix} y_1 \\ y_2 \end{bmatrix} \right\rangle = x_1y_1 + 4x_2y_2$ と定義します．

(a) 練習問題4・1・9を用いて，これが $\mathbb{R}^2$ 上の内積であることを示しなさい．ただし標準的な内積とは異なります．

(b) 標準的な内積では直交するが，上の内積では直交しないベクトルの例を与えなさい．

(c) 上の内積では直交するが，標準的な内積では直交しないベクトルの例を与えなさい．

4・1・12 (a) $v=0$ であることと任意の $w \in V$ について $\langle v, w\rangle = 0$ であることが同値であることを示しなさい．

(b) $v=w$ であることと任意の $u \in V$ について $\langle v, u\rangle = \langle w, u\rangle$ であることが同値であることを示しなさい．

(c) $S, T \in \mathcal{L}(V, W)$ とします．$S=T$ であることと任意の $v_1, v_2 \in V$ について $\langle Sv_1, v_2\rangle = \langle Tv_1, v_2\rangle$ であることが同値であることを示しなさい．

4・1・13 フロベニウス・ノルムが $\mathbf{M}_n(\mathbb{C})$ 上の不変量でないことを示しなさい．

4・1・14 (a) 実内積空間 V の $v, w \in V$ について

$$\langle v, w\rangle = \frac{1}{4}\left(\|v+w\|^2 - \|v-w\|^2\right)$$

となることを示しなさい．

(b) Vが複素内積空間なら $v, w \in V$ について

$$\langle v, w\rangle = \frac{1}{4}\left(\|v+w\|^2 - \|v-w\|^2 + i\,\|v+iw\|^2 - i\,\|v-iw\|^2\right)$$

となることを示しなさい．

以上の等式は**極化恒等式**[24]とよばれています．

4・1・15 $a_1, \ldots, a_n, b_1, \ldots, b_n \in \mathbb{R}$ について

$$\left(\sum_{i=1}^{n} a_ib_i\right) \le \left(\sum_{i=1}^{n} a_i^2\right)\left(\sum_{i=1}^{n} b_i^2\right)$$

を示しなさい．これは**コーシーの不等式**[25]とよばれています．

24) polarization identity，極分解ともいいます．
25) Cauchy's inequality

4・1・16　$f, g : [a, b] \to \mathbb{R}$ が連続関数なら

$$\left(\int_a^b f(x)g(x)\,dx\right)^2 \leq \left(\int_a^b f(x)^2\,dx\right)\left(\int_a^b g(x)^2\,dx\right)$$

となることを示しなさい．これは**シュバルツの不等式**[26] とよばれています．

4・1・17　$a_1, \ldots, a_n, b_1, \ldots, b_n \in \mathbb{R}$ について

$$(a_1b_1+a_2b_2+\cdots+a_nb_n)^2 \leq (a_1^2+2a_2^2+\cdots+na_n^2)\left(b_1^2+\frac{b_2^2}{2}+\cdots+\frac{b_n^2}{n}\right)$$

となることを示しなさい．

4・1・18　三角不等式に等号が成立する場合はどのような場合であるかを示しなさい．

4・1・19　V を複素内積空間とし

$$\langle v, w\rangle_{\mathbb{R}} := \mathrm{Re}\,\langle v, w\rangle$$

と定義します．ただし右辺の内積は V での内積です．V を実ベクトル空間とみなせば $\langle\cdot,\cdot\rangle_{\mathbb{R}}$ は V での内積となることを示しなさい．

4・1・20　命題 4・2 の主張 **3** に対して分配法則ではなく斉次性を使った別証明を与えなさい．

4・1・21　補助定理 4・5 を $w=0$ の場合に証明しなさい．

4・1・22　$v, w \in V$ と $t \in \mathbb{R}$ に対して

$$f(t) = \|v + tw\|^2$$

と定義します．f の最小値 c を求め，$c \geq 0$ であることを利用してコーシー・シュバルツの不等式の別証明を与えなさい．

4・2　正規直交基底

正規直交性

一般のベクトル空間の基底よりも内積空間の基底の方が扱いやすいことがよくありますが，それは次の特別な基底の存在のおかげです．

26) Schwarz's inequality

定 義 Vの有限個あるいは加算個のベクトルの集合 $\{e_i\}$ は

$$\langle e_j, e_k\rangle = \begin{cases} 0 & (j \neq k) \\ 1 & (j = k) \end{cases}$$

であるとき**正規直交**[1] であるという．正規直交ベクトルの並び $\mathcal{B} = (e_1, \ldots, e_n)$ がVの基底をなすとき，これを**正規直交基底**[2] とよぶ．

つまり正規直交ベクトルの集合は互いに直交し合う単位ベクトルの集まりです．

■例 1. $\mathbb{R}^n$ や $\mathbb{C}^n$ の標準基底（$\mathbf{e}_1, \ldots, \mathbf{e}_n$）は正規直交基底です．

2. $\left(\frac{1}{\sqrt{2}}\begin{bmatrix}1\\1\end{bmatrix}, \frac{1}{\sqrt{2}}\begin{bmatrix}1\\-1\end{bmatrix}\right)$ は $\mathbb{R}^2$ や $\mathbb{C}^2$ の正規直交基底です．

即問6 任意の $\theta \in \mathbb{R}$ について $\left(\begin{bmatrix}\cos\theta\\ \sin\theta\end{bmatrix}, \begin{bmatrix}-\sin\theta\\ \cos\theta\end{bmatrix}\right)$ が $\mathbb{R}^2$ や $\mathbb{C}^2$ の正規直交基底であることを示しなさい．

3. 周期 2π の連続な周期関数 $f: \mathbb{R} \to \mathbb{C}$ のつくるベクトル空間 $C_{2\pi}(\mathbb{R})$ に内積を

$$\langle f, g\rangle := \int_0^{2\pi} f(\theta)\overline{g(\theta)}\, d\theta$$

と定義すると $\{1, \sin(n\theta), \cos(n\theta) \mid n \in \mathbb{N}\}$ は正規直交関数の集合となります．実際

$$\int_0^{2\pi} \sin(n\theta)\cos(m\theta)\, d\theta = \left\{\begin{array}{ll} \left.\frac{m\sin(m\theta)\sin(n\theta)+n\cos(m\theta)\cos(n\theta)}{m^2-n^2}\right|_0^{2\pi} & (n \neq m) \\ \left.-\frac{\cos^2(n\theta)}{2n}\right|_0^{2\pi} & (m = n) \end{array}\right\} = 0$$

で，$n \neq m$ なら

$$\int_0^{2\pi} \sin(n\theta)\sin(m\theta)\, d\theta = \left.\frac{n\sin(m\theta)\cos(n\theta) - m\cos(m\theta)\sin(n\theta)}{m^2 - n^2}\right|_0^{2\pi} = 0$$

と

$$\int_0^{2\pi} \cos(n\theta)\cos(m\theta) d\theta = \left.\frac{m\sin(m\theta)\cos(n\theta) - n\cos(m\theta)\sin(n\theta)}{m^2 - n^2}\right|_0^{2\pi} = 0$$

となり，さらに

$$\int_0^{2\pi} \sin^2(n\theta)\, d\theta = \left.\left(\frac{\theta}{2} - \frac{\sin(2n\theta)}{4n}\right)\right|_0^{2\pi} = \pi$$

と

1）orthonormal　　2）orthonormal basis

$$\int_0^{2\pi} \cos^2(n\theta)\, d\theta = \left(\frac{\theta}{2} + \frac{\sin(2n\theta)}{4n}\right)\Bigg|_0^{2\pi} = \pi$$

が得られます．したがって，**三角関数系**[3] とよばれる，$\mathcal{T} := \left\{\frac{1}{\sqrt{2\pi}}, \frac{1}{\sqrt{\pi}}\sin(n\theta), \frac{1}{\sqrt{\pi}}\cos(n\theta) \mid n \in \mathbb{N}\right\}$ は正規直交系となります．これは無限次元である $C_{2\pi}(\mathbb{R})$ の基底にはなりませんが，そこから有限個を取出せばその有限個の関数の張る空間の正規直交基底をなします．

4. 集合 $\left\{\frac{1}{\sqrt{2\pi}} e^{in\theta} \mid n \in \mathbb{Z}\right\}$ は $C_{2\pi}(\mathbb{R})$ で正規直交です．確かに $n = m$ なら明らかに $\int_0^{2\pi} e^{in\theta} e^{-im\theta} d\theta = 2\pi$ で，$n \neq m$ なら

$$\int_0^{2\pi} e^{in\theta} e^{-im\theta}\, d\theta = \frac{e^{i(n-m)\theta}}{i(n-m)}\Bigg|_0^{2\pi} = 0$$

です．この関数の実部と虚部を合わせれば上の三角関数系になっています．

5. $1 \leq j \leq m$ と $1 \leq k \leq n$ に対して $\mathbf{E}_{jk}$ を (j, k) 要素だけが 1 で他の要素は 0 である $m \times n$ 行列とすると，

$$(\mathbf{E}_{11}, \ldots, \mathbf{E}_{1n}, \mathbf{E}_{21}, \ldots, \mathbf{E}_{2n}, \ldots, \mathbf{E}_{m1}, \ldots, \mathbf{E}_{mn})$$

はフロベニウス内積のもとで $\mathbf{M}_{m,n}(\mathbb{F})$ の正規直交基底となります．

6. 見かけが自然な基底が必ずしも正規直交基底になるとは限りません．$\mathcal{P}_n(\mathbb{R})$ の内積を

$$\langle f, g \rangle = \int_0^1 f(x) g(x)\, dx$$

で定義すると，この空間の基底 $(1, x, \ldots, x^n)$ は正規直交基底ではありません．実のところ，$0 \leq j, k \leq n$ 対して

$$\int_0^1 x^j x^k\, dx = \int_0^1 x^{j+k}\, dx = \frac{1}{j+k+1}$$

ですから，直交すらしていません． ■

正規直交基底による座標

正規直交基底の長所の一つとして，次に示すように座標表現が容易に求められることがあげられます．

---

3) trigonometric system

定理4・9 $\mathcal{B}_V=(e_1,\dots,e_n)$ と $\mathcal{B}_W=(f_1,\dots,f_m)$ をそれぞれ V と W の正規直交基底とする．このとき $v\in V$ と $T\in\mathcal{L}(V,W)$ について

$$[v]_{\mathcal{B}_V}=\begin{bmatrix}\langle v,e_1\rangle\\ \vdots\\ \langle v,e_n\rangle\end{bmatrix} \tag{4・4}$$

$$\left[[T]_{\mathcal{B}_V,\mathcal{B}_W}\right]_{jk}=\langle Te_k,f_j\rangle \tag{4・5}$$

となる．

■**証明** $\mathcal{B}_V$ は基底ですから

$$v=\sum_{j=1}^{n}a_je_j$$

となる $a_1,\dots,a_n\in\mathbb{F}$ があります．両辺に対して e_k との内積をとると，内積の線形性と $\mathcal{B}_V$ が正規直交であることから

$$\langle v,e_k\rangle=\left\langle\sum_{j=1}^{n}a_je_j,e_k\right\rangle=\sum_{j=1}^{n}a_j\langle e_j,e_k\rangle=a_k$$

が得られます．これをまとめると

$$v=\sum_{j=1}^{n}\langle v,e_j\rangle e_j$$

となり，これで（4・4）が得られます．

$w\in W$ に対して同様の議論を行えば

$$w=\sum_{j=1}^{m}\langle w,f_j\rangle f_j$$

となりますが，特に $Te_k\in W$ に対して

$$Te_k=\sum_{j=1}^{m}\langle Te_k,f_j\rangle f_j$$

が得られます．これはつまり（4・5）です． ■

即問7 正規直交基底 $\left(\frac{1}{\sqrt{2}}\begin{bmatrix}1\\1\end{bmatrix},\frac{1}{\sqrt{2}}\begin{bmatrix}1\\-1\end{bmatrix}\right)$ に関する $\begin{bmatrix}2\\3\end{bmatrix}\in\mathbb{R}^2$ の座標を求めなさい．

即問7の答 $\frac{1}{\sqrt{2}}\begin{bmatrix}5\\-1\end{bmatrix}$

■ 例

$$\mathcal{B}=(\mathbf{v}_1,\mathbf{v}_2,\mathbf{v}_3,\mathbf{v}_4)=\left(\frac{1}{2}\begin{bmatrix}1\\1\\1\\1\end{bmatrix},\frac{1}{2}\begin{bmatrix}1\\1\\-1\\-1\end{bmatrix},\frac{1}{2}\begin{bmatrix}1\\-1\\1\\-1\end{bmatrix},\frac{1}{2}\begin{bmatrix}1\\-1\\-1\\1\end{bmatrix}\right)$$

を $\mathbb{R}^4$ の正規直交基底とします．また，線形変換 $T\in\mathcal{L}(\mathbb{R}^4)$ の標準基底による表現行列を

$$\mathrm{A}=\begin{bmatrix}1&0&5&2\\0&-1&-2&-5\\-5&-2&-1&0\\2&5&0&1\end{bmatrix}$$

とします．$[T]_{\mathcal{B}}$ の (j,k) 要素は $\langle T\mathbf{v}_k,\mathbf{v}_j\rangle=\mathbf{v}_j{}^*\mathbf{A}\mathbf{v}_k$ ですから，たとえば $(2,3)$ 要素は

$$\frac{1}{4}\begin{bmatrix}1&1&-1&-1\end{bmatrix}\begin{bmatrix}1&0&5&2\\0&-1&-2&-5\\-5&-2&-1&0\\2&5&0&1\end{bmatrix}\begin{bmatrix}1\\-1\\1\\-1\end{bmatrix}=4$$

$(3,1)$ 要素は

$$\frac{1}{4}\begin{bmatrix}1&-1&1&-1\end{bmatrix}\begin{bmatrix}1&0&5&2\\0&-1&-2&-5\\-5&-2&-1&0\\2&5&0&1\end{bmatrix}\begin{bmatrix}1\\1\\1\\1\end{bmatrix}=0$$

となります．残りの要素も計算すれば

$$[T]_{\mathcal{B}}=\begin{bmatrix}0&0&0&-2\\0&0&4&0\\0&-6&0&0\\8&0&0&0\end{bmatrix}$$

が得られます． ■

定 理 4・10　$\mathcal{B}=(e_1,\ldots,e_n)$ を V の正規直交基底とすると，$u,v\in V$ について

$$\langle u,v\rangle=\sum_{j=1}^{n}\langle u,e_j\rangle\overline{\langle v,e_j\rangle}$$

と

$$\|v\|^2=\sum_{j=1}^{n}\left|\langle v,e_j\rangle\right|^2$$

が成り立つ．

この定理は，Vでの内積は個々のベクトルの$\mathbb{C}^n$における座標からなる数ベクトルの標準的な内積に一致すると述べています．

■**証明**　定理4・9から

$$u = \sum_{j=1}^{n} \langle u, e_j \rangle e_j \qquad v = \sum_{j=1}^{n} \langle v, e_j \rangle e_j$$

ですから，内積の線形性と $\mathcal{B}$が正規直交であることから

$$\begin{aligned}\langle u, v \rangle &= \left\langle \sum_{j=1}^{n} \langle u, e_j \rangle e_j, \sum_{k=1}^{n} \langle v, e_k \rangle e_k \right\rangle \\ &= \sum_{j=1}^{n} \sum_{k=1}^{n} \langle u, e_j \rangle \overline{\langle v, e_k \rangle} \langle e_j, e_k \rangle \\ &= \sum_{j=1}^{n} \langle u, e_j \rangle \overline{\langle v, e_j \rangle}\end{aligned}$$

が得られます．$\|v\|^2$ は$u=v$の場合を考えれば得られます． ■

■**例**　周期2πの連続な周期関数のつくる空間と

$$f(\theta) = (2+i)e^{i\theta} - 3e^{-2i\theta} \qquad g(\theta) = ie^{i\theta} - e^{2i\theta}$$

を考えます．ここで$\left(\frac{1}{\sqrt{2\pi}}, \frac{1}{\sqrt{2\pi}}e^{\pm i\theta}, \frac{1}{\sqrt{2\pi}}e^{\pm 2i\theta}, \ldots\right)$が正規直交であったこと，さらに$\left(\frac{1}{\sqrt{2\pi}}e^{i\theta}, \frac{1}{\sqrt{2\pi}}e^{2i\theta}, \frac{1}{\sqrt{2\pi}}e^{-2i\theta}\right)$がそのスパンの基底となることを思い出して，

$$f(\theta) = (2+i)\sqrt{2\pi}\frac{1}{\sqrt{2\pi}}e^{i\theta} + 0\frac{1}{\sqrt{2\pi}}e^{2i\theta} - 3\sqrt{2\pi}\frac{1}{\sqrt{2\pi}}e^{-2i\theta}$$

$$g(\theta) = i\sqrt{2\pi}\frac{1}{\sqrt{2\pi}}e^{i\theta} - \sqrt{2\pi}\frac{1}{\sqrt{2\pi}}e^{2i\theta} + 0\frac{1}{\sqrt{2\pi}}e^{-2i\theta}$$

と書き直します．こうすれば，定理4・9によって積分計算をすることなく，内積やノルムを次のように計算できます．

$$\langle f, g \rangle = 2\pi\left[(2+i)(-i) + 0 + 0\right] = 2\pi(1-2i)$$

$$\|f\|^2 = 2\pi\left[|2+i|^2 + 0 + 3^2\right] = 28\pi$$

$$\|g\|^2 = 2\pi\left[|i|^2 + (-1)^2 + 0\right] = 4\pi$$

■

グラム・シュミットの直交化法

内積空間では正規直交基底を知っていると多くの計算が容易になりますが，それが本当に役に立つには正規直交基底の見つけ方を知っている必要があります．たとえば $\mathbb{R}^n$ ならその正規直交基底がいつも手元にありますが，他の場合にはそうとは限りません．たとえば $\mathbb{R}^3$ の与えられた2本のベクトルが張る平面のように様子が明らかな場合ですら，そのベクトルが直交していない場合にはこの平面の正規直交基底を求めるには多少の作業が必要です．次のアルゴリズムはその手順を与えてくれます．

アルゴリズム 4・11（グラム・シュミットの直交化法[4]） 有限次元内積空間 V の正規直交基底を求める方法：

- V の任意の基底をとり $(v_1, \ldots, v_n)$ とする．
- $e_1 = \frac{1}{\|v_1\|} v_1$ とする．
- $j = 2, \ldots, n$ について順次

$$\tilde{e}_j = v_j - \sum_{k=1}^{j-1} \langle v_j, e_k \rangle e_k$$

とし，e_j を

$$e_j = \frac{1}{\|\tilde{e}_j\|} \tilde{e}_j$$

と決める．これによって $(e_1, \ldots, e_n)$ は V の正規直交基底となる．しかも $j = 1, \ldots, n$ について $\langle e_1, \ldots, e_j \rangle = \langle v_1, \ldots, v_j \rangle$ である．

何らかの基底から始めて，その各ベクトルごとにそれ以前のベクトルの成分を取り除き，さらに単位長さに正規化するという手続きがグラム・シュミットの直交化法です．

■証明 $j = 1, \ldots, n$ について $(e_1, \ldots, e_j)$ が正規直交であることと $\langle e_1, \ldots, e_j \rangle = \langle v_1, \ldots, v_j \rangle$ であることを帰納法で示します．

まず $v_1 \neq 0$ より $\|v_1\| \neq 0$ ですから e_1 が定義できて，しかも単位ベクトルとなることに注意します．また $\langle e_1 \rangle = \langle v_1 \rangle$ は明らかです．

さて，$j \geq 2$ について，$(e_1, \ldots, e_{j-1})$ が正規直交であることと $\langle e_1, \ldots, e_{j-1} \rangle = \langle v_1, \ldots, v_{j-1} \rangle$ がわかっているものと仮定します．$(v_1, \ldots, v_n)$ は線形独立ですから

$$v_j \notin \langle v_1, \ldots, v_{j-1} \rangle = \langle e_1, \ldots, e_{j-1} \rangle$$

---

4) Gram-Schmidt process

です．これから $\tilde{e}_j \neq 0$ が得られ，よって e_j が定義できて，しかも単位ベクトルになります．また各 $m=1,\dots,j-1$ について $(e_1,\dots,e_{j-1})$ が正規直交であることから

$$
\begin{aligned}
\langle \tilde{e}_j, e_m \rangle &= \left\langle v_j - \sum_{k=1}^{j-1} \langle v_j, e_k \rangle e_k, e_m \right\rangle \\
&= \langle v_j, e_m \rangle - \sum_{k=1}^{j-1} \langle v_j, e_k \rangle \langle e_k, e_m \rangle \\
&= \langle v_j, e_m \rangle - \langle v_j, e_m \rangle \\
&= 0
\end{aligned}
$$

となり，よって $\langle e_j, e_m \rangle = 0$ がわかります．以上から $(e_1,\dots,e_j)$ が正規直交であることが結論できます．

e_j の構成の仕方から

$$
e_j \in \langle e_1, \dots, e_{j-1}, v_j \rangle = \langle v_1, \dots, v_j \rangle
$$

ですから，$\langle e_1,\dots,e_j \rangle \subseteq \langle v_1,\dots,v_j \rangle$ です．また，$(v_1,\dots,v_j)$ は線形独立ですし，$(e_1,\dots,e_j)$ も正規直交であることから線形独立ですから

$$
\dim \langle v_1, \dots, v_j \rangle = \dim \langle e_1, \dots, e_j \rangle = j
$$

です．よって $\langle e_1,\dots,e_j \rangle = \langle v_1,\dots,v_j \rangle$ がわかります．

以上の議論は各 $j=1,\dots,n$ について成り立ちますので，$\langle e_1,\dots,e_n \rangle = \langle v_1,\dots,v_n \rangle = V$ が得られ，よって $(e_1,\dots,e_n)$ は V の基底であることがわかります． ■

■例 1. 平面 $U = \left\{ \begin{bmatrix} x \\ y \\ z \end{bmatrix} \middle| \, x+y+z=0 \right\}$ に対して $(\mathbf{v}_1, \mathbf{v}_2) = \left(\begin{bmatrix} 1 \\ -1 \\ 0 \end{bmatrix}, \begin{bmatrix} 1 \\ 0 \\ -1 \end{bmatrix} \right)$ は U の基底ですが正規直交ではありません．これにグラム・シュミットの直交化法を用いると，正規直交基底 $(\mathbf{f}_1, \mathbf{f}_2)$ が次のようにつくられます．

- $\mathbf{f}_1 = \dfrac{1}{\|\mathbf{v}_1\|}\mathbf{v}_1 = \dfrac{1}{\sqrt{2}} \begin{bmatrix} 1 \\ -1 \\ 0 \end{bmatrix}$

- $\tilde{\mathbf{f}}_2 = \mathbf{v}_2 - \langle \mathbf{v}_2, \mathbf{f}_1 \rangle \mathbf{f}_1 = \begin{bmatrix} 1 \\ 0 \\ -1 \end{bmatrix} - \dfrac{1}{2} \begin{bmatrix} 1 \\ -1 \\ 0 \end{bmatrix} = \begin{bmatrix} \frac{1}{2} \\ \frac{1}{2} \\ -1 \end{bmatrix}$

- $\mathbf{f}_2 = \dfrac{1}{\|\tilde{\mathbf{f}}_2\|}\tilde{\mathbf{f}}_2 = \dfrac{1}{\sqrt{3/2}} \begin{bmatrix} \frac{1}{2} \\ \frac{1}{2} \\ -1 \end{bmatrix} = \dfrac{1}{\sqrt{6}} \begin{bmatrix} 1 \\ 1 \\ -2 \end{bmatrix}$

即問8 上で得られた $(\mathbf{f}_1, \mathbf{f}_2)$ を $\mathbb{R}^3$ の正規直交基底に拡張する方法を考えなさい.

2. 内積

$$\langle f, g\rangle = \int_0^1 f(x)g(x)\,dx \tag{4・6}$$

が定義された $\mathcal{P}_2(\mathbb{R})$ の正規直交基底を求めようと思います. すでに $(1, x, x^2)$ は正規直交でないことをみましたが, これにグラム・シュミットの直交化法を用いればそのスパンの正規直交基底を以下のように得るとができます.

- $e_1(x) = \frac{1}{\|1\|}1 = 1$
- $\tilde{e}_2(x) = x - \langle x, 1\rangle\,1 = x - \int_0^1 y\,dy = x - \frac{1}{2}$
- $\|\tilde{e}_2(x)\| = \sqrt{\int_0^1 (x - \frac{1}{2})^2\,dx} = \sqrt{\frac{1}{12}} = \frac{1}{2\sqrt{3}}$
- $e_2(x) = \frac{\tilde{e}_2(x)}{\|\tilde{e}_2\|} = 2\sqrt{3}x - \sqrt{3}$
- $\tilde{e}_3(x) = x^2 - \left\langle x^2, 1\right\rangle 1 - \left\langle x^2, 2\sqrt{3}x - \sqrt{3}\right\rangle(2\sqrt{3}x - \sqrt{3}) = x^2 - x + \frac{1}{6}$
- $\|\tilde{e}_3\| = \sqrt{\int_0^1 \left(x^2 - x + \frac{1}{6}\right)^2\,dx} = \sqrt{\frac{1}{180}} = \frac{1}{6\sqrt{5}}$
- $e_3(x) = \frac{\tilde{e}_3(x)}{\|\tilde{e}_3\|} = 6\sqrt{5}x^2 - 6\sqrt{5}x + \sqrt{5}$

以上より $(1, 2\sqrt{3}x - \sqrt{3}, 6\sqrt{5}x^2 - 6\sqrt{5}x + \sqrt{5})$ が内積 (4・6) の下でスパン $\langle 1, x, x^2\rangle$ の正規直交基底となります. ■

即問9 $(v_1, \ldots, v_n)$ が線形従属である場合, これにグラム・シュミットの直交化法を適用すると何が起こりますか.

グラム・シュミットの直交化法は計算アルゴリズムであるとみなされることが多いのですが, 次の理論的な結果も与えてくれます.

即問8の答 $v_3 \notin U$ なるベクトル (たとえば $\mathbf{e}_1$) を任意に選んできて $(\mathbf{f}_1, \mathbf{f}_2, \mathbf{v}_3)$ に対してグラム・シュミットの直交化法を用いるか, あるいは $\begin{bmatrix}1\\1\\1\end{bmatrix}$ が U のベクトルの直交していることに気づけば $\mathbf{f}_3 = \frac{1}{\sqrt{3}}\begin{bmatrix}1\\1\\1\end{bmatrix}$ とすればよい.

即問9の答 線形従属性定理から, どこかの手順で $v_j \in \langle e_1, \ldots, e_{j-1}\rangle$ となり, その結果 $\tilde{e}_j = 0$ となります. よって e_j が計算できなくなります.

系 4・12 有限次元内積空間 V には正規直交基底が存在する.

■**証 明** 系 3・12 から V には基底 $(v_1, \ldots, v_n)$ があり，それに対してグラム・シュミットの直交化法を用いれば正規直交基底が得られます. ■

さらに

系 4・13 有限次元内積空間 V の正規直交ベクトルの並び $\mathcal{B}$ は，V の正規直交基底 $\mathcal{B}'$ に拡張することができる.

■**証 明** 定理 3・27 によって，$\mathcal{B} = (v_1, \ldots, v_k)$ を V の基底 $(v_1, \ldots, v_n)$ に拡張できます. これにグラム・シュミットの直交化法を用いれば正規直交基底 $\mathcal{B}' = (e_1, \ldots, e_n)$ が得られますが，$(v_1, \ldots, v_k)$ はすでに正規直交でしたから $j = 1, \ldots, k$ について $e_j = v_j$ です. よって $\mathcal{B}'$ は $\mathcal{B}$ の拡張になります. ■

ま と め

- 正規直交基底とは互いに直交する単位ベクトルのつくる基底.
- 正規直交基底に関する座標はその各ベクトルとの内積で得られる.
- 有限次元内積空間には正規直交基底が存在する.
- グラム・シュミットの直交化法は有限次元内積空間の任意の基底から正規直交基底をつくり出す.

練 習 問 題

4・2・1 次のベクトルの並びが正規直交基底をなすことを示しなさい.

(a) $\mathbb{R}^2$ での $\left(\dfrac{1}{\sqrt{13}}\begin{bmatrix}2\\-3\end{bmatrix}, \dfrac{1}{\sqrt{13}}\begin{bmatrix}3\\2\end{bmatrix}\right)$

(b) $\mathbb{R}^3$ での $\left(\dfrac{1}{\sqrt{30}}\begin{bmatrix}1\\2\\-5\end{bmatrix}, \dfrac{1}{2\sqrt{5}}\begin{bmatrix}4\\-2\\0\end{bmatrix}, \dfrac{1}{2\sqrt{6}}\begin{bmatrix}2\\4\\2\end{bmatrix}\right)$

(c) $\mathbb{C}^3$ での $\left(\dfrac{1}{\sqrt{3}}\begin{bmatrix}1\\1\\1\end{bmatrix}, \dfrac{1}{\sqrt{3}}\begin{bmatrix}1\\e^{2\pi i/3}\\e^{4\pi i/3}\end{bmatrix}, \dfrac{1}{\sqrt{3}}\begin{bmatrix}1\\e^{4\pi i/3}\\e^{2\pi i/3}\end{bmatrix}\right)$

(d) $\mathbb{R}^4$ での $\left(\frac{1}{\sqrt{3}}\begin{bmatrix}0\\1\\1\\1\end{bmatrix}, \frac{1}{\sqrt{15}}\begin{bmatrix}3\\-2\\1\\1\end{bmatrix}, \frac{1}{\sqrt{35}}\begin{bmatrix}3\\3\\-4\\1\end{bmatrix}, \frac{1}{\sqrt{7}}\begin{bmatrix}1\\1\\1\\-2\end{bmatrix}\right)$

4・2・2　次のベクトルの並びが正規直交基底をなすことを示しなさい．

(a) $\{\mathbf{x}\in\mathbb{R}^3 \mid x_1+x_2+x_3=0\}$ での $\left(\frac{1}{\sqrt{2}}\begin{bmatrix}1\\0\\-1\end{bmatrix}, \frac{1}{\sqrt{6}}\begin{bmatrix}1\\-2\\1\end{bmatrix}\right)$

(b) $\mathbf{M}_2(\mathbb{R})$ での $\left(\frac{1}{2}\begin{bmatrix}1&1\\1&1\end{bmatrix}, \frac{1}{2}\begin{bmatrix}1&1\\-1&-1\end{bmatrix}, \frac{1}{2}\begin{bmatrix}1&-1\\1&-1\end{bmatrix}, \frac{1}{2}\begin{bmatrix}1&-1\\-1&1\end{bmatrix}\right)$

(c) $\mathbb{C}^4$ での $\left(\frac{1}{2}\begin{bmatrix}1\\1\\1\\1\end{bmatrix}, \frac{1}{2}\begin{bmatrix}1\\i\\-1\\-i\end{bmatrix}, \frac{1}{2}\begin{bmatrix}1\\-1\\1\\-1\end{bmatrix}, \frac{1}{2}\begin{bmatrix}1\\-i\\-1\\i\end{bmatrix}\right)$

4・2・3　以下のベクトルについて練習問題4・2・1の対応する小問にある正規直交基底に関する座標を与えなさい．

(a) $\begin{bmatrix}-10\\3\end{bmatrix}$　(b) $\begin{bmatrix}3\\2\\1\end{bmatrix}$　(c) $\begin{bmatrix}1\\0\\1\end{bmatrix}$　(d) $\begin{bmatrix}-2\\1\\0\\4\end{bmatrix}$

4・2・4　以下のベクトルについて練習問題4・2・2の対応する小問にある正規直交基底に関する座標を与えなさい．

(a) $\begin{bmatrix}1\\2\\-3\end{bmatrix}$　(b) $\begin{bmatrix}5&7\\7&2\end{bmatrix}$　(c) $\begin{bmatrix}-3\\0\\1\\2\end{bmatrix}$

4・2・5　以下の線形変換について練習問題4・2・1の対応する小問にある正規直交基底に関する表現行列を与えなさい．

(a) 直線 $y=\frac{2}{3}x$ に関する鏡映変換

(b) x-y 平面への射影

(c) $T\begin{bmatrix}x\\y\\z\end{bmatrix}=\begin{bmatrix}y\\z\\x\end{bmatrix}$　(d) $T\begin{bmatrix}x\\y\\z\\w\end{bmatrix}=\begin{bmatrix}z\\w\\x\\y\end{bmatrix}$

4・2・6　以下の線形変換について練習問題4・2・2の対応する小問にある正規直交基底に関する表現行列を与えなさい．

(a)　$T\begin{bmatrix} x \\ y \\ z \end{bmatrix} = \begin{bmatrix} y \\ z \\ x \end{bmatrix}$　　(b)　$T\mathrm{A} = \mathrm{A}^{\mathrm{T}}$　　(c)　$T\begin{bmatrix} x \\ y \\ z \\ w \end{bmatrix} = \begin{bmatrix} y \\ x \\ w \\ z \end{bmatrix}$

4・2・7　(a)　$\mathcal{B} = \left(\frac{1}{\sqrt{2}}\begin{bmatrix} 1 \\ -1 \\ 0 \end{bmatrix}, \frac{1}{\sqrt{6}}\begin{bmatrix} 1 \\ 1 \\ -2 \end{bmatrix} \right)$ が $U = \left\{ \begin{bmatrix} x \\ y \\ z \end{bmatrix} \in \mathbb{R}^3 \;\middle|\; x+y+z=0 \right\}$ の正規直交基底であることを示しなさい．

(b)　ベクトル $\begin{bmatrix} 1 \\ 2 \\ -3 \end{bmatrix}$ の $\mathcal{B}$ に関する座標を求めなさい．

(c)　下の線形変換 $T: U \to U$ の $\mathcal{B}$ に関する表現行列を求めなさい．

$$T\begin{bmatrix} x \\ y \\ z \end{bmatrix} = \begin{bmatrix} y \\ z \\ x \end{bmatrix}$$

4・2・8　次の関数は**三角多項式**[5]とよばれています．

$$f(\theta) = \sum_{k=1}^{n} a_k \sin(k\theta) + b_0 + \sum_{\ell=1}^{m} b_\ell \cos(\ell\theta)$$

ここで $a_1, \ldots, a_n, b_0, \ldots, b_m \in \mathbb{R}$ です．これに対して内積を

$$\langle f, g \rangle = \int_0^{2\pi} f(\theta)g(\theta)\, d\theta$$

で定義した場合の $\|f\|$ を，積分を計算しないで a_k や b_ℓ で与えなさい．

4・2・9　252ページの例にある $\mathcal{P}_2(\mathbb{R})$ の基底 $\mathcal{B} = (1, 2\sqrt{3}x - \sqrt{3}, 6\sqrt{5}x^2 - 6\sqrt{5}x + \sqrt{5})$ に関する微分作用素 $D \in \mathcal{L}(\mathcal{P}_2(\mathbb{R}))$ の表現行列 $[D]_{\mathcal{B}}$ を求めなさい．

4・2・10　$\mathcal{P}_2(\mathbb{R})$ の内積 $\langle f, g \rangle = \int_0^1 f(x)g(x)\,dx$ と基底 $(1, x, x^2)$ について

(a)　$\|3-2x+x^2\|^2$ を求めなさい．

(b)　$\|3-2x+x^2\|^2 \neq 3^2+2^2+1^2$ となったはずですが，これが定理4・10に矛盾しない理由を答えなさい．

5)　trigonometric polynomial

4・2・11　以下のベクトルの並びに対してグラム・シュミットの直交化法を適用しなさい.

(a) $\left(\begin{bmatrix}1\\0\\-1\end{bmatrix},\begin{bmatrix}2\\1\\0\end{bmatrix},\begin{bmatrix}0\\-1\\2\end{bmatrix}\right)$　(b) $\left(\begin{bmatrix}0\\-1\\2\end{bmatrix},\begin{bmatrix}2\\1\\0\end{bmatrix},\begin{bmatrix}1\\0\\-1\end{bmatrix}\right)$

(c) $\left(\begin{bmatrix}0\\1\\1\\1\end{bmatrix},\begin{bmatrix}1\\0\\1\\1\end{bmatrix},\begin{bmatrix}1\\1\\0\\1\end{bmatrix},\begin{bmatrix}1\\1\\1\\0\end{bmatrix}\right)$

4・2・12　以下のベクトルの並びに対してグラム・シュミットの直交化法を適用しなさい.

(a) $\left(\begin{bmatrix}1\\0\\0\end{bmatrix},\begin{bmatrix}1\\1\\0\end{bmatrix},\begin{bmatrix}1\\1\\1\end{bmatrix}\right)$　(b) $\left(\begin{bmatrix}1\\i\\0\end{bmatrix},\begin{bmatrix}0\\1\\i\end{bmatrix},\begin{bmatrix}i\\0\\1\end{bmatrix}\right)$

(c) $\left(\begin{bmatrix}1\\0\\0\\-1\end{bmatrix},\begin{bmatrix}0\\1\\0\\-1\end{bmatrix},\begin{bmatrix}0\\0\\1\\-1\end{bmatrix}\right)$

4・2・13　即問9を用いて以下のベクトルが線形独立であるかを判定しなさい.

(a) $\left(\begin{bmatrix}1\\2\\3\end{bmatrix},\begin{bmatrix}2\\3\\1\end{bmatrix},\begin{bmatrix}3\\1\\2\end{bmatrix}\right)$　(b) $\left(\begin{bmatrix}1\\1\\1\end{bmatrix},\begin{bmatrix}1\\2\\4\end{bmatrix},\begin{bmatrix}1\\3\\9\end{bmatrix}\right)$

(c) $\left(\begin{bmatrix}-2\\-1\\1\end{bmatrix},\begin{bmatrix}1\\1\\-1\end{bmatrix},\begin{bmatrix}1\\2\\-2\end{bmatrix}\right)$

4・2・14　即問9を用いて以下のベクトルが線形独立であるかを判定しなさい.

(a) $\left(\begin{bmatrix}2\\1\\-3\end{bmatrix},\begin{bmatrix}-1\\2\\-1\end{bmatrix},\begin{bmatrix}0\\1\\-1\end{bmatrix}\right)$　(b) $\left(\begin{bmatrix}1\\1\\-1\end{bmatrix},\begin{bmatrix}1\\-1\\1\end{bmatrix},\begin{bmatrix}-1\\1\\1\end{bmatrix}\right)$

(c) $\left(\begin{bmatrix}1\\0\\1\end{bmatrix},\begin{bmatrix}1\\1\\0\end{bmatrix},\begin{bmatrix}0\\1\\-1\end{bmatrix}\right)$

4・2・15　以下のそれぞれの内積の下で $(1, x, x^2, x^3)$ に対してグラム・シュミットの直交化法を適用しなさい.

(a)　$\langle p, q\rangle = \int_0^1 p(x)q(x)\,dx$

(b)　$\langle p, q\rangle = \int_{-1}^1 p(x)q(x)\,dx$

(c)　$\langle p, q\rangle = \int_{-1}^1 p(x)q(x)x^2\,dx$

4・2・16　$\mathbb{R}^3$ の正規直交基底 $(\mathbf{f}_1, \mathbf{f}_2, \mathbf{f}_3)$ で $\mathbf{f}_1$ と $\mathbf{f}_2$ が部分空間

$$U = \left\{ \begin{bmatrix} x \\ y \\ z \end{bmatrix} \middle| \, x - 2y + 3z = 0 \right\}$$

に属するものを求めなさい.

4・2・17　$\mathbf{A} = \begin{bmatrix} 0 & 1 & 1 \\ 1 & 0 & 1 \\ 1 & 1 & 0 \end{bmatrix} \in \mathbf{M}_3(\mathbb{R})$ とし，$\mathbb{R}^3$ の内積を

$$\langle \mathbf{x}, \mathbf{y}\rangle_{\mathbf{A}} = \langle \mathbf{Ax}, \mathbf{Ay}\rangle$$

と定義します．ただし右辺の内積は $\mathbb{R}^3$ の標準的な内積です．この内積 $\langle \cdot, \cdot \rangle_{\mathbf{A}}$ の下での $\mathbb{R}^3$ の正規直交基底を求めなさい.

4・2・18　$\mathbf{A} \in \mathbf{M}_n(\mathbb{C})$ が正則であるとして $\mathbb{C}^n$ の内積 $\langle \cdot, \cdot \rangle_{\mathbf{A}}$ を

$$\langle \mathbf{x}, \mathbf{y}\rangle_{\mathbf{A}} = \langle \mathbf{Ax}, \mathbf{Ay}\rangle$$

と定義します．ただし右辺の内積は $\mathbb{C}^n$ の標準的な内積です.

(a) 各 j, k について $\langle \mathbf{e}_j, \mathbf{e}_k\rangle_{\mathbf{A}}$ を求めなさい.

(b) どのような条件があれば $\mathbb{C}^n$ の標準基底 $(\mathbf{e}_1, \ldots, \mathbf{e}_n)$ が内積 $\langle \cdot, \cdot \rangle_{\mathbf{A}}$ の下で正規直交になりますか.

4・2・19　周期 2π の連続な周期関数の空間 $C_{2\pi}(\mathbb{R})$ が無限次元であることを示しなさい.

4・2・20　線形変換 $T \in \mathcal{L}(V)$ は基底 $\mathcal{B}$ に関して上三角の表現行列 $[T]_{\mathcal{B}}$ をもつとします．また正規直交基底 $\mathcal{C}$ が $\mathcal{B}$ に対してグラム・シュミットの直交法をに使って得られたとします．このとき表現行列 $[T]_{\mathcal{C}}$ は上三角であることを示しなさい.

4・2・21　$(e_1, \ldots, e_n)$ を $(v_1, \ldots, v_n)$ からグラム・シュミットの直交化法で得られた正規直交基底とします．このとき各 j について $\langle v_j, e_j\rangle > 0$ を示しなさい.

4・2・22　$\mathbf{A} \in \mathbf{M}_n(\mathbb{C})$ を正則な上三角行列とします．$\mathbf{A}$ の列に対してグラム・シュミットの直交化法を用いて得られる正規直交基底は，$(\omega_1\mathbf{e}_1, \ldots, \omega_n\mathbf{e}_n)$ と書けることを示しなさい．ここで $(\mathbf{e}_1, \ldots, \mathbf{e}_n)$ は標準基底であり，各 j について $|\omega_j| = 1$ です.

4・3 正射影と最適化

直交補空間と直交直和

ベクトル v をベクトル u の方向とそれとは直交する方向に分解する話は，たとえばコーシー・シュバルツの不等式の証明やグラム・シュミットの直交化法などでこれまで何度か出てきました．このような分解は直交補空間という考え方によってより体系的に扱えます．

定　義　V を内積空間，U をその部分空間とする．部分空間

$$U^{\perp} = \{v \in V \mid \text{任意の } u \in U \text{ について} \langle u, v\rangle = 0\}$$

を U の**直交補空間**[1] とよぶ．すなわち，$U^{\perp}$ は U のすべてのベクトルに直交するベクトルの全体である．

即問 10　$U^{\perp}$ が部分空間であることを示しなさい．

■**例**　1. L を $\mathbb{R}^2$ の原点を通る直線とすると，$L^{\perp}$ はそれに直交し原点を通る直線です．

2. P が $\mathbb{R}^3$ の原点を通る平面なら，$P^{\perp}$ はそれに直交し原点を通る直線です．また，L が $\mathbb{R}^3$ の原点を通る直線なら，$L^{\perp}$ はそれに直交し原点を通る平面です（図 4・4）．

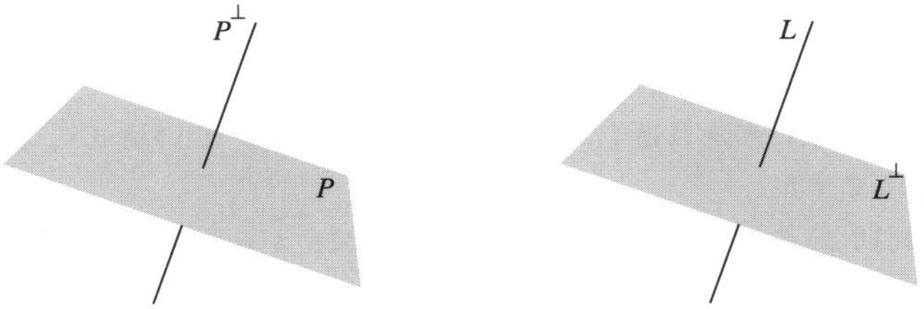

図 4・4　$\mathbb{R}^3$ の直交補空間

■

次の定理が示すように，内積空間 V のベクトルは部分空間 U の要素とその直交補空間 $U^{\perp}$ の要素に一意に分解されます．

---

1) orthogonal complement

即問 10 の答　$\langle u, 0\rangle = 0$ より $0 \in U^{\perp}$．もしも $\langle u, v_1\rangle = \langle u, v_2\rangle = 0$ なら加法性から $\langle u, v_1 + v_2\rangle = 0$，$\langle u, v\rangle = 0$ なら斉次性から $\langle u, av\rangle = 0$ です．

定理 4・14 Vを内積空間, Uをその有限次元部分空間とする. 任意の$v \in V$は$u \in U$と$w \in U^{\perp}$によって一意に

$$v = u + w$$

と書ける.

■証明 Uは有限次元ですから, 正規直交基底 $(e_1, \dots, e_m)$ があります. 与えられた$v \in V$に対してuとwを

$$u = \sum_{j=1}^{m} \langle v, e_j \rangle e_j \qquad w = v - u$$

と定義します. 当然$v = u + w$で$u \in U$です. 各kについて

$$\langle u, e_k \rangle = \langle v, e_k \rangle$$

ですから

$$\langle w, e_k \rangle = \langle v, e_k \rangle - \langle u, e_k \rangle = 0$$

です.

ここでu'をUの任意のベクトルとすると

$$u' = \sum_{j=1}^{m} a_j e_j$$

と書けますから

$$\langle u', w \rangle = \sum_{j=1}^{m} a_j \langle e_j, w \rangle = 0$$

を得ます. よって$w \in U^{\perp}$がわかります.

最後にuとwの一意性を示します. $u_1, u_2 \in U$, $w_1, w_2 \in U^{\perp}$で, しかも

$$u_1 + w_1 = u_2 + w_2$$

と仮定して,

$$x = u_1 - u_2 = w_2 - w_1$$

を考えます. Uも$U^{\perp}$も部分空間ですから$x \in U$と$x \in U^{\perp}$, よって$\langle x, x \rangle = 0$です. すなわち$x = 0$ですから$u_1 = u_2$と$w_1 = w_2$が得られます. ■

定理4・14のように, 内積空間の任意のベクトルが互いに直交する部分空間のベクトルの和に分解できるとき, その空間は部分空間の直交直和であるといいます. 下にきちんと定義します.

定 義　$U_1, \ldots, U_m$ を内積空間 V の部分空間とする．
● V の任意のベクトル v は $u_1 \in U_1, \ldots, u_m \in U_m$ によって

$$v = u_1 + \cdots + u_m \tag{4・7}$$

と表せ，
● $j \neq k$ なら任意の $u_j \in U_j$ と $u_k \in U_k$ について u_j と u_k は直交している
ならば V は $U_1, \ldots, U_m$ の**直交直和**[2] であるといい，これを $V = U_1 \oplus \cdots \oplus U_m$ と書き表す[3]．

■**例**　1. L_1 と L_2 を $\mathbb{R}^2$ の原点を通り直交する直線としますと，$\mathbb{R}^2 = L_1 \oplus L_2$ です．
2. P を $\mathbb{R}^3$ の原点を通る平面，L をやはり原点を通り P に直交する直線とすると，$\mathbb{R}^3 = P \oplus L$ です．■

したがって定理 4・14 は，任意の部分空間 $U \subseteq V$ について $V = U \oplus U^{\perp}$ と述べていることになり，上の例の一般化になっています．このようにみると，直交補空間の次の素直な性質がわかります．

命 題 4・15　U を有限次元内積空間 V の部分空間とすると $(U^{\perp})^{\perp} = U$ が成り立つ．

■**証 明**　$u \in U$ とすると，任意の $v \in U^{\perp}$ に対して $\langle u, v \rangle = 0$ ですから，$u \in (U^{\perp})^{\perp}$ がわかります．よって $U \subseteq (U^{\perp})^{\perp}$ です．

次に $w \in (U^{\perp})^{\perp}$ とします．定理 4・14 から，$u \in U$ と $v \in U^{\perp}$ によって $w = u + v$ と書けます．ここで $v = 0$ を示そうと思います．$v = w - u$ と $u \in U \subseteq (U^{\perp})^{\perp}$ から $v \in (U^{\perp})^{\perp}$ がわかり，結局 v は $U^{\perp}$ と $(U^{\perp})^{\perp}$ の両方に属し，v は自分自身と直交していることになります．よって $v = 0$ です．したがって $w = u \in U$ が得られ，$(U^{\perp})^{\perp} \subseteq U$ が結論できました．■

即問 11　$\mathbb{R}^2$ や $\mathbb{R}^3$ の部分空間について命題 4・15 を確認しなさい．

2）orthogonal direct sum
3）部分空間が互いに直交していることを仮定しないで直和を定義して，この記号をそれにあてる記法もありますので注意してください．

正 射 影

定 義 U を V の部分空間とする．$v \in V$ の $u \in U$ と $w \in U^{\perp}$ への分解 $v = u + w$ に対して $P_U v = u$ と定義される写像 $P_U : V \to V$ を U の上への**正射影**[4] とよぶ．

v の U に属する成分を取出すのが P_U です．

定 理 4・16（正射影の代数的性質） U を V の有限次元部分空間とする．

1. P_U は線形写像である．
2. $(e_1, ..., e_m)$ を U の正規直交基底とすると $v \in V$ について
$$P_U v = \sum_{j=1}^{m} \langle v, e_j \rangle e_j$$
3. $v \in V$ について $v - P_U v \in U^{\perp}$
4. $v, w \in V$ について
$$\langle P_U v, w \rangle = \langle P_U v, P_U w \rangle = \langle v, P_U w \rangle$$
5. V が有限次元で，その正規直交基底 $\mathcal{B} = (e_1, ..., e_n)$ の最初の m 個のベクトル $(e_1, ..., e_m)$ が U の正規直交基底をなしているとすると，
$$[P_U]_{\mathcal{B}} = \mathbf{diag}(1, \ldots, 1, 0, \ldots, 0)$$
である．ここで右辺は最初の m 個の対角要素が 1 で他のすべての要素が 0 である対角行列である．
6. range $P_U = U$ であり，$u \in U$ について $P_U u = u$ である．
7. $\ker P_U = U^{\perp}$
8. V が有限次元なら $P_{U^{\perp}} = I - P_U$
9. $P_U{}^2 = P_U$

■**証 明** 1. $v_1 = u_1 + w_1$, $v_2 = u_2 + w_2$, $u_1, u_2 \in U$, $w_1, w_2 \in U^{\perp}$ と仮定すると
$$v_1 + v_2 = (u_1 + u_2) + (w_1 + w_2)$$
で，しかも $u_1 + u_2 \in U$, $w_1 + w_2 \in U^{\perp}$ です．よって
$$P_U(v_1 + v_2) = u_1 + u_2 = P_U v_1 + P_U v_2$$
を得ます．

2. 定理 4・14 の証明から得られます．
3. $v = u + w, u \in U, w \in U^{\perp}$ とすると $v - P_U v = v - u = w \in U^{\perp}$ です．
4. 定義から $P_U v \in U$ であり，上の主張 3 から $w - P_U w \in U^{\perp}$ です．よって

4）orthogonal projection

$$\langle P_U v, w\rangle = \langle P_U v, P_U w\rangle + \langle P_U v, w - P_U w\rangle = \langle P_U v, P_U w\rangle$$

が得られます．もう一方の等号も同様です．

残りの証明は練習問題4・3・22に残しておきます． ■

定理4・16の主張**2**を使うとP_Uの表現行列を得ることができます．

命 題4・17 Uは$\mathbb{R}^n$あるいは$\mathbb{C}^n$の部分空間で正規直交基底（$\mathbf{f}_1, \ldots, \mathbf{f}_m$）をもつと仮定する．標準基底$\mathcal{E}$の下での$P_U$の表現行列は

$$[P_U]_{\mathcal{E}} = \sum_{j=1}^{m} \mathbf{f}_j\mathbf{f}_j^*$$

で与えられる．

■**証 明** 4・1節の即問2と定理4・16の主張**2**から，任意の$\mathbf{v}$について

$$\sum_{j=1}^{m} \mathbf{f}_j\mathbf{f}_j^*\mathbf{v} = \sum_{j=1}^{m} \mathbf{f}_j\langle \mathbf{v}, \mathbf{f}_j\rangle = \sum_{j=1}^{m} \langle \mathbf{v}, \mathbf{f}_j\rangle \mathbf{f}_j = P_U\mathbf{v}$$

となります． ■

■**例** $\mathbf{f}_1 = \frac{1}{\sqrt{2}}\begin{bmatrix} 1 \\ -1 \\ 0 \end{bmatrix}$と$\mathbf{f}_2 = \frac{1}{\sqrt{6}}\begin{bmatrix} 1 \\ 1 \\ -2 \end{bmatrix}$は$\mathbb{R}^3$の部分空間$U = \left\{\begin{bmatrix} x \\ y \\ z \end{bmatrix} \middle| x+y+z=0\right\}$の正規直交基底（$\mathbf{f}_1, \mathbf{f}_2$）をなすことを4・2節でみました．よって命題4・17から

$$[P_U]_{\mathcal{E}} = \mathbf{f}_1\mathbf{f}_1^* + \mathbf{f}_2\mathbf{f}_2^* = \frac{1}{2}\begin{bmatrix} 1 & -1 & 0 \\ -1 & 1 & 0 \\ 0 & 0 & 0 \end{bmatrix} + \frac{1}{6}\begin{bmatrix} 1 & 1 & -2 \\ 1 & 1 & -2 \\ -2 & -2 & 4 \end{bmatrix} = \frac{1}{3}\begin{bmatrix} 2 & -1 & -1 \\ -1 & 2 & -1 \\ -1 & -1 & 2 \end{bmatrix}$$

です． ■

即問12 上の例にあるUに対して，ベクトル$\begin{bmatrix} 1 \\ 2 \\ 3 \end{bmatrix}$の$U$の上への正射影を求めなさい．

即問12の答 $\frac{1}{3}\begin{bmatrix} 2 & -1 & -1 \\ -1 & 2 & -1 \\ -1 & -1 & 2 \end{bmatrix}\begin{bmatrix} 1 \\ 2 \\ 3 \end{bmatrix} = \begin{bmatrix} -1 \\ 0 \\ 1 \end{bmatrix}$

$\mathbb{R}^n$ や $\mathbb{C}^n$ の部分空間 U の必ずしも正規直交でない基底が与えられている場合に U の上への正射影を求めるには，その基底に対してグラム・シュミットの直交化法を用いて命題4・17を用いるのが一つの方法ですが，次のような方法もあります．

命題4・18 U を $\mathbb{R}^n$ あるいは $\mathbb{C}^n$ の部分空間とし，$(\mathbf{v}_1, \ldots, \mathbf{v}_k)$ をその基底とする．$\mathbf{A}$ を $\mathbf{v}_1, \ldots, \mathbf{v}_k$ を列にもつ $n \times k$ 行列とすると

$$[P_U]_{\mathcal{E}} = \mathrm{A}(\mathrm{A}^*\mathrm{A})^{-1}\mathrm{A}^*$$

となる．

この命題は $\mathbf{A}^*\mathbf{A}$ が正則であることも主張していることに注意してください．

■**証明** $P_U\mathbf{x}$ は U の要素ですから，$\mathbf{A}$ の列ベクトルの線形結合で書けます．つまり

$$P_U\mathbf{x} = \mathrm{A}\hat{\mathbf{x}}$$

となる $\hat{\mathbf{x}}$ があります．定理4・16の主張3から

$$\mathbf{x} - P_U\mathbf{x} = \mathbf{x} - \mathrm{A}\hat{\mathbf{x}} \in U^{\perp}$$

ですから，各 j について

$$\langle \mathbf{x} - \mathrm{A}\hat{\mathbf{x}}, \mathbf{v}_j \rangle = \mathbf{v}_j^* \left(\mathbf{x} - \mathrm{A}\hat{\mathbf{x}}\right) = 0$$

です．この k 本の式を行列を使って書き直すと

$$\mathrm{A}^* \left(\mathbf{x} - \mathrm{A}\hat{\mathbf{x}}\right) = 0 \quad \Longleftrightarrow \quad \mathrm{A}^*\mathrm{A}\hat{\mathbf{x}} = \mathrm{A}^*\mathbf{x}$$

を得ます．ここでひとまず $\mathbf{A}^*\mathbf{A}$ が正則であると仮定して，両辺に $\mathbf{A}(\mathbf{A}^*\mathbf{A})^{-1}$ を掛けると $\mathbf{A}\hat{\mathbf{x}} = P_U\mathbf{x}$ ですから証明が終わります．

さて $\mathbf{A}^*\mathbf{A}$ が正則であることを示すにはその核空間が原点だけからなることをいえばよいので，$\mathbf{A}^*\mathbf{A}\mathbf{x} = \mathbf{0}$ と仮定します．すると

$$0 = \langle \mathrm{A}^*\mathrm{A}\mathbf{x}, \mathbf{x} \rangle = \mathbf{x}^*(\mathrm{A}^*\mathrm{A}\mathbf{x}) = (\mathrm{A}\mathbf{x})^*(\mathrm{A}\mathbf{x}) = \|\mathrm{A}\mathbf{x}\|^2$$

を得ます．$\mathbf{A}$ の列ベクトルは線形独立ですから，その階数は k で，よって退化次数 null $\mathbf{A} = 0$ です．これから $\mathbf{x} = \mathbf{0}$ が得られます．以上で $\mathbf{A}^*\mathbf{A}$ が正則であることがわかりました． ■

定理4・19（正射影の幾何学的性質） U を V の有限次元部分空間とする．

1. $v \in V$ について $\|P_U v\| \leq \|v\|$ である．等号が成り立つのは $v \in U$ のとき，またそのときに限る．
2. $v \in V$ と $u \in U$ について

$$\|v - P_U v\| \leq \|v - u\|$$

である．等号が成り立つのは $u = P_U v$ のとき，またそのときに限る．

主張 1 は P_U が**縮小作用素**[5] である，つまりベクトルを短くすることはあっても長くすることはないと述べています（図 4・5）．また主張 2 は $P_U v$ は U の点で最も v に近い点であると述べています（図 4・6）．

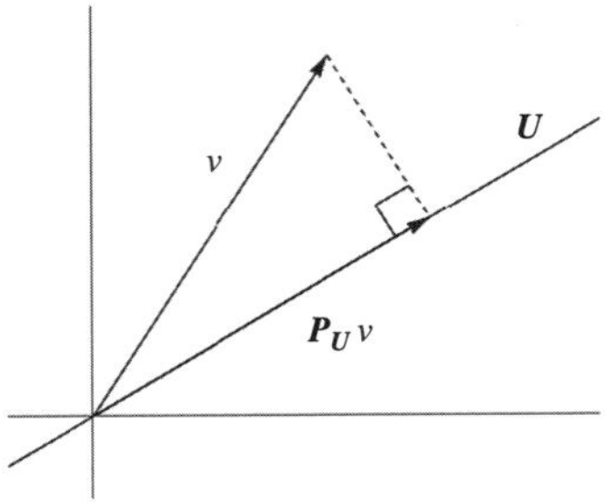

図 4・5　$\|P_U v\| \leq \|v\|$

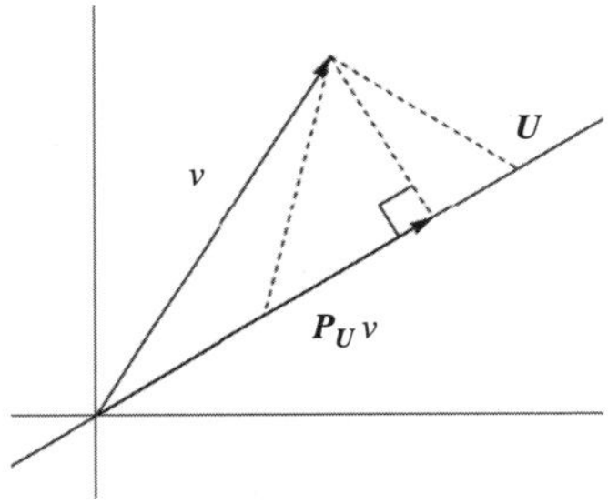

図 4・6　U に直交する破線は v から U への最短の線分

■**証 明**　1. $v - P_U v \in U^{\perp}$ ですから $v - P_U v$ は $P_U v$ に直交しています．よって

$$\|v\|^2 = \|P_U v + (v - P_U v)\|^2 = \|P_U v\|^2 + \|v - P_U v\|^2 \geq \|P_U v\|^2$$

となります．また等号が成り立つ必要十分条件は $\|v - P_U v\|^2 = 0$，つまり $v = P_U v$ ですが，これは $v \in U$ と同値です．

2. $u \in U$ とすると，$v - P_U v \in U^{\perp}$ と $P_U v - u \in U$ から

$$\begin{aligned}\|v - u\|^2 &= \|(v - P_U v) + (P_U v - u)\|^2 \\ &= \|v - P_U v\|^2 + \|P_U v - u\|^2 \\ &\geq \|v - P_U v\|^2\end{aligned}$$

5) contraction，より厳密には非拡大作用素です．

となります．また等号が成り立つ必要十分条件は$\|P_U v-u\|^2=0$，つまり$u=P_U v$です．■

与えられたベクトルvから最も近いUの点を求めることは，vを最もよく近似するUの点を求めることと考えられます．この最良の近似が，vをUの上に正射影することで容易に得られることは，広範な応用場面で非常に重要です．最も重要な例から二つを説明します．

最小二乗法

何らかの実験から得られたデータである$\mathbb{R}^2$の点集合$\{(x_i, y_i)\}_{i=1}^n \subseteq \mathbb{R}^2$を考えます．このデータ点のなるべく近くを通る直線$y=mx+b$を求める問題が応用の場面でよく現れます．

部分空間を

$$U := \left\{ \begin{bmatrix} mx_1 + b \\ mx_2 + b \\ \vdots \\ mx_n + b \end{bmatrix} \middle| \; m, b \in \mathbb{R} \right\} = \{m\mathbf{x} + b\mathbf{1} \mid m, b \in \mathbb{R}\} \subseteq \mathbb{R}^n$$

と定義します．つまり，データ点の第1座標からなるベクトル$\mathbf{x}$とすべての要素が1であるベクトルの張る部分空間です．点(x_i, y_i)のすべてが直線$y=mx+b$にのっていることはデータ点の第2座標のつくるベクトル$\mathbf{y}$がこのUの上にあることと同値ですが，Uは$\mathbb{R}^n$のわずか2次元の部分空間ですから通常そのようなことは期待できません．定理4・19の主張**2**から$\mathbf{y}$に最も近いUの点は$P_U\mathbf{y}$で得られます．この点を求めて，mとbを対応する値にとれば最良近似の直線を得ることができます．

この方法は**線形回帰**[6]とよばれています．また**最小二乗法**[7]とよばれることもありますが，$\mathbf{y}$からUまでの最短距離を求めることは

$$\sum_{i=1}^{n}(mx_i + b - y_i)^2$$

を最小にするmとbを求めることと等価であることがその理由です．

---

6) linear regression　7) method of least squares

■**例**　五つの点 $\{(0,1),(1,2),(1,3),(2,4),(2,3)\}$ を考えます．上で定義した部分空間 $U \subseteq \mathbb{R}^5$ は $\mathbf{x}=\begin{bmatrix}0\\1\\1\\2\\2\end{bmatrix}$ と $\mathbf{1}=\begin{bmatrix}1\\1\\1\\1\\1\end{bmatrix}$ によって張られています．$\mathbf{A}=\begin{bmatrix}0&1\\1&1\\1&1\\2&1\\2&1\end{bmatrix}$ とします．

即問 13　以下を示しなさい．

$$\mathrm{A}^*\mathrm{A}=\begin{bmatrix}10&6\\6&5\end{bmatrix} \qquad (\mathrm{A}^*\mathrm{A})^{-1}=\frac{1}{14}\begin{bmatrix}5&-6\\-6&10\end{bmatrix}$$

そうすると命題 4・18 によって

$$\boldsymbol{P}_U\begin{bmatrix}1\\2\\3\\4\\3\end{bmatrix}=\begin{bmatrix}0&1\\1&1\\1&1\\2&1\\2&1\end{bmatrix}\left(\frac{1}{14}\begin{bmatrix}5&-6\\-6&10\end{bmatrix}\right)\begin{bmatrix}0&1&1&2&2\\1&1&1&1&1\end{bmatrix}\begin{bmatrix}1\\2\\3\\4\\3\end{bmatrix}=\begin{bmatrix}0&1\\1&1\\1&1\\2&1\\2&1\end{bmatrix}\begin{bmatrix}\frac{17}{14}\\\frac{8}{7}\end{bmatrix}$$

が得られます．結局 $m=\frac{17}{14}, b=\frac{8}{7}$ とすれば，与えられた点を最もよく近似する直線を得ます（図 4・7）．

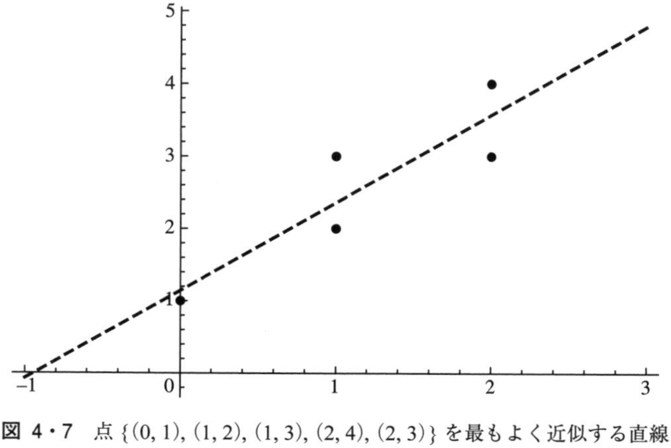

図 4・7　点 $\{(0,1),(1,2),(1,3),(2,4),(2,3)\}$ を最もよく近似する直線

■

関数の近似

もう一つの重要な近似問題は，複雑な関数を単純な関数で近似することです（何を複雑，何を単純とみなすかは状況しだいです）．たとえば指数関数を考えてみると，その理論上の扱いについて多くのことが知られていますが，その計算は実際のところ多項式などと比べて面倒なものです．そこで指数関数のよい近似，たとえば2次多項式による近似が必要になることがあります．微積分の講義ではおそらくそういった方法の一つであるテイラー展開を習っていることと思います．しかしテイラー展開は指定された点の近くで関数を近似するようにつくられており，指定された点から離れた場所では近似として最良であるとは言えません．一方，ノルム

$$\|f-g\| = \sqrt{\int_a^b |f(x)-g(x)|^2 \; dx}$$

は二つの関数が区間全体にわたってどの程度似ているかを測るようにできています．定理4・19はそのようなノルムの意味で最良の近似を求める方法を教えています．

たとえば関数 $f(x) = e^x$ を区間［0, 1］上で2次多項式 $q(x)$ によって

$$\int_0^1 |f(x)-q(x)|^2 \; dx$$

ができるだけ小さくなるように近似したいとします．定理4・19の主張**2**より最良の近似は，$C([0,1])$ 上で定義された内積

$$\langle f, g\rangle = \int_0^1 f(x)g(x)\; dx$$

の下での $q = P_{\mathcal{P}_2(\mathbb{R})}f$ で得られます．前節ですでに $\mathcal{P}_2(\mathbb{R})$ のこの内積の下での正規直交基底

$$e_1(x) = 1 \qquad e_2(x) = 2\sqrt{3}x - \sqrt{3} \qquad e_3(x) = 6\sqrt{5}x^2 - 6\sqrt{5}x + \sqrt{5}$$

を学んでいます．これから

$$\langle f, e_1\rangle = \int_0^1 e^x \; dx = e - 1$$

$$\langle f, e_2\rangle = \int_0^1 e^x(2\sqrt{3}x - \sqrt{3}) \; dx = -\sqrt{3}e + 3\sqrt{3}$$

$$\langle f, e_3\rangle = \int_0^1 e^x(6\sqrt{5}x^2 - 6\sqrt{5}x + \sqrt{5}) \; dx = 7\sqrt{5}e - 19\sqrt{5}$$

を求め，その結果

$$\begin{aligned} q(x) = \left(P_{\mathcal{P}_2(\mathbb{R})}f\right)(x) &= \langle f, e_1\rangle\, e_1(x) + \langle f, e_2\rangle\, e_2(x) + \langle f, e_3\rangle\, e_3(x) \\ &= (39e - 105) + (-216e + 588)x + (210e - 570)x^2 \end{aligned}$$

が得られます．図 4・8 に関数 $f(x)=e^x$，上で計算した近似 $q(x)$ と，比較のために原点まわりのテイラー展開 $1+x+\frac{x^2}{2}$ を描きました．

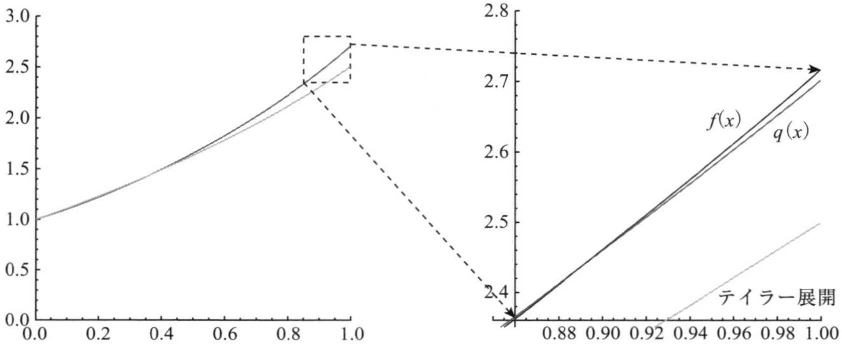

図 4・8 上から順に関数 $f(x)=e^x$，上で計算した近似 $q(x)$，比較のために描いた原点まわりのテイラー展開のグラフ．$f(x)=e^x$ と $q(x)$ はほとんど見分けることができないが，テイラー展開は原点から離れるにしたがって近似が悪くなっている．

ま と め

- 直交補空間とは部分空間に直交するベクトルの集合．たとえば $\mathbb{R}^3$ の x-y 平面の直交補空間は z 軸．
- $(u_1, \ldots, u_m, w_1, \ldots, w_p)$ が V の正規直交基底で，$(u_1, \ldots, u_m)$ が部分空間 U の正規直交基底なら，ベクトル $v \in V$ は

$$v = \sum_{j=1}^{m} \langle v, u_j \rangle u_j + \sum_{k=1}^{p} \langle v, w_k \rangle w_k$$

と書け，U の上への正射影は

$$P_U v = \sum_{j=1}^{m} \langle v, u_j \rangle u_j$$

と書ける．

- v の U の上への正射影は v に最も近い U の点．
- 最小二乗法や区間上での関数の近似は $P_U v$ が v に最も近い U の点を与えることの応用．

練 習 問 題

4・3・1 以下のベクトルの張る部分空間への正射影の標準基底による表現行列を求めなさい．

(a) $\mathbb{R}^4$ の $\left(\begin{bmatrix}1\\0\\-1\\2\end{bmatrix}, \begin{bmatrix}2\\-1\\1\\0\end{bmatrix}\right)$ (b) $\mathbb{C}^3$ の $\left(\begin{bmatrix}1+i\\1\\i\end{bmatrix}, \begin{bmatrix}-1\\2-i\\0\end{bmatrix}\right)$

(c) $\mathbb{R}^5$ の $\left(\begin{bmatrix}1\\2\\3\\-4\\-5\end{bmatrix}, \begin{bmatrix}1\\1\\1\\1\\1\end{bmatrix}\right)$ (d) $\mathbb{R}^n$ の $\left(\begin{bmatrix}1\\\vdots\\1\end{bmatrix}\right)$

4・3・2 以下のベクトルの張る部分空間への正射影の標準基底による表現行列を求めなさい．

(a) $\mathbb{R}^4$ の $\left(\begin{bmatrix}1\\1\\1\\1\end{bmatrix}, \begin{bmatrix}1\\2\\3\\4\end{bmatrix}\right)$ (b) $\mathbb{C}^3$ の $\left(\begin{bmatrix}1\\i\\0\end{bmatrix}, \begin{bmatrix}0\\1\\i\end{bmatrix}\right)$

(c) $\mathbb{R}^5$ の $\left(\begin{bmatrix}1\\0\\1\\0\\1\end{bmatrix}, \begin{bmatrix}0\\1\\0\\1\\0\end{bmatrix}\right)$ (d) $\mathbb{R}^5$ の $\left(\begin{bmatrix}5\\7\\7\\2\\1\end{bmatrix}\right)$

4・3・3 以下の部分空間への正射影の標準基底による表現行列を求めなさい（定理 4・16 の主張 8 参照）．

(a) $\mathbb{R}^3$ の $\left\langle\begin{bmatrix}1\\2\\3\end{bmatrix}\right\rangle^{\perp}$ (b) $\left\{\begin{bmatrix}x\\y\\z\end{bmatrix} \in \mathbb{R}^3 \;\middle|\; 3x-y-5z=0\right\}$

(c) $\left\{\begin{bmatrix}x\\y\\z\end{bmatrix} \in \mathbb{C}^3 \;\middle|\; 2x+(1-i)y+iz=0\right\}$ (d) $\mathbb{R}^4$ の $\ker\begin{bmatrix}2&0&-1&3\\1&2&3&0\end{bmatrix}$

4・3・4 以下の部分空間への正射影の標準基底による表現行列を求めなさい（定理 4・16 の主張 8 参照）．

(a) $\mathbb{R}^3$ の $\left\langle\begin{bmatrix}3\\1\\4\end{bmatrix}\right\rangle^{\perp}$ (b) $\left\{\begin{bmatrix}x\\y\\z\end{bmatrix} \in \mathbb{R}^3 \;\middle|\; 3x+2y+z=0\right\}$

(c) $\left\{ \begin{bmatrix} x \\ y \\ z \end{bmatrix} \in \mathbb{C}^3 \,\middle|\, x + iy - iz = 0 \right\}$　(d) $\mathbb{R}^4$ の $C\left(\begin{bmatrix} 1 & 0 & 2 \\ -1 & 3 & -5 \\ 0 & 2 & -2 \\ 2 & 1 & 3 \end{bmatrix}\right)$

4・3・5　点 $\mathbf{x}$ に最も近い U の点を求めなさい.

(a) $U = \left\langle \begin{bmatrix} 1 \\ 0 \\ -1 \\ 2 \end{bmatrix}, \begin{bmatrix} 2 \\ -1 \\ 1 \\ 0 \end{bmatrix} \right\rangle \subseteq \mathbb{R}^4$,　$\mathbf{x} = \begin{bmatrix} 1 \\ 2 \\ 3 \\ 4 \end{bmatrix}$

(b) $U = \left\langle \begin{bmatrix} 1+i \\ 1 \\ i \end{bmatrix}, \begin{bmatrix} -1 \\ 2-i \\ 0 \end{bmatrix} \right\rangle \subseteq \mathbb{C}^3$,　$\mathbf{x} = \begin{bmatrix} 3 \\ i \\ 1 \end{bmatrix}$

(c) $U = \left\{ \begin{bmatrix} x \\ y \\ z \end{bmatrix} \in \mathbb{R}^3 \,\middle|\, 3x - y - 5z = 0 \right\}$,　$\mathbf{x} = \begin{bmatrix} 1 \\ 1 \\ 1 \end{bmatrix}$

(d) $U = \ker \begin{bmatrix} 2 & 0 & -1 & 3 \\ 1 & 2 & 3 & 0 \end{bmatrix} \subseteq \mathbb{R}^4$,　$\mathbf{x} = \begin{bmatrix} -2 \\ 1 \\ 1 \\ 2 \end{bmatrix}$

4・3・6　点 $\mathbf{x}$ に最も近い U の点を求めなさい.

(a) $U = \left\langle \begin{bmatrix} 1 \\ 1 \\ 1 \\ 1 \end{bmatrix}, \begin{bmatrix} 1 \\ 2 \\ 3 \\ 4 \end{bmatrix} \right\rangle \subseteq \mathbb{R}^4$,　$\mathbf{x} = \begin{bmatrix} 4 \\ 3 \\ 2 \\ 1 \end{bmatrix}$

(b) $U = \left\langle \begin{bmatrix} 1 \\ i \\ 0 \end{bmatrix}, \begin{bmatrix} 0 \\ 1 \\ i \end{bmatrix} \right\rangle \subseteq \mathbb{C}^3$,　$\mathbf{x} = \begin{bmatrix} -2 \\ 0 \\ 1 \end{bmatrix}$

(c) $U = \left\{ \begin{bmatrix} x \\ y \\ z \end{bmatrix} \in \mathbb{C}^3 \,\middle|\, x + iy - iz = 0 \right\}$,　$\mathbf{x} = \begin{bmatrix} 2 \\ 1 \\ -1 \end{bmatrix}$

(d) $U = C\left(\begin{bmatrix} 1 & 0 & 2 \\ -1 & 3 & -5 \\ 0 & 2 & -2 \\ 2 & 1 & 3 \end{bmatrix}\right) \subseteq \mathbb{R}^4$,　$\mathbf{x} = \begin{bmatrix} 1 \\ 1 \\ 1 \\ 1 \end{bmatrix}$

4・3・7　データ点 $(-2, 1), (-1, 2), (0, 5), (1, 4), (2, 8)$ に対して回帰直線を求めなさい.

4・3・8　データ点 $(-2,5), (-1,3), (0,2), (1,2), (2,3)$ に対して回帰直線を求めなさい．

4・3・9　直線 $y=mx$ 上の点で点 (a,b) に最も近い点は $\left(\frac{a+mb}{m^2+1}, m\frac{a+mb}{m^2+1}\right)$ であることを示しなさい．

4・3・10　次の関数を最小にする 2 次多項式 $p \in \mathcal{P}_2(\mathbb{R})$ を求めなさい．

$$\int_{-1}^{1} (p(x) - |x|)^2 \, dx$$

4・3・11　$C([0,1])$ 上の内積

$$\langle f, g \rangle = \int_0^1 f(x)g(x) \, dx$$

の下で $f(x)=e^x$ を最もよく近似する 1 次関数を求めなさい．得られた関数がこの節で示した 2 次関数による近似の最初の 2 項とは異なることを確かめなさい．

4・3・12　$C([-1,1])$ 上の内積

$$\langle f, g \rangle = \int_{-1}^1 f(x)g(x) \, dx$$

の下で $f(x)=e^x$ を最もよく近似する 2 次関数を求めなさい．得られた関数がこの節で示した 2 次関数による近似とは異なることを確かめなさい．

4・3・13　$C([0,2\pi])$ 上の内積

$$\langle f, g \rangle = \int_0^{2\pi} f(x)g(x) \, dx$$

に関して関数 $f(x)=x$ に対する

$$g(x) = a_1 \sin x + a_2 \sin 2x + b_0 + b_1 \cos x + b_2 \cos 2x$$

の形の関数による最良の近似を求めなさい．

4・3・14　(a) $V=\{\mathbf{A} \in \mathbf{M}_n(\mathbb{R}) \mid \mathbf{A}^{\mathrm{T}}=\mathbf{A}\}$ と $W=\{\mathbf{A} \in \mathbf{M}_n(\mathbb{R}) \mid \mathbf{A}^{\mathrm{T}}=-\mathbf{A}\}$ が $\mathbf{M}_n(\mathbb{R})$ の部分空間であることを示しなさい．

(b) フロベニウス内積の下で $V^\perp = W$ であることを示しなさい．

(c) 任意の $\mathbf{A} \in \mathbf{M}_n(\mathbb{R})$ について

$$P_V(\mathrm{A}) = \mathrm{Re}\,\mathrm{A} \qquad P_W(\mathrm{A}) = i\,\mathrm{Im}\,\mathrm{A}$$

であることを示しなさい．ただし，Re **A** と Im **A** は練習問題 4・1・5 で定義されたエルミート部と歪エルミート部です．

4・3・15　U_1, U_2 を内積空間 V の部分空間で $U_1 \subseteq U_2$ とします．$U_2^\perp \subseteq U_1^\perp$ を示しなさい．

4・3・16　V を有限次元内積空間，U をその部分空間としたとき

$$\dim U + \dim U^\perp = \dim V$$

を示しなさい.

4・3・17　内積空間 V が直交直和 $U_1 \oplus \cdots \oplus U_m$ と書けているとします．このとき $v_j, w_j \in U_j$ によって v, w を

$$v = v_1 + \cdots + v_m \qquad w = w_1 + \cdots + w_m$$

とすると

$$\langle v, w \rangle = \langle v_1, w_1 \rangle + \cdots + \langle v_m, w_m \rangle$$

かつ

$$\|v\|^2 = \|v_1\|^2 + \cdots + \|v_m\|^2$$

となることを示しなさい.

4・3・18　内積空間 V が部分空間 $U_1, \ldots, U_m$ の直交直和と書けているとします．このとき（4・7）の $v \in V$ の分解が一意であることを示しなさい.

4・3・19　内積空間 V が部分空間 $U_1, \ldots, U_m$ の直交直和と書けているとします．このとき

$$\dim V = \dim U_1 + \cdots + \dim U_m$$

を示しなさい.

4・3・20　U を有限次元内積空間 V の部分空間で，しかも部分空間 $U_1, \ldots, U_m$ の直交直和であるとします.

$$P_U = P_{U_1} + \cdots + P_{U_m}$$

を示しなさい.

4・3・21　U が有限次元内積空間 V の部分空間であるとき，$\operatorname{tr} P_U = \operatorname{rank} P_U = \dim U$ を示しなさい.

4・3・22　(a) 定理 4・16 の主張 5 を示しなさい.

(b) 定理 4・16 の主張 6 を示しなさい.

(c) 定理 4・16 の主張 7 を示しなさい.

(d) 定理 4・16 の主張 8 を示しなさい.

(e) 定理 4・16 の主張 9 を示しなさい.

4・3・23　定理 4・16 の主張 2 を用いて定理 4・16 の主張 1 の別証明を与えなさい.

4・4 ノルム空間

前節まで内積空間における直交性の意味を考えてきました．内積空間の幾何学的なもう一つの特徴は長さが定義できることですが，実は長さは角よりも一般的な概念です.

一般のノルム

定 義 $\mathbb{F}$を$\mathbb{R}$あるいは$\mathbb{C}$とし，Vを$\mathbb{F}$上のベクトル空間とする．V上の**ノルム**[1] とは以下の性質をもつ実数値関数 $\|v\|$ である．
非負性[2]：各$v\in V$について $\|v\|\geq 0$
定値性[3]：$\|v\|=0$ なら $v=0$
正斉次性[4]：各$v\in V$と$a\in\mathbb{F}$について $\|av\|=|a|\,\|v\|$
三角不等式[5]：各$v, w\in V$について $\|v+w\|\leq\|v\|+\|w\|$
ノルムが定義されたベクトル空間を**ノルム空間**[6] とよぶ．

即問 14 ノルム空間において$\|0\|=0$であることを示しなさい．

4・1 節でみたように内積空間で$\|v\|=\sqrt{\langle v, v\rangle}$と定義すれば，これは上の性質すべてを満たしますから，内積空間はノルム空間であるといえます．

しかしすべてのノルムが内積から定義されるわけではありません．内積空間でないノルム空間の例を以下に示します．これらが内積空間でないことの証明は練習問題4・4・1としておきます．

■**例** 1. $\mathbb{R}^n$あるいは$\mathbb{C}^n$上のℓ^1ノルムは

$$\|\mathbf{x}\|_1 := \sum_{j=1}^{n} |x_j|$$

と定義されます．これがノルムであることは，絶対値$|\cdot|$が$\mathbb{R}$や$\mathbb{C}$上のノルムであることから容易に確かめられます．

2. $\mathbb{R}^n$あるいは$\mathbb{C}^n$上のℓ^∞ノルムは

$$\|\mathbf{x}\|_\infty := \max_{1\leq j\leq n} |x_j|$$

と定義されます[7]．これがノルムであることは，絶対値$|\cdot|$が$\mathbb{R}$や$\mathbb{C}$上のノルムであることと

$$\max_{1\leq j\leq n}(a_j+b_j) \leq \max_{1\leq j\leq n} a_j + \max_{1\leq j\leq n} b_j$$

---

1) norm　2) nonnegativity　3) definiteness　4) positive homogeneity
5) triangle inequality　6) normed space

即問 14 の答 正斉次性から$\|0\|=\|00\|=0\|0\|=0$です．この式のどの0がスカラーでどの0がベクトルであるかを確かめなさい．

7) $\mathbb{R}^n$や$\mathbb{C}^n$の標準的な内積から定義されるノルム$\|\mathbf{x}\|=\sqrt{\sum_{j=1}^{n}|x|_j^2}$は$\ell^2$ノルムとよばれ$\|\mathbf{x}\|_2$と書かれます．実は任意の$p\geq 1$に対して$\|\mathbf{x}\|_p=\left(\sum_{j=1}^{n}|x_j|^p\right)^{1/p}$と定義されるノルムがありますが，詳細は割愛します．

から得られます．

3. $C([0,1])$ 上の L^1 ノルムは

$$\|f\|_1 := \int_0^1 |f(x)|\ dx$$

と定義されます．これは ℓ^1 ノルムの関数版です．これが $C([0,1])$ 上のノルムになることは絶対値 $|\cdot|$ が $\mathbb{R}$ 上のノルムであることから得られます．ただし，定値性だけはちょっとした議論が必要です．そこで $f \in C([0,1])$ が

$$\int_0^1 |f(x)|\ dx = 0$$

を満たすと仮定しましょう．もしも $f(x_0) \neq 0$ となる $x_0 \in [0,1]$ があったとすると f の連続性から x_0 を含む区間 $I \subseteq [0,1]$ が存在して，その区間の任意の点 $y \in I$ で $|f(y)| > \frac{|f(x_0)|}{2}$ となります．よって $I = [a,b]$ と表記すれば

$$\int_0^1 |f(y)|\ dy \geq \int_a^b |f(y)|\ dy \geq \frac{(b-a)\,|f(x_0)|}{2} > 0$$

が得られ，仮定に矛盾します．

4. $C([0,1])$ 上の**上限ノルム**[8] は

$$\|f\|_\infty := \max_{0 \leq x \leq 1} |f(x)|$$

と定義されます．ここで連続関数は有界閉区間上で最大値をもつことを思い出してください．これは ℓ^∞ ノルムの関数版で，ノルムになることは同様に確かめられます． ■

次に，内積から定義されるノルムについての基本的結果である中線定理を示します．定理の等式は**平行四辺形則**[9] ともよばれますが，この名称はこの等式が平行四辺形の辺の長さと対角線の長さの関係を述べていることからきています（図 4・9）．

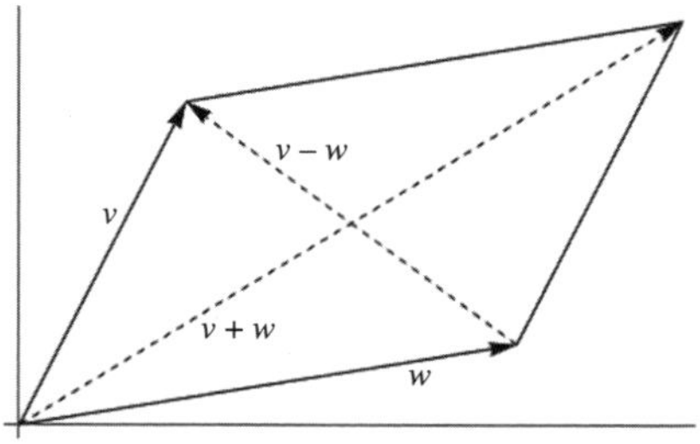

図 4・9 平行四辺形の 4 辺の長さの 2 乗の和は 2 本の対角線の長さの 2 乗の和に等しい．

8）supremum norm　9）parallelogram identity

命題 4・20（中線定理） 内積空間 V の任意の $v, w \in V$ について

$$\|v+w\|^2+\|v-w\|^2=2\|v\|^2+2\|w\|^2 \qquad (4\cdot 8)$$

が成り立つ.

■**証明** 練習問題 4・4・20 にゆずります. ■

この命題の重要な点は，内積空間についての定理でありながら内積や直交性を使わずにノルムだけで記述されている点です．そのため，与えられたノルムが内積からつくられたものであるかどうかを判定するのに利用できます．つまり，(4・8) を満たさない 2 点 v と w がノルム空間に見つかったら，そのノルムは内積に由来するものでないことになります.

後のために三角不等式から容易に得られる結果を示しておきます.

命題 4・21 ノルム空間 V の任意の $v, w \in V$ について

$$|\|v\|-\|w\||\leq\|v-w\|$$

が成り立つ.

■**証明** 三角不等式から

$$\|v\|=\|v-w+w\|\leq\|v-w\|+\|w\|$$

すなわち $\|v\|-\|w\|\leq\|v-w\|$ が得られます．同様に $\|w\|-\|v\|\leq\|w-v\|$ も得られます. ■

作用素ノルム

行列や線形写像のつくるベクトル空間にはさまざまなノルムがあります．たとえば，すでにみたフロベニウス・ノルムがその一例です．以下で考える作用素ノルムは，それらの中で最も重要なものです．その定義のために，線形写像の次の性質が必要です.

補助定理 4・22 V と W を有限次元内積空間とし，$T \in \mathcal{L}(V, W)$ とする．このとき定数 $C \geq 0$ で，任意の $v_1, v_2 \in V$ に対して

$$|\|Tv_1\|-\|Tv_2\||\leq\|Tv_1-Tv_2\|\leq C\|v_1-v_2\| \qquad (4\cdot 9)$$

を満たすものが存在する．また $f(v)=\|Tv\|$ と定義される関数 $f: V \to \mathbb{R}$ は連続関数となる.

■証明　(4・9) の最初の不等式は命題 4・21 から得られます．

2 番目の不等式を示すために $(e_1, \ldots, e_n)$ を V の正規直交基底とすると，任意の $v \in V$ について

$$\|Tv\| = \left\| T \sum_{j=1}^{n} \langle v, e_j \rangle e_j \right\| = \left\| \sum_{j=1}^{n} \langle v, e_j \rangle Te_j \right\| \leq \sum_{j=1}^{n} |\langle v, e_j \rangle| \, \|Te_j\|$$

が成り立ちます．ここで最後の不等式は三角不等式から得られます．コーシー・シュバルツの不等式から $|\langle v, e_j \rangle| \leq \|v\| \|e_j\| = \|v\|$ ですから，

$$\|Tv\| \leq \|v\| \sum_{j=1}^{n} \|Te_j\| \tag{4・10}$$

が得られます．この式で $v = v_1 - v_2$ とし，

$$C := \sum_{j=1}^{n} \|Te_j\|$$

とすれば (4・9) の 2 番目の不等式が得られます．■

即問 15　補助定理 4・22 の証明にある C の値は必ずしも最小のものではありません（それでも次の補助定理を示すのに支障はありません）．T として V 上の恒等変換 I を考えた場合，

(a) 最小の C の値を示しなさい．

(b) 証明が与える C の値を示しなさい．

補助定理 4・23　V と W を有限次元内積空間，$T \in \mathcal{L}(V, W)$ とする．$\|u\| = 1$ なるベクトル $u \in V$ で，$\|v\| = 1$ なる任意の $v \in V$ に対して

$$\|Tv\| \leq \|Tu\|$$

を満たすものが存在する．

補助定理 4・23 は

$$\|Tu\| = \max_{\substack{v \in V, \\ \|v\|=1}} \|Tv\|$$

とまとめることができます．

即問 15 の答　(a) 1，(b) $n = \dim V$

証明には多変数関数の微積分の基礎的な結果を用います．$S \subseteq V$ に対して，定数 $C > 0$ で，S の任意の点 $s \in S$ について

$$\|s\| \leq C$$

となるものが存在するとき，S は**有界**[10] であるといいます．また，S がその境界を含むとき，S は**閉集合**[11] であるといいます．ここで，境界を含むとはSの任意の収束点列の収束先が S に属することです．たとえば開球 $\{v \in V \mid \|v\| < 1\}$ と閉球 $\{v \in V \mid \|v\| \leq 1\}$ の違いを思い浮かべてください．ここで必要な微積分から得られる重要な結果とは以下のものです．関数 $f\colon V \to \mathbb{R}$ が有限次元内積空間上の連続関数で，$S \subseteq V$ が V の有界閉部分集合なら，S の点 $s_0 \in S$ で，任意の $s \in S$ について $f(s) \leq f(s_0)$ となるものが存在する[12]．すなわち

$$\max_{s \in S} f(s) = f(s_0)$$

である．これは関数 $f\colon [a, b] \to \mathbb{R}$ が連続ならその最大値は［a, b］のどこかで，区間の内点かもしれないし両端のどちらかかもしれませんが，達成されるというよく知られた事実の一般化になっています．

■ **補助定理 4・23 の証明**　集合 S を

$$S := \{v \in V \mid \|v\| = 1\}$$

とすると，これは V の有界閉部分集合です．また補助定理 4・22 から $f(v) = \|Tv\|$ は連続関数です．したがって

$$\max_{v \in S} \|Tv\| = \|Tu\|$$

を満たす $u \in S$ が存在します．■

定 義　V と W を有限次元内積空間，$T \in \mathcal{L}(V, W)$ とする．このとき T の**作用素ノルム**[13] を

$$\|T\|_{op} := \max_{\substack{v \in V, \\ \|v\|=1}} \|Tv\|$$

と定義する[14]．

10) bounded　11) closed

12) 訳注：この箇所をはじめ，以下で内積空間を前提にしていますが，そこで述べられている事実はノルム空間に置き換えても成り立ちます．

13) operator norm

14) **スペクトル・ノルム**（spectral norm）ともよばれます．その理由は5・4節で説明します．

$\|T\|_{op}$ は任意の $v \in V$ について

$$\|Tv\| \leq C\|v\| \tag{4・11}$$

を満たす最小の C であると定義することもできます．練習問題 4・4・3 をみてください．補助定理 4・23 は $C=\|T\|_{op}$ としたとき（4・11）を等号で満たす v が存在すると述べています．

ここでもまだ示していない事項，つまり $\|T\|_{op}$ が $\mathcal{L}(V, W)$ 上のノルムであることを含んだ定義を与えてしまっています．次の定理でそれを示します．

定理 4・24 V と W を有限次元内積空間とする．このとき作用素ノルムは $\mathcal{L}(V, W)$ 上のノルムである．

■**証明** $\|T\|_{op} \geq 0$ が任意の $T \in \mathcal{L}(V, W)$ について成り立つことは明らかです．

$\|T\|_{op}=0$ なら，（4・11）から任意の $v \in V$ について $\|Tv\|=0$，よって $Tv=0$ です．したがって $T=0$，つまり零写像となります．

$a \in \mathbb{F}$，$T \in \mathcal{L}(V, W)$ とすると任意の $v \in V$ に対して

$$\|(aT)v\| = \|a(Tv)\| = |a|\,\|Tv\|$$

ですから，

$$\|aT\|_{op} = \max_{\substack{v\in V,\\ \|v\|=1}} \|(aT)v\| = \max_{\substack{v\in V,\\ \|v\|=1}} |a|\,\|Tv\| = |a| \max_{\substack{v\in V,\\ \|v\|=1}} \|Tv\| = |a|\,\|T\|_{op}$$

が得られます．

最後に $S, T \in \mathcal{L}(V, W)$ とすると三角不等式と（4・11）から

$$\|(S+T)v\| = \|Sv+Tv\| \leq \|Sv\| + \|Tv\| \leq \|S\|_{op}\|v\| + \|T\|_{op}\|v\|$$

が任意の $v \in V$ について成り立ちます．よって

$$\|S+T\|_{op} = \max_{\substack{v\in V,\\ \|v\|=1}} \|(S+T)v\| \leq \max_{\substack{v\in V,\\ \|v\|=1}} \left\{(\|S\|_{op} + \|T\|_{op})\|v\|\right\} = \|S\|_{op} + \|T\|_{op}$$

です． ■

即問 16 有限次元内積空間上の恒等変換 I の作用素ノルムを与えなさい．

これまでと同様，線形写像について言えることは行列についても言えます．

即問 16 の答 $Iv=v$ から $\|Iv\|=\|v\|$，よって $\|I\|_{op}=1$．

定 義 $\mathbf{A} \in \mathbf{M}_{m,n}(\mathbb{F})$ の**作用素ノルム**[13]を，$\mathbf{A}$ を表現行列とする $\mathcal{L}(\mathbb{F}^n, \mathbb{F}^m)$ の線形写像の作用素ノルムと定義する[15]．つまり

$$\|\mathrm{A}\|_{op} = \max_{\substack{\mathrm{v}\in\mathbb{F}^n, \\ \|\mathrm{v}\|=1}} \|\mathrm{Av}\|$$

である．

即問 17 $\|\mathbf{I}_n\|_{op}$ と $\|\mathbf{I}_n\|_F$ を求めなさい．

作用素ノルムが最も役立つ場面の一つは，線形方程式系の解の誤差の影響を見積もるときでしょう．$\mathbb{R}$ 上の $n \times n$ 線形方程式系 $\mathbf{Ax} = \mathbf{b}$ を解きたいとします．$\mathbf{A}$ が正則なら

$$\mathbf{x} = \mathbf{A}^{-1}\mathbf{Ax} = \mathbf{A}^{-1}\mathbf{b}$$

で解を求めることができます．ここで，測定に起因する誤差や数値計算の丸め誤差などにより，ベクトル $\mathbf{b}$ の値が正確にはわからないとします．もしも $\mathbf{b}$ に含まれる誤差が小さければ計算された解 $\mathbf{x}$ に含まれる誤差も小さいと考えられますが，ではどの程度小さいのかに興味があります．

$\mathbf{h} \in \mathbb{R}^n$ で $\mathbf{b}$ が含む誤差のベクトルを表すと，$\mathbf{b}$ の真の値ではなく $\hat{\mathbf{b}} = \mathbf{b} + \mathbf{h}$ を扱わなければなりません．ですから，計算で得られるのは本当の解 $\mathbf{x} = \mathbf{A}^{-1}\mathbf{b}$ ではなく

$$\mathbf{A}^{-1}\hat{\mathbf{b}} = \mathbf{A}^{-1}(\mathbf{b} + \mathbf{h}) = \mathbf{A}^{-1}\mathbf{b} + \mathbf{A}^{-1}\mathbf{h} = \mathbf{x} + \mathbf{A}^{-1}\mathbf{h}$$

です．よって得られた解の誤差は $\mathbf{A}^{-1}\mathbf{h}$ となり，その大きさは $\mathbf{A}^{-1}$ の作用素ノルムを使って

$$\left\|\mathbf{A}^{-1}\mathbf{h}\right\| \leq \left\|\mathbf{A}^{-1}\right\|_{op} \|\mathbf{h}\|$$

と評価できます．ここで左辺と右辺第 2 項のノルムは $\mathbb{R}^n$ の標準的なノルムです．このように，作用素ノルム $\|\mathbf{A}^{-1}\|_{op}$ はベクトル $\mathbf{b}$ が含む誤差が $\mathbf{Ax} = \mathbf{b}$ の解にどの程度の影響を与えるかを教えてくれます．

---

15) スペクトル・ノルムあるいは**誘導ノルム**（induced norm）ともよばれます．このノルムはその ℓ^2 ノルムとの関係から $\|\mathbf{A}\|_2$ と表されることもよくありますが，この記号は別のものを示すのにも使われます．

即問 17 の答 単位行列は恒等変換の表現行列ですから，直前の即問から $\|\mathbf{I}_n\|_{op} = 1$．また $\|\mathbf{I}_n\|_F = \sqrt{n}$.

まとめ

- ノルム空間とは長さという概念をもったベクトル空間．ノルムは正斉次性，定値性をもち，三角不等式を満たす実数値関数．
- 内積からノルムが定義されるが，すべてのノルムが内積由来とは限らない．内積由来かどうかは中線定理によって確認できる．
- ノルム空間 V と W の間の線形写像のつくるベクトル空間は $\|T\|_{op} := \max_{\|v\|=1}\|Tv\|$ と定義される作用素ノルムをもつ．
- 作用素ノルム $\|\mathbf{A}^{-1}\|_{op}$ は，ベクトル $\mathbf{b}$ の誤差が $\mathbf{Ax}=\mathbf{b}$ の解にどの程度影響するかを教えてくれる．

練習問題

4・4・1　(a) ℓ^1 ノルムは $\mathbb{R}^n$ や $\mathbb{C}^n$ 上のいかなる内積からも定義されないことを示しなさい．

(b) ℓ^∞ ノルムは $\mathbb{R}^n$ や $\mathbb{C}^n$ 上のいかなる内積からも定義されないことを示しなさい．

4・4・2　作用素ノルムは $\mathbf{M}_{m,n}(\mathbb{C})$ 上のいかなる内積からも定義されないことを示しなさい．ただし $m, n \geq 2$ とします．

4・4・3　V と W を有限次元内積空間，$T \in \mathcal{L}(V, W)$ としたとき，$\|T\|_{op}$ は任意の $v \in V$ について

$$\|Tv\| \leq C\|v\|$$

を満たす最小の定数 C に等しいことを示しなさい．

4・4・4　$\mathbf{A} \in \mathbf{M}_n(\mathbb{C})$ の固有値 $\lambda \in \mathbb{C}$ が $|\lambda| \leq \|\mathbf{A}\|_{op}$ を満たすことを示しなさい．

4・4・5　誤差を含んだ右辺定数ベクトル $\mathbf{b}$ をもつ $n \times n$ 線形方程式系 $\mathbf{Ax}=\mathbf{b}$ を逆行列 $\mathbf{A}^{-1}$ を使って解くことを考えます．誤差を含むのは $\mathbf{b}$ の多くても m 個の要素であり，その誤差の大きさはたかだか $\varepsilon > 0$ 以下であることがわかっているとすると，得られた解 $\mathbf{x}$ の誤差についてどのようなことが言えますか．

4・4・6　以下の等式を示しなさい．

$$\|\mathbf{diag}(d_1, \ldots, d_n)\|_{op} = \left\| \begin{bmatrix} d_1 \\ \vdots \\ d_n \end{bmatrix} \right\|_\infty$$

4・4・7　$\mathbf{A} \in \mathbf{M}_{m,n}(\mathbb{C})$ の第 j 列ベクトルを $\mathbf{a}_j$ とすると $\|\mathbf{A}\|_{op} \geq \|\mathbf{a}_j\|$ が成り立つことを示しなさい．

4・4・8　$\mathbf{A} \in \mathbf{M}_{m,n}(\mathbb{C})$，$\mathbf{B} \in \mathbf{M}_{n,p}(\mathbb{C})$ に対して $\|\mathbf{AB}\|_F \leq \|\mathbf{A}\|_{op}\|\mathbf{B}\|_F$ が成り立つことを示しなさい．

4・4・9　U, V, W を有限次元内積空間，$S \in \mathcal{L}(U, V)$，$T \in \mathcal{L}(V, W)$ としたとき $\|TS\|_{op} \leq \|T\|_{op}\|S\|_{op}$ を示しなさい．

4・4・10 $\mathbf{A}\in\mathbf{M}_n(\mathbb{C})$ は正則であるとします.

(a) 任意の $\mathbf{x}\in\mathbb{C}^n$ について $\|\mathbf{x}\|\leq\|\mathbf{A}^{-1}\|_{op}\|\mathbf{A}\mathbf{x}\|$ が成り立つことを示しなさい.

(b) $\|\mathbf{A}-\mathbf{B}\|_{op}\leq\|\mathbf{A}^{-1}\|_{op}^{-1}$ なら $\mathbf{B}$ も正則であることを示しなさい.

ヒント: $\mathbf{x}\in\ker\mathbf{B}$ で $\mathbf{x}\neq\mathbf{0}$ なら $\|\mathbf{A}\|_{op}^{-1}\|\mathbf{A}\mathbf{x}\|<\|\mathbf{x}\|$ となることをまず示しなさい.

4・4・11 正則行列 $\mathbf{A}\in\mathbf{M}_n(\mathbb{C})$ の**条件数**[16] を $\kappa(\mathbf{A})=\|\mathbf{A}\|_{op}\|\mathbf{A}^{-1}\|_{op}$ と定義します.

(a) すべての正則行列 $\mathbf{A}\in\mathbf{M}_n(\mathbb{C})$ について $\kappa(\mathbf{A})\geq 1$ となることを示しなさい.

(b) 既知の $\mathbf{A}^{-1}$ を使って線形方程式系 $\mathbf{A}\mathbf{x}=\mathbf{b}$ の解 $\mathbf{x}$ を求めようとしているが, $\mathbf{b}$ に誤差 $\mathbf{h}$ が含まれるために実際に解くことのできるのは $\mathbf{A}\mathbf{y}=\mathbf{b}+\mathbf{h}$ である場合を考えます. このとき

$$\frac{\|\mathrm{A}^{-1}\mathbf{h}\|}{\|\mathbf{x}\|}\leq\kappa(\mathrm{A})\frac{\|\mathbf{h}\|}{\|\mathbf{b}\|}$$

を示しなさい. つまり条件数は $\mathbf{b}$ に含まれる相対誤差によって解が含む相対誤差を抑えるのに利用できます.

4・4・12 $\mathbf{A}\in\mathbf{M}_{m,n}(\mathbb{R})$ について

$$\max_{\substack{\mathbf{v}\in\mathbb{R}^n,\\ \|\mathbf{v}\|=1}}\|\mathbf{A}\mathbf{v}\|=\max_{\substack{\mathbf{v}\in\mathbb{C}^n,\\ \|\mathbf{v}\|=1}}\|\mathbf{A}\mathbf{v}\|$$

を示しなさい. これは, $\mathbf{A}$ の作用素ノルムは $\mathbf{A}$ を実行列とみなすか複素行列とみなすかによらないことを示しています.

4・4・13 $\mathbf{A}\in\mathbf{M}_{m,n}(\mathbb{R})$ の階数が 1 なら $\|\mathbf{A}\|_{op}=\|\mathbf{A}\|_F$ となることを示しなさい.

ヒント: 3・4 節の即問 16 から, $\mathbf{A}$ は非零ベクトル $\mathbf{v}\in\mathbb{R}^m$ と $\mathbf{w}\in\mathbb{R}^n$ によって $\mathbf{A}=\mathbf{v}\mathbf{w}^{\mathrm{T}}$ と書けますので, $\mathbf{A}\mathbf{x}$ と $\|\mathbf{A}\|_F$ を共に $\mathbf{v}$ と $\mathbf{w}$ で表すことができます. それを使い, かつ $\|\mathbf{A}\mathbf{x}\|\geq\|\mathbf{A}\|_F$ を満たす $\mathbf{x}\in\mathbb{R}^n$ を見つけることによって, $\|\mathbf{A}\|_{op}\geq\|\mathbf{A}\|_F$ をまず示します. 逆の不等式は練習問題 4・4・17 から導けます.

4・4・14 作用素ノルムが $\mathbf{M}_n(\mathbb{C})$ 上で不変量でないことを示しなさい.

ヒント: 行列 $\begin{bmatrix}1&0\\0&2\end{bmatrix}$ と $\begin{bmatrix}1&1\\0&2\end{bmatrix}$ を考え, 練習問題 4・4・6 と 4・4・7 を使いなさい.

4・4・15 $\mathbf{x}\in\mathbb{C}^n$ について $\|\mathbf{x}\|_\infty\leq\|\mathbf{x}\|_2\leq\sqrt{n}\|\mathbf{x}\|_\infty$ を示しなさい.

4・4・16 $\mathbf{x}\in\mathbb{C}^n$ について $\|\mathbf{x}\|_2\leq\|\mathbf{x}\|_1\leq\sqrt{n}\|\mathbf{x}\|_2$ を示しなさい.

ヒント: 最初の不等式には ℓ^2 ノルムの三角不等式を, 2 番目の不等式にはコーシー・シュバルツの不等式を用いなさい.

4・4・17 $\mathbf{A}\in\mathbf{M}_{m,n}(\mathbb{C})$ について $\|\mathbf{A}\|_{op}\leq\|\mathbf{A}\|_F\leq\sqrt{n}\|\mathbf{A}\|_{op}$ を示しなさい.

---

16) condition number

4・4・18 $f \in C([0,1])$ に対して $\|f\| = \sqrt{\int_0^1 |f(x)|^2\,dx}$ とします.

(a) $f \in C([0,1])$ に対して

$$\|f\|_1 \le \|f\| \le \|f\|_\infty$$

が成り立つことを示しなさい.

ヒント：コーシー・シュバルツの不等式を用いなさい.

(b) 任意の $f \in C([0,1])$ に対して

$$\|f\| \le C\|f\|_1$$

となる定数 $C>0$ がないことを示しなさい.

ヒント：次の関数を考えなさい.

$$f_n(x) = \begin{cases} 1 - nx & (0 \le x \le \frac{1}{n}) \\ 0 & (\frac{1}{n} < x \le 1) \end{cases}$$

(c) 任意の $f \in C([0,1])$ に対して

$$\|f\|_\infty \le C\|f\|$$

となる定数 $C>0$ がないことを示しなさい.

ヒント：前掲の関数 f_n を考えなさい.

4・4・19 実ベクトル空間 V のノルムが，$\|v\| = \|w\| = 1$ なる任意の相異なる $v, w \in V$ について $\|\frac{1}{2}(v+w)\| < 1$ を満たすとき**狭義に凸**[17] であるといいます.

(a) この条件の幾何学的意味がわかるような図を描きなさい.

(b) 中線定理を使って $\mathbb{R}^n$ の標準的ノルムが狭義に凸であることを示しなさい.

(c) $n \ge 2$ の場合 $\mathbb{R}^n$ の ℓ^1 ノルムは狭義に凸でないことを示しなさい.

4・4・20 命題 4・20 の中線定理を証明しなさい.

4・5 等長写像

長さと角の保存

線形写像を定義した 2・1 節を思い出してください．数学では何らかの新しい構造を定義すれば，その構造について同型という概念をきちんと述べる必要があります．一般のベクトル空間については，ベクトル空間の演算を保存する線形写像を介

17) strictly convex

するのが適切な方法でした．ノルム空間を扱っている場合には，演算だけではなくノルムも保存する線形写像を考える必要があります．

定 義 VとWをノルム空間とする．線形写像$T: V \to W$は全射[1]であり，しかも任意の$v \in V$について

$$\|Tv\| = \|v\|$$

であるとき，**等長写像**[2]であるという．等長写像$T: V \to W$が存在するとき，VとWは**等長**[3]であるという．

即問 18 Vをℓ^1ノルムが定義された$\mathbb{R}^2$，Wをℓ^∞ノルムが定義された$\mathbb{R}^2$とする．このとき恒等変換$I: V \to W$は等長写像でないことを示しなさい．これはVとWが等長でないことを意味していますか．

補助定理 4・25 VとWをノルム空間とする．$T \in \mathcal{L}(V, W)$が等長写像なら同型写像である．

■**証 明** 定義から等長写像は全射ですから，単射であることを示せばよいことになります．

そこで$Tv = 0$とすると

$$\|v\| = \|Tv\| = \|0\| = 0$$

から$v = 0$が得られます．よって$\ker T = \{0\}$になり単射であることがわかります．■

以上の議論をさらに進めて，内積空間を考えた場合その構造をも保つ線形写像を考えるべきであると言えますが，実は次の定理が示すように，内積を保つ線形写像と等長写像は同じものです．

1）訳注：単射を仮定しない理由は補助定理 4・25 でわかります．
2）isometry，**計量同型写像**ともいいます．
3）isometric，**計量同型**ともいいます．

即問 18 の答 たとえば $\left\|\begin{bmatrix}1\\1\end{bmatrix}\right\|_1 = 2$ で $\left\|I\begin{bmatrix}1\\1\end{bmatrix}\right\|_\infty = \left\|\begin{bmatrix}1\\1\end{bmatrix}\right\|_\infty = 1$．しかしこれは$V$と$W$が等長でないことを意味しません．実際，行列$\begin{bmatrix}1 & 1\\1 & -1\end{bmatrix}$によって表される線形写像は等長写像です．練習問題 4・5・17 参照．

定 理 4・26 V と W を内積空間とする．全射である線形写像 $T: V \to W$ が等長写像となる必要十分条件は，任意の $v_1, v_2 \in V$ について

$$\langle Tv_1, Tv_2 \rangle = \langle v_1, v_2 \rangle \tag{4・12}$$

となることである．

■証 明 （4・12）が任意の $v_1, v_2 \in V$ について成り立つと仮定すると，$v \in V$ について

$$\|Tv\| = \sqrt{\langle Tv, Tv \rangle} = \sqrt{\langle v, v \rangle} = \|v\|$$

となり，十分性が示されます．

必要性を示すには練習問題 4・1・14 にある極化恒等式を用います．$\mathbb{F} = \mathbb{R}$ なら

$$\langle v_1, v_2 \rangle = \frac{1}{4}\left(\|v_1 + v_2\|^2 - \|v_1 - v_2\|^2\right)$$

$\mathbb{F} = \mathbb{C}$ なら

$$\langle v_1, v_2 \rangle = \frac{1}{4}\left(\|v_1 + v_2\|^2 - \|v_1 - v_2\|^2 + i\|v_1 + iv_2\|^2 - i\|v_1 - iv_2\|^2\right)$$

です．

$T: V \to W$ を等長写像とすると，$\mathbb{F} = \mathbb{R}$ の場合なら

$$\begin{aligned}
\langle Tv_1, Tv_2 \rangle &= \frac{1}{4}\left(\|Tv_1 + Tv_2)\|^2 - \|Tv_1 - Tv_2)\|^2\right) \\
&= \frac{1}{4}\left(\|T(v_1 + v_2)\|^2 - \|T(v_1 - v_2)\|^2\right) \\
&= \frac{1}{4}\left(\|v_1 + v_2\|^2 - \|v_1 - v_2\|^2\right) \\
&= \langle v_1, v_2 \rangle
\end{aligned}$$

が得られます．$\mathbb{F} = \mathbb{C}$ の場合も同様ですので，練習問題 4・5・23 に残しておきます． ■

この定理は幾何学的には，内積空間の間の線形写像がベクトルの長さを保つなら，ベクトルのなす角も保つと述べています．また可逆な線形写像については，次の定理も得られます．

定 理 4・27 内積空間の間の可逆な線形写像 $T: V \to W$ が等長写像となる必要十分条件は，任意の $v \in V$ と $w \in W$ について

$$\langle Tv, w \rangle = \left\langle v, T^{-1}w \right\rangle \tag{4・13}$$

が成り立つことである．

■**証明** Tが等長写像であると仮定します．Tは全射ですから$w=Tu$となる$u\in V$があります．よって

$$\langle Tv,w\rangle=\langle Tv,Tu\rangle=\langle v,u\rangle=\langle v,T^{-1}w\rangle$$

が得られます．

次にTが可逆で任意の$v\in V$と$w\in W$について（4・13）を満たすと仮定します．Tは全射ですから任意の$v_1,v_2\in V$について

$$\langle Tv_1,Tv_2\rangle=\langle v_1,T^{-1}Tv_2\rangle=\langle v_1,v_2\rangle$$

が得られ，Tが等長であることがわかります．■

■**例** $R_\theta:\mathbb{R}^2\to\mathbb{R}^2$を平面上で角$\theta$の反時計回りの回転を示すと$\mathbb{R}_\theta^{-1}=\mathbb{R}_{-\theta}$です．上の定理は

$$\langle R_\theta v,w\rangle=\langle v,R_{-\theta}w\rangle$$

が任意の$v,w\in\mathbb{R}^2$について成り立つと言っています．つまり，vをθだけ回転させてからwとなす角を測ることは，wを逆方向に回転させてからvとなす角を測ることと同じであると述べています．■

定理4・28 VとWを内積空間とし，$(e_1,\ldots,e_n)$をVの正規直交基底とする．$T\in\mathcal{L}(V,W)$が等長写像となる必要十分条件は，$(Te_1,\ldots,Te_n)$がWの正規直交基底となることである．

■**証明** まずTが等長写像であると仮定します．$1\leq j,k\leq n$について

$$\langle Te_j,Te_k\rangle=\langle e_j,e_k\rangle$$

であることと，$(e_1,\ldots,e_n)$が正規直交であることから，$(Te_1,\ldots,Te_n)$も正規直交となります．さらにTは等長写像ですから補助定理4・25から同型写像ですので，$(Te_1,\ldots,Te_n)$はWの基底になることが定理3・15から得られます．

次に$(Te_1,\ldots,Te_n)$がWの正規直交基底であると仮定します．$(e_1,\ldots,e_n)$はVの正規直交基底ですから，各$v\in V$は

$$v=\sum_{j=1}^{n}\langle v,e_j\rangle e_j$$

と表されます．よって

$$Tv=\sum_{j=1}^{n}\langle v,e_j\rangle Te_j$$

です．（$Te_1, \dots, Te_n$）は正規直交ですから，これから

$$\|Tv\|^2 = \sum_{j=1}^{n} \left|\langle v, e_j \rangle\right|^2 = \|v\|^2$$

が得られます．しかも（$Te_1, \dots, Te_n$）は W を張っていますから T は全射です．

即問 19 T が全射であるとの上の議論を完成させなさい．

以上で，T は任意の $v \in V$ について $\|Tv\| = \|v\|$ を満たす全射であることが示せたので，等長写像です． ■

■**例** 1. $\theta \in [0, 2\pi)$ に対して $R_\theta : \mathbb{R}^2 \to \mathbb{R}^2$ を角 θ だけの反時計回りの回転とします．回転してもベクトルの長さは変わりませんから，これが等長写像であることは幾何学的には明らかですが，

$$(R_\theta \mathbf{e}_1, R_\theta \mathbf{e}_2) = \left(\begin{bmatrix} \cos\theta \\ \sin\theta \end{bmatrix}, \begin{bmatrix} -\sin\theta \\ \cos\theta \end{bmatrix} \right)$$

が $\mathbb{R}^2$ の正規直交基底であることを確かめれば，定理 4・28 によって証明できます．

2. $T : \mathbb{R}^2 \to \mathbb{R}^2$ を $y = 2x$ に関する鏡映とします．これも等長写像であることは明らかです．実際，193 ページの例ですでに

$$(T\mathbf{e}_1, T\mathbf{e}_2) = \left(\begin{bmatrix} -\frac{3}{5} \\ \frac{4}{5} \end{bmatrix}, \begin{bmatrix} \frac{4}{5} \\ \frac{3}{5} \end{bmatrix} \right)$$

を知っており，しかもこれは $\mathbb{R}^2$ の正規直交基底です．

3. 内積

$$\langle f, g \rangle = \int_0^1 f(x)g(x)dx$$

が定義された内積空間 $C([0, 1])$ を考え，線形変換 T を

$$Tf(x) := f(1 - x)$$

とします．これは可逆ですから全射で，しかも

$$\|Tf\| = \sqrt{\int_0^1 (Tf(x))^2 dx} = \sqrt{\int_0^1 (f(1-x))^2 dx} = \sqrt{\int_0^1 (f(u))^2 du} = \|f\|$$

ですから等長写像です．

4. V を正規直交基底（$e_1, \dots, e_n$）をもつ内積空間とします．π を $\{1, \dots, n\}$ 上の**置換**[4)] とします．つまり $\{1, \dots, n\}$ から $\{1, \dots, n\}$ への全単射写像です．これに

即問 19 の答 $w \in W$ なら $w = \sum c_i Te_i$ となる $c_i \in \mathbb{F}$ があり，これは $T(\sum_i c_i e_i)$ に等しい．

4) permutation

よって，$T_\pi(e_j)=e_{\pi(j)}$ を満たす写像を線形に拡張して，線形変換 $T_\pi:V\to V$ を定義します．T_π は正規直交基底を正規直交基底に移しますから等長写像です．たとえば $\mathbb{R}^2$ に標準基底を考えている場合には，$\mathbf{e}_1$ と $\mathbf{e}_2$ を交換することは直線 $y=x$ に関する鏡映変換となります． ■

二つの有限次元ベクトル空間は同型なら次元が等しく，しかも次元が等しいなら同型でした．内積空間ではこの結果が次のように拡張されます．

系 4・29 V と W を有限次元内積空間とする．V と W が等長である必要十分条件は $\dim V=\dim W$ である．

■**証明** 等長写像は同型写像ですから，定理 3・23 から V と W が等長なら $\dim V=\dim W$ であることが得られます．

次に $\dim V=\dim W=n$ と仮定します．系 4・12 から V と W はそれぞれ正規直交基底 $(e_1,\ldots,e_n)$ と $(f_1,\ldots,f_n)$ をもちます．しかも定理 3・14 によって $Te_j=f_j$ となる線形写像が存在しますから，定理 4・28 によって V と W が等長であることが導けます． ■

系 4・30 $\mathcal{B}_V$ と $\mathcal{B}_W$ をそれぞれ V と W の正規直交基底とする．$T\in\mathcal{L}(V,W)$ が等長写像である必要十分条件は，T の表現行列 $[T]_{\mathcal{B}_V,\mathcal{B}_W}$ の列が $\mathbb{F}^n$ の正規直交基底となることである．

■**証明** $\mathcal{B}_V=(e_1,\ldots,e_n)$ とすると $[T]_{\mathcal{B}_V,\mathcal{B}_W}$ の列は $[Te_k]_{\mathcal{B}_W}$ です．定理 4・28 から，T が等長写像である必要十分条件は，Te_k の並びが W の正規直交基底となることです．さらにこれは定理 4・10 から，その座標 $[Te_k]_{\mathcal{B}_W}$ の並びが $\mathbb{F}^n$ の正規直交基底となることと同値です． ■

直交行列とユニタリ行列

正方行列の列ベクトルが正規直交であることを確かめる便利な方法を次の命題が与えています．

命題 4・31 行列 $\mathbf{A}\in\mathbf{M}_n(\mathbb{F})$ の列ベクトルが正規直交である必要十分条件は $\mathbf{A}^*\mathbf{A}=\mathbf{I}_n$ である．

■**証明**　$\mathbf{A}=\begin{bmatrix} | & & | \\ \mathbf{a}_1 & \cdots & \mathbf{a}_n \\ | & & | \end{bmatrix}$と書くと，$\mathbf{A}^*\mathbf{A}$ の (j,k) 要素は補助定理 2・14 より $\mathbf{a}_j{}^*\mathbf{a}_k=\langle \mathbf{a}_k, \mathbf{a}_j\rangle$ です．したがって $(\mathbf{a}_1, \ldots, \mathbf{a}_n)$ が正規直交である必要十分条件は，行列 $\mathbf{A}^*\mathbf{A}$ の対角要素が 1 で，それ以外の要素が 0 であることです．■

正規直交列をもつ正方行列は重要ですので，以下のように名前が与えられています．

> **定義**　$\mathbf{A}^*\mathbf{A}=\mathbf{I}_n$ なる行列 $\mathbf{A}\in\mathbf{M}_n(\mathbb{C})$ を**ユニタリ行列**[5] とよび，$\mathbf{A}^{\mathrm{T}}\mathbf{A}=\mathbf{I}_n$ なる行列 $\mathbf{A}\in\mathbf{M}_n(\mathbb{R})$ を**直交行列**[6] とよぶ．

行列 $\mathbf{A}$ の要素がすべて実数なら $\mathbf{A}^*=\mathbf{A}^{\mathrm{T}}$ ですから，実数要素のユニタリ行列は直交行列です．

上で定義した名称を使って系 4・30 を述べ直せば，内積空間をつなぐ等長写像は，複素内積空間ならユニタリ行列，実内積空間なら直交行列で表現されるとなります．これが内積空間を考えることの長所の一つです．実際 $\mathbf{A}$ がユニタリ行列なら $\mathbf{A}^{-1}=\mathbf{A}^*$ ですから内積空間の構造を保つ線形写像の逆像は容易に得られます．

即問 20　$y=2x$ に関する鏡映変換の表現行列 $\begin{bmatrix} -\frac{3}{5} & \frac{4}{5} \\ \frac{4}{5} & \frac{3}{5} \end{bmatrix}$ が直交行列であることを確かめなさい．

以上の議論からユークリッド空間の幾何学的に興味深い写像，つまりベクトルの長さやそのなす角を保つ写像は代数的に簡潔に記述できることがわかりました．このように，代数的に簡潔に記述することによって，もとの幾何学の理解が深まります．$\mathbb{R}^2$ の場合には以下のように特に明瞭になります．直交行列 $\mathbf{U}\in\mathbf{M}_2(\mathbb{R})$ を考えます．その第 1 列の列ベクトル $\mathbf{u}_1$ は単位ベクトルですから，何らかの $\theta\in[0, 2\pi)$ によって $\begin{bmatrix} \cos\theta \\ \sin\theta \end{bmatrix}$ と書くことができます．第 2 列 $\mathbf{u}_2$ もやはり単位ベクトルで，しかも $\mathbf{u}_1$ に直交していますから，可能性が二つだけあります（図 4・10）．

---

5) unitary matrix　　6) orthogonal matrix

よって$\mathbf{U}$は

$$\mathbf{U}=\begin{bmatrix}\cos\theta & -\sin\theta\\ \sin\theta & \cos\theta\end{bmatrix} \quad あるいは \quad \mathbf{U}=\begin{bmatrix}\cos\theta & \sin\theta\\ \sin\theta & -\cos\theta\end{bmatrix}$$

のいずれかとなります．初めの場合は角θの反時計回りの変換に対応しています．後の場合は$\mathbf{U}$を

$$\mathbf{U}=\begin{bmatrix}\cos\theta & -\sin\theta\\ \sin\theta & \cos\theta\end{bmatrix}\begin{bmatrix}1 & 0\\ 0 & -1\end{bmatrix}$$

と分解すれば，これがx軸に関して鏡映変換を行った後に角θだけ回転する変換に対応していることがわかります．以上から次のよく知られた事実が得られます．

$\mathbb{R}^2$の等長変換はすべて回転と鏡映の組合わせである．

上でみたように，$\mathbb{R}^2$の等長変換は回転かあるいはx軸に関する鏡映とそれに続く回転の組合わせでした．この鏡映と回転の組合わせが，実はθに依存して決まる直線に関する鏡映変換であることを証明する問題を，練習問題4・5・5としておきます．

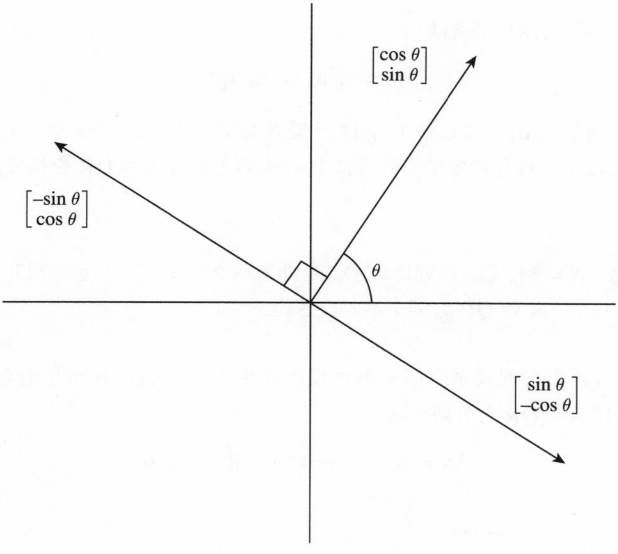

図 4・10 $\mathbf{u}_2=\pm\begin{bmatrix}-\sin\theta\\ \cos\theta\end{bmatrix}$

QR 分解

次の結果は **QR 分解**[7] とよばれており，線形計算では特に有用です．

> **定理 4・32**　$\mathbf{A} \in \mathbf{M}_n(\mathbb{F})$ が正則なら
> $$\mathrm{A} = \mathrm{QR}$$
> となるユニタリ行列（$\mathbb{F} = \mathbb{R}$ の場合は直交行列）$\mathbf{Q} \in \mathbf{M}_n(\mathbb{F})$ と上三角行列 $\mathbf{R} \in \mathbf{M}_n(\mathbb{F})$ が存在する．

■**証明**　**A** は正則ですから，その列ベクトル（$\mathbf{a}_1, \ldots, \mathbf{a}_n$）は $\mathbb{F}^n$ の基底となります．これに対して，グラム・シュミットの直交化法を用いて正規直交基底（$\mathbf{q}_1, \ldots, \mathbf{q}_n$）をつくると，各 j について

$$\langle \mathbf{a}_1, \ldots, \mathbf{a}_j \rangle = \langle \mathbf{q}_1, \ldots, \mathbf{q}_j \rangle$$

となります．

この $\mathbf{q}_1, \ldots, \mathbf{q}_n$ を列にもつ行列 **Q** はユニタリ行列（$\mathbb{F} = \mathbb{R}$ の場合は直交行列）になります．そこで

$$\mathrm{R} := \mathrm{Q}^{-1}\mathrm{A} = \mathrm{Q}^*\mathrm{A}$$

とすると，その（j, k）要素は

$$r_{jk} = \mathbf{q}_j^* \mathbf{a}_k = \langle \mathbf{a}_k, \mathbf{q}_j \rangle$$

です．$\mathbf{a}_k \in \langle \mathbf{q}_1, \ldots, \mathbf{q}_k \rangle$ でしかも $\mathbf{q}_j$ は正規直交ですから，$j > k$ なら $r_{jk} = 0$ です．すなわち **R** は上三角行列です．最後に **R** の決め方から **A** = **QR** を得て，証明が終わります．■

> **即問 21**　$\mathbf{A} \in \mathbf{M}_n(\mathbb{C})$ の列はいずれも非零ベクトルで，しかも相互に直交しているとして，**A** の **QR** 分解を示しなさい．

QR 分解は線形方程式系を解く際に役に立ちます．**Ax** = **b** が与えられており，上記のように **A** = **QR** と分解すると

$$\mathrm{Ax} = \mathrm{b} \quad \Longleftrightarrow \quad \mathrm{Rx} = \mathrm{Q}^*\mathrm{b}$$

7）QR decomposition

即問 21 の答　この場合のグラム・シュミットの直交化法は各列を正規化するだけです．よって **Q** の列ベクトルは $\frac{1}{\|\mathbf{a}_j\|}\mathbf{a}_j$ となり，$\mathbf{R} = \mathrm{diag}(\|\mathbf{a}_1\|, \ldots, \|\mathbf{a}_n\|)$ です．

です．$\mathbf{Q}$ はユニタリ行列であることがわかっていますから，その逆行列 $\mathbf{Q}^{-1}=\mathbf{Q}^*$ の計算は自明ですし，$\mathbf{R}$ は上三角行列ですから上式の右側の方程式は後退代入によって容易に解くことができます．実際に応用する場合にさらに重要なことは，$\mathbf{Q}^*$ は等長写像なので $\mathbf{b}$ に含まれる誤差を拡大することがない点，また上三角行列の線形方程式系を後退代入によって解けば，ガウスの消去法によって解くのに比べて丸め誤差などの誤差の影響を受けにくい点です[8]．

■**例**　線形方程式系

$$\begin{bmatrix} 3 & 5 \\ 4 & 6 \end{bmatrix}\begin{bmatrix} x \\ y \end{bmatrix} = \begin{bmatrix} -1 \\ 1 \end{bmatrix} \qquad (4\cdot 14)$$

を解くのに，まず係数行列の **QR** 分解をグラム・シュミットの直交化法によって以下のように求めます．

$$\mathbf{q}_1 = \frac{1}{\|\mathbf{a}_1\|}\mathbf{a}_1 = \frac{1}{5}\begin{bmatrix} 3 \\ 4 \end{bmatrix}$$

$$\tilde{\mathbf{q}}_2 = \mathbf{a}_2 - \langle \mathbf{a}_2, \mathbf{q}_1 \rangle \mathbf{q}_1 = \begin{bmatrix} 5 \\ 6 \end{bmatrix} - \frac{39}{25}\begin{bmatrix} 3 \\ 4 \end{bmatrix} = \frac{1}{25}\begin{bmatrix} 8 \\ -6 \end{bmatrix}$$

$$\mathbf{q}_2 = \frac{1}{\|\tilde{\mathbf{q}}_2\|}\tilde{\mathbf{q}}_2 = \frac{1}{5}\begin{bmatrix} 4 \\ -3 \end{bmatrix}$$

となり，

$$\mathrm{Q}^{-1} = \mathrm{Q}^{\mathrm{T}} = \frac{1}{5}\begin{bmatrix} 3 & 4 \\ 4 & -3 \end{bmatrix}$$

が得られます．(4・4) に $\mathbf{Q}^{-1}$ に掛けると上三角の方程式系

$$\frac{1}{5}\begin{bmatrix} 25 & 39 \\ 0 & 2 \end{bmatrix}\begin{bmatrix} x \\ y \end{bmatrix} = \frac{1}{5}\begin{bmatrix} 1 \\ -7 \end{bmatrix}$$

が得られ，これから $\mathrm{y} = -\frac{7}{2}$ であることが読み取れて

$$x = \frac{1}{25}(1 - 39y) = \frac{11}{2}$$

となります．　■

---

8) 訳注：ここで議論されているのは **QR** 分解後の計算についてです．グラム・シュミット法は丸め誤差の影響を受けやすいため，**QR** 分解を行う方法として**ハウスホルダー変換**などが推奨されています．練習問題 4・5・2 参照．章末の訳注にハウスホルダー変換の説明を手短に書いておきましたが，詳しくは杉原正顯，室田一雄，「線形計算の数理」，岩波数学叢書，岩波書店 (2009) を見てください．

ま と め

- ノルム空間上の等長写像とはベクトルの長さを保つ線形写像．内積空間なら内積も保たれる．
- $\mathbf{U} \in \mathbf{M}_n(\mathbb{R})$ が直交行列であるとは $\mathbf{U}\mathbf{U}^{\mathrm{T}} = \mathbf{I}_n$
- $\mathbf{U} \in \mathbf{M}_n(\mathbb{C})$ がユニタリ行列であるとは $\mathbf{U}\mathbf{U}^* = \mathbf{I}_n$
- 等長写像の正規直交基底に関する表現行列はユニタリ行列（実数の場合は直交行列）．
- 正則行列 $\mathbf{A}$ はユニタリ行列 $\mathbf{Q}$（実数の場合は直交行列）と上三角行列 $\mathbf{R}$ によって $\mathbf{A} = \mathbf{Q}\mathbf{R}$ と分解される．行列 $\mathbf{Q}$ は $\mathbf{A}$ の列ベクトルからグラム・シュミットの直交化法をによって得られ，$\mathbf{R}$ は $\mathbf{R} = \mathbf{Q}^*\mathbf{A}$ で得られる．

練 習 問 題

4・5・1 U を内積空間 V の有限次元部分空間とし，U の上への正射影 P_U によって

$$R_U := 2P_U - I$$

と定義します．

(a) R_U の幾何学的な意味を述べなさい．

(b) R_U が等長写像であることを示しなさい．

4・5・2 **ハウスホルダー行列**[9] とは単位ベクトル $\mathbf{x} \in \mathbb{C}^n$ によって $\mathbf{I}_n - 2\mathbf{x}\mathbf{x}^*$ と定義される行列です．これがユニタリ行列であることを示しなさい．

4・5・3 $n \times n$ の**離散フーリエ変換行列**[10] とは

$$f_{jk} = \frac{1}{\sqrt{n}}\omega^{jk}$$

なる行列 $\mathbf{F} \in \mathbf{M}_n(\mathbb{C})$ です．ここで $\omega = \mathrm{e}^{2\pi i/n} = \cos(2\pi/n) + i\sin(2\pi/n)$ です．この $\mathbf{F}$ がユニタリ行列であることを示しなさい．

ヒント：複素指数関数について必要な事項は付録 A・2（付録については目次参照）を参照してください．また $z \neq 1$ なる $z \in \mathbb{C}$ についての恒等式

$$\sum_{k=0}^{n-1} z^k = \frac{1 - z^n}{1 - z}$$

が役立ちます．この等式は両辺に $1-z$ を掛ければ確かめられます．

4・5・4 x 軸に関する鏡映を $\mathbf{R} \in \mathcal{L}(\mathbb{R}^2)$ とします．

(a) $\mathbb{R}^2$ の基底 $\left(\begin{bmatrix}1\\0\end{bmatrix}, \begin{bmatrix}1\\1\end{bmatrix}\right)$ に関する $\mathbf{R}$ の表現行列 $\mathbf{A}$ を求めなさい．

---

9) Householder matrix　　10) discrete Fourier transform matrix

(b) $\mathbf{A}$ は直交行列でないことを示しなさい.

(c) この事実が系 4・30 に矛盾しない理由を述べなさい.

4・5・5 x 軸に関する鏡映とそれに続く回転の組合わせである直交行列

$$\mathbf{U}=\begin{bmatrix}\cos\theta & \sin\theta \\ \sin\theta & -\cos\theta\end{bmatrix}$$

は x 軸と角 $\theta/2$ をなす直線に関する鏡映であることを示しなさい.

4・5・6 $C_{2\pi}(\mathbb{R})$ を周期 2π の連続関数 $f:\mathbb{R}\to\mathbb{C}$ の空間とします. ただし内積は

$$\langle f,g\rangle=\int_0^{2\pi} f(x)\overline{g(x)}\,dx$$

で定義されています. 固定された $t\in\mathbb{R}$ に対して $T\in\mathcal{L}(C_{2\pi}(\mathbb{R}))$ を $(Tf)(x)=f(x+t)$ と定義したとき, T が等長写像であることを示しなさい.

4・5・7 以下の行列の **QR** 分解を求めなさい.

(a) $\begin{bmatrix}1 & 2\\ 3 & 4\end{bmatrix}$ (b) $\begin{bmatrix}0 & 1 & 1\\ 1 & 0 & 1\\ 1 & 1 & 0\end{bmatrix}$ (c) $\begin{bmatrix}1 & -1 & 2\\ 0 & 2 & -1\\ -1 & 1 & 0\end{bmatrix}$ (d) $\begin{bmatrix}1 & 1 & 1 & 1\\ 1 & 1 & -1 & -1\\ 1 & -1 & 1 & -1\\ 1 & -1 & -1 & 1\end{bmatrix}$

4・5・8 以下の行列の **QR** 分解を求めなさい.

(a) $\begin{bmatrix}2 & 0\\ -1 & 3\end{bmatrix}$ (b) $\begin{bmatrix}1 & -2 & 0\\ 0 & 1 & 2\\ 2 & 1 & -1\end{bmatrix}$ (c) $\begin{bmatrix}1 & 1 & 0\\ 1 & 0 & 1\\ 1 & -1 & -1\end{bmatrix}$ (d) $\begin{bmatrix}3 & 1 & 4 & 1\\ 0 & 5 & 9 & 2\\ 0 & 0 & 6 & 5\\ 0 & 0 & 0 & 3\end{bmatrix}$

4・5・9 (4・14) に始まる例にならって以下の線形方程式系を解きなさい.

(a) $-3x+4y=-2$
$4x-3y=5$

(b) $x-y+z=2$
$y-z=-1$
$x+2z=1$

4・5・10 (4・14) に始まる例にならって以下の線形方程式系を解きなさい.

(a) $3x-y=4$
$x+5y=9$

(b) $x-2y+z=1$
$y+z=0$
$-x+y+z=-3$

4・5・11 定理 4・32 の証明にある方法で $\mathbf{A}=\begin{bmatrix}2 & 3\\ 0 & -4\end{bmatrix}$ の **QR** 分解を求めなさい.

また **QR** 分解は一通りでないことを示しなさい.

4・5・12 (a) V をノルム空間, $T\in\mathcal{L}(V)$ を等長写像, λ をその固有値とすると, $|\lambda|=1$ であることを示しなさい.

(b) $\mathbf{U}\in\mathbf{M}_n(\mathbb{C})$ をユニタリ行列，λ をその固有値とすると，$|\lambda|=1$ であることを示しなさい．

4・5・13　V と W を $\dim V=\dim W$ なるノルム空間とし，$T\in\mathcal{L}(V,W)$ は任意の $v\in V$ について $\|Tv\|=\|v\|$ を満たしているとします．このとき T が等長写像であることを示しなさい[11]．

4・5・14　$\mathbf{U}\in\mathbf{M}_n(\mathbb{C})$ をユニタリ行列とします．

(a) $\|\mathbf{U}\|_{op}$ を求めなさい．

(b) $\|\mathbf{U}\|_F$ を求めなさい．

4・5・15　$\mathbf{U}\in\mathbf{M}_m(\mathbb{C})$ と $\mathbf{V}\in\mathbf{M}_n(\mathbb{C})$ をユニタリ行列とし，$\mathbf{A}\in\mathbf{M}_{m,n}(\mathbb{C})$ とします．このとき

$$\|\mathbf{UAV}\|_{op}=\|\mathbf{A}\|_{op}\qquad \text{かつ}\qquad \|\mathbf{UAV}\|_F=\|\mathbf{A}\|_F$$

を示しなさい．この性質は**ユニタリ不変**[12]とよばれています．

4・5・16　π を $\{1,\ldots,n\}$ 上の置換とし，$T_\pi\in\mathcal{L}(\mathbb{R}^n)$ を $T_\pi\mathbf{e}_j=\mathbf{e}_{\pi(j)}$ と定義します．

(a) $\mathbb{R}^n$ に ℓ^1 ノルムが定義されている場合に T_π は等長写像であることを示しなさい．

(b) $\mathbb{R}^n$ に ℓ^∞ ノルムが定義されている場合に T_π は等長写像であることを示しなさい．

4・5・17　ℓ^1 ノルムが定義された $\mathbb{R}^2$ を V で表し，ℓ^∞ ノルムが定義された $\mathbb{R}^2$ を W で表します．行列 $\begin{bmatrix}1 & 1\\ 1 & -1\end{bmatrix}$ で表される $\mathcal{L}(V,W)$ の線形写像が等長写像であることを示しなさい．

補足：$n\geq 3$ の場合，ℓ^1 ノルムが定義された $\mathbb{R}^n$ と ℓ^∞ ノルムが定義された $\mathbb{R}^n$ は等長ではありません．

4・5・18　$\kappa(\mathbf{A})$ を行列 $\mathbf{A}\in\mathbf{M}_n(\mathbb{C})$ の条件数とします（練習問題 4・4・11 参照）．$\kappa(\mathbf{A})=1$ なら行列 $\mathbf{A}$ はユニタリ行列の定数倍であることを示しなさい．

4・5・19　$\kappa(\mathbf{A})$ を行列 $\mathbf{A}\in\mathbf{M}_n(\mathbb{C})$ の条件数とします（練習問題 4・4・11 参照）．このとき $\mathbf{A}$ の $\mathbf{QR}$ 分解を $\mathbf{A}=\mathbf{QR}$ とすると $\kappa(\mathbf{A})=\kappa(\mathbf{R})$ であることを示しなさい．

4・5・20　定理 4・32 にあるように $\mathbf{A}$ の $\mathbf{QR}$ 分解を得たとすると $r_{jj}>0$ となることを示しなさい．

4・5・21　$\mathbf{A}=\mathbf{QR}$ を $\mathbf{A}\in\mathbf{M}_n(\mathbb{C})$ の $\mathbf{QR}$ 分解とします．各 j について $|r_{jj}|\leq\|\mathbf{a}_j\|$ となることを示しなさい．

---

11) 訳注：等長写像であることを示すには全射であることを示す必要があります．

12) unitarily invariant

4・5・22　**A** が正則でない場合にも定理 4・32 が成り立つことを示しなさい[13].
ヒント：**A** の列ベクトルでそれ以前の列のスパンに含まれない列ベクトルに対してグラム・シュミットの直交化法を適用しなさい.

4・5・23　定理 4・26 の証明を $\mathbb{F}=\mathbb{C}$ の場合について完成させなさい.

13) 訳注：ただしその場合には **Q** はユニタリ行列ではありませんが，正規直交列ベクトルからなる行列です.

■ 4章末の訳注 ■

4・5節 脚注 8）ハウスホルダー変換の訳注：

QR 分解でよく用いられるハウスホルダー変換は，$\|\mathbf{a}\| = \|\mathbf{b}\|$ なるベクトル $\mathbf{a}, \mathbf{b} \in \mathbb{R}^n$ が与えられたとき $\mathbf{a}$ を $\mathbf{b}$ に移す鏡映変換であり，$\mathbf{u} = \mathbf{a} - \mathbf{b}$ とするとその行列は

$$\mathbf{H} = \mathbf{I}_n - 2\frac{\mathbf{u}\mathbf{u}^{\mathrm{T}}}{\|\mathbf{u}\|^2}$$

で与えられます．この行列が対称直交行列であること，さらに $\mathbf{Ha} = \mathbf{b}$ であることは容易に確かめられます．$\mathbf{Ha} = \mathbf{a} - 2(\mathbf{u}^{\mathrm{T}}\mathbf{a}/\|\mathbf{u}\|)(\mathbf{u}/\|\mathbf{u}\|)$ に注意して図をみてください．左上から右下に引かれた直線に関する鏡映変換になっています．

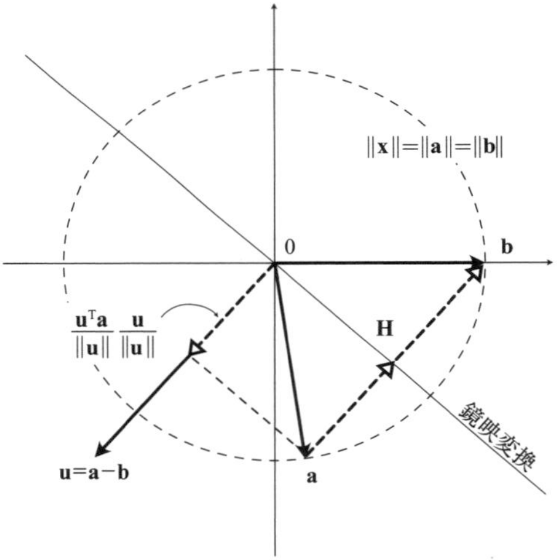

ハウスホルダー変換 **H**

行列 $\mathbf{A} \in \mathbf{M}_n(\mathbb{F})$ をハウスホルダー変換を用いて **QR** 分解するにはまず $\mathbf{A}^{(0)} = \mathbf{A}$ とし，その第1列を $\mathbf{a}$ とし，$\mathbf{b} = (\eta^{(1)}, 0, \ldots, 0)^{\mathrm{T}}$ としてハウスホルダー変換 $\mathbf{H}^{(1)}$ をつくり，それを $\mathbf{A}^{(0)}$ に施して $\mathbf{A}^{(1)}$ とします．ここで $|\eta^{(1)}| = \|\mathbf{a}\|$ です．この結果 $\mathbf{A}^{(1)}$ は左下のようになります．

$$\mathbf{A}^{(1)} = \begin{bmatrix} * & * & * & \cdots & * \\ 0 & * & * & \cdots & * \\ 0 & * & * & \cdots & * \\ 0 & * & * & \cdots & * \\ \vdots & \vdots & \vdots & & \vdots \\ 0 & * & * & \cdots & * \end{bmatrix} \quad \mathbf{A}^{(2)} = \begin{bmatrix} * & * & * & \cdots & * \\ 0 & * & * & \cdots & * \\ 0 & 0 & * & \cdots & * \\ 0 & 0 & * & \cdots & * \\ \vdots & \vdots & \vdots & & \vdots \\ 0 & 0 & * & \cdots & * \end{bmatrix} \quad \mathbf{A}^{(3)} = \begin{bmatrix} * & * & * & \cdots & * \\ 0 & * & * & \cdots & * \\ 0 & 0 & * & \cdots & * \\ 0 & 0 & 0 & \cdots & * \\ \vdots & \vdots & \vdots & & \vdots \\ 0 & 0 & 0 & \cdots & * \end{bmatrix}, \ldots$$

次に $\mathbf{A}^{(1)}$ の第 2 列を $\mathbf{a}$ とし，$\mathbf{b}=(a_{12}^{(1)},\eta^{(2)},0,\cdots,0)^{\mathrm{T}}$ としてハウスホルダー変換 $\mathbf{H}^{(2)}$ をつくり，$\mathbf{A}^{(2)}=\mathbf{H}^{(2)}\mathbf{A}^{(1)}$ とします．ここで $a_{12}^{(1)}$ は $\mathbf{A}^{(1)}$ の（1, 2）要素，$\eta^{(2)}$ は $\|\mathbf{a}\|=\|\mathbf{b}\|$ を保つように決めます．そうすると上の $\mathbf{A}^{(2)}$ が得られます．$\mathbf{u}=\mathbf{a}-\mathbf{b}=(0,*,*,\ldots,*)^{\mathrm{T}}$ ですから $\mathbf{u}$ と $\mathbf{A}^{(1)}$ の第 1 列の積は 0 となることを使って，これを確かめてください．次は $\mathbf{a}=\mathbf{A}^{(2)}$ の第 3 列，$\mathbf{b}=(a_{13}^{(2)},a_{23}^{(2)},\eta^{(3)},0,\ldots,0)^{\mathrm{T}}$ とします．以下，同様の操作を繰返せば $\mathbf{H}^{(n-1)}\cdots\mathbf{H}^{(2)}\mathbf{H}^{(1)}\mathbf{A}=\mathbf{R}$ となり，$\mathbf{A}$ は直交行列によって上三角行列に変形されます．

5 特異値分解とスペクトル定理

5・1　線形写像の特異値分解

特異値分解

有限次元ベクトル空間 V と W と線形写像 $T \in \mathcal{L}(V, W)$ に対して第3章の定理3・44で学んだのは，V と W それぞれの基底で，その基底に関する T の表現行列がいくつかの対角要素が1でそれ以外はすべて0となるものが存在するということでした．この一対の基底については，それが T の簡潔な表現行列を与えること以外に何もわかっていませんから，この定理は意味があるとは言えないと指摘しました．それに比べて，T の簡潔な表現行列を与える正規直交基底の存在を示す次の結果は，はるかに有用です．

定理5・1（特異値分解）　V と W を有限次元内積空間，線形写像 $T \in \mathcal{L}(V, W)$ の階数を r とする．このとき V の正規直交基底 $(e_1, \ldots, e_n)$ と W の正規直交基底 $(f_1, \ldots, f_m)$，さらに実数 $\sigma_1 \geq \cdots \geq \sigma_r > 0$ で，$j = 1, \ldots, r$ について $Te_j = \sigma_j f_j$ となり，$j = r+1, \ldots, m$ について $Te_j = 0$ となるものが存在する[1]．

定理の実数 $\sigma_1, \ldots, \sigma_r$ は**特異値**[2] とよばれ，ベクトル $e_1, \ldots, e_n$ は**右特異ベクトル**[3]，$f_1, \ldots, f_m$ は**左特異ベクトル**[4] とよばれます．この左右という接頭語の理由は

1）訳注：V の基底 $(e_1, \ldots, e_n)$ と W の基底 $(f_1, \ldots, f_m)$ による線形写像 T の表現行列は右図のようになります．ここで $r = \operatorname{rank} T$ です．

2）singular value

3）right singular vector

4）left singular vector

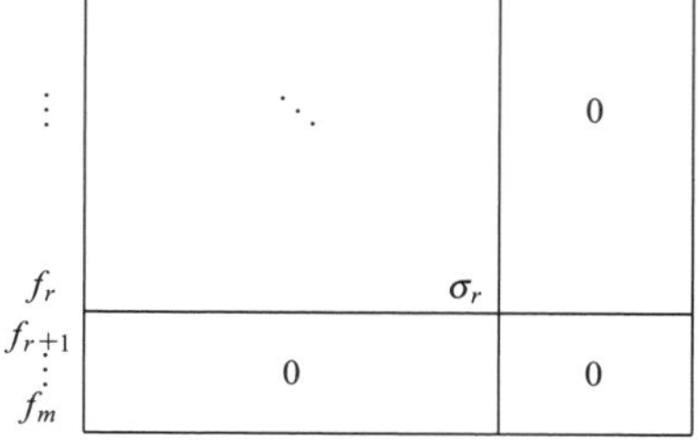

次の節で明らかになります．

■**例** x-y 平面に射影した後，z 軸まわりに角 θ だけ反時計回りに回転する線形変換を $T:\mathbb{R}^3\to\mathbb{R}^3$ とします．そうすると

$$T\mathbf{e}_1=\begin{bmatrix}\cos\theta\\ \sin\theta\\ 0\end{bmatrix}\qquad T\mathbf{e}_2=\begin{bmatrix}-\sin\theta\\ \cos\theta\\ 0\end{bmatrix}\qquad T\mathbf{e}_3=\mathbf{0}$$

ですから，$\mathbf{f}_1=T\mathbf{e}_1, \mathbf{f}_2=T\mathbf{e}_2, \mathbf{f}_3=\mathbf{e}_3$ とすると（$\mathbf{f}_1, \mathbf{f}_2, \mathbf{f}_3$）は $\mathbb{R}^3$ の正規直交基底になります．よって，右特異ベクトル（$\mathbf{e}_1, \mathbf{e}_2, \mathbf{e}_3$）と左特異ベクトル（$\mathbf{f}_1, \mathbf{f}_2, \mathbf{f}_3$）と特異値 $\sigma_1=1, \sigma_2=1$ からなる特異値分解が得られます． ■

ある意味で特異値分解は固有値や固有ベクトルに代わるものと言えます．しかも定理 5・1 にあるように常に分解可能であるという長所があります．

即問 1 上の例の線形変換について，その固有ベクトルからなる $\mathbb{R}^3$ の基底が存在しないことを示しなさい．

■**例** $T\in\mathcal{L}(\mathbb{R}^3, \mathbb{R}^2)$ を標準基底に関する表現行列 $\begin{bmatrix}1&0&1\\0&1&0\end{bmatrix}$ をもつ線形写像とします．T による標準基底の像は必ずしも直交していませんが，注意深くみれば

$$T\begin{bmatrix}1\\0\\1\end{bmatrix}=\begin{bmatrix}2\\0\end{bmatrix}\qquad T\begin{bmatrix}0\\1\\0\end{bmatrix}=\begin{bmatrix}0\\1\end{bmatrix}\qquad T\begin{bmatrix}1\\0\\-1\end{bmatrix}=\mathbf{0}$$

であることに気づきます．ここで，T に入力されたベクトルもその結果出力される非零のベクトルも直交していることが重要な点です．これらを正規化すると特異値分解の右特異ベクトル $\left(\frac{1}{\sqrt{2}}\begin{bmatrix}1\\0\\1\end{bmatrix}, \begin{bmatrix}0\\1\\0\end{bmatrix}, \frac{1}{\sqrt{2}}\begin{bmatrix}1\\0\\-1\end{bmatrix}\right)$ と左特異ベクトル $\left(\begin{bmatrix}1\\0\end{bmatrix}, \begin{bmatrix}0\\1\end{bmatrix}\right)$ が得られ，さらに特異値 $\sigma_1=\sqrt{2}$ と $\sigma_2=1$ が得られます． ■

上の例に示した T の入出力ベクトルを思いつかなくても特異値分解のアルゴリズムは 5・3 節で学びます．

即問 1 の答 固有値 0 に対応する固有空間は 1 次元で，$T\mathbf{x}$ と $\mathbf{x}$ が同じ方向を向くことはありません．

補助定理 5・2 V と W を有限次元内積空間，$T \in \mathcal{L}(V, W)$ とする．また $e \in V$ を

$$\|T\|_{op} = \|Te\| \tag{5・1}$$

を満たす単位ベクトルとする．このとき $\langle u, e\rangle = 0$ を満たす任意のベクトル $u \in V$ について

$$\langle Tu, Te\rangle = 0$$

が成り立つ．

■証明 $\sigma = \|T\|_{op}$ と書くことにします．$\sigma = 0$ なら $T = 0$ となり，補助定理の主張は自明であることにまず注意してください．

次に任意の $v \in V$ について

$$\|Tv\| \le \sigma \|v\|$$

が成り立つことを思い出すと，任意の $a \in \mathbb{F}$ と $\langle u, e\rangle = 0$ を満たす任意の $u \in V$ について[5)]

$$\|T(e + au)\|^2 \le \sigma^2 \|e + au\|^2 = \sigma^2 \left(\|e\|^2 + \|au\|^2\right) = \sigma^2 \left(1 + |a|^2 \|u\|^2\right) \tag{5・2}$$

が成り立ちます．ここで最初の等号は定理 4・4 から得られます．この不等式（5・2）の左辺を展開すると

$$\begin{aligned} \|T(e + au)\|^2 &= \langle Te + aTu, Te + aTu\rangle \\ &= \|Te\|^2 + 2\,\mathrm{Re}\,(a\,\langle Tu, Te\rangle) + \|aTu\|^2 \\ &\ge \sigma^2 + 2\,\mathrm{Re}\,(a\,\langle Tu, Te\rangle) \end{aligned} \tag{5・3}$$

となり，（5・2）と（5・3）から

$$2\,\mathrm{Re}\,(a\,\langle Tu, Te\rangle) \le \sigma^2 \|u\|^2 |a|^2$$

が任意のスカラー $a \in \mathbb{F}$ について成り立ちます．ここで $\varepsilon > 0$ に対して $a = \langle Te, Tu\rangle\varepsilon$ とすると

$$2\,|\langle Tu, Te\rangle|^2 \varepsilon \le \sigma^2 \|u\|^2 |\langle Tu, Te\rangle|^2 \varepsilon^2 \tag{5・4}$$

が任意の $\varepsilon > 0$ について成り立つことがわかります．しかし，もしも $\langle Tu, Te\rangle \ne 0$ なら（5・4）を成り立たせるには

$$\varepsilon \ge \frac{2}{\sigma^2 \|u\|^2}$$

でなければなりません．これは矛盾ですから，結局 $\langle Tu, Te\rangle = 0$ でなければなりません． ■

5）訳注：$u = 0$ なら補助定理の主張は自明ですので，以降では $u \neq 0$ と仮定しています．

■**定理 5・1 の証明**

$$S_1 = \{v \in V \mid \|v\| = 1\}$$

とし，$e_1 \in S_1$ を補助定理 4・23 で確認した $\|Te_1\| = \|T\|_{op}$ を満たす単位ベクトルとします．また

$$\sigma_1 := \|T\|_{op} = \|Te_1\|$$

と書くことにします．もしも $\sigma_1 = 0$ なら任意の $v \in V$ について $Tv = 0$ ですから，定理の主張は自明です．$\sigma_1 > 0$ なら

$$f_1 = \frac{1}{\sigma_1} Te_1 \in W$$

と定義すると，$Te_1 = \sigma_1 f_1$ と $\|f_1\| = \frac{1}{\sigma_1} \|Te_1\| = 1$ がわかります．

さて次に部分空間 $V_2 := \langle e_1 \rangle^{\perp}$ について同じ議論を行います．T の V_2 への制限を T_2 とし，

$$S_2 = \{v \in V_2 \mid \|v\| = 1\}$$

として，$e_2 \in S_2$ を

$$\|Te_2\| = \|T_2\|_{op} = \max_{v \in S_2} \|Tv\|$$

を満たす単位ベクトルとします．この構成の仕方から $\langle e_2, e_1 \rangle = 0$ であることに注意してください．また

$$\sigma_2 := \|T_2\|_{op} = \|Te_2\|$$

と書くことにします．

即問 2 $\sigma_2 \leq \sigma_1$ を示しなさい．

もしも $\sigma_2 = 0$ なら任意の $v \in V_2$ について $Tv = 0$ です．この場合には (e_1) と (f_1) を正規直交基底に拡張すれば，拡張の仕方によらず $j \geq 2$ について $Te_j = 0$ が得られます．一方，$\sigma_2 \neq 0$ なら

$$f_2 = \frac{1}{\sigma_2} Te_2 \in W$$

なる単位ベクトルを定義します．$\langle e_1, e_2 \rangle = 0$ でしかも $\|Te_1\| = \|T\|_{op}$ ですから，補助定理 5・2 から $\langle Te_1, Te_2 \rangle = 0$ がわかり

$$\langle f_1, f_2 \rangle = \frac{1}{\sigma_1 \sigma_2} \langle Te_1, Te_2 \rangle = 0$$

が得られます．

以上の手順を繰返します．つまり，正規直交系をなすベクトルの列 $e_1, \ldots, e_k \in V$

即問 2 の答 $S_2 \subseteq S_1$ より $\max_{v \in S_2} \|Tv\| \leq \max_{v \in S_1} \|Tv\|$

で $f_1=Te_1, \ldots, f_k=Te_k$ も正規直交系であるものをつくり，

$$S_{k+1}=\left\{v \in \langle e_1, \ldots, e_k\rangle^{\perp} \,\middle|\, \|v\|=1\right\}$$

と定義し，S_{k+1} 上で $\|Tv\|$ を最大にする e_{k+1} をもってきて，$\sigma_{k+1}=\|Te_{k+1}\|$ とします．どこかの段階で $\sigma_{k+1}=0$ となったら反復を終えます．そして $(e_1, \ldots, e_k)$ を V の正規直交基底に拡張します．そうすると $j \geq k+1$ のすべての j について，e_j は S_{k+1} に含まれていますから $Te_j=0$ となります．V は有限次元ですから，どこかの段階で反復を終えなければなりませんが，それは $Te_{k+1}=0$ となるか，あるいは V の基底を完成させた段階です．反復を終えた段階で必要なら $(f_1, \ldots, f_k)$ を W の正規直交基底に拡張して，特異値と特異ベクトルの構成を終えます．

あとは，$\sigma_k>0$ となる最大の添え字を k としたとき，$k=\operatorname{rank} T$ であることの証明が残っています．これを，$(f_1, \ldots, f_k)$ が range T の正規直交基底であることを示すことによって証明しましょう．

上で構成した $f_1, \ldots, f_k$ は正規直交系ですから，そのスパンの基底をなします．まず各 $j=1, \ldots, k$ について $f_j=\frac{1}{\sigma_j} Te_j$ ですから

$$\langle f_1, \ldots, f_k\rangle \subseteq \operatorname{range} T$$

です．逆に $w \in \operatorname{range} T$ をもってくると $w=Tv$ となる $v \in V$ があり，この v を正規直交基底である $(e_1, \ldots, e_n)$ で表すと

$$w=Tv=T\sum_{j=1}^{n}\langle v, e_j\rangle e_j=\sum_{j=1}^{n}\langle v, e_j\rangle Te_j=\sum_{j=1}^{k}\langle v, e_j\rangle \sigma_j f_j$$

が得られます．よって range $T \subseteq \langle f_1, \ldots, f_k\rangle$ を得ます．■

特異値の一意性

特異値分解は必ずしも一通りではありません．たとえば自明な例として，恒等変換 $I: V \to V$ については任意の正規直交基底 $(e_1, \ldots, e_n)$ が $Ie_j=e_j$ を満たします．よってどのような正規直交基底を採用することもできますが，特異値 σ_j はそれに依存せず，いつも $\sigma_j=1$ です．このように定理5・1の特異ベクトルは必ずしも一意ではありませんが，特異値は一意であることが一般的に成り立ちます．

定理5・3　V と W を有限次元内積空間，$T \in \mathcal{L}(V, W)$，rank $T=r$ とする．V の正規直交基底 $(e_1, \ldots, e_n)$ と $(\tilde{e}_1, \ldots, \tilde{e}_n)$，$W$ の正規直交基底 $(f_1, \ldots, f_m)$ と $(\tilde{f}_1, \ldots, \tilde{f}_m)$，さらにスカラー $\sigma_1 \geq \cdots \geq \sigma_r>0$ と $\tilde{\sigma}_1 \geq \cdots \geq \tilde{\sigma}_r>0$ が

$$Te_j=\begin{cases}\sigma_j f_j & (1 \leq j \leq r) \\ 0 & (\text{その他})\end{cases} \qquad T\tilde{e}_j=\begin{cases}\tilde{\sigma}_j \tilde{f}_j & (1 \leq j \leq r) \\ 0 & (\text{その他})\end{cases}$$

を満たしているなら[6]，$j=1, \ldots, r$ について $\sigma_j = \tilde{\sigma}_j$ が成り立つ．

■証明 はじめに $\sigma_1 = \tilde{\sigma}_1 = \|T\|_{op}$ であることと

$$\#\left\{j \mid \sigma_j = \sigma_1\right\} = \#\left\{j \mid \tilde{\sigma}_j = \tilde{\sigma}_1\right\}$$

を示します[7]．任意の $v \in V$ は $v = \sum_{j=1}^{n} \langle v, e_j \rangle e_j$ と書けますので，

$$Tv = T\sum_{j=1}^{n} \langle v, e_j \rangle e_j = \sum_{j=1}^{n} \langle v, e_j \rangle Te_j = \sum_{j=1}^{r} \langle v, e_j \rangle \sigma_j f_j$$

となり，ここで f_j が正規直交であることと $\sigma_1 \geq \cdots \geq \sigma_r > 0$ であることを使うと

$$\|Tv\|^2 = \sum_{j=1}^{r} \left|\langle v, e_j \rangle\right|^2 \sigma_j^2 \leq \sigma_1^2 \sum_{j=1}^{r} \left|\langle v, e_j \rangle\right|^2 \leq \sigma_1^2 \sum_{j=1}^{n} \left|\langle v, e_j \rangle\right|^2 = \sigma_1^2 \|v\|^2 \qquad (5\cdot5)$$

が得られます．ここで $v = e_1$ をとると上式を等号で満たしますから

$$\|T\|_{op} = \max_{\|u\|=1} \|Tu\| = \sigma_1$$

を得ます．同じ議論によって $\|T\|_{op} = \tilde{\sigma}_1$ もわかります．

ここで

$$U := \left\{v \in V \mid \|Tv\| = \|T\|_{op} \|v\|\right\}$$

と定義します．$\|T\|_{op} = \sigma_1$ から任意の $v \in U$ は（5・5）を等号で満たすことがわかります．最初の不等式を等号で満たすことから $j=1, \ldots, r$ について $\langle v, e_j \rangle \neq 0$ なら $\sigma_j = \sigma_1$ であることがわかり，2番目の不等式を等号で満たすことから $v \in \langle e_1, \ldots, e_r \rangle$ であることがわかります．よって r_1 を $\sigma_j = \sigma_1$ を満たす添字 j の最大値とすると

$$U \subseteq \langle e_1, \ldots, e_{r_1} \rangle$$

が導けます．

また逆に，$v \in \langle e_1, \ldots, e_{r_1} \rangle$ とすると $v = \sum_{j=1}^{r_1} \langle v, e_j \rangle e_j$ と書けて

$$\|Tv\|^2 = \left\| \sum_{j=1}^{r_1} \langle v, e_j \rangle \sigma_j f_j \right\|^2 = \sigma_1^2 \sum_{j=1}^{r_1} \left|\langle v, e_j \rangle\right|^2 = \sigma_1^2 \|v\|^2$$

が得られますから，

$$\langle e_1, \ldots, e_{r_1} \rangle \subseteq U$$

が導けます．

6）訳注：T の階数に等しい個数の正の特異値をもつ二つの特異値分解があると仮定しています．練習問題5・1・15参照．

7）訳注：# は集合の要素数を示します．

結局 $\langle e_1, \ldots, e_{r_1} \rangle = U$ が示されました．同様の議論によって $\langle \tilde{e}_1, \ldots, \tilde{e}_{\tilde{r}_1} \rangle = U$ もわかります．ここで $\tilde{r}_1$ は $\tilde{\sigma}_j = \tilde{\sigma}_1$ を満たす添え字の最大値です．よって

$$\#\left\{j \mid \sigma_j = \sigma_1\right\} = \#\left\{j \mid \tilde{\sigma}_j = \tilde{\sigma}_1\right\} = \dim U$$

が結論できます[8]．

次いで同じ議論を T の $U^\perp$ への制限 $T_2 = T|_{U^\perp}$ に対して行います．

$$U_2 := \left\{ v \in U^\perp \;\middle|\; \|T_2 v\| = \|T_2\|_{op} \|v\| \right\}$$

とし，$k_2 = \dim U_2$ とすると，

$$\sigma_{r_1+1} = \cdots = \sigma_{r_1+k_2} = \tilde{\sigma}_{r_1+1} = \cdots = \tilde{\sigma}_{r_1+k_2} = \|T_2\|_{op}$$

と $\sigma_{r_1+k_2+1} < \sigma_{r_1+1}$ と $\tilde{\sigma}_{r_1+k_2+1} < \tilde{\sigma}_{r_1+1}$ が得られます．この議論を繰返せば V が T だけに依存して決まる部分空間に分割され，σ_j と $\tilde{\sigma}_j$ の値はいずれも T のこれらの部分空間への制限の作用素ノルムとなり，それが現れる回数は対応する部分空間の次元に等しくなります． ■

これで特異値の一意性が示せましたから，線形写像の特異値を定義することができます．

定　義　V と W を有限次元内積空間，$T \in \mathcal{L}(V, W)$，$n = \dim V$，$m = \dim W$，$p = \min\{m, n\}$ とする．定理 5・1 に示されている $\sigma_1, \ldots, \sigma_r$ に，$r+1 \leq j \leq p$ なる j について $\sigma_j = 0$ を合わせた $\sigma_1 \geq \cdots \geq \sigma_p \geq 0$ を，$T \in \mathcal{L}(V, W)$ の**特異値**[2] とよぶ．

この節の冒頭の例で $T \in \mathcal{L}(\mathbb{R}^3)$ の特異値分解から $\sigma_1 = 1, \sigma_2 = 1$ であることをみました．よってこの T の特異値は $1, 1, 0$ となります．

即問 3　$T \in \mathcal{L}(V, W)$ が等長写像であるとき，その特異値を与えなさい．

ま と め

● 特異値分解：すべての $T \in \mathcal{L}(V, W)$ に対して，V と W の正規直交基底 $(e_1, \ldots, e_n)$ と $(f_1, \ldots, f_m)$ と $\sigma_1 \geq \cdots \geq \sigma_r > 0$ で

$$Te_j = \begin{cases} \sigma_j f_j & (1 \leq j \leq r) \\ 0 & (\text{その他}) \end{cases}$$

8) 訳注：$(e_1, \ldots, e_{r_1})$ も $(\tilde{e}_1, \ldots, \tilde{e}_{\tilde{r}_1})$ も共に線形独立であることに注意してください．

即問 3 の答　任意の v について $\|Tv\| = \|v\|$ ですから，定理 5・1 の証明からすべての特異値が 1 となります．

を満たすものが存在する．ここで，$r = \operatorname{rank} T$ である．

- 特異値分解の特異値 $\sigma_1 \geq \cdots \geq \sigma_r > 0 = \sigma_{r+1} = \cdots = \sigma_p$ は一意だが，特異ベクトルは一意とは限らない．ここで $r = \operatorname{rank} T$, $p = \min\{\dim V, \dim W\} \geq r$ である．
- 最大の特異値はその写像の作用素ノルムである．

練習問題

5・1・1 $T\begin{bmatrix} x \\ y \\ z \\ w \end{bmatrix} = \begin{bmatrix} x+y \\ z+w \end{bmatrix}$ なる線形写像 $T \in \mathcal{L}(\mathbb{R}^4, \mathbb{R}^2)$ の特異値分解を求めなさい．

5・1・2 標準基底に関して行列 $\begin{bmatrix} 1 & 0 \\ 0 & 1 \\ -1 & 1 \end{bmatrix}$ によって表される線形写像 $T \in \mathcal{L}(\mathbb{R}^2, \mathbb{R}^3)$ の特異値分解を求めなさい．

5・1・3 $T \in \mathcal{L}(\mathbb{R}^2)$ を，$\frac{\pi}{3}$ だけ反時計回りに回転し，次に直線 $y = x$ に正射影する線形変換とします．この特異値分解を求めなさい．

5・1・4 $T \in \mathcal{L}(\mathbb{R}^3)$ を，z 軸まわりに $\frac{\pi}{2}$ だけ反時計回りに回転し，次に y-z 平面に正射影する線形変換とします．この特異値分解を求めなさい．

5・1・5 $C^\infty([0, 2\pi])$ を内積

$$\langle f, g \rangle = \int_0^{2\pi} f(x)g(x)\,dx$$

が定義された無限回微分可能関数 $f : [0, 2\pi] \to \mathbb{R}$ の空間とし，$n \in \mathbb{N}$ に対して $V \subseteq C^\infty([0, 2\pi])$ を

$$1, \sin(x), \sin(2x), \ldots, \sin(nx), \cos(x), \cos(2x), \ldots, \cos(nx)$$

によって張られる部分空間とします．微分作用素 $D \in \mathcal{L}(V)$ の特異値分解を求めなさい．

5・1・6 有限次元内積空間 V の正射影 $P \in \mathcal{L}(V)$ について以下を示しなさい．

(a) P の特異値は 1 か 0 である．

(b) P の特異値分解で左右の特異ベクトルが等しいものがある．

5・1・7 $T \in \mathcal{L}(V)$ の特異値を $\sigma_1 \geq \cdots \geq \sigma_n \geq 0$ とし，λ を T の固有値とする．このとき $\sigma_n \leq |\lambda| \leq \sigma_1$ を示しなさい．

5・1・8 $T \in \mathcal{L}(V, W)$ が可逆であるのは，$\dim V = \dim W$ であり T のすべての特異値が非零であるとき，またそのときに限ることを示しなさい．

5・1・9 $T \in \mathcal{L}(V, W)$ が可逆であるとします．T の特異値がわかっているとき T^{-1} の特異値を与えなさい．

5・1・10 $T \in \mathcal{L}(V, W)$ が可逆で，その特異値を $\sigma_1 \geq \cdots \geq \sigma_n$ とします．

$$\sigma_n = \min_{\|v\|=1} \|Tv\| = \left\|T^{-1}\right\|_{op}^{-1}$$

を示しなさい．

5・1・11 Vを有限次元内積空間とし$T \in \mathcal{L}(V)$ のすべての特異値が1であるとします．このときTが等長写像であることを示しなさい．

5・1・12 VとWを有限次元内積空間とし，$T \in \mathcal{L}(V, W)$ の特異値を$\sigma_1 \geq \cdots \geq \sigma_p$とします．$\sigma_p \leq s \leq \sigma_1$なる任意の$s \in \mathbb{R}$に対して，$\|Tv\| = s$となる単位ベクトル$v \in V$が存在することを示しなさい．

5・1・13 有限次元内積空間VとWと$T \in \mathcal{L}(V, W)$ について，以下の存在を示しなさい．

- Vがその直交直和$V_0 \oplus V_1 \oplus \cdots \oplus V_k$となる$V$の部分空間$V_0, V_1, \ldots, V_k$
- Wがその直交直和$W_0 \oplus W_1 \oplus \cdots \oplus W_k$となる$W$の部分空間$W_0, W_1, \ldots, W_k$
- 各$j = 1, \ldots, k$について等長写像$T_j \in \mathcal{L}(V_j, W_j)$
- $T = \sum_{j=1}^{k} \tau_j T_j P_{V_j}$となる相異なるスカラー$\tau_1, \ldots, \tau_k > 0$[9)]

5・1・14 $T \in \mathcal{L}(V, W)$ の特異値分解の右特異ベクトルを$(e_1, \ldots, e_n)$，特異値を$\sigma_1 \geq \cdots \geq \sigma_p$とします．

(a) $j = 1, \ldots, p$について$U_j = \langle e_j, \ldots, e_n \rangle$としたとき，任意の$v \in U_j$について$\|Tv\| \leq \sigma_j \|v\|$を示しなさい．

(b) $j = 1, \ldots, p$について$V_j = \langle e_1, \ldots, e_j \rangle$としたとき，任意の$v \in V_j$について$\|Tv\| \geq \sigma_j \|v\|$を示しなさい．

(c) Uが$\dim U = n - j + 1$なるVの部分空間なら，$v \in U$で$\|Tv\| \geq \sigma_j \|v\|$となるものが存在することを示しなさい．

ヒント：補助定理3・22を使いなさい．

(d) 上の結果を使って

$$\sigma_j = \min_{\dim U = n-j+1} \max_{v \in U, \|v\|=1} \|Tv\|$$

を示しなさい．

補足：これは定理5・3の別証明になっています．

5・1・15 定理5・3で，二つの特異値分解のいずれについても，非零の特異値の個数がTの階数に等しいことを仮定しました．この仮定が不要であることを以下の説明を参考にして示しなさい．VとWそれぞれの正規直交基底$(e_1, \ldots, e_n)$と$(f_1, \ldots, f_m)$，スカラー$\sigma_1 \geq \cdots \geq \sigma_k > 0$が存在して，$j = 1, \ldots, k$について$Te_j = \sigma_j f_j$，$j > k$について$Te_j = 0$を満たしていると仮定して，$\operatorname{rank} T = k$を示しなさい．

---

9) 訳注：ここでP_{V_j}はV_jへの正射影です．

5・2 行列の特異値分解

特異値分解の行列版

この節では行列の視点から定理 5・1 をみてみようと思います．まず，定理を行列の言葉で述べ直します．

> **系 5・4（特異値分解）** $\mathbf{A} \in \mathbf{M}_{m,n}(\mathbb{F})$ の階数を r とする．このとき
> $$\mathrm{A} = \mathrm{U}\Sigma\mathrm{V}^*$$
> となる一対のユニタリ行列（$\mathbb{F}=\mathbb{C}$ の場合），直交行列（$\mathbb{F}=\mathbb{R}$ の場合）$\mathbf{U} \in \mathbf{M}_m(\mathbb{F})$ と $\mathbf{V} \in \mathbf{M}_n(\mathbb{F})$ と実行列 $\Sigma \in \mathbf{M}_{m,n}(\mathbb{R})$ が存在する．ここで $\Sigma \in \mathbf{M}_{m,n}(\mathbb{R})$ は，$1 \leq j \leq r$ についてその (j,j) 要素が σ_j で，それ以外の要素は 0 であり，実数 $\sigma_1, \ldots, \sigma_r$ は一意で $\sigma_1 \geq \cdots \geq \sigma_r > 0$ を満たす．

■**証 明** $T \in \mathcal{L}(\mathbb{F}^n, \mathbb{F}^m)$ を $T\mathbf{v} = \mathbf{A}\mathbf{v}$ で与えられる線形写像とすると，定理 5・1 から $\mathbb{F}^m$ の正規直交基底 $\mathcal{B} = (\mathbf{u}_1, \ldots, \mathbf{u}_m)$ と $\mathbb{F}^n$ の正規直交基底 $\mathcal{B}' = (\mathbf{v}_1, \ldots, \mathbf{v}_n)$ が存在して

$$[T]_{\mathcal{B}',\mathcal{B}} = \Sigma$$

となります．ここで行列 Σ の要素である $\sigma_1, \ldots, \sigma_r$ は T の特異値で，定理 5・3 から一意です．また基底変換によって

$$\Sigma = [T]_{\mathcal{B}',\mathcal{B}} = [I]_{\mathcal{E},\mathcal{B}}\,[T]_{\mathcal{E}}\,[I]_{\mathcal{B}',\mathcal{E}}$$

を得ます．定義より $\mathbf{A} = [T]_{\mathcal{E}}$ であり，

$$\mathrm{V} := [I]_{\mathcal{B}',\mathcal{E}} = \begin{bmatrix} | & & | \\ \mathbf{v}_1 & \cdots & \mathbf{v}_n \\ | & & | \end{bmatrix}$$

は，列が正規直交系をなしていますから，ユニタリ行列（$\mathbb{F}=\mathbb{R}$ なら直交行列）です．さらに

$$\mathbf{U} := \begin{bmatrix} | & & | \\ \mathbf{u}_1 & \cdots & \mathbf{u}_m \\ | & & | \end{bmatrix}$$

もユニタリ行列（$\mathbb{F}=\mathbb{R}$ なら直交行列）であり，

$$[I]_{\mathcal{E},\mathcal{B}} = [I]_{\mathcal{B},\mathcal{E}}^{-1} = \mathbf{U}^{-1}$$

です．よって

$$\Sigma = \mathbf{U}^{-1}\mathbf{A}\mathbf{V}$$

すなわち

$$\mathrm{A} = \mathrm{U}\Sigma\mathrm{V}^{-1} = \mathrm{U}\Sigma\mathrm{V}^*$$

が得られます. ■

■**例** 行列

$$\mathbf{A} = \begin{bmatrix} -1 & 1 & 3 & 5 & 6 \\ 3 & -1 & 3 & -1 & 6 \\ -1 & 3 & -3 & 1 & -6 \end{bmatrix}$$

に対して

$$(\mathbf{v}_1, \mathbf{v}_2, \mathbf{v}_3, \mathbf{v}_4, \mathbf{v}_5) = \left(\frac{1}{4\sqrt{3}} \begin{bmatrix} 1 \\ -1 \\ 3 \\ 1 \\ 6 \end{bmatrix}, \frac{1}{\sqrt{6}} \begin{bmatrix} -1 \\ 1 \\ 0 \\ 2 \\ 0 \end{bmatrix}, \frac{1}{\sqrt{2}} \begin{bmatrix} 1 \\ 1 \\ 0 \\ 0 \\ 0 \end{bmatrix}, \frac{1}{4} \begin{bmatrix} 1 \\ -1 \\ 3 \\ 1 \\ -2 \end{bmatrix}, \frac{1}{2} \begin{bmatrix} 1 \\ -1 \\ -1 \\ -1 \\ 0 \end{bmatrix} \right)$$

は $\mathbb{R}^5$ の正規直交基底で,

$$(\mathbf{u}_1, \mathbf{u}_2, \mathbf{u}_3) = \left(\frac{1}{\sqrt{3}} \begin{bmatrix} 1 \\ 1 \\ -1 \end{bmatrix}, \frac{1}{\sqrt{6}} \begin{bmatrix} 2 \\ -1 \\ 1 \end{bmatrix}, \frac{1}{\sqrt{2}} \begin{bmatrix} 0 \\ 1 \\ 1 \end{bmatrix} \right)$$

は $\mathbb{R}^3$ の正規直交基底で，しかも

$$\mathbf{A}\mathbf{v}_1 = 12\mathbf{u}_1 \quad \mathbf{A}\mathbf{v}_2 = 6\mathbf{u}_2 \quad \mathbf{A}\mathbf{v}_3 = 2\mathbf{u}_3 \quad \mathbf{A}\mathbf{v}_4 = \mathbf{0} \quad \mathbf{A}\mathbf{v}_5 = \mathbf{0}$$

を満たします．よって直前の証明のように，**A** の特異値分解

$$\mathbf{A} = \begin{bmatrix} \frac{1}{\sqrt{3}} & \frac{2}{\sqrt{6}} & 0 \\ \frac{1}{\sqrt{3}} & \frac{-1}{\sqrt{6}} & \frac{1}{\sqrt{2}} \\ \frac{-1}{\sqrt{3}} & \frac{1}{\sqrt{6}} & \frac{1}{\sqrt{2}} \end{bmatrix} \begin{bmatrix} 12 & 0 & 0 & 0 & 0 \\ 0 & 6 & 0 & 0 & 0 \\ 0 & 0 & 2 & 0 & 0 \end{bmatrix} \begin{bmatrix} \frac{1}{4\sqrt{3}} & \frac{-1}{4\sqrt{3}} & \frac{3}{4\sqrt{3}} & \frac{1}{4\sqrt{3}} & \frac{6}{4\sqrt{3}} \\ \frac{-1}{\sqrt{6}} & \frac{1}{\sqrt{6}} & 0 & \frac{2}{\sqrt{6}} & 0 \\ \frac{1}{\sqrt{2}} & \frac{1}{\sqrt{2}} & 0 & 0 & 0 \\ \frac{1}{4} & \frac{-1}{4} & \frac{3}{4} & \frac{1}{4} & \frac{-2}{4} \\ \frac{1}{2} & \frac{-1}{2} & \frac{-1}{2} & \frac{-1}{2} & 0 \end{bmatrix}$$

が得られます. ■

定 義 行列 $\mathbf{A} \in \mathbf{M}_{m,n}(\mathbb{C})$ の**特異値**[1] を系 5・4 の行列 Σ の対角要素 $[\Sigma]_{jj}$ と定義する．すなわち

$$\mathbf{A} = \mathbf{U}\Sigma\mathbf{V}^*$$

であり，$p = \min\{m, n\}$，r を **A** の階数としたとき，**A** の特異値は $1 \leq j \leq r$ について σ_j で，$r+1 \leq j \leq p$ について $\sigma_j := 0$ である．

U の列ベクトルを **A** の**左特異ベクトル**[2]，**V** の列ベクトルを **A** の**右特異ベクトル**[3] とよぶ.

1) singular value　2) left singular vector　3) right singular vector

即問4 $\mathbf{A} \in \mathbf{M}_{m,n}(\mathbb{C})$ とし，$\mathbf{W} \in \mathbf{M}_m(\mathbb{C})$ と $\mathbf{Y} \in \mathbf{M}_n(\mathbb{C})$ は共にユニタリ行列であるとします．このとき $\mathbf{A}$ と $\mathbf{WAY}$ の特異値は等しいことを示しなさい．

上の例では，左右の特異値ベクトル（$\mathbf{u}_1, \mathbf{u}_2, \mathbf{u}_3$）と（$\mathbf{v}_1, \mathbf{v}_2, \mathbf{v}_3, \mathbf{v}_4, \mathbf{v}_5$）が既知でしたから，直ちに特異値

$$\sigma_1 = 12 \qquad \sigma_2 = 6 \qquad \sigma_3 = 2$$

を得ることができました．次の命題では，行列 $\mathbf{A}$ からその特異値を求める方法を示します．

命題5・5 $\mathbf{A} \in \mathbf{M}_{m,n}(\mathbb{F})$ に対して $p = \min\{m, n\}$ として，その特異値を $\sigma_1 \geq \cdots \geq \sigma_p$ とする．このとき各 $j = 1, \ldots, p$ について σ_j^2 は $\mathbf{A}^*\mathbf{A}$ と $\mathbf{AA}^*$ の両行列の固有値となる．さらに $\mathbf{A}^*\mathbf{A}$ と $\mathbf{AA}^*$ のうちでそのサイズが $p \times p$ である行列の固有値は $\sigma_1^2, \ldots, \sigma_p^2$ であり，他方の行列の固有値は $\sigma_1^2, \ldots, \sigma_p^2$ といくつかの零固有値からなる．

まとめると

$\mathbf{A}$ の特異値は $\mathbf{A}^*\mathbf{A}$ と $\mathbf{AA}^*$ の固有値の平方根である

となります．

■**証明** $\mathbf{A}$ の特異値分解を $\mathbf{A} = \mathbf{U}\Sigma\mathbf{V}^*$ として $\mathbf{A}^*\mathbf{A}$ を考えると

$$\mathbf{A}^*\mathbf{A} = \mathbf{V}\Sigma^*\mathbf{U}^*\mathbf{U}\Sigma\mathbf{V}^* = \mathbf{V}\Sigma^*\Sigma\mathbf{V}^*$$

となります．$\mathbf{V}$ はユニタリ行列，よって $\mathbf{V}^* = \mathbf{V}^{-1}$ ですから $\mathbf{A}^*\mathbf{A}$ は $\Sigma^*\Sigma$ に相似で，よって固有値を共有します．

$n \leq m$ なら $\Sigma^*\Sigma = \mathrm{diag}(\sigma_1^2, \ldots, \sigma_p^2)$ で，$n > m$ なら $\Sigma^*\Sigma = \mathrm{diag}(\sigma_1^2, \ldots, \sigma_p^2, 0, \ldots, 0)$ となります．この行列はいずれも対角行列ですから，その固有値は対角要素に一致します．

$\mathbf{AA}^*$ についても同様です． ■

■**例** $\mathbf{A} = \frac{1}{5}\begin{bmatrix} 6 & -2 \\ 2 & -9 \end{bmatrix}$ とすると $\mathbf{AA}^* = \frac{1}{5}\begin{bmatrix} 8 & 6 \\ 6 & 17 \end{bmatrix}$ となります．計算を簡単にするた

即問4の答 $\mathbf{A}$ が $\mathbf{A} = \mathbf{U}\Sigma\mathbf{V}^*$ と特異値分解されていれば，$\mathbf{WAY} = \mathbf{WU}\Sigma\mathbf{V}^*\mathbf{Y} = (\mathbf{WU})\Sigma(\mathbf{Y}^*\mathbf{V})^*$ で $\mathbf{WU}$ も $\mathbf{Y}^*\mathbf{V}$ もユニタリ行列です．よってこれは $\mathbf{WAY}$ の特異値分解です．

めにまず $\mathbf{B}=5\mathbf{AA}^*$の固有値を求めます．$\lambda$ が $\mathbf{B}$ の固有値であることは

$$\mathrm{B}-\lambda \mathrm{I}_2=\begin{bmatrix}8-\lambda & 6\\ 6 & 17-\lambda\end{bmatrix}$$

の階数が 1 以下であることに注意して，$\mathbf{B}-\lambda\mathbf{I}_2$ に対して基本行演算を施すと

$$\begin{bmatrix}8-\lambda & 6\\ 6 & 17-\lambda\end{bmatrix}\xrightarrow{\mathrm{R3}}\begin{bmatrix}6 & 17-\lambda\\ 8-\lambda & 6\end{bmatrix}\xrightarrow{\mathrm{R1}}\begin{bmatrix}6 & 17-\lambda\\ 0 & -\frac{1}{6}(\lambda^2-25\lambda+100)\end{bmatrix}$$

が得られます．$\lambda=5, 20$ の場合にこの行列の階数が 1 となりますので，$\mathbf{B}$ の固有値は 5 と 20 です．よって $\mathbf{AA}^*$の固有値は 1 と 4 となり，$\mathbf{A}$ の特異値は 1 と 2 であることがわかります． ■

これで行列の特異値を求める方法がわかりました．しかし，特異ベクトルも含めた特異値分解はどのように構成できるのかとの疑問が残ります．そのための方法を次の節のアルゴリズム 5・17 で与えますが，その前に特異値分解の意味をもう少し考えてみます．

特異値分解と幾何学

特異値分解 $\mathbf{A}=\mathbf{U}\Sigma\mathbf{V}^*$は，幾何学的には，$\mathbb{F}^n$ 上の変換の列

$$\mathbf{x}\longmapsto \mathbf{V}^*\mathbf{x}\longmapsto \Sigma(\mathbf{V}^*\mathbf{x})\longmapsto \mathbf{U}(\Sigma(\mathbf{V}^*\mathbf{x}))$$

とみることができます．$\mathbf{V}^*$はユニタリ行列ですから等長変換であり，よって $\mathbf{V}^*\mathbf{x}$ は $\mathbf{x}$ からその長さを変えていません．確かに $\mathbb{R}^2$ 上では等長変換は回転か鏡映のいずれかであることをみましたし，高次元空間でもおおよそ同じです．代数的な見方をすれば

$$\mathbf{V}^*=[I]_{\mathcal{E},\mathcal{B}'}$$

です．ここで $\mathcal{B}'=(\mathbf{v}_1, \dots, \mathbf{v}_n)$ であり $\mathcal{E}=(\mathbf{e}_1, \dots, \mathbf{e}_n)$ は標準基底です．つまり $\mathbf{V}^*$ は $\mathbb{F}^n$ 上の等長で，正規直交基底 $\mathcal{B}'$ を標準基底 $\mathcal{E}$ に移す変換です．

次の Σ は，$\mathcal{L}(\mathbb{F}^n, \mathbb{F}^m)$ の写像としてみると，標準基底のベクトルを対応する特異値分だけ拡大あるいは縮小する写像です．具体的に $j=1, \dots, r$ について $\mathbf{e}_j$ は $\sigma_j\mathbf{e}_j$ に移り，$j>r$ については $\mathbf{0}$ に潰れます．このように標準基底ベクトルが伸び縮みする様子は，単位球面 $\{\mathbf{x}\in\mathbb{F}^n \mid \|\mathbf{x}\|=1\}$ が，その軸が特異値に対応した長さをもつ楕円体に変形される様子をみるとよくわかります．

最後の $\mathbf{U}=[I]_{\mathcal{B},\mathcal{E}}$ は標準基底 $\mathcal{E}=(\mathbf{e}_1, \dots, \mathbf{e}_m)$ を正規直交基底 $\mathcal{B}=(\mathbf{u}_1, \dots, \mathbf{u}_m)$ に移す等長変換ですから，やはり回転と鏡映の組合わせです．

下に $\mathbf{A}=\mathbf{U}\Sigma\mathbf{V}^*$の働きを示す図を描いておきます（図 5・1）．

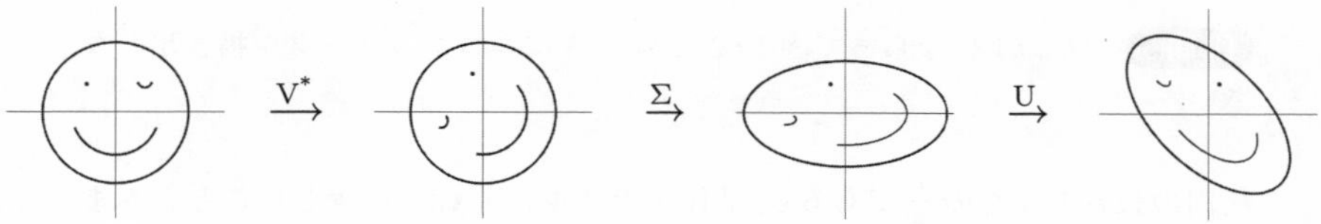

図 5・1 $\mathbb{R}^2$ 上での $\mathbf{A}=\mathbf{U\Sigma V}^*$ の効果

■**例** 行列

$$\mathrm{A}=\begin{bmatrix} 2 & 3 \\ -2 & 3 \end{bmatrix}=\begin{bmatrix} \frac{1}{\sqrt{2}} & \frac{1}{\sqrt{2}} \\ \frac{1}{\sqrt{2}} & -\frac{1}{\sqrt{2}} \end{bmatrix}\begin{bmatrix} 3\sqrt{2} & 0 \\ 0 & 2\sqrt{2} \end{bmatrix}\begin{bmatrix} 0 & 1 \\ 1 & 0 \end{bmatrix}$$

によって $\mathbb{R}^2$ の単位円がどのように変形されるかをみます．はじめに $\mathbf{V}^*=\begin{bmatrix} 0 & 1 \\ 1 & 0 \end{bmatrix}$ が掛けられますが，これは等長変換ですから単位円は変形しません．次の $\Sigma=\begin{bmatrix} 3\sqrt{2} & 0 \\ 0 & 2\sqrt{2} \end{bmatrix}$ によって x 軸方向に $3\sqrt{2}$ 倍，y 軸方向に $2\sqrt{2}$ 倍され（図 5・2），最後に $\mathbf{U}=\begin{bmatrix} \frac{1}{\sqrt{2}} & \frac{1}{\sqrt{2}} \\ \frac{1}{\sqrt{2}} & -\frac{1}{\sqrt{2}} \end{bmatrix}$ を掛けると反時計回りに 45 度回転します（図 5・3）．このように，$\mathbf{A}$ を掛けることによって単位円は $y=x$ 方向に長さ $6\sqrt{2}$ の長軸をもち，$y=-x$ 方向に長さ $4\sqrt{2}$ の短軸をもつ楕円に変形されます．

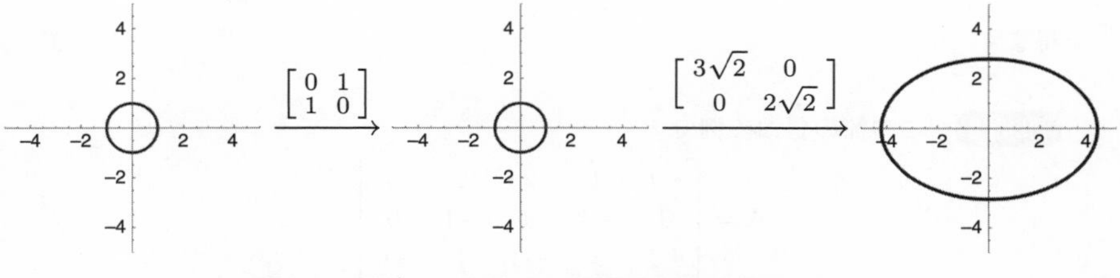

図 5・2 $\mathbf{V}^*$ と Σ を掛ける演算が単位円に及ぼす変形

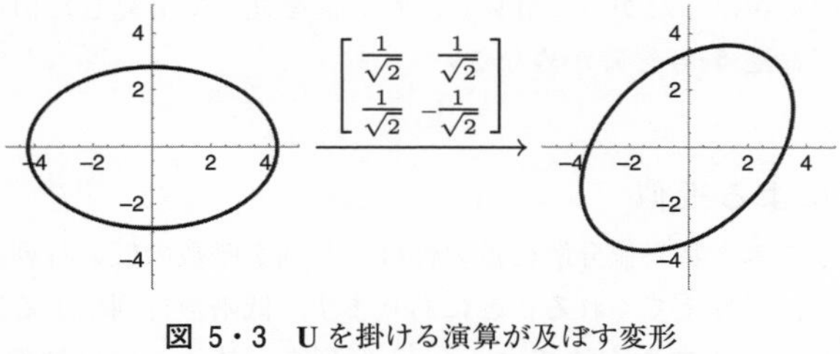

図 5・3 $\mathbf{U}$ を掛ける演算が及ぼす変形

■

即問5 図5・1にならって図5・2と図5・3にニコニコマークを描き足しなさい.

楕円の長軸の長さの$\frac{1}{2}$であるσ_1は作用素ノルム$\|\mathbf{A}\|_{op}$に等しいことをみましたが，フロベニウス・ノルム$\|\mathbf{A}\|_F$も特異値によって表現できます.

命題5・6 $\sigma_1, \ldots, \sigma_r$を$\mathbf{A} \in \mathbf{M}_{m,n}(\mathbb{C})$の正の特異値とすると

$$\|\mathrm{A}\|_F = \sqrt{\sum_{j=1}^{r} \sigma_j^2}$$

が成り立つ.

作用素ノルムは最大の変形量を表していましたが，フロベニウス・ノルムは平均的な変形量を表しているとこの命題は述べています.

■**証明** $\mathbf{A}$の特異値分解を$\mathbf{A} = \mathbf{U\Sigma V^*}$とすると，$\mathbf{V}$がユニタリ行列であることから

$$\mathrm{AA^* = U\Sigma V^* V\Sigma^* U^* = U\Sigma\Sigma^* U^*}$$

です．よって命題3・60から

$$\|\mathrm{A}\|_F^2 = \mathrm{tr}\,\mathrm{U\Sigma\Sigma^* U^*} = \mathrm{tr}\,\mathrm{U^* U\Sigma\Sigma^*} = \mathrm{tr}\,\Sigma\Sigma^* = \|\Sigma\|_F^2 = \sum_{j=1}^{r} \sigma_j^2$$

を得ます. ■

即問6 この節の冒頭の例で

$$\mathrm{A} = \begin{bmatrix} -1 & 1 & 3 & 5 & 6 \\ 3 & -1 & 3 & -1 & 6 \\ -1 & 3 & -3 & 1 & -6 \end{bmatrix}$$

の特異値が12, 6, 2であることをみました．この行列のフロベニウス・ノルム$\|\mathbf{A}\|_F$をその定義にしたがって計算し，特異値を使って計算した値と比較することによって命題5・6を確かめなさい.

低階数行列による近似

応用の観点からみた特異値分解の重要性は，行列を階数の低い行列によって最もよく近似する方法を与えてくれることにあります．低階数行列による近似は大規模な計算を可能にする重要な方法です．$m \times n$行列を記述するには通常mn個の数値

を必要としますが，次に示す特異値分解の表現では，階数 r の $m\times n$ 行列は都合 $(m+n)r$ 個の $\sigma_1\mathbf{u}_1, \ldots, \sigma_r\mathbf{u}_r, \mathbf{v}_1, \ldots, \mathbf{v}_r$ の要素で表すことが可能となります．

定理 5・7（特異値分解） $\mathbf{A}\in\mathbf{M}_{m,n}(\mathbb{F})$ に対して

$$\mathbf{A}=\sum_{j=1}^{r}\sigma_j\mathbf{u}_j\mathbf{v}_j^*$$

となる $\mathbb{F}^m$ の正規直交基底（$\mathbf{u}_1, \ldots, \mathbf{u}_m$）と $\mathbb{F}^n$ の正規直交基底（$\mathbf{v}_1, \ldots, \mathbf{v}_n$）が存在する．ここで，$\sigma_1\geq\cdots\geq\sigma_r>0$ は $\mathbf{A}$ の非零の特異値である．

定理 5・7 の証明は練習問題 5・2・20 にゆずり，次に具体例を与えておきます．

■**例** この節の冒頭の例で

$$\mathbf{A}=\begin{bmatrix}-1 & 1 & 3 & 5 & 6\\ 3 & -1 & 3 & -1 & 6\\ -1 & 3 & -3 & 1 & -6\end{bmatrix}$$

には

$$\mathbf{A}\mathbf{v}_1=12\mathbf{u}_1\quad \mathbf{A}\mathbf{v}_2=6\mathbf{u}_2\quad \mathbf{A}\mathbf{v}_3=2\mathbf{u}_3\quad \mathbf{A}\mathbf{v}_4=\mathbf{0}\quad \mathbf{A}\mathbf{v}_5=\mathbf{0}$$

となる $\mathbb{R}^3$ の正規直交基底（$\mathbf{u}_1, \mathbf{u}_2, \mathbf{u}_3$）と $\mathbb{R}^5$ の正規直交基底（$\mathbf{v}_1, \mathbf{v}_2, \mathbf{v}_3, \mathbf{v}_4, \mathbf{v}_5$）が存在することをみました．ここで

$$\mathbf{B}=12\mathbf{u}_1\mathbf{v}_1^*+6\mathbf{u}_2\mathbf{v}_2^*+2\mathbf{u}_3\mathbf{v}_3^*$$

とします．要素ごとに計算して $\mathbf{A}=\mathbf{B}$ であることを確かめることもできますが，（$\mathbf{v}_1, \mathbf{v}_2, \mathbf{v}_3, \mathbf{v}_4, \mathbf{v}_5$）が正規直交系であることから

$$\mathbf{B}\mathbf{v}_1=12\mathbf{u}_1\quad \mathbf{B}\mathbf{v}_2=6\mathbf{u}_2\quad \mathbf{B}\mathbf{v}_3=2\mathbf{u}_3\quad \mathbf{B}\mathbf{v}_4=\mathbf{0}\quad \mathbf{B}\mathbf{v}_5=\mathbf{0}$$

は容易に得られ，（$\mathbf{v}_1, \mathbf{v}_2, \mathbf{v}_3, \mathbf{v}_4, \mathbf{v}_5$）は $\mathbb{R}^5$ の基底ですから，これで $\mathbf{A}=\mathbf{B}$ が結論できます． ■

即問 5 の答

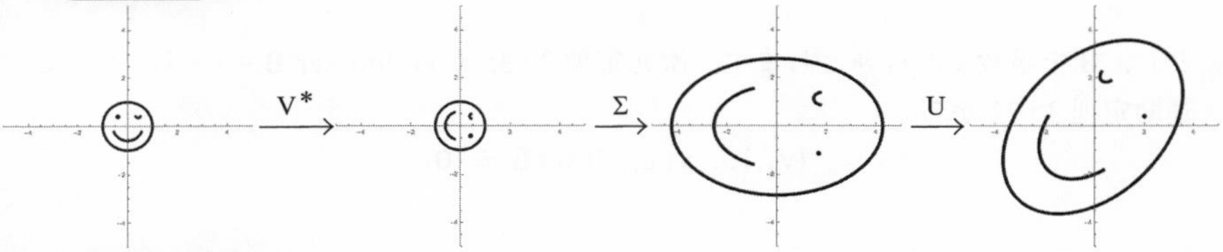

即問 6 の答 $12^2+6^2+2^2=184=3\cdot6^2+5^2+5\cdot3^2+6\cdot1^2$

A を最もよく近似する低階数の行列は，定理 5・7 の特異値分解を途中で打ち切ることによって得られることを次の定理で示します．定理 5・7 と同じ記号を使います．

定理 5・8 行列 $\mathbf{A} \in \mathbf{M}_{m,n}(\mathbb{C})$ の正の特異値を $\sigma_1 \geq \cdots \geq \sigma_r > 0$ とする．行列 $\mathbf{B} \in \mathbf{M}_{m,n}(\mathbb{C})$ の階数を k とし $k < r$ とする．このとき

$$\|\mathbf{A} - \mathbf{B}\|_{op} \geq \sigma_{k+1}$$

となる．この不等式は

$$\mathbf{B} = \sum_{j=1}^{k} \sigma_j \mathbf{u}_j \mathbf{v}_j^*$$

の場合に等号で成り立つ．

■**例** この節の冒頭の例に戻ります．行列 **A** の最良の階数 1 の近似は

$$\mathbf{B} = 12\mathbf{u}_1\mathbf{v}_1^* = \begin{bmatrix} 1 \\ 1 \\ -1 \end{bmatrix} \begin{bmatrix} 1 & -1 & 3 & 1 & 6 \end{bmatrix} = \begin{bmatrix} 1 & -1 & 3 & 1 & 6 \\ 1 & -1 & 3 & 1 & 6 \\ -1 & 1 & -3 & -1 & -6 \end{bmatrix}$$

で，階数 2 の近似は

$$\mathbf{B} = 12\mathbf{u}_1\mathbf{v}_1^* + 6\mathbf{u}_2\mathbf{v}_2^* = \begin{bmatrix} -1 & 1 & 3 & 5 & 6 \\ 2 & -2 & 3 & -1 & 6 \\ -2 & 2 & -3 & 1 & -6 \end{bmatrix}$$

です． ■

即問 7 上の近似行列について $\|\mathbf{A}-\mathbf{B}\|_{op}$ を与えなさい．その際 **A** の特異値は 12, 6, 2 であったことを思い出しなさい．

■**定理 5・8 の証明** **A** の特異値分解を

$$\mathbf{A} = \sum_{j=1}^{r} \sigma_j \mathbf{u}_j \mathbf{v}_j^*$$

とし，**B** を階数 k の行列とします．次元定理 3・35 から $\dim \ker \mathbf{B} = n-k$，よって補助定理 3・22 から

$$\langle \mathbf{v}_1, \ldots, \mathbf{v}_{k+1} \rangle \cap \ker \mathbf{B} \neq \{\mathbf{0}\}$$

即問 7 の答 $\|\mathbf{A}-\mathbf{B}\|_{op}$ は，階数 1 の近似については 6，階数 2 の近似については 2．

がわかりますから，$\mathbf{Bx}=\mathbf{0}$ を満たす非零ベクトル $\mathbf{x}\in\langle \mathbf{v}_1,\ldots,\mathbf{v}_{k+1}\rangle$ があります．$(\mathbf{v}_1,\ldots,\mathbf{v}_n)$ は正規直交系ですから，$\mathbf{x}$ は $j>k+1$ の j について $\mathbf{v}_j$ と直交しています．よって

$$\mathbf{Ax}=\sum_{j=1}^{r}\sigma_j\mathbf{u}_j\mathbf{v}_j^*\mathbf{x}=\sum_{j=1}^{r}\sigma_j\langle\mathbf{x},\mathbf{v}_j\rangle\mathbf{u}_j=\sum_{j=1}^{k+1}\sigma_j\langle\mathbf{x},\mathbf{v}_j\rangle\mathbf{u}_j$$

が得られ，さらに $(\mathbf{u}_1,\ldots,\mathbf{u}_m)$ が正規直交系であることから

$$\|(\mathbf{A}-\mathbf{B})\mathbf{x}\|^2=\|\mathbf{Ax}\|^2=\left\|\sum_{j=1}^{k+1}\sigma_j\langle\mathbf{x},\mathbf{v}_j\rangle\mathbf{u}_j\right\|^2=\sum_{j=1}^{k+1}\sigma_j^2\left|\langle\mathbf{x},\mathbf{v}_j\rangle\right|^2$$

が得られます．したがって

$$\|(\mathbf{A}-\mathbf{B})\mathbf{x}\|^2\geq\sigma_{k+1}^2\sum_{j=1}^{k+1}\left|\langle\mathbf{x},\mathbf{v}_j\rangle\right|^2=\sigma_{k+1}^2\|\mathbf{x}\|^2$$

となります．これと（4・11）から $\|\mathbf{A}-\mathbf{B}\|_{op}\geq\sigma_{k+1}$ が導かれます．

定理に述べられた $\mathbf{B}$ が定理の不等式を等号で満たすことの証明は練習問題5・2・21とします． ■

作用素ノルムに代えてフロベニウス・ノルムを考えた場合の定理5・8も4・3節の方法を使って示すことができます．

> **定理5・9** 行列 $\mathbf{A}\in\mathbf{M}_{m,n}(\mathbb{F})$ の正の特異値を $\sigma_1\geq\cdots\geq\sigma_r>0$ とする．行列 $\mathbf{B}\in\mathbf{M}_{m,n}(\mathbb{C})$ の階数を k とし $k<r$ とする．このとき
>
> $$\|\mathbf{A}-\mathbf{B}\|_F\geq\sqrt{\sum_{j=k+1}^{r}\sigma_j^2}$$
>
> となる．この不等式は
>
> $$\mathbf{B}=\sum_{j=1}^{k}\sigma_j\mathbf{u}_j\mathbf{v}_j^*$$
>
> の場合に等号で成り立つ．

定理5・8と定理5・9から，近似のよさを測るのに作用素ノルムを用いるかフロベニウス・ノルムを用いるかにかかわらず階数 k の最良の近似行列は同じであるということがわかります．（何が最良であるかの定義によって最良のものが異なるのが普通ですから，これは予想外の結果です．練習問題5・2・17をみてください．）

即問8 この節の冒頭の例にある 3×5 行列 **A** について

(a) フロベニウス・ノルムに関して最良の階数 1 と階数 2 の近似行列を示しなさい.

(b) その近似行列 **B** それぞれについて $\|\mathbf{A}-\mathbf{B}\|_F$ を示しなさい.

定理 5・9 の証明のために次の補助定理が必要となります.

補助定理 5・10 $\mathbf{W} \subseteq \mathbb{C}^m$ を k 次元部分空間とし,

$$V_W := \left\{\mathrm{B} \in \mathrm{M}_{m,n}(\mathbb{C}) \;\middle|\; C(\mathrm{B}) \subseteq W\right\}$$

とすると, V_W は $\mathbf{M}_{m,n}(\mathbb{C})$ の部分空間となる.

さらに ($\mathbf{w}_1, \ldots, \mathbf{w}_k$) を W の正規直交基底とし, 第 ℓ 列が w_j である行列

$$\mathrm{W}_{j,\ell} = \begin{bmatrix} | & & | & & | \\ \mathbf{0} & \cdots & \mathrm{w}_j & \cdots & \mathbf{0} \\ | & & | & & | \end{bmatrix}$$

は V_W の正規直交基底をなす.

■ **証 明** 練習問題 5・2・22 にまわします. ■

■ **定理 5・9 の証明** 階数 k の任意の行列 **B** について

$$\|\mathrm{A}-\mathrm{B}\|_F \geq \sqrt{\sum_{j=k+1}^{r} \sigma_j^2} \qquad (5\cdot6)$$

を示します. まず, **A** がユニタリ行列 **U** と **V** によって $\mathbf{A} = \mathbf{U}\Sigma\mathbf{V}^*$ と分解されていれば, 任意の $\mathbf{B} \in \mathbf{M}_{m,n}(\mathbb{C})$ について

$$\|\mathrm{A}-\mathrm{B}\|_F = \left\|\mathrm{U}\Sigma\mathrm{V}^* - \mathrm{B}\right\|_F = \left\|\mathrm{U}(\Sigma - \mathrm{U}^*\mathrm{B}\mathrm{V})\mathrm{V}^*\right\|_F = \left\|\Sigma - \mathrm{U}^*\mathrm{B}\mathrm{V}\right\|_F$$

であることに注意します. **U** と **V** はユニタリ行列, よって同型写像ですから rank $\mathbf{U}^*\mathbf{B}\mathbf{V}$ = rank **B** です. 以上のことから

$$\mathrm{A} = \Sigma = \begin{bmatrix} | & & | & | & & | \\ \sigma_1\mathbf{e}_1 & \cdots & \sigma_r\mathbf{e}_r & \mathbf{0} & \cdots & \mathbf{0} \\ | & & | & | & & | \end{bmatrix}$$

の場合に定理 5・9 の不等式が成り立つことを示せばよいことがわかります[4]. ただし $r=n$ ならこの行列の後半の列の零ベクトルはありません.

即問8の答 (a) 314 ページに示した行列 **B** と同じ. (b) $\sqrt{6^2+2^2} = 2\sqrt{5}$ と 2

4) 訳注: **B** が階数 k の行列すべての上を動くとき, $\mathbf{U}^*\mathbf{B}\mathbf{V}$ も階数 k の行列すべての上を動きます.

k 次元部分空間 $W\subseteq\mathbb{C}^m$ について，$\mathbf{B}\in V_W$ の下で $\|\mathbf{A}-\mathbf{B}\|_F$ を最小にする行列は $P_{V_W}\mathbf{A}$ で与えられます．$\mathbf{W}_{j,\ell}$ は V_W の正規直交基底でしたから，$P_{V_W}\mathbf{A}$ は

$$\begin{aligned}P_{V_W}\mathrm{A} &= \sum_{j=1}^{k}\sum_{\ell=1}^{n}\langle \mathrm{A}, \mathrm{W}_{j,\ell}\rangle \mathrm{W}_{j,\ell} \\ &= \sum_{j=1}^{k}\sum_{\ell=1}^{n}\langle \mathbf{a}_\ell, \mathbf{w}_j\rangle \mathrm{W}_{j,\ell} \\ &= \begin{bmatrix} | & & | \\ \sum_{j=1}^{k}\langle \mathbf{a}_1, \mathbf{w}_j\rangle \mathbf{w}_j & \cdots & \sum_{j=1}^{k}\langle \mathbf{a}_n, \mathbf{w}_j\rangle \mathbf{w}_j \\ | & & | \end{bmatrix} \\ &= \begin{bmatrix} | & & | \\ P_W\mathbf{a}_1 & \cdots & P_W\mathbf{a}_n \\ | & & | \end{bmatrix}\end{aligned}$$

となります．

$\mathbf{A}-P_{V_W}\mathbf{A}$ はフロベニウス内積の下で $P_{V_W}\mathbf{A}$ に直交していますから

$$\|\mathrm{A}-P_{V_W}\mathrm{A}\|_F^2 = \|\mathrm{A}\|_F^2 - \|P_{V_W}\mathrm{A}\|_F^2$$

です．さらに $1\leq\ell\leq r$ については $\mathbf{a}_\ell=\sigma_\ell\mathbf{e}_\ell$ で，$\ell>r$ については $\mathbf{a}_\ell=\mathbf{0}$ であることを思い起こすと，上式の $\|P_{V_W}\mathbf{A}\|_F^2$ の項は

$$\left\|P_{V_W}\mathrm{A}\right\|_F^2 = \sum_{\ell=1}^{n}\|P_W\mathbf{a}_\ell\|^2 = \sum_{\ell=1}^{r}\sigma_\ell^2\,\|P_W\mathbf{e}_\ell\|^2$$

となり，

$$\|\mathrm{A}-P_{V_W}\mathrm{A}\|_F^2 = \sum_{\ell=1}^{r}\sigma_\ell^2 - \sum_{\ell=1}^{r}\sigma_\ell^2\,\|P_W\mathbf{e}_\ell\|^2$$

となります．さて $\|P_W\mathbf{e}_\ell\|^2\leq\|\mathbf{e}_\ell\|^2=1$ が各 ℓ で成り立ち，また

$$\sum_{\ell=1}^{m}\|P_W\mathbf{e}_\ell\|^2 = \sum_{\ell=1}^{m}\sum_{j=1}^{k}\left|\langle \mathbf{e}_\ell, \mathbf{w}_j\rangle\right|^2 = \sum_{j=1}^{k}\left\|\mathbf{w}_j\right\|^2 = k$$

ですから，$\sigma_1\geq\cdots\geq\sigma_r>0$ に注意すれば，W を $1\leq\ell\leq k$ について $\|P_W\mathbf{e}_\ell\|^2=1$ となり，それ以外は 0 となるように選べば，$\sum_{\ell=1}^{r}\sigma_\ell{}^2\|P_W\mathbf{e}_\ell\|^2$ が最大になることがわかります．つまり $W=\langle\mathbf{e}_1,\ldots,\mathbf{e}_k\rangle$ とすればよいことになります．このとき

$$\left\|\mathrm{A}-P_{V_W}\mathrm{A}\right\|_F^2 = \sum_{\ell=1}^{r}\sigma_\ell^2 - \sum_{\ell=1}^{r}\sigma_\ell^2\,\|P_W\mathbf{e}_\ell\|^2 \geq \sum_{\ell=1}^{r}\sigma_\ell^2 - \sum_{\ell=1}^{k}\sigma_\ell^2 = \sum_{j=k+1}^{r}\sigma_j^2$$

が得られます．階数が k であるどのような行列 $\mathbf{B}$ も何らかの V_W に属しますから，これで（5・6）の証明が完成します．

$\mathbf{B}=\sum_{j=1}^{k}\sigma_j\mathbf{u}_j\mathbf{v}_j^*$ の場合に（5・6）に等号が成り立つことを示すために，この $\mathbf{B}$ について $\|\mathbf{A}-\mathbf{B}\|_F$ を計算すると，以下のようになります．

$$\begin{aligned}\left\|\mathrm{A}-\sum_{j=1}^{k}\sigma_j\mathbf{u}_j\mathbf{v}_j^*\right\|_F^2 &= \left\|\sum_{j=k+1}^{r}\sigma_j\mathbf{u}_j\mathbf{v}_j^*\right\|_F^2 \\ &= \left\langle\sum_{j=k+1}^{r}\sigma_j\mathbf{u}_j\mathbf{v}_j^*,\ \sum_{\ell=k+1}^{r}\sigma_\ell\mathbf{u}_\ell\mathbf{v}_\ell^*\right\rangle \\ &= \sum_{j=k+1}^{r}\sum_{\ell=k+1}^{r}\sigma_j\sigma_\ell\,\mathrm{tr}(\mathbf{u}_j\mathbf{v}_j^*\mathbf{v}_\ell\mathbf{u}_\ell^*) \\ &= \sum_{j=k+1}^{r}\sum_{\ell=k+1}^{r}\sigma_j\sigma_\ell\,\langle\mathbf{v}_\ell,\mathbf{v}_j\rangle\langle\mathbf{u}_j,\mathbf{u}_\ell\rangle = \sum_{j=k+1}^{r}\sigma_j^2\end{aligned}$$

■

まとめ

- $\mathbf{A}\in\mathbf{M}_{m,n}(\mathbb{F})$ に対して
$$\mathrm{A}=\mathrm{U}\Sigma\mathrm{V}^*$$
となるユニタリ行列（$\mathbb{F}=\mathbb{R}$ なら直交行列）$\mathbf{U}$ と $\mathbf{V}$ と，(j,j) 要素が σ_j で他の要素が 0 である行列 $\Sigma\in\mathbf{M}_{m,n}(\mathbb{F})$ が存在する．
- 作用素ノルムとフロベニウス・ノルムのいずれのノルムで測った場合でも，行列 $\mathbf{A}$ を最もよく近似する階数 k の行列は，$\mathbf{A}$ の特異値分解 $\mathbf{A}=\sum_{j=1}^{r}\sigma_j\mathbf{u}_j\mathbf{v}_j^*$ を k 番目の特異値で打ち切って得られる．

練習問題

5・2・1 以下の行列の特異値を求めなさい．

(a) $\begin{bmatrix}2 & 1\\ 1 & 2\end{bmatrix}$ (b) $\begin{bmatrix}-1+3i & 1+3i\\ 1+3i & -1+3i\end{bmatrix}$ (c) $\begin{bmatrix}1 & -1 & 2\\ 1 & -1 & -2\end{bmatrix}$

(d) $\begin{bmatrix}1 & -1 & 2\\ 1 & -1 & -2\\ 0 & 0 & 0\end{bmatrix}$ (e) $\begin{bmatrix}0 & 0 & -1\\ 0 & 2 & 0\\ 1 & 0 & 0\end{bmatrix}$

5・2・2　以下の行列の特異値を求めなさい．

(a) $\begin{bmatrix} 1 & 2 \\ -2 & 1 \end{bmatrix}$　(b) $\begin{bmatrix} 4 & -3 \\ 6 & 8 \end{bmatrix}$　(c) $\begin{bmatrix} i & 0 & 0 \\ 0 & \sqrt{2} & 0 \end{bmatrix}$　(d) $\begin{bmatrix} 1 & 2 & 1 \\ 1 & -1 & 1 \end{bmatrix}$

(e) $\begin{bmatrix} 0 & 1 & 0 \\ 0 & 0 & 2 \\ 3 & 0 & 0 \end{bmatrix}$

5・2・3　$z \in \mathbb{C}$ に対して $\mathbf{A}_z = \begin{bmatrix} 1 & z \\ 0 & 2 \end{bmatrix}$ とします．$\mathbf{A}_z$ の固有値は z に依存しないことと，しかし特異値は依存することを示しなさい．
ヒント：$\mathbf{A}_z$ の特異値を計算する必要は必ずしもありません．特異値に関係していてしかも簡単に計算できるものを利用しなさい．

5・2・4　$\mathbf{A}$ を V と W の何らかの正規直交基底による $T \in \mathcal{L}(V, W)$ の表現行列とします．$\mathbf{A}$ の特異値は T の特異値と同じであることを示しなさい．

5・2・5　$\mathbf{A}^*$ の特異値と $\mathbf{A}$ の特異値は同じであることを示しなさい．

5・2・6　$\operatorname{rank} \mathbf{A}^* = \operatorname{rank} \mathbf{A}$ を示しなさい．

5・2・7　$\operatorname{rank}(\mathbf{A}\mathbf{A}^*) = \operatorname{rank}(\mathbf{A}^*\mathbf{A}) = \operatorname{rank} \mathbf{A}$ を示しなさい．

5・2・8　$\mathbf{A} = \operatorname{diag}(\lambda_1, \ldots, \lambda_n)$ ならその特異値は $|\lambda_1|, \ldots, |\lambda_n|$ となることを示しなさい．

5・2・9　$\mathbf{A}$ を

$$\mathrm{A} = \frac{1}{5}\begin{bmatrix} 8 & 9 \\ -6 & 12 \end{bmatrix} = \begin{bmatrix} \frac{3}{5} & \frac{4}{5} \\ \frac{4}{5} & -\frac{3}{5} \end{bmatrix} \begin{bmatrix} 3 & 0 \\ 0 & 2 \end{bmatrix} \begin{bmatrix} 0 & 1 \\ 1 & 0 \end{bmatrix}$$

とします．図5・1にならって，$\mathbf{A}$ が $\mathbb{R}^2$ の単位矩形

$$S = \left\{(x, y) \in \mathbb{R}^2 \;\middle|\; 0 \le x, y \le 1\right\}$$

に及ぼす変換の様子を描きなさい．

5・2・10　$\mathbf{A} \in \mathbf{M}_n(\mathbb{C})$ が特異値 $\sigma_1, \ldots, \sigma_n$ をもつなら

$$|\operatorname{tr} \mathrm{A}| \le \sum_{j=1}^{n} \sigma_j$$

となることを示しなさい．
ヒント：定理5・7とコーシー・シュバルツの不等式を使いなさい．

5・2・11　$\kappa(\mathbf{A})$ を正則行列 $\mathbf{A} \in \mathbf{M}_n(\mathbb{C})$ の条件数（練習問題4・4・11参照）とし，$\sigma_1 \ge \cdots \ge \sigma_n > 0$ をその特異値とします．$\kappa(\mathbf{A}) = \frac{\sigma_1}{\sigma_n}$ を示しなさい．

5・2・12　$\mathbf{A} \in \mathbf{M}_{m,n}(\mathbb{R})$ に対する階数 k の最良の近似行列を $\mathbf{B} \in \mathbf{M}_{m,n}(\mathbb{C})$ とします．このとき $\mathbf{B}$ のどの要素も実数であることを示しなさい．

5・2・13 $\mathbf{A} \in \mathbf{M}_n(\mathbb{F})$ を正則とします．正則でない行列 $\mathbf{B}$ についての $\|\mathbf{A}-\mathbf{B}\|_{op}$ の最小値は σ_n となることを示しなさい．さらに作用素ノルムをフロベニウス・ノルムに置き換えても同じことが成り立つことを示しなさい．

5・2・14 非零行列 $\mathbf{A} \in \mathbf{M}_{m,n}(\mathbb{C})$ に対して**安定階数**[5] を

$$\operatorname{srank} \mathrm{A} := \frac{\|\mathrm{A}\|_F^2}{\|\mathrm{A}\|_{op}^2}$$

と定義します[6]．

(a) $\operatorname{srank} \mathbf{A} \leq \operatorname{rank} \mathbf{A}$ を示しなさい．

(b) ある $\alpha > 0$ に対して $k \geq \alpha \operatorname{srank} \mathbf{A}$ とし，$\mathbf{B}$ を $\mathbf{A}$ に対する階数 k の最良近似とします．このとき

$$\frac{\|\mathrm{A}-\mathrm{B}\|_{op}}{\|\mathrm{A}\|_{op}} \leq \frac{1}{\sqrt{\alpha}}$$

を示しなさい．

5・2・15 $\mathbf{A} \in \mathbf{M}_{m,n}(\mathbb{C})$ の特異値分解を $\mathbf{A} = \mathbf{U}\Sigma\mathbf{V}^*$ とします．$\mathbf{A}$ の**一般化逆行列**[7] $\mathbf{A}^\dagger \in \mathbf{M}_{n,m}(\mathbb{C})$ を

$$\mathrm{A}^\dagger = \mathrm{V}\Sigma^\dagger\mathrm{U}^*$$

と定義します．ここで $\Sigma^\dagger$ は $1 \leq j \leq r$ についてその (j,j) 要素が $\frac{1}{\sigma_j}$ でそれ以外は 0 である $n \times m$ 行列です．

(a) $\mathbf{A}$ が正則なら $\mathbf{A}^\dagger = \mathbf{A}^{-1}$ であることを示しなさい．

(b) $\Sigma\Sigma^\dagger$ と $\Sigma^\dagger\Sigma$ を求めなさい．

(c) $(\mathbf{A}\mathbf{A}^\dagger)^* = \mathbf{A}\mathbf{A}^\dagger$ と $(\mathbf{A}^\dagger\mathbf{A})^* = \mathbf{A}^\dagger\mathbf{A}$ を示しなさい．

(d) $\mathbf{A}\mathbf{A}^\dagger\mathbf{A} = \mathbf{A}$ と $\mathbf{A}^\dagger\mathbf{A}\mathbf{A}^\dagger = \mathbf{A}^\dagger$ を示しなさい．

5・2・16 $\mathbf{A}^\dagger$ を上の練習問題 5・2・15 で定義した $\mathbf{A} \in \mathbf{M}_{m,n}(\mathbb{C})$ の一般化逆行列とします．

(a) 線形方程式系 $\mathbf{A}\mathbf{x} = \mathbf{b}$ が解をもつ必要十分条件は，$\mathbf{A}\mathbf{A}^\dagger\mathbf{b} = \mathbf{b}$ であることを示しなさい．

(b) 線形方程式系 $\mathbf{A}\mathbf{x} = \mathbf{b}$ の任意の解 $\mathbf{x} \in \mathbb{C}^n$ について，$\|\mathbf{x}\| \geq \|\mathbf{A}^\dagger\mathbf{b}\|$ が成り立つことを示しなさい．（この不等式から $\mathbf{A}^\dagger\mathbf{b}$ は**最小二乗解**[8] とよばれています．）

(c) 線形方程式系 $\mathbf{A}\mathbf{x} = \mathbf{b}$ が解をもつ場合，その解集合が

$$\left\{\mathrm{A}^\dagger\mathrm{b} + \left[\mathrm{I}_n - \mathrm{A}^\dagger\mathrm{A}\right]\mathrm{w} \;\middle|\; \mathrm{w} \in \mathbb{C}^n\right\}$$

で与えられることを示しなさい．

5）stable rank
6）訳注：章末の訳注を参照．
7）pseudoinverse　8）least-squares solution

ヒント：まず $\ker \mathbf{A} = C(\mathbf{I}_n - \mathbf{A}^\dagger \mathbf{A})$ を示しなさい．練習問題 5・2・15 を用いれば片方の包含関係は自明です．残りの包含関係を示すには次元を比べるのが近道です．

5・2・17 一般に何が最良の近似であるかはその測り方に依存します．点 $(1, 1)$ に最も近い $y = \frac{1}{2}x$ 上の点が以下のようになることを示しなさい．

(a) $\mathbb{R}^2$ 上の標準ノルムによれば $(\frac{6}{5}, \frac{3}{5})$

(b) ℓ^1 ノルムによれば $(1, \frac{1}{2})$

(c) ℓ^∞ ノルムによれば $(\frac{4}{3}, \frac{2}{3})$

5・2・18 V_W を補助定理 5・10 で定義されたものとし，$\mathbf{A} \in \mathbf{M}_{m,n}(\mathbb{C})$ とします．

(a) $\mathbf{x} \in \mathbb{C}^n$ について $[P_{V_W}\mathbf{A}]\mathbf{x} = P_W(\mathbf{Ax})$ を示しなさい．

(b) $\mathbb{C}^m$ の k 次元部分空間 W で $P_{V_W}\mathbf{A} = \sum_{j=1}^{k} \sigma_j \mathbf{u}_j \mathbf{v}_j^*$ となるものを求めなさい．ここで，$\mathbf{A}$ の特異値分解は $\mathbf{A} = \sum_{j=1}^{r} \sigma_j \mathbf{u}_j \mathbf{v}_j^*$ です．

5・2・19 定理 5・7 を使って命題 5・6 の別証明を与えなさい．

5・2・20 定理 5・7 を証明しなさい．

5・2・21 定理 5・8 で等号が成り立つ場合の証明を与えなさい．つまり $\mathbf{A} = \sum_{j=1}^{r} \sigma_j \mathbf{u}_j \mathbf{v}_j^*$ を $\mathbf{A}$ の特異値分解とし，$\mathbf{B} = \sum_{j=1}^{k} \sigma_j \mathbf{u}_j \mathbf{v}_j^*$ とすると

$$\|\mathrm{A} - \mathrm{B}\|_{op} = \sigma_{k+1}$$

となることを示しなさい．

5・2・22 補助定理 5・10 を証明しなさい．

5・3 随伴写像

線形写像の随伴写像

$\mathbb{C}^n$ の標準的な内積は，$\mathbf{x}, \mathbf{y} \in \mathbb{C}^n$ に対して

$$\langle \mathbf{x}, \mathbf{y} \rangle = \mathbf{y}^* \mathbf{x}$$

と書けました．$n \times n$ 行列 $\mathbf{A}$ を $\mathbb{C}^n$ 上の変換とみなすと，$(\mathbf{By})^* = \mathbf{y}^* \mathbf{B}^*$ ですから，

$$\langle \mathrm{Ax}, \mathrm{y} \rangle = \mathrm{y}^* \mathrm{Ax} = (\mathrm{A}^* \mathrm{y})^* \mathrm{x} = \langle \mathrm{x}, \mathrm{A}^* \mathrm{y} \rangle$$

となります．これを踏まえて次の定義をします．

定 義 V と W を内積空間とし $T \in \mathcal{L}(V, W)$ とする．線形写像 $S \in \mathcal{L}(W, V)$ が任意の $v \in V$ と $w \in W$ について

$$\langle Tv, w \rangle = \langle v, Sw \rangle$$

を満たすとき S を T の**随伴写像**[1] とよぶ．またこれを $S=T^*$ と書く[2]．

■例　1. $T:\mathbb{C}^n\to\mathbb{C}^n$ が行列 $\mathbf{A}$ の掛け算で与えられている場合には，T^* は $\mathbf{A}^*$ の掛け算で与えられます．

2. 定理 4・16 の主張 4 によって，V の有限次元部分空間 U への正射影 P_U について $P_U^*=P_U$ です．

3. 定理 4・27 から，$T\in\mathcal{L}(V,W)$ が内積空間の間の等長写像なら，$T^*=T^{-1}$ です．■

補助定理 5・11　内積空間の間の線形写像 $T\in\mathcal{L}(V,W)$ が随伴写像をもつならそれは一意である．

■証明　$S_1,S_2\in\mathcal{L}(W,V)$ を T の随伴写像とすると，任意の $v\in V$ と $w\in W$ について

$$\langle v,(S_1-S_2)w\rangle=0$$

が成り立ちます．ここで $v=(S_1-S_2)w$ をとると

$$\langle (S_1-S_2)w,(S_1-S_2)w\rangle=0$$

が任意の $w\in W$ について成り立つことがわかります．よって $S_1=S_2$ です．■

以上より，T^* が存在すれば，それは任意の $v\in V$ と $w\in W$ について

$$\langle Tv,w\rangle=\langle v,T^*w\rangle$$

を満たす唯一の写像ということになります．

即問 9　$S,T\in\mathcal{L}(V,W)$ が随伴写像をもつ場合に

$$(aT)^*=\bar{a}T^*\qquad (S+T)^*=S^*+T^*$$

を示しなさい．ここで $a\in\mathbb{F}$ です．

定理 5・12　V を有限次元内積空間，W を内積空間，$T\in\mathcal{L}(V,W)$ とする．このとき T は随伴写像をもつ．

1）adjoint，共役写像ともいいます．

2）訳注：まだ随伴写像の一意性を示していませんから，この記法はちょっと勇み足です．一意性は補助定理 5・11 で示します．

即問 9 の答　任意の $v\in V$ と $w\in W$ について $\langle aTv,w\rangle=a\langle Tv,w\rangle=a\langle v,T^*w\rangle=\langle v,\bar{a}T^*w\rangle$ です．加法性についても同様．

■**証明** $(e_1, \ldots, e_n)$ を V の正規直交基底とし，$w \in W$ に対して

$$Sw = \sum_{j=1}^{n} \langle w, Te_j \rangle e_j$$

と定義します．内積の線形性から S が線形写像であることは容易に確かめられます．さらに任意の $v \in V$ と $w \in W$ について

$$\begin{aligned}\langle Tv, w \rangle &= \left\langle T \sum_{j=1}^{n} \langle v, e_j \rangle e_j, w \right\rangle \\ &= \sum_{j=1}^{n} \langle v, e_j \rangle \langle Te_j, w \rangle \\ &= \sum_{j=1}^{n} \langle v, e_j \rangle \overline{\langle w, Te_j \rangle} \\ &= \left\langle v, \sum_{j=1}^{n} \langle w, Te_j \rangle e_j \right\rangle \\ &= \langle v, Sw \rangle\end{aligned}$$

が得られます． ■

$\mathbb{C}^n$ 上での共役転置行列の振舞いを踏まえて，共役転置を表すために使った記号と同じ記号を随伴写像に用いてきました．確かに $\mathbb{C}^n$ 上の線形写像の標準基底に関する表現行列を考えるとこの記法は妥当なのですが，次の定理は，さらに一般的に正規直交基底の下での座標を考える限り，この記法が整合性をもっていると述べています．

定理 5・13 $\mathcal{B}_V$ と $\mathcal{B}_W$ をそれぞれ V と W の正規直交基底とする．$T \in \mathcal{L}(V, W)$ に対して

$$[T^*]_{\mathcal{B}_W, \mathcal{B}_V} = \left([T]_{\mathcal{B}_V, \mathcal{B}_W}\right)^*$$

が成り立つ．

注 意 この定理が成り立つのは $\mathcal{B}_V$ と $\mathcal{B}_W$ の両者が正規直交基底であるときです．

■**証明** $\mathcal{B}_V = (e_1, \ldots, e_n)$, $\mathcal{B}_W = (f_1, \ldots, f_m)$ とします．定理 4・9 から $[T^*]_{\mathcal{B}_W, \mathcal{B}_V}$ の (j, k) 要素は

$$\langle T^* f_k, e_j \rangle = \overline{\langle e_j, T^* f_k \rangle} = \overline{\langle Te_j, f_k \rangle}$$

ですが，これは $[T]_{\mathcal{B}_V, \mathcal{B}_W}$ の (k, j) 要素の共役です． ■

次に列挙した随伴写像の基本的性質はいずれも定義から容易に得られます．

命題 5・14　U, V, W を有限次元内積空間，$S, T \in \mathcal{L}(U, V)$，$R \in \mathcal{L}(V, W)$ とすると以下が成り立つ．
1. $(T^*)^* = T$
2. $(S+T)^* = S^* + T^*$
3. $(aT)^* = \bar{a}T^*$
4. $(RT)^* = T^*R^*$
5. T が可逆なら $(T^{-1})^* = (T^*)^{-1}$

■**証明**　主張 2 と主張 3 はすでに即問 9 で証明済みです．主張 1 だけを示して残りは練習問題 5・3・21 とします．

任意の $u \in U$ と $v \in V$ に対して

$$\langle v, Tu \rangle = \overline{\langle Tu, v \rangle} = \overline{\langle u, T^*v \rangle} = \langle T^*v, u \rangle$$

ですから T は T^* の随伴写像です．■

この証明では，T が $(T^*)^*$ の条件を満たしていることを示すことによって $(T^*)^* = T$ を示しました．ここでも論より証拠原理（1・1 節）が働いています．

自己随伴である写像と行列

自身がその随伴写像となっている変換には特別な性質があります．

定 義　線形変換 $T \in \mathcal{L}(V)$ は $T^* = T$ のとき**自己随伴**[3] であるという．

複素行列 $\mathbf{A} \in \mathbf{M}_n(\mathbb{C})$ は $\mathbf{A}^* = \mathbf{A}$ のとき**エルミート行列**[4] であるといい，実行列 $\mathbf{A} \in \mathbf{M}_n(\mathbb{R})$ は $\mathbf{A}^{\mathrm{T}} = \mathbf{A}$ のとき**対称行列**[5] であるという．

このように定義すると，定理 5・13 が述べているのは，有限次元内積空間 V 上の線形変換 T が自己随伴であるための必要十分条件は，正規直交基底に関するその表現行列がエルミート行列であることと言えます．V が実内積空間ならエルミート行列は対称行列に置き換わります．

即問 10　$T \in \mathcal{L}(V)$ が自己随伴なら，その固有値はすべて実数であることを示しなさい．
ヒント：固有ベクトル $v \in V$ について $\langle Tv, v \rangle$ を考えなさい．

3）self-adjoint，エルミート変換とよぶこともあります．
4）Hermitian　　5）symmetric
即問 10 の答　$\langle Tv, v \rangle = \lambda \|v\|^2$ でしかも $\langle Tv, v \rangle = \langle v, T^*v \rangle = \langle v, Tv \rangle = \bar{\lambda} \|v\|^2$．よって $\lambda = \bar{\lambda}$．

v_1 と v_2 が線形写像 T の相異なる固有値に対応した固有ベクトルなら，それらは線形独立であることを以前にみましたが，T が自己随伴ならさらに次の命題が得られます．

命題 5・15 $T \in \mathcal{L}(V)$ を自己随伴変換とする．$Tv_1 = \lambda_1 v_1, Tv_2 = \lambda_2 v_2$ で，しかも $\lambda_1 \neq \lambda_2$ なら $\langle v_1, v_2 \rangle = 0$ である．

■証明

$$\lambda_1 \langle v_1, v_2 \rangle = \langle \lambda_1 v_1, v_2 \rangle = \langle T v_1, v_2 \rangle = \langle v_1, T v_2 \rangle = \langle v_1, \lambda_2 v_2 \rangle = \lambda_2 \langle v_1, v_2 \rangle$$

と $\lambda_1 \neq \lambda_2$ より $\langle v_1, v_2 \rangle = 0$ が得られます． ■

■例 この節末の練習問題 5・3・7 にあるように，実数上の周期 2π の無限回微分可能な関数のつくる空間で，2 回微分作用素は自己随伴になります．よって命題 5・15 から $n \neq m$ なら $\sin(nx)$ と $\sin(mx)$ は直交することがわかります．それぞれ 2 回微分作用素の固有値 $-n^2$ と $-m^2$ とに対する固有ベクトルであるからです． ■

4 基本部分空間

線形写像とその随伴写像それぞれの像空間と核空間の関係についての基本的な結果を次に示します．

命題 5・16 V と W を有限次元内積空間，$T \in \mathcal{L}(V, W)$ とすると以下が成り立つ．

1. $\ker T^* = (\mathrm{range}\ T)^\perp$
2. $\mathrm{range}\ T^* = (\ker T)^\perp$

この結果を使えば内積空間での次元定理の別証明が得られます．まず，V を直交直和に

$$V = \ker T \oplus (\ker T)^\perp = \ker T \oplus \mathrm{range}\ T^* \qquad (5\cdot 7)$$

と分解します．この右辺の次元は null T + rank T^* = null T + rank T [6] ですから，次元定理が得られます．さらに（5・7）から，V のどのベクトルも ker T のベクトルとそれに直交する range T^* のベクトルに分解されることがわかります．四つの部分空間 range T, ker T, range T^*, ker T^* は線形写像 T の **4 基本部分空間** [7] とよばれることがあります．

6）訳注：rank T^* = rank T については章末の訳注を参照．また練習問題 5・2・6 や 5・3・20（d）もみてください．

7）four fundamental subspaces

■ **命題 5・16 の証明** $w \in \ker T^*$ を仮定して，任意の $w' \in \mathrm{range}\, T$ に対して $\langle w, w' \rangle = 0$ が成り立つことを示します．$w' \in \mathrm{range}\, T$ なら $w' = Tv'$ となる $v' \in V$ があり，仮定から $T^* w = 0$ ですから

$$\langle w, w' \rangle = \langle w, Tv' \rangle = \langle T^* w, v' \rangle = 0$$

が得られます．

逆に，$w \in (\mathrm{range}\, T)^{\perp}$ とすると

$$0 = \langle w, Tv \rangle = \langle T^* w, v \rangle$$

が任意の $v \in V$ に対して成り立ちます．これから，命題 4・2 の主張 **4** を使うと，$T^* w = 0$ が導けます．

1 番目の主張を T^* に対して適用し直交補空間をとれば，2 番目の主張が得られます．つまり

$$\ker T = \ker (T^*)^* = (\mathrm{range}\, T^*)^{\perp}$$

よって，

$$(\ker T)^{\perp} = ((\mathrm{range}\, T^*)^{\perp})^{\perp} = \mathrm{range}\, T^*$$

です． ■

節末の練習問題 5・3・20 にあるように 4 基本部分空間は特異値分解と深く関連しています．

特異値分解の計算

5・2 節で特異値の計算方法を示しましたが，いよいよ特異値分解を完成させるアルゴリズムを与えます．

アルゴリズム 5・17 行列 $\mathbf{A} \in \mathbf{M}_{m,n}(\mathbb{F})$ の特異値分解の求め方：

- $\mathbf{A}^*\mathbf{A}$ の固有値を求めて降順に並べる．はじめから $p = \min\{m, n\}$ 個の平方根が特異値 $\sigma_1 \geq \cdots \geq \sigma_p$ となる．
- $\mathbf{A}^*\mathbf{A}$ の各固有空間の正規直交基底を求める．得られたベクトルを対応する固有値の降順に並べ（$\mathbf{v}_1, \ldots, \mathbf{v}_n$）とする．行列 $\mathbf{V}$ を

$$\mathbf{V} := \begin{bmatrix} | & & | \\ \mathbf{v}_1 & \cdots & \mathbf{v}_n \\ | & & | \end{bmatrix}$$

とする．

● $1 \leq j \leq r$ について $\mathbf{u}_j := \frac{1}{\sigma_j}\mathbf{A}\mathbf{v}_j$ とする．ここで $r = \operatorname{rank} \mathbf{A}$ である．$(\mathbf{u}_1, \ldots, \mathbf{u}_r)$ を $\mathbb{F}^m$ の正規直交基底に拡張し $(\mathbf{u}_1, \ldots, \mathbf{u}_m)$ とする．行列 $\mathbf{U}$ を

$$\mathbf{U} := \begin{bmatrix} | & & | \\ \mathbf{u}_1 & \cdots & \mathbf{u}_m \\ | & & | \end{bmatrix}$$

とする．

行列 $\Sigma \in \mathbf{M}_{m,n}(\mathbb{F})$ を $1 \leq j \leq p$ についてその (j, j) 要素が σ_j で，それ以外の要素が 0 である行列とすると

$$\mathbf{A} = \mathbf{U}\Sigma\mathbf{V}^*$$

が $\mathbf{A}$ の特異値分解となる．

■**証明**　すでに命題5・5で，特異値は $\mathbf{A}^*\mathbf{A}$ の固有値の中で値が大きな p 個の平方根であることを知っています．上で示した $\mathbf{U}, \Sigma, \mathbf{V}$ は明らかに $\mathbf{A} = \mathbf{U}\Sigma\mathbf{V}^*$ となりますから，後は $\mathbf{U}$ と $\mathbf{V}$ がユニタリ行列であることを示せばよいことになります．

$(\mathbf{v}_1, \ldots, \mathbf{v}_n)$ は各固有空間の正規直交基底を集めたものであり，命題5・15から異なる固有値に対応する固有空間は直交していますから，全体として正規直交系となっています．よって $\mathbf{V}$ はユニタリ行列です．

次に，$1 \leq j, k \leq r$ について

$$\begin{aligned}\langle \mathbf{u}_j, \mathbf{u}_k \rangle &= \frac{1}{\sigma_j \sigma_k}\langle \mathbf{A}\mathbf{v}_j, \mathbf{A}\mathbf{v}_k \rangle = \frac{1}{\sigma_j \sigma_k}\langle \mathbf{A}^*\mathbf{A}\mathbf{v}_j, \mathbf{v}_k \rangle \\ &= \frac{\sigma_j}{\sigma_k}\langle \mathbf{v}_j, \mathbf{v}_k \rangle = \begin{cases} 1 & (j = k) \\ 0 & (\text{その他}) \end{cases}\end{aligned}$$

です．つまり $(\mathbf{u}_1, \ldots, \mathbf{u}_r)$ は正規直交系ですから，$\mathbb{F}^m$ の正規直交基底に拡張できます．したがって $\mathbf{U}$ もユニタリ行列となります．■

■**例**　$\mathbf{A} = \begin{bmatrix} 1 & -2 & 3 \\ 2 & 1 & 1 \\ 1 & -2 & -3 \\ 2 & 1 & -1 \end{bmatrix}$ とすれば $\mathbf{A}^*\mathbf{A} = \begin{bmatrix} 10 & 0 & 0 \\ 0 & 10 & 0 \\ 0 & 0 & 20 \end{bmatrix}$ となり，$\sigma_1 = \sqrt{20}$, $\sigma_2 = \sigma_3 = \sqrt{10}$ がすぐに得られます．しかも $\mathbf{v}_1 = \mathbf{e}_3, \mathbf{v}_2 = \mathbf{e}_1, \mathbf{v}_3 = \mathbf{e}_2$ とできます．固有値 10 に対応する固有空間は 2 次元であるため，その正規直交基底を求めるには通常多少の計算が必要ですが，この場合には自明です．次いで

$$\mathbf{u}_1 = \frac{1}{\sqrt{20}}\mathbf{A}\mathbf{v}_1 = \frac{1}{\sqrt{20}}\begin{bmatrix} 3 \\ 1 \\ -3 \\ -1 \end{bmatrix}$$

$$\mathbf{u}_2 = \frac{1}{\sqrt{10}}\mathbf{A}\mathbf{v}_2 = \frac{1}{\sqrt{10}}\begin{bmatrix} 1 \\ 2 \\ 1 \\ 2 \end{bmatrix}$$

$$\mathbf{u}_3 = \frac{1}{\sqrt{10}}\mathbf{A}\mathbf{v}_3 = \frac{1}{\sqrt{10}}\begin{bmatrix} -2 \\ 1 \\ -2 \\ 1 \end{bmatrix}$$

とすれば $\mathbf{U}$ の 3 列がわかります．$\mathbf{U}$ を完成させるには（$\mathbf{u}_1, \mathbf{u}_2, \mathbf{u}_3, \mathbf{u}_4$）が $\mathbb{R}^4$ の正規直交基底となる $\mathbf{u}_4$ を見つける必要があります．そのため $\langle \mathbf{u}_1, \mathbf{u}_2, \mathbf{u}_3 \rangle$ に属さないベクトル，たとえば $\mathbf{e}_1$ をもってきてグラム・シュミットの直交化法によって $\mathbf{u}_4$ を求めます．計算は

$$\tilde{\mathbf{u}}_4 = \mathbf{e}_1 - \langle \mathbf{e}_1, \mathbf{u}_1 \rangle \mathbf{u}_1 - \langle \mathbf{e}_1, \mathbf{u}_2 \rangle \mathbf{u}_2 - \langle \mathbf{e}_1, \mathbf{u}_3 \rangle \mathbf{u}_3 = \frac{1}{20}\begin{bmatrix} 1 \\ -3 \\ -1 \\ 3 \end{bmatrix}$$

よって，

$$\mathbf{u}_4 = \frac{1}{\sqrt{20}}\begin{bmatrix} 1 \\ -3 \\ -1 \\ 3 \end{bmatrix}$$

となります．その結果

$$\mathbf{A} = \mathbf{U}\Sigma\mathbf{V}^* = \frac{1}{\sqrt{20}}\begin{bmatrix} 3 & \sqrt{2} & -2\sqrt{2} & 1 \\ 1 & 2\sqrt{2} & \sqrt{2} & -3 \\ -3 & \sqrt{2} & -2\sqrt{2} & -1 \\ -1 & 2\sqrt{2} & \sqrt{2} & 3 \end{bmatrix}\begin{bmatrix} \sqrt{20} & 0 & 0 \\ 0 & \sqrt{10} & 0 \\ 0 & 0 & \sqrt{10} \\ 0 & 0 & 0 \end{bmatrix}\begin{bmatrix} 0 & 0 & 1 \\ 1 & 0 & 0 \\ 0 & 1 & 0 \end{bmatrix}$$

が得られます．■

ま と め

- すべての $T \in \mathcal{L}(V, W)$ には一意の随伴写像 $T^* \in \mathcal{L}(W, V)$ がある．その定義は，任意の $v \in V$ と $w \in W$ について
$$\langle Tv, w \rangle = \langle v, T^* w \rangle$$

- $\mathcal{B}_V$ と $\mathcal{B}_W$ を正規直交基底とすると $[T^*]_{\mathcal{B}_W,\mathcal{B}_V}=([T]_{\mathcal{B}_V,\mathcal{B}_W})^*$ が成り立つ．
- T は $T=T^*$ のとき自己随伴であるという．これは $\mathbb{F}=\mathbb{C}$ ならエルミート，$\mathbb{F}=\mathbb{R}$ なら対称とよばれる．
- $\mathbf{A}$ の特異値分解を求めるには，まず $\mathbf{A}^*\mathbf{A}$ の固有値を求めてその平方根をとれば特異値が得られる．次に対応する固有ベクトル求めると $\mathbf{V}$ が得られる．$\mathbf{U}$ の列のいくつかは特異値分解の定義から決定できる．残りの列は $\mathbf{U}$ がユニタリ行列となるように補えばよい．

練 習 問 題

5・3・1 次の行列の特異値分解を求めなさい．

(a) $\begin{bmatrix} 2 & 1 \\ 1 & 2 \end{bmatrix}$ (b) $\begin{bmatrix} -1+3i & 1+3i \\ 1+3i & -1+3i \end{bmatrix}$ (c) $\begin{bmatrix} 1 & -1 & 2 \\ 1 & -1 & -2 \end{bmatrix}$

(d) $\begin{bmatrix} 1 & -1 & 2 \\ 1 & -1 & -2 \\ 0 & 0 & 0 \end{bmatrix}$ (e) $\begin{bmatrix} 0 & 0 & -1 \\ 0 & 2 & 0 \\ 1 & 0 & 0 \end{bmatrix}$

5・3・2 次の行列の特異値分解を求めなさい．

(a) $\begin{bmatrix} 1 & 2 \\ -2 & 1 \end{bmatrix}$ (b) $\begin{bmatrix} 4 & -3 \\ 6 & 8 \end{bmatrix}$ (c) $\begin{bmatrix} i & 0 & 0 \\ 0 & \sqrt{2} & 0 \end{bmatrix}$ (d) $\begin{bmatrix} 1 & 2 & 1 \\ 1 & -1 & 1 \end{bmatrix}$

(e) $\begin{bmatrix} 0 & 1 & 0 \\ 0 & 0 & 2 \\ 3 & 0 & 0 \end{bmatrix}$

5・3・3 $\mathbf{A}=\begin{bmatrix} 1 & -2 \\ 2 & -4 \end{bmatrix}$ の一般化逆行列を求めなさい（練習問題 5・2・15 参照）．

5・3・4 $\mathbf{A}=\begin{bmatrix} 1 & -1 & 2 \\ 1 & -1 & -2 \end{bmatrix}$ の一般化逆行列を求めなさい（練習問題 5・2・15 参照）．

5・3・5 $\mathbb{R}^2$ の原点を通る直線 L に関する鏡映 $R\in\mathcal{L}(\mathbb{R}^2)$ が自己随伴変換であることを示しなさい．

5・3・6 正則行列 $\mathbf{A}\in\mathbf{M}_n(\mathbb{C})$ によって $\mathbb{C}^n$ の内積を

$$\langle \mathbf{x},\mathbf{y}\rangle_{\mathbf{A}}:=\langle \mathbf{Ax},\mathbf{Ay}\rangle$$

と定義します．ただし右辺の内積は $\mathbb{C}^n$ の標準的な内積です．$T\in\mathcal{L}(\mathbb{C}^n)$ が標準基底によって行列 $\mathbf{B}\in\mathbf{M}_n(\mathbb{C})$ で表されているとして，T^* の表現行列を与えなさい．ただし，随伴変換を定義する内積は上で定義したものとします．

5・3・7 $C^{\infty}_{2\pi}(\mathbb{R})$ を周期 2π の無限回微分可能な関数 $f:\mathbb{R}\to\mathbb{R}$ のつくる空間としま

す．ただし，内積は

$$\langle f, g\rangle = \int_0^{2\pi} f(x)g(x)\ dx$$

で定義されています．また，$D \in \mathcal{L}(C^\infty_{2\pi}(\mathbb{R}))$ を微分作用素とします．

(a) $D^* = -D$ を示しなさい．

(b) D の実固有値は 0 だけであることを示しなさい．

(c) D^2 が自己随伴変換であることを示しなさい．

5・3・8 $\mathcal{P}(\mathbb{R})$ を $\mathbb{R}$ 上の多項式のつくる空間とします．ただし内積は

$$\langle p, q\rangle := \int_{-\infty}^{\infty} p(x)q(x)e^{-x^2/2}dx$$

です．

(a) 微分作用素 $D \in \mathcal{L}(\mathcal{P}(\mathbb{R}))$ の随伴変換を求めなさい．

(b) 微分作用素 D の制限 $D : \mathcal{P}_n(\mathbb{R}) \to \mathcal{P}_{n-1}(\mathbb{R})$ を考えます．基底 $(1, x, \ldots, x^n)$ と $(1, x, \ldots, x^{n-1})$ に関する D の表現行列を与えなさい．

(c) 基底 $(1, x, \ldots, x^{n-1})$ と $(1, x, \ldots, x^n)$ に関する $D^* : \mathcal{P}_{n-1}(\mathbb{R}) \to \mathcal{P}_n(\mathbb{R})$ の表現行列を与えなさい．

(d) 以上の結果が定理 5・13 に矛盾しない理由を答えなさい．

5・3・9 U を有限次元内積空間 V の部分空間とし，U への正射影 P_U を $\mathcal{L}(V, U)$ の写像とみなします．また $J \in \mathcal{L}(U, V)$ を**包含写像**[8]，つまり任意の $u \in U$ について $Ju = u$ とします．J が P_U の随伴写像であることを示しなさい．

5・3・10 V を有限次元内積空間，$T \in \mathcal{L}(V)$ とします．

(a) $\operatorname{tr} T^* = \overline{\operatorname{tr} T}$ を示しなさい．

(b) T が自己随伴なら $\operatorname{tr} T \in \mathbb{R}$ となることを示しなさい．

5・3・11 行列 $\mathbf{A} \in \mathbf{M}_n(\mathbb{C})$ のエルミート部も歪エルミート部もエルミート行列であることを示しなさい[9]．

5・3・12 V を有限次元内積空間とし，$T \in \mathcal{L}(V)$ が自己随伴でしかも $T^2 = T$ とします．このとき T は $U = \operatorname{range} T$ の上への正射影であることを示しなさい．

5・3・13 V と W を有限次元内積空間とし，$T \in \mathcal{L}(V, W)$ とします．$T^*T = 0$ であるための必要十分条件は $T = 0$ であることを示しなさい．

5・3・14 V と W を有限次元内積空間とし，$T \in \mathcal{L}(V, W)$ とします．$\|T^*\|_{op} = \|T\|_{op}$ を示しなさい．

5・3・15 V と W を有限次元内積空間とし，$T \in \mathcal{L}(V, W)$ とします．$\|T^*T\|_{op} =$

---

8) inclusion map，標準的単射ともいいます．

9) 訳注：練習問題 4・1・5 とその訳注をみてください．

$\|TT^*\|_{op} = \|T\|_{op}^2$ を示しなさい.

5・3・16 V を有限次元内積空間とします. V 上の自己随伴変換の全体が実ベクトル空間をなすことを示しなさい.

5・3・17 V と W を有限次元内積空間とします. このとき

$$\langle S, T\rangle_F := \mathrm{tr}(ST^*)$$

が $\mathcal{L}(V, W)$ に内積を定義することを示しなさい.

5・3・18 V を複素内積空間とし, $T \in \mathcal{L}(V)$ が $T^* = -T$ を満たすとします. T の固有値は純虚数である（つまり $a \in \mathbb{R}$ に対して ia となる）ことを示しなさい.

5・3・19 V を複素内積空間とし, $T \in \mathcal{L}(V)$ が $T^* = -T$ を満たすとします. T の相異なる固有値に対応する固有ベクトルは直交することを示しなさい.

5・3・20 $T \in \mathcal{L}(V, W)$ の特異値分解の右特異ベクトルと左特異ベクトルをそれぞれ $e_1, \ldots, e_n \in V$ と $f_1, \ldots, f_m \in W$ とし, 特異値を $\sigma_1 \geq \cdots \geq \sigma_r > 0$ とします. ここで $r = \mathrm{rank}\, T$ です. 以下を示しなさい.

(a) $(f_1, \ldots, f_r)$ は range T の正規直交基底である.

(b) $(e_{r+1}, \ldots, e_n)$ は ker T の正規直交基底である.

(c) $(f_{r+1}, \ldots, f_m)$ は ker T^* の正規直交基底である.

(d) $(e_1, \ldots, e_r)$ は range T^* の正規直交基底である.

5・3・21 命題 5・14 の主張 4 と主張 5 を示しなさい.

5・3・22 アルゴリズム 5・17 を「$\mathbf{AA}^*$の固有値を求め」から始めて全体を述べ直し, それが特異値分解を与えることを示しなさい.

5・4 スペクトル定理

この節では, 正規直交基底によって対角化される線形変換はどのようなものかという質問にきちんと答えようと思います. そのような線形変換は, 行列の言葉では**ユニタリ対角化可能**[1] とよばれています.

自己随伴な変換と行列の固有ベクトル

固有ベクトルからなる正規直交基底をつくるために, まず手始めとして固有ベクトルの存在を示しておく必要があります.

---

1) unitarily diagonalizable

補助定理 5・18 $\mathbf{A} \in \mathbf{M}_n(\mathbb{F})$ をエルミート行列とすると $\mathbf{A}$ は $\mathbb{F}^n$ に固有ベクトルをもつ.

V を零空間でない[2] 有限次元内積空間, $T \in \mathcal{L}(V)$ を自己随伴変換とすると, T は固有ベクトルをもつ[3].

■ **証 明** 行列について証明を与えます. 線形変換についての証明はそれから得られます.

$\mathbf{A}$ の特異値分解を $\mathbf{A} = \mathbf{U\Sigma V}^*$ としますと, Σ は要素が実数の対角行列ですから

$$\mathrm{A}^2 = \mathrm{A}^*\mathrm{A} = \mathrm{V}\Sigma^*\Sigma\mathrm{V}^* = \mathrm{V}\Sigma^2\mathrm{V}^{-1}$$

となります. ここで $\mathbf{V}$ はユニタリ行列で, その列 $\mathbf{v}_j$ は定理 3・56 から $\mathbf{A}^2$ の固有ベクトルであり, 対応する固有値は σ_j^2 です. したがって

$$\mathbf{0} = (\mathrm{A}^2 - \sigma_j^2\mathrm{I}_n)\mathbf{v}_j = (\mathrm{A} + \sigma_j\mathrm{I}_n)(\mathrm{A} - \sigma_j\mathrm{I}_n)\mathbf{v}_j$$

が得られます.

ここで $\mathbf{w} = (\mathbf{A} - \sigma_1\mathbf{I}_n)\mathbf{v}_1$ とします. もしも $\mathbf{w} = \mathbf{0}$ なら $\mathbf{v}_1$ が $\mathbf{A}$ の σ_1 に対応する固有ベクトルになります. $\mathbf{w} \neq \mathbf{0}$ の場合は $(\mathbf{A} + \sigma_1\mathbf{I}_n)\mathbf{w} = \mathbf{0}$ ですから $\mathbf{w}$ が $\mathbf{A}$ の固有値 $-\sigma_1$ に対応する固有ベクトルになります. ■

次の定理にユニタリ対角化可能性の十分条件で検証が容易なものを与えます. 実は練習問題 5・4・17 にあるように, 固有値がすべて実数ならその条件は必要十分条件でもあります. 定理の名称は, 線形変換の固有値の集合が**スペクトル**[4] とよばれることに由来します.

定 理 5・19 (自己随伴変換とエルミート行列に対するスペクトル定理) V を有限次元内積空間, $T \in \mathcal{L}(V)$ を自己随伴変換とする. このとき T の固有ベクトルからなる V の正規直交基底が存在する.

$\mathbf{A} \in \mathbf{M}_n(\mathbb{F})$ をエルミート行列 ($\mathbb{F} = \mathbb{C}$ の場合), 対称行列 ($\mathbb{F} = \mathbb{R}$ の場合) とする. このとき

$$\mathrm{A} = \mathrm{U}\,\mathbf{diag}(\lambda_1, \ldots, \lambda_n)\mathrm{U}^*$$

となるユニタリ行列 ($\mathbb{F} = \mathbb{C}$ の場合), 直交行列 ($\mathbb{F} = \mathbb{R}$ の場合) $\mathbf{U} \in \mathbf{M}_n(\mathbb{F})$ と実数 $\lambda_1, \ldots, \lambda_n$ が存在する.

---

2) 訳注: V に非零ベクトルがあることです.
3) 訳注: 3・7 節の命題 3・66 と見比べてください.
4) spectrum

■**証明** 今回は線形変換について証明します．行列についてはその証明と自己随伴変換の固有値が実数であることから得られます（前節の即問 10 参照）．

まず補助定理 5・18 から T には固有ベクトルがあります．それを正規化して単位ベクトルにしたものを e_1 とします．また対応する固有値を λ_1 とします．

T は部分空間 $\langle e_1\rangle^{\perp}$ をそれ自身に移します．実際 $\langle v, e_1\rangle = 0$ なら

$$\langle Tv, e_1\rangle = \langle v, Te_1\rangle = \lambda_1 \langle v, e_1\rangle = 0$$

です．

即問 11 T は $\langle e_1\rangle^{\perp}$ 上で自己随伴であることを示しなさい．

再び補助定理 5・18 から，T は $\langle e_1\rangle^{\perp}$ に固有ベクトルをもちます．それを正規化して e_2 としますと，e_1 と e_2 は T の正規直交固有ベクトルとなります．

この手続きを続けて正規直交固有ベクトル $e_1, \dots, e_k$ をつくり，T の $\langle e_1, \dots, e_k\rangle^{\perp}$ への制限である自己随伴変換を得ます．もしも $\dim V > k$ なら，$\langle e_1, \dots, e_k\rangle^{\perp} \neq \{0\}$ ですから，再び補助定理 5・18 より T は正規固有ベクトル $e_{k+1} \in \langle e_1, \dots, e_k\rangle^{\perp}$ をもちます．V は有限次元ですから以上の手続きは $k = \dim V$ となったときに終了し，その段階で得られている $(e_1, \dots, e_k)$ が T の固有ベクトルからなる正規直交基底となります． ■

定理 5・19 の分解 $\mathbf{A} = \mathbf{U}\,\mathrm{diag}(\lambda_1, \dots, \lambda_n)\,\mathbf{U}^*$ は**スペクトル分解**[5] とよばれます．

定理 5・19 は，固有値が実数である場合にはユニタリ（直交）対角化可能性の必要十分条件を与えていることに注意してください．一方では正規直交でない基底によってしか対角化できない線形変換もあります．

■**例** $\mathbf{A} = \begin{bmatrix} 1 & 2 \\ 0 & 3 \end{bmatrix}$ はエルミート行列ではありませんが，固有値 1 と 3 をもち，対応する固有ベクトルによって対角化可能です．確かに

$$\mathbf{A}\begin{bmatrix} 1 \\ 0 \end{bmatrix} = \begin{bmatrix} 1 \\ 0 \end{bmatrix} \qquad \mathbf{A}\begin{bmatrix} 1 \\ 1 \end{bmatrix} = 3\begin{bmatrix} 1 \\ 1 \end{bmatrix}$$

ですから，基底 $\left(\begin{bmatrix} 1 \\ 0 \end{bmatrix}, \begin{bmatrix} 1 \\ 1 \end{bmatrix}\right)$ によって対角化できます．しかし正規直交基底によっては対角化できません．練習問題 5・4・17 をみてください． ■

即問 11 の答 $v, w \in \langle e_1\rangle^{\perp}$ に対して $\langle Tv, w\rangle = \langle v, Tw\rangle$ ですから，V 全体でも $\langle e_1\rangle^{\perp}$ 上でも $T^* = T$ です．

5) spectral decomposition

スペクトル定理は自己随伴変換やエルミート行列を扱っているときには強力な道具になります．その一例を次に示します．

定理 5・20 エルミート行列 $\mathbf{A} \in \mathbf{M}_n(\mathbb{C})$ について以下は同値である．
1. $\mathbf{A}$ のすべての固有値は正である．
2. 任意の非零ベクトル $\mathbf{x} \in \mathbb{C}^n$ について $\langle \mathbf{Ax}, \mathbf{x} \rangle > 0$ である．

定義 上の定理 5・20 の条件を満たす行列を**正定値行列**[6] とよぶ．

■ **定理 5・20 の証明** $\mathbf{A}$ のすべての固有値が正であると仮定します．スペクトル定理からユニタリ行列 $\mathbf{U}$ と固有値 $\lambda_1, \ldots, \lambda_n$ によって

$$\mathrm{A} = \mathrm{U}\,\mathbf{diag}(\lambda_1, \ldots, \lambda_n)\mathrm{U}^*$$

と分解できますから，

$$\langle \mathrm{Ax}, \mathrm{x} \rangle = \left\langle \mathrm{U}\,\mathbf{diag}(\lambda_1, \ldots, \lambda_n)\mathrm{U}^*\mathrm{x}, \mathrm{x} \right\rangle = \left\langle \mathbf{diag}(\lambda_1, \ldots, \lambda_n)\mathrm{U}^*\mathrm{x}, \mathrm{U}^*\mathrm{x} \right\rangle$$

を得ます．ここで $\mathbf{y} = \mathbf{U}^*\mathbf{x}$ とすると $\mathbf{U}^*$ は等長写像ですから，$\mathbf{x} \neq \mathbf{0}$ なら $\mathbf{y} \neq \mathbf{0}$ です．よって仮定 $\lambda_j > 0$ より

$$\langle \mathrm{Ax}, \mathrm{x} \rangle = \langle \mathbf{diag}(\lambda_1, \ldots, \lambda_n)\mathrm{y}, \mathrm{y} \rangle = \sum_{j=1}^{n} \lambda_j \left| y_j \right|^2 > 0$$

がわかります．

逆に任意の非零ベクトル $\mathbf{x} \in \mathbb{C}^n$ について $\langle \mathbf{Ax}, \mathbf{x} \rangle > 0$ を仮定し，λ を固有値，対応する固有ベクトルを $\mathbf{x}$ とすると

$$0 < \langle \mathrm{Ax}, \mathrm{x} \rangle = \langle \lambda \mathrm{x}, \mathrm{x} \rangle = \lambda \left\| \mathrm{x} \right\|^2$$

ですから $\lambda > 0$ が得られます． ■

直接計算すると面倒な計算の中には，スペクトル定理のおかげで随分と計算が楽になる例があります．$\mathbf{A}$ をエルミート行列として $\mathbf{A} = \mathbf{UDU}^*$ をそのスペクトル分解とします．ここで $\mathbf{D} = \mathrm{diag}(\lambda_1, \ldots, \lambda_n)$ です．そうすると自然数 $k \in \mathbb{N}$ について

$$\mathrm{A}^k = (\mathrm{UDU}^*)^k = \underbrace{(\mathrm{UDU}^*) \cdots (\mathrm{UDU}^*)}_{k\text{ 個の積}} = \mathrm{UD}^k\mathrm{U}^* = \mathrm{U}\,\mathbf{diag}(\lambda_1^k, \ldots, \lambda_n^k)\mathrm{U}^*$$

となります．

これからエルミート行列の高次の巾が簡単に計算できることがわかります．しかもさらに進んでより一般的な行列の関数をどのように定義すればよいかも示してい

6) positive definite matrix

ます．指数関数 $f(x)=e^x$ を取上げてみます．テイラーの定理によって

$$f(x)=\sum_{k=0}^{\infty}\frac{x^k}{k!}$$

ですから行列 $\mathbf{A}\in\mathbf{M}_n(\mathbb{C})$ の指数関数は

$$e^{\mathrm{A}}:=\sum_{k=0}^{\infty}\frac{1}{k!}\mathrm{A}^k$$

とすべきでしょう．$\mathbf{A}$ がエルミート行列ならスペクトル分解されますから，

$$e^{\mathrm{A}}=\sum_{k=0}^{\infty}\frac{1}{k!}\mathrm{UD}^k\mathrm{U}^*=\mathrm{U}\left(\sum_{k=0}^{\infty}\frac{1}{k!}\mathrm{D}^k\right)\mathrm{U}^*=\mathrm{U}\,\mathbf{diag}(e^{\lambda_1},\ldots,e^{\lambda_n})\mathrm{U}^*$$

が得られます．さらにこれは一般の関数 $f:\mathbb{R}\to\mathbb{R}$ について

$$f(\mathrm{A}):=\mathrm{U}\,\mathbf{diag}(f(\lambda_1),\ldots,f(\lambda_n))\mathrm{U}^*$$

と定義することにつながります．このように定義して得られた関数 $f(\mathbf{A})$ は，例外はありますが，予想どおりの振舞いをします．

■**例**　1. $\mathbf{A}$ を非負固有値をもつエルミート行列としますと，$\sqrt{\mathbf{A}}$ が定義できて，しかも

$$(\sqrt{\mathrm{A}})^2=(\mathrm{U}\,\mathbf{diag}(\sqrt{\lambda_1},\ldots,\sqrt{\lambda_n})\mathrm{U}^*)^2=\mathrm{U}\,\mathbf{diag}(\lambda_1,\ldots,\lambda_n)\mathrm{U}^*=\mathrm{A}$$

が得られます．

2. $\mathbf{A}$ と $\mathbf{B}$ をエルミート行列とします．もしも $\mathbf{A}$ と $\mathbf{B}$ が可換なら $e^{\mathbf{A}+\mathbf{B}}=e^{\mathbf{A}}e^{\mathbf{B}}$ が成り立ちます．しかし可換でない場合には必ずしもこの等式は成り立ちません．練習問題 5・4・7 をみてください．■

正規変換と正規行列

固有ベクトルからなる基底が直交するかどうかという点に加えて，自己随伴変換やエルミート行列は必ず実数の固有値をもつという点を見逃してはなりません．固有値が必ずしも実数でない変換や行列の対角化可能性について定理 5・19 は何も述べていません．

どのような条件があればそのような変換や行列についても定理 5・19 に類似した結果を得ることができるかを考えます．そこで行列 $\mathbf{A}$ がユニタリ行列 $\mathbf{U}$ と複素数 $\lambda_1,\ldots,\lambda_n\in\mathbb{C}$ によって $\mathbf{A}=\mathbf{U}\ \mathrm{diag}(\lambda_1,\ldots,\lambda_n)\mathbf{U}^*$ と分解されていると仮定します．すると

$$\mathrm{A}^*=\mathrm{U}\,\mathbf{diag}(\lambda_1,\ldots,\lambda_n)^*\mathrm{U}^*=\mathrm{U}\,\mathbf{diag}(\overline{\lambda_1},\ldots,\overline{\lambda_n})\mathrm{U}^*$$

ですから

$$\begin{aligned} A^*A &= U\,\mathrm{diag}(\overline{\lambda_1},\ldots,\overline{\lambda_n})U^*U\,\mathrm{diag}(\lambda_1,\ldots,\lambda_n)U^* \\ &= U\,\mathrm{diag}(|\lambda_1|^2,\ldots,|\lambda_n|^2)U^* \\ &= AA^* \end{aligned}$$

となります．よって少なくとも $\mathbf{A}^*\mathbf{A}=\mathbf{A}\mathbf{A}^*$ でなければなりません．

定 義　行列 $\mathbf{A}\in\mathbf{M}_n(\mathbb{C})$ は $\mathbf{A}^*\mathbf{A}=\mathbf{A}\mathbf{A}^*$ のとき**正規行列**[7] であるといわれる．
また線形変換 $T\in\mathcal{L}(V)$ は $T^*T=TT^*$ のとき**正規変換**[8] であるといわれる．

定理 5・13 から，線形変換が正規であることと正規直交基底に関するその表現行列が正規行列であることは同じことであるのがわかります．

■**例**　1. 自己随伴変換やエルミート行列は正規です．

2. 等長変換やユニタリ行列は正規です．実際，等長なら $T^*=T^{-1}$ ですから $TT^*=I=T^*T$ です． ■

線形変換 T が正規直交基底によって対角化できるためには正規変換でなければならないことを上でみましたが，この条件は実は対角化可能であるための必要十分条件であることが後にわかります．次の補助定理に正規性のもう一つの特徴づけを与えておきます．これは後の定理の証明で使います．

補助定理 5・21　V を複素内積空間とする．$T\in\mathcal{L}(V)$ に対して

$$T_r := \frac{1}{2}(T+T^*) \qquad T_i := \frac{1}{2i}(T-T^*)$$

とすると，T_r と T_i は共に自己随伴となる．また T が正規変換である必要十分条件は

$$T_rT_i = T_iT_r$$

となることである．

■**証 明**　T_r が自己随伴であることは命題 5・14 からすぐに得られます．T_i については

$$T_i^* = \overline{\left(\frac{1}{2i}\right)}(T^*-T) = -\frac{1}{2i}(T^*-T) = T_i$$

ですからやはり自己随伴です．

$$T_rT_i - T_iT_r = \frac{1}{2i}(T^*T - TT^*)$$

7) normal matrix　　8) normal transformation

に注意すれば，$T_rT_i - T_iT_r = 0$ が $T^*T - TT^* = 0$ と同値，つまり T が正規変換であることと同値であることがわかります． ■

補助定理 5・22 $S, T \in \mathcal{L}(V)$ が $ST = TS$ を満たしているとする．λ が T の固有値で $v \in \mathrm{Eig}_\lambda(T)$ なら $Sv \in \mathrm{Eig}_\lambda(T)$ である．

即問 12 補助定理 5・22 を証明しなさい．

定理 5・23（正規変換と正規行列に対するスペクトル定理） V を $\mathbb{C}$ 上の有限次元内積空間，$T \in \mathcal{L}(V)$ を正規変換とすると，T の固有ベクトルからなる V の正規直交基底が存在する．

$\mathbf{A} \in \mathbf{M}_n(\mathbb{C})$ が正規行列なら，ユニタリ行列 $\mathbf{U} \in \mathbf{M}_n(\mathbb{C})$ と複素数 $\lambda_1, \ldots, \lambda_n \in \mathbb{C}$ で

$$\mathbf{A} = \mathbf{U}\,\mathbf{diag}(\lambda_1, \ldots, \lambda_n)\mathbf{U}^*$$

となるものが存在する．

■**証明** 線形変換について証明しましょう．行列についての定理はそれから得られます．

T_r と T_i を補助定理 5・21 にあるように定義します．T_r の各固有値 λ に対して T_i は $\mathrm{Eig}_\lambda(T_r)$ をその中に移すことが補助定理 5・22 からわかります．さらに即問 11 でみたように T_i はこの部分空間上で自己随伴です．したがって，定理 5・19 によって T_i の固有ベクトルからなる $\mathrm{Eig}_\lambda(T_r)$ の正規直交基底が存在します．このベクトルは T_r と T_i の両方の固有ベクトルであることに注意してください．

このようにして得られた基底を寄せ集めると V の正規直交基底（$e_1, \ldots, e_n$）が得られ，そのどのベクトルも T_r と T_i の両方の固有ベクトルです．ただし対応する固有値は同じとは限りません．つまり各 j について

$$T_r e_j = \lambda_j e_j \qquad T_i e_j = \mu_j e_j$$

となる実数 $\lambda_j, \mu_j \in \mathbb{R}$ が存在します[9]．よって

即問 12 の答 $v \in \mathrm{Eig}_\lambda(T)$ なら $T(Sv) = STv = \lambda Sv$.

9）訳注：T_r も T_i も自己随伴ですから固有値は実数です．即問 10 参照．

$$Te_j = (T_r + iT_i)e_j = (\lambda_j + i\mu_j)e_j$$

が得られ，e_j は T の固有ベクトルでもあることがわかります． ■

■**例** $\mathbf{A} = \begin{bmatrix} 0 & 1 \\ -1 & 0 \end{bmatrix}$ とします．以前にみたように，これは $\mathbb{R}^2$ 上での 90 度の時計回りの回転に対応していましたから，実数の固有値をもちません．しかし，この行列は直交行列ですから正規行列です．よって，定理 5・23 からユニタリ行列によって $\mathbb{C}$ 上で対角化できます．確かに

$$\mathbf{A} - \lambda\mathbf{I} = \begin{bmatrix} -\lambda & 1 \\ -1 & -\lambda \end{bmatrix} \xrightarrow{\text{R3,R1}} \begin{bmatrix} 1 & \lambda \\ 0 & 1+\lambda^2 \end{bmatrix}$$

ですから $\mathbf{A}$ の固有値 λ は $1+\lambda^2=0$ の根，つまり $\lambda = \pm i$ です．

即問 13 $(i, -1)$ が $\lambda = i$ に対応する固有ベクトル，$(i, 1)$ が $\lambda = -i$ に対応する固有ベクトルであることを確かめなさい．

以上のことから

$$\mathbf{U} = \frac{1}{\sqrt{2}}\begin{bmatrix} i & i \\ -1 & 1 \end{bmatrix}$$

とすれば，これは確かにユニタリ行列で，しかも

$$\mathrm{A} = \left(\frac{1}{\sqrt{2}}\begin{bmatrix} i & i \\ -1 & 1 \end{bmatrix}\right)\begin{bmatrix} i & 0 \\ 0 & -i \end{bmatrix}\left(\frac{1}{\sqrt{2}}\begin{bmatrix} -i & -1 \\ -i & 1 \end{bmatrix}\right)$$

となります． ■

シューア分解

定理 5・23 は，固有ベクトルからなる正規直交基底が存在するための，つまりユニタリ対角化可能であるための必要十分条件を与えており，理論的には満足のいく結果となっています．ただし，すべての行列や変換がユニタリ対角化可能であるわけではない，つまり正規行列であるわけではないのは困ったことです．しかし対角化までは望めなくても，$\mathbb{C}$ 上のあらゆる行列や変換はユニタリ行列によって上三角化することが可能です．この結果は複素内積空間や複素行列について成り立ちます．3・7 節で行列を上三角化するためには基礎となる体が代数的に閉じていなければならなかったことを思い出してください．

系 5・24（シューア分解[10]**）** Vを有限次元複素内積空間，$T \in \mathcal{L}(V)$ とする．Vの正規直交基底 $\mathcal{B}$ で $[T]_{\mathcal{B}}$ が上三角行列となるものが存在する．

行列 $\mathbf{A} \in \mathbf{M}_n(\mathbb{C})$ はユニタリ行列 $\mathbf{U} \in \mathbf{M}_n(\mathbb{C})$ と上三角行列 $\mathbf{T} \in \mathbf{M}_n(\mathbb{C})$ によって $\mathbf{A} = \mathbf{UTU}^*$と分解できる．

■**証 明**　行列について証明します．まず $\mathbb{C}$ 上の任意の行列は上三角化できることを思い出しましょう．確かに定理 3・67 によると，正則行列 $\mathbf{S} \in \mathbf{M}_n(\mathbb{C})$ と上三角行列 $\mathbf{B} \in \mathbf{M}_n(\mathbb{C})$ によって $\mathbf{A} = \mathbf{SBS}^{-1}$ とできます．この $\mathbf{S}$ の **QR** 分解を $\mathbf{S} = \mathbf{QR}$ とします．ここで $\mathbf{Q}$ はユニタリ行列，$\mathbf{R}$ は上三角行列です．以上のことから

$$\mathrm{A} = \mathrm{QRB(QR)^{-1}} = \mathrm{QRBR^{-1}Q^{-1}} = \mathrm{Q(RBR^{-1})Q^*}$$

が得られます．練習問題 2・3・12 や 2・4・19 で確かめたように，上三角行列の逆行列や積は上三角行列ですから $\mathbf{RBR}^{-1}$ は上三角行列になります．よって $\mathbf{U} = \mathbf{Q}$, $\mathbf{T} = \mathbf{RBR}^{-1}$ とすれば証明が終わります．

線形変換についての主張は上の結果から得られます．$T \in \mathcal{L}(V)$ をこの系の主張で述べられている線形変換とし，なんらかの正規直交基底 $\mathcal{B}_0$ によるその表現行列を $\mathbf{A} = [T]_{\mathcal{B}_0}$ とします．そうすると，ユニタリ行列 $\mathbf{U} \in \mathbf{M}_n(\mathbb{C})$ と上三角行列 $\mathbf{R} \in \mathbf{M}_n(\mathbb{C})$ が存在して $\mathbf{A} = \mathbf{URU}^*$とできます．これはつまり

$$\mathrm{U}^* [T]_{\mathcal{B}_0} \mathrm{U} = \mathrm{R}$$

です．$\mathbf{U}$ の第 j 列を $\mathbf{u}_j$ として，$\mathcal{B} = (v_1, \ldots, v_n)$ を $[v_j]_{\mathcal{B}_0} = \mathbf{u}_j$ となるように定めます．$\mathbf{U}$ は正則ですからこの $\mathcal{B}$ は V の基底となり，しかも $\mathcal{B}_0$ が正規直交基底であることから

$$\langle v_i, v_j \rangle = \langle \mathbf{u}_i, \mathbf{u}_j \rangle = \begin{cases} 1 & (i = j) \\ 0 & (\text{その他}) \end{cases}$$

がわかります．以上の構成の仕方から，$[I]_{\mathcal{B}, \mathcal{B}_0} = \mathbf{U}$ ですから

$$\mathrm{R} = \mathrm{U}^* [T]_{\mathcal{B}_0} \mathrm{U} = [I]_{\mathcal{B}_0, \mathcal{B}} [T]_{\mathcal{B}_0} [I]_{\mathcal{B}, \mathcal{B}_0} = [T]_{\mathcal{B}}$$

が得られて証明が終わります．■

10） Schur decomposition

即問 14 (a) 上三角エルミート行列は対角行列であることを示しなさい.
(b) 上の事実とシューア分解を使って複素エルミート行列についてスペクトル定理を証明しなさい.

■**例** $\mathbf{A}=\begin{bmatrix}6 & -2\\ 2 & 2\end{bmatrix}$としますと，これが正規行列でないことは簡単に確かめられますので，ユニタリ対角化可能ではありません．シューア分解を求めるために$\mathbf{U}$の1列目となる固有ベクトルを計算します.

$$\mathrm{A}-\lambda\mathrm{I}=\begin{bmatrix}6-\lambda & -2\\ 2 & 2-\lambda\end{bmatrix}\xrightarrow{\mathbf{R3,R1}}\begin{bmatrix}1 & 1-\frac{\lambda}{2}\\ 0 & -\frac{1}{2}\left(\lambda^2-8\lambda+16\right)\end{bmatrix}$$

ですから$\mathbf{A}$の固有値は$\lambda=4$ただ一つです．固有ベクトルは

$$\mathrm{A}-4\mathrm{I}\longrightarrow\begin{bmatrix}1 & -1\\ 0 & 0\end{bmatrix}$$

の核空間のベクトルですから，$\mathbf{U}$の第1列として$\mathbf{u}_1=\frac{1}{\sqrt{2}}\begin{bmatrix}1\\ 1\end{bmatrix}$が得られます．必要なのは$\mathbf{A}$を上三角にする2×2のユニタリ行列$\mathbf{U}$ですから，$\mathbf{u}_2$として$\mathbf{u}_1$に直交する単位ベクトルをとればいいので，ここでは$\mathbf{u}_2=\frac{1}{\sqrt{2}}\begin{bmatrix}1\\ -1\end{bmatrix}$をとります．行列$\mathbf{T}$は

$$\mathrm{A}=\mathrm{UTU}^*\quad\Longleftrightarrow\quad\mathrm{T}=\mathrm{U}^*\mathrm{AU}$$
$$=\frac{1}{2}\begin{bmatrix}1 & 1\\ 1 & -1\end{bmatrix}\begin{bmatrix}6 & -2\\ 2 & 2\end{bmatrix}\begin{bmatrix}1 & 1\\ 1 & -1\end{bmatrix}=\begin{bmatrix}4 & 4\\ 0 & 4\end{bmatrix}$$

と求まります. ■

上でユニタリ上三角化をとりあえず実行してみましたが，実際には**QR**分解を繰返してシューア分解を計算します．しかし本書の興味の対象は$\mathbb{C}$上の行列はいつもユニタリ上三角化可能であるという理論的な事実ですから上三角化の計算についてはここで筆を置きます.

即問 14 の答 (a) は自明です．(b) はエルミート行列$\mathbf{A}$のシューア分解を$\mathbf{A}=\mathbf{UTU}^*$とすると，$\mathbf{T}=\mathbf{U}^*\mathbf{AU}=(\mathbf{U}^*\mathbf{AU})^*=\mathbf{T}^*$から$\mathbf{T}$は対角行列になります．ただしこの結果は，$\mathbf{A}\in\mathbf{M}_n(\mathbb{R})$が対称行列のときに，$\mathbf{U}$として直交行列がとれるとまでは述べていないことに注意してください.

まとめ

- 線形変換や行列が正規であるとは，自分自身の随伴と可換であること．
- 線形変換のスペクトル定理：複素内積空間 V には $T \in \mathcal{L}(V)$ の固有ベクトルからなる正規直交基底がある．T が自己随伴なら固有値は実数．
- 行列のスペクトル定理：正規行列 $\mathbf{A} \in \mathbf{M}_n(\mathbb{C})$ に対して $\mathbf{A} = \mathbf{UDU}^*$ となるユニタリ行列 $\mathbf{U}$ と $\mathbf{A}$ の固有値を対角要素にもつ対角行列 $\mathbf{D}$ がある．$\mathbf{A}$ がエルミート行列なら $\mathbf{D}$ の要素は実数．$\mathbf{A}$ が実対称行列なら $\mathbf{U}$ は直交行列．
- シューア分解：$\mathbf{A} \in \mathbf{M}_n(\mathbb{C})$ に対して $\mathbf{A} = \mathbf{UTU}^*$ となるユニタリ行列 $\mathbf{U}$ と上三角行列 $\mathbf{T}$ がある．

練習問題

5・4・1 以下の行列のスペクトル分解を求めなさい．

(a) $\begin{bmatrix} 1 & 2 \\ 2 & 4 \end{bmatrix}$ (b) $\begin{bmatrix} 1 & -1 \\ 1 & 1 \end{bmatrix}$ (c) $\begin{bmatrix} 2 & 0 & 1 \\ 0 & -1 & 0 \\ 1 & 0 & 2 \end{bmatrix}$ (d) $\begin{bmatrix} 1 & 0 & 1 \\ 0 & 1 & 1 \\ 1 & 1 & 0 \end{bmatrix}$

5・4・2 以下の行列のスペクトル分解を求めなさい．

(a) $\begin{bmatrix} 7 & 6 \\ 6 & -2 \end{bmatrix}$ (b) $\begin{bmatrix} 1 & i \\ i & 1 \end{bmatrix}$ (c) $\begin{bmatrix} 1 & 0 & 0 \\ 0 & 0 & 2 \\ 0 & 2 & 0 \end{bmatrix}$ (d) $\begin{bmatrix} 1 & 0 & -1 & 0 \\ 0 & 1 & 0 & 1 \\ -1 & 0 & 1 & 0 \\ 0 & 1 & 0 & 1 \end{bmatrix}$

5・4・3 以下の行列のシューア分解を求めなさい．

(a) $\begin{bmatrix} 1 & 0 \\ 2 & 3 \end{bmatrix}$ (b) $\begin{bmatrix} 1 & -1 \\ -2 & 0 \end{bmatrix}$

5・4・4 以下の行列のシューア分解を求めなさい．

(a) $\begin{bmatrix} 3 & 0 \\ 1 & 4 \end{bmatrix}$ (b) $\begin{bmatrix} 3 & -1 \\ 1 & 1 \end{bmatrix}$

5・4・5 $\mathbf{A} \in \mathbf{M}_n(\mathbb{R})$ が対称行列なら，$\mathbf{B}^3 = \mathbf{A}$ となる行列 $\mathbf{B} \in \mathbf{M}_n(\mathbb{R})$ があることを示しなさい．

5・4・6 $\mathbf{A}$ を正則なエルミート行列とし，$f(x) = \frac{1}{x}$ の級数展開に $\mathbf{A}$ を代入することによって $f(\mathbf{A})$ を定義したとき，$f(\mathbf{A})$ が $\mathbf{A}$ の逆行列となることを示しなさい．

5・4・7 エルミート行列 $\mathbf{A}, \mathbf{B}$ が可換なら $e^{\mathbf{A}+\mathbf{B}} = e^{\mathbf{A}}e^{\mathbf{B}}$ となることを示しなさい．また，可換でない場合には必ずしもこの等式が成り立たないことを示しなさい．

5・4・8 $\mathbf{A}$ がエルミート行列なら $e^{\mathbf{A}}$ が正定値であることを示しなさい．

5・4・9 $\mathbf{A} \in \mathbf{M}_n(\mathbb{C})$ がエルミート行列であるとき，以下が同値であることを示しなさい．

(a) $\mathbf{A}$ のすべての固有値は非負である．

(b) 任意の $\mathbf{x} \in \mathbb{C}^n$ について $\langle \mathbf{Ax}, \mathbf{x} \rangle \geq 0$ である．

この性質をもつ行列を**半正定値**[11] といいます．

5・4・10 $\mathbf{A} \in \mathbf{M}_{m,n}(\mathbb{C})$ について以下を示しなさい．

(a) $\mathbf{A}^*\mathbf{A}$ は半正定値である（定義は直前の練習問題 5・4・9 参照）．

(b) $\operatorname{rank} \mathbf{A} = n$ なら $\mathbf{A}^*\mathbf{A}$ は正定値である．

5・4・11 $\mathbf{A} \in \mathbf{M}_n(\mathbb{F})$ が正定値なら，上三角行列 $\mathbf{X} \in \mathbf{M}_n(\mathbb{F})$ で $\mathbf{A} = \mathbf{X}^*\mathbf{X}$ となるものが存在することを示しなさい．これは**コレスキー分解**[12] として知られています．

5・4・12 V を有限次元内積空間，$S, T \in \mathcal{L}(V)$ は自己随伴変換でその固有値はすべて非負であるとします．このとき $S+T$ の固有値も非負であることを示しなさい．

5・4・13 $\mathbf{A} \in \mathbf{M}_n(\mathbb{C})$ が正定値なら，$\langle \mathbf{x}, \mathbf{y} \rangle = \mathbf{y}^*\mathbf{Ax}$ は $\mathbb{C}^n$ 上の内積となることを示しなさい．

5・4・14 V を有限次元複素内積空間とします．$T \in \mathcal{L}(V)$ が正規なら，$S \in \mathcal{L}(V)$ で $S^2 = T$ となるものが存在することを示しなさい．

5・4・15 **巡回行列**[13] とは

$$\begin{bmatrix} a_1 & a_2 & a_3 & \cdots & a_{n-1} & a_n \\ a_n & a_1 & a_2 & \cdots & a_{n-2} & a_{n-1} \\ a_{n-1} & a_n & a_1 & \ddots & & \vdots \\ \vdots & \vdots & \ddots & \ddots & \ddots & \vdots \\ a_3 & a_4 & & \ddots & a_1 & a_2 \\ a_2 & a_3 & \cdots & \cdots & a_n & a_1 \end{bmatrix}$$

なる行列をいいます．ここで $a_1, \ldots, a_n \in \mathbb{C}$ です．

(a) $\mathbf{A}, \mathbf{B}$ が $n \times n$ 巡回行列なら $\mathbf{AB} = \mathbf{BA}$ であることを示しなさい．

(b) 巡回行列は正規行列であることを示しなさい．

5・4・16 $\mathbf{C} \in \mathbf{M}_n(\mathbb{C})$ を巡回行列とします（定義は直前の練習問題 5・4・15 参照）．また $\mathbf{F} \in \mathbf{M}_n(\mathbb{C})$ を練習問題 4・5・3 の離散フーリエ変換行列とします．このとき $\mathbf{C} = \mathbf{FDF}^*$ となる対角行列 $\mathbf{D}$ があることを示しなさい．

5・4・17 (a) $\mathbf{A} \in \mathbf{M}_n(\mathbb{C})$ の固有値がすべて実数で，固有ベクトルが $\mathbb{C}^n$ の正規直交基底をなすとき，$\mathbf{A}$ はエルミート行列であることを示しなさい．

---

11) positive semidefinite，非負定値ともいう．

12) Cholesky decomposition　　13) circulant matrix

(b) $\mathbf{A} \in \mathbf{M}_n(\mathbb{R})$ の固有値がすべて実数で，固有ベクトルが $\mathbb{R}^n$ の正規直交基底をなすとき，$\mathbf{A}$ は対称行列であることを示しなさい．

5・4・18 $\mathbf{U} \in \mathbf{M}_n(\mathbb{C})$ をユニタリ行列とします．このときユニタリ行列 $\mathbf{V} \in \mathbf{M}_n(\mathbb{C})$ が存在して，$\mathbf{V}^*\mathbf{U}\mathbf{V}$ をその対角要素の絶対値が 1 である対角行列とできることを示しなさい．

$\mathbf{U}$ が直交行列なら $\mathbf{V}$ として直交行列をとることができるかを考えなさい．

5・4・19 V を有限次元内積空間，$T \in \mathcal{L}(V)$ とします．

(a) $\mathbb{F} = \mathbb{R}$ の場合，T が自己随伴である必要十分条件は，V が T の固有空間の直交直和であることを示しなさい．

(b) $\mathbb{F} = \mathbb{C}$ の場合，T が正規である必要十分条件は，V が T の固有空間の直交直和であることを示しなさい．

(c) $\mathbb{F} = \mathbb{C}$ の場合，T が自己随伴である必要十分条件は，T の固有値がすべて実数で，V が T の固有空間の直交直和であることを示しなさい．

5・4・20 $\mathbf{A} \in \mathbf{M}_n(\mathbb{F})$ がエルミート行列なら，$\mathbb{F}^n$ の正規直交基底 $(\mathbf{v}_1, \ldots, \mathbf{v}_n)$ と実数 $\lambda_1, \ldots, \lambda_n \in \mathbb{R}$ が存在して

$$\mathrm{A} = \sum_{j=1}^{n} \lambda_j \mathbf{v}_j \mathbf{v}_j^*$$

とできることを示しなさい．

5・4・21 V を有限次元内積空間とし，$T \in \mathcal{L}(V)$ を自己随伴変換とします．このとき，V がその直交直和となる部分空間 $U_1, \ldots, U_m$ と実数 $\lambda_1, \ldots, \lambda_m \in \mathbb{R}$ が存在して，

$$T = \sum_{j=1}^{m} \lambda_j P_{U_j}$$

となることを示しなさい[14]．

5・4・22 正規行列 $\mathbf{A} \in \mathbf{M}_n(\mathbb{C})$ の相異なる固有値に対応する固有ベクトルは直交することを示しなさい．

5・4・23 V を有限次元内積空間とし，$T \in \mathcal{L}(V)$ を自己随伴変換とします．T の固有値を降順に並べて $\lambda_1, \ldots, \lambda_n$ とし，対応する固有ベクトルのつくる正規直交基底を $(e_1, \ldots, e_n)$ とします．

(a) $j = 1, \ldots, n$ について $U_j = \langle e_j, \ldots, e_n \rangle$ とします．任意の $v \in U_j$ について $\langle Tv, v \rangle \leq \lambda_j \|v\|^2$ を示しなさい．

(b) $j = 1, \ldots, n$ について $V_j = \langle e_1, \ldots, e_j \rangle$ とします．任意の $v \in V_j$ について $\langle Tv, v \rangle \geq \lambda_j \|v\|^2$ を示しなさい．

---

14) 訳注：P_{U_j} は U_j の上への正射影です．

(c) U が $\dim U = n-j+1$ なる V の部分空間なら，$\langle Tv, v\rangle \geq \lambda_j \|v\|^2$ となる $v \in U$ が存在することを示しなさい．

(d) 以上の結果を用いて以下を示しなさい．

$$\lambda_j = \min_{\substack{U \subseteq V \\ \dim U = n-j+1}} \max_{\substack{v \in U \\ \|v\|=1}} \langle Tv, v\rangle$$

補足：これは**クーラント・フィッシャーの定理**[15] として知られています．

5・4・24 $\mathbf{A} \in \mathbf{M}_n(\mathbb{C})$ を正規行列，λ をその固有値とします．$\mathbf{A}$ の任意のスペクトル分解で λ が対角要素に出現する回数は

$$\dim \ker(\mathbf{A} - \lambda \mathbf{I}_n)$$

に等しいことを示しなさい．

5・4・25 $\mathbf{A} \in \mathbf{M}_n(\mathbb{C})$ が相異なる固有値 $\lambda_1, \ldots, \lambda_n$ をもつなら

$$\sqrt{\sum_{j=1}^{n} |\lambda_j|^2} \leq \|\mathbf{A}\|_F$$

となることを示しなさい．

ヒント：まず上三角行列について主張を示し，ついでシューア分解を用いなさい．

5・4・26 $\mathbf{A} \in \mathbf{M}_n(\mathbb{C})$ とします．$\varepsilon > 0$ に対して $\|\mathbf{A} - \mathbf{B}\|_F \leq \varepsilon$ を満たす $\mathbf{B} \in \mathbf{M}_n(\mathbb{C})$ で相異なる固有値を n 個もつものが存在することを示しなさい．

ヒント：まず上三角行列について主張を示し，ついでシューア分解を用いなさい．

5・4・27 (a) $\mathbf{A} \in \mathbf{M}_n(\mathbb{C})$ が上三角の正規行列なら，$\mathbf{A}$ は対角行列であることを示しなさい．

(b) この事実とシューア分解を用いて，正規行列に対するスペクトル定理を証明しなさい．

---

15) Courant-Fischer min-max principle

■ 5章末の訳注 ■

5・2節 脚注 6) 練習問題5・2・14の安定階数の訳注:

安定階数の振舞いをみるために，たとえば行列

$$\mathbf{A} = \begin{bmatrix} 1+x & 1 & 1 \\ 1 & 1+x & 1 \\ 1 & 1 & 1+x \end{bmatrix}$$

を考えます．その特異値は$|x|$, $|x|$, $|3+x|$となりますので，安定階数とそのグラフは次のようになります．

$$\operatorname{srank} \mathbf{A} = \frac{\|\mathbf{A}\|_F^2}{\|\mathbf{A}\|_{op}^2} = \begin{cases} \dfrac{x^2+x^2+(3+x)^2}{x^2} & (x \leq -\frac{3}{2}) \\ \dfrac{x^2+x^2+(3+x)^2}{(3+x)^2} & (x \geq -\frac{3}{2}) \end{cases}$$

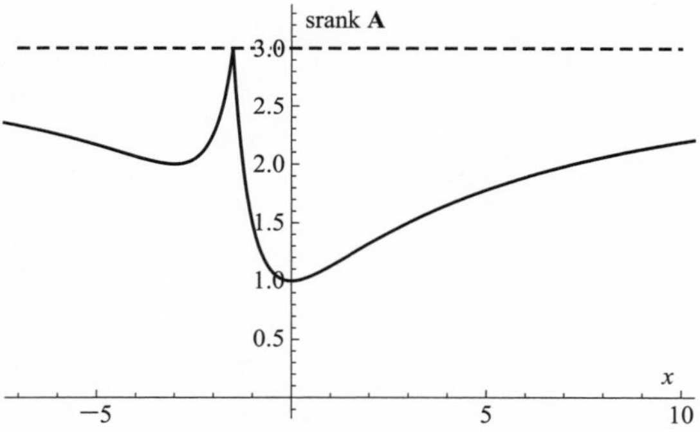

Aの安定階数のxに伴う変化

5・3節 脚注 6) の訳注:

$T \in \mathcal{L}(V, W)$ の像空間 range $T \subseteq W$の基底を $(w_1, \ldots, w_r)$ とし，各$i=1, \ldots, r$について$v_i = T^* w_i \in$ range $T^* \subseteq V$とします．もちろん$r=$rank Tです．この $(v_1, \ldots, v_r)$ が線形独立であることを示しましょう．$\sum_{i=1}^{r} a_i v_i = 0$と仮定すると任意の$v \in V$に対して

$$0 = \langle v, \sum_{i=1}^{r} a_i v_i \rangle = \langle v, \sum_{i=1}^{r} a_i T^* w_i \rangle = \sum_{i=1}^{r} \overline{a_i} \langle v, T^* w_i \rangle = \sum_{i=1}^{r} \overline{a_i} \langle Tv, w_i \rangle = \langle Tv, \sum_{i=1}^{r} a_i w_i \rangle$$

を得ます．ここで$v \in V$が任意であったことから，上式は任意の$w \in$ range Tについて

$$\langle w, \sum_{i=1}^{r} a_i w_i \rangle = 0$$

を示しています．これはすなわち$\sum_{i=1}^{r} a_i w_i \in (\mathrm{range}\ T)^{\perp}$です．よって

$$\sum_{i=1}^{r} a_i w_i \in (\mathrm{range}\ T) \cap (\mathrm{range}\ T)^{\perp} = \{0\}$$

が得られます．ここで（$w_1, \ldots, w_r$）が線形独立であったことを思い起こすと，$i = 1, \ldots, r$ について $a_i = 0$ が得られて（$v_1, \ldots, v_r$）が線形独立であることになります．したがって

$$\mathrm{rank}\ T \leq \mathrm{rank}\ T^*$$

が結論できます．$(T^*)^* = T$ を使えばこの逆の不等式も得られますので，等式 $\mathrm{rank}\ T = \mathrm{rank}\ T^*$ が得られます．

6 行　列　式†

6・1 行　列　式

多重線形性

この節では行列の不変量，特に正則性を表すことのできる不変量を扱います．行列が正則であるかどうかを決定する方法として，ガウスの消去法に基づくアルゴリズムをすでに知っています．しかし，正則性を表現する式があれば，理論を展開するにあたって有用なことがあります．なぜなら，数式は分析を推し進めるための出発点としてアルゴリズムに勝るためです．

手始めに 1×1 行列から始めます．この場合なら，正則性を表す不変量があることに気づきます．確かに $D([a])=a$ とすれば，行列 $[a]$ が正則であることはすなわち $D([a])\neq 0$ であることとなります．

即問 1　$D([a])=a$ が不変量であることを示しなさい．

一般の $n\times n$ 行列 $\mathbf{A}$ が正則でないこととその列ベクトルが線形従属であることは同値でした．なかでも，線形従属となる最も自明な場合は，二つの同じ列ベクトルがある場合です．これを踏まえて次の定義をします．

定義　関数 $f:\mathbf{M}_n(\mathbb{F})\to\mathbb{F}$ が，二つの同一の列ベクトルをもつ行列 $\mathbf{A}$ に対して常に $f(\mathbf{A})=0$ となるとき，**重複列検出力**[1] をもつという．

---

† これに先立つ二つの章では基礎体として実数体と複素数体を前提にして議論を進めてきましたが，この章では基礎体 $\mathbb{F}$ は再び任意の体であってもよいとします．これまでと同様 $\mathbb{R}$ や $\mathbb{C}$ であるとしてもけっこうです．

即問 1 の答　$[a]$ が $[b]$ に相似なら $s\neq 0$ なる $s\in\mathbb{F}$ が存在して $[a]=[s][b][s]^{-1}$ ですから $a=sbs^{-1}=b$ です．

1) この言葉は説明のための本書の造語です．

もちろん上記のような単純な場合だけでなく，線形従属なら必ず見つけることができる関数が望まれます．そのための方法として，重複列検出力に加えて，関数に次の性質を要請します．

定 義 関数 $D:\mathbf{M}_n(\mathbb{F})\to\mathbb{F}$ が以下の性質をもつとき**多重線形性**[2] をもつという．任意の $\mathbf{a}_1, \ldots, \mathbf{a}_n, \mathbf{b}_1, \ldots, \mathbf{b}_n \in \mathbb{F}^n$ と $c\in\mathbb{F}$ と $j=1, \ldots, n$ について

$$D\left(\begin{bmatrix} | & & | & & | \\ \mathbf{a}_1 & \cdots & \mathbf{a}_j+\mathbf{b}_j & \cdots & \mathbf{a}_n \\ | & & | & & | \end{bmatrix}\right)$$

$$=D\left(\begin{bmatrix} | & & | & & | \\ \mathbf{a}_1 & \cdots & \mathbf{a}_j & \cdots & \mathbf{a}_n \\ | & & | & & | \end{bmatrix}\right)+D\left(\begin{bmatrix} | & & | & & | \\ \mathbf{a}_1 & \cdots & \mathbf{b}_j & \cdots & \mathbf{a}_n \\ | & & | & & | \end{bmatrix}\right)$$

と

$$D\left(\begin{bmatrix} | & & | & & | \\ \mathbf{a}_1 & \cdots & c\mathbf{a}_j & \cdots & \mathbf{a}_n \\ | & & | & & | \end{bmatrix}\right)=cD\left(\begin{bmatrix} | & & | & & | \\ \mathbf{a}_1 & \cdots & \mathbf{a}_j & \cdots & \mathbf{a}_n \\ | & & | & & | \end{bmatrix}\right)$$

が成り立つ．

つまり，関数 $D(\mathbf{A})$ は他の列ベクトルを固定して一つの列だけに注目すれば線形関数である．

補助定理 6・1 $D:\mathbf{M}_n(\mathbb{F})\to\mathbb{F}$ を重複列検出力と多重線形性をもつ関数とする．このとき正則でない $\mathbf{A}\in\mathbf{M}_n(\mathbb{F})$ について $D(\mathbf{A})=0$ である．

■**証 明** $\mathbf{A}$ が正則でないとすると $\operatorname{rank}\mathbf{A}<n$ で，ある列ベクトルが他の列ベクトルの線形結合となっています．そこで $\mathbf{a}_j=\sum_{k\neq j}c_k\mathbf{a}_k$ と仮定します．ここで $\{c_k\}_{k\neq j}$ はスカラーです．そうすると多重線形性から

$$D(\mathrm{A})=D\left(\begin{bmatrix} | & & | & | & | & & | \\ \mathbf{a}_1 & \cdots & \mathbf{a}_{j-1} & \sum_{k\neq j}c_k\mathbf{a}_k & \mathbf{a}_{j+1} & \cdots & \mathbf{a}_n \\ | & & | & | & | & & | \end{bmatrix}\right)$$

2) multilinearity

$$= \sum_{k \neq j} c_k D\left(\begin{bmatrix} | & & | & | & | & & | \\ \mathbf{a}_1 & \cdots & \mathbf{a}_{j-1} & \mathbf{a}_k & \mathbf{a}_{j+1} & \cdots & \mathbf{a}_n \\ | & & | & | & | & & | \end{bmatrix}\right)$$

となります．D は重複列検出力をもっていますから上式のすべての項が 0 となり，結局 $D(\mathbf{A}) = 0$ が得られます．■

■**例**　1. $D(\mathbf{A}) = a_{11}a_{22}\cdots a_{nn}$ と定義される関数 $D : \mathbf{M}_n(\mathbb{F}) \to \mathbb{F}$ は多重線形ですが，重複列検出力をもちません．しかし上三角行列に限れば重複列検出力をもちます．それは，上三角行列の 2 列が同一であるとすると，2 列のうちの右側の列の対角要素が 0 となることによります．

2. $i_1, \ldots, i_n \in \{1, \ldots, n\}$ を任意に選んで $D : \mathbf{M}_n(\mathbb{F}) \to \mathbb{F}$ を $D(\mathbf{A}) = a_{i_1 1}a_{i_2 2}\cdots a_{i_n n}$ としても多重線形となります．しかし重複列検出力はもちません．■

即問 2　$D : \mathbf{M}_n(\mathbb{F}) \to \mathbb{F}$ が多重線形であるとしたとき，$\mathbf{A} \in \mathbf{M}_n(\mathbb{F})$ と $c \in \mathbb{F}$ に対して $D(c\mathbf{A})$ を与えなさい．

多重線形性を前提にすれば，ここで重複列検出力と名付けた性質に対して通常は別の名前があてられています．

定　義　多重線形関数 $D : \mathbf{M}_n(\mathbb{F}) \to \mathbb{F}$ は，$\mathbf{a}_i = \mathbf{a}_j$ なる $i \neq j$ があるとき常に

$$D\left(\begin{bmatrix} | & & | \\ \mathbf{a}_1 & \cdots & \mathbf{a}_n \\ | & & | \end{bmatrix}\right) = 0$$

となるとき**交代性**[3] をもつという．

これが交代性とよばれる理由は次の補助定理でわかります．

補助定理 6・2　$D : \mathbf{M}_n(\mathbb{F}) \to \mathbb{F}$ を交代性をもつ多重線形関数とする．$\mathbf{A} \in \mathbf{M}_n(\mathbb{F})$ と $1 \leq i < j \leq n$ に対して，その第 i 列と第 j 列を入れ替えた行列を $\mathbf{B} \in \mathbf{M}_n(\mathbb{F})$ とすると，$D(\mathbf{B}) = -D(\mathbf{A})$ となる．

即問 2 の答　$c^n D(\mathbf{A})$

3）alternating

■**証明**　$\mathbf{A}=\begin{bmatrix} | & & | \\ \mathbf{a}_1 & \cdots & \mathbf{a}_n \\ | & & | \end{bmatrix}$と書くと

$$\mathrm{B}=\begin{bmatrix} | & & | & & | & & | \\ \mathbf{a}_1 & \cdots & \mathbf{a}_j & \cdots & \mathbf{a}_i & \cdots & \mathbf{a}_n \\ | & & | & & | & & | \end{bmatrix}$$

となります．D は交代性をもちますから

$$D\left(\begin{bmatrix} | & & | & & | & & | \\ \mathbf{a}_1 & \cdots & \mathbf{a}_i+\mathbf{a}_j & \cdots & \mathbf{a}_i+\mathbf{a}_j & \cdots & \mathbf{a}_n \\ | & & | & & | & & | \end{bmatrix}\right)=0$$

です．上式の左辺は多重線形性から

$$D(\mathrm{A})+D(\mathrm{B})+D\left(\begin{bmatrix} | & & | & & | & & | \\ \mathbf{a}_1 & \cdots & \mathbf{a}_i & \cdots & \mathbf{a}_i & \cdots & \mathbf{a}_n \\ | & & | & & | & & | \end{bmatrix}\right)$$
$$+D\left(\begin{bmatrix} | & & | & & | & & | \\ \mathbf{a}_1 & \cdots & \mathbf{a}_j & \cdots & \mathbf{a}_j & \cdots & \mathbf{a}_n \\ | & & | & & | & & | \end{bmatrix}\right)$$

に等しく，しかも交代性から最後の二つの項は 0 となります．よって $D(\mathbf{A})+D(\mathbf{B})=0$ が得られます．■

行　列　式

> **定理6･3**　任意の n について交代性と多重線形性をもち $D(\mathbf{I}_n)=1$ となる関数 $D:\mathbf{M}_n(\mathbb{F})\to\mathbb{F}$ が一意に存在する．
>
> この関数を**行列式**[4] とよび，行列 $\mathbf{A}$ の行列式を $\det\mathbf{A}$ と書く．

この定理の証明はこの節の後半にまわして，その意味を先に考えます．特に定理が述べている一意性が活躍します．行列式は正則性を判定できるだけではなく，行列の不変量であることも得られます．

■**例**　1．1×1 行列の行列式は定義から容易に得られます．実際，多重線形性から

$$\det[a]=a\det[1]=a\det\mathrm{I}_1=a1=a$$

となります．またこの節のはじめで確かめたように，これは不変量です．

---

4) determinant

2. 少し計算すれば2×2行列についても行列式を導くことができますが，その導出は定理6・3の証明の後まで待つことにして，ここでは

$$\det\begin{bmatrix} a & b \\ c & d \end{bmatrix} = ad - bc \qquad (6\cdot 1)$$

が交代性と多重線形性をもち，しかも $\det \mathbf{I}_2 = 1$ である $\mathbf{M}_2(\mathbb{F})$ 上の関数であることを指摘するにとどめておきます．したがって定理6・3にある一意性を用いれば，これが2×2行列の行列式になります[5]．

即問3　(6・1) が交代性と多重線形性をもち，しかも $\det \mathbf{I}_2 = 1$ である $\mathbf{M}_2(\mathbb{F})$ 上の関数となることを示しなさい．

3. $\mathbf{A}$ が対角行列なら多重線形性から

$$\det \mathrm{A} = (a_{11} \cdots a_{nn}) \det \mathrm{I}_n = a_{11} \cdots a_{nn}$$

つまり，行列式は対角要素の積となります．ただし，一般には対角要素の積は重複列検出力をもたないことを思い出してください．■

次の系は定理6・3を述べ直したものですが，役に立つことがよくあります．

系6・4　$D : \mathbf{M}_n(\mathbb{F}) \to \mathbb{F}$ が交代性と多重線形性をもつなら，任意の $\mathbf{A} \in \mathbf{M}_n(\mathbb{F})$ について

$$D(\mathrm{A}) = D(\mathrm{I}_n) \det \mathrm{A}$$

が成り立つ．

■**証明**　まず $D(\mathbf{I}_n) \neq 0$ と仮定して，$f : \mathbf{M}_n(\mathbb{F}) \to \mathbb{F}$ を

$$f(\mathrm{A}) := \frac{D(\mathrm{A})}{D(\mathrm{I}_n)}$$

と定義します．そうすると f は交代性と多重線形性をもち，しかも $f(\mathbf{I}_n) = \frac{D(\mathbf{I}_n)}{D(\mathbf{I}_n)} = 1$ となりますから，一意性から $f(\mathbf{A}) = \det \mathbf{A}$ が得られます．上式の両辺を $D(\mathbf{I}_n)$ 倍すれば証明が終わります．

---

5) 訳注：章末の訳注に (6・1) が行列式であることの証明を書いておきます．

即問3の答　多重線形性：$\det\begin{bmatrix} a_1+a_2 & b \\ c_1+c_2 & d \end{bmatrix} = (a_1+a_2)d - b(c_1+c_2) = a_1d - bc_1 + a_2d - bc_2$，斉次性と第2列目についての線形性も同様．交代性：$\det\begin{bmatrix} a & a \\ c & c \end{bmatrix} = ac - ac = 0$．最後に $\det \mathbf{I}_2 = 1\cdot 1 - 0\cdot 0 = 1$．

$D(\mathbf{I}_n)=0$ ならすべての $\mathbf{A}$ について $D(\mathbf{A})=0$ がわかります．まず多重線形性から

$$D(\mathrm{A}) = D\left(\begin{bmatrix} | & & | \\ \sum_{i_1=1}^{n} a_{i_1 1}\mathbf{e}_{i_1} & \cdots & \sum_{i_n=1}^{n} a_{i_n n}\mathbf{e}_{i_n} \\ | & & | \end{bmatrix}\right)$$

$$= \sum_{i_1=1}^{n} \cdots \sum_{i_n=1}^{n} a_{i_1 1} \cdots a_{i_n n} D\left(\begin{bmatrix} | & & | \\ \mathbf{e}_{i_1} & \cdots & \mathbf{e}_{i_n} \\ | & & | \end{bmatrix}\right)$$

です．もしも添字 i_k に同じものがあれば，交代性から

$$D\left(\begin{bmatrix} | & & | \\ \mathbf{e}_{i_1} & \cdots & \mathbf{e}_{i_n} \\ | & & | \end{bmatrix}\right) = 0$$

です．すべての添字 i_k が異なっている場合には，必要なら列を交換することによって

$$D\left(\begin{bmatrix} | & & | \\ \mathbf{e}_{i_1} & \cdots & \mathbf{e}_{i_n} \\ | & & | \end{bmatrix}\right) = \pm D(\mathrm{I}_n) = 0$$

であることが補助定理 6・2 から得られます．■

定理 6・3 の一意性から顕著な結果がいくつか導かれます．最初に得られるのは次の行列式の重要な性質です．

定 理 6・5　任意の $\mathbf{A}, \mathbf{B} \in \mathbf{M}_n(\mathbb{F})$ について $\det(\mathbf{AB}) = (\det \mathbf{A})(\det \mathbf{B})$ が成り立つ．

■証 明　与えられた行列 $\mathbf{A}$ に対して $D_{\mathbf{A}} : \mathbf{M}_n(\mathbb{F}) \to \mathbb{F}$ を

$$D_{\mathrm{A}}(\mathrm{B}) = \det(\mathrm{AB})$$

と定義します．この $D_{\mathbf{A}}$ が交代性と多重線形性をもつことがわかったと仮定すると系 6・4 から任意の $\mathbf{B} \in \mathbf{M}_n(\mathbb{F})$ について

$$\det(\mathrm{AB}) = D_{\mathrm{A}}(\mathrm{B}) = D_{\mathrm{A}}(\mathrm{I}_n) \det \mathrm{B} = (\det \mathrm{A})(\det \mathrm{B})$$

が得られます．

そこで，$D_{\mathbf{A}}$ の多重線形性と交代性を示すために $\mathbf{B} = \begin{bmatrix} | & & | \\ \mathbf{b}_1 & \cdots & \mathbf{b}_n \\ | & & | \end{bmatrix}$ とします．すると

$$D_{\mathrm{A}}(\mathrm{B}) = \det(\mathrm{AB}) = \det \begin{bmatrix} | & & | \\ \mathrm{Ab}_1 & \cdots & \mathrm{Ab}_n \\ | & & | \end{bmatrix}$$

です．よって，行列の掛け算の線形性と det の多重線形性から，$D_{\mathbf{A}}$ の多重線形性が得られます．さらに $i \neq j$ について $\mathbf{b}_i = \mathbf{b}_j$ なら $\mathbf{Ab}_i = \mathbf{Ab}_j$ ですから，$D_{\mathbf{A}}(\mathbf{B}) = \det(\mathbf{AB}) = 0$ であることが行列式の交代性から得られます．したがって $D_{\mathbf{A}}$ は交代性をもちます．

行列 $\mathbf{A} \in \mathbf{M}_n(\mathbb{F})$ は任意でしたから，結局任意の $\mathbf{A}, \mathbf{B} \in \mathbf{M}_n(\mathbb{F})$ について

$$\det(\mathrm{AB}) = D_{\mathrm{A}}(\mathrm{B}) = (\det \mathrm{A})(\det \mathrm{B})$$

となることがわかります．■

定理 6・5 から，行列式によって行列の正則性を判定できることがわかります．行列が正則でなければ行列式は零となり，またそのときに限って零となります．

> **系 6・6**　行列 $\mathbf{A} \in \mathbf{M}_n(\mathbb{F})$ が正則である必要十分条件は $\det \mathbf{A} \neq 0$ である．またこのとき $\det \mathbf{A}^{-1} = (\det \mathbf{A})^{-1}$ となる．

■**証明**　補助定理 6・1 から $\mathbf{A}$ が正則でなければ $\det \mathbf{A} = 0$ です．

一方，$\mathbf{A}$ が正則なら定理 6・5 によって

$$1 = \det \mathrm{I}_n = \det\left(\mathrm{AA}^{-1}\right) = \left(\det \mathrm{A}\right)\left(\det \mathrm{A}^{-1}\right)$$

ですから，$\det \mathbf{A} \neq 0$ と $\det \mathbf{A}^{-1} = (\det \mathbf{A})^{-1}$ が得られます．■

定理 6・5 は行列式が不変量であることも教えてくれます．

> **系 6・7**　$\mathbf{A}, \mathbf{B} \in \mathbf{M}_n(\mathbb{F})$ が相似なら $\det \mathbf{A} = \det \mathbf{B}$ である．

■**証明**　条件から $\mathbf{B} = \mathbf{SAS}^{-1}$ ですから，定理 6・5 より

$$\det \mathrm{B} = (\det \mathrm{S})(\det \mathrm{A})(\det \mathrm{S}^{-1})$$

となりますが，系 6・6 より $\det \mathbf{S}^{-1} = (\det \mathbf{S})^{-1}$ ですから，$\det \mathbf{B} = \det \mathbf{A}$ が得られます．■

この系のおかげで線形変換についても行列式を定義することができます．

> **定　義**　Vを有限次元ベクトル空間，$\mathcal{B}$をその任意の基底とする．線形変換 $T \in \mathcal{L}(V)$ の**行列式**[4] を $\det T = \det[T]_{\mathcal{B}}$ と定義する[6]．

6）訳注：異なる基底に関する T の表現行列は相似であったことを思い出してください．定理 3・54 参照．

即問4 Vを有限次元ベクトル空間とします．cIの行列式 $\det(cI)$ を与えなさい．

行列式の存在と一意性

最後に定理6・3の証明を与えて，この節を締めくくることにします．まず必要な記号を定義します．

> **定 義** $n \geq 2$ に対して $\mathbf{A} \in \mathbf{M}_n(\mathbb{F})$ とする．$1 \leq i, j \leq n$ について，$\mathbf{A}$ からその第 i 行と第 j 列を取去った $(n-1) \times (n-1)$ 行列を $\mathbf{A}_{ij} \in \mathbf{M}_{n-1}(\mathbb{F})$ と表す．

定理6・3の証明を行列式の存在を示すことから始めます．そのために $\mathbf{M}_n(\mathbb{F})$ 上で定義された関数 $D_n : \mathbf{M}_n(\mathbb{F}) \to \mathbb{F}$ で交代性と多重線形性をもち，しかも $D_n(\mathbf{I}_n) = 1$ となるものを**行列式関数**[7] という名前でよんでおきます．そうすると，定理6・3は $\mathbf{M}_n(\mathbb{F})$ 上に唯一の行列式関数が存在すると述べていることになります．

> **補助定理6・8** 各 n について $\mathbf{M}_n(\mathbb{F})$ 上に行列式関数が存在する．

■**証 明** n についての帰納法で証明します．まず $D_1([a]) = a$ で定義される D_1 が行列式関数の条件を満たすことは明らかです．

次に $n > 1$ として，$\mathbf{M}_{n-1}(\mathbb{F})$ 上に行列式関数 D_{n-1} が存在すると仮定します．i を任意に固定して $D_n : \mathbf{M}_n(\mathbb{F}) \to \mathbb{F}$ を

$$D_n(\mathrm{A}) := \sum_{j=1}^{n} (-1)^{i+j} a_{ij} D_{n-1}(\mathrm{A}_{ij}) \qquad (6 \cdot 2)$$

と定義し，これが $\mathbf{M}_n(\mathbb{F})$ 上の行列式関数となることを示します．

$\mathbf{A} = \begin{bmatrix} | & & | \\ \mathbf{a}_1 & \cdots & \mathbf{a}_n \\ | & & | \end{bmatrix}$ と書いて，$1 \leq k \leq n$ となる k と $\mathbf{b}_k \in \mathbb{F}^n$ を与え，

$$\mathrm{B} = \begin{bmatrix} | & & | & & | \\ \mathbf{a}_1 & \cdots & \mathbf{b}_k & \cdots & \mathbf{a}_n \\ | & & | & & | \end{bmatrix} \qquad \mathrm{C} = \begin{bmatrix} | & & | & & | \\ \mathbf{a}_1 & \cdots & \mathbf{a}_k + \mathbf{b}_k & \cdots & \mathbf{a}_n \\ | & & | & & | \end{bmatrix}$$

即問4の答 Vの次元を n とすると，cI の表現行列は基底の取り方にかかわらず $c\mathbf{I}_n$ です．よって $\det(cI) = \det(c\mathbf{I}_n) = c^n = c^{\dim V}$．

7) determinant function

とし，これまでと同様に **A**, **B**, **C** それぞれの要素を a_{ij}, b_{ij}, c_{ij} で表すことにします．示すべきことは $D_n(\mathbf{C}) = D_n(\mathbf{A}) + D_n(\mathbf{B})$ です．

行列 **A**, **B**, **C** は第 k 列だけで異なっていますから，上で定義した記号を用いれば

$$\mathrm{A}_{ik} = \mathrm{B}_{ik} = \mathrm{C}_{ik}$$

が成り立っています．しかも $j \neq k$ なら D_{n-1} の多重線形性から

$$D_{n-1}(\mathrm{C}_{ij}) = D_{n-1}(\mathrm{A}_{ij}) + D_{n-1}(\mathrm{B}_{ij})$$

です．よって

$$\begin{aligned} D_n(\mathrm{C}) &= \sum_{j=1}^{n}(-1)^{i+j}c_{ij}D_{n-1}(\mathrm{C}_{ij}) \\ &= \sum_{j\neq k}(-1)^{i+j}c_{ij}D_{n-1}(\mathrm{C}_{ij}) + (-1)^{i+k}c_{ik}D_{n-1}(\mathrm{C}_{ik}) \\ &= \sum_{j\neq k}(-1)^{i+j}a_{ij}\bigl(D_{n-1}(\mathrm{A}_{ij}) + D_{n-1}(\mathrm{B}_{ij})\bigr) + (-1)^{i+k}(a_{ik} + b_{ik})D_{n-1}(\mathrm{A}_{ik}) \\ &= \sum_{j=1}^{n}(-1)^{i+j}a_{ij}D_{n-1}(\mathrm{A}_{ij}) + \sum_{j=1}^{n}(-1)^{i+j}b_{ij}D_{n-1}(\mathrm{B}_{ij}) \\ &= D_n(\mathrm{A}) + D_n(\mathrm{B}) \end{aligned}$$

が得られます．最後から二つ目の等号は $j \neq k$ について $b_{ij} = a_{ij}$ であることを使ってまとめ直したものです．

次に $c \in \mathbb{F}$ に対して $\mathbf{A}' = \begin{bmatrix} | & & | & & | \\ \mathbf{a}_1 & \cdots & c\mathbf{a}_k & \cdots & \mathbf{a}_n \\ | & & | & & | \end{bmatrix}$ とすると，D_{n-1} の多重線形性から

$$a'_{ij} = \begin{cases} a_{ij} & (j \neq k) \\ ca_{ij} & (j = k) \end{cases} \qquad D_{n-1}(\mathrm{A}'_{ij}) = \begin{cases} cD_{n-1}(\mathrm{A}_{ij}) & (j \neq k) \\ D_{n-1}(\mathrm{A}_{ij}) & (j = k) \end{cases}$$

ですから

$$D_n(\mathrm{A}') = \sum_{j=1}^{n}(-1)^{i+j}a'_{ij}D_{n-1}(\mathrm{A}'_{ij}) = c\sum_{j=1}^{n}(-1)^{i+j}a_{ij}D_{n-1}(\mathrm{A}_{ij}) = cD_n(\mathrm{A})$$

が得られます．よって D_n が多重線形であることが示せました．

次に交代性を示すために，$k < \ell$ について $\mathbf{a}_k = \mathbf{a}_\ell$ なら $D_n(\mathbf{A}) = 0$ を示す必要があります．

はじめに，$j \notin \{k, \ell\}$ なら $\mathbf{A}_{ij}$ には重複列がありますから，D_{n-1} の交代性より $D_{n-1}(\mathbf{A}_{ij}) = 0$ であることに注意します．$a_{ik} = a_{i\ell}$ ですから

$$D_n(\mathrm{A}) = (-1)^{i+k} a_{ik} D_{n-1}(\mathrm{A}_{ik}) + (-1)^{i+\ell} a_{i\ell} D_{n-1}(\mathrm{A}_{i\ell})$$
$$= (-1)^{i+k} a_{ik} \Big[D_{n-1}(\mathrm{A}_{ik}) + (-1)^{\ell-k} D_{n-1}(\mathrm{A}_{i\ell}) \Big]$$

が得られます．$\mathbf{A}_{ik}$ と $\mathbf{A}_{i\ell}$ は $\mathbf{A}$ から重複列の片方が取去られていますから，この二つの行列は同じ列ベクトルからできています．ただしその順序は異なっています．$\mathbf{A}_{ik}$ の第 $\ell-1$ 列にある $\mathbf{a}_\ell$ を左に向かって第 k 列まで移動するために $\mathbf{A}_{ik}$ の連続する列を $\ell-k-1$ 回交換すれば $\mathbf{A}_{i\ell}$ が得られます．補助定理 6・2 から $D_{n-1}(\mathbf{A}_{ik}) = (-1)^{\ell-k-1} D_{n-1}(\mathbf{A}_{i\ell})$ ですから，$D_n(\mathbf{A}) = 0$ が得られて，D_n の交代性が示せます．

最後に $\mathbf{A} = \mathbf{I}_n$ なら a_{ij} は $i=j$ のときに限って非零であること，また $\mathbf{A}_{ii} = \mathbf{I}_{n-1}$ であることから

$$D_n(\mathrm{I}_n) = (-1)^{i+i} 1 D_{n-1}(\mathrm{I}_{n-1}) = 1$$

が得られます． ■

いよいよ行列式関数の一意性を示して定理 6・3 の証明を完成させます．

■ 定理 6・3 の証明　ここでも n についての帰納法で証明します．$n=1$ なら線形性から

$$D_1([a]) = aD_1([1]) = a$$

です．

$n \geq 2$ として $\mathbf{M}_{n-1}(\mathbb{F})$ 上の唯一の行列式関数を D_{n-1} で表します．さらに D_n を $\mathbf{M}_n(\mathbb{F})$ 上の行列式関数として，この D_n が D_{n-1} から一意に決まることを示します．

行列 $\mathbf{A} \in \mathbf{M}_n(\mathbb{F})$ を固定します．各 $j = 1, \ldots, n$ について $d_j : \mathbf{M}_{n-1}(\mathbb{F}) \to \mathbb{F}$ を

$$d_j(\mathbf{B}) = D_n\left(\begin{bmatrix} b_{11} & \cdots & b_{1,n-1} & a_{1j} \\ \vdots & \ddots & \vdots & \vdots \\ b_{n-1,1} & \cdots & b_{n-1,n-1} & a_{n-1,j} \\ 0 & \cdots & 0 & a_{nj} \end{bmatrix}\right) \qquad (6 \cdot 3)$$

で定義します[8]．すると，D_n の交代性と多重線形性から，d_j は $\mathbf{M}_{n-1}(\mathbb{F})$ 上の交代性と多重線形性をもつ関数であることがわかります．系 6・4 の証明と同様に帰納法の仮定から，$d_j(\mathbf{B}) = d_j(\mathbf{I}_{n-1}) D_{n-1}(\mathbf{B})$ が任意の $\mathbf{B} \in \mathbf{M}_{n-1}(\mathbb{F})$ について成り立ちます．

D_n の多重線形性から

8）訳注：右辺の行列は行列 $\mathbf{B}$ と行列 $\mathbf{A}$ の第 j 列 $\mathbf{a}_j$ からできています．

$$d_j(\mathbf{I}_{n-1}) = D_n\left(\begin{bmatrix} 1 & \cdots & 0 & a_{1j} \\ \vdots & \ddots & \vdots & \vdots \\ 0 & \cdots & 1 & a_{n-1,j} \\ 0 & \cdots & 0 & a_{nj} \end{bmatrix}\right)$$

$$= D_n\left(\begin{bmatrix} | & & | & | \\ \mathbf{e}_1 & \cdots & \mathbf{e}_{n-1} & \sum_{i=1}^{n} a_{ij}\mathbf{e}_i \\ | & & | & | \end{bmatrix}\right) = \sum_{i=1}^{n} a_{ij} D_n\left(\begin{bmatrix} | & & | & | \\ \mathbf{e}_1 & \cdots & \mathbf{e}_{n-1} & \mathbf{e}_i \\ | & & | & | \end{bmatrix}\right)$$

$$= a_{nj}D_n(\mathbf{I}_n) + \sum_{i=1}^{n-1} a_{ij} D_n\left(\begin{bmatrix} | & & | & | \\ \mathbf{e}_1 & \cdots & \mathbf{e}_{n-1} & \mathbf{e}_i \\ | & & | & | \end{bmatrix}\right)$$

ですが，D_n の交代性から最後に総和されている項はすべて零ですから

$$d_j(\mathbf{I}_{n-1}) = a_{nj}D_n(\mathbf{I}_n) = a_{nj} \tag{6・4}$$

が得られます．ここでも D_n が $\mathbf{M}_n(\mathbb{F})$ 上の行列式関数であることを使いました．結局

$$D_n\left(\begin{bmatrix} b_{11} & \cdots & b_{1,n-1} & a_{1j} \\ \vdots & \ddots & \vdots & \vdots \\ b_{n-1,1} & \cdots & b_{n-1,n-1} & a_{n-1,j} \\ 0 & \cdots & 0 & a_{nj} \end{bmatrix}\right) = a_{nj}D_{n-1}(\mathbf{B})$$

が得られますが，これはこの特別な形の行列について D_n は一意であることを示しています．

$\mathbf{A}$ が正則でなければ補助定理 6・1 でみたように $D_n(\mathbf{A}) = 0$ ですから，$D_n(\mathbf{A})$ は一意に決まります．$\mathbf{A}$ が正則なら最下行の要素が非零である列がありますから，その一つを第 j 列とします．そうすると D_n の交代性と多重線形性から

$$D_n(\mathbf{A}) = D_n\left(\begin{bmatrix} | & & | & & | \\ \mathbf{a}_1 & \cdots & \mathbf{a}_j & \cdots & \mathbf{a}_n \\ | & & | & & | \end{bmatrix}\right)$$

$$= D_n\left(\begin{bmatrix} | & & | & & | \\ \left(\mathbf{a}_1 - \frac{a_{n1}}{a_{nj}}\mathbf{a}_j\right) & \cdots & \mathbf{a}_j & \cdots & \left(\mathbf{a}_n - \frac{a_{nn}}{a_{nj}}\mathbf{a}_j\right) \\ | & & | & & | \end{bmatrix}\right)$$

$$= -D_n\left(\begin{bmatrix} | & & | & & | \\ \left(\mathbf{a}_1 - \frac{a_{n1}}{a_{nj}}\mathbf{a}_j\right) & \cdots & \left(\mathbf{a}_n - \frac{a_{nn}}{a_{nj}}\mathbf{a}_j\right) & \cdots & \mathbf{a}_j \\ | & & | & & | \end{bmatrix}\right)$$

が得られます．最後に符号が反転しているのは第 j 列と第 n 列を交換したことによります．ただし，$j=n$ の場合にはこの符号の反転はありません．上式の最後の行列は（6・3）と同様に最後の列以外は最下行の要素が零です．この形の行列について D_n が一意に決まることはすでに知っていますから，これで一意性の証明が終わります[9)]． ■

補助定理 6・8 の証明で，$\mathbf{M}_{n-1}(\mathbb{F})$ 上の交代性と多重線形性をもつ行列式関数から，同様の性質をもつ $\mathbf{M}_n(\mathbb{F})$ 上の行列式関数を（6・2）式によってつくりました．しかも上で行列式関数の一意性を証明しましたから，（6・2）式は $(n-1)\times(n-1)$ 行列の行列式によって $n\times n$ 行列の行列式を表す式

$$\det \mathrm{A} = \sum_{j=1}^{n} (-1)^{i+j} a_{ij} \det \mathrm{A}_{ij} \qquad (6\cdot5)$$

を与えていることになります．ここで i が $1, \ldots, n$ のどれであっても上の式が成り立ちます．

■**例**　1．2×2 行列に対して（6・5）を使うと（6・1）が得られます．実際 $i=1$ とすると

$$\det\begin{bmatrix} a & b \\ c & d \end{bmatrix} = a\det\begin{bmatrix} d \end{bmatrix} - b\det\begin{bmatrix} c \end{bmatrix} = ad - bc$$

です．

即問 5　$i=2$ としても同じ結果が得られることを確かめなさい．

2．2×2 行列の行列式の計算方法がわかると，（6・5）を 3×3 行列の行列式の計算にも使うことができて，

$$\begin{aligned}
\det\begin{bmatrix} 3 & -1 & 4 \\ -1 & 5 & -9 \\ 2 & -6 & 5 \end{bmatrix} &= 3\det\begin{bmatrix} 5 & -9 \\ -6 & 5 \end{bmatrix} - (-1)\det\begin{bmatrix} -1 & -9 \\ 2 & 5 \end{bmatrix} + 4\det\begin{bmatrix} -1 & 5 \\ 2 & -6 \end{bmatrix} \\
&= 3(5\cdot5-(-9)(-6))-(-1)((-1)5-(-9)2)+4((-1)(-6)-5\cdot2) \\
&= 3\cdot(-29)-(-1)\cdot13+4(-4) \\
&= -90
\end{aligned}$$

9）訳注：章末の訳注でこの証明を補足します．

即問 5 の答　$\det\begin{bmatrix} a & b \\ c & d \end{bmatrix} = -c\det[b] + d\det[a] = ad - bc$

となります．もちろんこの計算方法を 3×3 で止める必然性はないのですが，より大きな行列の行列式の計算は次の節にゆずります． ■

まとめ

- 行列に対して定義された関数は，各列について線形であるとき多重線形という．多重線形関数は，行列に重複列があるとき，その値が零となるなら交代性をもつという．
- 行列式は交代性と多重線形性をもち，単位行列に対して 1 を返す唯一の関数．
- $\det \mathbf{A}=0$ となる必要十分条件は $\mathbf{A}$ が正則でないこと．
- $\det(\mathbf{AB})=(\det \mathbf{A})(\det \mathbf{B})$
- 行列式は行列の不変量．

練習問題

6・1・1 この節で得られた方法だけを使って以下の行列の行列式を求めなさい．

(a) $\begin{bmatrix}1 & 2\\ 3 & 4\end{bmatrix}$ (b) $\begin{bmatrix}\sqrt{5}+i & 2i\\ -3 & \sqrt{5}-i\end{bmatrix}$ (c) $\begin{bmatrix}0 & 2 & -1\\ 3 & 0 & 4\\ -2 & 1 & 2\end{bmatrix}$ (d) $\begin{bmatrix}1 & 1 & 1\\ 1 & 2 & 2\\ 1 & 2 & 3\end{bmatrix}$

6・1・2 この節で得られた方法だけを使って以下の行列の行列式を求めなさい．

(a) $\begin{bmatrix}-3 & 1\\ 4 & -2\end{bmatrix}$ (b) $\begin{bmatrix}-3i & 2+i\\ -2i & 1-i\end{bmatrix}$ (c) $\begin{bmatrix}-1 & 2 & 3\\ 4 & -5 & 6\\ 7 & -8 & 9\end{bmatrix}$ (d) $\begin{bmatrix}1 & 0 & -2\\ -3 & 0 & 2\\ 0 & 4 & -1\end{bmatrix}$

6・1・3 $D:\mathbf{M}_2(\mathbb{F})\to\mathbb{F}$ を $D(\mathbf{I}_2)=7$ である交代性と多重線形性をもつ関数と仮定して以下の値を求めなさい．

(a) $D\left(\begin{bmatrix}1 & 2\\ 3 & 4\end{bmatrix}\right)$ (b) $D\left(\begin{bmatrix}-2 & 3\\ 5 & -4\end{bmatrix}\right)$

6・1・4 $D:\mathbf{M}_3(\mathbb{F})\to\mathbb{F}$ を $D(\mathbf{I}_3)=6$ である交代性と多重線形性をもつ関数と仮定して以下の値を求めなさい．

(a) $D\left(\begin{bmatrix}1 & 2 & 3\\ 0 & 4 & 5\\ 0 & 0 & 6\end{bmatrix}\right)$ (b) $D\left(\begin{bmatrix}3 & 2 & 4\\ 2 & 1 & 2\\ 2 & 0 & 1\end{bmatrix}\right)$

6・1・5 (a) $D:\mathbf{M}_2(\mathbb{F})\to\mathbb{F}$ が多重線形であると仮定して，$\mathbf{A},\mathbf{B}\in\mathbf{M}_2(\mathbb{F})$ について $D(\mathbf{A}+\mathbf{B})$ を与えなさい．

(b) $D:\mathbf{M}_3(\mathbb{F})\to\mathbb{F}$ が多重線形であると仮定して，$\mathbf{A},\mathbf{B}\in\mathbf{M}_3(\mathbb{F})$ について $D(\mathbf{A}+\mathbf{B})$ を与えなさい．

6・1・6　以下の二つの行列が相似でないことを示しなさい．

$$\begin{bmatrix} 2 & 1 & -1 \\ 0 & -1 & 2 \\ 3 & 6 & -1 \end{bmatrix} \qquad \begin{bmatrix} 3 & 5 & 2 \\ 1 & -2 & 0 \\ 0 & 6 & -1 \end{bmatrix}$$

6・1・7　Vを有限次元内積空間，Uをその真部分空間とします．Uへの正射影$P_U \in \mathcal{L}(V)$の行列式を求めなさい．

6・1・8　$R: \mathbb{R}^3 \to \mathbb{R}^3$を平面$x+2y+3z=0$に関する鏡映とします．$R$の行列式を求めなさい．

6・1・9　$\dim V=n$とし$T \in \mathcal{L}(V)$はn個の相異なる固有値$\lambda_1, \ldots, \lambda_n$をもつとします．このとき

$$\det T = \lambda_1 \cdots \lambda_n$$

となることを証明しなさい．

6・1・10　行列$\mathbf{A} \in \mathbf{M}_n(\mathbb{R})$が$\mathbf{B} \in \mathbf{M}_{n,m}(\mathbb{R})$と$\mathbf{C} \in \mathbf{M}_{m,n}(\mathbb{R})$によって$\mathbf{A}=\mathbf{BC}$と分解されています．$m<n$なら$\det \mathbf{A}=0$となることを示しなさい．

6・1・11　$\mathbf{A} \in \mathbf{M}_n(\mathbb{C})$がエルミート行列なら$\det \mathbf{A} \in \mathbb{R}$であることを示しなさい．

6・1・12　(6・5)を使って

$$\det \begin{bmatrix} a_{11} & a_{12} & a_{13} \\ a_{21} & a_{22} & a_{23} \\ a_{31} & a_{32} & a_{33} \end{bmatrix}$$

を与える式を導きなさい．

6・1・13　次の関数は重複列検出力をもつが，多重線形性をもたないことを示しなさい．

$$f(\mathrm{A}) = \prod_{i \neq j} \left(\sum_{k=1}^{n} |a_{ki} - a_{kj}| \right)$$

6・1・14　次の関数は多重線形性をもつが，重複列検出力をもたないことを示しなさい．

$$g(\mathrm{A}) = \prod_{j=1}^{n} \left(\sum_{i=1}^{n} a_{ij} \right)$$

6・1・15　$D: \mathbf{M}_n(\mathbb{F}) \to \mathbb{F}$が交代性と多重線形性をもつなら，$\mathbf{A}$の任意の列にそれ以外の列の任意の線形結合を加えても$D(\mathbf{A})$の値が変わらないことを示しなさい．

6・1・16　Vを多重線形関数$f: \mathbf{M}_n(\mathbb{F}) \to \mathbb{F}$の集合とします．

(a) Vは$\mathbb{F}$上のベクトル空間となることを示しなさい．

(b) $\dim V=n^n$を示しなさい．

6・1・17　Wを交代性をもつ多重線形関数$f: \mathbf{M}_n(\mathbb{F}) \to \mathbb{F}$の集合とします．

(a) Wは$\mathbb{F}$上のベクトル空間となることを示しなさい．

(b) $\dim W=1$を示しなさい．

6・2 行列式の計算

基本的性質

前節で確かめた行列式の再帰式から始めます.

命題6・9（行に沿ったラプラス展開[1]） $\mathbf{A} \in \mathbf{M}_n(\mathrm{F})$ とすると，任意の $i = 1, \ldots, n$ について

$$\det \mathrm{A} = \sum_{j=1}^{n} (-1)^{i+j} a_{ij} \det \mathrm{A}_{ij}$$

となる.

ラプラス展開は特に多くの要素が零である疎行列の行列式の計算に有効です.

■例

$$\det \begin{bmatrix} -2 & 0 & 1 & 3 & 4 \\ 0 & -1 & 0 & 1 & 0 \\ 0 & 0 & 0 & -3 & 0 \\ 1 & 0 & 2 & -2 & -5 \\ 4 & -2 & 0 & -4 & 1 \end{bmatrix} = -(-3) \det \begin{bmatrix} -2 & 0 & 1 & 4 \\ 0 & -1 & 0 & 0 \\ 1 & 0 & 2 & -5 \\ 4 & -2 & 0 & 1 \end{bmatrix}$$

$$= -3 \det \begin{bmatrix} -2 & 1 & 4 \\ 1 & 2 & -5 \\ 4 & 0 & 1 \end{bmatrix}$$

$$= -3 \left(4 \det \begin{bmatrix} 1 & 4 \\ 2 & -5 \end{bmatrix} + 1 \det \begin{bmatrix} -2 & 1 \\ 1 & 2 \end{bmatrix} \right)$$

$$= -3(4(-13) - 5)$$

$$= 171$$

■

即問6 上の例の各段階で，どの行に沿ってラプラス展開されたか答えなさい.

ラプラス展開によって上三角行列の行列式が簡単に得られることがわかりますが，これは対角行列についてすでに知っていることの一般化になっています.

---

1) Laplace expansion along a row

即問6の答 5×5 行列の 3 行目，4×4 行列の 2 行目，3×3 行列の 3 行目.

系 6・10　$\mathbf{A} \in \mathbf{M}_n(\mathbb{F})$ が上三角行列なら

$$\det \mathrm{A} = a_{11} \cdots a_{nn}$$

である.

■**証明**　n についての帰納法で示します. まず $n=1$ なら自明です.

次に, $n \geq 2$ と $(n-1) \times (n-1)$ 行列については系の主張が正しいと仮定します. $\mathbf{A}$ は上三角ですから, $j \leq n-1$ について $a_{nj}=0$ であり, $\mathbf{A}_{nn}$ は対角要素が $a_{1,1}, \ldots, a_{n-1,n-1}$ である上三角行列です. したがって $i=n$ に対して命題 6・9 を用いると

$$\det \mathrm{A} = \sum_{j=1}^{n} (-1)^{n+j} a_{nj} \det \mathrm{A}_{nj} = (-1)^{n+n} a_{nn} \det \mathrm{A}_{nn} = a_{11} \cdots a_{n-1,n-1} a_{nn}$$

が得られます. ■

行列式のもつ次の有用な性質も, ラプラス展開によって示すことができます.

定 理 6・11　$\mathbf{A} \in \mathbf{M}_n(\mathbb{F})$ について $\det \mathbf{A}^{\mathrm{T}} = \det \mathbf{A}$ である.

■**証明**　$f(\mathbf{A}) = \det \mathbf{A}^{\mathrm{T}}$ と定義して, この関数が $\mathbf{M}_n(\mathbb{F})$ 上の行列式関数であることを, n についての帰納法で示します. すると行列式関数の一意性から, $f(\mathbf{A}) = \det \mathbf{A}$ が導かれます.

通常の帰納法と少し違って, ここでの証明には議論の出発点が二つ必要です (その理由は後の帰納法のステップの箇所でわかります). もしも $\mathbf{A} \in \mathbf{M}_1(\mathbb{F})$ なら, $\mathbf{A}^{\mathrm{T}} = \mathbf{A}$ ですから $\det \mathbf{A} = \det \mathbf{A}^{\mathrm{T}}$ です. また $\mathbf{A} \in \mathbf{M}_2(\mathbb{F})$ なら, (6・1) によってやはり $\det \mathbf{A} = \det \mathbf{A}^{\mathrm{T}}$ です.

即問 7　$\mathbf{A} \in \mathbf{M}_2(\mathbb{F})$ について $\det \mathbf{A} = \det \mathbf{A}^{\mathrm{T}}$ を示しなさい.

さて $n \geq 3$ とし, $\mathbf{B} \in \mathbf{M}_{n-1}(\mathbb{F})$ について $\det \mathbf{B}^{\mathrm{T}} = \det \mathbf{B}$ がわかっていると仮定します. 命題 6・9 から, 任意の $\mathbf{A} \in \mathbf{M}_n(\mathbb{F})$ と任意の $i=1, \ldots, n$ について

$$f(\mathrm{A}) = \sum_{j=1}^{n} (-1)^{i+j} a_{ji} \det(\mathrm{A}^{\mathrm{T}})_{ij} \tag{6・6}$$

が成り立ちます. ここで, $(\mathbf{A}^{\mathrm{T}})_{ij}$ は $\mathbf{A}^{\mathrm{T}}$ から第 i 行目と第 j 列目を取去った $(n-1) \times$

即問 7 の答　$\det \begin{bmatrix} a & b \\ c & d \end{bmatrix} = ad - bc = ad - cb = \det \begin{bmatrix} a & c \\ b & d \end{bmatrix}$

$(n-1)$ 行列です．各 $k=1, \ldots, n$ について第 k 行に沿ったラプラス展開から

$$
\begin{aligned}
f&\left(\begin{bmatrix} | & & | & & | \\ \mathbf{a}_1 & \cdots & \mathbf{a}_k+\mathbf{b}_k & \cdots & \mathbf{a}_n \\ | & & | & & | \end{bmatrix}\right) \\
&=\sum_{j=1}^{n}(-1)^{k+j}(a_{jk}+b_{jk})\det(\mathrm{A}^{\mathrm{T}})_{kj} \\
&=\sum_{j=1}^{n}(-1)^{k+j}a_{jk}\det(\mathrm{A}^{\mathrm{T}})_{kj}+\sum_{j=1}^{n}(-1)^{k+j}b_{jk}\det(\mathrm{A}^{\mathrm{T}})_{kj} \\
&=f\left(\begin{bmatrix} | & & | \\ \mathbf{a}_1 & \cdots & \mathbf{a}_n \\ | & & | \end{bmatrix}\right)+f\left(\begin{bmatrix} | & & | & & | \\ \mathbf{a}_1 & \cdots & \mathbf{b}_k & \cdots & \mathbf{a}_n \\ | & & | & & | \end{bmatrix}\right)
\end{aligned}
$$

が得られます．ここで，$\mathbf{A}$ の第 k 列を変更しても $(\mathbf{A}^{\mathrm{T}})_{kj}$ が変わらないことを使いました．よって f は列に関して加法的であることが示せました．斉次性も同様に示せますから f は多重線形であることがわかります．（まだ帰納法の仮定を使っていません．）

次に $\mathbf{a}_k=\mathbf{a}_\ell$ となる $k \neq \ell$ があると仮定して，$i \notin \{k, \ell\}$ を選びます（このために $n \geq 3$ であることが必要です）．そうすると（6・6）と帰納法の仮定によって

$$
f(\mathrm{A})=\sum_{j=1}^{n}(-1)^{i+j}a_{ji}\det(\mathrm{A}_{ji})^{\mathrm{T}}=\sum_{j=1}^{n}(-1)^{i+j}a_{ji}\det \mathrm{A}_{ji}
$$

が得られます．$i \notin \{k, \ell\}$ ですから $\mathbf{A}_{ji}$ には重複した列があり，よって $\det \mathbf{A}_{ji}=0$ です．よって $f(\mathbf{A})=0$ となり，f が交代性をもつことになります．

最後に $f(\mathbf{I}_n)=\det \mathbf{I}_n^{\mathrm{T}}=\det \mathbf{I}_n=1$ に注意すれば，f が行列式関数であることが確かめられます． ■

定理 6・11 は，行列式は行に関しても交代性と多重線形性をもつことを示しています．

系 6・12（列に沿ったラプラス展開[2]） $\mathbf{A} \in \mathbf{M}_n(\mathbb{F})$ とすると，任意の $j=1, \ldots, n$ について

$$
\det \mathrm{A}=\sum_{i=1}^{n}(-1)^{i+j}a_{ij}\det \mathrm{A}_{ij}
$$

となる．

2）Laplace expansion along a column

■**証明**　$\det \mathbf{A}^{\mathrm{T}}$ に対して命題6・9を適用し，定理6・11が示す $\det \mathbf{A}^{\mathrm{T}} = \det \mathbf{A}$ を用いれば証明が終わります．■

系6・13　$\mathbf{A} \in \mathbf{M}_n(\mathbb{C})$ について $\det \mathbf{A}^* = \overline{\det \mathbf{A}}$ である．

　また，V を有限次元内積空間とすると，$T \in \mathcal{L}(V)$ について $\det T^* = \overline{\det T}$ である．

■**証明**　$\overline{\mathbf{A}}$ を $\mathbf{A}$ の要素 a_{jk} をその共役複素数 $\overline{a_{jk}}$ で置き換えた行列とすると，$\mathbf{A}^* = \overline{\mathbf{A}}^{\mathrm{T}}$ となります．定理6・11を用いれば，あとは $\det \overline{\mathbf{A}} = \overline{\det \mathbf{A}}$ を示せばよいことになります．

　1×1 行列ならこれは自明ですし，一般の n については命題6・9と n に関する帰納法から得られます．

　線形変換についての主張は，その行列式の定義と定理5・13から得られます．■

行列式と行基本演算

　行列式が行に関して交代性と多重線形性をもつことを学び，さらに以前任意の行列は行基本演算 **R1** と **R3** によって上三角行列に変形できることを学びました．行基本演算が行列式にどのように影響するかは，交代性と多重線形性から直ちにわかります．ここで，行基本演算を基本行列を掛ける操作であるとみることは有用な道具となります．次の基本行列が行基本演算 **R1** と **R3** に対応していたことを思い出してください．

$$\mathbf{P}_{c,i,j} := \begin{bmatrix} 1 & 0 & & 0 \\ 0 & \ddots & c & \\ & & \ddots & 0 \\ 0 & & 0 & 1 \end{bmatrix} \quad (i \neq j)$$

$$\mathbf{R}_{i,j} := \begin{bmatrix} 1 & & & & \\ & \ddots & & & \\ & & 0 & 1 & \\ & & & \ddots & \\ & & 1 & 0 & \\ & & & & \ddots \\ & & & & & 1 \end{bmatrix} \quad (i \neq j)$$

補助定理6・14　$1 \leq i, j \leq n$，$i \neq j$，$c \in \mathbb{F}$ とする．$\mathbf{P}_{c,i,j}$ と $\mathbf{R}_{i,j}$ を上で定義した $n \times n$ の基本行列とすると

- $\det \mathbf{P}_{c,i,j} = 1$
- $\det \mathbf{R}_{i,j} = -1$

である．

■**証明** $\mathbf{P}_{c,i,j}$ は上三角ですから，系 6・10 によって $\det \mathbf{P}_{c,i,j}$ はその対角要素の積，つまり 1 です．

また行列 $\mathbf{R}_{i,j}$ は $\mathbf{I}_n$ の第 i 列と第 j 列を交換したものですから，補助定理 6・2 から $\det \mathbf{R}_{i,j} = -\det \mathbf{I}_n = -1$ です． ■

この補助定理から，行基本演算が行列式に与える変化を追跡することによって，行列式を計算するアルゴリズムが得られます．このアルゴリズムは，行列が大きい場合には，ラプラス展開や後述の置換全体にわたって和をとる方法に比べて，はるかに効率的な計算方法です．

> **アルゴリズム 6・15**　行列 $\mathbf{A} \in \mathbf{M}_n(\mathbb{F})$ の行列式の計算手順:
> - 行基本演算 **R1** と **R3** によって行列 **A** を上三角行列 **B** に変形する．
> - k を行が交換された回数とする．
> - $\det \mathbf{A} = (-1)^k b_{11} \cdots b_{nn}$

■**証明** **B** は **A** から行基本演算 **R1** と **R3** によって得られた行列ですから，定理 2・21 から $\mathbf{P}_{c,i,j}$ あるいは $\mathbf{R}_{i,j}$ からなる基本行列の列 $\mathbf{E}_1, \ldots, \mathbf{E}_p$ によって

$$\mathrm{B} = \mathrm{E}_1 \cdots \mathrm{E}_p \mathrm{A}$$

と書けます．系 6・10 と定理 6・5 から

$$\det \mathrm{B} = b_{11} \cdots b_{nn} = (\det \mathrm{E}_1) \cdots (\det \mathrm{E}_p) \det \mathrm{A}$$

で，さらに補助定理 6・14 から

$$(\det \mathrm{E}_1) \cdots (\det \mathrm{E}_p) = (-1)^k$$

です． ■

■**例**

$$\det \begin{bmatrix} 3 & 0 & 1 \\ -2 & -2 & 1 \\ 1 & 0 & 1 \end{bmatrix} = -\det \begin{bmatrix} 1 & 0 & 1 \\ -2 & -2 & 1 \\ 3 & 0 & 1 \end{bmatrix}$$

$$= -\det \begin{bmatrix} 1 & 0 & 1 \\ 0 & -2 & 3 \\ 3 & 0 & 1 \end{bmatrix}$$

$$= -\det \begin{bmatrix} 1 & 0 & 1 \\ 0 & -2 & 3 \\ 0 & 0 & -2 \end{bmatrix}$$

$$= -(1)(-2)(-2) = -4$$

■

即問8 上の例で用いられた行基本演算を示しなさい.

置　換

この節では行列式を与える別の式をつくります. そのためにまず置換を導入します.

定 義 $\{1, \ldots, n\}$ 上の**置換**[3] とはその上の全単射写像

$$\sigma : \{1, \ldots, n\} \to \{1, \ldots, n\}$$

のことである. 言い換えれば, $\{\sigma(1), \ldots, \sigma(n)\}$ は $\{1, \ldots, n\}$ を何らかの順序で並べた直したものである.

$\{1, \ldots, n\}$ 上の置換の全体を S_n と書き, 次数 n の**対称群**[4] とよぶ.

また**恒等置換**[5] を ι (イオタ) で表す.

置換 $\sigma \in S_n$ に対して

$$a_{ij} = \begin{cases} 1 & (\sigma(i) = j) \\ 0 & (\text{その他}) \end{cases}$$

と定義される**置換行列**[6] $\mathbf{A}_\sigma$ を対応させれば, 対称群 S_n は $n \times n$ 置換行列の全体によって自然に表現することができます.

■**例** $\{1, 2, 3, 4\}$ 上の置換で, 1 と 2 を交換し 3 と 4 を交換する置換に対応する行列は

$$\begin{bmatrix} 0 & 1 & 0 & 0 \\ 1 & 0 & 0 & 0 \\ 0 & 0 & 0 & 1 \\ 0 & 0 & 1 & 0 \end{bmatrix}$$

です. また 2 は動かさずに 1→3→4→1 と巡回する置換に対応するのは

$$\begin{bmatrix} 0 & 0 & 1 & 0 \\ 0 & 1 & 0 & 0 \\ 0 & 0 & 0 & 1 \\ 1 & 0 & 0 & 0 \end{bmatrix}$$

です. ■

即問8の答 1 行目と 3 行目の交換, 1 行目の 2 倍を 2 行目に加え, 1 行目の−3 倍を 3 行目に加えた. ここではガウスの消去法に厳密には従っていないし, その必要もありません.

3) permutation　4) symmetric group　5) identity permutation

6) permutation matrix

即問9 以下を示しなさい．

$$A_\sigma \begin{bmatrix} x_1 \\ x_2 \\ \vdots \\ x_n \end{bmatrix} = \begin{bmatrix} x_{\sigma(1)} \\ x_{\sigma(2)} \\ \vdots \\ x_{\sigma(n)} \end{bmatrix}$$

つまり $\mathbf{A}_\sigma$ は，置換 σ にしたがって $\mathbb{F}^n$ 上の座標を入れ替える線形変換を表す行列になります．これには重要な性質

$$A_{\sigma_1 \circ \sigma_2} = A_{\sigma_1} A_{\sigma_2} \tag{6・7}$$

があります．

置換にはその偶奇性を示す符号が定義できます．この符号は置換から直接定義することもできますが[7]，対応する置換行列を用いるのが簡単です．

定 義　$\sigma \in S_n$ を置換とし，$\mathbf{A}_\sigma$ を対応する置換行列とする．このとき，σ の**符号**[8] を

$$\mathrm{sgn}(\sigma) := \det A_\sigma$$

と定義する．

補助定理 6・16　$\sigma, \rho \in S_n$ とすると以下が成り立つ．

- $\mathrm{sgn}(\sigma) \in \{\pm 1\}$
- $\mathrm{sgn}(\sigma \circ \rho) = \mathrm{sgn}(\sigma)\,\mathrm{sgn}(\rho)$
- $\mathrm{sgn}(\sigma) = \mathrm{sgn}(\sigma^{-1})$

■**証 明**　まず（6・7）から $\mathbf{A}_\sigma^{-1} = \mathbf{A}_{\sigma^{-1}}$ が得られますから $\mathbf{A}_\sigma$ は正則です．よってその既約行階段形は単位行列 $\mathbf{I}_n$ となり，しかも行基本演算 **R3** だけを使って単位行列に変形できます．したがって **R3** が用いられた回数を k とすると，アルゴリズム 6・15 から $\mathrm{sgn}(\sigma) = \det \mathbf{A}_\sigma = (-1)^k$ が得られます．

$\mathrm{sgn}(\sigma \circ \rho) = \mathrm{sgn}(\sigma)\,\mathrm{sgn}(\rho)$ は，（6・7）と $\det(\mathbf{AB}) = (\det \mathbf{A})(\det \mathbf{B})$ から直ちに得られます．またこの結果から特に

$$\mathrm{sgn}(\sigma)\,\mathrm{sgn}(\sigma^{-1}) = \mathrm{sgn}(\sigma\sigma^{-1}) = \mathrm{sgn}(\iota) = \det I_n = 1$$

も得られます． ■

7）訳注：章末の訳注を参照．
8）sign

よく知られた“置換全体にわたる和”で，行列式を表す式を示す準備ができました．

定理 6・17　$\mathbf{A} \in \mathbf{M}_n(\mathbb{F})$ について

$$\det \mathrm{A} = \sum_{\sigma \in S_n} \mathrm{sgn}(\sigma) a_{1,\sigma(1)} \cdots a_{n,\sigma(n)}$$
$$= \sum_{\sigma \in S_n} \mathrm{sgn}(\sigma) a_{\sigma(1),1} \cdots a_{\sigma(n),n}$$

である．

■**証明**　多重線形性から

$$\begin{aligned}\det \mathrm{A} &= \det \begin{bmatrix} | & & | \\ \sum_{i_1=1}^{n} a_{i_1 1}\mathbf{e}_{i_1} & \cdots & \sum_{i_n=1}^{n} a_{i_n n}\mathbf{e}_{i_n} \\ | & & | \end{bmatrix} \\ &= \sum_{i_1=1}^{n} \cdots \sum_{i_n=1}^{n} a_{i_1 1} \cdots a_{i_n n} \det \begin{bmatrix} | & & | \\ \mathbf{e}_{i_1} & \cdots & \mathbf{e}_{i_n} \\ | & & | \end{bmatrix}\end{aligned} \qquad (6 \cdot 8)$$

が得られますが，添字 $i_1, \ldots, i_n$ に重複があれば交代性から

$$\det \begin{bmatrix} | & & | \\ \mathbf{e}_{i_1} & \cdots & \mathbf{e}_{i_n} \\ | & & | \end{bmatrix} = 0$$

です．したがって（6・8）の和は $\{i_1, \ldots, i_n\}$ がすべて異なる場合についての和となります．すなわち置換全体にわたる和

$$\sum_{\sigma \in S_n} a_{\sigma(1)1} \cdots a_{\sigma(n)n} \det \begin{bmatrix} | & & | \\ \mathbf{e}_{\sigma(1)} & \cdots & \mathbf{e}_{\sigma(n)} \\ | & & | \end{bmatrix} \qquad (6 \cdot 9)$$

となります．ここで行列

$$\begin{bmatrix} | & & | \\ \mathbf{e}_{\sigma(1)} & \cdots & \mathbf{e}_{\sigma(n)} \\ | & & | \end{bmatrix}$$

の (i, j) 要素は $i = \sigma(j)$ のとき 1 でそれ以外では 0 であることに注意すれば，この行列は $\mathbf{A}_{\sigma^{-1}}$ であることがわかり，その行列式は $\mathrm{sgn}(\sigma^{-1}) = \mathrm{sgn}(\sigma)$ となります．以上で，定理の 2 番目の式が行列式を与えることが証明されました．

残った式を得るには

$$a_{\sigma(1)1} \cdots a_{\sigma(n)n} = a_{1\sigma^{-1}(1)} \cdots a_{n\sigma^{-1}(n)}$$

に注目します．この両辺は同じ要素を異なる順序で掛け合わせた積です．したがって（6・9）を

$$\sum_{\sigma \in S_n} a_{1\sigma^{-1}(1)} \cdots a_{n\sigma^{-1}(n)} \operatorname{sgn}(\sigma^{-1})$$

と書き直すことができます．置換を $\rho = \sigma^{-1}$ と置き換えると 1 番目の式が得られます[9]．■

まとめ

- ラプラス展開：

$$\det \mathbf{A} = \sum_{j=1}^{n} (-1)^{i+j} a_{ij} \det \mathbf{A}_{ij} = \sum_{i=1}^{n} (-1)^{i+j} a_{ij} \det \mathbf{A}_{ij}$$

- $\det \mathbf{A}^{\mathrm{T}} = \det \mathbf{A}$，$\det \mathbf{A}^{*} = \overline{\det \mathbf{A}}$
- 行基本演算による $\det \mathbf{A}$ の計算：$\mathbf{A}$ を上三角行列に変形すると

$$\det \mathbf{A} = (-1)^k b_{11} \cdots b_{nn}$$

  ここで k は行基本演算 **R3** を用いた回数．
- 置換とは $\{1, \ldots, n\}$ 上の全単射写像．置換行列によって表現できる．
- 置換全体にわたる和による行列式：

$$\det \mathbf{A} = \sum_{\sigma \in S_n} \operatorname{sgn}(\sigma) a_{1,\sigma(1)} \cdots a_{n,\sigma(n)} = \sum_{\sigma \in S_n} \operatorname{sgn}(\sigma) a_{\sigma(1),1} \cdots a_{\sigma(n),n}$$

練習問題

6・2・1 以下の行列の行列式を求めなさい．

(a) $\begin{bmatrix} 1 & 3 & -1 \\ 0 & 2 & 2 \\ 4 & 1 & 3 \end{bmatrix}$ (b) $\begin{bmatrix} 1 & -1 & 0 & 2 \\ 3 & 3 & -1 & 1 \\ 2 & 4 & -1 & -1 \\ 1 & 1 & 1 & 1 \end{bmatrix}$ (c) $\begin{bmatrix} 1 & 0 & -1 & 3 \\ 2 & -3 & -2 & 5 \\ 3 & 0 & -1 & 9 \\ 2 & -3 & -2 & 6 \end{bmatrix}$

(d) $\begin{bmatrix} 1 & 0 & 1 & 0 & -1 \\ 1 & 2 & 1 & -1 & 1 \\ 1 & 2 & 4 & 0 & 0 \\ 1 & 2 & 4 & -1 & 0 \\ 1 & 2 & 4 & -1 & 1 \end{bmatrix}$ (e) $\mathbb{R}$ 上で $\begin{bmatrix} 1 & 1 & 0 \\ 1 & 0 & 1 \\ 0 & 1 & 1 \end{bmatrix}$ (f) $\mathbb{F}_2$ 上で $\begin{bmatrix} 1 & 1 & 0 \\ 1 & 0 & 1 \\ 0 & 1 & 1 \end{bmatrix}$

9）訳注：σ が S_n 全体を動くと σ^{-1} も S_n 全体を動きます．

6・2・2　以下の行列の行列式を求めなさい．

(a) $\begin{bmatrix} 2 & -7 & 1 \\ 8 & 2 & 8 \\ 1 & 8 & 2 \end{bmatrix}$　(b) $\begin{bmatrix} -1 & 4 & 1 \\ 2 & -1 & -2 \\ 3 & 1 & -1 \end{bmatrix}$　(c) $\begin{bmatrix} 1 & -2 & 3 & 0 \\ -2 & 1 & 0 & -1 \\ 3 & -4 & 5 & -2 \\ 0 & -1 & 2 & -3 \end{bmatrix}$

(d) $\begin{bmatrix} 2 & 0 & -1 & 1 & 3 \\ 0 & -1 & 0 & -1 & 0 \\ 2 & 1 & 4 & 0 & 3 \\ 2 & -1 & -1 & -3 & 3 \\ 0 & 2 & 0 & 2 & 1 \end{bmatrix}$　(e) $\begin{bmatrix} 1 & 0 & 0 & 0 & 3 & -2 \\ 0 & 2 & 0 & -1 & 0 & 0 \\ 0 & 0 & 1 & 0 & 2 & 0 \\ -1 & 0 & 0 & 4 & 0 & 1 \\ 1 & 0 & -2 & 0 & 0 & -1 \\ 0 & 1 & 0 & -1 & 2 & 0 \end{bmatrix}$

6・2・3　(a) ユニタリ行列 $\mathbf{U} \in \mathbf{M}_n(\mathbb{C})$ の行列式について $|\det \mathbf{U}| = 1$ を示しなさい．

(b) $\sigma_1, \ldots, \sigma_n$ を $\mathbf{A} \in \mathbf{M}_n(\mathbb{C})$ の特異値とすると

$$|\det \mathrm{A}| = \sigma_1 \cdots \sigma_n$$

となることを示しなさい．

6・2・4　$\mathbf{A} \in \mathbf{M}_n(\mathbb{F})$ とする．

(a) $\mathbf{A}$ が $\mathbf{A} = \mathbf{LU}$ と $\mathbf{LU}$ 分解されているなら $\det \mathbf{A} = u_{11} \cdots u_{nn}$ であることを示しなさい．

(b) $\mathbf{PA} = \mathbf{LU}$ を $\mathbf{A}$ の $\mathbf{LUP}$ 分解とします．ただし $\mathbf{P}$ は置換 $\sigma \in S_n$ に対する置換行列 $\mathbf{A}_\sigma$ です．このとき $\det \mathbf{A} = \mathrm{sgn}(\sigma) u_{11} \cdots u_{nn}$ を示しなさい．

6・2・5　$\mathbf{A} = \mathbf{LDU}$ を $\mathbf{A} \in \mathbf{M}_n(\mathbb{F})$ の $\mathbf{LDU}$ 分解とします（練習問題 2・4・17 参照）．$\det \mathbf{A} = d_{11} \cdots d_{nn}$ を示しなさい．

6・2・6　$\mathbf{A} = \mathbf{QR}$ を $\mathbf{A} \in \mathbf{M}_n(\mathbb{C})$ の $\mathbf{QR}$ 分解とします．$|\det \mathbf{A}| = |r_{11} \cdots r_{nn}|$ を示しなさい．

6・2・7　$\mathbf{A} \in \mathbf{M}_n(\mathbb{C})$ について $|\det \mathbf{A}| \le \prod_{j=1}^{n} \|\mathbf{a}_j\|$ を示しなさい．この不等式は**アダマールの不等式**[10] をよばれています．

ヒント：練習問題 4・5・21 参照．

6・2・8　$a_{ij} = \min\{i, j\}$ と定義される行列 $\mathbf{A} \in \mathbf{M}_n(\mathbb{R})$ について $\det \mathbf{A} = 1$ を示しなさい．

ヒント：行や列の基本演算を用いて帰納法で示しなさい．

6・2・9　V を有限次元複素ベクトル空間とし，$T \in \mathcal{L}(V)$ のすべての固有値が実数であるとします．このとき $\det T \in \mathbb{R}$ であることを示しなさい．

10) Hadamard's inequality

6・2・10 $\mathbf{B}\in\mathbf{M}_m(\mathbb{F})$，$\mathbf{D}\in\mathbf{M}_n(\mathbb{F})$，$\mathbf{C}\in\mathbf{M}_{m,n}(\mathbb{F})$ によって

$$\mathrm{A}=\begin{bmatrix}\mathrm{B} & \mathrm{C}\\ 0 & \mathrm{D}\end{bmatrix}$$

と定義される $\mathbf{A}\in\mathbf{M}_{m+n}(\mathbb{F})$ について，$\det\mathbf{A}=(\det\mathbf{B})(\det\mathbf{D})$ を示しなさい．

ヒント：$f(\mathbf{B})=\det\begin{bmatrix}\mathbf{B} & \mathbf{C}\\ \mathbf{0} & \mathbf{D}\end{bmatrix}$ は $\mathbf{B}$ の列について，$g(\mathbf{D})=\begin{bmatrix}\mathbf{I}_m & \mathbf{C}\\ \mathbf{0} & \mathbf{D}\end{bmatrix}$ は $\mathbf{D}$ の行について交代性と多重線形性をもつ写像であることを示しなさい[11]．

6・2・11 $\mathbf{A}\in\mathbf{M}_n(\mathbb{C})$ を正規行列とします．このとき $\mathbf{A}$ の固有値によって $\det\mathbf{A}$ を表しなさい．ただし同じ固有値がある可能性を考慮しなさい．

6・2・12 V を実ベクトル空間，その基底を $(v_1, \ldots, v_n)$ とし，$T\in\mathcal{L}(V)$ を各 $k=1, \ldots, n$ について

$$Tv_k=\sum_{i=1}^{k} iv_i=v_1+2v_2+\cdots+kv_k$$

を満たし，それを線形に拡張した線形変換とします．

(a) $\det T$ を求めなさい．

(b) それを使って $(v_1, v_1+2v_2, \ldots, v_1+2v_2+\cdots+nv_n)$ が V の基底であることを示しなさい．

6・2・13 $\mathbf{A}\in\mathbf{M}_n(\mathbb{R})$ と $t\in\mathbb{R}$ に対して

$$f(t):=\det(\mathrm{I}_n+t\mathrm{A})$$

とすると，$f'(0)=\operatorname{tr}\mathbf{A}$ となることを示しなさい．

ヒント：置換全体にわたる和の公式を用いるか，あるいはまず $\mathbf{A}$ が上三角である場合を示し，それを使って一般の場合を示しなさい．

6・2・14 行列 $\mathbf{A}\in\mathbf{M}_n(\mathbb{F})$ の**パーマネント**[12] を

$$\operatorname{per}\mathrm{A}:=\sum_{\sigma\in S_n} a_{1\sigma(1)}\cdots a_{n\sigma(n)}$$

と定義します．つまり定理 6・17 の行列式の式から $\operatorname{sgn}(\sigma)$ を取除いたものです．

(a) パーマネントは多重線形性をもつが交代性をもたないことを示しなさい．

(b) $\operatorname{per}(\mathbf{AB})\neq(\operatorname{per}\mathbf{A})(\operatorname{per}\mathbf{B})$ となる行列 $\mathbf{A}, \mathbf{B}\in\mathbf{M}_2(\mathbb{F})$ を与えなさい．

6・2・15 以下の条件は行列 $\mathbf{A}\in\mathbf{M}_n(\mathbb{F})$ が置換行列である必要十分条件であることを示しなさい．

● 各行には 1 がただ一つある．

---

11) 訳注：$f(\mathbf{I}_m)=g(\mathbf{D})$ と $g(\mathbf{I}_n)=1$ に注目．

12) permanent

- 各列には 1 がただ一つある.
- それ以外の要素はすべて 0 である.

6・2・16 $n \geq 2$ とし $\sigma \in S_n$ とします. 置換が置換行列によって表現できることを使って, σ が**互換**[13] の積

$$\sigma = \tau_1 \circ \cdots \circ \tau_k$$

で表せることを示しなさい. ここで互換とは一対の要素だけを入れ替える置換のことです.

6・2・17 $\tau_1, \ldots, \tau_k \in S_n$ と $\tilde{\tau}_1, \ldots, \tilde{\tau}_\ell \in S_n$ を互換とし,

$$\tau_1 \circ \cdots \circ \tau_k = \tilde{\tau}_1 \circ \cdots \circ \tilde{\tau}_\ell$$

が成り立っているとします. このとき k と ℓ の偶奇が等しいことを示しなさい.

6・2・18 $x_0, \ldots, x_n \in \mathbb{F}$ に対して行列 $\mathbf{V}$ を

$$\mathbf{V} := \begin{bmatrix} 1 & x_0 & x_0^2 & \cdots & x_0^n \\ 1 & x_1 & x_1^2 & \cdots & x_1^n \\ \vdots & \vdots & \vdots & & \vdots \\ 1 & x_n & x_n^2 & \cdots & x_n^n \end{bmatrix} \in \mathrm{M}_{n+1}(\mathbb{F})$$

と定義します. つまり $v_{ij} = x_{i-1}^{j-1}$ です.

$$\det \mathbf{V} = \prod_{0 \leq i < j \leq n} (x_j - x_i)$$

を示しなさい. この行列式は**ヴァンデルモンドの行列式**[14] とよばれています. これから $\mathbf{V}$ が正則である必要十分条件は, $x_0, \ldots, x_n$ が相異なっていることであると結論できます.

ヒント: 帰納法を用います. はじめに最も左上の要素を枢軸として行基本演算 **R1** を施し, 次に第 $n-1$ 列の x_0 倍を第 n 列から引き, 第 $n-2$ 列の x_0 倍を第 $n-1$ 列から引き… という列基本演算を, 最も左上の要素だけが第 1 行目の非零要素となるまで繰返しなさい. 最後に行の共通因子を多重線形性を用いてくくり出しなさい.

6・2・19 問題 6・2・18 を使って以下を示しなさい.

(a) 任意の $x_1, \ldots, x_n \in \mathbb{F}$ に対して

$$\prod_{1 \leq i < j \leq n} (x_j - x_i) = \sum_{\sigma \in S_n} \mathrm{sgn}(\sigma) \prod_{j=1}^{n} x_j^{\sigma(j)-1}$$

(b) $|z_j| = 1$ なる $z_1, \ldots, z_n \in \mathbb{C}$ に対して

$$\prod_{1 \leq j < k \leq n} \left| z_j - z_k \right|^2 = \sum_{\sigma, \rho \in S_n} \mathrm{sgn}(\sigma\rho^{-1}) z_1^{\sigma(1)-\rho(1)} \cdots z_n^{\sigma(n)-\rho(n)}$$

---

13) transposition　14) Vandermonde determinant

6・3 特性多項式

この節では，行列の固有値を後で定義する特性多項式の根とする見方を紹介します．

行列の特性多項式

λ が行列 $\mathbf{A}$ の固有値であることは，$\mathbf{A}-\lambda\mathbf{I}_n$ が正則でないことと同値でした．さらに6・1節では，行列が正則でないこととその行列式が零であることが同値であることをみました．このことから，λ が行列 $\mathbf{A}$ の固有値であるための必要十分条件は，

$$\det(\mathbf{A}-\lambda\mathbf{I}_n)=0$$

であることがわかります．以上を踏まえて以下の定義をします．

定義 $\mathbf{A}\in\mathbf{M}_n(\mathbb{F})$ に対して $p_{\mathbf{A}}(x)=\det(\mathbf{A}-x\mathbf{I}_n)$ を $\mathbf{A}$ の**特性多項式**[1] という．

固有値についての上の議論をまとめると以下の命題を得ます．

命題6・18 $\mathbf{A}\in\mathbf{M}_n(\mathbb{F})$ とする．$\lambda\in\mathbb{F}$ が $\mathbf{A}$ の固有値であるための必要十分条件は $p_{\mathbf{A}}(\lambda)=0$ である．

$\mathbf{A}$ の固有値は特性多項式 $p_{\mathbf{A}}(x)$ の根である．

特性多項式の定義にはまだ示されていない事実である，$p_{\mathbf{A}}(x)$ が多項式であることが含まれていることに気づいていると思います．

命題6・19 $\mathbf{A}\in\mathbf{M}_n(\mathbb{F})$ に対して $p_{\mathbf{A}}(x)=\det(\mathbf{A}-x\mathbf{I}_n)$ とすると，$p_{\mathbf{A}}(x)$ は n 次多項式でその n 次項は $(-x)^n$ である．

■**証明** $\mathbf{B}=\mathbf{A}-x\mathbf{I}_n$ として行列式の置換全体にわたる和の公式を用いれば

$$p_{\mathbf{A}}(x)=\det\mathbf{B}=\sum_{\sigma\in S_n}\mathrm{sgn}(\sigma)b_{1\sigma(1)}\cdots b_{n\sigma(n)}$$

1）characteristic polynomial

となります．ここで $\sigma \in S_n$ に対して $\mathfrak{F}_\sigma \subseteq \{1, \ldots, n\}$ を σ によって変化しない，つまり $\sigma(i) = i$ となる添字の全体を表すことにします．そうすると

$$b_{1\sigma(1)} \cdots b_{n\sigma(n)} = \prod_{i \in \mathfrak{F}_\sigma} (a_{ii} - x) \prod_{i \notin \mathfrak{F}\sigma} a_{i\sigma(i)}$$

が得られ，$p_{\mathbf{A}}(x) = \det \mathbf{B}$ の各項は x の多項式であることがわかります．しかも最高次数は n であり，x^n は $\mathfrak{F}_\sigma = \{1, \ldots, n\}$ である，つまり σ が恒等置換 ι であるとき，またそのときに限り現れます．よって n 次項は $\mathrm{sgn}(\iota)(-x)^n = (-x)^n$ となります． ■

即問 10 特性多項式が行列の不変量であることを示しなさい．

固有値が相異なる場合には，特性多項式は以下の簡潔な形になります．

命題 6・20 $\mathbf{A} \in \mathbf{M}_n(\mathbb{F})$ が相異なる固有値 $\lambda_1, \ldots, \lambda_n$ をもつ場合

$$p_{\mathrm{A}}(x) = \prod_{j=1}^{n} (\lambda_j - x)$$

となる．

■**証明** 各 j について，λ_j は $p_{\mathbf{A}}(x)$ の根ですから，$p_{\mathbf{A}}(x)$ は $(x - \lambda_j)$ で割り切れます．また $p_{\mathbf{A}}(x)$ は n 次多項式ですから，結局

$$p_{\mathrm{A}}(x) = c \prod_{j=1}^{n} (x - \lambda_j)$$

と 1 次関数の積に分解できます．ここで $c \in \mathbb{F}$ です．上でみたように，$p_{\mathbf{A}}(x)$ の最高次の項は $(-x)^n$ でしたから，$c = (-1)^n$ です． ■

繰返し 2 次方程式を解いた経験から，命題 6・18 は行列の固有値を求める強力な道具であるという誤った考えをもつ学生が多くいます．つまり，定義に従って特性多項式をつくり，その根を求めればよいと考えるのですが，$n > 2$ となると多項式の根を求めることは非常に困難になります．n が 3 や 4 ならはるかに複雑ではありますが，2 次方程式の根の公式に類似した根の公式があります[2)]．しかし $n \geq 5$ な

即問 10 の答 $p_{\mathbf{SAS}^{-1}}(x) = \det(\mathbf{SAS}^{-1} - x\mathbf{I}_n) = \det(\mathbf{S}(\mathbf{A} - x\mathbf{I}_n)\mathbf{S}^{-1}) = \det(\mathbf{A} - x\mathbf{I}_n) = p_{\mathbf{A}}(x)$

2) とても込み入っているのでここには書けません．インターネットで検索してみてください．

らそのような公式はありません[3].

実は，多項式の根を求めるコンピュータープログラムの中には，命題6・18を逆向きに使っているものがあります．つまり，多項式$p(x)$の根を求めるのに，特性多項式が$p(x)$に等しくなる行列**A**をつくり，その固有値を別の方法で求めるというものです．行列**A**のつくり方の一例は練習問題6・3・18をみてください．

そうは言っても，特性多項式は2×2行列なら固有値を求めるには便利な道具ですし，理論上も重要です．

即問 11 **A**が2×2行列なら，$p_{\mathbf{A}}(x)=x^2-Tx+D$となることを示しなさい．ただし$T=\mathrm{tr}\,\mathbf{A}$，$D=\det \mathbf{A}$です．

以降では代数的に閉じた体を前提にします．そのように制限してもよい理由は次の命題によります．なおこの命題の証明は割愛します．

命題6・21 体$\mathbb{F}$に対して$\mathbb{F}$を部分体としてもつ代数的閉体$\mathbb{K}$が存在する．ここで，部分体であるとは$\mathbb{F}\subseteq\mathbb{K}$でしかも$\mathbb{F}$上の演算が$\mathbb{K}$上の演算と同一であることである．

たとえば実数体$\mathbb{R}$は代数的に閉じていませんが，複素数体$\mathbb{C}$の部分体です．上の命題にある演算が同一であるとは，演算＋と・が$\mathbb{R}$と$\mathbb{C}$で同じであるという意味です．一方，$\mathbb{F}_2$と$\mathbb{C}$では演算が同じではありませんから，$\mathbb{C}$は$\mathbb{F}_2$を部分体にもちません．

しかし命題6・21によると，$\mathbb{F}_2$を部分体にもつ代数的閉体があることになりますが，複雑なので割愛します．この節の議論で命題6・21に関連して注意すべきことは，$\mathbb{F}$が代数的に閉じていない体なら，その上の行列$\mathbf{A}\in\mathbf{M}_n(\mathbb{F})$の特性多項式$p_{\mathbf{A}}(x)$が1次の項に因数分解できないことがあるということです．

■**例** $\mathbf{A}=\begin{bmatrix}0&1\\-1&0\end{bmatrix}$の特性多項式$p_{\mathbf{A}}(x)=x^2+1$は$\mathbb{R}$上で1次式の積に分解でき

3) これは，これまで誰もそのような公式を見つけることができていないという意味ではなく，存在しないことがノルウェーの数学者アーベル（Niels Henrik Abel）によって証明されています．

即問 11 の答 $\det\left(\begin{bmatrix}a&b\\c&d\end{bmatrix}-x\begin{bmatrix}1&0\\0&1\end{bmatrix}\right)=(a-x)(d-x)-bc=x^2-(a+d)x+ad-bc$

ません．これは，すでにみたように行列 $\mathbf{A}$ は実数上に固有値も固有ベクトルももたないことに対応しています．

ところが $p_{\mathbf{A}}(x)=x^2+1$ を $\mathbb{C}$ 上の多項式とみなせば，

$$p_{\mathrm{A}}(x)=(x+i)(x-i)$$

と 1 次式の積に分解できて，$\mathbb{C}$ 上で $\mathbf{A}$ は固有値 i と $-i$ をもちます． ■

固有値の重複度

代数的閉体の上ではすべての行列の特性多項式は 1 次式の積に分解できますので，次の定義が可能になります．

> **定 義** $\mathbb{F}$ を代数的閉体，$\mathbf{A}\in\mathbf{M}_n(\mathbb{F})$ とし，λ を $\mathbf{A}$ の固有値とする．このとき $\mathbf{A}$ の特性多項式は
>
> $$p_{\mathrm{A}}(x)=(-1)^n(x-\lambda)^k(x-c_1)^{k_1}\cdots(x-c_m)^{k_m}$$
>
> と分解できる．ここで c_j は相異なり，さらに λ とも異なる．$(x-\lambda)$ の次数 k を固有値 λ の**重複度**[4] という．

多項式 $p(x)$ の次数が n で $\mathbb{F}$ が代数的閉体の場合，$p(x)$ の根の個数は n 以下ですが，重複度も含めて数えればちょうど n 個の根をもちます．たとえば

$$p(x)=x^6-5x^5+6x^4+4x^3-8x^2=x^2(x+1)(x-2)^3$$

は重複度も含めて $-1, 0, 0, 2, 2, 2$ の合計 6 個の根をもちます．

以上わかったことを下にまとめておきます．

> **命 題 6・22** $\mathbb{F}$ を代数的閉体とする．すべての $\mathbf{A}\in\mathbf{M}_n(\mathbb{F})$ は重複度も含めて n 個の固有値をもつ．
>
> $\lambda_1,\ldots,\lambda_m$ を $\mathbf{A}$ の相異なる固有値とし，それぞれの重複度を $k_1,\ldots,k_m$ とすると
>
> $$p_{\mathrm{A}}(x)=\prod_{j=1}^{m}(\lambda_j-x)^{k_j}$$
>
> となる．

特性多項式は行列の不変量ですから，固有値だけでなくその重複度も不変量であ

4）multiplicity

ることがわかります．

特に上三角行列については固有値の重複度が容易にわかります．

補助定理 6・23 $\mathbf{A} \in \mathbf{M}_n(\mathbb{F})$ を上三角行列とする．その固有値 λ の重複度は $\mathbf{A}$ の対角要素に λ が現れる回数に一致する．

即問 12 補助定理 6・23 を証明しなさい．

固有値を重複度を含めて考えると，固有値によって行列のトレースや行列式をうまく表すことができます．

系 6・24 $\mathbb{F}$ を代数的閉体，$\lambda_1, \ldots, \lambda_n$ を重複度を含めた $\mathbf{A} \in \mathbf{M}_n(\mathbb{F})$ の固有値とすると，

$$\mathrm{tr}\mathbf{A} = \lambda_1 + \cdots + \lambda_n \qquad \det\mathbf{A} = \lambda_1 \cdots \lambda_n$$

が成り立つ．

■**証明** $\mathbf{A}$ が上三角行列なら，系の主張は補助定理 6・23 から直ちに得られます．上三角行列でない場合には，定理 3・67 にあるように $\mathbf{A}$ が上三角行列に相似であることと，トレース，行列式，重複度も含めた固有値が不変量であることから得られます． ■

次の結果は，体 $\mathbb{F}$ を代数的閉体の部分体とみなすことの有用性を示す好例になっています．結果そのものはどのような体でも成り立つのですが，証明は拡大体を考えることでうまくいきます．

命題 6・25 $\mathbf{A} \in \mathbf{M}_n(\mathbb{F})$ の特性多項式 $p_{\mathbf{A}}(x)$ の x^{n-1} の係数は $(-1)^{n-1}\mathrm{tr}\,\mathbf{A}$ であり，定数項は $\det\mathbf{A}$ である．

■**証明** まず $\mathbb{F}$ は代数的閉体であるとして，$\mathbf{A}$ の固有値をその重複度も含めて $\lambda_1, \ldots, \lambda_n$ とします．そうすると

$$p_{\mathbf{A}}(x) = (\lambda_1 - x) \cdots (\lambda_n - x)$$

です．これを展開すれば，$(n-1)$ 次項の係数は

即問 12 の答 行列 $\mathbf{A} - x\mathbf{I}_n$ は上三角ですから $p_{\mathbf{A}}(x) = (a_{11} - x) \cdots (a_{nn} - x) = (-1)^n (x - a_{11}) \cdots (x - a_{nn})$ です．

$$\lambda_1(-x)^{n-1}+\cdots+\lambda_n(-x)^{n-1}=(-1)^{n-1}(\lambda_1+\cdots+\lambda_n)x^{n-1}=(-1)^{n-1}(\mathrm{tr}\,\mathbf{A})x^{n-1}$$

であり，定数項は$\lambda_1\cdots\lambda_n=\det\mathbf{A}$であることがわかります．

$\mathbb{F}$が代数的閉体でない場合には，$\mathbf{A}$をその拡大体$\mathbb{K}$上の行列であるとみなします．上の議論から，特性多項式$p_{\mathbf{A}}(x)$を$\mathbb{K}$上の多項式とみなせば，x^{n-1}の係数は$(-1)^{n-1}\mathrm{tr}\,\mathbf{A}$であり，定数項は$\det\mathbf{A}$です．しかもこの事実は，$p_{\mathbf{A}}$をどのようにみなすかに依存しません．($n-1$)次項の係数も定数項もすでにみたとおりです．(上の議論で，$\mathbb{F}$の要素でない可能性のある固有値を用いて$\mathrm{tr}\,\mathbf{A}$や$\det\mathbf{A}$を表しましたが，トレースも行列式も定義から$\mathbb{F}$の要素であることを確認してください．)■

ケイリー・ハミルトンの定理

この節を次の有名な定理で終えることにします．

定理6・26（ケイリー・ハミルトンの定理[5]）　$\mathbf{A}\in\mathbf{M}_n(\mathbb{F})$について$p_{\mathbf{A}}(\mathbf{A})=\mathbf{0}$である．

定理の証明を始める前に，一見もっともらしいが誤っている証明をみておきます．その証明とは，$p_{\mathbf{A}}(x)=\det(\mathbf{A}-x\mathbf{I}_n)$ですから$x$に$x=\mathbf{A}$を代入すれば

$$p_{\mathrm{A}}(\mathrm{A})=\det(\mathrm{A}-\mathrm{A}\mathrm{I}_n)=\det\mathbf{0}=0 \qquad (6\cdot10)$$

が得られるというものですが，何か疑念が残ります．実際$p_{\mathbf{A}}(\mathbf{A})$は行列であるはずなのに，$\det\mathbf{0}$はスカラーです．実はすでに最初の等号で間違いが入り込んでいます．この等号の左辺は行列，右辺はスカラーですから，等しくなるはずがありません[6]．

■ **定理6・26の証明**　$\mathbb{F}$は代数的閉体であると仮定します．そうでない場合には命題6・25の証明で行ったように，命題6・21が保証する$\mathbb{F}$を含む代数的閉体の上で証明が可能です．

定理3・67から，正則行列$\mathbf{S}\in\mathbf{M}_n(\mathbb{F})$と上三角行列$\mathbf{T}\in\mathbf{M}_n(\mathbb{F})$によって$\mathbf{A}=\mathbf{STS}^{-1}$とできます．また，一般の多項式$p(x)$について，$p(\mathbf{A})=\mathbf{S}p(\mathbf{T})\mathbf{S}^{-1}$です．

即問13　すぐ上の主張を証明しなさい．

5) Cayley-Hamilton Theorem
6) 訳注：章末の訳注を参照．
即問13の答　各$k\geq1$について$\mathbf{A}^k=(\mathbf{STS}^{-1})\cdots(\mathbf{STS}^{-1})=\mathbf{ST}^k\mathbf{S}^{-1}$ですから，$p(x)=a_0+a_1x+\cdots+a_mx^m$なら$p(\mathbf{A})=a_0\mathbf{I}_n+a_1\mathbf{STS}^{-1}+\cdots+a_m\mathbf{ST}^m\mathbf{S}^{-1}=\mathbf{S}p(\mathbf{T})\mathbf{S}^{-1}$です．

また特性多項式は不変量でしたから $p_{\mathbf{A}}(x)=p_{\mathbf{T}}(x)$ です．したがって

$$p_{\mathrm{A}}(\mathrm{A}) = \mathrm{S}p_{\mathrm{A}}(\mathrm{T})\mathrm{S}^{-1} = \mathrm{S}p_{\mathrm{T}}(\mathrm{T})\mathrm{S}^{-1}$$

となりますから，上三角行列 $\mathbf{T}$ について $p_{\mathbf{T}}(\mathbf{T})=\mathbf{0}$ であることを証明すればよいことになります．

命題 6・23 から

$$p_{\mathrm{T}}(x) = (t_{11}-x)\cdots(t_{nn}-x)$$

ですから

$$p_{\mathrm{T}}(\mathrm{T}) = (t_{11}\mathrm{I}_n - \mathrm{T})\cdots(t_{nn}\mathrm{I}_n - \mathrm{T})$$

です．$t_{jj}\mathbf{I}_n-\mathbf{T}$ の第 j 列の非零要素は初めの（$j-1$）個に限られます．特に $t_{11}\mathbf{I}_n-\mathbf{T}$ は零ベクトルです．したがって（$t_{11}\mathbf{I}_n-\mathbf{T}$）$\mathbf{e}_1=\mathbf{0}$ であることと $j\geq 2$ について

$$(t_{jj}\mathrm{I}_n - \mathrm{T})\mathrm{e}_j \in \langle \mathrm{e}_1, \ldots, \mathrm{e}_{j-1}\rangle$$

がわかります．これから

$$(t_{11}\mathrm{I}_n - \mathrm{T})\cdots(t_{jj}\mathrm{I}_n - \mathrm{T})\mathrm{e}_j = 0$$

が得られ，さらに

$$p_{\mathrm{T}}(\mathrm{T})\mathrm{e}_j = (t_{j+1\ j+1}\mathrm{I}_n - \mathrm{T})\cdots(t_{nn}\mathrm{I}_n - \mathrm{T})(t_{11}\mathrm{I}_n - \mathrm{T})\cdots(t_{jj}\mathrm{I}_n - \mathrm{T})\mathrm{e}_j = 0$$

が導けます．したがって $p_{\mathbf{T}}(\mathbf{T})$ のどの列も零ベクトルであることになります[7]．

■

まとめ

- 行列 $\mathbf{A}$ の特性多項式は $p_{\mathbf{A}}(\lambda)=\det(\mathbf{A}-\lambda\mathbf{I}_n)$ で，その根は $\mathbf{A}$ の固有値．
- $\mathbf{A}$ の固有値の重複度は $p_{\mathbf{A}}$ の根としての重複度．上三角行列なら固有値がその対角要素に現れる回数に等しい．
- ケイリー・ハミルトンの定理：$p_{\mathbf{A}}(\mathbf{A})=\mathbf{0}$

練習問題

6・3・1 以下の行列の特性多項式，固有値，固有ベクトルを求めなさい．

(a) $\begin{bmatrix} 1 & 1 \\ 2 & 0 \end{bmatrix}$ (b) $\begin{bmatrix} \cos\theta & -\sin\theta \\ \sin\theta & \cos\theta \end{bmatrix}$ (c) $\begin{bmatrix} -1 & -3 & 1 \\ 3 & 3 & 1 \\ 3 & 0 & 4 \end{bmatrix}$

(d) $\begin{bmatrix} 1 & 0 & 3 \\ 0 & -2 & 0 \\ 3 & 0 & 1 \end{bmatrix}$

7）訳注：特性多項式の項の並べ替えをしない証明を章末の訳注に書いておきます．

6・3・2　以下の行列の特性多項式，固有値，固有ベクトルを求めなさい．

(a) $\begin{bmatrix} 1 & 2 \\ 3 & 2 \end{bmatrix}$　(b) $\begin{bmatrix} 2 & 2i \\ i & -1 \end{bmatrix}$　(c) $\begin{bmatrix} 2 & 1 & 1 \\ -4 & -3 & 0 \\ -2 & -2 & 1 \end{bmatrix}$

(d) $\begin{bmatrix} 0 & 2 & 1 \\ -1 & -2 & 0 \\ 1 & 1 & -1 \end{bmatrix}$

6・3・3　$\mathbf{A} = \begin{bmatrix} 1 & 1 \\ 0 & 1 \end{bmatrix}$ について以下の問いに答えなさい．

(a) $\mathbf{A}$ と $\mathbf{I}_2$ はトレース，行列式，特性多項式が同じであることを示しなさい．

(b) $\mathbf{A}$ と $\mathbf{I}_2$ が相似でないことを示しなさい．

6・3・4　(a) 次の行列が相似であることを示しなさい．

$$\begin{bmatrix} 1 & -5,387,621.4 \\ 0 & 2 \end{bmatrix} \qquad \begin{bmatrix} 5 & 3 \\ -4 & -2 \end{bmatrix}$$

(b) 次の行列が相似でないことを示しなさい．

$$\begin{bmatrix} 1.000000001 & 0 \\ 0 & 2 \end{bmatrix} \qquad \begin{bmatrix} 1 & 0 \\ 0 & 2 \end{bmatrix}$$

6・3・5　$\mathbf{A} \in \mathbf{M}_3(\mathbb{R})$ について $\operatorname{tr} \mathbf{A} = -1$ と $\det \mathbf{A} = 6$ とします．$\lambda = 2$ がこの行列の固有値であるとき，残りの二つの固有値を求めなさい．

6・3・6　$\mathbf{A} \in \mathbf{M}_3(\mathbb{R})$ について $\operatorname{tr} \mathbf{A} = -1$ と $\det \mathbf{A} = -6$ とします．$\lambda = 2$ がこの行列の固有値であるとき，残りの二つの固有値を求めなさい．

6・3・7　$\mathbf{A} = \begin{bmatrix} 1 & 2 \\ 3 & 4 \end{bmatrix}$ について以下の問いに答えなさい．

(a) $\mathbf{A}$ の特性多項式 $p_{\mathbf{A}}(x)$ を与えなさい．

(b) ケイリー・ハミルトンの定理を用いて，行列の掛け算をすることなく $\mathbf{A}^3$ を求めなさい．

6・3・8　$\mathbf{A} = \begin{bmatrix} 2 & 7 \\ 1 & 8 \end{bmatrix}$ について以下の問いに答えなさい．

(a) $\mathbf{A}$ の特性多項式 $p_{\mathbf{A}}(x)$ を与えなさい．

(b) ケイリー・ハミルトンの定理を用いて，行列の掛け算をすることなく $\mathbf{A}^4$ を求めなさい．

6・3・9　$\mathbf{A} \in \mathbf{M}_n(\mathbb{F})$ とします．$\operatorname{rank} \mathbf{A} = n$ の必要十分条件が $p_{\mathbf{A}}(0) \neq 0$ であることを示しなさい．

6・3・10 λ を $\mathbf{A}\in\mathbf{M}_n(\mathbb{F})$ の固有値とします．λ の幾何学的重複度（練習問題3・6・24参照）は λ の重複度以下であることを示しなさい．

6・3・11 $\mathbf{A}$ が正規行列なら，固有値の幾何学的重複度（練習問題3・6・24参照）はその重複度に等しいことを示しなさい．

6・3・12 $\mathbf{A}\in\mathbf{M}_n(\mathbb{C})$ の固有値がすべて実数なら，$p_{\mathbf{A}}(x)$ の係数がすべて実数であることを示しなさい．

6・3・13 $m\leq n$ として $\mathbf{A}\in\mathbf{M}_{m,n}(\mathbb{C})$ の特異値を $\sigma_1\geq\cdots\geq\sigma_m\geq 0$ とします．このとき，$\sigma_1{}^2,\ldots,\sigma_m{}^2$ は重複度を含めた $\mathbf{AA}^*$ の固有値であることを示しなさい．

6・3・14 $\mathbb{F}$ を代数的閉体とし，$\mathbf{A}\in\mathbf{M}_n(\mathbb{F})$ は正則であるとし，λ をその固有値とします．λ^{-1} は $\mathbf{A}^{-1}$ の固有値で，その重複度は λ の重複度と同じであることを示しなさい．

6・3・15 $p(x)$ を $\mathbb{F}$ 上の多項式とします．このとき $p(\mathbf{A})$ は $(\mathbf{I}_n,\mathbf{A},\mathbf{A}^2,\ldots,\mathbf{A}^{n-1})$ のスパンに属することを示しなさい．

6・3・16 (a) $\mathbf{A}\in\mathbf{M}_n(\mathbb{F})$ が正則なら，$\mathbf{A}^{-1}$ は $(\mathbf{I}_n,\mathbf{A},\mathbf{A}^2,\ldots,\mathbf{A}^{n-1})$ のスパンに属することを示しなさい．

(b) 上の事実と練習問題2・3・12を用いて，正則行列 $\mathbf{A}$ が上三角なら $\mathbf{A}^{-1}$ も上三角であることを示しなさい．

6・3・17 $\mathbf{A}\in\mathbf{M}_n(\mathbb{C})$ が重複度も含めて固有値 $\lambda_1,\ldots,\lambda_n$ をもつとします．このとき

$$\sqrt{\sum_{j=1}^{n}\left|\lambda_j\right|^2}\leq\|\mathrm{A}\|_F$$

を示しなさい．

ヒント：示すべき不等式を上三角行列について示し，ついでシューア分解を用いなさい．

6・3・18 $p(x)=c_0+c_1x+\cdots+c_{n-1}x^{n-1}+x^n$ を $\mathbb{F}$ の要素を係数とする多項式とし，$\mathbf{A}$ を

$$\mathrm{A}=\begin{bmatrix}0&0&\cdots&0&-c_0\\1&0&\cdots&0&-c_1\\0&1&\cdots&0&-c_2\\\vdots&\vdots&\ddots&\vdots&\vdots\\0&0&\cdots&1&-c_{n-1}\end{bmatrix}$$

と定義します．$p_{\mathbf{A}}(x)=(-1)^n p(x)$ を示しなさい．

補足：行列 $\mathbf{A}$ は $p(x)$ の**同伴行列**[8] とよばれます．

8）companion matrix

6・3・19 ケイリー・ハミルトンの定理の一見もっともらしい証明が確かに間違っていることを納得させる方法を示します．$\mathbf{A} \in \mathbf{M}_n(\mathbb{F})$ に対してトレースによる多項式を $t_{\mathbf{A}}(x) = \mathrm{tr}(\mathbf{A} - x\mathbf{I}_n)$ と定義します．もっともらしい証明と同じ議論をたどると

$$t_{\mathbf{A}}(\mathbf{A}) = \mathrm{tr}(\mathbf{A} - \mathbf{A}\mathbf{I}_n) = 0$$

となります．ところが $\mathbb{F}$ が $\mathbb{R}$ あるいは $\mathbb{C}$ の場合には，$t_{\mathbf{A}}(\mathbf{A}) = \mathbf{0}$ となることと $c \in \mathbb{F}$ によって $\mathbf{A} = c\mathbf{I}_n$ と書けることが同値です．これを示しなさい．

6・4 行列式の応用

体　積

行列式の応用として線形代数以外の分野で最も重要なのは体積との関連ですが，この話は本書の範囲を超えるので概略の説明にとどめることにします．

$i = 1, \ldots, n$ について，$a_i \leq b_i$ なる実数に対して集合

$$\mathcal{R} = [a_1, b_1] \times \cdots \times [a_n, b_n] := \{(x_1, \ldots, x_n) \mid i = 1, \ldots, n \text{ について } a_i \leq x_i \leq b_i\}$$

は**区間**[1] とよばれ，その**体積**[2] は

$$\mathrm{vol}(\mathcal{R}) = (b_1 - a_1) \cdots (b_n - a_n)$$

と定義されます．$n = 2$ の場合にはここでの体積は通常は面積とよばれていますが，以降も体積という用語を使います．

$a_i = b_i$ となる i があれば，$\mathrm{vol}(\mathcal{R}) = 0$ となることに注意しておいてください．二つの区間の共通部分の体積が 0 であるとき，それらは**本質的に排反**[3] であるといいます．本質的に排反な区間の対は，境界で重なっていることはあっても内部で重なることはありません．

集合 $\mathcal{S} \subseteq \mathbb{R}^n$ が有限個の区間の和集合であるとき，**区間塊**[4] とよばれます．実は，区間塊は相互に本質的に排反な有限個の区間の和集合で表せることがわかります．しかもその表し方によらず構成している区間の体積の合計は一定です．よって，$\mathcal{R}_1, \ldots, \mathcal{R}_m$ を $\mathbb{R}^n$ の互いに本質的に排反な区間とし，$\mathcal{S} = \bigcup_{i=1}^m \mathcal{R}_i$ とすると

$$\mathrm{vol}(\mathcal{S}) = \sum_{i=1}^{m} \mathrm{vol}(\mathcal{R}_i)$$

と定義することができます．

1) rectangle　2) volume　3) essentially disjoint　4) simple set

一般の集合 $\Omega \subseteq \mathbb{R}^n$ の**体積**[2] は

$$\mathrm{vol}(\Omega) = \lim_{k\to\infty} \mathrm{vol}(\mathcal{S}_k) \tag{6・11}$$

と定義しようと思います．ここで $(\mathcal{S}_k)_{k\geq 1}$ は Ω を近似する区間塊の列です（図 6・1）．この方法は，微積分で曲線の下側の面積を近似長方形の面積の和の極限と定義するのと同じ考え方です．

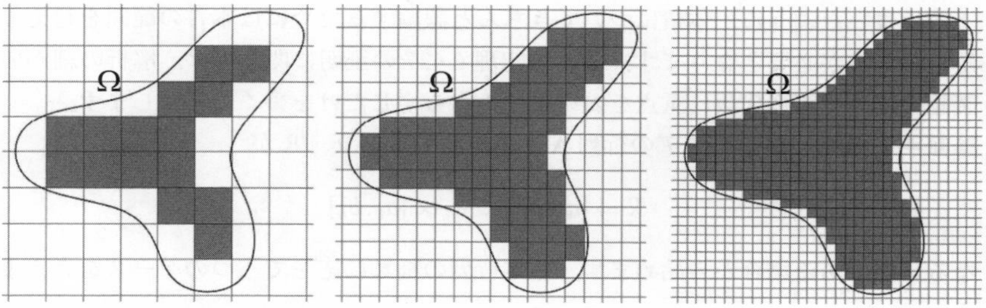

図 6・1 区間塊による Ω の近似

ここで留意すべきことは（6・11）の極限が存在しないことがある，あるいは存在してもその値は区間塊の列 $(\mathcal{S}_k)_{k\geq 1}$ の取り方に依存することがあるという事実です．集合 $\Omega \subseteq \mathbb{R}^n$ はそれを近似するいかなる区間塊の列に対しても（6・11）の極限が存在し，その極限値が区間塊の列によらないとき，**ジョルダン可測**[5] であるといいます．これは（6・11）が整合性をもって定義できることを意味しています．ジョルダン可測性は定理の証明では考慮しなければならない条件ですが，実際問題としてそれほど気にかける必要のあるものではありません．体積を考えたいと思うような集合は大抵ジョルダン可測ですから，これからはそのような集合に話を限ることにします．

上で定義したように体積を定義すると，通常仮定されているよく知られた性質を証明することが可能になります．特に，体積は移動に対して不変である，つまり集合の体積はそのあり場所が変わっても変化しないこと，体積は加法的であること，つまり集合 $\mathcal{A}$ が本質的に排反な有限個あるいは可算個の集合 $\mathcal{S}_k$ の和集合であるときには

$$\mathrm{vol}(\mathcal{A}) = \sum_k \mathrm{vol}(\mathcal{S}_k)$$

となることです．

5）Jordan measurable

体積と行列式の間には次の関係があります．

定 理 6・27　$T \in \mathcal{L}(\mathbb{R}^n)$ とし，$\Omega \subseteq \mathbb{R}^n$ をジョルダン可測集合とする．このとき

$$\mathrm{vol}\big(T(\Omega)\big) = |\det T|\,\mathrm{vol}(\Omega)$$

が成り立つ．

前に書いたように，体積についてきちんと議論するためには本書の範囲を超える解析の知識が必要となります．そこで定理 6・27 の証明に関しては，解析の細かい議論を避けて線形代数に重点をおいてそのあらすじだけを書くことにします．

■ **証明の概略**　線形変換 T の行列 $\mathbf{A}$ が基本行列であり，$\mathcal{R}$ が

$$\mathcal{R} = [a_1, b_1] \times \cdots \times [a_n, b_n]$$

なる区間である場合から始めます．基本行列の種類に応じで三つのケースを考えます．

● $\mathbf{A} = \mathbf{P}_{c,i,j}$ の場合．とりあえず $n=2$ で $c>0$ に対する $\mathbf{P}_{c,1,2}$ を考えることにします．この場合 $T(\mathcal{R})$ は図 6・2 の平行四辺形 $\mathcal{P}$ となります．

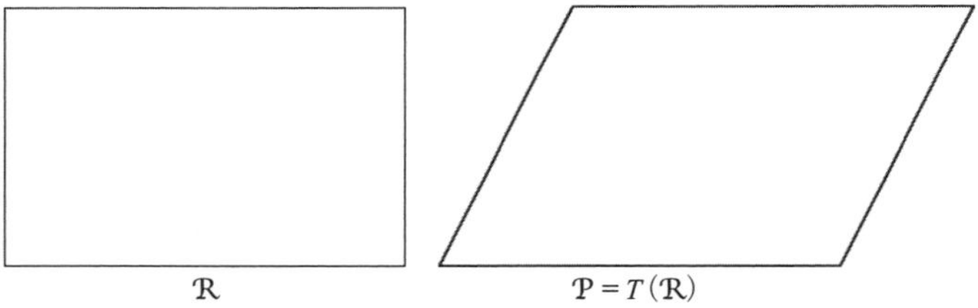

図 6・2　区間 $\mathcal{R}$ の $\mathbf{P}_{c,1,2}$ による変換

$\mathbb{R}^2$ で体積をもたない線分を無視すれば，$\mathcal{P}$ は図 6・3 の矩形と二つの排反な三角形 $\mathcal{T}_1$ と $\mathcal{T}_2$ からできています．

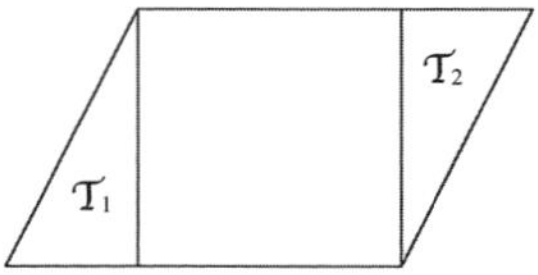

図 6・3　$\mathcal{P}=T(\mathcal{R})$ の分割

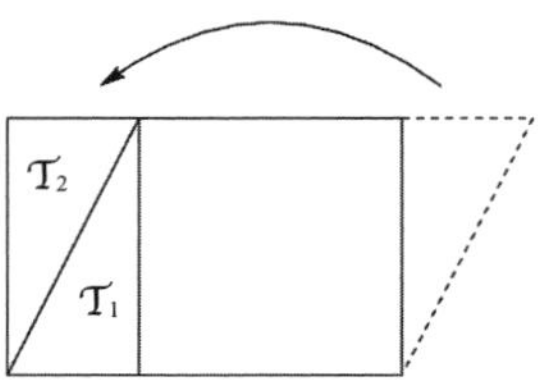

図 6・4　$\mathcal{T}_2$ を移動して $\mathcal{P}$ を $\mathcal{R}$ に戻す．

$\mathcal{T}_2$ を図 6・4 のように移動させると，$T(\mathcal{R})$ は $\mathcal{R}$ と同じ面積であることがわかります．したがって

$$\mathrm{vol}\big(T(\mathcal{R})\big) = \mathrm{vol}(\mathcal{R})$$

です．ここで $\det T=1$ だったことから，この場合には示したい等式が得られています．$n>2$ の場合には，上の議論は x_i–x_j 平面に平行な平面で $T(\mathcal{R})$ を切った断面の上で起こっていることを記述しています．よって $T(\mathcal{R})$ の体積がその断面の面積の積分によって求められることに注意すれば，$\mathrm{vol}(T(\mathcal{R}))=\mathrm{vol}(\mathcal{R})$ が得られます．

- $\mathbf{A}=\mathbf{Q}_{c,i}$ の場合．$c>0$ なら

$$T(\mathcal{R}) = [a_1, b_1] \times \cdots \times [ca_i, cb_i] \times \cdots \times [a_n, b_n]$$

$c<0$ なら

$$T(\mathcal{R}) = [a_1, b_1] \times \cdots \times [cb_i, ca_i] \times \cdots \times [a_n, b_n]$$

いずれの場合にも

$$\mathrm{vol}\big(T(\mathcal{R})\big) = |c|\,(b_1 - a_1)\cdots(b_n - a_n) = |c|\,\mathrm{vol}(\mathcal{R}) = |\det T|\,\mathrm{vol}(\mathcal{R})$$

です．

- $\mathbf{A}=\mathbf{R}_{i,j}$ の場合．

即問 14 この場合に $\mathrm{vol}(T(\mathcal{R}))=\mathrm{vol}(\mathcal{R})$ となることを示しなさい．

補助定理 6・14 によって，$\mathcal{R}$ が区間で $\mathbf{A}$ が基本行列なら，いずれの場合にも

$$\mathrm{vol}\big(T(\mathcal{R})\big) = |\det T|\,\mathrm{vol}(\mathcal{R}) \tag{6・12}$$

が成り立つことがわかります．

この結果は直ちに区間塊に拡張することができます．$\mathbf{A}$ が基本行列で $\mathcal{S}$ が区間塊なら本質的に排反な区間 $\mathcal{R}_1, \ldots, \mathcal{R}_m$ によって

$$\mathcal{S} = \bigcup_{i=1}^{m} \mathcal{R}_i$$

ですから，

$$T(\mathcal{S}) = T\left(\bigcup_{i=1}^{m} \mathcal{R}_i\right) = \bigcup_{i=1}^{m} T(\mathcal{R}_i)$$

となり，$T(\mathcal{R}_1), \ldots, T(\mathcal{R}_m)$ も本質的に排反です．よって

$$\mathrm{vol}\big(T(\mathcal{S})\big) = \sum_{i=1}^{m} \mathrm{vol}\big(T(\mathcal{R}_i)\big) = \sum_{i=1}^{m} |\det T|\,\mathrm{vol}(\mathcal{R}_i) = |\det T|\,\mathrm{vol}(\mathcal{S}) \tag{6・13}$$

即問 14 の答 $i<j$ とすると，$R_{ij}(\mathcal{R})=[a_1, b_1]\times\cdots\times[a_j, b_j]\times\cdots\times[a_i, b_i]\times\cdots\times[a_n, b_n]$

を得ます.

$\Omega \subseteq \mathbb{R}^n$ がジョルダン可測で区間塊列 $(\mathrm{S}_k)_{k\geq 1}$ によって近似されているなら, **A** が基本行列であるとの条件の下で

$$\mathrm{vol}\big(T(\Omega)\big) = \lim_{k\to\infty} \mathrm{vol}\big(T(\mathcal{S}_k)\big) = |\det T| \lim_{k\to\infty} \mathrm{vol}(\mathcal{S}_k) = |\det T|\,\mathrm{vol}(\Omega) \qquad (6\cdot 14)$$

が得られます.

最後に, 一般の線形変換 $T \in \mathcal{L}(\mathbb{R}^n)$ を考えます. $T(\Omega) \subseteq \mathrm{range}\, T$ ですから, $\mathrm{rank}\, T < n$ の場合なら $T(\Omega)$ は $\mathbb{R}^n$ の低次元の部分空間[6] に含まれますから, $\mathrm{vol}(T(\Omega)) = 0$ です. しかもこの場合には系 6・6 によって $\det T = 0$ ですから

$$\mathrm{vol}\big(T(\Omega)\big) = |\det T|\,\mathrm{vol}\big(\Omega\big) = 0$$

が成り立ちます.

$\mathrm{rank}\, T = n$ の場合なら, 系 3・36 から T は可逆で, よって基本行列 $\mathbf{E}_1, \ldots, \mathbf{E}_k$ によって

$$\mathrm{A} = \mathrm{E}_1 \cdots \mathrm{E}_k$$

と分解できます. これは **A** の既約行階段形が $\mathbf{I}_n$ であることによります. 行列 **E** をもつ線形変換を $T_{\mathbf{E}}$ で表すと

$$\begin{aligned}
\mathrm{vol}\big(T(\Omega)\big) &= \mathrm{vol}\big(T_{\mathrm{E}_1} \circ \cdots \circ T_{\mathrm{E}_k}(\Omega)\big) \\
&= |\det \mathrm{E}_1|\,\mathrm{vol}\big(T_{\mathrm{E}_2} \circ \cdots \circ T_{\mathrm{E}_k}(\Omega)\big) \\
&= |\det \mathrm{E}_1|\,|\det \mathrm{E}_2|\,\mathrm{vol}\big(T_{\mathrm{E}_3} \circ \cdots \circ T_{\mathrm{E}_k}(\Omega)\big) \\
&\ \ \vdots \\
&= |\det \mathrm{E}_1| \cdots |\det \mathrm{E}_k|\,\mathrm{vol}(\Omega) \\
&= |\det(\mathrm{E}_1 \cdots \mathrm{E}_k)|\,\mathrm{vol}(\Omega)
\end{aligned}$$

が得られ, 結局

$$\mathrm{vol}\big(T(\Omega)\big) = |\det(\mathrm{E}_1 \cdots \mathrm{E}_k)|\,\mathrm{vol}(\Omega) = |\det \mathrm{A}|\,\mathrm{vol}(\Omega) = |\det T|\,\mathrm{vol}(\Omega)$$

が得られます. ■

クラメールの公式

本書の出発点であった線形方程式系を解く問題に行列式がどのように使えるかをみましょう. ベクトルについて何かを示したいときに, そのベクトルから行列をつくってしまうのが, ときには上手い方法であることが証明の中で示されます.

---

6) 訳注: 原点を含んでいる保証はありませんから, 本来の部分空間ではありません.

定理6・28（クラメールの公式[7]） $\mathbf{A} \in \mathbf{M}_n(\mathbb{F})$，$\det \mathbf{A} \neq 0$，$\mathbf{b} \in \mathbb{F}^n$ とする．また各 $i=1, \ldots, n$ について $\mathbf{A}$ の第 i 列を $\mathbf{b}$ に置き換えた $n \times n$ 行列を $\mathbf{A}_i$ とする．つまり

$$\mathrm{A}_i = \begin{bmatrix} | & & | & | & | & & | \\ \mathbf{a}_1 & \cdots & \mathbf{a}_{i-1} & \mathbf{b} & \mathbf{a}_{i+1} & \cdots & \mathbf{a}_n \\ | & & | & | & | & & | \end{bmatrix}$$

である．

このとき，$n \times n$ 方程式系 $\mathbf{Ax} = \mathbf{b}$ の一意の解は，$i=1, \ldots, n$ について

$$x_i = \frac{\det \mathrm{A}_i}{\det \mathrm{A}}$$

で与えられる．

■**証明**　$\det \mathbf{A} \neq 0$ ですから $\mathbf{A}$ は正則，よって方程式系 $\mathbf{Ax} = \mathbf{b}$ には一意解 $\mathbf{x}$ があります．各 $i=1, \ldots, n$ について $n \times n$ 行列 $\mathbf{X}_i$ を

$$\begin{aligned}\mathrm{X}_i &= \begin{bmatrix} | & & | & | & | & & | \\ \mathbf{e}_1 & \cdots & \mathbf{e}_{i-1} & \mathbf{x} & \mathbf{e}_{i+1} & \cdots & \mathbf{e}_n \\ | & & | & | & | & & | \end{bmatrix} \\ &= \begin{bmatrix} | & & | & | & | & & | \\ \mathbf{e}_1 & \cdots & \mathbf{e}_{i-1} & \sum_{k=1}^n x_k \mathbf{e}_k & \mathbf{e}_{i+1} & \cdots & \mathbf{e}_n \\ | & & | & | & | & & | \end{bmatrix}\end{aligned}$$

と定義します．行列式の交代性と多重線形性から $\det \mathbf{X}_i = x_i$ です．しかも $\mathbf{AX}_i = \mathbf{A}_i$ が成り立ちます．

即問15　$\mathbf{AX}_i = \mathbf{A}_i$ を示しなさい．

したがって，$\det \mathbf{A}_i = \det(\mathbf{AX}_i) = (\det \mathbf{A})(\det \mathbf{X}_i) = (\det \mathbf{A})x_i$ が得られます．■

■**例**　本書のはじめで，大麦とイーストからパンとビールをつくる問題を定式化して得られた線形方程式系は

7）Cramer's rule

即問15の答　$\mathbf{AX}_i$ の第 j 列は $\mathbf{A}$ と $\mathbf{X}_i$ の第 j 列の積です．これは $i \neq j$ なら $\mathbf{Ae}_i = \mathbf{a}_i$ で，$i = j$ なら $\mathbf{Ax} = \mathbf{b}$ です．

$$x+\frac{1}{4}y=20$$
$$2x+\frac{1}{4}y=36$$

でした．この方程式系では

$$\mathrm{A}=\begin{bmatrix}1 & \frac{1}{4}\\ 2 & \frac{1}{4}\end{bmatrix}\qquad \mathrm{A}_1=\begin{bmatrix}20 & \frac{1}{4}\\ 36 & \frac{1}{4}\end{bmatrix}\qquad \mathrm{A}_2=\begin{bmatrix}1 & 20\\ 2 & 36\end{bmatrix}$$

で

$$\det\mathrm{A}=-\frac{1}{4}\qquad \det\mathrm{A}_1=-4\qquad \det\mathrm{A}_2=-4$$

です．よって定理 6･28 から解は

$$x=y=\frac{(-4)}{\left(-\frac{1}{4}\right)}=16$$

となります． ■

余因子と逆行列

行列式によって逆行列を与える伝統的な式があり，それは定理 6･28 によって示すことができます．そのために以下の定義をします．

> **定　義**　$\mathbf{A}\in\mathbf{M}_n(\mathbb{F})$ に対して $c_{ij}=(-1)^{i+j}\det\mathbf{A}_{ij}$ を $\mathbf{A}$ の (i,j) **余因子**[8] という．c_{ij} を (i,j) 要素にもつ行列を $\mathbf{C}$ で表すとき，その転置行列 $\mathbf{C}^{\mathrm{T}}$ を $\mathbf{A}$ の**余因子行列**[9] とよび，adj $\mathbf{A}$ と書く[10]．

■**例**　1. $\mathbf{A}=\begin{bmatrix}a & b\\ c & d\end{bmatrix}$ なら $\mathbf{C}=\begin{bmatrix}d & -c\\ -b & a\end{bmatrix}$，adj $\mathbf{A}=\begin{bmatrix}d & -b\\ -c & a\end{bmatrix}$ です．

2. $\mathbf{A}=\begin{bmatrix}a & b & c\\ d & e & f\\ g & h & i\end{bmatrix}$ なら $\mathbf{C}=\begin{bmatrix}ei-fh & fg-di & dh-eg\\ ch-ib & ai-cg & bg-ah\\ bf-ce & cd-af & ae-bd\end{bmatrix}$，

$$\mathrm{adj}\,\mathbf{A}=\begin{bmatrix}ei-fh & ch-ib & bf-ce\\ fg-di & ai-cg & cd-af\\ dh-eg & bg-ah & ae-bd\end{bmatrix}$$ です．

■

8) cofactor　　9) adjugate matrix

10) 訳注：英語では行列 $\mathbf{C}$ を cofactor matrix といい，これを直訳すれば余因子行列となりますが，日本語ではその転置である adj $\mathbf{A}$ を余因子行列とよんでいます．

定理 6・29 正則行列 $\mathbf{A} \in \mathbf{M}_n(\mathbb{F})$ について

$$A^{-1} = \frac{1}{\det A} \operatorname{adj} A$$

が成り立つ.

■**証明** $\mathbf{A}^{-1}$ の第 j 列は $\mathbf{A}^{-1}\mathbf{e}_j$ で，それは $\mathbf{Ax} = \mathbf{e}_j$ の一意解です．$\mathbf{B} = \mathbf{A}^{-1}$ と書くとクラメールの公式から

$$b_{ij} = \frac{\det A_i}{\det A}$$

となります．ここで

$$A_i = \begin{bmatrix} | & & | & | & | & & | \\ \mathbf{a}_1 & \cdots & \mathbf{a}_{i-1} & \mathbf{e}_j & \mathbf{a}_{i+1} & \cdots & \mathbf{a}_n \\ | & & | & | & | & & | \end{bmatrix}$$

です．この行列式を第 i 列に関してラプラス展開すると

$$\det A_i = (-1)^{i+j} \det A_{ji}$$

が得られます．したがって $\mathbf{A}$ の (j, i) 余因子 c_{ji} によって $b_{ij} = \frac{1}{\det \mathbf{A}} c_{ji}$ となります．これはすなわち

$$A^{-1} = B = \frac{1}{\det A} C^{\mathrm{T}} = \frac{1}{\det A} \operatorname{adj} A$$

です． ■

■**例** 定理 6・29 と前の例から $\mathbf{A} = \begin{bmatrix} a & b \\ c & d \end{bmatrix}$ の行列式が非零なら

$$A^{-1} = \frac{1}{\det A} \begin{bmatrix} d & -c \\ -b & a \end{bmatrix}^{\mathrm{T}} = \frac{1}{ad - bc} \begin{bmatrix} d & -b \\ -c & a \end{bmatrix}$$

となります．これは 2×2 行列の逆行列として（2・14）でみた式です． ■

ま と め

- $\mathbb{R}^n$ 上の線形変換 T によって集合の体積は $|\det T|$ 倍される.
- クラメールの公式：$\mathbf{A}$ が正則なら方程式系 $\mathbf{Ax} = \mathbf{b}$ の解は

$$x_i = \frac{\det(A_i(b))}{\det A}$$

　ここで $\mathbf{A}_i(\mathbf{b})$ は $\mathbf{A}$ の第 i 列を $\mathbf{b}$ に置き換えた行列.
- $\mathbf{A}^{-1} = \frac{1}{\det \mathbf{A}} \operatorname{adj} \mathbf{A}$，ここで余因子行列 adj $\mathbf{A}$ の (i, j) 要素は $(-1)^{i+j}\det \mathbf{A}_{ji}$ である.

練 習 問 題

6・4・1 $a, b > 0$ として楕円

$$\mathcal{E} = \left\{ \begin{bmatrix} x \\ y \end{bmatrix} \in \mathbb{R}^2 \;\middle|\; \left(\frac{x}{a}\right)^2 + \left(\frac{y}{b}\right)^2 \leq 1 \right\}$$

の面積を求めなさい．ただし単位円の面積が π であることを使ってよろしい．

6・4・2 $a, b, c > 0$ として楕円体

$$\mathcal{E} = \left\{ \begin{bmatrix} x \\ y \\ z \end{bmatrix} \in \mathbb{R}^3 \;\middle|\; \left(\frac{x}{a}\right)^2 + \left(\frac{y}{b}\right)^2 + \left(\frac{z}{c}\right)^2 \leq 1 \right\}$$

の体積を求めなさい．ただし単位球の体積が $\frac{4}{3}\pi$ であることを使ってよろしい．

6・4・3 楕円

$$\mathcal{E} = \left\{ \begin{bmatrix} x \\ y \end{bmatrix} \in \mathbb{R}^2 \;\middle|\; (x+y)^2 + 4(x-y)^2 \leq 4 \right\}$$

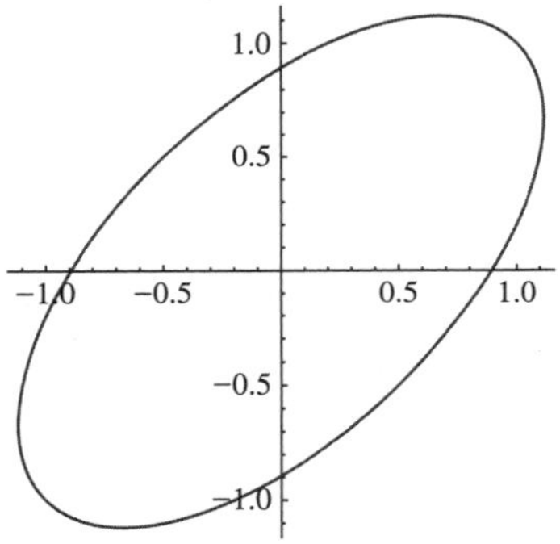

の面積を求めなさい．ただし単位円の面積が π であることを使ってよろしい．

6・4・4 クラメールの公式を用いて以下の線形方程式系の解を求めなさい．

(a) $\sqrt{2}x + 2y = -1$
$x - 3\sqrt{2}y = 5$

(b) $ix + (1-i)y = 0$
$(2+i)x + y = 4 + 3i$

(c) $y + z = 2$
$x + z = 1$
$x + y = -1$

(d) $\mathbb{F}_2$ 上で $x + z = 1$
$x + y + z = 0$
$y + z = 1$

6・4・5 クラメールの公式を用いて以下の線形方程式系の解を求めなさい．

(a) $x + 2y = 3$
$-x + y = -4$

(b) $x + (2-i)y = 3$
$-ix + y = 1 + i$

(c) $2x - y + z = -1$
$x - 3y + 2z = 2$
$3x + 4y - z = 1$

(d) $2x + z - 3w = 0$
$y + -3z + w = -1$
$-x + 2y - z = 2$
$x + y - 2w = 1$

6・4・6 定理 6・29 を用いて以下の行列の逆行列を求めなさい.

(a) $\begin{bmatrix} 1 & 1 & 0 \\ 1 & 1 & 1 \\ 0 & 1 & 1 \end{bmatrix}$ (b) $\begin{bmatrix} 1 & -2 & 0 & 0 \\ -1 & 0 & 0 & 2 \\ 0 & 0 & 1 & 1 \\ 0 & 1 & 2 & 0 \end{bmatrix}$ (c) $\begin{bmatrix} 1 & 1 & 1 & 1 \\ 1 & 2 & 2 & 2 \\ 1 & 2 & 3 & 3 \\ 1 & 2 & 3 & 4 \end{bmatrix}$

(d) $\begin{bmatrix} 0 & 1 & 0 & 0 & 0 \\ 1 & 0 & 1 & 0 & 0 \\ 0 & 1 & 1 & 1 & 0 \\ 0 & 0 & 1 & 0 & 1 \\ 0 & 0 & 0 & 1 & 0 \end{bmatrix}$

6・4・7 定理 6・29 を用いて以下の行列の逆行列を求めなさい.

(a) $\begin{bmatrix} 2 & -1 & 2 \\ 3 & 0 & 1 \\ 1 & -2 & 4 \end{bmatrix}$ (b) $\begin{bmatrix} 1 & 1 & 0 & 0 \\ 1 & 1 & 1 & 0 \\ 0 & 1 & 1 & 1 \\ 0 & 0 & 1 & 1 \end{bmatrix}$ (c) $\begin{bmatrix} 2 & 1 & 0 & 1 \\ 1 & 1 & -1 & 1 \\ 2 & -1 & 3 & 0 \\ 1 & 0 & 1 & 2 \end{bmatrix}$

(d) $\begin{bmatrix} 0 & -1 & 0 & 2 & 1 \\ 0 & 3 & 0 & 0 & -1 \\ 2 & 0 & -2 & 1 & 0 \\ -1 & 1 & 2 & 0 & 0 \\ 1 & 0 & -2 & 0 & 0 \end{bmatrix}$

6・4・8 $T \in \mathcal{L}(\mathbb{R}^n)$ が等長写像で $\Omega \subseteq \mathbb{R}^n$ がジョルダン可測なら, $\mathrm{vol}(T(\Omega)) = \mathrm{vol}(\Omega)$ であることを示しなさい.

6・4・9 練習問題 6・2・3 を参考にして, 定理 6・27 に $|\det T|$ が現れる理由を特異値分解を使って説明しなさい.

6・4・10 $T \in \mathcal{L}(\mathbb{R}^n)$ の特異値を $\sigma_1 \geq \cdots \geq \sigma_n \geq 0$ とし, $\Omega \subseteq \mathbb{R}^n$ をジョルダン可測であるとすると

$$\sigma_n^n \,\mathrm{vol}(\Omega) \leq \mathrm{vol}\big(T(\Omega)\big) \leq \sigma_1^n \,\mathrm{vol}(\Omega)$$

となることを示しなさい.

6・4・11 $\mathbf{a}_1, \ldots, \mathbf{a}_n \in \mathbb{R}^n$ によって張られる n 次元平行多面体の体積が

$$\left| \det \begin{bmatrix} | & & | \\ \mathbf{a}_1 & \cdots & \mathbf{a}_n \\ | & & | \end{bmatrix} \right|$$

となることを示しなさい.

6・4・12　$\mathbf{A} \in \mathbf{M}_n(\mathbb{F})$ が正則な上三角行列であるとき，$\mathbf{A}^{-1}$ も上三角行列であることを定理 6・29 を用いて示しなさい．また $\mathbf{A}^{-1}$ の対角要素を与えなさい.

6・4・13　$n \times n$ 線形方程式系 $\mathbf{Ax} = \mathbf{b}$ の $\mathbf{A}$ と $\mathbf{b}$ の要素はすべて整数とします. $\det \mathbf{A} = \pm 1$ なら解 $\mathbf{x}$ の要素も整数であることを示しなさい.

6・4・14　$\mathbf{A} \in \mathbf{M}_n(\mathbb{R})$ のすべての要素が整数であるとします．このとき $\mathbf{A}^{-1}$ のすべての要素が整数であるための必要十分条件は $\det \mathbf{A} = \pm 1$ であることを示しなさい.

6・4・15　定理 6・27 の証明の概略で $\mathbb{R}^2$ の線分の面積は零であると証明なしに述べました．この事実を以下のことを示すことによって証明しなさい．任意の n に対して，与えられた線分を覆う n 個の区間で，その区間の面積の総和が $n \to \infty$ としたときに 0 に収束するものが存在する.

■ 6章末の訳注 ■

6・1 節 脚注 5）の訳注：

柴岡泰光の著した素晴らしい本「線形空間」，裳華房（1971）に従って，例 2 に補足しておきます．

$$\mathbf{A} = \begin{bmatrix} a & b \\ c & d \end{bmatrix}$$

とします．$\begin{pmatrix} a \\ c \end{pmatrix} = a\begin{pmatrix} 1 \\ 0 \end{pmatrix} + c\begin{pmatrix} 0 \\ 1 \end{pmatrix}$ より多重線形性から

$$\det \mathbf{A} = a \det \begin{bmatrix} 1 & b \\ 0 & d \end{bmatrix} + c \det \begin{bmatrix} 0 & b \\ 1 & d \end{bmatrix} \tag{1}$$

さらに $\begin{pmatrix} b \\ d \end{pmatrix} = b\begin{pmatrix} 1 \\ 0 \end{pmatrix} + d\begin{pmatrix} 0 \\ 1 \end{pmatrix}$ より多重線形性と交代性（あるいは重複列検出力）から

$$\det \begin{bmatrix} 1 & b \\ 0 & d \end{bmatrix} = b \det \begin{bmatrix} 1 & 1 \\ 0 & 0 \end{bmatrix} + d \det \begin{bmatrix} 1 & 0 \\ 0 & 1 \end{bmatrix} = d \det \begin{bmatrix} 1 & 0 \\ 0 & 1 \end{bmatrix}$$

$$\det \begin{bmatrix} 0 & b \\ 1 & d \end{bmatrix} = b \det \begin{bmatrix} 0 & 1 \\ 1 & 0 \end{bmatrix} + d \det \begin{bmatrix} 0 & 0 \\ 1 & 1 \end{bmatrix} = b \det \begin{bmatrix} 0 & 1 \\ 1 & 0 \end{bmatrix}$$

です．これを（1）に代入すると再び多重線形性と交代性から

$$\det \mathbf{A} = ad \det \begin{bmatrix} 1 & 0 \\ 0 & 1 \end{bmatrix} + cb \det \begin{bmatrix} 0 & 1 \\ 1 & 0 \end{bmatrix} = ad \det \begin{bmatrix} 1 & 0 \\ 0 & 1 \end{bmatrix} - cb \det \begin{bmatrix} 1 & 0 \\ 0 & 1 \end{bmatrix}$$

が得られ，単位行列の行列式が 1 であることから

$$\det \mathbf{A} = ad - bc$$

となります．

6・1 節 脚注 9）定理 6・3 の証明の訳注：

定理 6・3 の証明に補足します．示すべきことは，任意のサイズの行列に対して行列式を与える行列式関数が唯一であることです．行列式関数が唯一でないサイズがあると仮定して，その最小サイズを n とします．そうすると $n \geq 2$ で，$(n-1) \times (n-1)$ 行列に対する行列式関数 D_{n-1} は唯一であること，さらに $n \times n$ 行列に対する二つの行列式関数 D_n^1 と D_n^2 が存在して $D_n^1(\mathbf{A}) \neq D_n^2(\mathbf{A})$ となる $n \times n$ 行列 $\mathbf{A}$ があることになります．ここで $\mathbf{A}$ が正則でない場合には証明にあるように $D_n^1(\mathbf{A}) = 0 = D_n^2(\mathbf{A})$ となって矛盾です．正則ならその n 番目の要素が非零である列を任意に一つ選んで j として，証明にあるように列基本演算を施して得られた左上の $(n-1) \times (n-1)$ 行列を $\mathbf{B}$ とすると，$D_n^1(\mathbf{A}) = a_{nj} D_{n-1}(\mathbf{B}) = D_n^2(\mathbf{A})$ となってやはり矛盾を得ます．よって任意の n について行列式関数の一意性が示されました．

6・2 節 脚注 7）置換の符号についての訳注：

$\{1,2,3,4\}$ 上の置換，たとえば例にある $1\to3\to4\to1$，$2\to2$ を順列 $(i_1, i_2, i_3, i_4)=(3,2,4,1)$ で表すことができます．この順列で $s<t$ で $i_s>i_t$ となっている対の個数を**転位数**といいます．この例では $(3,2),(3,1),(2,1),(4,1)$ がこれに該当しますから，転位数は 4 となります．この転位数の偶奇を置換の符号 $\mathrm{sgn}(\sigma)$ と定義します．あるいはこの置換が下の図のあみだくじで表せることに注目すれば，あみだくじの縦棒の本数の偶奇と定義しても同じことです．縦棒は一対の数字を入れ替える操作ですが，このような置換を特に**互換**とよびます．図の二つのあみだくじは同じ置換を与えますので，置換を互換の合成（これを**互換の積**といいます）で表す方法は一通りではありません．しかし，互換の個数の偶奇，つまり縦棒の本数の偶奇は一意に定まります．

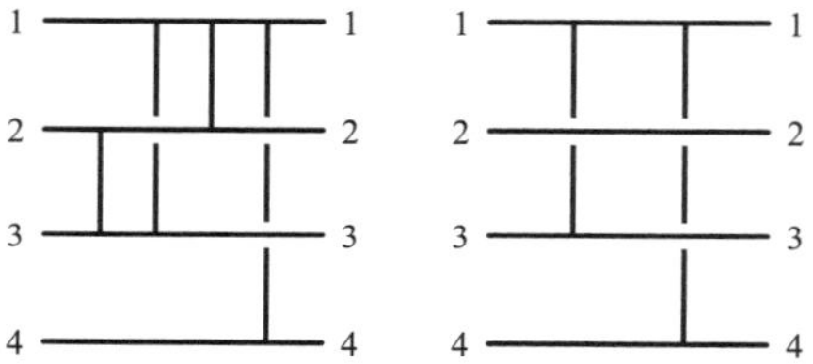

例にある置換を表す二つのあみだくじ

6・3 節 脚注 6）の訳注：

（6・10）の左辺は，多項式 $p_{\mathbf{A}}(x)$ の x に $\mathbf{A}$ を代入した行列の多項式です．第 2 項の $\det(\mathbf{A}-\mathbf{A}\mathbf{I}_n)$ は x に $\mathbf{A}$ を代入した後の行列式を意味していますから，強引に書いてみれば

$$\det\begin{bmatrix} a_{11}-\mathbf{A} & a_{12} & \cdots & a_{1n} \\ a_{21} & a_{22}-\mathbf{A} & \cdots & a_{2n} \\ & & \ddots & \\ a_{n1} & a_{n2} & \cdots & a_{nn}-\mathbf{A} \end{bmatrix}$$

となり，もっともらしい議論の間違いは明らかです．

6・3 節 脚注 7）定理 6・26 の証明の訳注：

特性多項式の項の並べ替えを行わない証明を書いておきます．

$j\in\{2,\dots,n\}$ について $t_{jj}\mathbf{I}_n-\mathbf{T}$ は上三角ですから

$$(t_{jj}\mathbf{I}_n-\mathbf{T})e_i\in\langle\mathbf{e}_1,\mathbf{e}_2,\dots,\mathbf{e}_i\rangle \qquad (1)$$

が $i\in\{1,2,\dots,n\}$ について成り立つことがわかります．しかも $t_{jj}\mathbf{I}_n-\mathbf{T}$ の第 j 番目の対角要素はゼロですから

$$(t_{jj}\mathbf{I}_n-\mathbf{T})\mathbf{e}_j\in\begin{cases}\{\mathbf{0}\} & (j=1)\\ \langle\mathbf{e}_1,\mathbf{e}_2,\dots,\mathbf{e}_{j-1}\rangle & (j\in\{2,\dots,n\})\end{cases} \qquad (2)$$

を得ます．右辺から $\mathbf{e}_j$ が消えていることに注意してください．(1) と (2) から $j\in$

$\{2, \ldots, n\}$ について

$$(t_{jj}\mathbf{I}_n - \mathbf{T})\langle \mathbf{e}_1, \mathbf{e}_2, \ldots, \mathbf{e}_{j-1}, \mathbf{e}_j \rangle \subseteq \langle \mathbf{e}_1, \mathbf{e}_2, \ldots, \mathbf{e}_{j-1} \rangle \qquad (3)$$

です．(3) を繰返し用いて，最後に (2) を用いれば，

$$\begin{aligned}
&p_{\mathbf{T}}(\mathbf{T})\langle \mathbf{e}_1, \mathbf{e}_2, \ldots, \mathbf{e}_{n-1}, \mathbf{e}_n \rangle \\
&\quad = (t_{11}\mathbf{I}_n - \mathbf{T})(t_{22}\mathbf{I}_n - \mathbf{T})\cdots(t_{n-1,\,n-1}\mathbf{I}_n - \mathbf{T})(t_{nn}\mathbf{I}_n - \mathbf{T})\langle \mathbf{e}_1, \mathbf{e}_2, \ldots, \mathbf{e}_{n-1}, \mathbf{e}_n \rangle \\
&\quad \subseteq (t_{11}\mathbf{I}_n - \mathbf{T})(t_{22}\mathbf{I}_n - \mathbf{T})\cdots(t_{n-1,\,n-1}\mathbf{I}_n - \mathbf{T})\langle \mathbf{e}_1, \mathbf{e}_2, \ldots, \mathbf{e}_{n-1} \rangle \\
&\quad \vdots \\
&\quad \subseteq (t_{11}\mathbf{I}_n - \mathbf{T})(t_{22}\mathbf{I}_n - \mathbf{T})\langle \mathbf{e}_1, \mathbf{e}_2 \rangle \\
&\quad \subseteq (t_{11}\mathbf{I}_n - \mathbf{T})\langle \mathbf{e}_1 \rangle \subseteq \{\mathbf{0}\}
\end{aligned}$$

を得ます．すなわち任意の $\mathbf{v} \in \langle \mathbf{e}_1, \mathbf{e}_2, \ldots, \mathbf{e}_{n-1}, \mathbf{e}_n \rangle = \mathbb{F}^n$ について

$$p_{\mathbf{T}}(\mathbf{T})\mathbf{v} = \mathbf{0}$$

を得て，証明が終わります．

索　　引

＊　A のついた数字は付録のページ数を示す．付録については目次を参照．

さ～す

せ，そ

た　行

な 行

は 行

み～よ

ら～わ

山本芳嗣（やまもと よしつぐ）
1951年 兵庫県に生まれる
1973年 名古屋工業大学工学部経営工学科 卒
1978年 慶應義塾大学大学院工学研究科
管理工学専攻博士課程 単位取得退学
筑波大学名誉教授
専門 最適化理論
工学博士（慶應義塾大学）

第1版 第1刷 2020年11月27日 発行

基礎数学Ⅲ 線形代数

訳　者　山　本　芳　嗣
発行者　住　田　六　連
発　行　株式会社 東京化学同人
東京都文京区千石3丁目36-7（〒112-0011）
電話（03）3946-5311・FAX（03）3946-5317
URL: http://www.tkd-pbl.com/

印刷・製本　日本ハイコム株式会社

ISBN 978-4-8079-1495-1
Printed in Japan